U0425579

· EX SITU FLORA OF CHINA ·

中国迁地栽培植物志

主编　黄宏文

ALOE (LILIACEAE)

百合科芦荟属

本卷主编　邢全　李晓东　石雷

中国林业出版社
China Forestry Publishing House

内容简介

本卷册收录了我国主要植物园迁地栽培的百合科植物芦荟属175种5变种，详尽介绍了其中的151种4变种。收录的芦荟属植物中，除库拉索芦荟以外的全部种类都被列入CITES附录I或II，列入IUCN红色名录的种类约37种，其中包含极度濒危种5种，濒危种5种，易危种4种，近危种2种。收录种类均原产自非洲、西亚及其周边岛屿，亦是国内各植物园迁地栽培的种类。本卷册纠正了一些植物园鉴定错误的物种名称，对于一些没有确定中文名的种类进行了拟定，补充了各园基于栽培物种实地观测的形态特征以及物候信息，并追溯了芦荟属植物在我国的迁地栽培历史。每种植物介绍包括中文名、拉丁名、别名等分类学信息和自然分布、生态与生境、迁地栽培形态特征、引种信息、物候信息、迁地栽培要点及主要用途，并附精美彩色照片展示其物种形态学特征、不同栽培地和不同生长阶段的形态差异。物种拉丁名主要依据APG系统以及*Aloes*：*The Definitive Guide*、*The Aloe Names Book*等专著，物种排列按照拉丁学名字母顺序排列。为了便于查阅，书后附有各植物园的地理环境以及中文名和拉丁名索引。

本书可供农林业、园林园艺、环境保护等相关学科的科研和教学使用，亦可作为专业人员、爱好者鉴定图鉴进行使用。

主编简介

黄宏文：1957年1月1日生于湖北武汉，博士生导师，中国科学院大学岗位教授。长期从事植物资源研究和果树新品种选育，在迁地植物编目领域耕耘数十年，发表论文400余篇，出版专著40余本。主编有《中国迁地栽培植物大全》13卷及多本专科迁地栽培植物志。现为中国科学院庐山植物园主任，中国科学院战略生物资源管理委员会副主任，中国植物学会副理事长，国际植物园协会秘书长。

图书在版编目（CIP）数据

中国迁地栽培植物志. 百合科芦荟属 / 黄宏文主编；邢全, 李晓东, 石雷本卷主编. -- 北京：中国林业出版社, 2020.11

ISBN 978-7-5219-0928-9

Ⅰ. ①中… Ⅱ. ①黄… ②邢… ③李… ④石… Ⅲ. ①芦荟属－引种栽培－植物志－中国 Ⅳ. ①Q948.52

中国版本图书馆CIP数据核字(2020)第239285号

ZHŌNGGUÓ QIĀNDÌ ZĀIPÉI ZHÍWÙZHÌ · BǍIHÉKĒ LÚHUÌSHǓ

中国迁地栽培植物志 · 百合科芦荟属

出版发行：中国林业出版社
（100009 北京市西城区刘海胡同7号）
电　　话：010-83143517
印　　刷：北京雅昌艺术印刷有限公司
版　　次：2021年3月第1版
印　　次：2021年3月第1次印刷
开　　本：889mm × 1194mm　1/16
印　　张：42
字　　数：1331千字
定　　价：588.00元

《中国迁地栽培植物志》编审委员会

《中国迁地栽培植物志》顾问委员会

《中国迁地栽培植物志·百合科芦荟属》编者

主　　编： 邢　全（中国科学院植物研究所北京植物园）
李晓东（中国科学院植物研究所北京植物园）
石　雷（中国科学院植物研究所）

编　　委（以姓氏拼音为序）：
陈　庭（深圳市中国科学院仙湖植物园）
陈恒彬（厦门市园林植物园）
陈景方（深圳市中国科学院仙湖植物园）
陈梅香（江苏省中国科学院植物研究所南京中山植物园）
成雅京（北京植物园）
高泽正（中国科学院华南植物园）
李　楠（深圳市中国科学院仙湖植物园）
李晓东（中国科学院植物研究所北京植物园）
李兆文（厦门市园林植物园）
林　琛（上海辰山植物园）
茅汝佳（上海植物园）
宋正达（江苏省中国科学院植物研究所南京中山植物园）
王成聪（厦门市园林植物园）
魏顶峰（上海辰山植物园）
邢　全（中国科学院植物研究所北京植物园）
尤宝妹（厦门市园林植物园）
张寿洲（深圳市中国科学院仙湖植物园）

参编人员（以姓氏拼音为序）：
范锦霞（深圳市中国科学院仙湖植物园）
韩　艺（中国科学院植物研究所北京植物园）
郝加琛（中国科学院植物研究所北京植物园）
黄俊雄（广州博弈园林绿化有限公司）
黎爱民（中国科学院华南植物园）
李　东（中国科学院植物研究所北京植物园）
李敬涛（中国科学院植物研究所北京植物园）
李青为（中国科学院植物研究所北京植物园）
林秦文（中国科学院植物研究所北京植物园）
刘立安（中国科学院植物研究所北京植物园）
孙国峰（中国科学院植物研究所北京植物园）
孙皓明（北京植物园）
王　琦（上海辰山植物园）
王春南（中国科学院华南植物园）
王文鹏（龙海市乡下人园艺有限公司）
吴　兴（中国科学院华南植物园）
杨　瑞（中国科学院植物研究所）
杨　芷（北京植物园）
姚　涓（中国科学院植物研究所北京植物园）
张　原（北京植物园）
郑文亮（龙海市嘉龙园艺有限公司）

主　　审： 李振宇（中国科学院植物研究所）
责任编审： 廖景平　湛青青（中国科学院华南植物园）
摄　　影（以姓氏拼音为序）：
陈　庭　陈恒彬　陈景方　陈梅香　成雅京　范锦霞　高泽正
韩　艺　黎爱民　李青为　李晓东　李兆文　林　琛　茅汝佳
宋正达　孙皓明　田淑英　王　琦　王成聪　王文鹏　魏顶峰
吴　兴　邢　全　杨　原　尤宝妹　郑文亮　Kirill G. Tkachenko
数据库技术支持： 张　征　黄逸斌　谢思明（中国科学院华南植物园）

《中国迁地栽培植物志·百合科芦荟属》参编单位（数据来源）

中国科学院植物研究所北京植物园（IBCASBG）
北京植物园（BBG）
厦门市园林植物园（XMBG）
深圳市中国科学院仙湖植物园（SZBG）
中国科学院华南植物园（SCBG）
上海辰山植物园（CBG）
江苏省中国科学院植物研究所南京中山植物园（NBG）
上海植物园（SHBG）

《中国迁地栽培植物志》编研办公室

主　任：任　海
副主任：张　征
主　管：湛青青

序 FOREWORD

中国是世界上植物多样性最丰富的国家之一，有高等植物约33000种，约占世界总数的10%，仅次于巴西，位居全球第二。中国是北半球唯一横跨热带、亚热带、温带到寒带森林植被的国家。中国的植物区系是整个北半球早中新世植物区系的孑遗成分，且在第四纪冰川期中，因我国地形复杂、气候相对稳定的避难所效应，又是植物生存、物种演化的重要中心，同时，我国植物多样性还遗存了古地中海和古南大陆植物区系，因而形成了我国极为丰富的特有植物，有约250个特有属、15000~18000特有种。中国还有粮食植物、药用植物及园艺植物等摇篮之称，几千年的农耕文明孕育了众多的栽培植物的种质资源，是全球资源植物的宝库，对人类经济社会的可持续发展具有极其重要意义。

植物园作为植物引种、驯化栽培、资源发掘、推广应用的重要源头，传承了现代植物园几个世纪科学研究的脉络和成就，在近代的植物引种驯化、传播栽培及作物产业国际化进程中发挥了重要作用，特别是经济植物的引种驯化和传播栽培对近代农业产业发展、农产品经济和贸易、国家或区域的经济社会发展的推动则更为明显，如橡胶、茶叶、烟草及众多的果树、蔬菜、药用植物、园艺植物等。特别是哥伦布到达美洲新大陆以来的500多年，美洲植物引种驯化及其广泛传播、栽培深刻改变了世界农业生产的格局，对促进人类社会文明进步产生了深远影响。植物园的植物引种驯化还对促进农业发展、食物供给、人口增长、经济社会进步发挥了不可替代的重要作用，是人类农业文明发展的重要组成部分。我国现有约200个植物园引种栽培了高等维管植物约396科、3633属、23340种(含种下等级)，其中我国本土植物为288科、2911属、约20000种，分别约占我国本土高等植物科的91%、属的86%、物种数的60%，是我国植物学研究及农林、环保、生物等产业的源头资源。因此，充分梳理我国植物园迁地栽培植物的基础信息数据，既是科学研究的重要基础，也是我国相关产业发展的重大需求。

然而，我国植物园长期以来缺乏数据整理和编目研究。植物园虽然在植物引种驯化、评价发掘和开发利用上有悠久的历史，但适应现代植物迁地保护及资源发掘利用的整体规划不够、针对性差且理论和方法研究滞后。同时，传统的基于标本资料编纂的植物志也缺乏对物种基础生物学特征的验证和“同园”比较研究。我国历时45年，于2004年完成的植物学巨著《中国植物志》受到国内外植物学者的高度赞誉，但由于历史原因造成的模式标本及原始文献考证不够，众多种类的鉴定有待完善；*Flora of China*虽弥补了模式标本和原始文献考证的不足，但仍然缺乏对基础生物学特征的深入研究。

《中国迁地栽培植物志》将创建一个“活”植物志，成为支撑我国植物迁地保护和可持续利用的基础信息数据平台。项目将呈现我国植物园引种栽培的20000多种高等植物的实地形态特征、物候信息、用途评价、栽培要领等综合信息和翔实的图片。从学科上支撑分类学修订、园林园艺、植物生物学和气候变化等研究；从应用上支撑我国生物产业所需资源发掘及利用。植物园长期引种栽培的植物与我国农林、医药、环保等产业的源头资源密切相关。由于受人类大量活动的影响，植物赖以生存的自然生态系统遭到严重破坏，致使植物灭绝威胁增加；与此同时，绝大部分植物资源尚未被人类认识和充分利用；而且，在当今全球气候变化、经济高速发展和人口快速增长的背景下，植物园作为植物资源保存和发掘利用的“诺亚方舟”将在解决当今世界面临的食物保障、医药健康、工业原材料、环境变化等重大问题中发挥越来越大的作用。

《中国迁地栽培植物志》编研将全面系统地整理我国迁地栽培植物基础数据资料，对专科、专属、专类植物类群进行规范的数据库建设和翔实的图文编撰，既支撑我国植物学基础研究，又注重对我国农林、医药、环保产业的源头植物资源的评价发掘和利用，具有长远的基础数据资料的整理积累和促进经济社会发展的重要意义。植物园的引种栽培植物在植物科学的基础性研究中有着悠久的历史，支撑了从传统形态学、解剖学、分类系统学研究，到植物资源开发利用、为作物育种提供原始材料，及至现今分子系统学、新药发掘、活性功能天然产物等科学前沿乃至植物物候相关的全球气候变化研究。

《中国迁地栽培植物志》将基于中国植物园活植物收集，通过植物园栽培活植物特征观察收集，获得充分的比较数据，为分类系统学未来发展提供翔实的生物学资料，提升植物生物学基础研究，为植物资源新种质发现和可持续利用提供更好的服务。《中国迁地栽培植物志》将以实地引种栽培活植物形态学性状描述的客观性、评价用途的适用性、基础数据的服务性为基础，立足生物学、物候学、栽培繁殖要点和应用；以彩图翔实反映茎、叶、花、果实和种子特征为依据，在完善建设迁地栽培植物资源动态信息平台和迁地保育植物的引种信息评价、保育现状评价管理系统的基础上，以科、属或具有特殊用途、特殊类别的专类群的整理规范，采用图文并茂方式编撰成卷（册）并鼓励编研创新。全面收录中国的植物园、公园等迁地保护和栽培的高等植物，服务于我国农林、医药、环保、新兴生物产业的源头资源信息和源头资源种质，也将为诸如气候变化背景下植物适应性机理、比较植物遗传学、比较植物生理学、入侵植物生物学等现代学科领域及植物资源的深度发掘提供基础性科学数据和种质资源材料。

《中国迁地栽培植物志》总计约60卷册，10～20年完成。计划2015—2020年完成前10～20卷册的开拓性工作。同时以此推动《世界迁地栽培植物志》（*Ex Situ Flora of the World*）计划，形成以我国为主的国际植物资源编目和基础植物数据库建立的项目引领。今《中国迁地栽培植物志·百合科芦荟属》书稿付梓在即，谨此为序。

黄宏文

2020年5月6日于广州

前言 PREFACE

百合科芦荟属（*Aloe* L.）植物，主要原产于非洲、阿拉伯半岛、索科特拉岛、马斯克林群岛、马达加斯加岛，全世界温暖地区广泛引种栽植。该属包含了五百余种多年生肉质植物，其中许多种类为著名的观赏、药用植物。

人类认识、发现和利用芦荟属植物有记载的历史约有6000年，考古从古埃及法老的陵寝中发现了芦荟的雕刻品，《圣经》中多次提到了芦荟属植物的使用。芦荟作为药物的记载始于3500年前，人们从古埃及的纸莎草文件上发现了其药用价值的记载。公元前4世纪，芦荟经由早期的世界贸易路线传入了中国和印度，至公元300年前后，芦荟传播到世界各地。芦荟最初传入中国并不是活植物，而是被称作“卢会”的汁液干燥物，作为药物传入。唐初的《药性本草》是最早记录芦荟药用价值的书籍，其后的《本草拾遗》《海药本草》《开宝本草》《本草纲目》等中药典籍均有记载和论述。从宋代起，中国开始了芦荟属活植物的栽培。北宋期间，我国的泉州和广州成为通往海外的主要对外贸易港口，在此期间，第一次有了芦荟属活植物引入的记载。华芦荟（*Aloe vera* var. *chinensis*）（目前归属有多种观点），作为药用植物引入中国，后在我国海南、广东等华南沿海地区归化，另外在我国云南元江地区也有归化的野生芦荟属植物分布。

芦荟属很多物种已引入中国，在全国各地栽培。新中国成立以后，随着各地植物园的建立，植物园已成为芦荟属植物保存的主要阵地。我国最早的芦荟属植物引种记录是来自中国科学院植物研究所，1949年新中国成立后，中国科学院植物研究所的前身中国科学院分类研究所建立了植物引种栽培组，接收了新中国成立前隶属前政府的北平研究院植物研究所遗留的300多种植物，给与了第一批引种编号，因此我国最早的芦荟属植物引种记录从1949年开始。到今天，我国迁地保育的芦荟属原生种类已超过250种（变种），其中大部分种类保存在我国南北各地的不同植物园中。

芦荟属植物用途广泛，集药用、食用、美容、观赏功能于一身，应用于医疗、化妆品、美容、膳食补充剂、清洁剂、园艺等领域，全世界广泛栽培利用。在非洲原产地国家和欧美国家，对于芦荟属的研究工作比较深入，多集中在分类、有效成分提取、药理药性等方面，而我国对于芦荟属的研究相对空白。相关中文文献资料缺乏，导致各植物园专类收集人员对于芦荟属植物缺乏足够的了解和认识，大量种类名称混淆，收集记录不全。虽然各植物园迁地保育了大量的芦荟属植物，但一直缺乏对迁地栽培物种形态特征、物候方面的数据记录和迁地保育技术的深入研究。

通过对各园收集的物种进行全面的整理鉴定，记录芦荟属植物的引种信息、栽培中的形态特征、物候信息，整理编撰各地区栽培要点，整合应用和评价信息，可为今后芦荟属植物的相关研究、优质野生资源推广应用和新品种选育提供翔实的数据基础。

《中国迁地栽培植物志·百合科芦荟属》自2016年开始启动编研工作，邀请了全国多个植物园的多肉植物专家共同参与，2016—2017年整合了各园芦荟属栽培名录，规范编撰内容、制定描述标准、收集各园物候观测及引种登录信息，落实相关信息的观察、补测和记录，收集积累相关文献，进行物种名实考证，并建立芦荟属植物图片和资料数据库。目前国内对于芦荟属植物的文献资料非常匮乏，已有形态描述、产地生境信息非常不完整，错误较多，几乎没有中文文献可供参考。该属植物全部为国外引进物种，无法依据模式标本进行引证鉴定，目前可以依据的分类学文献均为外语文献，需要大量时间和精力进行翻译和整理，这一切使得本书的资料收集和编写工作相对困难。

芦荟属植物在栽培过程中，由于栽培环境不同，栽培植株的形态特征与原产地野生植株差异较大，形态观测数据与现有文献差异明显，导致鉴定的难度极大。栽培植株有时典型特征不明显，栽培条件下开花结实较困难，无法根据相对稳定的繁殖器官的特征来进行分类鉴定。另外，园艺栽培中大量种类种植在较小的空间内，常发生物种间的自然杂交，有时也有一些人为杂交，遗传混杂的情况很普遍，导致鉴定中需要剔除很多杂交样本，提高了鉴定难度，增加了许多工作量。芦荟属植物许多种类分布于南半球，我国地处北半球，开花物候完全不同，我国仅无霜地区可露地栽培，其他地区需温室、大棚进行设施栽培，各地物候观测数据差异较大，需加以区别比较。本书在编撰过程遇到一些实际问题，通过编撰人员的努力取得了一些进展：

1. 进行物种鉴定、纠正常见错误

芦荟属植物均为外来物种，引种栽培中由于各园工作基础不同，许多种类缺乏原始引种信息的记录和文献资料，鉴定困难，大量的种类物种名称鉴定错误或未进行鉴定。经本书编者查阅芦荟属专著进行考证，纠正了一些种类常见的鉴定错误。

在本书的编撰过程中，对各园的芦荟属植物名录进行了整理和梳理，对各园50多种尚未定名的种类进行了鉴定，对于一些名称鉴定错误的种类进行了纠正。如白纹芦荟（*Aloe albostriata* T. A. McCoy, Rakouth & Lavranos）常被错误地鉴定为伊碧提芦荟（*Aloe ibitiensis* H. Perrier），美纹三角齿芦荟（*Aloe deltoideodonta* var. *fallax* H. Perrier）的学名也常鉴定错误为伊碧提芦荟。白纹芦荟和美纹芦荟的叶片都具有密集的纵向细条纹，白纹芦荟的叶片狭长条形，而美纹三角齿芦荟的叶片宽披针形或三角状披针形，与叶片不具条纹的伊碧提芦荟区别很大。在园艺栽培中，植物园引种的许多材料来源于自繁种子或购买苗圃种子、种苗，在生产过程中，常发生自然杂交和遗传混杂，这是很难避免的。这种情况下获得的植株，往往对鉴定产生干扰，需要剔除。在本书编撰过程中，各园提供的数据图片资料存在大量这种情况，我们花费了很大的精力进行物种鉴定和剔除杂交品种的相关资料。

2. 对于中文名称进行了考证和补充新拟

国内目前引种栽培的芦荟属植物已超过250种（变种），全部为外来种类。中文名称十分混乱，除一些常见种类有约定俗成的中文名外，很多种类中文名称来自日本名称的汉化，如沙地芦荟（*Aloe arenicola*）的别名“极乐锦芦荟”，这个名字来自日语汉字名称“极乐锦”、

*Aloe broomii*的中文名称“狮子锦芦荟”来自日语汉字名称“狮子锦”等等，还有相当多种的种类没有中文名称。此次编撰过程中，我们对没有中文名称的种类进行中文名拟定，并在新拟中文名后用“（拟）”来标示，拟定中文名有几种方式，一种是根据拉丁种名的意义来拟定，如*Aloe albostriata*，其种名来自拉丁文“*albus*”（白色的）和“*striped*”（条纹的），故新拟名称为白纹芦荟。有些芦荟学名是来自地名，如*Aloe amudatensis* Reynolds，种名来自乌干达的地名阿穆达特（Amudat），故采用地名作为新拟的中文名，由于地名较长，简称为阿穆芦荟。一些芦荟的名称来自人名姓氏，则采用翻译的姓氏作为芦荟的名称，如*Aloe hahnii*，种名来自人名Hahn，故新拟中文名为哈恩芦荟。如果姓氏翻译字数过多，可采用简写“某”氏来代替。如*Aloe hildebrandtii* Baker，来自姓氏hildebrandt（希尔德布兰德），因此新拟名称为希氏芦荟。

许多芦荟属植物的中文名称很混乱，常常一个种具有多个中文名称，此次编撰对中文名称进行了收集考证，并在书中罗列。一些芦荟具有日语汉字名称，但这些名称文学色彩较浓，往往不能体现植物的特征，不作为第一中文名出现，如有其他中文名称，尽量采用，对于只有日语汉字名称的种类，可在汉字名称后面加上“芦荟”两字，将其汉化后使用。日语汉字名称（简体字）罗列在中文名后面时，需标注“（日）”以表示来源。对于第一中文名的的选择按如下次序：（1）能体现拉丁学名的意义或能体现植物的形态、产地、习性等特征的名称；（2）栽培中约定俗成、最为常用的中文名称；（3）日语汉字名汉化的名称；（4）新拟名称（在没有中文名的情况下）。

3. 通过文献资料补充了收录物种的分类学信息描述和产地生境描述，并补充了栽培形态特征描述

本卷编写过程中，对于物种的形态描述，没有完整可靠的中文文献。分类学信息描述和产地生境描述参考国外专著和论文等文献进行翻译整理。各地栽培植株观测到的形态特征在本书列于原始资料的形态描述之后，可以与原产地形态特征进行对比，突出迁地栽培驯化过程中物种的形态特征变化，使得本书的出版更有实际的应用价值，可以作为迁地栽培的芦荟属植物鉴定工具资料，有助于更好地鉴定、栽培和开发利用芦荟属植物资源。

如对于第可芦荟（*Aloe descoingsii*）文献信息与实测信息的形态特征比较：

文献资料中的形态描述为：植株单头直径4～5cm。叶片长3cm，宽1.5cm。花序高12～15cm，具花约10朵；花被筒长7～8mm，子房部位直径4mm。

实际观察的形态描述：植株单头直径可达7.4cm，叶片长可达3.2cm，宽可达1.9cm。花序高可达32.6cm，具花可达17朵；花被筒长7～7.5mm，子房部位直径5.2～5.4mm。

对比可以看出，由于栽培水肥条件较好，该种栽培植株各部位的尺寸要稍大于野外生境中的植株。

4. 对形态特征进行了标准化描述

在本书的编研过程中，我们对芦荟属植物的形态学特征进行了研究，参考各类文献资料，规范了描述的术语，制定了描述的标准，改变了目前中文描述术语的混乱情况。本书的形态特征观测是在描述标准的指导下进行观测记录，观测的针对性强，资料编写更加严谨和科学。对于叶色、花色等信息的观测，采用英国皇家园艺学会（RHS）植物比色卡（第六版）比对测定。

5. 补充了栽培物候信息描述。

由于原产地与栽培地地理位置的差异，栽培植株与野生植物的物候信息差距非常大。同一种类在我国北方地区温室栽培、南方地区温室栽培、南方地区露地栽培，花期也有差异。通过实地观察，我们对各园引种栽培的芦荟属植物观察记载了花期、果期和休眠期的

信息。对于芦荟属植物今后的栽培、推广利用、筛选、育种工作有重要的意义。

如原产自南半球马达加斯加的米齐乌芦荟（*Aloe mitsioana*），在马达加斯加花期6～7月，而在北京地区10～11月观察到开花。

如原产自南非的范巴伦芦荟（*Aloe vanbalenii*），在南非原产地花期6～8月，而在北京地区花期11～12月，在厦门地区观察到花期12月至翌年2月。

6. 补充了数据库信息

在本书的编写过程中，考证了各园的引种栽培信息原始记录，各园拍摄图片数据、采集形态和物候信息，逐步建立了信息量巨大的芦荟属图片资料和数据储备。这些数据信息逐步充实到植物园体系内的数据库中，丰富了植物园的迁地栽培数据记载。为植物园体系芦荟属植物的引种、栽培、驯化、育种、应用研究、开放展示及科普教育奠定了基础。

7. 数据采集注重局部典型特征

通过芦荟属描述标准的研究和制定，指导各园在观测和采集数据过程中，针对典型特征进行重点观测和数据采集，图片数据的采集更能表现植物的细微特征。本卷选用的图片除能表现植株的整体植株外观外，还可详尽地展示叶片腹面、背面、边缘齿、刺齿、毛、疣突、条纹、斑点、苞片、花序、花及花纵切、果实、种子等局部特征和花发育、幼苗形态等发育特征，这对于园艺分类学鉴定非常有实用价值。

8. 对同一物种不同产地生态型进行对比

芦荟属植物在原产地，不同产地的样本往往形态特征有明显差异，如不同产地的羊角掌芦荟（*Aloe camperi* Schweinf.），有的样本叶片腹面具较多斑点、叶色暗绿，有的不具斑点或具零星斑点、叶色黄绿，在图片选用上，可将不同产地生态型的样本进行比较。不同产地的查波芦荟（*Aloe chabaudii* Schönland）也是差异较大，除叶色叶形有差别外，不同样本的花序可从较长的圆柱形至紧缩较短的近头状。对不同生态型样本的收集、选育，可以筛选培育出优良的园艺品种，在我国福建、广东地区植物园、多肉苗圃中大面积露地栽培的菊花芦荟就是一个例子。该植物20世纪90年代末由厦门植物园引种栽培，由于原始的引种记录缺失，不知道其名称、来源信息。人们发现其分枝总状花序极度紧缩呈近头状，形似菊花，非常美丽，花大而艳丽，群体花期长，非常适合我国南方温暖干燥地区园林造景，已大量扩繁并作为重点的育种材料。经编者查阅各类资料，认为菊花芦荟是查波芦荟短花序的生态型，分布在南非东北部、斯威士兰、莫桑比克三国交界的地区，这个产地区域的样本花序极短，在园艺栽培中作为优良性状植株被筛选出来广泛应用。本书中首次关注同一物种不同生态型的差异，本书的读者可以了解到芦荟属植物丰富的遗传多样性，促进人们关注多样性的遗传资源的收集和保存，并为芦荟属植物的新品种筛选培育提供基础栽培资料。

9. 对我国植物园体系芦荟属植物迁地栽培的历史进行了考证

本书的编写过程中，通过对各园芦荟属植物名录的收集整理和调查，对我国芦荟属植物的引种历史进行了考证，芦荟属活植物引入始于宋代，逐渐在全国各地进行栽培。而我国植物园体系最早的引种记录在1949年，如最早引种记录的芦荟属植物是库拉索芦荟（*Aloe vera* L.），引种编号为278:49。

通过植物园的引种记录考证到，2000—2002年、2008—2016年是我国植物园系统芦荟属植物引种的2个高峰时期，到今天保存的种类约330个，其中包含原种（变种）250余个。这是首次通过征集各园引种信息考证新中国成立后植物园体系芦荟属植物引种的情况和基本历程，更为贴近真实的历史。

本卷册物种拉丁学名主要依据APG系统以及*Aloes*：*The Definitive Guide*、*The Aloe Names Book*等专著，各论物种排列按照拉丁名字母顺序。收录了我国主要植物园迁地栽培的百合科芦荟属植物175种5变种，其中除库拉索芦荟以外的全部种类都被列入CITES附录I或II，列入IUCN红色名录的种类约37种，包含极度濒危种5种、濒危种5种、易危种4种、近危种2种。收录种类均原产自非洲、西亚及其周边岛屿，也是国内各植物园迁地栽培常见的种类。每种植物介绍包括中文名、拉丁名、别名等分类学信息和自然分布、生态与生境、迁地栽培形态特征、引种信息、物候信息、迁地栽培要点及主要用途，并附精美彩色照片展示其物种形态学特征和栽培中不同栽培地、不同栽培方式、不同生长阶段的形态特征。

我国各植物园目前迁地栽培芦荟属植物约250余种（变种），非常遗憾的是，由于时间仓促，很多种类因鉴定问题、缺乏观测数据或核心观测数据不完整而未收录入本书，今后随着观测数据的积累还会逐渐进行更新补充。在物种鉴定、形态观测和物候观察中，由于编者水平有限，难免错漏误差，对于不当之处，请各位专家和广大读者批评指正。

本书承蒙以下研究项目的大力资助：科技基础性工作专项——植物园迁地栽培植物志编撰（2015FY210100）；中国科学院华南植物园“一三五”规划（2016—2020）——中国迁地植物大全及迁地栽培植物志编研；生物多样性保护重大工程专项——重点高等植物迁地保护现状综合评估；国家基础科学数据共享服务平台——植物园主题数据库；中国科学院核心植物园特色研究所建设任务：物种保育功能领域；国家重要野生植物种质资源库；科技部国家国际科技合作专项项目（2015DFR30960）；中国科学院国际人才计划PIFI Fellow项目（2015VBA004，2015PB070，2017VCB0005，2020VBB0010，2021VBA0015）；中国科学院俄乌白专项经费资助项目；广东省数字植物园重点实验室；中国科学院科技服务网络计划（STS计划）——植物园国家标准体系建设与评估（KFJ-3W-Nol-2）；中国科学院大学研究生/本科生教材或教学辅导书项目。在此表示衷心感谢！

编者

2020年6月

参考文献

Carter S, Lavranos J J, Newton L E, et al., 2011. Aloes: The Definitive Guide[M]. London: Kew Publishing, 25–26.

Gordon D R, 1997. A History of Succulent plants[M]. California: Strawberry press, 6–22.

Mehta I, 2017. ‘History of Aloe Vera’ —(A Migical Plant) [J]. IOSR JHSS, 22(8): 21–24.

目录 CONTENTS

概述

Overview

一、芦荟属植物的形态特征与生物学特性

（一）芦荟属植物的形态特征

芦荟属植物为多年生肉质植物，高等植物。具根、茎、叶、花、果实、种子等器官。茎从极度紧缩、至具短茎至具粗壮的长茎干；叶片高度肉质化；总状花序或由总状花序构成的圆锥花序，花色多样，从白色至不同程度的黄色、橙黄、橙红色、红色。

1. 植株类型

芦荟属植株类型分为树状芦荟、灌木状芦荟和草本状芦荟。

（1）树状芦荟：植株具粗壮明显的主干，有时具分枝，主干与树冠的分枝的有明显区别。

（2）灌木状芦荟：植株无明显主干，基部多分枝。

（3）草本状芦荟：植株茎不明显（茎极度短缩）或具短茎，常呈莲座状单生或簇生。

树状芦荟

灌木状芦荟

草本状芦荟

2. 根

芦荟的根系为须根系，根的肉质程度不同，一般的根为圆柱形，也有一些种类的根肉质膨大呈纺锤形，如球茎芦荟（*Aloe richardsiae*）。

圆柱形根

纺锤形根

3. 茎

芦荟的茎变化较大，从茎不明显（茎极度紧缩）、短茎至粗壮高大的长茎干，质地从草质、半木质化至木质化。

（1）是否具明显的茎：芦荟属植物茎长短变化很大，包括茎不明显（茎极度紧缩）、具短茎、具长茎。

具极度短缩茎：叶紧密螺旋状排列于极度短缩的茎轴上，外观看不到明显的茎。

具短茎：具较短地上轴。

具长茎：具较长地上轴，茎干明显。

茎不明显

具短茎

具长茎

（2）茎形态：芦荟茎形态各异，有直立、横卧、下垂、蔓生等形态。

茎直立：茎直立向上生长。

茎横卧：茎横卧在地面上匍匐生长。

茎下垂：植株垂吊，茎向下悬垂生长。

茎蔓生：茎细弱，较长，无法直立，向四周蔓延生长，或依靠周围支持物生长。

茎直立

茎横卧

茎下垂

茎蔓生

（3）茎分枝情况：茎分枝或不分枝。

茎不分枝：植株不分枝，单生。如单干的树状芦荟马氏芦荟（*Aloe marlothii*）等。

茎分枝：植株不为单生，多头。一些芦荟的分枝呈二歧状，如二歧芦荟（*Aloe dichotorna*）等。

（4）萌蘖情况：许多芦荟基部萌生蘖芽，形成或大或小的株丛。

小株丛：萌蘖较少，形成少于5头小株丛。

大株丛：形成多于5头的大株丛。

植株单生

二歧状分枝

小株丛

大株丛

（5）茎表面特征：茎表面质地差别较大，有的光滑，有的茎表皮剥落，有的粗糙。还有的种类茎表面具木栓层，可以抵御定期发生的自然山火。

表面光滑

表面粗糙

表皮剥落

茎表具木栓层

4. 叶

芦荟的叶片肉质，排列成两列状至莲座状，叶形从条状、披针状至卵状、三角状，叶色多样，从淡绿至暗绿、黄绿色、蓝绿色、灰绿色、蓝灰色、灰色等，有时微红至棕红色。叶片边缘全缘至具尖锐齿，叶表附属物包括皮刺、疣突、霜粉等等。

（1）叶排列状态：叶片在茎端排列疏松或紧密，叶两列状或呈莲座状排列。

叶疏松排列

叶密集排列

叶排列成两列状

叶排列成莲座状

（2）叶形：芦荟的叶形多种多样，常见叶形包括披针形、三角状、条形、镰形等。

线形　带状　披针形　渐狭坡针形

卵形　三角状　镰形　锥状

（3）叶伸展方式：直立、平展、内弯、反曲。

直立　平展　内弯　反曲

（4）叶尖端：叶先端渐尖、急尖、钝尖、圆等，具尖锐刺尖或具多个齿，有时具芒或具卷曲的枯尖。

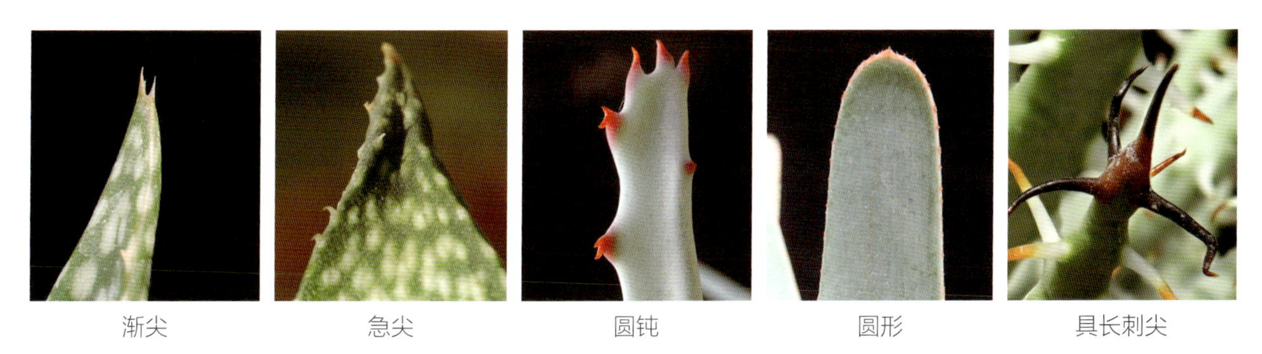

渐尖　急尖　圆钝　圆形　具长刺尖

具短刺尖　具 2 齿尖　具多齿尖　具卷曲枯尖　具芒

（5）叶边缘：叶全缘或具齿，边缘有时具角质边或假骨质边，有时波状，有时边缘红色。边缘齿三角状、锥状、钩状、细齿状、微齿状等。边缘齿单尖、双尖头，有时双连齿，有时多连齿。

全缘　波状　微齿　细锯齿　细长齿

软毛状齿　刺状齿　三角齿　尖锐齿　锥状尖齿

钩齿　单尖齿　双钝尖齿　双尖弯齿　双连齿

多连齿　连齿　窄边红棕色　齿红棕色　齿尖暗红棕色

（6）叶表附属物：叶片表面光滑无附属物或具叶表附属物，包括：疣粒、疣突、疱状突起、皮刺等，许多叶片具霜粉。一些芦荟的叶表面具小疣粒状突起，手感粗糙。还有很多芦荟叶表面具疣突，一般散布叶腹面或叶背面，分布稀疏或密集。疣突较平或突起呈圆丘状，有时呈其他形状，有时疣突顶端具刺尖。少数种类的芦荟叶表面具疱状突起，有时顶端具软毛尖，如琉璃姬孔雀芦荟（*Aloe haworthioides*）。非常多的芦荟种类叶表面具皮刺，软或坚硬，细或粗壮，长或短，直伸或钩状。皮刺有时无规则散布，有时沿叶背面、叶腹面中脉列状排列，有时靠近边缘呈列状排列，有时沿叶片脉纹排列。

光滑无附属物　表面粗糙　疣粒状　疣突　疣突密集

疣突呈横带状　疣突顶端具刺尖　短锥状皮刺　圆丘状疣突顶端具皮刺　长锥状皮刺

叶斑上皮刺　钩状皮刺　软刺状皮刺　长棘刺状皮刺　疱状突起

皮刺散布　叶背面沿中脉列状排列　靠近边缘成列排列　沿脉纹排列　具霜粉

（7）叶斑：芦荟的叶斑纹包括斑点和条纹。斑点形状包括圆形、椭圆形、梭状、延长斑、H型等等。叶斑一般颜色较浅，多白色、淡黄绿色至绿白色，有时微红，斑点有时清晰，有时模糊。叶表面斑点排列疏松或密集，有时排列密集成横带状或不规则片状。条纹一般纵向条形，粗或细，清晰或模糊。斑锦品种的条纹纵向，被称为缟纹。

圆形　椭圆形　梭形和延长斑　H 型斑　H 型斑

不规则斑块　暗点斑　模糊暗点斑　斑点清晰　斑点模糊

斑点稀疏　斑点中密度　斑点密集　斑点排列呈横带状　斑点排列呈片状

清晰粗条纹　较清晰条纹　模糊暗条纹　模糊暗条痕　斑锦缟纹

（8）叶鞘：一些节间较长的芦荟具明显的叶鞘，比较特殊的种类如纤毛芦荟，叶鞘边缘具纤毛，一些种类的叶鞘上具条纹或斑点，叶鞘的颜色也有变化，从较浅的绿白色、黄绿色、绿色、微红至红棕色等。

具纤毛　叶鞘边缘的纤毛　具条纹　具斑点　红棕色

5. 花序和花

（1）花序形态：芦荟的花序直立、斜伸、平伸或弯曲后上升。

直立　　斜伸　　平伸　　弯曲后上升

（2）花序分枝情况：花序不分枝或具分枝，有时下部分枝具二次分枝。分枝与花序主轴夹角变化较大，形成了花序的不同外观。

直立伸展　　开阔伸展　　斜展后直立　　水平伸展　　二次分枝

（3）花序或分枝花序的类型：芦荟的花序穗状、总状、紧缩成近头状，或复合成圆锥状。

花序穗状：花无梗或几乎无梗，着生于花序轴上。如相似芦荟（*A. alooides*）、穗花芦荟（*A. spicata*）等。

花序总状：花具近等长的花梗，排列于花序轴上。如白花芦荟（*A. albiflora*）、小芦荟（*A. parvula*）等。

花序复合成圆锥状：花序轴具分枝，每一分枝花序总状或紧缩成近头状，分枝花序在花序轴上总状排列，复合形成圆锥花序。如雀黄花芦荟（*A. canarina*）、羊角掌芦荟（*A. camperi*）等。

花序或分枝花序总状，外观呈圆锥形、圆柱形或紧缩成近头状，或花均偏斜向中轴的一侧。如：木立芦荟（*A. arborescens*）、绘叶芦荟（*A. pictifolia*）的花序圆锥状；科登芦荟（*A. kedongensis*）、纤枝芦荟（*A. tenuior*）的花序圆柱状；赫雷罗芦荟（*A. hereroensis*）、菊花芦荟（*A. chabaudii*）、安东芦荟（*A. andongensis*）的分枝花序紧缩成近头状；马氏芦荟（*A. marlothii*）、侧花芦荟（*A. secundiflora*）、球蕾芦荟（*A. globuligemma*）的花偏斜到分枝花序轴的一侧。

芦荟花序的花排列从密集至松散。如好望角芦荟（*A. ferox*）、高芦荟（*A. excelsa*）、柏加芦荟（*A. peglerae*）的花序，花排列非常密集，而喜钙芦荟（*A. calcairophila*）、鲍威芦荟（*A. bowiea*）的花序，花排列非常疏松。

圆柱形

紧缩为近头状

穗状

向一侧偏斜

排列密集

排列松散

（4）花：芦荟的花被筒形状包括圆筒状、钟状、椭圆状、坛状、棒状等。花被筒有时稍呈三棱形，有时花被筒稍向一侧膨出或弯曲，有时花呈二唇状；许多芦荟种类的花被筒子房上方缢缩，下部椭球形、球形至扁球形。花被筒多光滑，有时被毛或被霜粉。花被筒基部圆、平截、凹陷、骤缩成尖头状。外层花被分离长度不同，从数毫米至自基部分离。花色从白色至不同程度黄色、橙黄色、橙色、橙红色、粉色、红色等。雄蕊和雌蕊不伸出（内含）或不同程度地伸出花被筒。

钟状

椭圆形

圆筒形

坛状

棒形

二唇状

花基部球形

花被微柔毛

花被长茸毛

外层花被分离

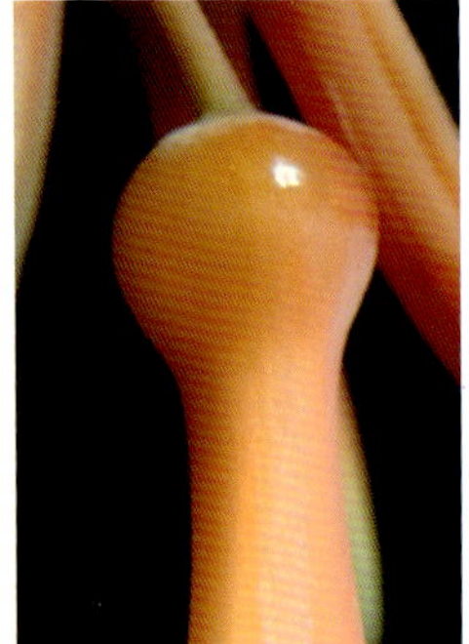
基部圆

基部平截

基部凹

基部骤缩成短尖头状

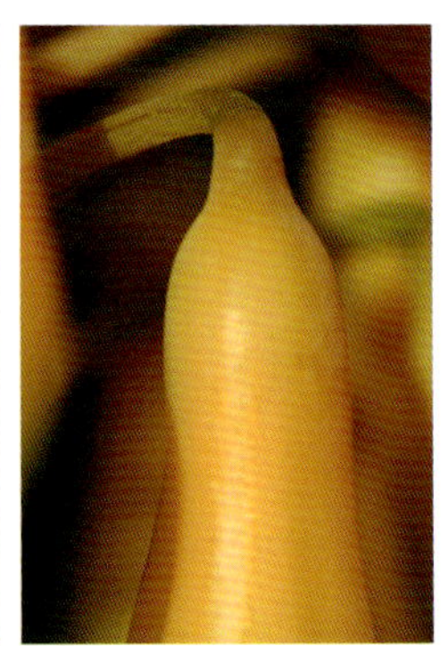
基部骤缩成长尖头状

子房上方突然缢缩　筒三棱状　向一侧膨出　雄蕊花柱伸出花被筒　雄蕊肉质

（5）苞片：花序梗具苞片，苞片膜质或纸质。不育苞片一般位于下方，分枝基部常被苞片相对包裹。花苞片位于花梗基部，线状、披针形至卵状，长度短于花梗长度至长于花梗长度。花苞片一般膜质或纸质，白色、米色、淡棕色或淡红色，贴合花梗或反折。

苞片膜质　苞片纸质　不育苞片　苞片包裹分枝基部

苞片具长尾尖　苞片长条形　苞片卵状　花苞片长于花梗长度

花苞片长度约为花梗的一半　花苞片长度短于花梗一半　花苞片淡红色　花苞片反折

（6）珠芽：芦荟属的一些种类，在总状花序基部或花序梗上生有珠芽。如珠芽芦荟（*A. bulbillifera*）和珠芽浆果芦荟（*A. propagulifera*）等。

总状花序基部的珠芽

花序梗上的珠芽

珠芽

6. 果实与种子

（1）果实：芦荟的果实通常为蒴果，有时为浆果。果近球形、椭圆形、长圆形，干燥开裂，散出种子。

近球形

椭圆形

长圆形

蒴果开裂散出种子

（2）种子：芦荟属植物的种子不规则多角状或扁平，通常具膜质翅，翅的宽窄不一。

几乎不具翅

具窄翅

具宽翅

（二）芦荟属植物的生物学特性

芦荟属植物喜光耐部分遮阴，能在强光下生长，也能适应稍荫蔽的环境。不同生育期的芦荟属植物对光照强度的适应性不同，如刚移栽的小苗需适当荫蔽。光周期与芦荟属植物的开花密切相关，适当的短日照可以促进开花。光质影响芦荟属植物的生长，在同化过程中吸收最多的是红光和橙光，其次是黄光，蓝紫光的效率最低。

温度是芦荟属植物生长和发育中最重要的环境因子之一。该属植物原产于热带、亚热带地区，喜温暖，需较高温度。生长最低温度8～12℃，生长最适宜温度在15～30℃之间。大部分种类不耐寒，对低温的适应能力差，温度8～10℃时生长开始减慢。一般来讲，大部分种类气温降至0～3℃较长时间会出现明显寒害，但可耐短暂0～3℃低温。当温度较长时间低于0℃时，会出现冻害。也有一些耐寒种类，在原产地冬季可耐受0℃以下低温，据文献记载，个别种类可耐短暂-8℃低温。温度过低或低温持续时间过长，会导致植株死亡。芦荟属植物对高温有较强的忍耐力。当气温超过35℃时，生长速度开始迅速下降；40℃以上高温时，生长基本停止，进入休眠状态；50℃以上时，代谢失衡，50～55℃左右叶片开始出现热损伤。高温可破坏细胞原生质结构和酶活性，影响体内的各种生理代谢活动。湿热条件下，植株常生长不良，易发生各种病害。芦荟属植物的生长还需要一定的昼夜温差，一般在6～10℃之间。

芦荟属植物叶片保水能力很强，因此抗旱性强，可忍耐很低的空气湿度和土壤干旱，但不耐涝。空气湿度对芦荟属植物的生长有一定影响，适宜的空气湿度可促进幼苗生长。较高的湿度容易引起病虫害的滋生，危害植株。土壤湿度不宜过高，如果积水过多，容易发生根部腐烂病。幼苗较成年植株对水分变化敏感，对不良水分情况抗性差。一些生于多云雾高海拔地区或海滨地区的芦荟属植物，需要一定的空气湿度，有利生长。

喜排水良好的砂壤土。黏土质地细、排水差、易板结，不利于芦荟属植物生长。砂壤土颗粒适中、透气性好，保水保肥力强，适于生长。土壤的各种营养矿质元素对其生长十分重要，芦荟属植物对氮、磷、钾养分需求量不一样，栽培种施肥以磷钾肥为主，氮：磷：钾的配比大致为5～10：20：20。土壤酸碱度与芦荟生长关系密切，适于生长的土壤pH值在6.5～7.2之间。芦荟属植物大部分种类适应土壤中性的环境，一些种类喜酸性或碱性土壤，如伯伊尔芦荟（*A. boylei*）、*A. commixta*、还城乐芦荟（*A. distans*）、埃克伦芦荟（*A. ecklonis*）、虎耳重扇芦荟（*A. haemanthifolia*）、僧帽芦荟（*A. perfoliata*）、折扇芦荟（*A. plicatilis*）、索科德拉芦荟（*A. succotrina*）等喜酸性土壤；而相似芦荟（*A. alooides*）、沙地芦荟（*A. arenicola*）、短叶芦荟（*A. brevifolia*）、棒花芦荟（*A. claviflora*）、镰叶芦荟（*A. falcata*）、大恐龙芦荟（*A. grandidentata*）、赫雷罗芦荟（*A. hereroensis*）、克拉波尔芦荟（*A. krapohliana*）、海滨芦荟（*A. littoralis*）、黑刺芦荟（*A. melanacantha*）、皮氏芦荟（*A. pearsonii*）、多叶芦荟（*A. polyphylla*）等种类喜碱性土壤。充分了解芦荟属植物对土壤酸碱度的偏好，可以创造更好的生长环境。

空气质量对芦荟属植物的生长影响很大。在温室、大棚栽培过程中，要注意通风，增加封闭空间内的氧气含量。通风不良的环境容易导致芦荟属植物罹患红蜘蛛、介壳虫等虫害。土壤透气性也很重要，要定期松土、改良土壤结构，控制浇水量，保证有充足的氧气供给根系利用。空气中增加二氧化碳的浓度可促进生长，温室内适用量每立方米干冰5～10g，使温室内二氧化碳浓度维持在0.1%～0.2%，不能过高，过量的二氧化碳会对其造成危害。芦荟对空气中的二氧化硫十分敏感，浓度过高时芦荟叶片会受害，出现黑色斑点、叶脉变为黄褐色或白色，组织坏死。空气中过浓的氨气对芦荟生长不利，当氨气浓度过高时，叶片边缘会发生烧伤现象。此外，乙烯、硫化氢、一氧化碳、氰化氢和氟化氢等有害气体均危害芦荟生长。

不同种类、不同地区的芦荟属植物，花期十分多样。在南部非洲的原产地南非，全年都可见到芦荟属植物开花，冬季6～8月开花的种类最多，也有一些种类经年开花，如纤毛芦荟（*A. ciliaris*）等。向北至原产地津巴布韦，全年都可以见到芦荟属植物开花，但开花种类最多的为5、6、7月三个月，其次是4月和8月，其他月份也能有3～5种芦荟可见花期。再向北到马拉维，从12月至翌年10月，都可见到芦荟属植物开花，花期最集中在2～9月，仅有当地夏季最热的11月没有开花的记载。再向东北至乌干达，全年都可看到芦荟属植物开花，但开花种类最多的在7～10月，其他月份也能见到一些种类的芦荟属植物开花。

我国南北各省的植物园都引种了芦荟属植物，北方地区需要在温室里进行栽培，南部部分无霜地区可露地栽培，目前在福建厦门、广东省的广州和深圳的一些植物园，以及海南地区，已露地栽培。与位于南半球的原产地不同，我国位于北半球，芦荟属植物的花期在12个月中的分布差异很大。北京地区，8月至翌年的7月都可见芦荟属植物陆续开花，但主要的花期集中在9月至翌年5月，少数种类几乎全年开花（7月末至8月初除外）。上海地区观察到温室栽培的芦荟属植物，花期从10月至翌年7月，其中大多数种类集中在11月至翌年1月期间。南京地区观察到迁地保育的芦荟属植物花期从11月至翌年6月，主要的花期集中在11月至翌年2月。福建省厦门市气候适宜，芦荟属植物大多可以露地栽培，观察到全年均可见开花芦荟，花期最为集中在10月至翌年4月。

太阳鸟吸食花蜜传粉

具长喙的太阳鸟

蜂类传粉

芦荟多异花授粉结实，为鸟媒、虫媒植物。其花被筒形，多红色、橙色或黄色，多无明显香味，基部有蜜腺，是典型的鸟媒、虫媒花。在原产地多由太阳鸟进行传粉，也有蜜蜂、胡蜂等昆虫进行传粉。马达加斯加原产的苏珊娜芦荟（*Aloe suzannae*），花具有夜香，适应由夜行的蝙蝠和狐猴传粉。在我国北方温室栽培中，样本数量较少的情况下，无法大量自然结实，需进行人工授粉。有时可以观察到一些结实的植株，可能是获得了同时开花的其他植株或其他种类的花粉受精。授粉成功的植株，子房部位开始膨大，至果熟期，果实成熟后，蒴果开裂，种子散播。在不同种类拥挤在一起的温室或花园中，自然授粉获得的种子有时是杂交的产物。这样来源的种子播种获得的后代，往往鉴定困难。

在我国，除南部温暖、干燥的无霜冻地区可露地栽培外，其他地区需温室、大棚等设施栽培，进行越冬保护。一般来讲，芦荟属植物习性强健，除少部分夏季喜凉爽的种类在夏季湿热季节短暂休眠，大多数种类没有明显的休眠期。北京地区观察到一些来自高海拔冷凉地区的芦荟属植物在高温高湿天气下会进入休眠，如一些草芦荟组的种类。原产自马达加斯加的第可芦荟（*A. descoingsii*）、琉璃姬孔雀芦荟等也不耐高温。还有一些芦荟不喜低温，如杰克逊芦荟（*A. jacksonii*），过低温度会导致生长停滞，甚至叶片先端萎蔫。

（三）芦荟属植物迁地栽培的形态和物候数据观测

本书对各植物园收集的芦荟属植物栽培植株进行了形态和物候数据的观测，主要观测记载的数据信息如下：

1. 形态学数据观测

栽培条件对植株形态特征影响非常大，尤其是室内栽培，植株各部位的尺寸与文献基于原产地植株的数据往往有一定的差异，对比数据能够直观地体现驯化栽培对植株的影响，因此测定栽培植株的形态数据是有一定现实意义的。

（1）植株形态观测：观察记载植株形态类型等信息，测定植株的株高、株幅等数据。

株高（m/cm）：地面至植株最高点的长度。

单头莲座株幅（m/cm）：一个分枝莲座的直径。

株幅（m/cm）：单生植物的直径或株丛的直径。如形状不规则，则选最宽点测定直径。

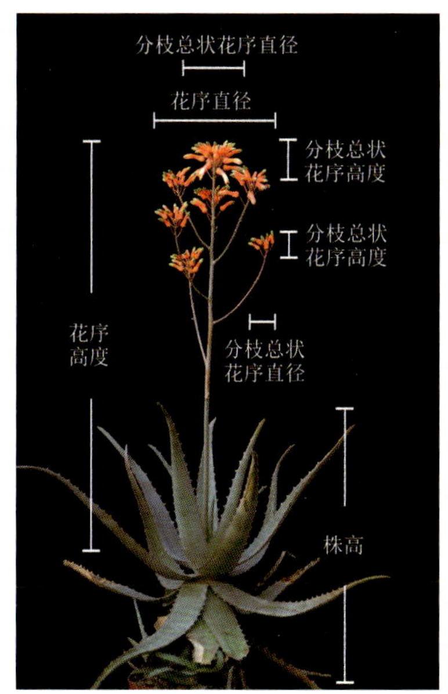

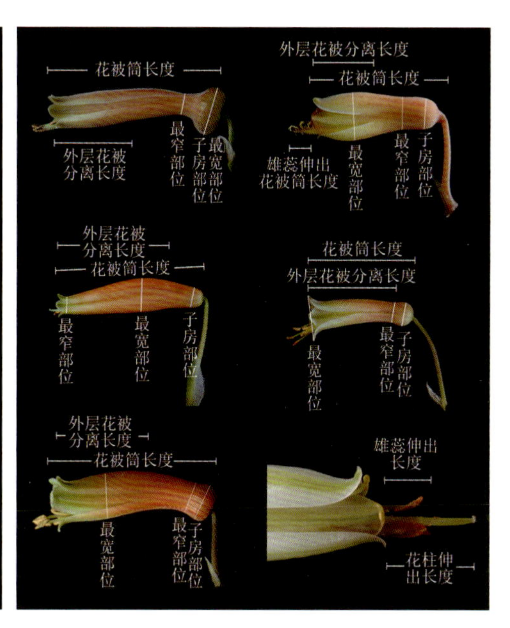

（2）茎形态观测：观察记载茎类型、分枝情况、表面质地、颜色等信息，测定茎长、茎粗等数据。

茎长（cm）：茎的长度。

茎粗（cm）：茎的直径。

（3）叶形态观测：观察记载叶的排列方式、伸展方式、叶片形状、边缘和边缘齿类型、叶表附属物（疣粒、疣突、皮刺、霜粉）的形态和类型、叶斑类型和排列等信息，测定叶片长度和宽度、边缘齿长度和齿间距等数据，比色测定叶片各部位的颜色。

叶片长度（cm）：从叶片基部至叶先端的长度。

叶片宽度（cm）：叶片最宽部位的宽度。

边缘齿长度（mm）：叶片边缘至边缘齿先端的垂直高度。

齿间距（mm）：边缘齿之间的距离。

叶片各部位颜色测定：记录叶腹面、叶背面、叶缘、叶缘齿、叶斑、叶鞘等部位的颜色，采用英国皇家园艺学会（RHS）植物比色卡（第六版）进行比色测定。

（4）花序和花形态观测：观察记载花序分枝情况、总状花序形状、花排列疏密度、花被筒形状等信息，测定花序高度、总状花序或分枝总状花序的长度、直径和花数量、花被筒各部位尺寸等数据，比色测定花序和花各部位的颜色。

花序高度（cm）：花序柄基部至花序顶端的长度。

花序分枝数量（个）：花序分枝的数量，不含主轴。

总状花序或分枝总状花序的长度（cm）：总状花序或分枝总状花序最下方花梗位置至顶端的长度。

总状花序直径（cm）：总状花序或分枝总状花序最宽处的直径，若不规则，选择最宽点测量。

总状花序或分枝花序花数量（朵）：总状花序或分枝总状花序具花的数量。

花被筒长度（mm）：花被筒基部至先端的长度。

花被筒子房部位宽度（mm）：花被筒通常侧面较宽，量取侧面子房部位的宽度，

花被筒最窄部位宽度（mm）：测定花被筒侧面最窄部位的宽度。花被筒最窄部位常为子房上方缢缩的部位，有时花被筒不缢缩，则最窄部位不明显；棒状花往往花被筒向下逐渐变窄，最窄部位可测定子房部位；有些花向口部逐渐变狭，最窄部位为口部。

花被筒最宽部位宽度（mm）：测定花被筒侧面最宽部位的宽度。花被筒最宽部位有时为子房部位，有时靠近中部，有时靠近口部。

雄蕊伸出花被筒长度（mm）：花被筒先端至雄蕊顶端的长度。

花柱伸出花被筒长度（mm）：花被筒先端至花柱顶端的长度。

花序和花各部位颜色测定：记录花序梗、花梗、花被筒、雌雄蕊等部位的颜色，采用英国皇家园艺学会（RHS）植物比色卡（第六版）进行比色测定。

（5）果序、果实和种子：测定记录果序长度和直径、果实长度和直径、种子长度和宽度、种翅宽度的数据。除厦门、广州、深圳等地有部分露地栽培外，国内其他地区的植物园的芦荟属植物以室内栽培为主，室内栽培条件下，芦荟属植物结实较少，故本书对本项不做重点测定。

2. 物候数据观测

芦荟属植物多栽培于温室、大棚中，在温暖、干燥的无霜地区可露地栽培。加温温室、大棚内栽培时，供暖条件对花期、休眠期影响较大。芦荟属植物生长较缓慢，叶片常绿，对于植株、叶片生长的物候观测没有太大意义，因此物候观测应重点观测各地、不同栽培条件下的花期、果期和休眠期变化。

（1）花期物候：观察记载芦荟属植物在我国各地的花期物候，比较我国不同栽培地区花期物候的差异，以及与原产的花期的差异。

芦荟的花期物候观察可以分为几个主要阶段：

花芽期（Sprouting of flower bud, flower bud burst/break）：植株上可观察到一个或多个正伸出的花芽，花序穗状，苞片呈覆瓦状紧密包裹，花序梗未伸长生长，未露出花被，为花芽期开始。花序梗开始伸长生长，至花蕾膨大，第一个花蕾从苞片中露出为止。

始花期（BF = First flowers open, Beginning of flowering, blossom）：最早的花零星开放，<5%的花开放。

盛花期（FF = Full flowering, General flowering, Full blossom）：大约50%的花朵开放，最早的花瓣可脱落。

末花期（EF = End of flowering, blossom）：大约90%的花朵已开放。

花芽期

初花期

盛花期

末花期

（2）果期：迁地栽培中花期过后需观察果熟期，并记录下来。果实成熟期（RP = First ripe fruits; RP = Fruit ripe for picking）：果实开始显示成熟颜色至蒴果开裂。

（3）休眠期：记录植株休眠期的起始和停止时间。

休眠期（Dormant Period）：为生长和代谢出现暂停的时期，包括夏季休眠或冬季休眠。

二、芦荟属植物的起源、地理分布、生境概况

芦荟属植物全世界约有548种已接受物种，主要分布于撒哈拉沙漠以南非洲东部地区、南部地区、阿拉伯半岛、马达加斯加和西印度洋的岛屿。非洲是芦荟属植物主要分布的大陆，约有350种发现于非洲，集中于非洲大陆的南部、东部以及马达加斯加岛。南非大约有140种，是非洲芦荟属植物分布种类最多的国家。所有的芦荟属植物叶片都有不同程度的肉质化，具有一层厚蜡角质层，进行景天酸代谢，是非洲干旱地区的典型物种。

格雷斯（O. M. Grace）等人2009年在其研究综述中提到，芦荟属植物的分布有一些物种多样性较高的热点地区，分别为：非洲南部多样性中心（包含南非南部和东部、莱索托、斯威士兰和博茨瓦纳的东南部）、非洲东部多样性中心（位于坦桑尼亚北部和肯尼亚南部边界两侧的区域及乌干达东南端）、马达加斯加多样性中心、非洲西部多样性中心（包括科特迪瓦、加纳、多哥、贝宁、尼日利亚、喀麦隆等国家的部分地区），以及阿拉伯半岛的多样性中心（包含沙特阿拉伯和也门的一些地区），这些地区芦荟属植物的物种多样性较为丰富。

格雷斯等人在2015年又提出了芦荟的系统发育假说，揭示了芦荟种群有四个地理多样性中心：南部非洲地区（约170种）、马达加斯加地区（约120种）、东非–赞比西亚地区（约100种）和非洲之角的埃塞俄比亚–索马里地区（约90种）。这些地理分布中心物种丰富度高、分布区狭窄、特有种比例高。南非70%的种类、埃塞俄比亚90%的种类、马达加斯加100%的种类都是当地特有物种，高度的地方特有性使芦荟属植物容易面临潜在的灭绝危险。

芦荟是如何形成现在的分布格局呢？芦荟属植物又是从哪里起源的呢？研究表明，芦荟属植物起源于中新世早期的南部非洲，约1900万年前。由于西南非地中海气候的建立和中新世南部非洲荒漠的扩张，导致了主要的亚热带植被的大规模灭绝，对芦荟属植物的进化产生了深远的影响。在当地范围内，适宜的栖息地丧失迫使南部非洲芦荟的祖先向东北迁移，冬季降雨区的建立，很大程度上将芦荟属植物排除在卡鲁地区之外。芦荟属植物的多样性始于1600万年前，南部的芦荟祖先从南非向东北扩展到赞比西亚地区，到了1000万年前，迁移至埃塞俄比亚–索马里区域。到了500万年前，芦荟属植物的进化经历了一次突然的物种大扩散，经由埃塞俄比亚–索马里地区抵达西非、撒哈拉–苏丹地区和阿拉伯半岛，并通过赞比西亚地区抵达马达加斯加。分离和地理隔离推动早期物种形成，推动了芦荟属的早期物种多样化。埃塞俄比亚–索马里地区为芦荟属物种形成的十字路口，每一次扩散事件都是经由这里进入四个相邻的区域。芦荟属的迁移、演化不是单一、单向的，有证据表明，马达加斯经历了芦荟属植物的多次引入（三次扩散）。从赞比西亚地区发现了一次向南的扩散事件。

库拉索芦荟是世界芦荟贸易主要的种类之一，全球广泛栽培，很长时间以来，它的原产地难以确定。最新的分子研究结果已经提出，库拉索芦荟可能是起源自500万年前的阿拉伯半岛。阿拉伯半岛是芦荟属分布区的最北端，气候极端炎热和干燥，这里的芦荟叶片革质、蓝灰色，可在白天极端温度和辐射下保护叶肉组织中贮存的水分。阿拉伯半岛的芦荟多样性是一种或多种芦荟祖先从埃塞俄比亚–索马里区域迁移而来，由于隔离作用不断演化形成的，此后没有扩散回非洲大陆。

三、芦荟属植物的用途

（一）药用

芦荟属植物作为药用植物被应用已经有几个世纪了，广为利用的种类包括库拉索芦荟（*Aloe vera*）、木立芦荟（*A. arborescens*）、好望角芦荟（*A. ferox*）、非洲芦荟（*A. africana*）、斑点芦荟（*A. maculata*）等。

在我国，芦荟是一种较常用的传统中药材，商品为库拉索芦荟、好望角芦荟或其他同属近缘植物的叶片汁液经煎煮浓缩而得的干燥物。有清热、通便、杀虫、燥湿涤痰的功效。主治热结便秘、妇女闭经、小儿惊痫、疳热虫积、癣疮、痔瘘、萎缩性鼻炎、瘰疬等症。

芦荟作为一种天然药物，已经有几千年的发展历史，尤其是在国外的一些发达国家，对芦荟属植物的研究和开发利用十分深入。近几十年来，国内外对芦荟属植物的研究主要集中在化学成分、临床应用和栽培繁殖技术等方面。研究表明，芦荟属植物的化学成分已达160余种，其中有效成分达72种以上。主要含有蒽醌类化合物、多糖、有机酸、蛋白质、氨基酸、多肽、多种微量元素等有效化学成分。

芦荟属植物的主要化学成分有六大类：

（1）蒽醌类化合物：包括芦荟大黄素、芦荟素（芦荟苷）、芦荟苦素等20多种化学成分，其中芦荟素是最基本的成分之一，有较弱的致泻的作用。芦荟素氧化转变为芦荟大黄素的时候，苦味增加，致泻作用增强，能促进大肠蠕动，对便秘、痔疮有特殊疗效，还具有杀菌抑菌作用。

（2）糖类：芦荟含有的糖类主要包括葡萄糖、甘露糖及由它们组成的多糖。芦荟叶肉中黏性的物质为甘露聚糖。芦荟多糖对癌症和艾滋病的防治有一定作用，主要通过提高人体免疫功能而发挥作用。

（3）氨基酸和各种有机酸：芦荟的汁液经水解后可分解为19种氨基酸，其中有些氨基酸是人体无法合成的，必须通过食物摄入。芦荟汁液中的各种氨基酸组成比例平衡，被誉为21世纪最有希望的保健食品。根、茎、叶中还含有多种有机酸，对人体有利。

（4）矿物质：芦荟中含有丰富矿物质，含有钾、钠、钙、镁等大量元素，以及锌、铜、钡、锗等微量元素，有机态的锗对一些疑难杂症有比较明显的疗效，从芦荟汁液中提取的羟已基三氧化物，对于肺癌、肝癌、子宫癌、白血病、肝硬化等都有疗效。

（5）维生素：芦荟汁液中含有多种维生素，包括维生素A、B1、B2、B6、B12、C、D2、D3、E、H等，以及一些维生素和金属离子化合物的生物原刺激物，这些物质具有增强组织生化过程的作用。

（6）酶：主要有淀粉酶、纤维素酶、脂肪酶、植物凝血素等。植物凝血素可以促进细胞生长与分裂，加快受伤组织康复和愈合，还能增强淋巴细胞功能，提高人体抗感染能力。

芦荟属植物的研究还涉及医学领域，对于人体免疫力提高、各种胃肠消化道溃疡、便秘、糖尿病、心血管疾病、妇科病、皮肤病及一些疑难杂症都有明显疗效。芦荟的药理作用主要表现在以下几方面：

（1）健胃和缓泻作用：芦荟素、芦荟大黄素、芦荟宁、芦荟咪酊等有效成分具有健胃和缓泻的功能，可促进食欲和大肠蠕动，对便秘有明显疗效。

（2）抗癌功能：除含有多种维生素和矿物质外，芦荟凝胶质具有很强的抗癌作用，芦荟米嗪对癌症有疗效，芦荟提取物及芦荟苦素能明显提高机体免疫功能。芦荟的提取物在临床上对肝癌、肺癌、胃癌、子宫癌都产生了一定疗效。.

（3）治疗创伤作用：芦荟大黄素等蒽醌类物质对于伤口的抗菌杀菌效果显著，芦荟素A、甘露聚糖有促进伤口愈合的作用。

（4）强心活血作用：芦荟素、芦荟多糖能够强化心脏功能，促进血液循环、软化硬化的动脉，降低胆固醇值，扩张毛细血管、使血压正常化，对动脉硬化和高血压有一定预防和治疗作用。

（5）抗菌消炎作用：芦荟中的蒽醌类化合物大多有杀菌、抑菌、消炎、解毒、促进伤口愈合的作用。可有效治疗疮痈肿痛、消除粉刺、痤疮等。

（6）增强免疫功能：芦荟多糖类物质有提高免疫能力的作用，据报道，芦荟对癌症的良好治疗作用，主要是通过提高人体免疫系统的功能而发挥作用。

（7）降血糖作用：芦荟提取物还具有调节和促进胰腺的胰岛素分泌的作用，可用于预防或治疗糖尿病。

（二）美容

芦荟被应用于美容领域，具有美容功能。具有使皮肤收敛、软化、保湿、消炎、解除硬化、角化、改善伤痕等作用。含有的芦荟素、芦荟苦素、氨基酸、维生素、糖分、矿物质、甾醇类化合物，可保湿、消炎、抑菌、止痒、抗过敏、软化皮肤、防粉刺、抑汗防臭。芦荟中含有多种消除超氧化物自由基的成分，如超氧化物歧化酶、过氧化氢酶、以及维生素A、维生素B、胡萝卜素、半胱氨酸及铜、锌、锰、铁等，可使皮肤白嫩有弹性、防皱、抗衰老。芦荟中含有的芦荟素、蒽醌、肉桂酸酯、豆香酸酯等物质，对紫外线有一定隔绝作用，芦荟胶能有效抑制紫外线伤害，防止色素沉积。

叶片肉质的芦荟，特别是库拉索芦荟（*Aloe vera*）被广泛应用于美容产品中。人们相信使用这些来自自然的健康植物是一种健康的生活方式，库拉索芦荟成为著名的健康植物。芦荟的成分被用于添加到洗发液、须后水、漱口水、护肤液、面膜、甚至是健康饮料中。在美国库拉索芦荟被广泛种植，形成了蓬勃的产业。

（三）食用

芦荟由于含有苦味的化合物，所以不能直接食用，需要加工后食用。在南非，有用好望角芦荟（*Aloe ferox*）的叶片制作果酱的报道。芦荟许多种类的花是可以食用的，如*A. krausii*、*A. minima*的花芽被当地的祖鲁人作为生食蔬菜食用，祖鲁人还烹饪伯伊尔芦荟（*A. boylei*）、库珀芦荟（*A. cooperi*）和其他芦荟的花作为蔬菜食用。广泛分布于安哥拉、纳米比亚、博茨瓦纳、赞比亚、津巴布韦的食花芦荟（*A. esculenta*），其学名意为"可食用的"，指其花可食用。有报道称斑马芦荟（*A. zebrina*）的花能用来制作蛋糕。在西非，大果芦荟（*A. macrocarpa*）花作为季节性野菜烹饪食用。有报道称在南非，芦荟的干燥叶片与茶叶混合饮用。

库拉索芦荟的叶肉经过加工后，可食用。目前用芦荟加工的食品很多，有混合果汁、芦荟酸奶、蜂蜜芦荟茶、芦荟茶、芦荟糖、芦荟果酱、芦荟面等，市场上有很多加工好的可食用的芦荟果肉粒销售，用于添加各种果味饮料、酸奶制品等。加工过的库拉索芦荟、木立芦荟的叶肉可用于烹饪菜肴，一些餐厅提供芦荟制作的甜品、菜肴和羹汤。

（四）观赏

在许多非洲国家和其他大陆温暖干燥地区的国家，芦荟属植物常被用于庭院美化。在南非、肯尼亚等一些非洲国家，高大的树状种类——巴里芦荟（*Aloe ballyi*）和大树芦荟（*A. barberae*）被用作行道树，箭筒芦荟（*A. dichotoma*）、好望角芦荟、非洲芦荟（*A. africana*）、马氏芦荟（*A. marlothii*）等常常作为主景观赏植物进行栽植，而较高的灌状多花的芦荟常用于布置花境的背景花丛，如木立芦荟（*A. arborescens*）、科登芦荟（*A. kedongensis*）、达维芦荟（*A. dawei*）等。较矮的中型大小的芦荟，常用于花境的前景，如斑点芦荟群（Maculate Aloes）中的许多种类、范巴伦芦荟（*A. vanbalenii*）、索科德拉芦荟（*A. succotrina*）以及一些小型大株丛的种类。人们通过杂交育种，培育出大量观赏价值极高、多花、花期长、花色鲜艳的园艺品种，极大地丰富了多肉花园的种类。

小型种类适宜作盆栽植物，如短叶芦荟（*A. brevifolia*）、绫锦芦荟（*A. aristata*）等，是受欢迎的家庭小盆栽植物。育种专家通过杂交育种，还培育出一些刺色、疣突色鲜艳的园艺品种，深受爱好者欢迎。如圣诞芦荟（*A.*'Christmas Carol'）、蜥嘴芦荟（*A.*'Lizard Lips'）等等。一些具有药用价值的芦荟也成为家庭芦荟盆栽的主要种类，如库拉索芦荟、木立芦荟、斑点芦荟、华芦荟等等，除了发挥其观赏价值，还可物尽其用，发挥其“家庭小药箱”的功用。

芦荟景观（福建龙海）

芦荟景观（厦门市园林植物园）

街头花园的芦荟景观（美国加利福尼亚州）

（五）其他

芦荟的其他用途也很多，尤其是在原产地，土著居民对芦荟属植物的了解十分深入，能够因地制宜很好地利用芦荟资源。

土著居民知道，有少数芦荟是具有毒性的。在马里，*Aloe buettneri* 的叶片含有毒芹碱类物质γ-去氢毒芹碱，被当地人用作箭毒，这类芦荟具有特殊的气味特征。在肯尼亚和索马里，人们用石地芦荟（*A. ruspoliana*）的叶片提取物涂抹肉类，毒杀鬣狗。

人们燃烧干燥的芦荟叶片用以驱虫，保护家饲动物不被蜱虫侵扰，在食物存贮中预防象鼻虫。斑点芦荟，又称皂芦荟，根被用于制作肥皂；在南非，其汁液用于鞣制皮革衣服。一些芦荟的汁液遇到空气后会变为紫色，如大齿芦荟（*A. megalacantha*）、*A. confuse* 等，被用于布料染色。在南非的一些地区，好望角芦荟、马氏芦荟的灰粉是制作鼻烟的原料。

一些灌木种类适合栽植用作篱笆和畜栏，在南非，木立芦荟、好望角芦荟被栽植作为牛栏，在东非达维芦荟、科登芦荟常栽培作篱笆。

芦荟属植物还可用于水土保持，在肯尼亚，*A. chrysostachys* 被栽培在山坡上用于防止水土流失。

马达加斯加的 *A. vaotsanda* 的茎干被用于建造小屋。南非的土著人使用箭筒芦荟的树枝制作箭筒，枯死的树干被用于制作多种装饰物品和器物。

四、芦荟的历史

人类认识、发现和利用芦荟属植物的历史十分悠远，但最早的确切年代已经无法探究，湮灭在历史的尘埃中，我们可追寻的芦荟应用历史大约只有数千年。芦荟属植物具有卓越的药用价值，因此人类最初的记载就从这些药用芦荟的种类开始。人们在古埃及时代法老的墓葬中发现了库拉索芦荟（*Aloe vera*）的雕塑，这些雕塑距今约有6000年历史。古埃及人认为芦荟是不朽的植物，作为墓葬的祭礼进献给已故的法老。芦荟的最早文字记录来自两河流域美索不达米亚的苏美尔人，苏美尔人发明了最早的楔形文字，在尼普尔发现的公元前2100年前的黏土片上，提到了芦荟的药用特性。古埃及人在神庙的墙壁上描绘芦荟的图案，在公元前1550年的古埃及莎草纸文件上，发现了芦荟药用价值的细节讨论。古埃及的女王使用芦荟作为美容品和草药也有记载。

有历史资料表明，早在公元前4世纪，红海和地中海就已建立起了芦荟的贸易路线，古希腊的医生从印度洋的索科特拉岛获得芦荟，也就是在这时，芦荟随着贸易路线传入了中国和印度。公元前333年，亚历山大大帝在亚里士多德的劝说下占领了索科特拉岛，以获取芦荟作为军队的药物补给品，用于治疗士兵的创伤。

公元41—68年，希腊医生迪奥斯科里德斯（P. Dioscorides）编撰了《药物志》，收录了约600种药用植物，其中就包含了芦荟属植物库拉索芦荟。他收录了芦荟的多种功效，可以用于治疗脓肿疮痈、皮肤瘙痒、扁桃体发炎、喉咙刺激、瘀伤和伤口止血等。

自药物芦荟传入亚洲，就被广泛用于治疗各种疾病。印度阿育吠陀医学中，芦荟被认为是恢复活力的药物，可以治疗心血管问题。日本栽培芦荟，将其视作皇家植物，果汁被当作长生不老药食用。

中国自唐代起，众多医药典籍就记载了芦荟的功效。唐初甄权所著的《药性本草》是最早记录芦荟药用价值的书籍，称其为卢会，记载可杀小儿疳蛔，主吹鼻，杀脑疳，除鼻痒。公元907—960年，五代时期李珣著《海药本草》，记载其主治小儿诸疳热。公元973—974年，宋代的刘翰、马志等人编著《开宝本草》，称其为象胆、奴会。记载主治热风烦闷、胸膈间热气、明目镇心、小儿癫痫惊风、疗五疳、杀三虫及痔病疮瘘、解巴豆毒等。此后的医学典籍多有论述，这些书籍中提到的都是芦荟汁液的干燥物，并非活植物，芦荟属活植物的引入从北宋时期开始。

公元15世纪，大航海时代开启，西班牙、葡萄牙、荷兰、法国和英国开启世界探险之旅。西班牙人带回了库拉索芦荟，并将其传播到了中美洲、西印度群岛、加利福尼亚、佛罗里达和得克萨斯，作为草药广泛应用。自此，芦荟属植物开始在美洲落地生根。

五、中国芦荟属植物的引种和资源保存现状

公元前4世纪，药物芦荟经由早期的世界贸易路线传入了中国，北宋期间第一次有芦荟属活植物引入的记载，正式拉开芦荟属植物在我国引种栽培的序幕。华芦荟作为药用植物最先引入中国，后在南方温暖地区归化。也为我们留下了疑问，它究竟从哪里而来已不得而知。我国元江地区也发现了归化逸为野生的芦荟属植物分布，没有可靠的记载揭示其真正的来源是哪里。到新中国成立之前，芦荟属已有很多物种引入中国，在全国各地栽培，但引种栽培都没有详尽的记录，因此对物种的来源地、名称都无从考证。

新中国成立以后，随着各地植物园的建立，植物研究所、植物园体系已成为芦荟属植物保存的主要阵地。我国最早的芦荟属植物引种记录是来自中国科学院植物研究所。1949年后，中国科学院植物研究所的前身中国科学院分类研究所建立了植物引种栽培组，接收了隶属前政府的北平研究院植物研究所遗留的300多种植物，给与了正式的引种编号，里面包含了几种芦荟属植物，因此最早的芦荟属植物引种记录从1949年开始，最早登记的植物是库拉索芦荟（*Aloe vera*）。从1953年整理的一份物种名录上我们

可以看到，最早登记的芦荟属植物为*Aloe barbadensis*（为库拉索芦荟*Aloe vera*的异名），记录的引种编号为278:49。同一批登记的芦荟还有*Aloe arborescens* var. *natalensis*（为木立芦荟*Aloe arborescens*的异名），引种编号为2279:49；*Aloe spuria*（为斑点芦荟*Aloe maculata*的异名），引种编号为299:49和300:49；什锦芦荟（*Aloe variegata*），引种编号为303:49；*Aloe vera*（库拉索芦荟），引种编号为298:49。

南京中山植物园是我国最早建立的国立植物园，始建于1929年，原名孙中山先生纪念植物园。1949年新中国成立后，被战火摧残的南京中山植物园得到了恢复和发展。1954年2月经国务院批准，中国科学院植物分类研究所华东工作站与孙中山先生纪念植物园合并、扩建，正式成立江苏省中国科学院植物研究所南京中山植物园。南京中山植物园芦荟属植物的引种记录正是从这一年开始。最早登录的芦荟属植物是木立芦荟（*Aloe arborescens*），又名木剑芦荟，引种编号为NBG1954A-0328，引种来源地为日本。

到今天，我国引入的芦荟原生种类已超过250种（变种），其中大部分种类保存在我国南北各地的不同植物园中。本书参编各园2018—2019年统计的芦荟属植物名录列出的芦荟属植物约有330余种（含品种），其中原生种、变种有230余个，杂交品种和园艺品种近100种。芦荟属植物物种保存较多的植物园包括中国科学院植物研究所北京植物园、北京植物园、厦门市园林植物园、深圳市中国科学院仙湖植物园、上海辰山植物园、上海植物园、江苏省中国科学院植物研究所南京中山植物园、中国科学院华南植物园等。

国内芦荟属植物引种的高峰有两次，在引种高峰期间，国内迁地保育的芦荟属植物物种数量激增。第一次引种高峰是2000—2002年，深圳市中国科学院仙湖植物园分两批从美国引入了140余种芦荟属植物，此后国内各植物园纷纷互相交换芦荟属植物，各园芦荟属物种收集有了较大的增加。第二次引种高峰是从2008—2016年，2008年中国科学院植物研究所北京植物园从美国购进大量芦荟种子、2011年上海辰山植物园、北京植物园、上海植物园从美国购买一批芦荟属植物，大约有200余种（品种），目前在三个园中进行保育。2011年、2016年，中国科学院植物研究所北京植物园和北京植物园派工作人员赴南非野外考察，采集幼苗并在当地的种子公司购买了大量的芦荟种子。各园通过其他途径还引种收集了大量的芦荟品种。通过这些批次引种，使国内植物园芦荟属植物收集的种类达到了330余种（含品种）以上。目前国内保存芦荟属植物种类超过200种以上的植物园有3个，分别是中国科学院植物研究所北京植物园、北京植物园和上海辰山植物园。

六、芦荟属植物的繁殖

（一）播种繁殖

引种和迁地保育工作中，从国外引种的材料多为种子，常会用到播种的方法。北方地区播种时间多选在秋季，8月底至9月中为好，春季也可以播种，一般在3月下旬至4月末。种子贮存时间越长，萌发率越低。另外，在北京等夏季湿热冬季寒冷的地区，春季播种后，实生苗较小，度夏较秋播苗稍困难。播种苗度夏需防雨、降温、适当遮阴和通风，而冬季需保温防寒。

播种根据种子数量选用浅子盆、育苗盘或花盆。盆底1/4～1/3处为沥水层，可填入砾石、碎砖或瓦片。沥水层之上可采用腐殖土和沙子配制的混合基质（腐殖土：沙子为2：1或3：1）填充，混入少量腐熟的底肥；表面稍压平后，喷水使基质沉降均匀，基质要浇透水。等土壤基质稍干，不黏稠，变得疏松潮湿后，可开始播种。芦荟种子较大，播种可采用点播，要均匀，种子翅宽大的种类播种前可去除种翅，防止引起霉烂。播种后用筛过的细土覆盖，覆土厚度为种子厚度1～2倍。也可采用赤玉土、腐殖土、轻石、沙配制混合基质填充下层土，用细粒赤玉土铺播种面层，稍平整后喷水沉降基质，播种后用细粒赤玉土覆盖表面。播种基质预先用杀菌剂消毒。

因为基质潮湿，所以播种当天不用浇水，待土壤稍干后开始正常的养护浇水，浇水采用浸盆的方法，防止喷水时将种子溅出，保持盆土潮湿。播种后需适当遮阴保湿，大约1～3周出苗。待苗长到2～3cm左右，可以进行分苗。分苗注意不要伤根，植入育苗盘中，苗间距约3cm×3cm。当苗长到5cm左右时，再分苗一次。苗长到10cm或15cm的时候，可以进行盆栽定植或地栽定植。幼苗快速生长时可少量施肥，以磷钾肥为主。

（二）分株繁殖

一些芦荟属植物的萌蘖能力较强，常在茎基部萌生大量蘖芽，形成多头株丛。可将植株脱盆或挖出，将整个株丛用刀分割成几丛，晾干切口后分别栽植，或切分成单株，每株带根，晾干伤口后栽植。蘖芽很小的植株，可用刀将蘖芽带根切下，晾干伤口后，直接栽植。

（三）扦插繁殖

对于一些尚未生根的蘖芽，可将其从母株上切下，插穗置于在阴凉处，晾干伤口后，进行扦插。具茎芦荟可采取扦插繁殖，截取茎端莲座或具2～3节的茎段作为插穗，晾干切口，可在伤口涂抹硫黄粉。扦插基质可选择粗沙、蛭石、珍珠岩等，温度保持在15～25℃，湿度75%～85%，适当遮阴。为防止插穗腐烂，扦插前可喷施多菌灵等杀菌剂消毒扦插基质，预防真菌、细菌侵染。春秋季扦插生根较容易，一般7～10天可见新根开始生长。

（四）组织培养及快速繁殖技术

组织培养是大量繁殖芦荟的重要方法。芦荟的组织培养一般取茎段和吸芽作为外植体，并通过侧芽进行扩大繁殖。繁殖过程为：外植体培养→不定芽的发生和增殖→移栽过渡→大田定植。MS培养基是芦荟初代培养理想的诱导侧芽培养基。

选择健壮无病害母株，截取上端嫩茎或吸芽，将材料生长点附近及周围组织切分为1～2cm的小块，进行冲洗和消毒。接种在初代培养基上：MS＋6-BA 3×10^{-6}＋NAA（萘乙酸）0.2×10^{-6}＋蔗糖3%＋琼脂0.7%。培养温度控制在26±3℃，白天以日光灯照明10～12小时，光照强度1200～1500 lx，夜晚保持黑暗。经25～40天，茎段腋芽生长成不定芽，切面边缘也产生不定芽。30天后，当每个芽周围又长出4～6个芽时，进行继代培养。生根培养使用KC培养基：KC＋IBA 2.5×10^{-6}＋蔗糖3%＋琼脂0.7%＋活性炭0.3%。为了提高移栽后的成活率，生根后的种苗可转移至1/2MS＋IBA 2×10^{-6}＋活性炭0.3%＋蔗糖3%＋琼脂0.7%上进行壮苗生长，可增加光照强度到2000 lx。经20天培养，当植株叶色浓绿，并有4～5条粗壮根的时候可以移栽。

移栽前炼苗，打开瓶口，逐渐降低湿度并逐渐增加光照，进行驯化。在散射光充分的条件下，放置1周左右进行移栽。移栽场所要通风、透光、排水良好。适当遮光，覆盖棚膜保湿。栽培基质要透水性良好，选用腐殖土1～2份、沙子1份配制的混合土，或直接用沙栽植，栽培基质预先用杀菌剂消毒。待缓苗生长后移栽至混合基质中。小苗洗净根部的培养基，注意不要伤根，按植株大小进行分栽。为预防真菌或细菌引起的病害，可用高锰酸钾溶液浸泡1～2分钟，稍晾干后栽植。移栽后保持温度18～25℃，湿度70%～80%，白天通风。保持基质微潮润，不要过湿，防止烂苗。小苗长出新叶后，可进行定植。

七、芦荟属植物的栽培管理和病虫害防治

（一）栽培管理

1. 栽植方式

分为盆栽和地栽，地栽又分为室内栽植和露地栽植。植物园的物种保存中常采用盆栽的方式来栽

植中小型的芦荟属植物和大型芦荟属植物的幼株。花卉生产中，中小型观赏种类也采用盆栽的方式。室内外多肉景观的营造过程中，常采用地栽的方式来栽植大型树状、灌木状芦荟属植物，密集垫状的地被型芦荟属植物也常采用地栽的方式。在岩石区，根据不同种类的习性，一些岩生种类常用于与岩石景观搭配，栽植于岩石缝隙中，以营造模仿自然生境的景观。以采收叶片为目的的药用芦荟的生产，往往选用加温或不加温大棚高畦地栽的方式，本书不作详述。

2. 栽植容器的选择

盆栽的方式多在温室栽培及盆栽花卉生产中应用。作盆栽时，根据芦荟植株的大小选择适当口径的花盆。花盆的种类繁多，有泥盆、陶盆、紫砂盆、釉盆、瓷盆、塑料盆等，传统上认为泥盆较好，透气性好，但目前没有好的盆窑，已买不到规格整齐、盆体厚度均匀、质量好的泥盆，另外使用泥盆土壤干燥较快，管理不当容易土壤过干。陶盆透气性也很好，但从市场上购买的红陶盆，大多质量一般，使用一段时间后，容易粉化。釉盆、瓷盆造型美观，色彩鲜艳，可选择的样式、色彩丰富，但这些盆透气性较低，管理不当容易盆土过湿。塑料盆透气性不如泥盆和陶盆，但成本较低，规格整齐。

其实选择用什么样的盆并无绝对标准，关键是与栽培基质相配合，根据盆的透气性来选择栽培基质的配制方式和配比。对于透气性较差的花盆，栽培基质可通过增加颗粒性配料来增加土壤的透气性。栽培多肉类植物，须选择有较大或较多底孔的花盆，能够保证排水通畅。

3. 栽培基质

芦荟属植物，一般来讲对土壤基质的要求不高，传统上多采用草炭土、泥炭、沙子来配制混合基质，有时会拌入园土。各地因地制宜，常采用容易获得的材料来配制混合土，如塘泥块、碎砖渣、煤灰渣、贝壳粉等等。近些年，也有一些新出现的基质广泛应用于多肉植物的栽培，如赤玉土、轻石、火山岩等等。也被使用于芦荟属植物的栽培中，下面将这些常见的基质材料简要进行介绍：

腐殖土：富含腐殖质，呈现排水透气性良好的团粒状或颗粒状结构，含有较多植物生长所必需的营养元素，pH值呈若酸性。腐殖土可做芦荟栽培配制混合土的基础基质。优点是养分充足、轻质、保水、保肥、通气性好；缺点是长期使用容易板结，需加入沙子等基质改良透水、透气性。

草炭土和泥炭土：具腐殖质和矿物质，呈微酸性。目前国内销售的多为草炭土，产自东北或广东地区。透气性和保水性都比不上进口泥炭土，但价格便宜。进口的泥炭土多为苔藓泥炭，是苔藓类植物死亡后分解形成的，孔隙度高，透气保水性好，养分充足，适于植株生根。进口泥炭品质较好，应用比较广泛，但价格稍贵一些。与腐殖土一样，草炭土或泥炭土可用作芦荟栽培基质配制的基础材料。

草炭土颗粒：国内目前有加工成颗粒状草炭土销售，适于栽培多肉植物。优点是解决了草炭土容易板结的问题，增加了土壤的透水透气性；缺点是价格提高了。

赤玉土：由火山灰堆积而成，是日本运用最广泛的一种栽培基质，呈现暗红色或土黄色的颗粒状，pH值呈微酸性。优点是通透性高、清洁、没有有害细菌、保水性、透气性强；缺点是使用一段时间后容易粉化。赤玉土价格比较贵，一般用于较珍稀芦荟品种的盆栽混合基质配料。

塘泥块：用干塘泥敲成碎块。广东、福建地区有使用。优点为排水透气性能好，含一定腐殖质，容易获得；缺点是栽培一段时间后容易变黏，需每年更换。

沙子：为配制混合基质的基础配料。最好选用河沙，海沙含盐较多，需充分洗净才可使用。沙子一般作为改善透水透气性的配料，根据栽植植株的需求来决定与草炭土或泥炭土的配比。沙子还用作扦插床的扦插基质。地栽芦荟时，除用于配制混合土外，还用于地表铺设面层覆盖。

蛭石：为优质的矿物硅酸盐材料，无毒，高温下能够膨胀。可用作土壤改良剂，可改善土壤结构，储水保墒，高提土壤的透气性和含水性。优点是轻质、清洁、保水透气性强；缺点是使用一段时间后容易粉化。蛭石常作为混合基质的配料之一，加强保水和透气性。

珍珠岩：是珍珠岩矿砂经高温焙烧膨胀形成的一种内部蜂窝状的白色颗粒状材料。优点是清洁、透气、保水、疏松；缺点是容易粉碎，太轻浇水容易漂浮到基质表面。珍珠岩常用于多肉混合基质的配制，增加土壤的透气性和保水性，减轻重量。

轻石：也是火山石的一种，多孔，pH值呈微酸性。优点是透气性、排水性、保湿性、透气性都好，质量轻，防细菌滋生；缺点是成本较高。过筛后细颗粒的轻石可与腐殖土等材料搭配配制混合基质，较大颗粒的轻石可铺在盆地作沥水层

椰糠：椰壳加工而成，一般用于育苗或种植使用。混合基质配制中，加入可改善基质的疏松度、保水性。优点是轻质、干净、无菌、保水透气性好；缺点是一些产品含盐稍高，需脱盐处理才是理想的材料。

麦饭石：是一种天然硅酸盐矿物，常作多肉植物的铺面石或与其他基质混合栽培多肉植物。优点是富含植物所需的矿物元素及微量元素，干净、无毒害、透水、改良土壤；缺点是保水性差，偏碱性，质地较硬，重量较大。麦饭石可适量加入配制混合基质，或作土表铺面。

火山岩：是一种多孔，质地坚硬的火山石颗粒，一般红色或黑色。优点是透气性、排水性、保湿性都很好，细菌不易滋生，含丰富的矿物质和微量元素；缺点是质地坚硬，相对比较重，颜色偏深。火山岩小颗粒适宜作为混合土的配料，较大颗粒可作盆底沥水层，或作土表铺面。地栽植株可用火山岩颗粒铺面层，整洁美观并有利于保湿、排水。

碎砖粒：为废砖磨碎的颗粒。优点是透水透气性好、保湿；缺点是无肥力。在容易获得的地区，可掺入混合基质，提高土壤透性，大颗粒可用于盆底沥水层。

陶粒：为黏土烧制的颗粒。优点是清洁、内部孔隙率大、排水透气性好、保湿性好；缺点是质量较轻，浇水容易漂浮。较小颗粒可混入混合基质，大颗粒用在盆底沥水层。

谷壳碳：由谷壳燃烧碳化的残留物。优点是改善土壤透性、具吸附性、抑菌。可用于改良土壤，常少量混入多肉植物栽培基质。

木炭粒：是一种多孔颗粒状的材料。含有磷、钾、硼、钙等元素。优点是具有吸附性、吸水保水性强、抑菌；缺点是缺乏养分，放多了容易影响植株生长。

其他铺面石：栽培中为了美观，可选用一些好看的材料作为铺面材料，如植金石、绿沸石、白石子等等。

可以用于配制盆栽芦荟的混合栽培基质的材料种类繁多，可因地制宜选择当地容易获得的材料，并根据气候特点和植物习性，选择混合基质的配方。配方没有最好，只有最适合。最简单便宜的配制方法是用泥炭土或腐殖土和沙子混合配制，比例为1～2份泥炭土（或腐殖土）、1份沙子。如增加园土，比例可为1份园土、2份泥炭土（或腐殖土）、1～2份沙子。泥炭土（或腐殖土）与沙的基本比例为2～3∶1。

目前有很多颗粒基质可以用来栽植芦荟，排水透气效果很好，如赤玉土、轻石、腐殖土颗粒、谷壳碳、木炭粒等等。我们可以将颗粒基质分一下类，分为三类：（1）土壤类的颗粒基质；（2）加强透性的颗粒基质；（3）辅助添加的颗粒基质。赤玉土、塘泥块、草炭土颗粒等，都算作是土壤类的颗粒基质，轻石、珍珠岩、麦饭石、火山岩、陶粒等算作加强透性的颗粒基质，其中大部分为硬质的颗粒基质。木炭粒、谷壳碳、椰糠等算作辅助添加的颗粒基质。配制土壤时，总的来讲，泥炭土或腐殖土加上土壤类的颗粒基质，占混合基质总量的2/3～3/5即可，沙子和加强透性的颗粒基质的比例约占1/3～2/5。辅助添加的颗粒基质不用加入太多，少量掺入即可。在配制混合基质时，可适量混入颗粒状的缓释肥料、腐熟的鸡粪、麻渣作为底肥。南方地区土壤酸性，可混入一些贝壳粉、石灰粉来调节土壤pH值。

各园栽培芦荟属植物的常用土壤配方如下：

中国科学院植物研究所北京植物园：地栽，采用园土1份、腐殖土2份、沙2份配制混合基质。盆栽，采用腐殖土2份、沙1份配制混合基质；或选用腐殖土与颗粒性较强的赤玉土、轻石、木炭等基质，以及排水良好的粗沙混合配制，硬质颗粒基质占1/3左右，加入少量谷壳碳，并混入少量缓释的颗粒肥。常用的配比为赤玉土1份、腐殖土2份、沙1份、小粒轻石1份、木炭粒少量或谷壳碳少量，也

可加入少量椰糠来调整混合基质的疏松度。种植前拌入少量颗粒缓释肥或腐熟的颗粒鸡粪。可根据芦荟属不同种类的偏好来适当调整配比。

北京植物园：配制混合基质主要用草炭土、珍珠岩和蛭石或草炭土、火山岩和陶粒等。

厦门市园林植物园：一般选用腐殖土、河沙混合土进行栽培，露地栽培表面覆盖排水良好的河沙层。

仙湖植物园：地栽选用腐殖土、河沙混合土进行栽培。

华南植物园：地栽选用砂质土壤种植。盆栽采用腐叶土或草炭土、砂土或蛭石各2份，园土1份，另加少量腐熟的骨粉或草木灰作基肥。

上海辰山植物园：地栽植株用砂壤土与草炭混合种植。盆栽植株用颗粒土和少量草炭土混合种植。

南京中山植物园：配制混合基质的材料主要有园土、粗沙、泥炭土，拌入轻石、碎岩石或石灰石。配比如下：园土1～2份、粗沙2份、泥炭1份；园土3份、粗沙3份、泥炭2份；园土1份、火山石1份、沙2份、泥炭1～2份；园土2份、碎岩石1份、沙1份、泥炭1份；园土1～2份、青石1份、沙1份、泥炭1份；园土1份：石灰石1.5份、沙1份、泥炭1份。

上海植物园：采用德国K牌422号（0～25mm）草炭、赤玉土、鹿沼土混合种植，种植时随土拌入缓释肥。

4．栽植

（1）盆栽：栽植前在花盆底部排水孔处用碎瓦片覆盖，防止栽培土随水从排水孔流走。然后放入碎石子、碎砖粒作为排水层，也可用陶粒、火山灰颗粒或大粒轻石，沥水层约1/4～1/3盆高，然后先放入少量配好的混合基质，将植株置于盆的中心位置。注意不要窝根，让根自然下垂，然后逐步加入混合基质，将植株栽好。如果混合基质非常疏松，也可直接栽种，不做排水层。栽培基质最好预先用土壤消毒剂或杀菌剂消毒。放入栽培土之前，可在盆底加入少量基肥，注意不要让根部直接接触基肥。常用的基肥主要有：腐熟的鸡粪、麻酱渣、马蹄片等。也可在混合土中混入一些颗粒状的缓效复合肥。栽好后，如基质潮湿，可先不浇水，待土壤变干后，浇一遍透水，使土壤沉降。栽好的植株置于稍荫蔽处缓苗，如果阳光过强，可用遮阳网稍荫蔽，待发新根后，逐渐增加光量。

（2）地栽：室内栽培除盆栽外，还可采用地栽的方式。地栽包括室内地栽和露地栽培，我国南部温暖、干燥的无霜地区可露地栽培。地栽的方式多用于多肉植物景观的营造或芦荟种苗以及药用芦荟的生产。地栽芦荟属植物应重点对栽培地进行排水改造和土壤改良。

在进行多肉植物景观的营造中，在设计阶段就应该考虑通过地形改造、铺设碎石沥水层、更换栽培基质的方式来加强排水。露地栽培应选择通风向阳的场地，需要根据当地雨季的降雨情况，设计地形的起伏程度和沥水层的厚度，也可在沥水层中铺设排水管，加强排水。对于过于黏重的土壤，需要掺入大量的河沙进行改良，增加排水性，有条件可更换为腐殖土、园土、河沙配制的混合土，并在地面覆盖较厚的河沙面层。室内景观中，地栽基本不受当地降雨的影响，栽植的地面可根据景观需要或起伏或平整，可更换种植池内的土壤，用腐殖土、园土和河沙配制混合基质，也可加入轻石、颗粒土等加强透气性。深挖40～80cm，清出原有的土壤，铺入10～20cm深的碎石垫层，铺一层无纺布，然后加入配好的混合土。浇水沉降土壤，待土面不再明显下沉时即可。栽植时，土壤微潮最佳，可稍提前几日浇水。种植后，土壤若潮湿则无须浇水，待土壤稍干燥后，浇透水。

生产性的地栽与景观营造性的地栽有很大区别，一般种植有药用价值的芦荟，采用加温或不加温的温室、大棚进行高畦栽培。

5．翻盆及移栽

（1）翻盆：芦荟生长较快，在扦插成活的最初3年内，盆栽应每年翻盆换土一次。在翻盆换土之时，可把旧土全部抖掉彻底更换，或抖掉土坨外部的部分旧土。剪去枯萎的老根，如根过长，可进行适当修剪。如果根生长过密，在土坨外部形成一个根层，在换盆时应将根层用手指拔松，并剪去部分老根，以便新根向外部伸展。芦荟易萌生蘖芽，可结合分盆将蘖芽剪下晾干伤口另行扦插或栽植，母株过小可多保留一些蘖芽。3年以后，老株每2年换一次盆，可利用换盆对老株进行更新，剪去老株，保留2～3个健壮蘖芽，培养新株，随着新芽的生长，选出最健壮的一个芽作为主干保留。

（2）移栽：移栽一般在春季3～5月进行或秋季9～11月进行，在这段时期里，芦荟正处于生长季节，定植移栽发新根较为容易。原则上来讲，在加温温室或大棚中，芦荟全年均可生长，没有明显的休眠时期，全年都可以进行芦荟的栽植，但我国北方一些地区，夏季高温多雨，如果在高温或雨季进行栽植，水分不易掌握好，容易发生水大腐烂的现象，因此不应在高温高湿的季节进行移栽。另外冬季气温如果较低，芦荟生长很缓慢，也不适于移栽和定植。栽植时注意不要将土覆到顶心以上，否则顶心在浇水后容易积水，引起腐烂。

一些具有木质化茎干的树状芦荟，如大树芦荟、箭筒芦荟、皮尔兰斯芦荟等，这些种类的大苗移栽，需十分慎重。当植株生长到一定阶段时，根系、茎干木质化，此时进行大苗移栽，植株难以萌生新根，容易缓慢死亡。需尽量避免这些种类的大苗移栽，如果是必须这样做，一定要带土坨移栽，尽量减少根系的损伤。

（3）缓苗期管理：定植后的苗要进行适当遮阴，有利于缓苗。缓苗后开始生长时可以开始施肥。一般在生长旺期，结合浇水施1～2次液体肥，浇在植株的基部。也可施用复合肥料片，采用穴施的方法，施于植株下部。肥料片的优点是干净，而有机肥水成本低廉。秋季，气温降低，当生长开始缓慢时，逐渐减少施肥的次数。

6. 日常管理

芦荟属植物的习性强健，非常耐旱，栽培管理粗放。在栽培中要尽量满足其对光照、温度、水分、土壤和通风条件的需求，才能使植株健壮生长。芦荟属植物大多喜光，需光照时间长、光照充足。根系良好的情况下，无须遮光。北方地区（如北京）温室栽培时，夏季炎热，需适当遮阴降温，可遮光30%～50%。注意光线不要过弱，否则植株会细弱徒长。芦荟属植物生长最适宜温度为18～25℃，湿度为75%～85%，注意保持适宜的条件。芦荟属植物大多很耐寒，盆土干燥的盆栽植株能耐短暂的0～3℃低温，个别种类非常耐寒，冬季在原产地能耐-8℃低温存活下来。盆栽植株低温时间过长叶片会发生寒害，产生枯边或水渍状冻斑。温室栽培芦荟属植物，冬季越冬需保持在5～6℃以上，北方地区应在加温温室或大棚中保护越冬。北京地区不加温大棚地栽芦荟属植物椰子芦荟，植株的长茎枝枯干，基部蘖芽越冬存活，但翌年生长较慢。有些芦荟属植物耐寒性稍差，越冬温度应保持在8～10℃以上。我国广东、福建、海南、四川、云南的部分地区气候温暖、冬季无霜，适合芦荟露地栽培，无须保护即可过冬。

芦荟在春、夏、秋三季均可生长，冬季保持土壤干燥可提高耐寒能力。生长季节根据土壤干湿情况浇水，一般保持土壤微潮即可。注意浇水不要过勤，水大容易引起根部腐烂。浇水见干见湿。每次浇水应灌透，不要只浇湿土壤表层，长期会危害根系。夏季高温高湿季节，要注意控制水分的供给，注意加强通风，降低空气湿度，预防病害发生。春、秋季为旺盛生长季节，浇水量较大，至入伏、入冬前逐渐减少浇水量。浇水时注意不要浇到叶心，这样容易引起叶心腐烂。地栽应注意除草和松土，将杂草清除，以免和植株争水肥和光照。为防止土壤板结，透水透气性降低，影响根部的正常生理功能，要适当进行中耕松土，促进根系对养分水分的吸收。

需注意加强通风，新鲜的空气有利于芦荟属植物的生长，促进光合、呼吸作用，减少病虫害发生。气温较低时，每天也应保持一定的通风时间，根据温度来确定通风时间的长短，冬季通风时要注意防止冻害。春季室外气温升至8～10℃以上可将温室的窗户全部打开。冬季管理需尽量保持温度不要过低，控制浇水，保持土壤较干燥，可提高植株的耐寒力。低温高湿容易引发炭疽病、褐斑病等真菌、细菌病害，影响植株的美观和经济价值。

我国南部地区，雨水较多，空气湿度大，容易引发黑斑病、炭疽病、褐斑病等细菌、真菌性病害。栽植后可用河沙覆盖地面，减少积水，降低空气湿度，可减少病害的发生。

（二）病虫害防治

芦荟叶片内含有多种化合物，这些物质具有很强的杀菌抗菌作用，因此芦荟在生产中病虫害比较少。在日常管理中，可定期施用50%多菌灵可湿性粉剂800～1000倍液和40%的氧化乐果1000倍液预防病虫害发生，也可采用其他的杀菌剂和杀虫剂。我国芦荟栽植中常见的病虫害及防治方法如下：

1. 病害

（1）褐斑病：褐斑病（*Ascochyta tini*）多发生于叶片上，初期为墨绿色水渍状小点，以后扩张呈圆形或不规则形的病斑，病斑中间凹陷，呈红褐色至灰褐色，质地较炭疽病硬，病斑可穿透叶片两面，但不会穿孔。在叶表面形成成堆黑色小点，是它的分生孢子器。6～10月高温多雨时容易发生，海南发病严重。

防治方法：发病期施用58%瑞毒霉(有效成分：甲霜灵)可湿性粉剂1200倍液和53.8 %可杀得(有效成分：氢氧化铜)可湿性粉剂900倍液有较好效果。

（2）炭疽病：炭疽病（*Colletotrichum gloeosporioide*s）发生于叶片，病斑呈圆形或近圆形，中央灰白色，凹陷，边缘暗褐色，透叶片两面，呈薄膜状，甚至穿孔。在叶两面的病斑上，偶有小黑点为病原菌的分生孢子盘，多为粉红色的黏孢子团，在潮湿情况下明显。在全国各地均有发生，病斑遍布，严重影响产量和质量。气温25～30℃，相对湿度80%时容易发病。环境过于郁闭、通风透光不好，偏施过量氮肥容易加重病情。

防治方法：发病初期喷洒70%甲基硫菌灵可湿粉剂800～1000倍液加75%百菌清可湿性粉剂1000倍液，或25%炭特灵可湿性粉剂800倍液。

（3）叶枯病：病原为小球腔菌（*Leptosphaeria* sp.）。病害发生在芦荟叶的腹面，先从中间和边缘开始发生，初为褐色小点，后扩展为半圆形的干枯，病斑皱缩，中央灰褐色，边缘为水渍状暗褐色的环带，其上的小黑点呈同心圆排列。全年发生，比较常见。

防治方法：选用无病优质种苗。发病初期喷洒药剂同褐斑病。

（4）根腐病：根腐病（*Pythiumullimum* sp.）发病初期，芦荟幼苗植株、成株的根部初现水渍状病变，后呈褐色腐烂。病情扩展可延及茎部，致植物萎蔫、失绿乃至死亡。该病多发于温暖多湿的气候条件下。

防治方法：严禁使用未腐熟肥料。适时适量浇水，严防大水漫灌，雨后及时排水，降低土壤湿度。发现病株及时拔除，集中烧毁或掩埋，病穴撒生石灰消毒。发病初期施用50%立枯净可湿性粉剂或72%克露可湿性粉剂600倍液灌根每株用要200ml。

（5）锈病：病原为芦荟单孢锈菌（*Uromyces aloes*）。染病后，芦荟叶片上产生黄褐色病斑。孢子器生在叶表皮下裸露处呈红褐色粉末状，冬孢子埋生于叶肉组织内。日均温度27～32℃、多雨湿度大时容易发病。

防治方法：严格检疫，防治疫病蔓延。发现病株拔除并深埋烧毁。病情严重时喷施20%三唑酮乳油2000倍液或25%敌力脱乳油3000倍液。

（6）黑斑病：黑斑病是细菌性病害，孢子主要危害叶片，叶片初生水渍状病斑，后扩展为圆形至不规则形，病斑中央凹陷，灰褐色或赤褐色，病斑可渗透至叶两面，但不穿孔。叶片腹面后期产生黑色小点。

防治方法：发病初期喷洒1∶1∶100等量式波尔多液或50%甲基硫菌灵·硫黄悬浮剂600倍液，或36%甲基硫菌灵悬浮剂500倍液，或12%绿乳铜乳油600倍液。

2. 虫害

（1）红蜘蛛：主要危害幼苗或嫩叶，发生不多，主要发病于春夏秋季，干燥不通风容易诱发。

防治方法：虫量不多时，可喷清水冲洗，或人工捕捉。虫量大时，用药剂防治。喷施40%氧化乐果乳油1200倍液有很好效果。

（2）棉铃虫：是目前对芦荟危害最为严重的害虫，咬食嫩叶、花，造成叶片残缺和落花。在华北地区一年发生2~3代，7~9月间危害严重。

防治方法：可用黑光灯诱杀，或在幼虫初卵期喷施40%氧化乐果乳油600倍液或50%杀螟松乳油1000倍液，或40%菊杀乳油2000~3000倍液，或50%锌硫磷乳油2000倍液等防治。

（3）介壳虫：干燥、不通风的情况下容易诱发。危害叶片，刺吸叶片汁液。排出大量蜜液来污染叶片，同时导致病害的发生。

防治方法：虫量少时可手工刷除，虫量大时，在若虫期喷40%氧化乐果800倍液，或蚧必治800~1000倍液。每周1次，连续喷施4~6次，可根治。

（4）根粉蚧：危害根部，刺吸根部汁液，造成伤口，容易引起植株从根部腐烂。常由于干燥不通风引起，较罹弱的植株容易染病。

防治方法：采用灌根的方式，在若虫期施用40%氧化乐果800倍液或蚧必治800~1000倍液，配合施用多菌灵。每周1次，连续喷施4~6次，可根治。

（5）芦荟螨（Aloe cancer）：由芦荟叶螨（*Aceria aloinis*）危害植株的嫩叶和花序，形成不规则增生的虫瘿状组织。温暖地区扩散较快，很难根治。

防治方法：定期喷洒西维因、高灭磷或乐果（Carbaryl, Orthene and Dimethoate）等农药预防。发现病株时，要尽快清除焚毁，并用药剂对周围环境和植株进行喷洒。要观察周围植株的生长状态，及时发现新的感染株，及时清除销毁。对于已发病的植株，若发病不严重，可去除增生病叶，反复喷洒哒螨灵杀灭。

八、芦荟属的命名与分类

芦荟属植物被认知已经由来已久，而芦荟属的属名*Aloe*，来自阿拉伯语“alloeh”，或希伯来语“Halal”，意为“苦涩有光泽的物质”。1753年，林奈（C. Linnaeus）发表了著名的《植物种志》，是现存最早为植物进行系统命名分类的著作，采用双名命名法命名了所有他已知的植物，这是芦荟属双名法命名的起点。林奈基于芦荟属植物6雄蕊1雌蕊的形态特征，适用于他的单雌蕊目六雄蕊纲，第一次将已知的芦荟属植物置于广义的芦荟属（*Aloe*）中。

1789年，法国学者德朱西厄（A. L. de Jussieu）正式提出百合科的概念，列为单子叶植物中的一科。早期学者将单子叶植物中花被片或花被裂片6枚、雄蕊6枚、子房上位的分类群、具有类似花部构造的都纳入百合科，形成广义的百合科，芦荟属及其相关属也被归入。此后的几百年间，芦荟属及其相关科属不断地重组变化。

1830年，英国学者林德利（J. Lindley）的分类系统，将单子叶植物分为2个族，百合科列入其中的六瓣族的Hexapetaloideae中。林德利在1945年修订该系统时，将百合科分为11个族，其中包含芦荟族（Aloieae），芦荟属及其近缘属列入其中。

1883年，英国学者边沁（G. Bentham）和胡克（J. D. Hooker）的分类系统中，将单子叶植物分为7系，百合科位于Coronarieae，百合科分为3群20族，芦荟族（Aloineae）与龙血树族（Dracaeneae）、独尾草族（Asphodeleae）、萱草族（Hemerocalideae）一起列于第2系中。

1887—1893年，德国分类学家恩格勒（H. G. A. Engler）和勃兰特（K. A. E. Prantl）提出新的分类系统，1897年，恩格勒和勃兰特在《植物自然分科志》中所使用的恩格勒系统，是分类学史上第一个比较完整的分类系统，该系统将百合科分为11亚科、31族、11亚族。芦荟属被置于百合科（Liliaceae）中。

随着分子生物技术与理论的成熟，对于百合科亲缘关系、演化的探讨越来越深入，百合科经历了剧烈重组过程，很多科独立出来。1969年，胡伯尔（H. Huber）提出了对广义百合科细分的分类系统，将单子叶植物分为10个目，广义百合科的分类群主要置于天门冬目和百合目下，在这个系统之下，天门冬目中有多达32个科。

1975年，瑞典学者道格伦（R. Dahlgren）受到胡伯尔的影响，认为百合科异质性太高，需要细分，将百合科细分于天门冬目（Asparagales）和百合目（Liliales）下的11个科中。

1958年，美国学者克朗奎斯特（A. J. Cronquist）发表了对有花植物进行分类的体系，被称为克朗奎斯特分类法，1981年他的著作《有花植物的综合分类系统》最终得以完善。在克朗奎斯特系统中，将百合科及其相关类群置于百合亚纲（Liliidae）的百合目中，芦荟科被独立出来，并使用广义百合科概念。芦荟属（*Aloe*）、松塔掌属（*Astroloba*）、沙鱼掌属（*Gasteria*）、十二卷属（*Haworthia*）等属被置于芦荟科（Aloaceae）中。

1985年，道格伦等人经过继续研究，提出一个单子叶分类系统，该系统对于单子叶植物的分类系统的研究十分重要，广义百合科细分后置于百合超目（Liliiflorae）下数个不同的目中，包含薯蓣目、天门冬目、黑药花目及百合目等，天门冬目和百合目包含多数广义百合科的成员。芦荟属置于天门冬目之下阿福花科（又名独尾草科）（Asphodelaceae）芦荟亚科（Alooideae）中。

2001年，APG系统是利用分子生物学技术与支序学（cladistic）概念所构建的分类系统，该系统认可40个目和462个科。芦荟属被列于单子叶分支天门冬目下。

2003年，APG II系统建议将黄脂木科（又名刺叶树科）、独尾草科、萱草科列为可合并的科。

2009年，APGIII系统将独尾草科、萱草科（Hemerocallidacaea）合并入黄脂木科（Xanthorrhoeaceae），将芦荟属置于黄脂木科中。

2016年，APGIV系统接受64个目，416科，将黄脂木科或刺叶树科（Xanthorrhoeaceae）更名为阿福花科（Asphodelaceae），芦荟属置于其下。

芦荟属植物种类繁多，2013年，格雷斯（O. M. Grace）等人通过分子生物学研究，认为*Kumara*、*Aloidendron*和*Aloiampelos*应作为独立的属从芦荟属中分离出来。2015年，曼宁（J. C. Manning）等人对阿福花科芦荟亚科进行了分子系统学研究，证明芦荟是多源的，指出芦荟属可划分为6个分支，独立成属，即芦荟属（*Aloe* L.）、蔓芦荟属（*Aloiampelos* Klopper & Gideon F. Sm.）、树芦荟属［*Aloidendron*（A. Berger）Klopper & Gideon F. Sm.］、绫锦芦荟属（*Aristaloe* Boatwr. & J. C. Manning）、什锦芦荟属［*Gonialoe*（Baker）Boatwr. & J. C. Manning］和折扇芦荟属（*Kumara* Medik.）。新分离的属包含的种类分别如下：

蔓芦荟属（*Aloiampelos*）：7个种，包括纤毛芦荟［*Aloiampelos ciliaris*（Haw.）Klopper & Gideon F. Sm.］、*Aloiampelos commixta*（A. Berger）Klopper & Gideon F. Sm.、*Aloiampelos decumbens*（Reynolds）Klopper & Gideon F. Sm.、*Aloiampelos gracilis*（Haw.）Klopper & Gideon F. Sm.、贾德芦荟［*Aloiampelos juddii*（van Jaarsv.）Klopper & Gideon F. Sm.］、椰子芦荟［*Aloiampelos striatula*（Haw.）Klopper & Gideon F. Sm.］和纤枝芦荟［*Aloiampelos tenuior*（Haw.）Klopper & Gideon F. Sm.］。

树芦荟属（*Aloidendron*）：6个种，包括大树芦荟［*Aloidendron barberae*（Dyer）Klopper & Gideon F. Sm.］、二歧芦荟［*Aloidendron dichotomum*（Masson）Klopper & Gideon F. Sm.］、阿姆树芦荟［*Aloidendron eminens*（Reynolds & P. R. O. Bally）Klopper & Gideon F. Sm.］、皮尔兰斯芦荟［*Aloidendron pillansii*（L. Guthrie）Klopper & Gideon F. Sm.］、多枝芦荟［*Aloidendron ramosissimum*（Pillans）Klopper & Gideon F. Sm.］和东加树芦荟［*Aloidendron tongaensis*（van Jaarsv.）Klopper & Gideon F. Sm.］。

绫锦芦荟属（*Aristaloe*）：仅1个种，即绫锦芦荟［*Aristaloe aristata*（Haw.）Boatwr. & J. C. Manning］。

什锦芦荟属（*Gonialoe*）：3个种，包括丁特芦荟［*Gonialoe dinteri*（A. Berger）Boatwr. & J. C. Manning］、斯莱登芦荟［*Gonialoe sladeniana*（Pole-Evans）Boatwr. & J. C. Manning］和什锦芦荟［*Gonialoe variegata*（L.）Boatwr. & J. C. Manning］。

折扇芦荟属（*Kumara*）：2个种，包括虎耳重扇芦荟［*Kumara haemanthifolia*（Marloth & A. Berger）Boatwr. & J. C. Manning］和折扇芦荟［*Kumara plicatilis*（L.）G. D. Rowley］。

参考文献

侯冬岩, 等, 2002. 芦荟的研究进展[J]. 鞍山师范学院学报, 4(3): 54-59.

赵建棣, 曾喜育, 曾彦学, 2015. 百合科分类地位之演变[J]. 林业研究季刊, 37(3): 143-160.

Carter S, Lavranos J J, Newton L E, et al., 2011. Aloes: The Definitive Guide[M]. London: Kew Publishing: 25-27.

Cousins S R, Witkowski E T F, 1012. African aloe ecology: A review[J]. Journal of Arid Environments, 85: 1-17.

Eggli U (Ed.), 2001. Illustrated Handbook of Succulent Plants: Monocotyledons[M]. Berlin: Springer-Verlag: 102-104.

Grace O M, Buerki S, Symonds M RE et al., 2015. Evolutionary history and leaf succulence as explanations for edicinal use in aloes and the global popularity of Aloe vera[J]. BMC Evolutionary Biology. 15(29): 15-29.

Grace O M, Klopper R R, Smith G F, et al., 2013. A revised generic classification for Aloe (Xanthorrhoeaceae subfam. Asphodeloideae). Phytotaxa, 76 (1): 7-14.

Grace O M, Simmonds M S J , Smith G F, et al., 2009. Documented utility and biocultural value of Aloe L. (Asphodelaceae): a review. Economic Botany, 63 (2): 167-178.

Manning J C, Boatwright J, Daru B, 2014. A molecular phylogeny and Generic Classification of Asphodelaceae Subfamily Alooideae: Final Resolution of th Prickly Issue of Polyphyly in the Alooids? [J]. Systematic Botany, 39(1): 55-74.

Reynolds T, 2004. Aloes: The genus Aloe[M]. New York: CRC Press: 3-14.

Van Wyk B -E, Smith G F, 2014. Guide to the Aloes of South Africa[M]. Pretoria: Briza Publications: 12-29.

各论

Species

芦荟属

Aloe L.

多年生叶多肉植物，莲座状单生或簇生、灌木状或树状，茎极短缩或延长，分枝或不分枝。叶排列成莲座状，或沿茎排成两列状，或疏散螺旋状排列，无柄；叶片三角形、披针形或镰形，有时线形，基部抱茎；边缘通常具尖锐牙齿或锯齿，稀具微刺、睫毛，或全缘；两面通常无毛，平滑、粗糙或散生皮刺，具白色或浅绿色斑点或无斑，有时具条纹；当叶片折断时，通常流出无色、黄色或棕色带苦味的汁液，很少具纤维。花序侧生或近顶生，通常直立或近直立，分枝或不分枝，穗状、总状至近头状，有时花偏向一侧，或复合成圆锥状；具苞片；花有梗，稀无梗；花被合生成筒状，通常红色、橙色至黄色，稀白色；基部圆形、截形或骤缩；外层和内层花被片各3片，先端直伸、斜展、平展或反曲；雄蕊先熟，6枚，外伸或内藏，花丝细长，花药背着，内向；子房3室，花柱细长，柱头小，胚珠多数。蒴果室背开裂，稀为浆果。种子多角状或扁平，褐色或棕色，通常具翅。染色体：2n=14，也有6倍体和4倍体。

本属植物超过500种，Grace等人在2009年的综述中提到，芦荟属约包含548个被接受的物种。原产自非洲撒哈拉沙漠以南的广大地区、阿拉伯半岛、马达加斯加，以及印度洋中的许多小岛屿上。少数种类全世界广泛栽培，并在温暖地区归化，如地中海地区、印度、澳大利亚及南美等。我国已迁地保育芦荟属植物约250余种，引入并栽培的园艺品种和杂交品种超过80种以上。在我国云南、广东、海南、福建等地，有2种芦荟属植物逸为野生。

本志根据S. Carter（2011）的观点将芦荟属分为10个群。

分群检索表

1a. 叶线形，细，常禾草状，有时基部扩展形成鳞茎状膨大；边缘具软骨质的齿，通常细小密集，至少分布在叶片基部……A群

1b. 不形成鳞茎状膨大的基部，叶片肉质，通常很厚，三角状、披针形或条形，渐尖，边缘具齿，通常尖锐，有时软骨质或无齿。

2a. 植物茎不明显，或具短茎且茎短于叶片长度；单生，直立，稀下垂；或萌蘖形成紧凑株丛。

3a. 花基部球形膨大，子房之上骤缩；花苞片线形至线状披针形，至少达到花梗的一半长……B群

3b. 花圆筒形，子房之上膨大或三棱状；如果有些缢缩，则花苞片卵形，长度短于花梗的一半

4a. 植株单生或萌蘖形成株丛，株丛通常不超过5个莲座。

5a. 花序不分枝或具1～2个分枝，稀超过2个分枝……C群

5b. 花序至少3个分枝……D群

4b. 植株萌蘖形成密集株丛，株丛超过5个莲座。

6a. 花序不分枝或具1～2个分枝，稀超过2个分枝……E群

6b. 花序至少3个分枝……F群

2b. 植株具明显地上茎，茎长于叶片长度；单生或上部分枝，或基部分枝形成松散株丛，有时蔓生或下垂

7a. 茎直立，单生，或基生少数茎；不分枝或上部分枝呈树状，或灌木状至少1 m高……J群

7b. 茎直立，基部和上部多分枝，或伏生、蔓生、或下垂。

8a. 植株伏生，或短期直立后伏生、蔓生或下垂，不分枝或稀疏分枝；花序直立，或下垂，总状花序向上弯曲……G群

8b. 植株直立，稀伏生，常形成大而密集的株丛；总状花序直立，稀水平伸展。

9a. 花序不分枝，或少于2个分枝，或罕见一些个体分枝3个……H群

9b. 花序至少3个分枝，或罕见一些个体少于3个分枝……I群

A群：草芦荟群（Grass Aloes）

植株茎不明显，有时叶基部扩展，地下形成球茎状的膨大基部，稀在地表之上，或具常茎丛生的短茎，有时茎悬垂。根通常纺锤状。叶线形，常呈草状，背面靠近叶基常具密集斑点；边缘常具软骨质边，具细小、密集排列的齿，至少叶基具齿。花序单生，或稀具分枝。

本卷包含的种类如下：微白芦荟［*Aloe albida* (Stapf) Reynolds］、鲍威芦荟（*Aloe bowiea* Schult. & Schult.f.）、伯伊尔芦荟（*Aloe boylei* Baker）、库珀芦荟（*Aloe cooperi* Baker）、埃克伦芦荟（*Aloe ecklonis* Salm-Dyck）、毛缘芦荟（*Aloe fimbrialis* S. Carter）、球茎芦荟（*Aloe richardsiae* Reynolds）。

B群：斑点芦荟群（Maculate Aloes）

植株茎不明显，单生或偶尔具直立粗茎，茎长度短于叶片长度；或茎平伏，萌生蘖芽在地表形成紧密的垫状株丛。叶片通常具斑点，延长的斑点白色，常仅腹面具斑点，并密集形成横带状。花苞片干膜质，线状披针形，至少达到花梗的一半长度；花被筒基部球状，通常在子房部位上方突然缢缩。

本卷包含的种类如下：近缘芦荟（*Aloe affinis* A.Berger）、阿穆芦荟（*Aloe amudatensis* Reynolds）、布兰德瑞芦荟（*Aloe branddraaiensis* Groenew.）、伯格芦荟（*Aloe burgersfortensis* Reynolds）、德威氏芦荟（*Aloe dewetii* Reynolds）、艾伦贝克芦荟（*Aloe ellenbeckii* A.Berger）、福斯特芦荟（*Aloe fosteri* Pillans）、大恐龙芦荟（*Aloe grandidentata* Salm-Dyck）、大宫人芦荟（*Aloe greatheadii* Schönland）、蛇尾锦芦荟［*Aloe greatheadii* var. *davyana* (Schönland) Glen & D.S.Hardy］、格林芦荟（*Aloe greenii* Baker）、哈恩芦荟（*Aloe hahnii* Gideon）、无斑芦荟（*Aloe immaculata* Pillans）、基利菲芦荟（*Aloe kilifiensis* Christian）、暗红花芦荟（*Aloe lateritia* Engl.）、大果芦荟（*Aloe macrocarpa* Tod.）、斑点芦荟（*Aloe maculata* All.）、岩壁芦荟（*Aloe petrophila* Pillans）、普氏芦荟（*Aloe prinslooi* Verd. & D. S. Hardy）、霜粉芦荟（*Aloe pruinosa* Reynolds）、沃格特芦荟（*Aloe vogtsii* Reynolds）、斑马芦荟（*Aloe zebrina* Baker）。

C群：茎不明显、小丛、花序具少数分枝的芦荟群（Nearly stemless- Aloes / Small clumps, Flower stems few-branched）

植株茎不明显，单生或偶具直立短粗茎，茎长度短于叶片长度，或茎横卧，萌生蘖芽，在地表形成通常5~6头莲座的紧密小株丛。花序通常不分枝，或具1~3分枝，或非常偶见一些植物个体具4~5分枝。

本卷包含的种类如下：白花芦荟（*Aloe albiflora* Guillaumin）、奥氏芦荟（*Aloe aurelienii* J.-B. Castillon）、狮子锦芦荟（*Aloe broomii* Schönland）、喜钙芦荟（*Aloe calcairophila Reynolds*）、要塞芦荟（*Aloe castellorum* J.R.I.Wood）、扁芦荟（*Aloe compressa* H.Perrier）、圆锥芦荟（*Aloe conifera* H.Perrier）、隐花芦荟（*Aloe cryptoflora* Reynolds）、三角齿芦荟（*Aloe deltoideodonta* Baker）、美纹三角齿芦荟（*Aloe deltoideodonta* var. *fallax* H.Perrier）、黑魔殿芦荟（*Aloe erinacea* D. S. Hardy）、加利普芦荟（*Aloe gariepensis* Pillans）、格斯特纳芦荟（*Aloe gerstneri* Reynolds）、蓝芦荟（*Aloe glauca* Mill.）、菲利普芦荟（*Aloe johannis-philippei* J.-B.Castillon）、克拉波尔芦荟（*Aloe krapohliana* Marloth）、艳芦荟（*Aloe laeta* A.Berger）、长柱芦荟（*Aloe longistyla* Baker）、黑刺芦荟（*Aloe melanacantha* A. Berger）、米齐乌芦荟（*Aloe mitsioana* J.-B.Castillon）、小芦荟（*Aloe parvula* A.Berger）、柏加芦荟（*Aloe peglerae* Schönland）、普龙克芦荟（*Aloe pronkii* Lavranos, Rakouth & T. A. McCoy）、珠芽浆果芦荟［*Aloe propagulifera* (Rauh & Razaf.) L.E.Newton & G. D. Rowley］、拟小芦荟（*Aloe pseudoparvula* J.-B.Castillon）、叠叶芦荟（*Aloe suprafoliata* Pole-Evans）、沃纳芦荟（*Aloe werneri* J.-B.Castillon）。

D群：茎不明显、小丛、花序具多数分枝的芦荟群（Nearly stemless Aloes / Small clumps, Flower stems multi-branched）

植株茎不明显，单生或偶具直立短粗茎，茎长度短于叶片长度，或茎横卧，萌生蘖芽，在地表形成通常5～6头莲座的紧密小株丛。花序具4或4个以上的分枝，或偶尔一些植物个体具较少分枝。

本卷包含的种类如下：皮刺芦荟（*Aloe aculeata* Pole-Evans）、厚叶武齿芦荟（*Aloe armatissima* Lavranos & Collen.）、南阿拉伯芦荟（*Al oe austroarabica* T. A. McCoy & Lavranos）、珠芽芦荟（*Aloe bulbillifera* H. Perrier）、头状芦荟（*Aloe capitata* Baker）、云石头序芦荟（*Aloe capitata* var. *cipolinicola* H.Perrier）、隐柄芦荟（*Aloe cryptopoda* Baker）、优雅芦荟（*Aloe elegans* Tod.）、福氏芦荟（*Aloe fleurentinorum* Lavranos & L. E. Newton）、赫雷罗芦荟（*Aloe hereroensis* Engl.）、伊马洛特芦荟（*Aloe imalotensis* Reynolds）、卡拉芦荟（*Aloe karasbergensis* Pillans）、马德卡萨芦荟（*Aloe madecassa* H.Perrier）、石生芦荟（*Aloe petricola* Pole-Evans）、赖茨芦荟（*Aloe reitzii* Reynolds）、侧花芦荟（*Aloe secundiflora* Engl. ）、苏丹芦荟（*Aloe sinkatana* Reynolds）、索马里芦荟（*Aloe somaliensis* C. H. Wright ex W. Watson）、银芳锦芦荟（*Aloe striata* Haw.）、毛花芦荟（*Aloe tomentosa* Defler）、飘摇芦荟（*Aloe vacillans* Forrssk.）、威肯斯芦荟（*Aloe wickensii* Pole-Evans）。

E群：茎不明显、大丛、花序具少数分枝的芦荟群（Nearly stemless Aloes / Large clumps, Flower stems few-branched）

植株茎不明显，或具短茎，茎长度短于叶片长度，萌生蘖芽，有时蘖芽数量多，具横卧茎，在地表形成通常多于10头莲座的大株丛。花序通常不分枝，或具1～3分枝，偶具4分枝。

本卷包含的种类如下：美丽芦荟（*Aloe bellatula* Reynolds）、短叶芦荟（*Aloe brevifolia* Mill.）、布塞芦荟（*Aloe bussei* A. Berger）、棒花芦荟（*Aloe claviflora* Burch.）、鲁芬三角齿芦荟［*Aloe deltoideodonta* var. *ruffingiana* (Rauh & Petignat) J.-B.Castillon & J.-P.Castillon］、第可芦荟（*Aloe descoingsii* Reynolds）、日落芦荟（*Aloe dorotheae* A.Berger）、脆芦荟（*Aloe fragilis* Lavranos & Röösli）、琉璃姬孔雀芦荟（*Aloe haworthioides* Baker）、虎耳重扇芦荟（*Aloe haemanthifolia* Marloth & A.Ber）、木锉芦荟［*Aloe humilis* (L.) Mill.］、愉悦芦荟（*Aloe jucunda* Reynolds）、尼布尔芦荟（*Aloe niebuhriana* Lavranos）、顶簇芦荟（*Aloe parvicoma* Lavranos & Collen.）、劳氏芦荟（*Aloe rauhii* Reynolds）、斯莱登芦荟（*Aloe sladeniana* Pole-Evans）、范巴伦芦荟（*Aloe vanbalenii* Pillans）、什锦芦荟（*Aloe variegata* L.）、库拉索芦荟［*Aloe vera* (L.) Burm. f. ］。

F群：茎不明显、大丛、花序具多数分枝的芦荟群（Nearly stemless Aloes / Large clumps, Flower stems multi-branched）

植株茎不明显，或具短茎，茎长度短于叶片长度，萌生蘖芽，有时蘖芽数量多，具横卧茎，在地表形成通常多于10头莲座的大株丛。花序具4或4个以上分枝，或偶尔一些个体具3分枝。

本卷包含的种类如下：绫锦芦荟（*Aloe aristata* Haw.）、布尔芦荟（*Aloe buhrii* Lavranos）、查波芦荟（*Aloe chabaudii* Schönland）、食花芦荟（*Aloe esculenta* L. C. Leach）、镰叶芦荟（*Aloe falcata* Baker）、球蕾芦荟（*Aloe globuligemma* Pole-Evans）、长筒芦荟（*Aloe macrosiphon* Baker）、多叶芦荟（*Aloe polyphylla* Pillans）、红穗芦荟（*Aloe porphyrostachys* Lavranos & Collen.）、雷诺兹芦荟（*Aloe reynoldsii* Letty）。

G群：下垂或蔓生的芦荟群（Pendulous or Sprawling Aloes）

植株具茎。通常下垂或偶直立，具长于叶片长度的茎，不分枝，或基部和上部分枝形成蔓生大株丛；叶片通常呈松散莲座状，或有时在枝端呈紧密莲座状。

本卷包含的种类如下：卡萨蒂芦荟（*Aloe castilloniae* J.-B.Castillon）、弯叶芦荟（*Aloe flexilifolia* Christian）、哈迪芦荟（*Aloe hardyi* Glen）、希氏芦荟（*Aloe hildebrandtii* Baker）、杰克逊芦荟（*Aloe jacksonii* Reynolds）、曲叶芦荟（*Aloe millotii* Reynolds）、易变芦荟（*Aloe mutabilis* Pillans）、帕维卡芦荟

（*Aloe pavelkae* van Jaarsv., Swanepoel, A. E. van Wyk & Lavranos）、下垂芦荟（*Aloe pendens* Forssk.）、翡翠殿（*Aloe squarrosa* Baker ex Balf. f.）、倚生芦荟（*Aloe suffulta* Reynolds）、维格尔芦荟（*Aloe viguieri* H. Perrier）、也门芦荟（*Aloe yemenica* J. R. I. Wood）。

H群：灌状、花序具少数分枝的芦荟群（Shrubby Aloes / Flower stem few-branched）

植株具长于叶片长度的茎，直立或匍匐，茎基部和上部具松散分枝，形成大而密集的株丛。花序不分枝，或具1~3分枝，稀具更多分枝。

本卷包含的种类如下：伊坦尖锐芦荟（*Aloe acutissima* var. *itampolensis* Rebmann）、白纹芦荟（*Aloe albostriata* T. A. McCoy, Rakouth & Lavranos）、安东芦荟（*Aloe andongensis* Baker）、沙地芦荟（*Aloe arenicola* Reynolds）、贝克芦荟（*Aloe bakeri* Scott-Elliot）、贝雷武芦荟（*Aloe berevoana* Lavranos）、伯纳芦荟（*Aloe bernadettae* J.-B.Castillon）、卡梅隆芦荟（*Aloe cameronii* Hemsl.）、纤毛芦荟（*Aloe ciliaris* Haw.）、迷你芦荟（*Aloe inexpectata* Lavranos & T. A. McCoy）、贾德芦荟（*Aloe juddii* van Jaarsv.）、微型芦荟（*Aloe juvenna* Brandham & S. Carter）、科登芦荟（*Aloe kedongensis* Reynolds）、变黄芦荟（*Aloe lutescens* Groenew.）、斜花芦荟（*Aloe macra* Haw.）、微斑芦荟（*Aloe microstigma* Salm-Dyck）、平行叶芦荟（*Aloe parallelifolia* H. Perrier）、皮氏芦荟（*Aloe pearsonii* Schönland）、绘叶芦荟（*Aloe pictifolia* D. S. Hardy）、里维芦荟（*Aloe rivierei* Lavranos）、椰子芦荟（*Aloe striatula* Haw.）、索科德拉芦荟（*Aloe succotrina* Weston）、纤枝芦荟（*Aloe tenuior* Haw.）。

I群：灌状、花序具多数分枝的芦荟群（Shrubby Aloes / Flower stem multi-branched）

植株具长于叶片长度的茎，直立或匍匐，茎基部和上部具松散分枝，形成大而密集的株丛。花序具4或更多分枝。

本卷包含的种类如下：羊角掌芦荟（*Aloe camperi* Schweinf.）、雀黄花芦荟（*Aloe canarina* S. Carter）、康氏芦荟（*Aloe comptonii* Reynolds）、达维芦荟（*Aloe dawei* A. Berger）、还城乐芦荟（*Aloe distans* Haw.）、埃尔贡芦荟（*Aloe elgonica* Bullock）、伊萨鲁芦荟（*Aloe isaloensis* H. Perrier）、伦特芦荟（*Aloe luntii* Baker）、涅里芦荟（*Aloe nyeriensis* Christian & I. Verd.）、僧帽芦荟（*Aloe perfoliata* L.）、拉巴伊芦荟（*Aloe rabaiensis* Rendle）、图尔卡纳芦荟（*Aloe turkanensis* Christian）。

J群：树芦荟群（Tree Aloes）

植株具长于叶片长度的茎，茎直立，树状或灌木状，至少1m高，稀较矮，单生，单干或基部以上分枝，或基部稀少分枝形成不分枝直立茎构成的小株丛。

本卷包含的种类如下：非洲芦荟（*Aloe africana* Mill.）、相似芦荟［*Aloe alooides* (Bolus) Druten］、木立芦荟（*Aloe arborescens* Mill.）、大树芦荟（*Aloe barberae* Dyer）、栗褐芦荟（*Aloe castanea* Schönland）、簇叶芦荟（*Aloe comosa* Marloth & A. Berger）、二歧芦荟（*Aloe dichotoma* Masson）、多花序芦荟（*Aloe divaricata* A. Berger）、高芦荟（*Aloe excelsa* A.Berger）、好望角芦荟（*Aloe ferox* Mill.）、喀米斯芦荟（*Aloe khamiesensis* Pillans）、线状芦荟［*Aloe lineata* (Aiton) Haw.］、海滨芦荟（*Aloe littoralis* Baker）、马氏芦荟（*Aloe marlothii* A.Berger）、皮尔兰斯芦荟（*Aloe pillansii* L. Guthr）、折扇芦荟［*Aloe plicatilis* (L.) Mill.］、多齿芦荟（*Aloe pluridens* Haw.）、比勒陀利亚芦荟（*Aloe pretoriensis* Pole-Evans）、多枝芦荟（*Aloe ramosissima* Pillans）、石地芦荟（*Aloe rupestris* Baker）、艳丽芦荟（*Aloe speciosa* Baker）、穗花芦荟（*Aloe spicata* L. f.）、苏珊娜芦荟（*Aloe suzannae* Decary）、沙丘芦荟（*Aloe thraskii* Baker）、树形芦荟（*Aloe vaombe* Decorse & Poiss.）。

参考文献

Carter S, Lavranos J J, Newton L E, et al., 2011. Aloes: The Definitive Guide[M]. London: Kew Publishing: 101, 660.

Eggli U (Ed.), 2001. Illustrated Handbook of Succulent Plants: Monocotyledons[M]. Berlin: Springer–Verlag: 103–104, 110.

Grace O M, Simmonds M S J , Smith G F, et al., 2009. Documented utility and biocultural value of *Aloe* L. (Asphodelaceae): a review[J]. Economic Botany, 63 (2): 167–178.

Van Wyk B –E, Smith G F, 2014. Guide to the Aloes of South Africa[M]. Pretoria: Briza Publications: 30–35.

1

皮刺芦荟

别名： 王刺锦、铃丽锦（日）、阿丽锦（日）

Aloe aculeata Pole-Evans, Trans. Roy. Soc. South Africa 5: 34. 1915.

多年生肉质草本植物。植株单生，高可达1～1.25m；茎不明显或其后具横卧短茎，长可达80cm。叶25～30片，排列成密集莲座状；叶片坚硬，向内弯曲，弓形向上伸展至直立，披针形，渐尖，长25～60cm，宽8～14cm；灰绿色至鲜绿色，两面散布暗棕色的皮刺；索特潘斯山脉以北地区的生态型，皮刺基部的圆丘形瘤状凸起白色，其他地区的植株，瘤状突起不为明显的白色；边缘具齿，粗壮，尖锐，暗棕色，长5～6mm，齿间距10～20mm。花序直立，高100～120cm，具2～4分枝；花序梗深棕色；总状花序圆柱形，长20～60cm，直径7cm，花排列非常密集；苞片卵状，锐尖，反折，长7～15mm，宽4～7mm；花梗长2～3mm；花柠檬黄或橙色，花蕾亮橙红色；花冠裂片具绿至橙色的脉纹，长25～40mm，花一侧膨大，基部圆形。外层花被分离16～25mm；雄蕊伸出15mm，棕红色具橙色花药；花柱伸出花冠18mm，橙色。染色体：2n=14（Müller, 1941）。

中国科学院植物研究所北京植物园 （1）无圆丘状浅色瘤状突起的类型：6年盆栽植株株高可达34cm，株幅42cm。叶片长26～30.2cm，宽4.4～5.6cm，叶片灰绿色（RHS 191C-D），无斑点，具皮刺，叶背面散布少量或多数皮刺，红棕色（RHS 200A-RHS 183A），皮刺基部为突起的瘤状疣突，疣突较小，不为白色至浅黄绿色；边缘齿暗红棕色（RHS 200A-RHS 183A），长2～4mm，齿间距8～21mm；汁液黄色，干燥汁液棕黄色。种子棕黑色，不规则多角形，具膜质翅，较宽。（2）具圆丘状浅色瘤状突起的类型：皮刺基部圆丘状疣状突起，白色至浅黄绿色。

厦门市园林植物园 高40～47cm，株幅68cm；成株叶约21～32片，先端尖，具1尖锐刺齿；长30～41cm，宽9.5cm；边缘具齿，长约5mm，齿间距约3～12mm；单株具1个花序；具分枝2～4个。

北京植物园 未记录形态信息。

仙湖植物园 植株高38～49cm，株幅40～50cm。叶片长30～40cm，宽9.1～10.2cm；边缘齿长4～6mm，齿间距9～13mm。花序高57～63cm，具1～2分枝；总状花序长26～38cm，直径4～4.5cm；花柠檬黄色，花蕾橙红色，花被筒长28～31mm，基部最窄处直径3～4mm，子房部位宽6～7mm，向上变宽至直径6～7mm；外层花被分离约17～18mm。

上海植物园 未记录形态信息。

南京中山植物园 植株高约60cm。叶片长55cm，宽11cm。

小疣突密刺型植株（南非）

小疣突疏刺型植株（北京IBCASBG）

大疣突型植株（北京IBCASBG）

植株（南京）
播种苗（少刺型）
幼苗叶两列状排列
叶腹面（小疣突密刺型）
叶背面（小疣突密刺型）
叶腹面（小疣突疏刺型）
叶背面（小疣突疏刺型）
叶腹面（大疣突型）
叶背面（大疣突型）
密刺小疣突
疏刺小疣突
疣突白圆丘状
皮刺（基部疣突不明显）
边缘齿
叶片先端
开花植株（南京）
开花植株（厦门）
开花植株（深圳）
花芽

花苞片包被花蕾　花序　总状花序　花序局部

花序局部　花序（南京）　花发育（南京）

花序（厦门）　花发育（厦门）　花解剖

果序（厦门）　果实（厦门）　种子

分布

广泛分布南非姆普马兰加省和北部省；津巴布韦南部和博茨瓦纳东南部也有分布。

生态与生境

生长于炎热的半干旱地区岩石或石山的山坡上，分布于草地和开阔的灌丛地区，海拔500～1700m。

用途

观赏。

引种信息

中国科学院植物研究所北京植物园 具大而白色圆丘状疣突的变型材料（2002-W0090），种子材料引自南非卡鲁荒漠国家植物园，生长迅速，长势良好，已定植在植物园展览温室。少刺型材料（2010-1021），种子材料引自上海，生长迅速，长势良好。

北京植物园 植株材料（2011091）引种自美国，生长迅速，长势良好。

厦门市园林植物园 种子材料市场购买，来源不详。生长迅速，长势良好。

仙湖植物园 植株材料引种来源不详，生长迅速，长势良好。

南京中山植物园 植株材料（NBG-2007-28）引种自福建漳州，生长迅速，长势良好。

物候信息

原产地花期5～7月（南非），美国汉庭顿花期1月。

中国科学院植物研究所北京植物园 盆栽植株，尚未观测到开花结果。未观察到明显休眠期。

北京植物园 温室盆栽，尚未观察到开花结实。无休眠期。

厦门市园林植物园 露地栽植植株，花期11月至翌年3月。12月上旬始花期，盛花期12月中旬至翌年2月盛花期，末花期3月。果期2～3月。

仙湖植物园 露地栽培，花期11月至翌年2月。果期2～3月。

南京中山植物园 温室栽培，花期1～2月。

繁殖

播种、扦插繁殖。

迁地栽培要点

习性强健，栽培管理简单。植株耐旱，不耐涝。

中国科学院植物研究所北京植物园 盆栽，喜充足阳光，耐稍遮阴。根系好的情况下可置于全光照的栽培场所，叶片先端会变红。耐旱，夏季高温高湿季节注意防涝。冬季保持盆土干燥，4℃以上越冬。

北京植物园 温室盆栽，采用草炭土、火山岩、沙、陶粒等材料配制混合基质，排水良好。夏季中午需50%遮阳网遮阴，冬季保持5℃以上可安全越冬。

厦门市园林植物园 露地栽培，表面覆盖排水良好的河沙，生长季增施有机肥。

仙湖植物园 露地栽培，采用园土、腐殖土、河沙配制混合基质。

南京中山植物园 栽培基质为：园土：粗沙：泥炭=2：2：1。最适宜生长温度为15～25℃，最低温度不能低于0℃，否则产生冻害，最高温不能高于35℃，否则生长不良，设施温室内栽培，夏季加强通风降温，夏季10～15时用50%遮阳网遮阴。春秋两季各施一次有机肥。

病虫害防治

习性强健，少见病虫害发生。该种有时会罹患介壳虫、蚜虫和真菌病害。

中国科学院植物研究所北京植物园 温室栽培，栽培中加强通风，避免湿涝引起黑斑病，每15～20天需喷洒1次农药，可施用百菌清或多菌灵、氧化乐果等药物，干热季节，通风不好的情况下，可喷洒蚧必治预防介壳虫暴发。

北京植物园 未见明显病虫害发生。

厦门市园林植物园 未见明显病虫害发生。

仙湖植物园 未见明显病虫害发生。

南京中山植物园 常见病害主要有炭疽病、褐斑病、叶枯病、白绢病及细菌性病害，多发生于湿热夏季通风不良的室内。可喷洒百菌清等杀菌类农药进行防治。

保护状态

已列入CITES附录II。

变种、自然杂交种及常见栽培品种

与其他种类的自然杂交种多有报道，杂交亲本包括：查波芦荟（*A. chabaudii*）、蛇尾锦芦荟（*A. greatheadii* var. *davyana*）、高芦荟（*A. excelsa*）、球蕾芦荟（*A. globuligemma*）、变黄芦荟（*A. lutescens*）、马氏芦荟（*A. marlothii*）、威肯斯芦荟（*A. wickensii*）等。

本种1915年由波尔埃文斯（I. B. Pole-Evans）命名描述，种名"*aculeata*"意为"多刺的、尖锐的"，指其叶表面具尖锐皮刺。皮刺芦荟产地不同的样本，皮刺数量、皮刺下方疣突的颜色形状差异较大。皮刺的密度不同，有"密刺型"和"疏刺型"的区别；皮刺下的疣状突起有的较小，不明显，而有的较大而明显。如产自索特潘斯山脉以北地区的样本，皮刺基部疣状突起白色圆丘形，大而显著，十分美观，在栽培中较受欢迎，国内这种样本栽培较多；而我们在南非姆普马兰加省北部边界地带观察到的样本，皮刺下方疣突较小，不显著，不为白色圆丘状。

本种在国内栽培非常普遍，多数植物园均有收集，尤其是厦门、广州、海南等地，常作露地栽培，用于配置园林景观。其株形整齐、皮刺密集美观，花序色彩艳丽，是非常好的观赏种类。在迁地栽培中，本种习性强健，管理简单，适合应用推广。常通过种子繁殖，易于大批量生产种植。

参考文献

Eggli U (Ed.), 2001. Illustrated Handbook of Succulent Plants: Monocotyledons[M]. Berlin: Springer-Verlag: 105-106.
Jeppe B, 1969. South Africa Aloes[M]. Cape Town: Purnell & Sons S.A. (PTY.) LTD.: 1.
S Carter, J J Lavranos, L E Newton, et al., 2011. Aloes: The Definitive Guide[M]. London: Kew Publishing: 368.
Van Wyk B -E, Smith G F 2014. Guide to the Aloes of South Africa[M]. Pretoria: Briza Publications: 140.

2

伊坦尖锐芦荟

别名： 伊坦普卢天神锦

Aloe acutissima var. ***itampolensis*** Rebmann, Cactus & Co. 12: 195. 2009.

其原种尖锐芦荟（*Aloe acutissima*）的形态特征：多年生灌状肉质植物。植株具茎，长可达1m，2～3cm粗，直立、或横卧，近基部多分枝，形成株丛。叶约20片，稍密集，呈莲座状排列于茎端长约20～30cm；叶片披针形，长渐尖，长约30cm，宽约4cm，绿色，微红；边缘具尖锐、淡棕色齿，长3mm，齿间距10mm；叶鞘具绿条纹。花序高50cm，具2～3分枝；分枝总状花序圆柱状，渐尖，长10～15cm，直径5～6cm，花排列较密集；花苞片三角状，长10～15mm；花梗长15mm，红色；花被筒红色，长30mm，基部骤缩，子房部位宽5.5mm，上方稍渐狭，其后向口部渐宽；外层花被分离约10mm；雄蕊和花柱伸出1～2mm。染色体：2n=14（Brandham 1971）。变种伊坦尖锐芦荟与原种形态特征的差异：叶片长18～20cm，宽2.8～3.2cm；花序高80～85cm；总状花序长20cm，花排列较松散；花梗长8～10mm；花被筒长20mm。

中国科学院植物研究所北京植物园 6年生植株高达82cm，株幅达49cm。叶片长20～26cm，宽2.4～2.9cm；腹面灰橄榄绿色（RHS N138C），具模糊条痕，背面灰橄榄绿色、灰绿色、蓝绿色（RHS N138D、133C、122B）；边缘黄绿色（RHS 147D），边缘齿黄绿色（RHS 147D），长2～2.5mm，齿间距7～11mm；具叶鞘，绿白色（RHS 192D），脉纹黄绿色（RHS 193B）；汁液干燥后极淡土黄色。花序长31～74.4cm；总状花序长15～44.1cm，直径4.5～5.5cm，具花20～66朵；花序梗淡橄榄灰色（RHS 197C）；花梗淡橄榄灰色（RHS 197C）；花苞片淡绿白色（RHS 192D），具绿色脉纹，纸质；花被筒橙红色（RHS 35A），裂片先端具绿色的中肋纹，裂片边缘淡黄白色（RHS N155D），花被筒长24～29mm，子房部位宽5mm，之上稍变窄至4.5～4.8mm，之后向口部逐渐变宽至6～7mm；外层花被分离约12～16mm；雄蕊花丝和花柱淡黄白色（RHS 158D），雄蕊伸出4～5mm，雌蕊伸出0～3mm。

厦门市园林植物园 未记录形态信息。

开花植株（北京IBCASBG）

植株局部

叶鞘

分布

产自马达加斯加图利亚拉省（Toliara）伊坦普卢（Itampolo）西北的马哈法利高原（Mahafaly Plateau）。

生态与生境

生长于靠近大海的石灰岩峭壁上，海拔20~80m，生境温暖干燥。

用途

观赏。

引种信息

中国科学院植物研究所北京植物园　幼苗材料（2012-W0313）引种自捷克布拉格，生长迅速，长势良好。

厦门市园林植物园　植株材料（登记号不详）引种自北京，生长迅速，长势良好。

物候信息

原产地马达加斯加花期7~8月，

中国科学院植物研究所北京植物园　6年实生苗，已开花，花期12至翌年4月。12月下旬花芽初现，1月中旬始花期，1月下旬至4月中旬盛花期，4月下旬末花期。单花期3~4天。尚未观察到结实。无明显休眠期。

厦门市园林植物园　尚未记录物候信息。

繁殖

播种、扦插、分株繁殖。

迁地栽培要点

习性强健，生长迅速，栽培管理容易。

中国科学院植物研究所北京植物园 耐旱，栽培土壤基质需要排水良好，采用颗粒性较强的混合基质。配比为腐殖土2份：沙1份，或腐殖土1份：园土1份：轻石1份：沙1份。喜中性至弱碱性基质，适应北京的水质。栽培场所需温暖，阳光充足。耐阴，但光线不足植株会变得细弱，节间伸长。需要注意夏季控水管理，避免高温湿涝引起根系腐烂。稍耐寒，可耐短期2~3℃低温，保持盆土干燥，5~6℃以上，可安全越冬，10~15℃可正常开花生长。

厦门市园林植物园 大棚内栽植，采用腐殖土、河沙混合土栽培，植株生长迅速、长势良好。

病虫害防治

适应性较强，未见病虫害发生。

中国科学院植物研究所北京植物园 栽培中仅进行常规的病虫害预防，尤其是在夏季高温高湿季节，要预防腐烂病发生，每10~15天施用一次杀菌剂。

厦门市园林植物园 未见病虫害发生。

保护状态

CITES附录II植物。

变种、自然杂交种及常见栽培品种

尖锐芦荟的另一变种*Aloe acutissima* var. *antanimorensis* Reynolds，与原种的区别在于：植株具30~50cm长的茎，0.6~0.9cm粗；叶片15~20cm长，1.5~2cm宽。花序几乎单生，高50~70cm；总状花序长8~10cm；花梗长10mm；花被筒长20~25mm。产自马达加斯加的图利亚拉省。生于刺观灌丛中的平坦岩石上。原产地花期7~8月。北京植物园有引种栽培，植株材料（2011092）引种自美国，生长较快，长势良好。

伊坦尖锐芦荟由雷布曼（N. Rebmann）定名描述于2008年，种名"*acutissima*"意为"尖的，尖锐的"指其叶片形状，变种名"*itampolensis*"指其分布地靠近伊坦普卢（Itampolo）。

国内引种栽培不多，仅北京、厦门地区有栽培。栽培表现良好，已观察到花期物候。伊坦尖锐芦荟多丛生，容易栽植。适于用作园林观赏，我国南部温暖、干燥的无霜地区可露地栽培，用于多肉景观配置花境丛植观赏或与山石搭配栽植。

参考文献

Carter S, Lavranos J J, Newton L E, et al., 2011. Aloes: The Definitive Guide[M]. London: Kew Publishing: 561.
Grace O M, Klopper R R, Figueiredo E, et al., 2011. The Aloe names book[M]. Pretoria: SANBI: 6.
J Castillon J –B, Castillon J –P, 2010. The Aloe of Madagascar[M]. La Réunion: J.–P. & J.–B Castillon: 284.

3
非洲芦荟

别名： 喜望峰芦荟（日）、帝锦（日）

Aloe africana Mill., Gard. Dict. ed. 8, 4, 1768.
Aloe africana var. *angustior* Haw., Suppl. Pl. Succ. 47. 1819.
Aloe africana var. *latifolia* Haw., Suppl. Pl. Succ. 47. 1819.
Aloe angustifolia Haw., Suppl. Pl. Succ. 47. 1819.
Aloe bolusii Baker, J. Linn. Soc., Bot. 18: 179. 1881.
Aloe perfoliata var. *africana* (Mill.) Aiton, Hort. Kew. 1: 466. 1789.
Aloe pseudoafricana Salm-Dyck, Verz. Art. Aloe 31. 1817.
Pachidendron africanum (Mill.) Haw., Saxifrag. Enum. 2: 36. 1821.
Pachidendron angustifolium (Haw.) Haw., Saxifrag. Enum. 2: 38. 1821.

多年生肉质小乔木。通常单生，茎干直立，偶有分枝，高可达4m，枯叶宿存，覆盖于上半部茎干表面。叶约30片，密集排列成莲座状；叶片长可达65cm，宽12cm；平伸至反曲；两面暗绿色至灰绿色，腹面光滑无毛或靠近叶先端具少数红色皮刺，背面在靠近叶先端的中线处具红色皮刺；边缘具尖锐锯齿，长4~5mm，齿间距15mm。花序60~80cm高，具2~4分枝；总状花序，圆柱形，向上渐狭，长40~60cm，直径10~12cm，花排列非常密集；花序苞片卵状披针形，长11mm，宽7~8mm；花梗长5~6mm；花被筒黄色至橙黄色，长55mm，子房处宽5~6mm；口部宽约8mm，花被筒上半部明显向上弯曲，基部圆形；外层花被分离约19mm；雄蕊花丝橙色，具暗色花药，雄蕊和柱头伸出约15~20mm。

中国科学院植物研究所北京植物园 盆栽幼株，株高约62cm，株幅约60cm。叶片长33~38cm，宽5.6~6.4cm；灰绿色（RHS 148C-D），无斑，具皮刺，腹面皮刺少数几个，成列排列在叶片中线上或靠近边缘位置，叶背面皮刺较多，成列分布于中线及靠近边缘处，或多个散布于中下部；边缘齿红棕色（RHS 175A-C），尖端近黑色，长4~5.5mm，齿间距7~12.5mm。

仙湖植物园 未记录形态信息。

上海植物园 未记录形态信息。

植株（北京 IBCASBG）

植株局部

茎

幼苗

叶腹面
叶背面
叶腹面局部
叶背面局部
叶先端
边缘齿
叶基部边缘齿
腹面皮刺沿中线分布
叶片皮刺
疣突状皮刺
钩状皮刺
开花植株（南非）
花序
花序局部
花蕾
花被筒先端向上弯曲

分布

分布于南非东开普省。

生态与生境

通常生长于密集刺灌丛地区，稀分布于开阔地区。海拔从海平面至300m。

用途

观赏，药用。

引种信息

中国科学院植物研究所北京植物园 幼苗材料（2008-1929）引种自仙湖植物园，生长迅速，长势良好。

仙湖植物园 植株材料（SMQ-005）引种自美国，生长迅速，长势良好。

上海植物园 植株材料（2011-6-004）引种自美国，生长迅速，长势良好。

物候信息

原产地南非花期7～9月。

中国科学院植物研究所北京植物园 尚未观察到开花和结实。无明显休眠期。

仙湖植物园 尚未观察到开花和结实。无明显休眠期。

上海植物园 尚未观察到开花和结实。无休眠期。

繁殖

播种、扦插繁殖。

迁地栽培要点

习性强健，栽培管理容易。植株喜强光，耐旱，不耐湿涝。喜排水良好的土壤，稍耐盐碱。喜温暖，稍耐寒。

中国科学院植物研究所北京植物园 地栽或盆栽，采用富含砂质的混合基质，采用腐殖土、粗沙配制混合土，配比为2∶1或3∶1，也可加入其他颗粒基质。根系好的状态下，可全光照。生长适宜温度15～23℃，盆土干燥情况下，可耐短暂1～3℃低温，盆土干燥，保持5～6℃以上可安全越冬。

仙湖植物园 室内或室外地栽，采用腐殖土、河沙混合土栽培，植株长势明显较室外的长势更为迅速，生长良好。

上海植物园 采用赤玉土、腐殖土、轻石、麦饭石、沙等材料配制混合基质。

病虫害防治

过于湿涝容易引起腐烂病，干燥不通风容易罹患介壳虫。

中国科学院植物研究所北京植物园 北京夏季高温高湿季节，容易发生腐烂病，注意控制浇水，定期喷洒50%多菌灵可湿性粉剂800～1000倍液进行防治。干热不通风时容易罹患介壳虫，可每10～15天左右喷洒蚧必治1000倍液进行预防。

仙湖植物园 湿热季节容易发生腐烂病、黑斑病和褐斑病。定期喷洒50%多菌灵800～1000倍液预防。容易罹患介壳虫，定期喷洒蚧必治1000倍液进行防治。

上海植物园 休眠期容易发生腐烂病，注意控制浇水，定期喷洒杀菌剂进行预防。

保护状态

已列入CITES附录II。

变种、自然杂交种及常见栽培品种

与其他种类的自然杂交种多有报道，杂交亲本包括：好望角芦荟（*A. ferox*）、微斑芦荟（*A. microstigma*）、多齿芦荟（*A. pluridens*）、艳丽芦荟（*A. speciosa*）、银芳锦芦荟（*A. striata*）。

非洲芦荟的栽培历史十分悠久，最早的引种栽培要追溯到1695年，收集种植于开普东印度公司的花园中，奥尔登兰（H. B. Oldenland）对其进行了初步的命名。1703年，考梅林（C. Commelin）将其收录入他的专著*Praeludia Botanica*中。1726年，瓦伦汀（F. Valentyn）在其专著*Beschryvinge van de Kaap der Goede Hoope*中列出了奥尔登兰收集保存的28种芦荟属植物材料，其中包含非洲芦荟。其后也有一些专著收录该种植物，但都没有花的图版及描述。1863年，萨姆迪克（Salm-Dyck）在其专著*Monograph*首次收录了非洲芦荟开花的图版。1768年，苏格兰植物学家米勒（P. Miller）将其命名为*Aloe africana* Mill.，拉丁种名指其来源自非洲。在南非，非洲芦荟被俗称为"Uitenhage Aloe"，在伊丽莎白港和埃滕哈赫地区（Uitenhage）分布较多。

本种与好望角芦荟（*A. ferox*）植株的外形有些相似，但有一定的区别。首先是叶片形态不同，本种的叶片较好望角芦荟更为狭窄和平伸；其次，花序形状不同，非洲芦荟花序为较细圆柱状向上渐狭窄，类似长锥状，好望角芦荟的花序为圆柱状；第三是花形、花色不同，这也是最典型的鉴定特征，非洲芦荟花被筒先端向上弯曲，黄色至橙黄色，而好望角芦荟花被筒直伸，通常橙色至红色，偶有白色和黄色。与好望角芦荟类似，非洲芦荟的园艺杂交种非常多，导致国内各植物园的收集中，真正的原种较少见，给鉴定工作造成了很大的麻烦，一些杂交品种的样本植株特征与原种相似，产生干扰，只能等待开花时进行进一步的鉴定。

非洲芦荟在我国引种栽培较晚，仅北京、上海、深圳等地有栽培记录，栽培表现良好，但尚未观察到花期物候。非洲芦荟为较高大的单干树状种类，适于孤植或数株群植观赏，我国南部温暖、干燥的无霜地区可露地栽培。

参考文献

Carter S, Lavranos J J, Newton L E, et al., 2011. Aloes: The Definitive Guide[M]. London: Kew Publishing: 672.
Eggli U (Ed.), 2001. Illustrated Handbook of Succulent Plants: Monocotyledons[M]. Berlin: Springer-Verlag: 106.
Grace O M, Klopper R R, Figueiredo E, et al., 2011. The Aloe names book[M]. Pretoria: SANBI: 7-8.
Jeppe B, 1969. South Africa Aloes[M]. Cape Town: Purnell & Sons S.A. (PTY.) LTD.. 41.
Van Wyk B -E, Smith G F, 2014. Guide to the Aloes of South Africa[M]. Pretoria: Briza Publications: 52-53.

4

微白芦荟

Aloe albida (Stapf) Reynolds, J. S. African Bot. 13: 101. 1947.
Leptaloe albida Stapf, Bot. Mag. 156: t. 9300. 1933.

多年生肉质草本植物。植株矮小，高15～17cm，单生或丛生为小株丛，茎不明显，具纺锤形肉质根。叶6～12片，螺旋状排列成小莲座状，叶片线形，平展，长10～15cm，宽0.4～0.5cm，均一的暗绿色；边缘具柔软的白色细齿，长0.5mm，齿间距约1mm。花序总状，不分枝，高9～18cm；花序梗细长，具少量膜质不育苞片，长10～15mm；总状花序较密集，紧缩呈头状，长2～5cm，直径约5cm；花苞片卵形，锐尖，膜质，白色，长10～15mm，宽4～5mm；花梗10～15mm长；花被暗白色，先端绿色或具浅绿色脉纹，花被筒长18mm，三棱状筒形，向口部逐渐变窄，向上弯曲，明显二唇形；外层花被自基部分离；雄蕊和花柱伸出花冠0～1mm。染色体：2n=14（Müller, 1945）。

中国科学院植物研究所北京植物园 植株矮小，根肉质，稍纺锤状。叶片条形，长13～16cm，宽0.3～0.5cm，绿色（RHS N138A-B），无斑；叶基部变宽呈三角状，具暗色条纹，有时微红，包裹植株基部稍呈鳞茎状；边缘齿细小，直伸或钩状。

厦门市园林植物园 植株丛生，矮小，基部膨大稍呈鳞茎状。叶长条形，绿色至蓝绿色，无斑点，长约18cm，宽约0.4cm，基部变宽；边缘具细齿，直或弯曲，有时和边缘微红。花序总状，长13～17cm，不分枝；总状花序紧缩成近头状；花被筒淡绿白色，基部宽，向口部变狭，稍呈二唇状，花被裂片中肋具绿色细脉纹汇聚至裂片先端，花被裂片反曲；花蕾先端向上弯曲。

丛生植株（厦门） 植株 鳞茎状
叶心 肉质根 播种苗（北京 IBCASBG）

分布

分布区狭窄，仅发现于南非姆普马兰加省的巴伯顿地区（Barberton）。

生态与生境

仅分布在原产地山脉顶部多雾的岩石地区，与苔藓一起生长在草坡的石缝中，海拔1450~1800m。

用途

观赏。常为小型园艺杂交品种的亲本。

引种信息

中国科学院植物研究所北京植物园　材料（2010-2973）引种自上海，生长速度中等，长势一般，夏季长势较差。

厦门市园林植物园　植株材料（XM2012008）引种自中国科学院植物研究所北京植物园。生长速度较慢，长势中等。

物候信息

原产地南非花期2~4月。

中国科学院植物研究所北京植物园　尚未观察到开花和结实，夏季7月中旬至8月中旬生长停滞。

厦门市园林植物园　花期8～10月。未观察到结实。

繁殖

多播种、分株繁殖，扦插繁殖多用于挽救烂根植株。

迁地栽培要点

生长缓慢，栽培较困难。耐旱，不耐涝，需选择排水良好的栽培基质。耐阴，需适当遮阴。夏季怕湿热，注意休眠期水分管理。

中国科学院植物研究所北京植物园　盆栽，采用腐殖土、粗沙配制混合基质，配比2：1或3：1，可加入碎石等颗粒基质。将盆栽置于轻度荫蔽的环境中，遮阴度30%～40%，冬季温室可全光照。生长季节需充足水分，喜空气湿润，可盆周围喷水增加空气湿度。夏季喜凉爽，怕湿热，湿热季节常生长停滞，进入休眠状态，休眠期要控制浇水，避免盆土积水引起肉质根腐烂病。冬季保持盆土干燥，5～6℃可安全越冬。

厦门市园林植物园　盆栽，选用腐殖土、河沙混合土进行栽培。

病虫害防治

中国科学院植物研究所北京植物园　湿热季节容易罹患腐烂病，选择排水良好的栽培基质，加强通风，浇水时避免盆土、叶心积水。定期喷洒40%多菌灵800～1000倍液进行预防。

厦门市园林植物园　易发红蜘蛛虫害，选用花神喷剂防治。

保护状态

南非红色名录将其列为近危种（NT）。列入CITES附录I。由于开垦山地生产木材，微白芦荟在原产地的栖息地日益缩小，处于受威胁的状态。

变种、自然杂交种及常见栽培品种

园艺杂交品种较多，为园艺品种*A.*'Blue Lady'、*A.*'Madora'、*A.*'Petite'的杂交亲本之一，可与白花芦荟（*A. albiflora*）、美丽芦荟（*A. bellatula*）、桑德斯芦荟（*A. saundersiae*）等细叶小型种类进行杂交。

本种是芦荟属少有的近白色花的种类，1947年由雷诺德（G. W. Reynolds）命名描述，种名"*albida*"，意为"稍白的，发白的"，指其花色呈现微白的颜色。与桑德斯芦荟很相似，但桑德斯芦荟的花为暗粉白色，不呈二唇状，叶片更短一些。

本种国内有引种，北京、厦门有栽培记录。本种产自南非东北部海拔较高、气候凉爽的地区，原产地多云雾，空气湿度较大。较适应夏季气候凉爽、空气湿度较大的地区，夏季不喜闷热湿涝。北京栽培夏季表现稍差，常因湿涝叶心和肉质根腐烂，而在沿海的厦门地区表现较好。栽培中实测叶片长度稍长于文献数据，可能与光照和水肥条件有关。

参考文献

Carter S, Lavranos J J, Newton L E, et al., 2011. Aloes: The Definitive Guide[M]. London: Kew Publishing: 111.
Eggli U (Ed.), 2001. Illustrated Handbook of Succulent Plants: Monocotyledons[M]. Berlin: Springer-Verlag: 107.
Grace O M, Klopper R R, Figueiredo E, et al., 2011. The Aloe names book[M]. Pretoria: SANBI: 8.
Jeppe B, 1969. South Africa Aloes[M]. Cape Town: Purnell & Sons S.A. (PTY.) LTD.: 128-129.
Rainondo D, Von Staden L, Foden W, et al., 2009. Red List of South Africa plants 2009[M]. Pretoria: SANBI: 79.
Van Wyk B -E, Smith G F, 2014. Guide to the Aloes of South Africa[M]. Pretoria: Briza Publications: 344-345.

5
白花芦荟

别名： 雪女王芦荟、雪女王（日）

Aloe albiflora Guillaumin, Bull. Mus. Natl. Hist. Nat. 2, 12: 353. 1940.
Guillauminia albiflora (Guillaumin) A.Bertrand, Cactus (Paris) 49: 41. 1956.

多年生肉质草本植物。植株矮小，茎不明显，萌生蘖芽形成小株丛。叶约10片，弯曲呈弓形向上伸展，叶线形，渐尖，长15cm，宽1.5cm，暗绿色，粗糙，叶表布满大量细小的白色斑点；边缘具大量密集的白色微齿，长0.5～1.0mm，柔软。花序总状，不分枝，30～36cm高；花序梗细长，约具5个不育的膜质苞片；总状花序长9cm，花排列松散；花苞片卵状，锐尖，长5～6mm，宽2mm；花梗长可达8mm；花被筒白色，宽钟形，长10mm，中部直径14mm；外层花被几乎基部分离；雄蕊伸出8mm，花柱伸出9mm。

北京植物园　植株易丛生，株高约27cm，株幅38cm。叶片长度可达24.5cm，宽度1.4cm，两面绿色，腹面和背面均有白色圆形斑点；边缘具白边，边缘齿基部白色，长度小于1mm，齿间距2～3mm。花序不分枝，高约46cm；总状花序长24cm，直径约1.5cm，不分枝；单花序具花达28朵。

植株（北京BBG）　叶腹面　叶背面　叶先端　叶腹面局部
叶腹面基部　叶背面局部　叶腹面斑点　叶背面斑点　边缘齿
边缘齿　花芽　开花植株（北京BBG）　花序　花序局部

分布

产自马达加斯加的图利亚拉省（Toliara），齐武里（Tsivory）东部的维哈巴诺（Vihabano）。

生态与生境

不详。

用途

观赏。为常见小型园艺杂交种亲本。

引种信息

北京植物园 植株材料（2018037）引种自上海，生长较慢，长势良好。

物候信息

原产地花期不详。

北京植物园 观察到花期4~5月、8~9月。

繁殖

播种、分株繁殖，扦插繁殖常用于挽救烂根植株。

迁地栽培要点

生长较为缓慢，栽培稍有难度。喜排水良好的基质，不耐高温湿热，耐寒，可耐短暂 -2℃低温，保持盆土干燥，5~6℃以上可安全越冬。

北京植物园 温室盆栽，采用草炭土、火山岩、沙、陶粒等材料配制混合基质，排水良好。夏季中午需50%遮阳网遮阴。

病虫害防治

有时会发生腐烂病或根粉蚧。

北京植物园 未见明显病虫害发生。

保护状态

已列入CITES附录II。

变种、自然杂交种及常见栽培品种

常见园艺杂交亲本之一，常与美丽芦荟（*A. bellatula*）、微白芦荟（*A. albida*）、劳氏芦荟（*A. rauhii*）、第可芦荟（*A. descoingsii*）等小型芦荟进行杂交，也可与沙鱼掌属种类杂交获得属间杂交品种。

中国科学院植物研究所北京植物园收集的样本（引种编号2010-2910）即为美丽芦荟与白花芦荟的杂交种（*A. albiflora* × *bellatula*）。植株高约14~15.3cm，叶片长达16.5cm，宽1.2~1.67cm，绿色，常微红，粗糙，两面具大量椭圆形斑点，背面多于腹面；边缘具窄边和三角状齿，长0.5~1mm，齿间距0.5~1.5mm。花序高达49.4cm，不分枝，总状花序长15~17cm，直径3~4.3cm，具花13~42朵；花被白色微粉，下半部淡粉色，长12~14mm，子房部位宽2~3mm，向上渐宽至6~7mm；外层花被分离8~9mm；雄蕊伸出6~7mm，花柱伸出5~6mm。该杂交种10~11月、3~5月均有开花。

白花芦荟是非常稀有的种类，50年代至60年代由雷诺德（G. W. Reynolds）和米拉特（J. Millot）引入栽培，野外未能再次发现。常与其他小型种类混淆，如美丽芦荟（*Aloe bellatula*）及其杂交种类、*Aloe perrieri* 等细叶小型种类混淆。花和花序的区别是非常直观的，与其他几种不同，白色的钟形花是白花芦荟的典型特征，其拉丁种名“*albiflora*”意为“白花的”。与其他种类杂交的杂交种，花色、花形会产生变化。

本种在国内引种不多，仅北京和上海地区有栽培记录，栽培表现良好，已观察到花期物候。植株生长较慢，常萌蘖形成小株丛，适合小型盆栽观赏。

参考文献

Carter S, Lavranos J J, Newton L E, et al., 2011. Aloes: The Definitive Guide[M]. London: Kew Publishing: 216.
Castillon J -B, Castillon J -P, 2010. The Aloe of Madagascar[M]. La Réunion: J.-P. & J.-B Castillon: 206.
Eggli U (Ed.), 2001. Illustrated Handbook of Succulent Plants: Monocotyledons[M]. Berlin: Springer-Verlag: 107.

6
白纹芦荟（拟）

Aloe albostriata T.A. McCoy, Rakouth & Lavranos, Kakteen And. Sukk. 59: 43. 2008.

多年生肉质灌状植物。植株自基部分枝，直立或横卧形成小株丛，具茎，高达30cm。叶10～15片，生于茎端10～12cm处，上升，披针形，渐尖，长20～25cm，宽2cm，灰绿色，具许多纵向条纹；边缘具齿，长0.75～1mm，齿间距5～15mm，常退化；汁液无色，干燥后无色。花序高达70cm，直立，不分枝或具1～2分枝；总状花序圆柱状，急尖，长可达25cm，花排列相对松散；花苞片急尖，长10mm，宽2mm；花梗粉色，长12～15mm；花被筒橙红色，向口部变黄；长22～24mm，子房部位宽3.5～4mm；外层花被分离12～13mm；雄蕊和花柱伸出达1mm。

中国科学院植物研究所北京植物园　植株高45cm，株幅36cm，叶片长26～27cm，宽2.2～2.4cm，淡黄绿色至黄绿色（RHS 148C-147D），两面均具大量纵向灰黄绿色至黄绿色条纹，条纹之间为较深的中黄绿色（RHS 148A）细线；边缘软骨质边、边缘齿淡黄绿色（RHS 193C），边缘齿长0.5mm，齿间距2～9mm；叶鞘具条纹，条纹黄绿色（RHS 147D），条纹之间较深色的细线为黄绿色（RHS 146B）。花序高达60.5cm，总状花序长18cm，直径6.5cm，花排列较松散，具花57朵；花序梗黄绿色（RHS 147D）；花梗淡黄绿色至淡肉粉色（RHS 192A-37D）；花苞片米色，具棕色细纹，膜质；花被筒深肉粉色（RHS 37A-B），口部白色，花被裂片先端具灰黄绿色（RHS 37A-191B）中脉纹，裂片边缘白色，花蕾肉粉色（RHS 37A）；花被筒长27～28mm，子房部位宽4.5mm，向口部渐宽；外层花被分离13～15mm，雄蕊伸出0～1mm，花柱不伸出。

北京植物园　株高47cm，株幅63cm。叶片长34～36.9cm，宽3.6～4.1cm；浅绿色，有深绿色竖条纹，从基部到尖部紧密排列，叶背面与腹面相似，但条纹排列稍微稀疏；边缘齿长度小于1mm，齿间距4～9mm，排列不均匀，叶基部齿排列较紧密，间距约4mm，向叶先端逐渐稀疏，间距可达9mm。花序高约84cm，具2分枝；花被橙红色。

植株（北京IBCASBG）

植株（北京BBG）

叶鞘

蘖芽

分布

产自马达加斯加塔那那利佛省（Antananarivo），安齐拉贝（Antsirabe）以西约80 km处。

生态与生境

不详。

用途

观赏。

引种信息

中国科学院植物研究所北京植物园　幼苗（2010-W1149）引种自北京，生速较慢，长势良好。

北京植物园　植株材料（2011182）引种自美国，生长较慢，长势良好。

物候信息

中国科学院植物研究所北京植物园　仅观测到一次开花，始花期11月初，盛花期11月上旬，末花期11月中旬。单花期2～3天。

北京植物园 尚未记录花期物候。

繁殖

播种、分株、扦插繁殖。

迁地栽培要点

本种属于不太耐湿热的种类，栽培管理需要稍加注意。栽培基质要排水良好，建议用颗粒较强的混合基质。喜阳光充足，盆栽植株根系较弱，需要适当遮阴。冬季4～5℃控制浇水可安全越冬，10～12℃以上可正常生长。

中国科学院植物研究所北京植物园 土壤配方选用腐殖土与颗粒性较强的赤玉土、轻石、木炭等基质，以及排水良好的粗沙混合配制，颗粒基质占1/3左右，加入少量谷壳碳，并混入少量缓释的颗粒肥。北京地区夏季湿热，需控制浇水量，并加强通风。

北京植物园 温室盆栽，采用草炭土、火山岩、沙、陶粒等材料配制混合基质，排水良好。

病虫害防治

本种夏季湿热季节容易罹患腐烂病，从叶心部腐烂。以防治为主，定期喷洒杀菌剂进行防治。

中国科学院植物研究所北京植物园 未见虫害，仅见腐烂病发生。预防为主，选用颗粒性较强排水良好的基质，夏季湿热季节需控制浇水，定期喷洒50%多菌灵800～1000倍液进行防治。

北京植物园 未见病虫害发生。

保护状态

已列入CITES附录II。

变种、自然杂交种及常见栽培品种

尚未见相关报道。

本种由2008年由麦科伊（Tom McCoy）等人定名描述，种名“*albostriata*”意为具白色条纹的。在国内栽培中，本种常和美纹芦荟（*Aloe deltoideodonta* var. *fallax*）一起被误认为是伊碧提芦荟（*Aloe ibitiensis*），但伊碧提芦荟的叶片不具明显清晰的纵向条纹。白纹芦荟、美纹芦荟和马南多芦荟（拟）（*Aloe manandonae*）一样，叶两面都具有明显清晰的纵向条纹，很容易混淆，但本种小灌丛状生长，叶片非常狭窄，呈较细长的条状披针形，可以很容易地与其他两个叶片较宽的种类区分开。

国内引种不多，仅北京有栽培记录，栽培表现良好，已观察到花期物候。实际观测的株高、叶片长度和宽度、花被筒长度和宽度均稍大于文献数据，可能与栽培条件有关。

参考文献

Carter S, Lavranos J J, Newton L E, et al., 2011. Aloes: The Definitive Guide[M]. London: Kew Publishing: 551.

Castillon J -B, Castillon J -P, 2010. The Aloe of Madagascar[M]. La Réunion: J.-P. & J.-B Castillon: 99.

7

阿穆芦荟

别名：阿穆达特芦荟、阿姆达特恩斯芦荟

Aloe amudatensis Reynolds, J. S. African Bot. 22: 136. 1956.

多年生肉质草本植物。植株茎不明显，基部萌蘖形成密集株丛。叶约12片，排列成密集莲座状；叶片披针形，渐尖，长20～25cm，宽4～5cm；叶片黄绿色，具白色长椭圆形斑点，密集排列，呈横向条带状；边缘具假骨质边，具小边缘齿，尖端棕色，长2mm，齿间距3～8mm。花序直立，高50～60cm，不分枝或有时具1～2分枝；花序梗分枝基部被苞片包裹，苞片纸质，线形，长可达30mm；总状花序圆锥状至圆柱状，长6～12cm，直径7cm，花排列较疏松；花苞片披针形，长10mm，宽3mm，浅米色；花梗长15～18mm；花被筒光亮珊瑚粉至红色，三棱状筒形，长20～25mm，子房部位宽9mm，向上突然缢缩至直径6mm，外层花被自1/3处分离；雄蕊和花柱稍伸出。染色体：2n=14（Brandham，1971）。

中国科学院植物研究所北京植物园　植株高约32～34cm，株幅28～64cm，植株萌生蘖芽形成株丛。叶片长31～43cm，宽2.7～4.7cm；腹面深橄榄绿色（RHS NN137B–146A），具长圆形和H型斑，淡黄绿色（RHS 193A–B，194B–C），密集排列成横向条带型；背面深黄绿色（RHS 146A–C，137C），具椭圆形和H型模糊斑点，淡黄绿色（RHS 193A–B，194B–C），密集排列成横向条带状有时连成片状；边缘淡黄绿色（RHS 196C），边缘齿尖端棕色（RHS 165A–B），长2.5～3.5mm，齿间距9～14mm；干燥汁液棕色。花序高约62～66cm，不分枝或具1分枝；花序梗淡灰棕色（RHS 197B–D），被霜粉，擦去霜粉橄榄棕色（RHS 199A）；总状花序长10.5～17.8cm，直径6.8～7.5cm，花排列松散，具花17～24朵；花梗红色至粉色、肉粉色（RHS 180C–D，170C）；花苞片白色至淡棕色，膜质，具深棕色细脉纹；花被筒橙红色（RHS 35A–C），口部黄色（RHS 15B–14C），裂片边缘暗白色，花蕾橙红色（RHS 35A–B），先端稍绿色；花被筒长26～28mm，子房部位宽8～8.5mm，上方突然缢缩至5mm，之后向口部逐渐变宽至8～10mm；外层花被分离9～11mm；雄蕊花丝白色渐变至淡黄色（RHS 7D–3B），伸出约3mm，花柱淡黄色（RHS 7D–3B），伸出2～4mm。

北京植物园　株高20.5cm，株幅28.5cm。叶片长24cm，宽4.5～5cm，老叶稍宽，新叶相对较窄，叶片腹面墨绿色，斑点聚集在基部，向尖部斑点逐渐变稀疏、逐渐变小，背面基部几乎全白，向尖部逐渐形成墨绿色与白色相间带状条纹，叶尖部向下反曲；边缘齿红褐色，尖锐，长3～5mm，齿间距7～10mm。花序具1～3分枝。

仙湖植物园　株高约7.8～10cm，株幅50～60cm。叶片长26～32cm，宽2.4～2.6cm；边缘齿长3～4mm，齿间距6～9mm。花序高23～26cm；总状花序长6～6.5cm，宽8～9.5cm；花橙红色，口部黄色，花被筒长25～27mm，子房部位宽5～7mm，上方突然缢缩至直径3～4mm，之后向上变宽至6～7mm；外层花被分离约8～10mm。

植株（北京IBCASBG）
丛生植株（深圳）
短茎
叶尖
叶片基部
边缘齿
叶腹面
叶背面
叶腹面斑点
叶背面斑点
叶心
花序（深圳）
开花植株（北京IBCASBG）
开花植株（北京IBCASBG）
花序（北京BBG）
花序（北京BBG）
花序（花蕾伸出花苞片）
花序具1分枝
总状花序
总状花序
花序局部

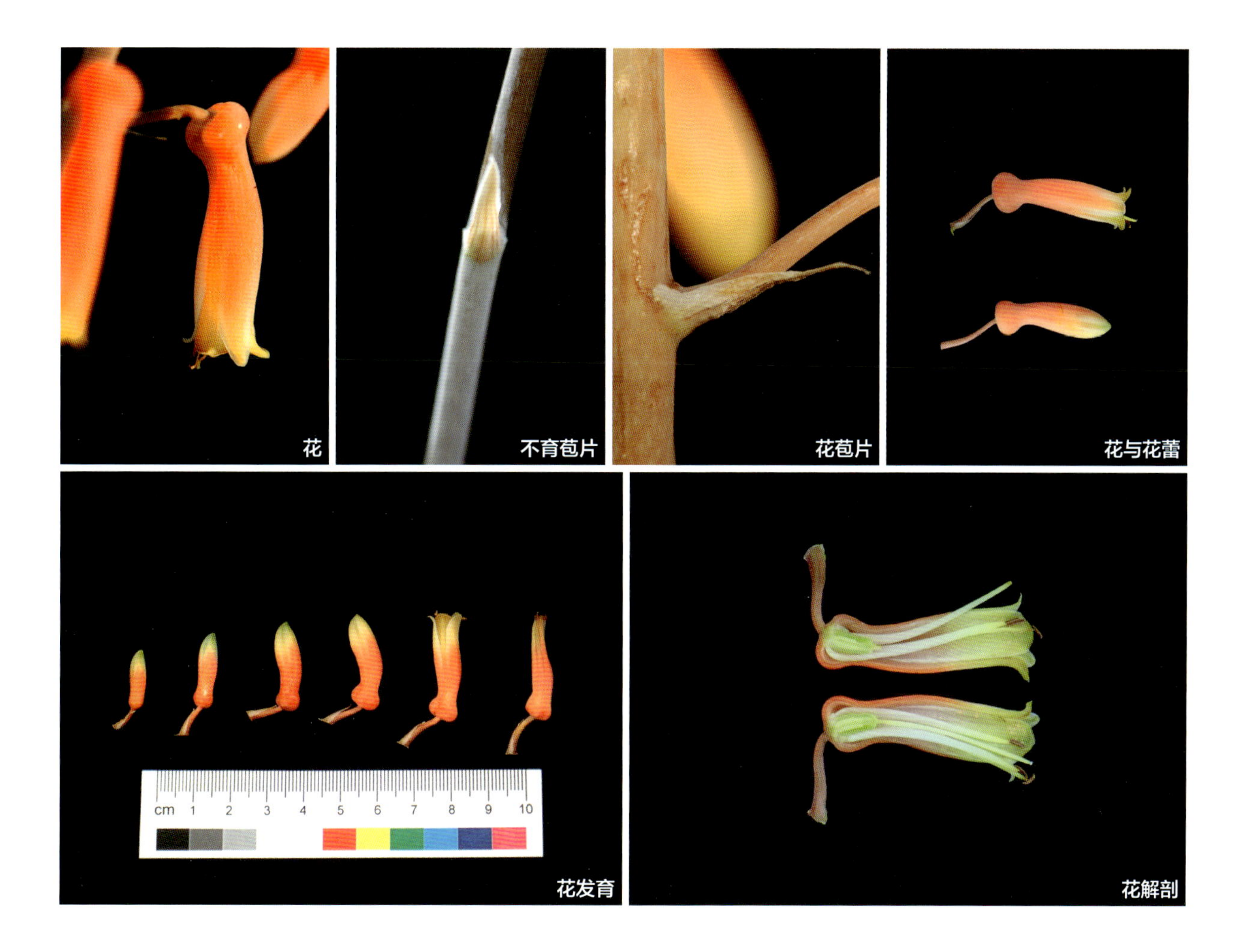

分布

产自乌干达东北部至肯尼亚西北部。

生态与生境

生长于干旱开阔落叶灌丛地的砂壤土上，海拔914~1340m。

用途

观赏、药用等。

引种信息

中国科学院植物研究所北京植物园 幼苗材料（2008-1941）引种自仙湖植物园，生长迅速，长势良好；幼苗材料（2010-0781）引种自上海植物园，生长迅速，长势良好。

北京植物园 植株材料（2011098）引种自美国，生长迅速，长势良好。

仙湖植物园 植株材料（SMQ-009）引种自美国，生长迅速，长势良好。

物候信息

原产地乌干达花期11月至翌年6月。

中国科学院植物研究所北京植物园 花期11月下旬至翌年2月。11月初花芽初现，11月下旬始花期，11月末至翌年2月上旬盛花期，2月中旬末花期。单花花期3~4天。

北京植物园 花期12月至翌年2月。

仙湖植物园 花期11月至翌年2月。

迁地栽培要点

习性强健，栽培管理容易。栽培土壤基质需要排水良好，采用颗粒性较强的混合基质。耐旱、喜光、耐稍荫蔽。较耐寒，盆土干燥可耐短期0～2℃低温，5～10℃可安全越冬，10～15℃可正常开花生长。

中国科学院植物研究所北京植物园 温室盆栽，选用腐殖土、赤玉土、轻石、木炭、粗沙、谷壳碳、缓释的颗粒肥配制混合基质。

北京植物园 温室盆栽，采用草炭土、火山岩、沙、陶粒等材料配制混合基质，排水良好。夏季中午需遮阴50%，冬季4～5℃以上可安全越冬。

仙湖植物园 室内地栽，采用腐殖土、河沙混合土栽培，植株长势明显，较室外的长势更为迅速，生长良好。

繁殖

播种、分株、扦插繁殖。

病虫害防治

抗性强，未见病虫害发生。

中国科学院植物研究所北京植物园 未见病虫害发生，仅定期进行预防性打药。

北京植物园 未观察到病虫害发生，仅定期进行病虫害预防性打药。

仙湖植物园 偶见叶面黑斑病、褐斑病，多发生于湿热夏季。可喷洒托布津等杀菌类农药进行防治。

保护状态

已列入CITES附录II。

变种、自然杂交种及常见栽培品种

有自然杂交种的报道，杂交亲本有*Aloe tweediae*。

本种1956年由雷诺德（G. W. Reynolds）定名和描述，种名“*amudatensis*”指其产地乌干达的阿穆达特（Amudat）。阿穆芦荟通过花和花序的形态特征，很容易鉴别。花序较高，不分枝或具1～2个分枝。总状花序较短，花较密。花比较粗壮，基部扁球形，花筒橙红，靠近口部渐变为浅黄色。与这个种花和花序很相似的有艾伦贝克芦荟（*A. ellenbeckii*），但较后者的植株较大，叶片稍大，较宽，边缘齿也大，后者花多不分枝（稀具1分枝）。

栽培中的植株大小与文献记载有很大差别，叶片变得更为细长，是因为温室栽培条件下，光照强度不足的原因。栽培中花序大小、花被筒长度稍大于文献数据，花变得稍细长一点，但差异不算太大，性状相对稳定。不同植物园栽培的植株产生了一些形态差异，有可能受栽培条件影响，或与其在植物园、苗圃多年栽培、繁殖而产生了一些遗传混杂有关。

参考文献

Carter S, Lavranos J J, Newton L E, et al., 2011. Aloes: The Definitive Guide[M]. London: Kew Publishing: 162.
Cole T, Forrest T, 2017. Aloes of Uganda: A Field Guide[M]. Santa Babara: Oakleigh Press: 24–29.
Eggli U (Ed.), 2001. Illustrated Handbook of Succulent Plants: Monocotyledons[M]. Berlin: Springer–Verlag: 108.
Grace O M, Klopper R R, Figueiredo E, et al., 2011. The Aloe names book[M]. Pretoria: SANBI: 10.

8
安东芦荟

别名： 黄明锦芦荟、黄明锦（日）

Aloe andongensis Baker, Trans. Linn. Soc. London, Bot. 1: 263 1878.

多年生灌状肉质植物。基部多分枝，茎倒伏可达60cm长，或匍匐达80cm长，形成较大蔓延的灌丛。叶片密集排列在枝端呈莲座状，枯叶宿存于叶丛下方。叶片宽展、直立或稍反曲，披针形，渐尖，长15~25cm，宽5~7cm；淡灰绿色，腹面多无斑点，有时散布白色斑点，通常叶基部较密集，背面具大量密集斑点，斑点稍密集排列成不明显横带状，尤其是叶背面；边缘假骨质，具淡棕色齿，长约2~3mm，齿间距4~7mm；汁液稍澄清。花序高30~40cm，直立，2~3分枝；总状花序紧缩成近头状至具渐尖的圆柱形，长6~12cm，宽6~8cm，花排列密集；花序苞片披针形，锐尖，长5~8mm，宽3mm，干膜质；花梗长14~18mm，橙色；花被筒淡橙红色，口部色浅，筒状，长约25mm，子房部位宽5~6mm，上方稍狭窄，之后向口部逐渐变宽；外层花被分离8mm；雄蕊和花柱稍伸出。

中国科学院植物研究所北京植物园 多年生肉质灌状植物。株高约30cm，单头株幅达29cm；植株基部多萌蘖形成株丛，茎较长，渐横卧，长可达77cm。叶螺旋状排列于枝端，稍松散；叶片长18~19cm，宽2.6~2.9cm，披针形，渐尖；叶片橄榄绿色至黄绿色（RHS 146A-D、144A），具斑点，椭圆至长圆形，斑点密集，绿白色（RHS 145C-D），腹面多位于叶片中下部，背面覆盖全叶，斑点有时密集稍呈不规则带状；边缘具窄边，淡黄绿色（RHS 150B-D），边缘齿三角状，齿尖向叶先端稍弯曲，淡黄绿色（RHS 150B-D），齿长1~1.5mm，齿间距4~5mm；茎节间较长，叶鞘绿白色，具黄绿色条纹和绿白色斑点，有时微红，呈棕红色；汁液淡黄色，干燥汁液淡黄色。

北京植物园 多年生灌状肉质植物。株高36cm，丛生，单头株幅25cm。叶片长17cm，宽3cm，反曲；腹面绿色至黄绿色，斑点密集，椭圆形状，白色，叶先端稍稀疏；背面绿色，斑点较密集，有时聚集稍呈不规整带状；边缘齿绿白色，三角状，长1mm，齿间距4mm。花序高21cm，不分枝；总状花序长5cm，宽4cm，具花32~41朵；花梗较长，近平展；花被橙红色，口部稍浅，花被筒状，基部骤缩成短尖头状，子房部位之上稍变狭，其后向口部逐渐变宽，花被裂片平展；外层花被分离约为花被筒长度的1/3；雌蕊伸出较短，雄蕊伸出较长。

株丛（北京IBCASBG）

植株局部（北京BBG）

长茎倒伏横卧

枝端莲座
茎
基部蘖芽
叶腹面
叶背面
叶腹面局部
叶背面局部
叶腹面少斑植株
少斑植株叶片局部
几无斑点
叶反曲
叶先端
叶片边缘
三角齿

分布

产自安哥拉北宽扎省（Cuanza Norte）。

生态与生境

生于裸露的岩石上，海拔1050～1525m。

用途

观赏、药用等，叶提取物用于化妆品。有时作为园艺杂交种的亲本。

引种信息

中国科学院植物研究所北京植物园　植株材料（2011-W1025）引种自南非开普敦，生长迅速，长势良好。

北京植物园　植株材料（ER2011393）引种自南非开普敦，生长迅速，长势良好。

物候信息

在原产地安哥拉花期1～4月。

中国科学院植物研究所北京植物园　尚未观察到开花结实。

北京植物园　观察到花期11～12月。11月花芽初现，始花期12月中上旬，盛花期12月中旬，末花期12月下旬。

繁殖

播种、扦插、分株繁殖。

迁地栽培要点

习性强健，喜土壤透气性良好，该种较耐瘠薄。喜光，稍耐阴。

中国科学院植物研究所北京植物园　温室盆栽，采用赤玉土、轻石、腐殖土、粗沙、谷壳碳等材料配制颗粒性较强的混合基质，基质排水性好。强光下植株微红，呈黄绿色或棕黄绿色。北京地区温室栽培夏季可适当遮阴达到温室降温的作用，遮阴30%～40%即可。浇水见干见湿。稍耐寒，可耐短暂0～2℃低温，保持盆土干燥，5～6℃以上可安全越冬。

北京植物园 温室盆栽，采用草炭土、火山岩、沙、陶粒等材料配制混合基质，排水良好。夏季中午需50%遮阳网遮阴，冬季保持4～5℃以上可安全越冬。

病虫害防治

抗性强，病虫害较少发生。

中国科学院植物研究所北京植物园 未观察到病虫害发生，仅定期喷洒多菌灵、氧化乐果等农药进行预防性打药。

北京植物园 未观察到病虫害发生。仅定期进行病虫害预防性的打药。

保护状态

已列入CITES附录II。

变种、自然杂交种及常见栽培品种

有与愉悦芦荟（*A. jucunda*）、长柱芦荟（*A. longistyla*）等种类杂交的报道。

本种1878年由贝克（J. G. Baker）定名描述，种名"*andongensis*"指其原产地安哥拉的蓬戈安东戈（Pungo Andongo）。植株形态较多样化，不同地区的样本有很大差异，栽培条件也有影响，鉴定时可注重花序和花的特征。从克洛波等人（Klopper，1974）的文献来看，本种大多叶腹面无斑点，有时具散布的斑点，而植物园中收集的常见样本是观赏性较强、叶腹面具密集斑点的样本。本种与翡翠殿（*A. squarrosa*）的亲缘关系较近，容易把翡翠殿错认成安东芦荟，但二者花序形态相差甚远，很容易区别开。

国内引种不多，北京地区有栽培记录，栽培表现良好，已观察到花期物候。本种是一种极为美丽的芦荟属植物，叶片绿色光亮，花序椭球至圆球形，非常美观，尤其是斑点密集的样本，观赏价值较高，适于盆栽观赏或地栽丛植观赏。

参考文献

Carter S, Lavranos J J, Newton L E, et al., 2011. Aloes: The Definitive Guide[M]. London: Kew Publishing: 550.

Eggli U (Ed.). 2001. Illustrated Handbook of Succulent Plants: Monocotyledons[M]. Berlin: Springer-Verlag: 108.

Grace O M, Klopper R R, Figueiredo E, et al., 2011. The Aloe names book[M]. Pretoria: SANBI: 11.

Klopper R R, Matos S, Figueiredo E, et al., 2009. *Aloe* in Angola (Asphodelaceae: Alooideae)[J]. Bothalia, 39(1): 19-35.

9

木立芦荟

别名：树芦荟、木剑芦荟、小木芦荟、日本芦荟、竜髪锦（日）

Aloe arborescens Mill., Gard. Dict. ed. 8, 3. 1768.
Aloe arborescens var. *frutescens* (Salm-Dyck) Link, Pl. 1: 339. 1821.
Aloe arborescens var. *milleri* A. Berger, Pflanzenr. IV, 38: 288. 1908.
Aloe arborescens var. *natalensis* (J. M. Wood & M. S. Evans) A. Berger, Pflanzenr. IV, 38: 290. 1908.
Aloe arborescens var. *pachystyrsa* A. Berger, Pflanzenr. IV, 38: 292. 19.
Aloe arborescens var. *viridifolia* A. Berger, Pflanzenr. IV, 38: 290. 1908.
Aloe natalensis J. M. Wood & M. S. Evans, Natal Colon. Herb. Annual Rep. 1900: 9. 1901.
Aloe perfoliata var. *arborescens* (Mill.) Aiton, Hort. Kew. 1: 466. 1789.
Catevala arborescens Medikus, Theodora 67. 1786.

灌木状、稀见树状的叶多肉植物。有茎，多分枝。高可达2～3m，茎基直径可达30cm，枯叶宿存莲座下约30～60cm部位。叶密集簇生枝端，排列成莲座状；叶片灰绿色至亮绿色，三角状，渐尖，镰形，反曲至平伸；叶片长度变化较大，一般50～60cm长，宽5～7cm；边缘具坚硬白色的齿，尖端向叶尖方向弯曲，长3～5mm，齿间距5～20mm。花序高60～90cm，通常不分枝，有时具1分枝；总状花序圆锥形至长锥形，长20～30cm，直径10～12cm，花密集；苞片卵形，急尖至钝尖，长15～20mm，宽10～12mm；花梗长35～40mm；花被红色、橙色、粉色或黄色，花被筒长约40mm，基部圆形，子房部位宽约7mm，上方稍变狭，而向口部渐宽；外层花被自基部分离；雌蕊和花柱伸出约5mm。染色体：2n=14（Taylor，1925）。

中国科学院植物研究所北京植物园　盆栽植株株形较小，株高约60～100cm。叶片长30～50cm，腹面灰绿色（RHS 189B），背面灰绿色（RHS 191A,189A-B），两面无斑点，具霜粉；边缘具浅黄绿色（RHS 144C-D,145D）极窄的边，边缘齿（RHS 144C-D,145D）淡黄绿色，齿尖向叶先端弯曲，长3～5mm，齿间距8～27mm；叶鞘绿白色（RHS 193C-D），具灰绿色至绿色脉纹（RHS 189A-B）；汁液无色。种子深棕色，不规则多角状，具极狭窄的膜质翅。

北京植物园　未记录形态信息。

厦门市园林植物园　露地栽培植株，多年生肉质灌丛状。植株高50～160cm，基部多分枝。叶片灰绿色，无斑点，强光下微红，被霜粉；边缘齿尖锐三角形，齿尖淡棕色至棕红色，齿尖向叶先端弯曲；具叶鞘，叶鞘绿白色，具绿色细条纹。

仙湖植物园　温室地栽，植株高50～100cm，株幅45～65cm。叶披针形，渐尖，蓝绿色，被霜粉，无斑点斑纹；边缘齿钩状，长4～5mm，齿间距5～12mm；叶基抱茎，叶鞘具暗绿色细条纹。

华南植物园　尚未记录形态信息。

南京中山植物园　多分枝，高100～150cm。叶片长40～50cm，宽3～4cm。花序高约40～75cm；总状花序圆锥形，长15～20cm，直径10～12cm；花梗长40～50mm；花红色，三棱状筒形，长40～50mm，子房部位宽约7mm。

上海植物园　多年生肉质灌状植物。植株多分枝，叶片灰绿色。

露地栽培株丛（厦门）
露地栽培植株局部（厦门）
露地栽培植株局部（厦门）
温室地栽群生株丛（广州）
温室地栽植株局部（广州）
温室地栽植株局部（广州）
野生植株（南非）
温室地栽株丛（深圳）
温室地栽单株（深圳）
温室盆栽植株（北京 IBCASBG）
播种苗（北京 IBCASBG）
基部萌生蘖芽
种子
叶腹面
叶背面

叶腹面局部 叶背面局部图 边缘齿 淡黄绿色边缘及钩齿 叶先端反曲

叶先端 叶鞘 花期株丛（南京温室）

不育苞片 花序（花芽期） 花序（始花期） 花序（盛花期） 花

花芽苞片覆瓦状排列 盛花（南京） 花发育

分布

分布于南非南部、东南沿海，向北，穿越夸祖鲁-纳塔尔省、姆普马兰加省、北开普省，至莫桑比克、津巴布韦和马拉维。

生态与生境

分布于岩石山坡，有时分布于密集灌木丛中，海拔可至2150m。

用途

观赏、药用、园艺品种的杂交亲本等。著名药用植物，广泛应用于医药、保健、化妆品等领域。

引种信息

中国科学院植物研究所北京植物园 材料（1949-0279，1973-1735）引种地不详，记录不全，生长迅速，长势良好。种子材料（2002-W0101）引种自南非伍斯特，生长迅速，长势良好。斑锦品种木立芦荟锦幼苗材料（2008-1917）从仙湖植物园引种，生长速度中等，长势良好。

北京植物园 植株材料（2011100）引种自美国，生长迅速，长势良好。斑锦品种木立芦荟锦植株材料（2011101）引种自美国，生长迅速，长势良好。

厦门市园林植物园 材料（编号不详）引种自仙湖植物园，生长迅速，长势良好。

仙湖植物园 植株材料（SMQ-011）引种自美国，生长迅速，长势良好。

华南植物园 材料（1973-1238）引种自云南，生长迅速，长势良好；材料（1976-0136）引种自罗马尼亚，生长迅速，长势良好；材料（1986-0703）引种自葡萄牙，生长一般，长势一般；材料（1988-0187）引种来源不详，生长迅速，长势良好；材料（1992-0032）引种自摩纳哥，种子状态较差，发芽率不良，长势较差；材料（2004-0654、2009-0250）引种自厦门市园林植物园，生长迅速，长势良好；材料（2008-2007）引种自广州，生长迅速，长势良好。

南京中山植物园 植株材料（NBG-1954A-0328）引种自福建漳州，生长迅速，长势良好。

上海植物园 植株材料引种信息不详，生长迅速，长势良好。

物候信息

原产地南非花期4~7月。

中国科学院植物研究所北京植物园 尚未观察到开花结实。未观察到明显休眠期。

北京植物园 尚未观察到开花结实。无休眠期。

厦门市园林植物园 尚未记录花期信息。无休眠期。

仙湖植物园 花期10~12月。10月中旬花芽初现，始花期11月上旬，盛花期11月中旬至11月下，末花期12月上、中旬。

华南植物园 花期12月至翌年1月。花芽期11月，初花期12月，盛花期1月，末花期1月。

南京中山植物园 花期10月至翌年1月。花芽期10月中旬至11月初，始花期11月上旬，盛花期11月中旬至翌年1月中旬，末花期1月末。单花期2~3天。未见结实。

上海植物园 尚未观察到开花结实。无休眠期。

繁殖

播种、扦插、分株繁殖。种子7~10天萌发。

迁地栽培要点

习性强健，土壤需透气性良好，栽培基质配比可根据各地材料因地制宜。本种适应中性至弱碱性的土壤pH值。喜光，耐稍荫蔽。该种较耐瘠薄。夏季耐高温，耐寒，3～5℃以上安全越冬。

中国科学院植物研究所北京植物园 栽培常采用草炭土：河沙为2：1的基本比例，同时可根据实际情况混入园土、珍珠岩等其他基质。浇水见干见湿。盆栽1～2年进行一次翻盆更新即可。北方地区温室夏季适当遮阴降温，夏季无休眠。北京室内越冬。

北京植物园 温室盆栽，采用草炭土、火山岩、沙、陶粒等配制混合土，混合基质排水良好。夏季中午需50%遮阳网遮阴，冬季保持3～4℃以上可安全越冬。

厦门市园林植物园 露地栽培，栽培管理容易。土壤基质采用河沙与腐殖土配制的混合基质，忌土壤积水。喜光、稍耐荫蔽，栽植场所从全光照至稍遮阳均可。

仙湖植物园 采用腐殖土、河沙混合土栽培，植株长势明显较室外的长势更为迅速，生长良好。

华南植物园 栽培方式地栽为主，也有盆栽，都是露地。

南京中山植物园 我国南方各省可栽植在富含有机质、排水良好的砂质土壤中，pH6.5～7.2，长江流域及以北地区在设施温室内，栽培基质为：园土：粗沙：泥炭=2：2：1。最适宜生长温度为15～25℃，最低温度不能低于0℃，否则产生冻害，最高温不能高于35℃，否则生长不良，设施温室内栽培，夏季加强通风降温，夏季10～15时用50%遮阳网遮阴。春秋两季各施一次有机肥。

上海植物园 温室栽培，采用少量颗粒土与草炭混合种植。温室内夏季最高温在40℃以下，冬季最低温在13℃以上，能安全度夏和越冬。

病虫害防治

抗性强，病虫害较少发生。

中国科学院植物研究所北京植物园 偶见叶面炭疽病，多发生于湿热夏季通风不良的室内。可喷洒百菌清等杀菌类农药进行防治。

北京植物园 病虫害较少发生，有时叶面有黑斑，可喷洒50%多菌灵800～1000倍液进行预防。

厦门市园林植物园 高湿低温季节容易罹患炭疽病、褐斑病，湿热季节容易罹患腐烂病，可定期喷洒杀菌剂进行防治。

仙湖植物园 叶面有时罹患炭疽病、褐斑病，可喷洒75%甲基托布津可湿性粉剂800倍液进行预防。

华南植物园 常见病害有炭疽病，防治方法喷洒一些内吸传导的治疗剂如托布津、瑞毒霉等，1周1次，连喷2—3次。

南京中山植物园 常见病害主要有炭疽病、褐斑病、叶枯病、白绢病及细菌性病害，多发生于湿热夏季通风不良的室内。可喷洒百菌清等杀菌类农药进行防治。

上海植物园 容易罹患真菌类病害，叶面生长病斑，影响观赏，定期喷洒杀菌剂进行预防。

保护状态

已列入CITES附录II

变种、自然杂交种及常见栽培品种

本种广泛分布于非洲南部地区，遗传多样性丰富。有一个亚种*A. arborescens* subsp. *mzimnyati*，分布于夸祖鲁-纳塔尔省靠近Mzimnyati河附近，花橙红、橙黄至黄色，其中黄花变型被用于观赏或用作育种的杂交亲本。

与其他种类的自然杂交种多有报道，杂交亲本有：近缘芦荟（*A. affinis*）、蛇尾锦芦荟（*A. greatheadii* var. *davyana*）、库珀芦荟（*A. cooperi*）、隐柄芦荟（*A. cryptopoda*）、好望角芦荟（*A. ferox*）、蓝芦荟（*A. glauca*）、缪尔线状芦荟（*A. lineata* var. *muirii*）、马氏芦荟（*A. marlothii*）、云雾芦荟（*A.

nubigena）、石生芦荟（*A. petricola*）、斑点芦荟（*A. maculata*）、穗花芦荟（*A. spicata*）、奇丽芦荟（*A. spectabilis*）、叠叶芦荟（*A. suprafoliata*）、沙丘芦荟（*A. thraskii*）、沃格特芦荟（*A. vogtsii*）、弗雷黑德芦荟（*A. vryheidensis*）等。园艺杂交品种繁多，如*A.*'Andy's Red'、*A.*'Andy's Yellow'、*A.*'Blue Leaved'、*A.*'Frutescens'、*A.*'Octopus'等，常用于温暖地区庭园观赏。国内常见品种为木立芦荟锦（*A. arborescens*'Variegata'），又名树芦荟锦，斑锦品种，叶片具不规则条带状黄色斑纹，观赏效果极佳。

黄花变种　木立芦荟锦地栽植株　木立芦荟锦盆栽植株（北京IBCASBG）

木立芦荟是从南非地区最早收集的第一批芦荟属植物之一，被种植于开普敦的东印度公司的花园中。1674年，考梅林（C. Commelin）将其种植于阿姆斯特丹。1768年，米勒（P. Miller）双名法命名描述了本种，种名"*arborescens*"意为"树状的"，有些误导，其实本种并非为真正的树状种类，而是多分枝的灌状。

木立芦荟在我国栽培历史悠久，是我国建国后植物园收集记录的第一批多肉植物之一，栽培十分广泛，从南到北许多植物园都有引种栽植，栽培表现良好。在我国福建、广东、海南等地的温暖、干燥地区，可露地栽培。木立芦荟是非常著名的药用植物，也是可以家庭阳台种植的保健植物。

参考文献

Carter S, Lavranos J J, Newton L E, et al., 2011. Aloes: The Definitive Guide[M]. London: Kew Publishing: 101, 660.

Eggli U (Ed.), 2001. Illustrated Handbook of Succulent Plants: Monocotyledons[M]. Berlin: Springer-Verlag: 110.

Grace O M, Klopper R R, Figueiredo E, et al., 2011. The Aloe names book[M]. Pretoria: 13-14.

Jeppe B. 1969. South Africa Aloes[M]. Cape Town: Purnell & Sons S.A. (PTY.) LTD.: 48.

Smith G F, Figueiredo E, 2015. Garden Aloes, Growing and Breeding, Cultivars and Hybrids[M]. Johannesburg: Jacana media (Pty) Ltd, 86-97.

Smith G F, Klopper R R, Figueiredo E, et al., 2012. Aspects of the taxonomy of *Aloe arborescens* Mill. (Asphodelaceae: Alooideae)[J]. Bradleya, 30: 127-137.

Van Wyk B -E, Smith G F, 2014. Guide to the Aloes of South Africa[M]. Pretoria: Briza Publications: 86-87.

10
沙地芦荟

别名： 极乐锦芦荟、极乐锦（日）

Aloe arenicola Reynolds, J. S. African Bot. 4: 21. 1938.

多年生肉质草本植物。单生或分枝，在开阔地方萌生许多蘖芽形成密集株丛或稍直立的莲座，茎长可达100cm，粗3~4cm，横卧而后向上生长，顶端具叶部分长约20~30cm，半直立的茎有时依靠周围的灌木支撑。叶约20片，排列成稍密集莲座状；叶片披针形，渐尖，先端通常具白色的刺齿；腹面平，背面凸圆；长可达18cm，近基部宽5.5cm；叶片蓝绿色，叶两面具许多不规则分布的白色斑点；边缘具白色角质边缘和白色的小齿，长0.5mm，齿间距5~8mm；基部具叶鞘。幼年的植株与成年植株形态差异较大，通常具匍匐茎，不形成较密集的莲座状，节间较长，互生。叶片较前者小，更为肉质，绿色至棕红色，三角形。花序高可达50cm，不分枝或具1分枝，稀2分枝，分枝点大约位于花序梗中间位置；花序梗具7~8个不育苞片，卵状，锐尖；总状花序紧缩为近头状，长6cm，直径9cm；花苞片长10mm，宽3~4mm，厚膜质；花梗长约35mm；花被筒近桃红色，口部较浅，长约40mm，筒形或有时有点棒形，稍弯曲，基部圆；外层花被分离20mm；具明显脉纹，裂片先端脉纹淡绿色；雄蕊和柱头伸出3mm。

中国科学院植物研究所北京植物园 栽培的植株为幼苗状态，常匍匐生长，植株节间较长，叶片较小，植株高13~30cm，单头株幅10~14.5cm。叶片长4.5~8cm，宽1.2~2cm，叶腹面暗橄榄绿色（RHS NN137D），叶背面稍深（RHS NN137A），有时叶片微红，呈红棕色；叶斑圆形至近圆形，白色至淡黄绿色（RHS 145C-D），腹面零星，背面较多，排成近横带状；边缘齿白色至淡黄绿色（RHS 145C-D），长0.2~0.5mm，齿间距5~7mm；叶鞘具条纹绿色或红棕色（RHS N200A-B）。成株比幼株体型大，叶片大，可形成多头密集丛生的大株丛，叶片灰绿色，有时微红，白色斑点密布叶两面。

仙湖植物园 未记录相关信息。

成株大株丛（南非） 成株局部（南非） 成株叶鞘（南非） 花芽生长的成株（南非） 成株局部（南非）

植株（南非）
幼株（北京IBCASBG）
匍匐茎及气生根
幼株基部分枝
幼株局部
幼株长茎节
成株叶腹面
成株叶背面
幼株叶腹面
幼株叶背面
幼株叶腹面局部
幼株叶背面局部
幼株叶腹面微凹

分布

产自南非西开普省北部、北开普省西部沿海狭窄地区，向北至纳米比亚边界。

生态与生境

生长于狭长的干旱海岸沙地，靠近海岸8～16km范围内，海拔接近海平面。

用途

观赏、药用等。

引种信息

中国科学院植物研究所北京植物园　植株（2010-0943）引种自上海，生长缓慢，长势一般。

仙湖植物园　植株材料（SMQ-012）引种自美国，生长缓慢，长势一般。

物候信息

原产地南非花期6～12月。

中国科学院植物研究所北京植物园　尚未观察到开花结实。

仙湖植物园　尚未观察到开花结实。

繁殖

播种、扦插、分株繁殖。

迁地栽培要点

本种生长缓慢，栽培困难。喜砂质土壤，耐旱，怕涝。喜阳光充足。喜冬季温暖，夏季凉爽的气候环境。

中国科学院植物研究所北京植物园 混合基质需排水良好，采用草炭土：河沙为1：1的基本比例，混合入适量的颗粒基质。栽培场所需阳光充足。本种不耐水涝，所以浇水要见干见湿，不能积水。夏季湿热季节要保持盆土稍干燥。冬季温室越冬，本种不耐0℃以下低温，生长适宜温度为15~23℃，6~8℃保持盆土干燥可安全越冬。

仙湖植物园 室内地栽，采用腐殖土、河沙混合土栽培，植株长势不明显，生长速度较慢。

病虫害防治

本种怕湿涝，容易罹患腐烂病。除改善栽培条件外，可定期喷洒杀菌剂进行防治。

中国科学院植物研究所北京植物园 定期施用50%多菌灵800~1000倍液和40%氧化乐果1000液进行防治，尤其是6~8月湿热季节和冬季低温季节。

仙湖植物园 容易发生腐烂病，注意控制浇水，定期喷洒杀菌剂进行预防。

保护状态

南非红色名录列为近危种（NT）；列入CITES附录II。

变种、自然杂交种及常见栽培品种

有自然杂交种的报道，可与克拉波尔芦荟（*A. krapohliana*）、黑刺芦荟（*A. melanacantha*）形成自然杂交种。

本种最早的标本采集于1924年，1938年，雷诺德（G. W. Reynolds）进行了定名和描述，种名“*arenicola*”指其生于沙地。沙地芦荟是一种形态较为多样的物种，除了花序形状、花梗和花各部位尺寸有很大的变化范围外，成株和幼株形态差异也很大。在栽培中我们见到的植株一般都是幼株状态，很少形成大株丛，尤其是盆栽植物，因此很少见到开花的情况。幼株节间较长，叶片较小、非常肉质。当茎生长达一定长度时，植株常倒伏横向生长，有时可见气生根。在原产地它生长于海岸砂质平原，降雨稀少，极为耐旱，生长所需水分主要靠海滨吹来的雾气和空气中的水分冷凝获得，在原产地生境以外的地区无法生长，除非在条件可控的温室中栽培。对空气湿度有一定需求，在我国干燥的北方内陆地区栽培不是很容易，植株生长较慢，常呈微红的状态，长势不佳。在沿海地区栽培，空气湿度较高，植株状态会好一些，颜色翠绿。有文献记录，原产地生境中生长的沙地芦荟，在严重干旱的季节会被牛、绵羊和山羊啃食，这些家畜以此获得生存下去所必需的水分。

国内引种不多，北京、上海、深圳有栽培记录，栽培表现一般，尚未观察到花期物候。本种在夏季非常耐热，可耐38℃以上的高温。栽培中较重要的是水分管理，尤其是在夏季湿热季节，盆土积水非常容易发生腐烂病，这与其耐旱不喜土壤湿涝的自然习性有直接关系。为小型种类，适于盆栽或室内地栽丛植观赏，露地栽培需防湿涝。

参考文献

Carter S, Lavranos J J, Newton L E, et al., 2011. Aloes: The Definitive Guide[M]. London: Kew Publishing: 547.

Eggli U (Ed.), 2001. Illustrated Handbook of Succulent Plants: Monocotyledons[M]. Berlin: Springer-Verlag: 110.

Grace O M, Klopper R R, Figueiredo E, et al., 2011. The Aloe names book[M]. Pretoria: SANBI: 15.

J Jeppe B, 1969. South Africa Aloes[M]. Cape Town: Purnell & Sons S.A. (PTY.) LTD.: 22.

Rainondo D, Von Staden L, Foden W, et al., 2009. Red List of South Africa plants 2009[M]. Pretoria: SANBI: 79.

Reynolds G W, 1982. The Aloes of South Africa[M]. Cape Town: A.A. Balkema: 379-382.

Van Wyk B -E, Smith G F, 2014. Guide to the Aloes of South Africa[M]. Pretoria: Briza Publications: 124.

11
绫锦芦荟

别名：点纹芦荟、绫锦（日）、珍珠芦荟、须芦荟、绫锦须芦荟、德国菠萝

Aloe aristata Haw., Philos. Mag. J. 67: 280. 1825.
Aloe aristata var. *leiophylla* Baker, J. Linn. Soc., Bot. 18: 156. 1880.
Aloe aristata var. *parvifolia* Baker, Fl. Cap. 6: 307. 1896.
Aloe ellenbergeri Guillaumin, Bull. Mus. Natl. Hist. Nat. II, 6: 119. 1934.
Aloe longiaristata Schult. & Schult.f., Syst. Veg. 7: 684. 1829.

多年生肉质草本植物。植株小型，茎不明显，单生或萌生蘖芽，形成密集株丛，可达12个莲座。叶100～150片，直立，披针形或长三角形，长8～10cm，宽1～2cm，叶片尖端具或长或短干燥的芒状刚毛；绿色至灰绿色，叶两面具大量白色疣突状或棘状的斑点，在背面有时斑点密集形成横向条带，背面中间靠近叶先端处常具1～2列白色软刺；边缘具软骨质边，边缘齿白色柔软，长1～2mm，齿间距1～2mm。花序通常具2～6分枝，偶不分枝，高可达50cm；总状花序紧缩成近头状，长10～20cm，直径12～15cm，具花20～30朵，排列松散；苞片长11～12mm，宽4mm；花梗长20～35mm；花被筒背面橙红色，腹面稍浅，基部圆形，长35～40mm，子房部位宽7mm，上方稍变狭至6mm，其后向口部逐宽，花被筒稍弯曲；外层花被分离约7mm；雄蕊和花柱伸出约1～2mm。染色体：2n=14（Resende 1937）。

中国科学院植物研究所北京植物园　植株高8.4～13cm，株幅13～16cm。叶片长8～9cm，宽1～2cm；叶片橄榄绿色（RHS 137B），腹面和背面具圆形、椭圆形斑点，淡绿色（RHS 192C），斑点上疣突状突起，有时顶端有突尖，白色；腹面较稀疏散布，位于叶先端1/2部位，背面稍密，集中分布于叶上部2/3部位，密集排列稍呈横带状；边缘齿白色至淡绿色（RHS 192C），长0.5～1.5mm，齿间距1～3mm。花序高约40cm，未见分枝；花序梗淡黄绿色（RHS N138C-D），被霜粉，擦去霜粉暗橄榄绿色（RHS 137A），有时微红；总状花序长21cm，直径5.6～12cm，花排列疏松，具花15～28朵；花苞片绿色，膜质，中脉纹较宽；花梗灰橙红色（RHS 176C）；花被筒背面橙红色（RHS 35B-C），腹面颜色浅，口部浅，淡黄色（RHS 159D），裂片先端中脉纹绿色（N138A）至黄绿色（RHS 143B），裂片边缘白色至粉色（RHS 35C），花被筒长38mm，稍下弯，子房部位宽约6.5mm，上方稍变狭至4mm，之后向上逐渐变宽至9mm；外层花被分离约6～7mm；雄蕊和花柱白色，雄蕊伸出花被约0～3mm。

北京植物园　未记录形态信息。

仙湖植物园　花序具分枝。

华南植物园　未记录形态信息。

南京中山植物园　植株高20cm。叶片长15cm，宽3cm。

盆栽植株（北京IBCASBG）
盆栽植株（北京IBCASBG）
植株局部
盆栽植株（广州）
盆栽植株（南京）
播种苗（北京IBCASBG）
叶腹面
叶背面
叶腹面局部
叶背面局部
边缘齿
疣突皮刺
叶先端芒尖
花芽伸长生长的植株

分布

分布于南非和莱索托。广泛分布于卡鲁地区的山地，从北开普省南部边界处和西开普省东北部边界处，向东至东开普省中部、北部，自由邦省东南边界、莱索托，以及夸祖鲁-纳塔尔省西南部。

生态与生境

生长在干旱寒冷的砂质平原至山地草坡，海拔1200～2200m，一般分布在1500m高度。生境条件多样，从炎热干燥的地区至温和、冷凉的地区，生境温度常降至0℃以下，夏季降雨，年降水量可达750mm。

用途

观赏。常作园艺杂交亲本。

引种信息

中国科学院植物研究所北京植物园 植株材料（1973-1736），引种来源不详，生长缓慢，长势良好。植株材料（2005-0340）引种自北京市场，生长速度较慢，长势良好。

北京植物园 植株材料（2011102）引种自美国，生长缓慢，长势良好。

仙湖植物园 植株材料编号、引种地不详，生长缓慢，长势良好。

华南植物园 植株材料（2004-3768）引种自广西桂林植物园，生长迅速，长势良好。

南京中山植物园 植株材料（NBG-2007-8），植株材料（NBG-2007-8）引种自福建漳州，生长较慢，长势良好。

物候信息

原产地花期11月（南非）。

中国科学院植物研究所北京植物园 观察到秋冬季和春末开花。9月下旬花芽初现，10月中始花期，10月末至翌年1月上旬盛花期，1月中旬末花期。观察到5月也有开花，5月末基本结束。单花花期3～4天。

北京植物园 尚未记录相关物候信息。

仙湖植物园 尚未记录相关物候信息。

华南植物园 温室栽植9月可见花芽，10～11月份开花。

南京中山植物园 未见开花。

繁殖

播种、分株、扦插繁殖。

迁地栽培要点

植株生长较慢，栽培较容易。多盆栽观赏，喜阳光充足和凉爽、干燥的环境，稍耐阴，怕水涝，怕湿热。夏季湿热季节休眠。

中国科学院植物研究所北京植物园 栽培基质选用排水良好的混合基质，土壤配方选用腐殖土与颗粒性较强的赤玉土、轻石、木炭等基质，加入少量谷壳碳，并混入少量缓释的颗粒肥。需适度遮阴，不喜湿热，北京地区夏季7～8月高温高湿，植株短暂休眠，生长停滞，此时应注意控制浇水，遮阴降温。耐寒，盆土干燥下可耐短暂-4℃低温，栽培中5～6℃以下需逐渐断水可安全越冬，8～12℃以上可正常生长。

北京植物园 温室盆栽，采用草炭土、火山岩、沙、陶粒等材料配制混合基质，排水良好。夏季中午需50%遮阳网遮阴，冬季保持5℃以上可安全越冬。

仙湖植物园 室内盆栽，采用腐殖土、河沙等材料配制的混合土栽培，生长良好。

华南植物园 栽植绫锦芦荟，盆土微潮即可，芦荟刚栽入后，不可立即浇水，保持盆土微潮，置阴凉通风处缓苗。

南京中山植物园 栽培基质为：园土：火山石：沙：泥炭=1：1：1：1。最适宜生长温度为15～25℃，最低温度不能低于0℃，否则产生冻害，最高温不能高于45℃，否则生长不良，根系不能积水，光照好，空气湿度低，设施温室内栽培，夏季加强通风降温，夏季10～15℃时用50%遮阳网遮阴。春秋两季各施一次有机肥。

病虫害防治

北方地区气候较干燥，除夏季高温高湿及冬季低温高湿季节外，不容易罹患真菌、细菌病害。南方气候湿润，雨水多，容易罹患各种病害。

中国科学院植物研究所北京植物园　定期喷洒50%多菌灵800～1000倍液预防腐烂病。盆土干燥环境不通风的情况下容易罹患介壳虫和根粉蚧，可施用蚧必治800～1000倍液或速蚧杀1500倍液等进行防治。

北京植物园　仅定期进行病虫害预防性的打药，定期施用多菌灵、百菌清、氧化乐果等农药预防。

仙湖植物园　仅定期做预防性打药，尤其是夏季湿热季节和冬季温室越冬期间，每隔半个月至1个月喷洒选用40%氧化乐果乳油600倍液，或50%杀螟松乳油 1000倍液，或40%菊杀乳油2000～2500倍液等药液预防害虫发生。

华南植物园　在广东地区常见病害有炭疽病，主要危害叶片。病害流行的季节，去除病叶，与无病植株隔离，喷施50%甲基托布津600～800倍液、50%代森锰锌或25%施宝克600倍液进行防治，间隔7～10天，连续3～5次。

南京中山植物园　常见病害主要有炭疽病、褐斑病及细菌性病害，多发生于湿热夏季通风不良的室内。可喷洒百菌清等杀菌类农药进行防治。

保护状态

已列入CITES附录II。

变种、自然杂交种及常见栽培品种

园艺杂交种繁多，常与沙鱼掌属（*Gasteria*）进行属间杂交，常见品种有波路（*Gasteraloe* 'Beguinii'）、*Gasteraloe* 'Cosmo' 等等，也可与十二卷属进行属间杂交。属内亦有杂交品种，可与劳氏芦荟（*A. rauhii*）、什锦芦荟（*A. variegata*）等小型种类进行杂交。

本种1925年由哈沃斯（A. H. Haworth）命名描述，种名"*aristata*"意为具芒的，指其叶先端芒状。绫锦芦荟分布区广泛，形态多样。分布于西部的样本，株形较小，分生，叶片较长；而分布于东部的样本，株丛较大，叶片宽三角状。西部的类型较东部类型更耐旱，高海拔地区的类型更耐寒。近些年来，随着分子生物学技术的发展，一些分类学家建议将绫锦芦荟从芦荟属独立出来，划分为单种属绫锦芦荟属（*Aristaloe*），命名为*Aristaloe aristata*（Haw.）Boatwr. & J. C. Manning。

绫锦芦荟在我国引入栽培较早，各园都有栽培，栽培表现良好，已观察到花期物候。该种在中科院植物研究所北京植物园最早的引种记录是1953年，后"文革"期间植物园解散，所有植物散失。1973年恢复植物园，又重新开始进行了引种。绫锦芦荟栽培容易，是非常美丽的小型盆栽植物，栽培植株的形态特征与文献记载基本吻合，北京栽培的植株，花序未见分枝。

参考文献

Carter S, Lavranos J J, Newton L E, et al., 2011. Aloes: The Definitive Guide[M]. London: Kew Publishing: 435.

Daru B H, Manning J C, Boatwright J S, et al., 2013. Molecular and morphological analysis of subfamily Alooideae (Asphodelaceae) and the inclusion of *Chortolirion* in *Aloe*[J]. Taxon, 62(1): 62–76.

Eggli U (Ed.), 2001. Illustrated Handbook of Succulent Plants: Monocotyledons[M]. Berlin: Springer–Verlag: 110–111.

Grace O M, Klopper R R, Figueiredo E, et al., 2011. The Aloe names book[M]. Pretoria: SANBI: 15–16.

Jeppe B, 1969. South Africa Aloes[M]. Cape Town: Purnell & Sons S.A. (PTY.) LTD.: 15.

Manning J C, Boatwright J, Daru B, 2014. A molecular phylogeny and Generic Classification of Asphodelaceae Subfamily Alooideae: Final Resolution of th Prickly Issue of Polyphyly in the Alooids?[J]. Systematic Botany, 39(1): 55–74.

Van Wyk B –E, Smith G F, 2014. Guide to the Aloes of South Africa[M]. Pretoria: Briza Publications: 286–287.

12 奥氏芦荟（拟）

Aloe aurelienii J.-B. Castillon, Cact. World 26: 109. 2008.

多年生肉质草本植物。植株茎不明显，单生或可达3萌蘖。叶15～30片，排列成莲座状；直立伸展，披针形，渐尖，长80～110cm，宽10～12cm，腹面深凹，淡蓝绿色，具霜粉，有时微红；边缘具粉白色齿，长3mm，齿间距15～20mm。花序高60～70cm，通常具3分枝。总状花序圆筒状至圆锥状，长10～15cm，花较密集；花苞片急尖，长3mm，宽2.5mm，粉色，干膜质；花梗长10～20mm；花被粉色，圆筒状，长25～30mm，子房部位宽5mm，向上变窄至3mm，之后向口部变宽；外层花被分离7mm；雄蕊和花柱不伸出。果实灰绿色，近球形，浆果，直径18～25mm。

中国科学院植物研究所北京植物园 盆栽植株高达61cm，株幅大于100cm。植株茎不明显，叶密集排列成莲座状；叶片长条形，较薄，肉质程度不高，叶腹面深凹槽状，叶背面圆凸，长48～66.4cm，宽2.8～4cm；叶腹面深灰绿色（RHS 189A，N189A-B），被霜粉，有时微红，背面淡灰绿色（RHS 189B-C），有时微红；边缘假骨质边窄，苍白色、淡棕色至棕红色（RHS N200C-D），边缘齿尖锐三角状、钝三角状，或稍弯曲，有时双连齿，苍白色有时微红（RHS 197B-D），齿尖棕红色（RHS 166A-C至N200 A），长2.5～4mm，齿间距11～16mm。

腹面无斑　背面无斑　边缘齿　稍弯曲的齿
双连齿　叶先端　叶腹面深凹
齿尖棕红色　叶腹面、边缘微红　有时具暗条痕
幼株　幼株局部

分布

分布于马达加斯加的中东部地区。

生态与生境

生长在森林的边缘，海拔940～1000m。

用途

观赏。

引种信息

中国科学院植物研究所北京植物园 幼苗材料（2012-W0325）引种自捷克布拉格，生长较慢，长势中等。

物候信息

原产地马达加斯加花期10～11月。

中国科学院植物研究所北京植物园 尚未观察到开花和自然结实。

繁殖

播种、扦插繁殖。

迁地栽培要点

生长较慢，栽培稍难。喜阴，喜潮湿、喜腐殖质丰富的土壤。

中国科学院植物研究所北京植物园 栽培常采用草炭土：河沙为2：1或3：1的基本比例，同时可根据实际情况混入园土、轻石、赤玉土等其他颗粒基质。耐阴，栽培中可适当遮光，遮光度30%～50%。林下种类，相对喜稍湿润环境，生长季节可保持土壤微潮，夏季湿热季节要注意叶心不积水，避免发生腐烂病。不耐寒，越冬温度5℃以上。

病虫害防治

尚未见病虫害发生。叶心容易积水，要预防腐烂病发生。

中国科学院植物研究所北京植物园 定期喷洒50%多菌灵可湿性粉剂800～1000倍液，预防腐烂病发生。

保护状态

已列入CITES附录II。

变种、自然杂交种及常见栽培品种

无报道。

2008年，卡斯蒂隆（J. -B. Castillon）以其孙子的名字命名了该种。奥氏芦荟为马达加斯加原产的种类，生于林地边缘。

本种国内很少有栽培，仅北京地区有栽培，栽培表现一般，生长状态一般。叶片肉质程度较低，灰绿色，花序美观，可做林下配置材料。栽培中，本种较其他肉质程度较高的芦荟属植物水分需求稍多，植株需适当遮阴，土壤不可过于干燥，需较高空气湿度。观察到盆栽植株株形远小于文献记载的野生植株的株形，对于这种林下的类型，温室栽培条件和土壤基质的营养状况限制了其生长。

参考文献

Carter S, Lavranos J J, Newton L E, et al., 2011. Aloes: The Definitive Guide[M]. London: Kew Publishing: 296.
Castillon J -B, Castillon J -P, 2010. The Aloe of Madagascar[M]. La Réunion: J.-P. & J.-B Castillon: 370-371.
Grace O M, Klopper R R, Figueiredo E, et al., 2011. The Aloe names book[M]. Pretoria: SANBI: 17.

13
南阿拉伯芦荟（拟）

Aloe austroarabica T. A. McCoy & Lavranos, Cact. Succ. J. (Los Angeles) 75: 123. 2003.

多年生肉质草本植物。植株单生或稀分生出2~3个莲座，茎不明显。叶20~25片，平展或斜伸，排列成莲座状；叶片绿色，披针形，急尖，长50~60cm，宽12cm，厚7~12mm；边缘具假骨质边，白色，具白色三角状的齿，长3mm，齿间距18~25mm，汁液橙色，干燥时黄棕色。花序1个或同时2个，高可达145cm，具3~6分枝总状花序；花序梗具毛，大约中部分枝，苞片长25mm，宽18mm，包裹分枝基部；总状花序花排列相当密集，圆柱形，急尖，长可达55cm；花苞片卵状，急尖，被微柔毛，长10~14mm，宽5~8mm；花梗长7~10mm，绿色或粉色；花黄色，具宽绿色纵向条纹；罕见暗粉色，具软毛，船形；长30~34mm，子房部位宽6~8mm；外层花被分离20~25mm；雄蕊和花柱伸出5mm。

上海辰山植物园 多年生肉质草本植物。单生，未见侧芽，植株直径约110cm，高约35cm。叶片披针形，渐尖，长约65cm，宽11~14cm，橄榄绿色，无斑，叶腹面有压痕；边缘具三角齿，长1~2mm，齿间距20~30mm。花序高可达130cm，稍斜伸，具2~3分枝，分枝点位于花序高度一半之上的位置；总状花序圆柱状，花排列较密集；花黄色，筒状，被毛，有时微绿，花被裂片边缘黄白色，裂片先端中肋具橄榄绿色脉纹，汇聚至裂片顶端，裂片先端稍平展；花被筒长约37mm，子房部位宽约7mm，花被筒基本等宽，花蕾黄绿色；外层花被分离19~20mm。蒴果，长圆形。

植株（上海CBG） 叶腹面 叶背面 叶腹面局部 叶背面局部 叶腹面凹 边缘齿 三角状齿

分布

也门西北部十分常见，沙特阿拉伯西南部有分布。

生态与生境

生长在干旱岩石地区、陡崖地区，海拔约500～1500m。

用途

观赏、药用等。

引种信息

上海辰山植物园 植株材料（20130615）引种自美国，生长迅速，长势良好。

物候信息

原产地花期始于春季第一场春雨后，主要为4~5月。

上海辰山植物园 5月中旬初现花芽，5月下旬抽出花序，6月上旬开始开花。6月上旬现初果。未见明显休眠。

繁殖

播种、扦插繁殖。

迁地栽培要点

习性强健，栽培管理容易。

上海辰山植物园 温室栽培，土壤配方用砂壤土与草炭混合种植。温室内夏季最高温在40℃以下，冬季最低温在13℃以上，能安全度夏和越冬。

病虫害防治

抗性强，病虫害较少发生。

上海辰山植物园 抗性强，病虫害较少发生。

保护状态

已列入CITES附录II。

变种、自然杂交种及常见栽培品种

尚无报道。

本种2003年由麦科伊（T. A. McCoy）和拉弗兰诺斯（J. J. Lavranos）定名和描述，种名"*austroarabica*"意为南阿拉伯的。本种与尼布尔芦荟（*A. niebuhriana*）亲缘关系较近，区别是尼布尔芦荟的蘖芽较多，形成较大株丛，花序较短，边缘齿也不同。

本种国内少有引种，上海有栽培记录，栽培表现良好，已观察到开花物候。本种花序高大显著，是非常好的观赏种类，适合空间开阔的温室或温暖地区的庭园布置景观。栽培中观察到其叶片长度、宽度、花筒长度等尺寸略大于原始文献记录数据，可以看出，栽培条件改变，对其形态表达有一定影响。

参考文献

Carter S, Lavranos J J, Newton L E, et al., 2011. Aloes: The Definitive Guide[M]. London: Kew Publishing: 366.

Grace O M, Klopper R R, Figueiredo E, et al., 2011. The Aloe names book[M]. Pretoria: SANBI: 17.

McCoy A T, 2019. The Aloes of Arabia[M]. Temecula: McCoy Publishing: 104–110.

McCoy T A, Lavranos J J, 2003. *Aloe austroarabica* McCoy & Lavranos – a new species – and a review of the taxonomic status of *Aloe doei* Lavranos[J]. Cact. Succ. J. (US) 75(3): 122–125.

14

大树芦荟

别名： 巴伯芦荟、贝恩斯芦荟、巨木芦荟、树芦荟、长叶芦荟、泰山锦（日）

Aloe barberae Dyer, Gard. Chron. n. s., 1874 (1): 566. 1874.
Aloe bainesii Dyer, Gard. Chron. 1874 (1): 567. 1874.
Aloe bainesii var. *barberae* (Dyer) Baker, Fl. Cap. 6: 326. 1896.

多年生乔木状肉质植物。植株二歧状分枝，高10~18m或更高，干高2~5m，基部直径1~2m。叶片紧凑莲座状排列于枝端，水平伸展或反曲，披针状，渐尖，长60~90cm，宽7~9cm，腹面深凹，深绿色；边缘假骨质，具白色坚硬的齿，有时齿尖棕色，长0.5~1.5mm，齿间距7~15mm。花序长60cm，直立，具2~4分枝，基部包裹膜质苞片，苞片长7mm，宽5mm；总状花序直立，长10~20cm，直径8cm，花排列密集；花苞片线形，长8~12mm，干膜质；花梗长7~10mm，果期延长至17mm；花被浅黄至橙黄色或鲑粉色，三棱状圆筒形，长30~37mm，子房部位宽约9mm，外层花被分离约21~24mm，雄蕊和花柱伸出15~20mm。染色体：2n=14（Resende, 1937）。

中国科学院植物研究所北京植物园 盆栽植株，幼苗期。大树芦荟的幼苗，植株细高，苗期不见分枝，叶片较直立向上，细长，叶腹面深凹；叶两面均无斑点和条纹，为均一的深绿色，有时微红呈暗橄榄绿色；边缘具苍白色细边缘，边缘齿尖锐，苍白色，齿间距较宽；叶基抱茎，叶鞘边缘全缘，具白色边缘，无斑点条纹，节间较长，不紧凑。南部东开普省的贝恩斯型（=*Aloe bainesii*）的幼株期还是有一些差别，幼苗期较早出现二歧状分枝，叶子不直立向上，更为平展，稍短，颜色偏黄绿色。

厦门市园林植物园 年轻植株，高达2.5m时开始二歧分枝。叶片长约60cm，宽7cm，叶腹面深凹，叶背面圆凸无斑点，两面均匀的暗绿色；边缘具小三角齿，齿间距较远；叶基抱茎，叶鞘全缘，具较宽白色边缘，有时微红。花序直立，总状，排列密集；花序梗粗壮，绿色；花梗红色，较短；花鲑粉色，筒状，上下直径变化不大，花被裂片先端平展至反曲；外层花被分离约2/3花被长度；雄蕊和雌蕊伸出较长。

仙湖植物园 植株树状，二歧状分枝，基部具粗壮茎干，幼株茎干表面光滑。株高2.0~2.3m，株幅1.9~2.1m。叶片长60~80cm，宽6.5~9cm；边缘齿长1~1.3mm，齿间距10~15mm。

华南植物园 未记录形态信息。

上海植物园 未记录形态信息。

温室地栽植株（深圳，贝恩斯型）

温室地栽植株（深圳，贝恩斯型）

露地栽植植株（深圳，贝恩斯型）

植株局部（深圳，贝恩斯型）

露地栽培植株（厦门）

露地栽培植株（厦门）

露地栽培植株（广州）

露地栽培植株（南非）

温室地栽植株（北京IBCASBG）

温室盆栽植株（北京IBCASBG）

盆栽植株（北京IBCASBG，贝恩斯型）

盆栽植株局部（贝恩斯型）

枝端叶丛（贝恩斯型）

茎干灰色

幼株的茎

叶腹面

叶背面

叶腹面局部

叶背面局部

幼株叶腹面深凹
幼株叶边缘齿
二歧状分枝
花期植株局部
花序（花芽伸长现蕾期）
花序（盛花期）
花和花蕾
花序苞片
花苞片线状
叶鞘（幼株）
叶鞘（成株）
种子

播种苗（北京IBCASBG，1年）

播种苗（北京IBCASBG，2年）

播种苗（北京IBCASBG，4年）

分布

分布于南非姆普马兰加省南部、夸祖鲁-纳塔尔省和东开普省东部，斯威士兰和莫桑比克南端也有分布。

生态与生境

生长在海岸草原、低海拔森林的砂质土壤中，海拔150～600m。

用途

观赏；杂交种亲本。

引种信息

中国科学院植物研究所北京植物园　“贝恩斯型”大树芦荟（=*Aloe bainsii*）幼苗材料（2008-1928）引种自仙湖植物园，生长迅速，长势良好；大树芦荟（*A. barberae*）种子材料（2011-W1119）引种自南非开普敦，生长迅速，长势良好。

厦门市园林植物园　植株材料（编号不详）引种自中国科学院植物研究所北京植物园，生长迅速，长势良好。

仙湖植物园　植株材料（SMQ-014，SMQ-015）引种自美国，生长迅速，长势良好。

华南植物园　材料（2004-1738）引种自仙湖植物园，生长迅速，长势良好；材料（2008-5066）引种自广州，生长迅速，长势良好。

上海植物园　植株材料（2011-6-020）引种自美国，生长迅速，长势良好。

物候信息

原产地南非花期5～8月。

中国科学院植物研究所北京植物园　未观察到开花和结实，夏季无休眠期。

厦门市园林植物园　花期12月至翌年1月，尚未观察到结实。无休眠期。

仙湖植物园　花期3～5月，尚未观察到结实。

华南植物园　花期12月至翌年1月。11月花芽初现，初花期12月，盛花期1月初，末花期1月下旬。

上海植物园　尚未观察到开花结实。无休眠期。

繁殖

播种、扦插繁殖。

迁地栽培要点

习性强健，栽培容易。喜强光、耐旱，不耐湿涝，需选择排水良好的栽培基质。喜温暖，不耐寒，最适生长温度为15~25℃，5℃以上可安全越冬，要适当保持盆土干燥，10~15℃可正常生长。

中国科学院植物研究所北京植物园 温室栽培，管理粗放。栽培基质采用腐殖土、河沙的混合基质即可，也可采用腐殖土、赤玉土、河沙、轻石的混合基质。

厦门市园林植物园 室外栽植，采用园土、腐殖土、河沙混合土栽培。

仙湖植物园 室内栽植，采用腐殖土、河沙混合土栽培。

华南植物园 有室内地栽也有室外露地栽培，种植于排水良好的砂质土壤，种植时混入有机肥、泥炭土等。夏季有短暂休眠现象，春秋季生长迅速。

上海植物园 采用草炭、赤玉土、鹿沼土混合种植，种植时随土拌入缓释肥。每年另外施肥一次，选用氮磷钾10-30-20比例的花多多肥。

病虫害防治

抗性强，病虫害少见。

中国科学院植物研究所北京植物园 未见病虫害发生，仅作常规预防性打药。

北京植物园 未见病虫害发生，仅作常规预防性打药。

厦门市园林植物园 未见病虫害发生，加强基质排水，预防腐烂病发生，定期喷洒杀菌剂预防。

仙湖植物园 预防腐烂病、煤烟病发生，定期喷洒杀菌剂预防。

华南植物园 病虫害发生较少，仅定期（1个月左右）喷药预防，一般选用广谱性杀菌剂和广谱性杀虫剂，如多菌灵、百菌清、敌敌畏、乐果等。

上海植物园 预防发生腐烂病，注意控制浇水，定期喷洒杀菌剂进行预防。

保护状态

已列入CITES附录II。

变种、自然杂交种及常见栽培品种

园艺栽培中可见到与皮尔兰斯芦荟（*A. pillansii*）的杂交种。

与皮尔兰斯芦荟的杂交种

皮尔兰斯芦荟杂交种植株局部

杂交亲本皮尔兰斯芦荟

大树芦荟种名的命名是为了纪念南非最早发现该物种、并将其引入园艺栽培的玛丽巴伯（M. E. Barber），她将发现的标本送交邱园。1874年，西尔顿戴尔（W. T. Thiselton-Dyer）将其命名为*Aloe* *barberae* Dyer。1873年，著名的探险家、画家贝恩斯（T. Baines），也发现了该种，他将在夸祖鲁－纳塔尔省图盖拉（Tugela）河谷发现、采集的标本送到邱园，迪尔将其命名为*Aloe bainesii* Dyer。1875年，迪尔意识到这两份样本是来自同一物种。*Aloe barberae*是最早命名的拉丁学名，应该被采纳使用，但其后的许多年，人们一直错误地使用*Aloe bainesii*这一名称，直到一百多年以后，史密斯（G. F. Smith）（1994）提出，*Aloe barberae* Dyer这个名字应该被优先使用。近年来，随着分子生物技术的发展，有一些新的观点。2013年，克洛波（R. R. Klopper）等人认为，本种应与其他几个树状种类独立形成1新属——树芦荟属（*Aloidendron*），命名描述为*Aloidendron barberae* (Dyer) Klopper & Gideon F.Sm.，2014年，曼宁（J. C. Manning）等人支持了这一观点。

虽然从分类上，贝恩斯芦荟和大树芦荟被定义为同一个物种，但在栽培中我们观察到，不同来源的样本形态特征上还是有一些差别。从仙湖植物园引种、标记为贝恩斯芦荟的幼苗样本和2011年中国科学院植物研究所从南非引种的*Aloe barberae*种子播种繁殖出来的幼苗样本，形态特征上还是有一定区别的。标记为*Aloe bainesii*的样本的幼苗，较粗壮，叶子较为平展，颜色偏黄绿色，叶片稍短，在超过1m左右的高度时，开始二歧状分枝。而南非引种来的*Aloe barberae*的幼苗，较纤细，叶片直立，颜色暗绿色，叶片较长，超过一人左右高度时并未开始分枝。

大树芦荟是各大植物园收集中常见的大型芦荟属植物，常用于布置展览温室或室外景区。植株高大，树形美观，是非常好的观赏种。大树芦荟在我国多个植物园中都有引种，仙湖植物园是最早从美国引入种植大树芦荟的植物园，2000—2002年引入了被标记为大树芦荟（*A. barberae*）和贝恩斯芦荟（*A. bainesii*）的种苗，种植在温室内和室外，生长多年，茎干粗壮。其后国内其他植物园相继从仙湖植物园进行了引种。2002年，仙湖植物园赠送厦门市园林植物园一批芦荟种苗，其中包含贝恩斯芦荟；2004年，华南植物园从仙湖植物园引入幼苗；2008年，中国科学院植物研究所北京植物园从仙湖植物园引种贝恩斯芦荟的幼苗。大树芦荟在中国的引入还有一些其他来源，2011年，中国科学院植物研究所北京植物园从南非引入大树芦荟（*A. barberae*）的种子，进行播种繁殖。2015年5月，厦门市园林植物园从中国科学院植物研究所北京植物园引种大树芦荟（*A. barberae*）的幼株材料。至目前为止，大树芦荟在各园栽培表现良好。

大树芦荟生长的原产地与箭筒芦荟等树状芦荟不同，为亚热带夏季降雨的地区，比较湿润，年降水量1000～1500mm左右，多生长于低矮林地、灌丛中，常生于裸露岩石区域。在栽培上，适应性强，没有太大困难。但也有文献表明，大树芦荟的大树移栽很困难，如果措施不当，容易缓慢地死亡。

参考文献

Carter S, Lavranos J J, Newton L E, et al., 2011. Aloes. The Definitive Guide[M]. London: Kew Publishing: 690.

Eggli U (Ed.), 2001. Illustrated Handbook of Succulent Plants: Monocotyledons[M]. Berlin: Springer-Verlag: 112.

Grace O M, Klopper R R, Figueiredo E, et al., 2011. The Aloe names book[M]. Pretoria: SANBI: 18–19.

Grace O M, Klopper R R, Smith G F, et al., 2013. A revised generic classification for Aloe (Xanthorrhoeaceae subfam. Asphodeloideae)[J]. Phytotaxa, 76 (1): 7–14.

Jeppe B, 1969. South Africa Aloes[M]. Cape Town: Purnell & Sons S.A. (PTY.) LTD.: 59.

Manning J C, Boatwright J, Daru B, 2014. A molecular phylogeny and Generic Classification of Asphodelaceae Subfamily Alooideae: Final Resolution of th Prickly Issue of Polyphyly in the Alooids? [J]. Systematic Botany, 39(1): 55–74.

Smith G F, Van Wyk B –E, 1994. Asphodelaceae/Aloaceae: *Aloe barberae* to replace *A. bainesii* [J]. Bothalia, 24(1): 34–35.

Van Wyk B –E, Smith G F, 2014. Guide to the Aloes of South Africa[M]. Pretoria: Briza Publications: 38–39.

15

贝雷武芦荟（拟）

Aloe berevoana Lavranos, Kakteen And. Sukk. 49: 161. 1998.

多年生肉质灌木。植株基部分枝多，形成大株丛，具茎，上升或直立，高30～60cm。叶8～10片，螺旋状疏松排列于枝端，叶片长30cm，宽3cm，渐尖，亮绿色，具模糊条纹；边缘浅绿色，具尖锐白色齿，长2mm，齿间距8～12mm。花序高可达60cm，直立，不分枝或具1～2分枝；总状花序长10～12cm，花排列非常松散；花苞片长12mm，宽5mm，狭三角形；花梗长10mm；花被筒亮红色，长17mm，外层花被分离约12mm；雄蕊和花柱稍伸出。

北京植物园 盆栽植株株高约40cm，株幅约36cm，植株具茎，叶丛下部节间稍长，基部萌生蘖芽。叶排列较松散，呈螺旋状排列于茎端；叶片披针形，先端反曲，长可达39cm，宽可达4.2cm；绿色或黄绿色，有时微红，腹面具纵向凹凸的条痕；边缘具红棕色或淡红棕色齿，老叶片边缘齿近白色，长约1mm，齿间距6～8mm。花序高达35cm，不分枝或具1分枝；总状花序圆锥状，长可达16cm，花排列稍密集，具花19～46朵；总状花序下方具数个不育苞片，苞片宽三角状，具多条细脉纹，边缘色浅膜质，花序分枝基部苞片抱茎；花梗长10～12mm；花苞片红棕色，长度为花梗长度的一半或稍超过一半；花被筒状，橙红色至粉红色，花被裂片先端中肋具墨绿色至淡灰绿色脉纹，裂片边缘淡粉至粉白色，花被筒长约24mm，子房部位宽约4～5mm，向上逐渐变得稍宽，至口部约7～8mm；外层花被分离约12～15mm，花柱伸出3～4mm。

植株（北京BBG） 植株局部 叶鞘 叶腹面 叶背面 叶腹面局部 叶背面局部 叶片边缘 边缘齿

分布

分布于马达加斯加塔那那利佛（Antananarivo）省。

生态与生境

生长在西海岸平原河岸砂岩峭壁，海拔约70m。

用途

观赏等。

引种信息

北京植物园 植株材料（2011104）引种自美国，生长较快，长势良好。

物候信息

原产地马达加斯加花期6~7月。

北京植物园 观察到两次花期，1~2月和4~5月。

繁殖

播种、扦插、分株繁殖。

迁地栽培要点

习性强健，栽培管理容易。喜光照充足的栽培场所，稍耐阴。耐旱，不耐湿涝，喜排水良好的栽培基质。喜温暖，不耐寒。

北京植物园 采用草炭土、火山岩、陶粒配制混合基质。温室栽培，夏季中午需50%遮阳网遮阴，冬季保持5℃以上。

病虫害防治

抗性强，未见病虫害发生。

北京植物园 不常发生病虫害。北京夏季高温高湿季节，休眠期容易发生腐烂病，注意控水，定期喷洒多菌灵进行防治。

保护状态

已列入CITES附录II。

变种、自然杂交种及常见栽培品种

尚未见相关报道。

1998年，拉弗兰诺斯（J. J. Lavranos）定名描述了本种，种名“*berevoana*”指其产地靠近贝雷武（Berevo）。贝雷武芦荟原产自马达加斯加贝雷武以西沿河岸的干旱森林边缘，对光照适应性很强。林下的植株颜色较绿，全光照下呈现黄绿色。栽培中光照较强的情况下，呈现微红的颜色。本种与尖锐芦荟（*A. acutissima*）的亲缘关系较近，都是密集丛生灌丛状生长，但贝雷武芦荟的茎较短。

本种国内引种较少，在栽培中并不常见。仅北京地区有栽培记录，栽培表现良好，已观察到花期物候。北京植物园栽培的植株，花的形态与卡特（S. Carter）专著中的花序图片非常近似，但实测的花被筒长度与该文献有一定区别，其植株来源于美国的苗圃，可能有一些遗传混杂存在。

参考文献

Carter S, Lavranos J J, Newton L E, et al., 2011. Aloes: The Definitive Guide[M]. London: Kew Publishing: 558.

Castillon J –B, Castillon J –P, 2010. The Aloe of Madagascar[M]. La Réunion: J.–P. & J.–B Castillon: 292–293.

Eggli U (Ed.), 2001. Illustrated Handbook of Succulent Plants: Monocotyledons[M]. Berlin: Springer–Verlag: 113.

Grace O M, Klopper R R, Figueiredo E, et al., 2011. The Aloe names book[M]. Pretoria: SANBI: 20.

16
伯纳芦荟（拟）

Aloe bernadettae J.-B. Castillon, Adansonia 3, 22 (1): 136. 2000.

多年生肉质草本植物。植株茎横卧，长可达150cm，粗6cm，萌生蘖芽。叶15～20片，排列成莲座状，叶片长约70cm，宽3～7cm，叶片绿色，腹面深凹，反曲；边缘具弯齿，长2mm，齿间距7～10mm。花序直立，高约80cm，不分枝；总状花序圆柱形，长15～20cm，直径5cm，花排列密集，具花80～100朵，无梗，顶端具一簇不育苞片；花苞片长10mm，宽4mm，具三脉纹；花被柠檬黄色，花被筒长16mm，钟形，子房处宽6mm；外层花被分离11～14mm；雄蕊和花柱伸出3～5mm。

中国科学院植物研究所北京植物园　盆栽5～6年生植株，植株呈紧密莲座状，茎不明显或具短茎；高43cm，株幅71cm。叶片长34～37cm，宽3.7～4.2cm；叶片披针形，渐尖；腹面橄榄绿色至黄绿色（RHS 146A–B至144A），背面深橄榄绿色（RHS NN137A–B），腹面、背面颜色均一，均无斑点或条纹；边缘具狭窄软骨质边，淡黄绿色（RHS 145C–D），边缘齿三角状或钩状，呈淡黄绿色（RHS 145C–D），有时微红，齿尖端暗红棕色，齿长1.5～2mm，齿间距5～9mm，偶狭窄至2.5mm。

植株（北京IBCASBG）　植株局部　枯叶宿存
叶腹面　叶背面　叶腹面局部　叶背面局部

分布

分布于产自马达加斯加图利亚拉省（Toliara）。

生态与生境

生长在片麻岩上的灌丛中。

用途

观赏。

引种信息

中国科学院植物研究所北京植物园 幼苗材料（2012-W0326）引种自捷克布拉格，生长迅速，长势良好。

物候信息

原产地马达加斯加花期5~7月。

中国科学院植物研究所北京植物园 尚未观察到开花和自然结实。

繁殖

播种、扦插繁殖。

迁地栽培要点

植株习性强健，栽培容易。需要排水良好的栽培基质。采用颗粒性较强的混合基质。喜光照充足，耐阴，夏季需要适当遮阴。可耐短期3～5℃低温，5～10℃可安全越冬，10～15℃可正常生长。

中国科学院植物研究所北京植物园 土壤配方选用腐殖土与颗粒性较强的赤玉土、轻石、木炭等基质，以及排水良好的粗沙混合配制，颗粒基质占1/3左右，加入少量谷壳碳，并混入少量缓释的颗粒肥。温室栽培越冬，保持盆土干燥，5～6℃以上可安全越冬。

病虫害防治

未见病虫害发生，仅作常规预防性打药。

中国科学院植物研究所北京植物园 定期喷洒50%多菌灵可湿性粉剂800～1000倍液，预防腐烂病发生。

保护状态

已列入CITES附录II，马达加斯加特有种，稀有种类。

变种、自然杂交种及常见栽培品种

尚无报道。

本种的拉丁种名命名来源于人名，其发现者卡斯蒂隆（J. –B. Castillon）以其孙子的名字“伯纳达特”命名。本种较为稀有，为马达加斯加特有的物种，目前野外越来越少，相关文献、描述都十分不足。其花序不分枝，穗状，花钟形，淡黄色，无梗或顶部具极短梗。根据这些特征，有文献认为它是自然杂交起源的种类，亲本有可能是舍莫芦荟（拟）（*A. schomeri*）和海伦芦荟（*A. helenae*）或沃纳芦荟（*A. wernei*）和海伦芦荟，在其分布区，这几种芦荟属植物均有分布。与本种不同的是：舍莫芦荟的叶片较短，花钟形，具花梗长5～12mm，花被筒长20～21mm；沃纳芦荟的叶片较短，花筒形，无梗，长16～20mm；海伦芦荟的叶片较长，花筒状，花梗2～3mm，花被筒长24～27mm。

国内栽培少见，目前仅北京有栽培记录，植株未达到成熟株龄，尚未开花结实。目前形态观测数据未达到成熟植株的尺寸，成熟植株具匍匐长茎，基部萌生蘖芽形成散乱的株丛。叶片非常长，可达70cm，而栽培中观察到的植株，目前叶片不到40cm长。植株外观与文献的图片相差很远，给鉴定带来了困难。本种植株偏黄绿色，边缘齿和叶边缘的特征明显，非常容易辨别，可以作为初步鉴定的依据。幼株适于盆栽观赏，叶片油绿，边缘齿整齐锯齿状，颜色黄绿，非常美观。

参考文献

Carter S, Lavranos J J, Newton L E, et al., 2011. Aloes: The Definitive Guide[M]. London: Kew Publishing: 585.

Castillon J –B, Castillon J –P, 2010. The Aloe of Madagascar[M]. La Réunion: J.–P. & J.–B Castillon: 224.

Eggli U (Ed.), 2001. Illustrated Handbook of Succulent Plants: Monocotyledons[M]. Berlin: Springer–Verlag: 113.

Grace O M, Klopper R R, Figueiredo E, et al., 2011. The Aloe names book[M]. Pretoria: SANBI: 20.

Rakotoarisoa S E, Klopper R R, Smith G F, 2014. A preliminary assessment of the conservation status of the genus *Aloe* L. in Madagascar[J]. Bradleya: 32: 81–91.

17 鲍威芦荟

别名： 博威芦荟、晚翠

Aloe bowiea (Haw.) Schult. & Schult. f., Syst. Veg. 7: 704. 1829.
Bowiea africana Haw., Philos. Mag. J. 64: 299. 1824.
Chamaealoe africana (Haw.) A. Berger, Bot. Jahrb. Syst. 36: 43. 1905.

多年生肉质草本植物。植株矮小，高可达14cm，茎不明显，萌生蘖芽形成密集株丛，垫状株丛直径可达50cm，单生植物比较少见。具肉质根，中间膨胀较粗，两头变细。叶直立，密集排列成莲座状，地上部分的叶片细长，条形，长10～15cm，宽1.25cm，向基部变宽，宽可达2.5cm，基部鞘部膨大，形成类似球根植物状的结构；叶片灰绿色，靠近基部具散布的白色斑点，背面数量较多，叶基部白色；边缘具细齿，白色，柔软，长0.5mm，齿间距约5mm。花序不分枝，高25～45cm；花序梗细长，棕色，具少数膜质苞片，长约10mm；总状花序圆柱形，长约15cm，花排列松散；花梗约2mm长；花被浅绿色至棕绿色，三棱状筒形，长8～15mm，向口部变宽，外层花被自基部分离，雄蕊和花柱伸出6～8mm。

中国科学院植物研究所北京植物园　温室盆栽，植株高6～7cm，单头株幅6～8.5cm。叶片条状，长7～8.5cm，宽约2～3mm，叶基膨大，宽约10～13mm；腹面黄绿色（RHS 138A-C），具条痕；背面稍浅（RHS 138B-C），具椭圆形、圆形斑点，淡灰黄绿色（RHS 195C-D），有时微红，斑点集中在中下部，斑点中间稍呈疣突状微凸；背面靠叶尖中线具少量皮刺，皮刺淡黄绿色（RHS 195C-D）；边缘齿淡绿白色（RHS 195C-D），有时微红，长0.4～0.8mm，齿间距0.5～2.5mm。花序长约25cm，不分枝；总状花序长约8cm，花排列松散，具花6～23朵；花被淡黄绿色，有时微红，花被中肋具绿色脉纹，裂片边缘淡绿白色，有时微红，花被筒状，长14～15mm，子房部位上方稍窄，之后向上稍变宽，雄蕊伸出6～8mm。

北京植物园　未记录形态信息。

上海辰山植物园　温室盆栽栽培，易形成株丛，直径达22cm。

丛生植株（上海CBG）　株丛局部　植株（北京IBCASBG）
叶腹面　叶背面　叶腹面局部　叶背面局部　叶先端

分布

原产南非东开普省的伊丽莎白港（Port Elizabeth）周边地区。

生态与生境

分布区域狭小，生长于山谷灌丛植被的密集刺灌丛中，分布从近海平面至海拔100m高度。

用途

观赏。

引种信息

中国科学院植物研究所北京植物园 植株材料（2017-0178）引种自南非比勒陀利亚，生长缓慢，长势较弱。

北京植物园 植株材料（2011106）引种自美国，生长缓慢，长势较弱。

上海辰山植物园 （20110825）引种自美国，生长缓慢，长势中等。

物候信息

原产地南非花期经年，11月至翌年1月为开花高峰。

中国科学院植物研究所北京植物园 尚未观察到开花和自然结实。夏季休眠。

北京植物园 尚未观察到开花。夏季7~8月休眠。

上海辰山植物园 物候信息未记录完全，未见明显休眠。

繁殖

分株、播种繁殖。

迁地栽培要点

习性强健，栽培管理较容易，在有些地区栽培稍困难。耐旱，不喜湿涝。喜光，稍耐阴，不耐寒。

中国科学院植物研究所北京植物园 在北京地区栽培较困难，度夏较困难。北京地区夏季湿热，植株长势较弱，容易发生腐烂病。选择排水良好的颗粒混合基质或砂质含量较高的混合基质，浇水不要浇到叶心，避免积水。不耐0℃以下低温，保持盆土干燥，5～6℃可安全越冬。

北京植物园 温室盆栽，采用草炭土、火山岩、沙、陶粒等材料配制混合基质，排水良好。夏季中午需50%遮阳网遮阴，冬季保持5℃以上可安全越冬。夏季湿热季节要控制浇水，休眠期避免腐烂病发生。

上海辰山植物园 上海地区温室盆栽栽培中，土壤配方用少量颗粒土与草炭混合种植。温室内夏季最高温在40℃以下，冬季最低温在13℃以上，能安全度夏和越冬。

病虫害防治

抗性强，病虫害较少发生。

中国科学院植物研究所北京植物园 夏季湿热季节容易发生腐烂病，定期喷洒50%多菌灵可湿性粉剂800～1000倍液，预防腐烂病发生。

北京植物园 夏季预防腐烂病发生，每10天施用1次杀菌剂。

上海辰山植物园 未见病虫害发生。

保护状态

IUCN红色名录列为极稀有种类。已列入CITES附录II。由于城镇的扩张，其生境已受到严重威胁。

变种、自然杂交种及常见栽培品种

常作为园艺杂交种的亲本之一，可与第可芦荟（*A. descoingsii*）、绘叶芦荟（*A. pictifolia*）等小型种类进行杂交。

鲍威芦荟属于草芦荟群，矮小、茎不明显、细条状叶片以及浅棕绿色至绿白色的花，为栽培物种鉴定的标志性特征，其叶片具有加宽的三角状叶基，使得植株基部呈现类似球根状的结构。本种由英国园艺学家、植物学家鲍威（J. Bowie)最初采集。1824年，哈沃斯（A. H. Haworth）将其命名描述为*Bowiea africana*。1829年，奥地利植物学家舒尔茨（J. A. Schules）等人将其重新定名描述为*Aloe bowiea*，其种名“*bowiea*”命名自采集者的鲍威的姓氏。1905年，伯格（A. Berger）则认为其应独立归入单种属，定名描述为*Chamaealoe africana*，而史密斯（G. F. Smith, 1990）认为其具有芦荟属的特征，应归入芦荟属。

本种国内有引种，北京、上海有引种记录，但未观察到开花结实。在上海生长良好，可形成茂密株丛，而在北京地区长势一般，尤其是夏季湿热季节，休眠期栽培管理较困难。原产地位于南非伊丽莎白港靠近海滨的地区，可能更适应海洋性气候。本种株形较小，适于小盆栽丛植观赏。

参考文献

Carter S, Lavranos J J, Newton L E, et al., 2011. Aloes: The Definitive Guide[M]. London: Kew Publishing: 106.

Eggli U (Ed.), 2001. Illustrated Handbook of Succulent Plants: Monocotyledons[M]. Berlin: Springer-Verlag: 114.

Grace O M, Klopper R R, Figueiredo E, et al., 2011. The Aloe names book[M]. Pretoria: SANBI: 21.

Smith G F, Figueiredo E, 2015. Garden Aloes, Growing and Breeding, Cultivars and Hybrids[M]. Johannesburg: Jacana media (Pty) Ltd: 86-97.

Van Wyk B -E, Smith G F, 2014. Guide to the Aloes of South Africa[M]. Pretoria: Briza Publications: 358.

18 伯伊尔芦荟

别名：博伊尔芦荟

Aloe boylei Baker, Bull. Misc. Inform. Kew 1892: 84. 1892.

多年生肉质草本植物。植株单生或萌生蘖芽形成小株丛，具茎可长达20cm，6cm粗。叶密集排列成莲座状，直立，肉质，披针形，长可达50～60cm，宽6cm，腹面凹形，深绿色，有时少量的白色斑点向叶片基部散布，叶片背面斑点较密集；边缘具白色假骨质边缘，宽2mm，具白色硬齿，长达3mm，叶片基部齿间距2～5mm。花序不分枝，高40～60cm；花序梗上半部具少量散布不育的干膜质苞片，卵状，渐尖；总状花序头状，花排列密集，长10～12cm，直径10～12cm；花苞片卵状，渐尖，长可达20～23mm，花梗长40～45mm；花被鲑粉色，先端绿色，花被筒三棱状筒形，口部稍弯，长30～35mm，子房部位宽11～12mm，向口部渐狭至8～9mm；外层花被自基部分离，裂片先端稍展开；雄蕊和花柱稍伸出。

中国科学院植物研究所北京植物园　幼株叶片两列状排列。叶片均一绿色，腹面深凹；边缘具绿白色假骨质边和三角状、绿白色齿。蒴果长椭圆形，3室，干燥开裂，果熟时，花被片宿存；种子多角状，棕色，具淡棕色宽翅。

北京植物园　未记录形态信息。

植株　植株局部　休眠植株　休眠植株　茎　边缘齿

叶腹面 叶腹面凹卷 宿存的枯叶 果序 开裂的蒴果 种子 种子 叶心罹患粉蚧 叶心腐烂的植株

分布

分布于南非夸祖鲁–纳塔尔省的山地及其相连的山麓地区，斯威士兰的山地也有分布。

生态与生境

生长在山地开阔的草坡、岩石上，海拔1800～3000m。分布区夏季降雨区，年均降雨625～1750mm。一些地区冬季覆盖积雪，可达0℃以下。

用途

观赏、药用等。

引种信息

中国科学院植物研究所北京植物园　植株材料（2010–2978）引种自上海，生长较慢，夏季生长不良。

北京植物园　植株材料（2011107）引种自美国，生长较慢，长势不良。

物候信息

原产地南非花期11月至翌年2月。

中国科学院植物研究所北京植物园 未记录花期物候。夏季休眠。

北京植物园 尚未观察到开花结实。夏季休眠。

繁殖

多播种繁殖。

迁地栽培要点

生长较慢，栽培管理较难。

中国科学院植物研究所北京植物园 采用赤玉土、腐殖土、小颗粒轻石、粗沙等基质配制混合土进行栽植。夏季休眠期管理十分重要，控制浇水，避免湿涝引起叶心和根系腐烂。

北京植物园 采用赤玉土、火山灰、陶粒、腐殖土、沙等材料配制的混合土。本种度夏较难，夏季湿热季节休眠，要控制浇水，避免湿涝引起根系和叶心腐烂。

病虫害防治

夏季湿热季节浇水不当，容易引起根系、叶心腐烂病。

中国科学院植物研究所北京植物园 夏季容易罹患腐烂病，心叶或根系腐烂，需定期喷洒多菌灵等杀菌剂进行防治。心叶容易罹患粉蚧，可加强通风，定期施用蚧必治等杀蚧类药剂进行防治，如已发病，需每7天喷施1次，连续喷洒4～6周方可根治。

北京植物园 容易发生腐烂病，定期喷洒多菌灵或百菌清等杀菌剂进行预防。

保护状态

已列入CITES附录II。

变种、自然杂交种及常见栽培品种

有自然杂交种的报道，可与莱蒂芦荟（*A. lettyae*）杂交形成自然杂交种。

本种1891年由伯伊尔（F. Boyle）和阿利森（Allison）首次采集于南非的夸祖鲁－纳塔尔省，并将其送往英格兰。1892年，贝克（J. G. Baker）对其进行了定名和描述，种名“*boylei*”取自发现者伯伊尔的姓氏。伯伊尔芦荟属草芦荟群，叶片较宽大，植株粗壮，花序近头状。栽培中常见幼龄植株，株形较小，叶较窄，两列状排列，有时叶腹面凹。与野生植株的形态有很大差别。北京地区栽培，生长状态较差，未能开花。栽培中没有开花的情况下，本种常与埃克伦芦荟（*A. ecklonis*）、库珀芦荟（*A. cooperi*）、*A. hlangapies*、*A. kraussii*等近缘种类搞混。有时我们从苗圃引种购买的幼苗，名字都是混乱的，购买来源明确的种子自己播种情况会好一些。

本种国内少有引种，北京地区有引种记录，栽培有一定难度。本种原产地海拔较高，夏季喜凉爽，冬季较耐寒，不喜炎热。在原产地，冬季叶片干枯，仅留短粗的茎，春季新叶生长。北京地区栽培，夏季气候湿热，休眠期管理较困难，常因水分管理不当而烂心枯死。

参考文献

Carter S, Lavranos J J, Newton L E, et al., 2011. Aloes: The Definitive Guide[M]. London: Kew Publishing: 147.
Eggli U (Ed.), 2001. Illustrated Handbook of Succulent Plants: Monocotyledons[M]. Berlin: Springer-Verlag: 114.
Grace O M, Klopper R R, Figueiredo E, et al., 2011. The Aloe names book[M]. Pretoria: SANBI: 21-22.
Jeppe B, 1969. South Africa Aloes[M]. Cape Town: Purnell & Sons S.A. (PTY.) LTD.: 122.
Reynolds G W, 1982. The Aloes of South Africa[M]. Cape Town: A.A. Balkema: 153-155.
Van Wyk B -E, Smith G F, 2014. Guide to the Aloes of South Africa[M]. Pretoria: Briza Publications: 298.

19 布兰德瑞芦荟

别名：布瑞德瑞芦荟、布兰德顿芦荟

Aloe branddraaiensis Groenew, Fl. Pl. South Africa 20: 761. 1940.

多年生肉质草本植物。植株茎不明显，单生或萌生蘖芽形成小株丛。叶20～25片，排列成密集莲座状，平展，叶片披针形，渐尖，长35cm，宽8～10cm，叶先端干枯扭曲；叶片暗绿色，强光下微红色，具明显白色条纹和散布的细长斑点；边缘具尖锐棕色齿，长2～3mm，齿间距10～15mm。圆锥花序高100～150cm，具大量宽展的分枝，下部分枝常再分枝，形成多达50个分枝总状花序；花序梗具线状纸质苞片，长可达60mm，包裹分枝基部；总状花序紧缩成近头状，长3～6cm，直径7cm，花排列较密集；花苞片线状披针形，长8mm，纸质；花梗长15～20mm；花被珊瑚红色，筒状，长20～27mm，子房部位宽5.5mm，上方突然缢缩至宽3.5mm，然后向口部逐渐变宽；外层花被分离达7mm；雄蕊和花柱稍伸出。染色体：2n=14（Brandham 1971）。

中国科学院植物研究所北京植物园 播种幼苗初期叶片两列状排列，随苗长大，渐呈螺旋状排列。成年植株茎不明显，单生或丛生。叶腹面淡绿色，强光下微红，呈红棕色，背面绿白色至淡绿色；叶两面具暗绿色条纹（RHS 137A, NN137A），长线段状、短线段状，条纹清晰；具H型斑点，淡绿白色，密集形成片状或横带状；边缘具假骨质边，强光下棕红色，边缘齿尖锐，红棕色至暗红色，尖端向叶先端稍弯曲。种子暗棕色，不规则角状，具极窄的膜质翅，翅淡棕色。

上海植物园 未记录形态信息。

植株（南非） 植株（南非） 植株局部 盆栽植株

播种苗（北京IBCASBG） 播种苗（北京IBCASBG） 幼株（北京IBCASBG） 幼株局部

分布

分布于南非北部省和姆普马兰加省。

生态与生境

生长在岩石山的草地和灌丛荫蔽下，海拔约1000m。

用途

观赏、药用等。

引种信息

中国科学院植物研究所北京植物园　幼苗（2010-1032）引种自上海，生长迅速，长势良好。

上海植物园　材料（2011-6-021）引种自美国，生长迅速，长势良好。

物候信息

原产地南非花期6~7月。

中国科学院植物研究所北京植物园　尚未观察到开花结实。无休眠期。

上海植物园　尚未观察到开花结实。

繁殖

播种、分株、扦插繁殖。

迁地栽培要点

习性强健，栽培管理容易。栽培基质需排水良好。喜碱性土壤，栽培场所需光线充足，耐旱。可耐0~3℃短暂低温，5~6℃以上保持盆土干燥可安全越冬。

中国科学院植物研究所北京植物园 采用腐殖土、粗沙配制混合土进行栽培，也可混入适量的颗粒基质，如轻石、赤玉土、木炭粒、珍珠岩等。温室栽培越冬。

上海植物园 采用赤玉土、腐殖土、轻石、麦饭石、沙等配制混合土。

病虫害防治

习性强健，未见明显病虫害发生。

中国科学院植物研究所北京植物园 未见明显病虫害发生，仅定期进行预防性的打药，尤其是冬季和夏季，每10~15天喷洒多菌灵和氧化乐果稀溶液一次进行预防，并加强通风。

上海植物园 湿热季节容易发生腐烂病，注意控制浇水，定期喷洒杀菌剂进行预防。

保护状态

已列入CITES附录II。

变种、自然杂交种及常见栽培品种

有自然杂交种报道，可与近缘芦荟（*A. affinis*）、伯格芦荟（*A. burgersfortensis*）、隐柄芦荟（*A. cryptopoda*）、福斯特芦荟（*A. fosteri*）自然杂交。

本种最早定名于1940年，由南非植物学家格罗内瓦尔德（Barend H. Groenewald）定名描述，拉丁种名命名取自产地姆普马兰加省的地名布兰德瑞（Branddraai）。

国内引种不多，栽培中不很常见。从苗圃引种的材料，有时定名错误。本种是非常美丽的种类，植株和繁茂的花序观赏价值很高。一个莲座的植株，分枝花序可达50~80个，数量十分惊人，可广泛应用于温暖干燥地区的庭园观赏。本种习性强健，适应性广泛，夏季耐高温，栽培容易。在栽培中，植株株形大小、条纹明暗、清晰与模糊程度、斑点的多少，都有变化，这与不同产地来源的不同样本和栽培条件有关。

参考文献

Carter S, Lavranos J J, Newton L E, et al., 2011. Aloes: The Definitive Guide[M]. London: Kew Publishing: 183.

Eggli U (Ed.), 2001. Illustrated Handbook of Succulent Plants: Monocotyledons[M]. Berlin: Springer-Verlag: 114-115.

Grace O M, Klopper R R, Figueiredo E, et al., 2011. The Aloe names book[M]. Pretoria: SANBI: 22.

Jeppe B, 1969. South Africa Aloes[M]. Cape Town: Purnell & Sons S.A. (PTY.) LTD.: 86.

Van Wyk B -E, Smith G F, 2014. Guide to the Aloes of South Africa[M]. Pretoria: Briza Publications: 218.

20
短叶芦荟

别名：龙山芦荟、姬龙山芦荟、龙山（日）、原生芦荟、不死鸟

Aloe brevifolia Mill., Gard. Dict. Abr. ed. 6: 8, 1771.

多年生肉质草本植物。植株茎不明显，萌生蘖芽形成超过数十头以上的大株丛。叶30~40片，上升或内弯，三角状至披针形，急尖，具坚硬刺齿，长6cm，宽2cm，灰绿色，背面具纵向排列成列的软齿；边缘具白色三角状齿，长2~3mm，齿间距10mm。花序不分枝，高可达40cm；总状花序圆锥状，长15cm，花排列较松散；花苞片卵状披针形，长可达15mm；花梗长达15mm；花被浅红色，稀黄色，花被筒稍弯，长38mm，子房部位宽3~4mm；外层花被自基部分离；雄蕊和花柱伸出5mm。染色体：2n=14（Resende 1937）。

中国科学院植物研究所北京植物园　盆栽植株高19cm，株幅26cm。叶片长7.5~8.8cm，宽2.5~3cm；叶片淡绿色（RHS 138B-C），具皮刺和疣状突起，绿白色（RHS 192D），腹面少，皮刺零星分布，背面稍多，散布叶中部和先端，叶先端沿中线和靠近边缘处皮刺列状排列；边缘、边缘齿绿白色，齿长0.5~2.5mm，齿间距3~7mm。花序不分枝，高39cm；花橙色，先端黄绿色。

北京植物园　株高约9cm，株幅14.1cm。叶片长7.3cm，宽1.6~2.7cm；蓝绿色，两面均无斑点；叶背面先端中间具列状皮刺，与边缘齿相似；边缘齿浅黄绿色，尖锐，长3mm，齿间距3~4mm。

厦门市园林植物园　未记录形态信息。

仙湖植物园　未记录形态信息。

南京中山植物园　单生，不分枝，株幅20cm，高12cm。叶片长7~8cm，宽3~4cm；边缘齿长1.5~2mm，齿间距6~8mm。花序不分枝，长可达50cm；总状花序圆锥状，长15cm。花橙红色。

上海植物园　未记录形态信息。

盆栽植株（北京IBCASBG）　盆栽植株（北京IBCASBG）　植株局部
地栽株丛（厦门）　地栽株丛（厦门）　盆栽植株（南京）

蘖芽
播种苗（北京IBCASBG）
幼株
叶腹面
叶背面
叶侧面
叶腹面压痕
叶腹面局部
叶背面局部
叶先端
叶背面列状皮刺
疣突和皮刺
边缘齿
钝尖的齿
双连的齿

分布

分布在南非西开普省。

生态与生境

生长在南非最南端靠近海滨的多雨地带，喜温暖湿润的气候。

用途

观赏。

引种信息

中国科学院植物研究所北京植物园　幼苗材料（2009-1674）引种自俄罗斯莫斯科，生长缓慢，长势良好；短叶芦荟锦（*Aloe brevifolia* 'Variegata'），幼苗材料（2010-0906）引种自上海，生长缓慢，长势良好。

北京植物园　植株材料（2011108）引种自美国，长速中等，长势良好。变种*Aloe brevifolia* var. *depressa*植株材料（2011109）引种自美国，长速中等，长势良好。

厦门市园林植物园　植株来源不详，长速中等，长势良好。

仙湖植物园　植株来源不详，长速中等，长势良好。

南京中山植物园　植株材料（NBG-2007-67）从福建漳州引入，生长缓慢，长势良好。

物候信息

原产地南非花期10～11月。单花期2～3天。

中国科学院植物研究所北京植物园　花期6～7月，6月上旬花芽初现，始花期7月初，盛花期7月上旬，末花期7月中旬。无休眠期。

北京植物园　尚未观察到开花结实。

厦门市园林植物园　花期5～6月。无休眠期。

仙湖植物园　尚未记录开花情况。无休眠期。

南京中山植物园　观察到花期5～6月。

繁殖

播种、分株繁殖，扦插繁殖用于挽救烂根植株。

迁地栽培要点

本种生长较缓慢。喜阳、耐旱、怕湿涝，喜温暖。栽培基质需排水良好，采用颗粒性较强的混合基质或含砂质较多的混合基质。

中国科学院植物研究所北京植物园　栽培基质选择腐殖土：园土：沙为1：1：1或1：1：2的基本配比，可加入颗粒性较强的赤玉土、轻石、木炭等基质，颗粒基质和沙占1/3或1/2左右，加入少量谷壳碳，并混入少量缓释的颗粒肥。耐寒，断水下可耐受短暂-4℃至0℃低温，长时间容易受冻害，越冬温度5～6℃以上，10～15℃正常生长，最适生长温度为15～22℃。

北京植物园　基质：草炭土、火山岩、陶粒、沙。温室栽培，夏季中午需50%遮阳网遮阴，冬季保持5℃以上。

厦门市园林植物园　室内室外均有栽植，地栽、盆栽均可。馆内采用腐殖土、河沙混合土栽培。

仙湖植物园　室内地栽或盆栽，采用腐殖土、河沙混合土栽培。

南京中山植物园　栽培基质为：泥炭：青石：沙=3：1：1。适宜生长温度为10～25℃，最低温度不能低于0℃，否则产生冻害，最高温不能高于35℃，否则生长不良，要保持一定的空气湿度，设施温室内栽培，夏季加强通风降温，夏季10～15时用50%遮阳网遮阴。春秋两季各施一次有机肥。

上海植物园　采用赤玉土、腐殖土、轻石、沙等基质配制混合土。

病虫害防治

抗性强，病虫害较少发生。

中国科学院植物研究所北京植物园　病虫害较少发生，幼苗期夏季湿热季节过分湿涝容易引起腐烂病，除改善栽培方式外，可定期喷洒杀菌剂进行预防。

北京植物园　病虫害较少发生，仅定期进行病虫害预防性的打药。

厦门市园林植物园　偶见叶面黑斑病或腐烂病，多发生于湿热夏季。可喷洒75%甲基托布津可湿性粉剂800倍液等杀菌类农药进行防治。

仙湖植物园　有时发生腐烂病，定期喷洒百菌清、甲基托布津等杀菌剂进行预防。

南京中山植物园　常见病害主要有炭疽病、褐斑病、叶枯病、白绢病及细菌性病害，多发生于湿热夏季通风不良的室内。可喷洒百菌清等杀菌类农药进行防治。

上海植物园 容易发生腐烂病，注意控制浇水，定期喷洒杀菌剂进行预防。

保护状态

南非红色名录列为易危种（VU）。已列入CITES附录II。

变种、自然杂交种及常见栽培品种

原变种矮生短叶芦荟［*Aloe brevifolia* var. *depressa* (Haw.) Baker］与原种区别：与原种差异：叶可达60片，叶片长12～15cm，宽6cm，无斑点或具白色斑点，斑点上具疣突状软刺；边缘具白色软骨质边，边缘齿长2～4mm，齿间距8mm。花序长可达60cm，花梗长可达20mm；花被筒鲜红色，长40mm。染色体：2n=14（Resende 1937）。原产南非西开普省。已列入CITES附录II。

有自然杂交种的报道，与僧帽芦荟（*A. perfoliata*）、斑点芦荟（*A. maculata*）等亲本自然杂交。国内常见栽培品种为短叶芦荟锦（*A. brevifolia* 'Variegata'），具纵向奶白色斑纹或淡黄色斑纹，十分美观。

考梅林（C. Commelin）在1703年首次描绘本种，1768年米勒（P. Miller）首次用双名法命名，种名"*brevifolia*"意为短叶的。

短叶芦荟在国内的栽培非常普遍，国内很多植物园有引种，栽培表现良好，已观察到花期物候。株形紧凑美观，是非常美丽的观赏植物，适合盆栽观赏，有商业推广价值。实测植株的叶片长度和宽度较文献的数据要大一些。

参考文献

Carter S, Lavranos J J, Newton L E, et al., 2011. Aloes: The Definitive Guide[M]. London: Kew Publishing: 398–399.
Eggli U (Ed.), 2001. Illustrated Handbook of Succulent Plants: Monocotyledons[M]. Berlin: Springer–Verlag: 115.
Grace O M, Klopper R R, Figueiredo E, et al., 2011. The Aloe names book[M]. Pretoria: SANBI: 22–23.
Jeppe B, 1969. South Africa Aloes[M]. Cape Town: Purnell & Sons S.A. (PTY.) LTD.: 13.
Rainondo D, Von Staden L, Foden W, et al., 2009. Red List of South Africa plants 2009[M]. Pretoria: SANBI: 80.
Van Wyk B –E, Smith G F, 2014. Guide to the Aloes of South Africa[M]. Pretoria: Briza Publications: 288–289.

21
狮子锦芦荟

别名：布鲁米芦荟、布鲁姆芦荟、狮子锦（日）、蛇芦荟

Aloe broomii Schönland, Rec. Albany Mus. 2: 137. 1907.

多年生肉质草本植物。植物一般不分枝，稀见二至三个分枝，植株具直立茎，具短茎，老植株有时茎可达100cm长，枯叶覆盖于茎表面，植株单生或稀从基部萌生蘖芽形成2～3头的株丛。叶排列成密集莲座状，直立或内弯，卵状披针形，先端具尖锐刺尖，叶片长30cm，宽10cm，黄绿色，具模糊条纹；边缘具红棕色齿，长1～2mm，齿间距10～15mm。花序长100～150cm，不分枝或稀具1分枝；花序下方花序梗具许多不育苞片，卵状，长40mm，宽20mm；总状花序圆柱形，穗状，长可达100cm，直径6～8cm，花排列非常密集；花苞片倒卵形，长30mm，宽15mm，肉质，完全覆盖花；花梗长1～2mm；花被浅黄色，花被筒椭圆形，长20～25mm，子房之上变宽，其后向口部逐渐变窄；外层花被自基部分离；雄蕊和花柱伸出12～15mm，花丝红橙色。

中国科学院植物研究所北京植物园　幼苗期植株叶片莲座状排列，叶片均一的黄绿色至绿色；成株叶片腹面无皮刺，无斑点具暗绿色模糊条纹，背面叶先端沿中脉列状分布数个尖锐长皮刺，有时叶上半部或多或少散布多个皮刺，皮刺直或弯曲，暗红色至红棕色，基部常具疣突状隆起；幼苗叶腹面先端常具数个皮刺；边缘具长锐齿，暗红色或红棕色，有时弯曲。

北京植物园　未记录形态信息。

仙湖植物园　未记录形态信息。

上海辰山植物园　株高61cm，株幅65cm。叶片长28cm，宽6～8cm，边缘齿长2～3mm，齿间距20～30mm。

南京中山植物园　植株单生，不分枝。株高60～70cm，株幅60～70cm；叶片长30～35cm，叶片宽7～8cm；边缘齿长3～3.5mm，齿间距8～10mm。

上海植物园　未记录形态信息。

地栽植株（南京）　植株局部（南京）

盆栽植株
叶腹面
叶背面
叶腹面局部
叶背面局部
边缘齿
叶腹面模糊条纹
叶片边缘
弯齿
边缘齿
叶背面皮刺（密刺）
叶背面皮刺（疏刺）
叶心

分布

广泛分布于南非北开普省东南部、东开普省北部、自由邦省西南部；莱索托中部、西部也有分布。

生态与生境

生长在南非中部内陆丘陵地带的岩石斜坡上，耐旱，降水量低，主要在夏季，年降水量300~500mm不等。海拔高度1000~2000m。

用途

观赏、药用。在南非，为民间草药，汁液可以杀菌，当地人称可用于治疗牲畜的一些疾病。

引种信息

中国科学院植物研究所北京植物园 幼苗材料（2010-W1129）引种自北京，长速中等，长势良好；种子材料（2017-0054）引种自南非开普敦，生长缓慢，长势良好。变种塔卡斯狮子锦（*Aloe broomii* var. *tarkaensis*）的幼苗材料（2005-0339）引种自北京，长速较慢，长势良好；种子材料（2017-0055）引种自南非东开普省，生长较慢，长势良好。

北京植物园 植株材料（2011110）引种自美国，生长较快，长势良好。

仙湖植物园 植株材料（SMQ-021）引种自美国，生长较快，长势良好。

南京中山植物园 植株材料（NBG-2007-20），从福建漳州引入，生长较快，长势良好。

物候信息

原产地南非花期8～10月。单花期2～3天。

中国科学院植物研究所北京植物园 植株尚在幼苗期，尚未观察到开花结实。无休眠期。

北京植物园 尚未观察到开花结实。无休眠期。

仙湖植物园 尚未观察到开花结实。无休眠期。

南京中山植物园 尚未观察到开花结实。无休眠期。

繁殖

多播种繁殖。扦插繁殖常用于挽救烂根植株。

迁地栽培要点

习性强健，栽培容易。喜阳光充足，基质肥沃排水良好。耐旱，不耐涝。喜温暖，不耐寒。

中国科学院植物研究所北京植物园 温室盆栽种植。栽培基质选择赤玉土：腐殖土：轻石：粗沙=1：2：1：1的基本配比，加入少量谷壳碳和缓释肥，或选择腐殖土：粗沙：园土=2：2：1的基本比例，加入适量其他颗粒基质。夏季湿热季节注意水分管理，避免盆土积水，加强通风。盆土干燥可耐短暂2～3℃低温，控水5～7℃可安全越冬。

北京植物园 温室盆栽，采用草炭土、火山岩、沙、陶粒等材料配制混合基质，排水良好。夏季中午需50%遮阳网遮阴，冬季保持5℃以上可安全越冬。

仙湖植物园 室内地栽，也可盆栽。采用腐殖土、河沙混合土栽培。

南京中山植物园 栽培基质为：园土：火山石：沙：泥炭=1：1：1：1。最适宜生长温度为15～25℃，最低温度不能低于0℃，否则产生冻害，最高温不能高于45℃，否则生长不良，根系不能积水，光照好，空气湿度低，设施温室内栽培，夏季加强通风降温，夏季10:00～15:00用50%遮阳网遮阴。春秋两季各施一次有机肥。

病虫害防治

抗性强，病虫害较少发生。

中国科学院植物研究所北京植物园 未见病虫害发生，仅定期喷洒50%多菌灵800～1000倍液和40%氧化乐果1000倍液进行常规病虫害防治。

北京植物园 北京夏季高温高湿季节，休眠期容易发生腐烂病，注意控水，定期施用杀菌剂进行防治。

仙湖植物园 偶见叶腹面黑斑病，多发生于湿热夏季。可施用甲基托布津等杀菌类农药进行防治。

南京中山植物园 常见病害主要有炭疽病、褐斑病、叶枯病、白绢病及细菌性病害，多发生于湿热夏季通风不良的室内。可喷洒百菌清等杀菌类农药进行防治。

保护状态

已列入CITES附录II。

变种、自然杂交种及常见栽培品种

原变种塔卡斯狮子锦芦荟（*Aloe broomii* var. *tarkaensis*）与原种区别：叶片长可达50cm，宽15cm；总状花序直径可达13cm；花苞片长12mm，宽5mm，花苞片较小，花能够外露。花梗长3~4mm，花被筒长20~30mm。原产地南非。原产地花期2~3月，栽培植株为幼株状态，尚未观察到开花结实。CITES附录II植物，南非红色名录列为稀有种（R）。

有自然杂交种的报道，狮子锦芦荟可与棒花芦荟（*A. claviflora*）、好望角芦荟（*A. ferox*）、赫雷罗芦荟（*A. hereroensis*）形成自然杂交种。具斑锦品种，称为狮子锦芦荟锦（*A. broomii* 'Variegata'）。

塔卡斯狮子锦芦荟植株（北京IBCASBG） 叶腹面 叶背面 叶先端 植株局部 边缘齿 边缘齿 植株（南非）

本种最早由布鲁姆（R. Broom）收集（1905年），1907年，舍恩兰（S. Schönland）以布鲁姆的姓氏命名了这个种。狮子锦芦荟被认识和发现的历史十分悠久，曾被古代的布什曼人（Bushman）描绘在古老的岩画中，那些岩画距今年代久远，难以追溯确切的时间。

狮子锦芦荟株形美观，边缘齿和皮刺美丽，是受欢迎的观赏植物。在原产地，植株可达1m高，叶片密集莲座状，顶部穗状花序巨大，开花时很壮观。国内常见栽培，北京、深圳、南京等地有引种记录，栽培表现良好，但植株多为幼株和年轻植株，尚未有开花结实的记录。幼株适于盆栽观赏，稍大植株可地栽孤植、丛植观赏。

参考文献

Carter S, Lavranos J J, Newton L E, et al., 2011. Aloes: The Definitive Guide[M]. London: Kew Publishing: 263.

Eggli U (Ed.), 2001. Illustrated Handbook of Succulent Plants: Monocotyledons[M]. Berlin: Springer-Verlag: 115-116.

Grace O M, Klopper R R, Figueiredo E, et al., 2011. The Aloe names book[M]. Pretoria: SANBI: 23-24.

Jeppe B, 1969. South Africa Aloes[M]. Cape Town: Purnell & Sons S.A. (PTY.) LTD.: 54-55.

Rainondo D, Von Staden L, Foden W, et al., 2009. Red List of South Africa plants 2009[M]. Pretoria: SANBI: 80.

Rowley G D, 1997. A history of succulent plants[M]. Mill Valley: Strawberry Press: 7.

Van Wyk B -E, Smith G F, 2014. Guide to the Aloes of South Africa[M]. Pretoria: Briza Publications: 144.

22

珠芽芦荟

别名：吊兰芦荟、舞龙殿（日）

Aloe bulbillifera H. Perrier, Mém. Soc. Linn. Normandie, Bot. 1 (1): 22. 1926.

多年生肉质草本植物。植株通常单生，茎不明显或具短茎产生蘖芽。叶10～25片，上升至直立，叶片披针形，渐尖，长40～60cm，宽6～10cm，均一亮绿色；边缘具尖锐三角齿，长可达5mm，齿间距10～15mm；干燥汁液深橙色至紫色。花序长200～250cm，具大量分枝，分枝常再分枝，通常因重量弯垂至一侧，具珠芽，不生于主花序梗上；总状花序长12～40cm，圆柱形，渐尖，花松散排列；花苞片长3mm，宽2mm；花梗非常细，长6～10mm；花被筒红色，弯曲，长22～25mm，外层花被分离约8mm；雄蕊和花柱伸出1～3mm。染色体：2n=14（Resende，1937）。

中国科学院植物研究所北京植物园 盆栽植株株高约57cm，株幅72cm。叶片长32～43cm，宽4.4～4.8cm；叶片绿色（RHS 147B），微红，无斑点；边缘具窄假骨质边和三角状齿，淡黄绿色（RHS 144D）至淡棕红色（RHS 174C-D），齿长2～3.5mm，齿间距6.5～13mm；叶鞘有时红棕色（RHS 176C-D），具绿条纹或棕红色条纹。花序高约60cm，具多个分枝；花序梗淡棕灰色（RHS 197C-D），被霜粉，擦掉霜粉棕色（RHS N200A）或黄绿色（NHS 148A），具珠芽；总状花序长约16cm，直径4.2cm，花排列松散，具花4～39朵；花苞片米色，棕细脉，膜质；花被筒红色（RHS 42B-C），裂片先端中肋具黄绿色（RHS 42B-C）宽脉纹，裂片边缘淡肉粉色（RHS 27B-C）至白色，花被筒长约29mm，子房部位宽5.5～6mm，之上稍缢缩至4.5～5mm，其后向上逐渐变宽至6～7mm；外层花被分离15～18mm；雄蕊和花柱淡黄色（RHS 1D），雄蕊伸出3～5mm，花柱伸出约0～3mm。

仙湖植物园 温室地栽，花序侧生，偏斜、横卧或稍直立，分枝可达9个，下部分枝常再分枝，可具珠芽达14个以上，分枝花序梗上有时也有珠芽。

地栽群植植株（深圳） 地栽植株（深圳） 盆栽植株（北京 IBCASBG）

植株局部 茎 叶鞘

叶腹面
叶背面
叶腹面局部
叶背面局部
叶心局部
叶腹面深凹
边缘齿
花序梗上的珠芽
花序梗上的珠芽
珠芽
开花植株（北京 IBCASBG）
花序（花蕾膨大期）
花序（盛花期）
地栽植株花序（深圳）

分布

分布于马达加斯加马哈赞加省（Mahajanga）。

生态与生境

生长在山地覆盖密集雨林的河道地区，海拔300~800m。

用途

观赏、药用等。

引种信息

中国科学院植物研究所北京植物园 珠芽材料（2008-1943）引种自仙湖植物园，生长迅速，长势良好。

仙湖植物园 植株材料（SMQ-022）引种自美国，生长迅速，长势良好。

物候信息

原产地马达加斯加花期5~7月。

中国科学院植物研究所北京植物园 观察到11~12月开花。11月中旬花芽初现，始花期11月末，盛花期12月上旬，末花期12月中旬。单花花期2~3天。

仙湖植物园 观察到花期12月至翌年1月。

繁殖

播种、扦插、珠芽繁殖。

迁地栽培要点

习性强健，栽培管理容易。土壤需透气性良好，栽培基质配比可根据各地材料因地制宜。喜光，耐稍荫蔽。

中国科学院植物研究所北京植物园 栽培常采用草炭土：河沙为2：1的基本比例，同时可根据实际情况混入园土、珍珠岩等其他基质。5月至9月下旬需适当遮阴以达到室内降温的目的，夏季无休眠。浇水见干见湿。温室内越冬，生长最适温度15～23℃，夏季温度超过35℃时，生长缓慢逐渐停滞；冬季越冬温度要大于5℃，冬季最低温8～10℃以上正常生长。

仙湖植物园 室内地栽，成片栽植，采用腐殖土、河沙混合土栽培。

病虫害防治

抗性强，病虫害少见。

中国科学院植物研究所北京植物园 未见病虫害发生，仅采取日常病虫害预防措施，定期喷洒50%多菌灵1000倍液、40%氧化乐果1000倍液等农药预防病虫害。

仙湖植物园 未见病虫害发生，仅作常规预防性施药。

保护状态

已列入CITES附录II。

变种、自然杂交种及常见栽培品种

具有1个变种，变种鲍氏珠芽芦荟（*A. bulbillifera* var. *paulianae*）与珠芽芦荟的差别：花序较短而直立，珠芽仅分布在主花序梗上，分枝上没有。产自马达加斯加。有相关杂交种的报道，可与树形芦荟（*A. vaombe*）形成杂交种。

本种是马达加斯加特有种类，1926年，由法国植物学家皮埃尔（H. Perrier）首次定名，种名"*bulbilifera*"。花序梗上具大量珠芽，与其他芦荟属植物非常容易区分。马达加斯加原产的芦荟中，花序梗上有珠芽的种类不多，除珠芽芦荟及其变种鲍氏珠芽芦荟外，只有*A. rodolphei*、*A. leandrii*、珠芽浆果芦荟（*A. propagulifera*）、*A. schilliana*的花序梗具珠芽结构，但这些种类形态差异明显，容易区分。

本种在国内最初是由仙湖植物园从美国引入（2000—2001年），2008年中国科学院植物研究所从仙湖植物园引种栽培。珠芽芦荟栽培表现良好，花序高大，分枝繁茂，是非常美丽的丛植种类，适用于园林观赏，可作室内、室外花境配置材料。

参考文献

Carter S, Lavranos J J, Newton L E, et al., 2011. Aloes: The Definitive Guide[M]. London: Kew Publishing: 364–365.
Castillon J –B, Castillon J –P, 2010. The Aloe of Madagascar[M]. La Réunion: J.–P. & J.–B Castillon: 332–333.
Eggli U (Ed.), 2001. Illustrated Handbook of Succulent Plants: Monocotyledons[M]. Berlin: Springer–Verlag: 117.
Grace O M, Klopper R R, Figueiredo E, et al., 2011. The Aloe names book[M]. Pretoria: SANBI: 27.

23
伯格芦荟

Aloe burgersfortensis Reynolds, J. S. African Bot. 2: 31. 1936.

多年生肉质草本植物。植株茎不明显，单生或有时萌生蘖芽形成小株丛。叶10～20片，宽展，密集排列成莲座状；叶片三角形，渐尖，长35～40cm，宽5～7cm，先端常干枯扭曲；腹面亮绿色至棕绿色，具白色椭圆形斑点，斑点密集排列成波状带形；背面亮绿色，没有斑点；边缘棕绿色，具棕色尖锐锯齿，长3～5mm，齿间距10～14mm。花序长100～130cm，具4～9近直立分枝，下部分枝有时再分枝；花序梗具干膜质披针形苞片，包裹分枝基部；总状花序圆柱形，长20～35cm，有时长可达40cm，花排列稍疏松；花苞片纸质，线状披针形，锐尖，长11～16mm，稍长于花梗；花梗长10～15mm；花被暗粉红色，具纵向白色条纹，具霜粉；花被筒长约30mm，子房部位宽7mm，上方缢缩至宽5mm，之后向口部逐渐变宽；外层花被分离约7mm；雄蕊和花柱几乎不伸出。染色体：2n=14（Brandham 1971）。

中国科学院植物研究所北京植物园 植株高37～47cm，株幅达39cm。叶片长29～40cm，宽5.3～5.6cm；腹面橄榄绿色（RHS 147A–NN137A），具H型斑点，淡黄绿色，密集排列稍呈不规则波状横带状；背面淡黄绿色至淡灰绿色（RHS 148C–194D），无斑，具模糊条纹，边缘几条连续或不连续橄榄绿色条纹；边缘假骨质边淡黄绿色（RHS 194 A），边缘齿尖锐，尖端深红棕色（RHS 175A–C），长3～4.5mm，齿间距9～10mm。花序高可达98cm，具分枝3～7个；花序梗具霜粉，淡橄榄灰色至淡黄绿色（RHS 195A–D）；总状花序长20.7～28cm，直径4.4～5.2cm，具花11～48朵；花苞片白色，具细棕色脉纹，膜质；花梗灰橙红色至微绿色；花被筒红橙色至肉粉色（RHS 179C–D），口部黄色（RHS 17C），裂片中肋红橙色渐变至暗灰绿色（RHS 179C– N189B），裂片边缘白色；花被筒长27～31mm，子房部位宽7.5～9mm，子房上方突然缢缩至4～4.5mm，之后向口部逐渐变宽至7.5～9mm，花被裂片先端稍反卷；外层花被分离10～11mm；雄蕊和花柱淡黄色，雄蕊伸出1～3mm，花柱伸出0～3mm。

北京植物园 株高约28cm，株幅约42.5cm，植株具短茎。叶片披针形，先端反曲，长24.5～27cm，宽5～5.4cm；墨绿色，腹面有白色斑点密集排列成横带状，叶背面几乎全白，先端依稀可见墨绿与白色交替的横带状斑纹；边缘具红棕色齿，齿基部近白色，长约2～3mm，齿间距4～5mm，靠近叶片基部边缘齿排列较稀疏，靠近叶片先端齿间距逐渐变小。

仙湖植物园 未记录形态信息。

植株（北京IBCASBG）

植株

植株局部

叶腹面
叶背面
叶腹面斑点
叶背面无斑
叶片边缘
边缘齿
边缘齿
叶反曲
分枝基部苞片
分枝基部苞片
花苞片
花苞片包被花蕾
开花植株（北京IBCASBG）
开花植株（北京IBCASBG）
花序（北京IBCASBG）
花序
花序

分布

分布于南非姆普马兰加省的伯格斯堡（Burgersfort）和斯蒂尔普特（Steelpoort）向南至靠近巴伯顿（Barberton）的地区。

生态与生境

生长在半干旱灌丛地区的开阔地或树荫灌丛下、砂壤土上，海拔1000~1400m。年降水量450~625mm。

用途

观赏。

引种信息

中国科学院植物研究所北京植物园　种子材料（2011-W1123）引种自南非开普敦，生长迅速，长势良好。

北京植物园　植株材料（2011113）引种自美国，生长迅速，长势良好。

仙湖植物园　植株材料（SMQ-023）引种自美国，生长迅速，长势良好。

物候信息

原产地南非花期6~7月。

中国科学院植物研究所北京植物园　花期11月底至翌年1月底。11月底花芽初现，始花期12月上旬，盛花期12月中旬至翌年1月中旬，末花期1月下旬。单花花期1~2天。无休眠期。

北京植物园　尚未观察到开花。无休眠期。

仙湖植物园　尚未记录物候信息。无休眠期。

繁殖

播种、分株、扦插繁殖。

迁地栽培要点

习性强健，栽培管理容易。栽培场所需光线充足，喜光，耐阴。耐旱。

中国科学院植物研究所北京植物园　栽培基质需排水良好，采用腐殖土、粗沙（3∶1或4∶1）的混合土进行栽培，也可混入适量的颗粒基质促进根部排水，如轻石、赤玉土、木炭粒、珍珠岩等，颗粒基质的总量应控制在1/3左右。栽培管理粗放，夏季要注意通风防涝，避免盆内积水引起腐烂病。冬季温度保持在7～8℃以上可正常生长并开花。0℃以上断水可安全越冬。

北京植物园　温室盆栽，粗放管理。采用草炭土、火山岩、沙、陶粒等材料配制混合基质，排水良好。夏季中午需50%遮阳网遮阴，冬季保持4～5℃以上可安全越冬。

仙湖植物园　室内地栽，采用腐殖土、河沙混合土栽培，植株长势明显较室外的长势更为迅速，生长良好。

病虫害防治

中国科学院植物研究所北京植物园　习性强健，未见明显病虫害发生。仅定期进行病虫害预防性的打药，尤其是冬季和夏季湿热季节，每10～15天喷洒50%多菌灵800～1000倍液和40%氧化乐果1000液一次进行预防，并加强通风。

北京植物园　未见病虫害发生，仅常规病虫害预防性打药。

仙湖植物园　叶面黑斑病、褐斑病、腐烂病有时发生，多发生于湿热夏季。可喷洒75%甲基托布津可湿性粉剂800倍液等杀菌类农药进行防治。

保护状态

已列入CITES附录II。

变种、自然杂交种及常见栽培品种

有一些自然杂交种，可与布兰德瑞芦荟（*A. branddraaiensis*）、栗褐芦荟（*A. castanea*）、隐柄芦荟（*A. cryptopoda*）、球蕾芦荟（*A. globuligemma*）等自然杂交。

本种由雷诺德（G. W. Reynolds）定名于1936年，种名“*burgersfortensis*”指其分布地靠近伯格斯堡。与福斯特芦荟（*A. fosteri*）和小苞芦荟（*A. parvibracteata*）亲缘关系较近。本种株形较小，花被颜色可与福斯特芦荟相区别。雷诺德曾将其归入小苞芦荟，本种花苞片较长，可与小苞芦荟相区别。

国内一些植物园有引种栽培，北京、深圳等地有引种记录，仙湖植物园引种最早。栽培表现良好，已观察到花期物候。总的来说，观察到的栽培植株的形态特征基本符合文献记录。温室内栽培的植株，由于光线较弱，花序稍短，细弱一些。本种属斑点芦荟群，可盆栽、地栽丛植观赏，我国南部温暖、干燥的无霜地区可露地栽培。

参考文献

Carter S, Lavranos J J, Newton L E, et al., 2011. Aloes: The Definitive Guide[M]. London: Kew Publishing: 184.
Eggli U (Ed.), 2001. Illustrated Handbook of Succulent Plants: Monocotyledons[M]. Berlin: Springer-Verlag: 118.
Jeppe B, 1969. South Africa Aloes[M]. Cape Town: Purnell & Sons S.A. (PTY.) LTD.: 90.
Van Wyk B -E, Smith G F, 2014. Guide to the Aloes of South Africa[M]. Pretoria: Briza Publications: 220.

24
布塞芦荟

别名：布氏芦荟

Aloe bussei A. Berger, Pflanzenr. IV, 38: 273. 1908.
Aloe morogoroensis Christian, J. S. African Bot. 6: 181. 1940.

多年生肉质草本植物。植株茎不明显，萌生蘖芽形成密集大株丛。叶排列成密集莲座状；叶片卵状至披针形，长20～30cm，宽5～6cm，直立至开展，光亮绿色，通常带红色，无斑点或背面具少数白色斑点；边缘假骨质，淡黄色，边缘齿三角状，长2～5mm，齿间距7～15mm，靠近叶尖间距变大。花序直立，长40～60cm，不分枝或具1～4向上弯曲的分枝；总状花序锥状至圆柱形，长15～25cm，花排列稍密集；花苞片卵状，急尖，米色，长4～6mm，宽3mm；花梗长8～10mm，果期时伸长至12mm；花被筒暗珊瑚粉色，口部淡黄，筒状，长28～35mm，子房部位宽6mm；外层花被分离12～15mm，裂片先端稍反曲；雄蕊和花柱稍伸出。

中国科学院植物研究所北京植物园　盆栽植株高49～53cm，株幅51～71cm。叶片长36～42cm，宽4.5～5.2cm，叶黄绿色（RHS 144B-C），成株仅背面具稀疏斑点，位于叶背面中下部，斑点圆形、椭圆形，绿白色（RHS 193C），幼株叶两面具斑点；边缘齿淡黄绿色（RHS 144C-D），尖端棕红色（RHS 175B-C），边缘齿长4～5mm，齿间距12～17mm。花序高达85cm，不分枝；花序梗淡灰棕色（RHS 201C）至红棕色（RHS 177B）；总状花序长37～40cm，直径达8cm，花排列较密集，具花达135朵；花苞片膜质，浅棕色，边缘白；花梗红棕色（RHS 177B-C）；花蕾红色（RHS179A-B），花被筒红橙色（RHS 35B），裂片先端中肋具棕绿色（RHS 197A,147B）脉纹，裂片边缘绿白色（RHS 155C）；花被筒长约34mm，子房部位宽8mm，向先端渐狭至口部宽7mm；外层花被分离12～13mm；雄蕊花丝白色渐变至淡黄色（RHS 7D），伸出2～3mm，花柱淡黄色（RHS 7D），伸出约3～6mm。

厦门市园林植物园　室内栽培，叶片长50cm，宽7cm，株幅达91cm；齿间距8～30mm。花序长达113cm，总状花序锥状圆柱形，长36cm，直径7cm。花被筒长35mm。

仙湖植物园　植株高49～50cm，株幅80～90cm。叶片长40～50cm，宽5～5.5cm；边缘齿长2～3mm，齿间距12～14mm。花序高29～39cm；总状花序长10.2～18cm，宽5.5～6cm；花被筒长30～31mm，子房部位宽5～6mm；外层花被分离8～9mm。

地栽株丛（厦门）

盆栽植株（北京IBCASBG）

盆栽植株（北京IBCASBG）

植株局部

地栽株丛局部（厦门）

胁迫下植株变红（厦门）

分布

分布于坦桑尼亚东部。

生态与生境

生长在岩石裸露地区和悬崖上，海拔580~1500m。

用途

观赏和药用。

引种信息

中国科学院植物研究所北京植物园 幼苗（2008-1920）引种自深圳，生长迅速，长势良好。

厦门市园林植物园 植株材料来源记录不详，生长迅速，长势良好。

仙湖植物园 植株来源记录不详，生长迅速，长势良好。

物候信息

原产地花期不详。

中国科学院植物研究所北京植物园　观察到花期4~5月，4月下旬花芽初现，始花期5月上旬，盛花期5月中、下旬，末花期5月末。单花花期2~3天。无休眠期。

厦门市园林植物园　全年开花，未见果实。未观察到具有休眠期。

仙湖植物园　花期11月至翌年2月。

繁殖

播种、分株、扦插繁殖。

迁地栽培要点

习性强健，栽培容易。耐旱，喜排水良好的栽培基质。喜光，耐强光。

中国科学院植物研究所北京植物园　栽培常采用草炭土：河沙为2：1的基本比例，可加入颗粒基质加强排水。

厦门市园林植物园　室内室外均有栽植。馆内采用腐殖土、河沙混合土栽培，植株长势明显较室外的长势更为迅速，生长良好。

仙湖植物园　采用腐殖土、河沙混合土栽培。

病虫害防治

不易发生病虫害。

中国科学院植物研究所北京植物园　未见明显病虫害发生，仅作预防性常规打药。

厦门市园林植物园　未见明显病虫害发生，仅作预防性常规打药。

仙湖植物园　未见明显病虫害发生。

保护状态

IUCN红色名录列为易危种（VU）；已列入CITES附录II。

变种、自然杂交种及常见栽培品种

尚未见报道。

本种由伯格（A. Berger）定名于1908年，种名“*bussei*”取自发现人布塞（W. Busse）的姓氏，他是在坦桑尼亚收集物种的德国植物学家、农业官员，他最早发现了本种。本种与日落芦荟（*A. dorotheae*）亲缘关系较近，栽培中常与日落芦荟、卡梅隆芦荟（*A. cameronii*）混淆，很多人将这几种芦荟都称作“丽红芦荟”。可以从叶片斑点情况、边缘齿、花序等特征来区分。

国内多有引种，北京、厦门、深圳等地有栽培记录，栽培表现良好，已观察到花期物候。叶片、花序尺寸均大于文献记载，花序未见到分枝。本种常丛生，适于作地被丛植观赏，强光下本种叶片呈现红色，非常美丽，温暖地区常作地被种类进行成片栽植，我国厦门、深圳等地有露地栽培。

参考文献

Carter S, Lavranos J J, Newton L E, et al., 2011. Aloes: The Definitive Guide[M]. London: Kew Publishing: 419.

Eggli U (Ed.), 2001. Illustrated Handbook of Succulent Plants: Monocotyledons[M]. Berlin: Springer-Verlag: 118.

Grace O M, Klopper R R, Figueiredo E, et al., 2011. The Aloe names book[M]. Pretoria: SANBI: 27-28.

25
喜钙芦荟

别名： 喜岩芦荟

Aloe calcairophila Reynolds, J. S. African Bot. 27: 5. 1960.
Guillauminia calcairophila (Reynolds) P. V. Heath, Calyx 4: 147. 1994.

多年生肉质草本植物。植株非常矮小，茎不明显，常萌生蘖芽形成密集的小株丛。叶6~10片，两列状排列，平展，三角形，渐尖，长5~8cm，宽1.4cm；暗灰绿色，全光下变棕绿色，粗糙；边缘软骨质，具白色软骨质齿，齿长2~3mm。花序不分枝，高20~25cm；花序梗纤细，具几个白色纸质不育苞片，长6mm；总状花序，长3~4cm，花数量少，8~10朵，排列松散；花苞片卵状，急尖，长3mm，纸质；花梗长5~6mm；花被白色，先端中脉纹暗红色，花蕾粉色，花被三棱状筒形，长10mm，基部骤缩，子房之上花被筒向一侧膨大，中部膨大处直径4mm，口部缢缩，之后花被向外反曲；外层花被分离约5mm；雄蕊和花柱不伸出。

中国科学院植物研究所北京植物园 植株高约6~7cm，株幅11~14cm。叶片长三角状，长约7.0~7.5cm，宽1.2~1.4cm。边缘齿长1~2mm，齿间距2~4mm。

上海植物园 多年生肉质草本植物。植株矮小，茎不明显，基部分枝萌生蘖芽形成小株丛。叶约6片，叶片长约7.8cm，宽约1cm，密集排列成两列状；叶片披针形，叶先端具几个尖锐锯齿，叶表面无斑纹；边缘有细小锯齿，长1.5mm，齿间距4.3mm。花序直立不分枝，高24.5~32cm；花序梗纤细柔软；苞片先端渐尖；总状花序长4.4~5.1cm，直径2.2~4cm，约有花5~7朵，花排列较松散；花被三棱状筒形，基部骤缩，长14mm，子房部位宽5.5mm；外层花被分离约4mm，雄蕊（花柱）伸出约2mm。

植株（上海SHBG） 植株 植株
幼苗（北京IBCASBG） 幼株（北京IBCASBG） 叶片

分布

产自马达加斯加围绕安巴图菲南德拉哈纳（Ambatofinandrahana）的中部高原地区，分布区狭小。

生态与生境

生长于云母大理石岩石山地，海拔1300～1400m。

用途

观赏。作杂交亲本。

引种信息

中国科学院植物研究所北京植物园　植株材料（2010-2972）引种自上海，生长缓慢，长势差。

上海植物园　植株材料（2011-6-023）引种自美国，生长缓慢，长势良好。

物候信息

原产地马达斯加花期2～3月。

中国科学院植物研究所北京植物园 未观察到开花结实。

上海植物园 观察到花期1～2月。

繁殖

播种、分株繁殖。

迁地栽培要点

生长缓慢，栽培管理较难。栽培土壤基质需要排水良好，采用颗粒性较强的混合基质。喜光照充足，耐阴，夏季需要适当遮阴。本种不耐湿热，夏季高温高湿季节休眠，栽培管理中需要注意控水管理，避免湿涝引起腐烂。5～10℃可安全越冬。

中国科学院植物研究所北京植物园 土壤配方选用腐殖土与颗粒性较强的赤玉土、轻石、木炭等基质，以及排水良好的粗沙混合配制，颗粒基质占1/3左右，加入少量谷壳碳，并混入少量缓释的颗粒肥。夏季7月中旬至8月初短暂休眠，生长停滞，颜色变暗，此时应注意控制浇水，适当遮阴降温。

上海植物园 采用德国K牌422号（0～25mm）草炭、赤玉土、鹿沼土混合种植，种植时随土拌入缓释肥。每年另外施肥一次，选用氮磷钾10-30-20比例的花多多肥。及时修剪枯叶和花序。

病虫害防治

夏季高温高湿季节容易发生腐烂病，定期喷洒多菌灵进行防治。

中国科学院植物研究所北京植物园 北京温室栽培少见虫害，北京夏季高温高湿季节，休眠期容易发生腐烂病，注意控水，定期喷洒50%多菌灵可湿性粉剂800～1000倍液进行防治。

上海植物园 未见病虫害发生。

保护状态

已列入CITES附录I。

变种、自然杂交种及常见栽培品种

为常见园艺杂交亲本，与第可芦荟（*A. descoingsii*）、琉璃姬孔雀芦荟（*A. haworthioides*）、贝克芦荟（*A. bakeri*）、美丽芦荟（*A. bellatula*）、劳氏芦荟（*A. rauhii*）等小型芦荟杂交获得多种园艺栽培品种，如蜥嘴芦荟（*Aloe*‘Lizard Lips’）、*Aloe*‘Olympic Star’、*Aloe*‘Quick Silver’等。

喜钙芦荟为稀有种类，分布严格局限在很小的区域里。雷诺德（G. W. Reynolds）于1960年首次命名描述。植株非常矮小，常作小盆栽观赏。岩生植物，与第可芦荟亲缘关系很近，但形态差异很大。本种叶排列成两列状，花壶状，这在芦荟属植物中非常少见。

国内引种栽培较少，仅上海和北京有引种栽培。栽培相对困难，生长缓慢，有时长势不佳。实测观察，栽培植株大小与文献记载的数据相近，不同的是，花序稍长，花筒明显大于文献记载的长度和宽度。

参考文献

Carter S, Lavranos J J, Newton L E, et al., 2011. Aloes: The Definitive Guide[M]. London: Kew Publishing: 209.
Castillon J -B, Castillon J -P, 2010. The Aloe of Madagascar[M]. La Réunion: J.-P. & J.-B Castillon: 120-121.
Du Puy D, 2004. *Aloe calcairophila*: Aloaceae[M]. Curtis's Botanical Magazine, 21(4): 238-241.
Eggli U (Ed.), 2001. Illustrated Handbook of Succulent Plants: Monocotyledons[M]. Berlin: Springer-Verlag: 118.
Grace O M, Klopper R R, Figueiredo E, et al,. 2011. The Aloe names book[M]. Pretoria: SANBI: 28.

26
卡梅隆芦荟

别名： 丽红锦芦荟、火红艳芦荟、红芦荟、火焰芦荟、红色芦荟、凯魔龙芦荟、龙楼锦（日）

Aloe cameronii Hemsl., Bot. Mag. 129: t. 7915. 1903.

多年生肉质草本植物。植株具茎，直立，可达150cm长，直径3～4cm，莲座下茎表面通常覆盖宿存的干枯叶片；基部分枝形成株丛，偶茎不明显。叶密集排列成莲座状于茎端30～50cm处；叶片三角状，渐尖至急尖，长40～50cm，宽5～7cm；绿色，冬季通常转变为红铜色；边缘具尖锐淡棕色齿，长2～3mm，齿间距10～15mm。花序高60～90cm，具2～3分枝；总状花序圆柱形，稍渐尖；长10～15cm，直径7～8cm，花排列较密集；花苞片长2mm，宽3mm；花梗长6～8mm；花被筒鲜红色，长40～45mm，有时稍棒形，基部圆；子房部位宽5～7mm，向口部逐渐变宽可达7～8mm，外层花被分离15～20mm；雄蕊和花柱伸出约5mm。

中国科学院植物研究所北京植物园　盆栽植株高可达70cm，株幅86cm。叶片长51～53cm，宽4.8～5.6cm，叶腹面黄绿色（RHS 146A–B），边缘稍浅（RHS 146C），边缘齿红棕色（RHS 175A–D），长2～6mm，齿间距13～26mm；汁液土黄色，干燥后棕色。花序高达97.5cm，具1分枝；花序梗黄绿色（RHS 146A）；总状花序长32.3cm，直径9.5cm，花排列密集，具花达150朵；花苞片膜质，淡棕色；花梗黄绿色（RHS 144A）；花被筒淡黄色（RHS 11D）至淡橙色（RHS 24D），内层花被裂片先端深橙黄色（RHS 163B–C），口部裂片中脉渐变至深黄绿色，外层花被裂片边缘白色，花蕾橙红色（RHS 31A–B）；花被筒长约46mm，子房部位宽6mm，向上渐宽至9mm，然后至口部渐狭至6mm；外层花被分离36～38mm；雄蕊花丝淡黄色（RHS 5D）伸出7～10.5mm，花柱淡黄色（RHS 5B–D），伸出7～10mm。

北京植物园　未记录形态信息。

仙湖植物园　植株高65～73cm，株幅95～130cm。叶片长50～60cm，边缘齿长3～4mm，齿间距14～19mm。花序高26～36cm；总状花序长14～18cm，宽4～4.3cm；花被筒长34～35mm。

上海植物园　未记录形态信息。

盆栽植株（北京IBCASBG）

植株局部

温室地栽株丛（深圳）

叶腹面
叶背面
叶腹面局部
叶背面局部
叶腹面无斑
叶背面无斑
叶片边缘
尖锐边缘齿
双连齿
叶腹面凹
不育苞片
花苞片
幼苗
丛生植株（南非）

分布

广泛分布于马拉维、莫桑比克、赞比亚和津巴布韦。

生态与生境

生长于花岗岩地区岩石间浅表土壤中，海拔675~2070m。

用途

观赏、药用。

引种信息

中国科学院植物研究所北京植物园 幼苗材料（2012-W0361）引种自捷克布拉格，生长迅速，长势良好。

北京植物园 植株材料（2011114）引种自美国，生长迅速，长势良好。

仙湖植物园 植株材料（SMQ-026）引种自美国，生长迅速，长势良好。

物候信息

原产地马拉维花期4~8月。

中国科学院植物研究所北京植物园 花期12月至翌年1月。12月上旬花芽初现，始花期12月下旬，盛花期1月上旬至中旬，末花期1月下旬。单花花期1~2天。无休眠期。

北京植物园 未记录开花信息。无休眠期。

仙湖植物园 花期12月至翌年2月。

繁殖

播种、分株、扦插繁殖。

迁地栽培要点

习性强健，栽培管理容易。喜光、稍耐遮阴。耐旱，不耐涝。喜温暖，不耐寒。5～6℃以上可安全越冬。

中国科学院植物研究所北京植物园 温室盆栽。栽培基质采用赤玉土、腐殖土、沙、轻石配制的混合土，基质排水良好。

北京植物园 栽培基质用草炭土、火山岩、陶粒、沙配制成排水良好的混合土。温室栽培，夏季中午需40%～50%遮阳网遮阴，冬季保持5℃以上。

仙湖植物园 室内或室外地栽，采用腐殖土、河沙混合土栽培，植株长势明显较室外的长势更为迅速，生长良好。

病虫害防治

抗性强，不易发生病虫害。

中国科学院植物研究所北京植物园 未见病虫害发生，仅做常规预防性打药。

北京植物园 未见明显病虫害发生。

仙湖植物园 未见明显病虫害发生。

保护状态

已列入CITES附录II。

变种、自然杂交种及常见栽培品种

变种*Aloe cameronii* var. *dedzana*常见栽培，与原种的区别：为密集蔓延生长的灌木。总状花序长20～25cm，直径5～6cm；花被红色，纤细，直径约6mm。原产马拉维。中国科学院植物研究所北京植物园、北京植物园有引种栽培。

莫桑比克梅西卡（Messica）附近有卡梅隆芦荟与查波芦荟（*A. chabaudii*）的自然杂交种的报道，也可与非洲芦荟（*A. africana*）形成园艺杂交种。

本种最早由卡梅隆（K. J. Cameron）发现于马拉维，1854年将活材料送往邱园。1903年，当植株开花时，赫姆斯利（W. B. Hemsley）将其定名并描述，种名来源自发现人的姓氏。本种形态多样，不同产地样本植株大小不一，株形从茎不明显至丛生灌木状，茎直立至匍匐；叶片形状、长度、宽度变化幅度较大；花色多变，花被筒从完全红色至口部稍黄色。中国科学院植物研究所北京植物园温室栽培的样本（种子记录来自津巴布韦的乌姆巴），呈较高的灌状，叶片较长，花序稍松散。由于温室内光照不充分，花色较浅，花蕾橙红色，花被筒基部淡橙色向上渐变至黄色，有时几乎全黄色。植株叶片、花序、花的尺寸稍大于文献记载。而在南非斯泰伦博斯大学（Stellenbosh Univeristy）植物园温室见到的植株，株形较小，低矮匍匐，叶片相对短宽。

本种广泛应用于温暖干燥地区的园林美化，全光照下叶片变为深红色，有人称之为“丽红锦芦荟”“红芦荟”“火焰芦荟”等，常易与日落芦荟（*A. dorotheae*）或布塞芦荟（*A. bussei*）相混淆。群植非常美观，可配置花境成片种植，栽培管理较粗放。

参考文献

Carter S, Lavranos J J, Newton L E, et al., 2011. Aloes: The Definitive Guide[M]. London: Kew Publishing: 575.
Eggli U (Ed.), 2001. Illustrated Handbook of Succulent Plants: Monocotyledons[M]. Berlin: Springer-Verlag: 118-119.
Grace O M, Klopper R R, Figueiredo E, et al., 2011. The Aloe names book[M]. Pretoria: SANBI: 28-29.
Lane S S, 2004. A Field Guide to The Aloes of Malawi[M]. Pretoria: Umdaus Press: 8-10.

27

羊角掌芦荟

别名： 羊角掌、英龙锦、大太刀锦（日）

Aloe camperi Schweinf., Bull. Herb. Boissier 2 (2): 66. 1894.
Aloe eru A. Berger, Pflanzenr. IV, 38: 249. 1908.
Aloe eru var. *cornuta* A. Berger, Pflanzenr. IV, 38: 250. 1908.

多年生肉质小灌木。茎直立、开展或匍匐，长50～100cm，直径6～10cm；基部分枝，有时形成直径1～2m的株丛。叶12～16片，在枝端密集排列成莲座状，下方10～20cm处叶片宿存；叶片三角形，反曲，长50～60cm，宽8～12cm；暗绿色或棕色，常具苍白色的扁圆斑点，特别是叶片基部；边缘红色，具尖锐的锯齿，先端棕红色，长3～5mm，齿间距10～20mm。花序高70～100cm，具6～8分枝，下部分枝有时可二次分枝；总状花序圆柱形，长6～9cm，直径6～7cm，花排列密集；花序苞片三角状卵形，长2mm，宽2mm；花梗长12～25mm（'eru型'22～25mm）；花被橙色至黄色，花被筒状至棒形，长18～22mm，基部骤缩，子房部位宽5mm，向上逐渐变粗至11mm；外花被分离约7mm；雄蕊和花柱伸出2～4mm。

中国科学院植物研究所北京植物园 （1）样本1：盆栽植株株高58cm，株幅87cm。叶片偏黄绿色（新叶RHS 144A，146 A–B，老叶138A），光照不足变暗绿，长45～50cm，宽4.5～5cm；植株上部新叶两面几乎无斑或基部具少量斑点，长椭圆形，较大，中部和下部老叶叶背面斑点密集，斑点圆形或椭圆形，大小不一，有时连合成小片；边缘具窄边，红色（RHS 173A–B），边缘齿红色至橙棕色（RHS 173 A–C），尖端有时深棕色（RHS 166 A–B），边缘齿长3～5mm，齿间距6～22mm。花序高45.5cm，总状花序长5.2cm，花序直径6.3cm，花排列紧密，紧缩成近头状，具花达57朵；花黄色（RHS 11A–B），裂片边缘稍浅，口部深橙黄色（RHS 167A–B）；花蕾从基部向先端橙红色渐变为黄色；花被筒长21.5～22mm，子房部位宽5mm，向上逐渐变宽至7.5～8mm；外层花被分离约6mm；雄蕊花丝淡黄色，伸出花被4～6mm，花柱淡黄色伸出约4～6mm。（2）样本2'cornuta型'：植株高可达76cm，株幅可达69cm。叶片暗绿色（RHS 137A–B）,长可达49cm，宽可达6.5cm；两面具斑点，斑点淡绿白色（RHS 193A–B），腹面斑点为椭圆形或延长斑点，斑点较少，集中于叶基部，背面具长椭圆形或近圆形斑点，斑点密集，全叶都有，叶基部较多；边缘有时红棕色至淡棕色（RHS 177A–C），边缘齿尖锐，三角状、钩状，有时双连齿，红棕色至红色（RHS 176A–175C），长3～5mm，齿间距17～22mm。花序高达54cm，具4分枝，下部分枝再分枝，分枝花序达7个；花序梗棕浅灰色（RHS N200C–D）；总状花序长9～12cm，直径5～7cm，花排列密集，紧缩成短圆柱状，具花51～102朵；花梗长15～17mm，红色（RHS 178C–D,176D）；花被筒橙色（28C–D），向口部渐浅，内层花被口部深橙黄色（RHS 22A–B，N167B），花被裂片边缘淡黄（RHS 11D）至白色；花被筒长26～27mm，子房部位宽5～5.5mm，向上稍渐狭至近中部宽4.5～5mm，其后向上渐宽至靠近口部宽7.5～8mm；外层花被分离11～12mm；雄蕊花丝淡黄色（RHS 4B–D），伸出5～6mm，花柱淡黄色（RHS 4B–D），伸出约2～5mm。（3）样本3'eru型'：植株萌蘖，形成密集株丛。叶暗绿色（RHS NN137A–B，139A），光亮，叶腹面斑点稀疏，多集中在叶基部，叶背面斑点密集，集中于叶片中下部。幼株（图45）叶两列状排列，叶两面具长圆斑点，有时连合呈线段状。

北京植物园 样本4：盆栽植株基部萌蘖形成株丛，高27cm，株幅21cm。叶片长42cm，宽3.3cm，叶腹面具零星长椭圆形斑点，叶背面具少量圆形、椭圆形斑点；边缘红色，边缘齿长2mm，齿间距

1～1.2mm。花序高54cm，具2分枝；总状花序长7～12.5cm，宽6cm，花排列密集；花黄色，基部橙色，花蕾橙色；花梗长15mm；花被筒棍棒状，长21mm，子房部位宽4mm，最宽处直径7.5mm；外层花被分离约7mm；雄蕊、雌蕊伸出约7mm。

厦门市园林植物园 样本3‘eru型’：叶片长69cm，宽7cm；齿间距6～37mm。花序高83cm，具3～8分枝；总状花序长6～11cm；花淡橙色或橙红色向口部渐变为黄色，花蕾橙红色或淡橙色，裂片先端中肋具橄榄绿色或灰绿色脉纹；花梗长约19mm；花被筒长23.5～24mm，子房部直径约5.5mm，向上渐宽至近口部位置直径约9～9.5mm；外层花被分离约9～10mm；雄蕊花丝淡黄色，伸出约8mm，花柱淡黄色，伸出约6mm。

上海植物园 未记录形态信息。

植株（北京IBCASBG，样本1） 蘖芽（样本1） 叶鞘（样本1）

顶部新叶腹面（样本1） 新叶腹面几无斑点（样本1） 新叶背面少斑（样本1） 老叶背面多斑（样本1） 边缘齿（样本1）

叶先端（样本1） 花序（样本1） 总状花序紧缩成近头状（样本1） 花序局部（样本1）

开花植株（北京IBCASBG，样本1）

花发育（样本1）

花解剖（样本1）

'cornuta'型植株（北京IBCASBG，样本2）

叶鞘（样本2）

叶腹面（样本2）

叶背面（样本2）

叶腹面局部（样本2）

叶背面局部（样本2）

边缘齿（样本2）

分枝花序（样本2）

花（样本2）

'cornuta'型开花植株（北京IBCASBG，样本2）

花发育（样本2）

花解剖（样本2）

'eru型'植株（北京IBCASBG，样本3）

株丛（厦门，样本3）

叶腹面局部（样本3）

叶背面局部（样本3） 开花植株（厦门，样本3） 开花植株（厦门，样本3） 花序（橙，样本3）
花序（黄，样本3） 短圆柱状的总状花序（样本3） 近头状的总状花序（样本3） 花序（样本3）
总状花序（样本3） 花发育（样本3） 花解剖（样本3） 果序（样本3）
植株（北京BBG，样本4） 总状花序（北京BBG，样本4） 播种苗（北京IBCASBG，样本2）

分布

广泛分布于厄立特里亚和埃塞俄比亚的北部。

生态与生境

生长于陡崖山地、峡谷多岩石山坡和沿东部陡崖的砂质的冲积平原，海拔550~2700m。

用途

观赏、药用。

引种信息

中国科学院植物研究所北京植物园 植株材料（1973-W1739）来源不详，生长迅速，长势良好；幼苗材料（2005-2037）引种自深圳植物园，生长迅速，长势良好；幼苗材料（2010-1030）引种自上海，生长迅速，长势良好。幼苗材料（2010-1036）引种自上海，生长迅速，长势良好；幼苗材料（2010-W1141）引种自北京，生长迅速，长势良好；幼苗材料（2010-W1173）引种自北京，生长迅速，长势良好。

北京植物园 植株材料（2011116，2011117）引自美国，生长迅速，长势良好。

厦门市园林植物园 材料（XM2002011），引种自深圳，生长迅速，长势良好。

物候信息

原产地花期3～5月。

中国科学院植物研究所北京植物园 样本1：花期4～5月，4月上旬花芽初现，始花期4月下旬，盛花期4月下旬至5月初，末花期5月上旬。样本2‘cornute型’：花期2～5月，1月下旬花芽初现，始花期2月上旬，盛花期2月中旬至4月下旬，末花期5月初。单花花期2～3天。

北京植物园 未记录花期信息。无休眠期。

厦门市园林植物园 ‘eru型’：花期3～5月，3月末花芽抽出，4月中旬盛花期，至5月中旬结束。4月下旬开始结果。

上海植物园 未记录物候信息。

繁殖

播种、分株、扦插繁殖。

迁地栽培要点

习性强健，栽培管理容易。喜阳，稍耐阴，栽培场所需阳光充足。耐旱，栽培基质适应范围广泛。耐热，耐寒。夏季无休眠。

中国科学院植物研究所北京植物园 基质适应广泛。可采用腐殖土：沙按2：1、3：1的比例，也可采用赤玉土：腐殖土：沙：轻石为1：1：1：1的比例，加入少量谷壳碳和缓释肥颗粒。

北京植物园 采用火山灰、草炭土、蛭石、沙等材料配制混合基质。温室栽培，夏季中午需50%遮阳网遮阴，冬季保持5℃以上安全越冬。

厦门市园林植物园 室内室外均有栽植。馆内采用腐殖土、河沙混合土栽培，生长良好。

病虫害防治

北方地区气候干燥，不容易发生病虫害。南方潮湿地区容易发生真菌、细菌病害，需定期进行防治。

中国科学院植物研究所北京植物园 未见病虫害发生，仅作常规病虫害预防性打药。

北京植物园 未见病虫害发生，仅作常规预防性打药。

厦门市园林植物园 偶见叶面黑斑病，多发生于湿热夏季。可喷洒托布津等杀菌类农药进行防治。

保护状态

已列入CITES附录II。

变种、自然杂交种及常见栽培品种

斑锦品种羊角掌锦（*A. camperi*‘Variegata’），叶片具斑锦条纹，十分美观。也有少量园艺杂交种。

本种名称非常混乱，它最早发现于1817年，德国植物学家萨姆迪克（Salm-Dyck）在原产地发现了这种芦荟属植物，将其错误描述为*Aloe abbysinica*。1894年，德国植物学家施魏因富特（G. A. Schweinfurth）采用*Aloe camperi*这个学名描述本种，种名取自其朋友坎佩里奥（M. Camperio）的姓氏。其后伯格（A. Berger）在他的*Das Pflanzenreich*（1908年）一书中，以*Aloe eru*命名描述本种。这种名称混乱的情况持续了很长时间，*Aloe camperi*最终被确认为有效的命名。

本种形态多样，遗传多样性丰富。斑点的疏密度、大小、叶色、花被筒大小有明显差异。德米塞夫（S. Demissew）在其专著中提道：*Aloe camperi*具多态性，可通过花梗的长度来区分变型，花梗长度12～16mm，可囊括在'camperi型'之中，花梗长度22～25mm，可囊括至'eru型'之中。从国内引种的样本来看，虽然花被筒长度不相同，但花梗的长度很接近，除样本4外，样本1-3介于18～19mm之间，刚好在德米塞夫提到两个长度之间，似乎无法用上述的方法直接判断。从另一些资料上来看，'cornuta型'的样本有时被当作栽培品种，它与典型的'camperi型'或'eru型'有一些区别，株形明显高大，斑点更多更密集，花序和花都略大。在南加州，'cornuta型'的变型花期自冬末到春季，早于其他变型的花期自春中至春末。这与我们观察的情况大体吻合，'cornuta型'样本（样本2）的花期明显早于其他几个个样本。

表1　国内4种栽培样本差异对比表

样本		样本1（IBCAS）	样本2 'cornuta型'	样本3 'eru型'	样本4:（BBG）
叶色		偏黄绿	深橄榄绿	深橄榄绿至暗绿	绿色
上部叶片斑点情况	腹面	几乎没有斑点	基部有中等密度斑点，斑点大，椭圆形	无斑或基部有少量斑点	零星长椭圆斑
	背面	几乎没有斑点	中、下部散布中等密度斑点，椭圆形，大	中、下部密布斑点，斑点圆形或椭圆形，大小混杂	少量圆，椭圆斑
上部叶片边缘、边缘齿		红色至红棕色	暗红色，有时红棕色	一般不呈红色，齿尖黄绿色至红棕色	红色，至棕红色
总状花序长度		5.2cm	9～12cm	6～11cm	7～12.5cm
花色		黄	橙红渐变黄	淡橙或橙红色渐变黄色	黄，基部橙
花蕾色		橙红色向口部渐浅，先端稍带淡绿肋纹	橙红色，先端具灰绿色中肋纹	橙红色或淡橙色，先端具绿色或灰绿色中肋纹	橙红色，先端中肋具绿纹
花被筒长度		21.5～22mm	26～27mm	23.5～24mm	21mm
子房部位宽		5mm	5～5.5mm	5.5mm	4mm
花梗长度		18.5～19mm	18mm	19mm	15mm
观察到的花期		4～5月（北京）	2～5月（北京）	3～5月（厦门）	4月（北京）

参考文献

Carter S, Lavranos J J, Newton L E, et al., 2011. Aloes: The Definitive Guide[M]. London: Kew Publishing: 621.

Demissew S, Nordal I, 2010. Aloes and Lilies of Ethiopia and Eritrea[M]. Addis Ababa: Shama Books: 89-91.

Eggli U (Ed.), 2001. Illustrated Handbook of Succulent Plants: Monocotyledons[M]. Berlin: Springer-Verlag: 119.

Grace O M, Klopper R R, Figueiredo E, et al., 2011. The Aloe names book[M]. Pretoria: SANBI: 29.

Smith G F, Figueiredo E, 2015. Garden Aloes, Growing and Breeding, Cultivars and Hybrids[M]. Johannesburg: Jacana media (Pty) Ltd: 51.

28
雀黄花芦荟（拟）

Aloe canarina S. Carter, Fl. Trop. E. Afr. Aloac.: 41. 1994.

多年生肉质草本植物。基部萌生蘖芽形成小株丛，高可达50cm，具横卧茎，长可达80cm，枯叶宿存。叶排列成紧凑莲座状，叶片开展并反曲，披针形，渐尖，长50～80cm，宽10～15cm，坚硬，腹面凹，淡灰绿色，微红；边缘假骨质，具三角状先端棕色的齿，长2～3mm，齿间距10～18mm。花序直立，长可达100cm，具15～20个宽展的分枝，下部分枝再分枝，常二次分枝；总状花序圆柱形，长10～15cm，花排列松散；花苞片卵状，渐尖，长2～3mm，宽2.5mm；膜质；花梗长6～7mm；花被黄色，三棱状筒形，长25～30mm，子房部位宽10～12mm，向上至口部逐渐变窄，口部直径约8mm；外层花被分离8～10mm，雄蕊和花柱伸出4mm。

中国科学院植物研究所北京植物园　盆栽植株，高约30cm，株幅48cm。叶片长62～75cm，宽9～11.8cm，反曲强烈，先端凹，叶尖有时干枯；叶腹面均匀橄榄绿色（RHS NN137A-B），强光下微红，具霜粉，无斑点或偶有零星淡黄绿色（RHS 193D）长圆形斑点，有时具压痕；背面均匀灰绿色（RHS N138B-D），无斑点，具霜粉，有时具模糊纵向暗条纹或具压痕；幼叶具稍多斑点，排列稀疏，椭圆状，淡黄绿色至微红（RHS 193C-145C）；边缘具假骨质边，红棕色至浅红棕色（RHS 177A-C），边缘齿三角状，齿尖稍向叶先端稍弯曲，有时具钝尖的双连齿，边缘齿浅黄绿色、红棕色至浅红棕色（RHS 193C、177A-C），长2～3mm，齿间距13～26mm。花序高66cm，分枝达13个，中下部分枝二次分枝，二次分枝1～7个，整个花序可达42个分枝总状花序；花序梗淡灰绿色，分枝基部苞片包裹，苞片宽，纸质，具尾尖，具绿色脉纹；总状花序长2～10cm，花排列松散，具花5～24个；花被筒淡黄色（RHS 3C-D），长23～24mm，子房部位宽9mm，上方稍缢缩至7mm，其后向上稍宽至8mm，之后向口部渐狭至5～6mm；口部暗黄色（RHS 163A），花被裂片先端具灰绿色（RHS 189 B-C）中脉纹，有时呈淡棕绿色（RHS 197B-C），裂片边缘淡黄色（RHS 3C）；花蕾淡黄色（RHS 3B-C），先端具灰绿色中脉纹（RHS 189B-C）；外层花被分离约12～13mm；雄蕊花丝淡黄色（RHS 1C-D），伸出约5mm，花柱淡黄色（RHS 1C），伸出约0～5mm。种子不规则多角形，棕黑色，具较宽的膜质翅，翅薄。

植株（北京IBCASBG）

植株局部

叶片强烈反曲

叶腹面
叶背面
叶腹面局部
叶背面局部
叶腹面斑
叶背面具模糊纹路
叶鞘
叶腹面凹
叶先端
边缘齿三角状
双连齿
双钝尖齿曲
幼株叶片斑点较多
基部萌生蘖芽
花序分枝
花苞片
分枝基部苞片抱茎
种子
花

分布

分布于乌干达东北部和苏丹东南部。

生态与生境

生长于开阔落叶灌丛地，海拔1345～1570m。

用途

观赏。

引种信息

中国科学院植物研究所北京植物园　种子材料（2011-W1124）引种自南非开普敦，生长迅速，长势良好。

物候信息

原产地乌干达主要花期为6月至翌年2月。

中国科学院植物研究所北京植物园　花期4～6月。4月初花芽初现，始花期5月中旬，盛花期5月下旬至6月中旬，末花期6月下旬。单花花期1～2天。未观察到明显休眠期。

繁殖

播种、分株、扦插繁殖。

迁地栽培要点

习性强健，栽培管理容易。喜排水良好的基质，栽培场所需光线充足，耐阴。耐旱，生长季可适当增加浇水量，夏季要注意通风防涝，避免盆内积水引起腐烂病。保持盆土干燥，冬季5～6℃以上可安全越冬。

中国科学院植物研究所北京植物园 采用腐殖土与粗沙（2：1或3：1）的混合土进行栽培，混入适量的颗粒基质促进根部排水，如轻石、赤玉土、木炭粒、珍珠岩等，颗粒基质的总量应控制在1/3左右。栽培管理粗放。

病虫害防治

习性强健，未见明显病虫害发生。

中国科学院植物研究所北京植物园 仅定期进行病虫害预防性的打药，每10～15天喷洒50%多菌灵800～1000倍液和40%氧化乐果1000液一次进行预防，并加强通风。

保护状态

已列入CITES附录II。原产地生境不断遭受破坏导致受到威胁，考虑列入易危种（VU）。

变种、自然杂交种及常见栽培品种

尚未见相关报道。

本种除苏丹南部有一小居群外，几乎完全是乌干达特有，分布具有局限性。1938年，艾伦斯（J. Erens）和波尔埃文斯（I. B. Pole-Evans）在非洲中部和东部的考察中首次采集到本种。雷诺德（G. W. Reynolds）最初鉴定为*Aloe marsabitensis* Verd. & Christian，这个学名命名了分布于肯尼亚北部马萨比特（Marsabit）的一种开红色花的芦荟，1994年卡特（S. Carter）将乌干达这个开黄花的种类重新命名为*Aloe canarina* S. Carter，拉丁种名来源于“Canary”(淡黄色、金丝雀)，意指其淡黄的花色。分布于肯尼亚开红花的*Aloe marsabitensis*则被归并入侧花芦荟（*Aloe secundiflora*）。

本种在国内植物园中引种栽植不多，仅在北京地区有引种栽培，栽培表现良好，已观察到花期物候，植株长势良好。首次开花时观测的栽培植物各部位、花序、花的尺寸稍小于文献记载，与株龄、栽培方式有关。盆栽植株叶片反曲强烈，如同八爪鱼一般。花淡黄色，花序繁茂，非常美观，可作盆栽或温室地栽观赏，温暖干燥地区亦可露地栽培。

参考文献

Carter S, Lavranos J J, Newton L E, et al., 2011. Aloes: The Definitive Guide[M]. London: Kew Publishing: 612.
Cole T, Forrest T, 2017. Aloes of Uganda: A Field Guide[M]. Santa Babara: Oakleigh Press: 42-47.
Eggli U (Ed.), 2001. Illustrated Handbook of Succulent Plants: Monocotyledons[M]. Berlin: Springer-Verlag: 119.
Grace O M, Klopper R R, Figueiredo E, et al., 2011. The Aloe names book[M]. Pretoria: SANBI: 30.

29

栗褐芦荟

别名：猫尾芦荟、鬼手袋（日）

Aloe castanea Schönland, Rec. Albany Mus. 2: 138. 1907.

多年生肉质小乔木或灌木。大型具茎芦荟，植株高3～4m，茎粗壮，靠近茎干基部分枝，有时分枝再分枝，形成10～20个分枝莲座的巨大树状灌丛。叶密集排列成莲座状，剑状披针形，渐尖，长100cm，宽10cm，叶片绿灰色；边缘具浅棕色钩状齿，长1.5mm，齿间距8～10mm；汁液干燥黄色。花序高150～200cm，通常倾斜，不分枝；总状花序细圆柱形，渐尖，长70～100cm，花排列密集；花序苞片卵状，急尖，长12mm，宽8mm；花梗长3mm；花被红棕色，钟形，长18mm，基部圆，子房部位宽6mm，向口部变宽至直径15mm；外层花被基部分离或几乎从基部分离；雄蕊和花柱伸出12～15mm，橙红色。染色体：2n=14（Müller 1945）

中国科学院植物研究所北京植物园　8年植株，株高约58cm，株幅约75cm，具茎。叶片长42～48cm，宽5.1～6.4cm，披针形，腹面微凹，先端稍反曲；腹面灰绿色（RHS 191A–B）至黄绿色（RHS 147B），背面灰绿色（RHS 191A–B），两面无斑，腹面、背面具模糊条纹，灰绿色（RHS 191C）；边缘黄绿色（RHS 144A–B），边缘齿尖端红棕色（RHS 166A–C），长1～2mm，齿间距7～12mm。种子不规则多角形，暗棕色，几无翅。

北京植物园　株高约104.5cm，株幅113cm。叶片长56.5～61.5cm，宽6.9～7.2cm；灰绿色，叶两面均无斑点；边缘齿长约2mm，齿间距8～10mm。

仙湖植物园　未记录形态信息。

上海辰山植物园　温室栽培，单生植株，植株高度仅1m，茎干基部尚未见分枝。

南京中山植物园　高60cm，叶片长40cm，宽7cm。

上海植物园　多年生肉质小乔木。通常单生，具茎、茎皮栓质，茎干直立，根肉质。叶约38片，呈螺旋状松散排列，叶片长61cm，宽6.4cm，披针形，渐尖，质地坚硬，向上生长；边缘具三角状齿，长3mm，齿间距13mm。花序平伸不分枝，高100.4cm；花序梗粗壮坚硬；苞片先端渐尖；总状花序长59.7cm，直径6.6cm；花被筒基部平截，长17～18mm，子房部位宽5mm，向上至口部稍变宽至直径11mm；外层花被自基部分离；雄蕊和花柱伸出约12mm。

地栽植株（上海CBG）

盆栽植株（北京IBCASBG）

植株（南非）

野外植株的叶腹面（南非）
野外植株的背面（南非）
栽培植株的叶腹面
栽培植株的叶背面
叶腹面局部
叶背面局部
叶先端
霜粉和模糊条纹
压痕
叶反曲
叶片边缘
边缘齿
茎
播种苗（北京IBCASBG，6个月）
播种苗（北京IBCASBG，1年）
播种苗（北京IBCAS 3年）
植株（北京BBG）
植株（上海SHBG）
开花植株（上海SHBG）
花序局部
花筒盛满暗棕色的花蜜
花序局部

雄蕊和花柱伸出

花发育

种子

分布

分布于南非豪藤省、姆普马兰加省北部和北部省的南部地区。

生态与生境

生长在岩石林地和灌丛的山坡，开阔平坦的地方，海拔1000～1800m。夏季气温较高，冬季气温常降至0℃以下。年降水量500～625mm。

用途

观赏、药用等。在原产地，叶片灰烬用于驱虫保存谷物，可延长保存期。

引种信息

中国科学院植物研究所北京植物园　幼株材料（2010-1038）引种自上海，生长迅速，长势良好。

北京植物园　植株材料（2011122）引种自美国，生长迅速，长势良好。

仙湖植物园　植株材料（SMQ-027）引种自美国，生长迅速，长势良好。

上海辰山植物园　植株材料（20110841）引自美国，生长迅速，长势良好。

南京中山植物园　植株材料（NBG-2007-15）引自福建漳州，生长迅速，长势良好。

上海植物园　植株材料（2011-6-057）引自美国，生长迅速，长势良好。

物候信息

原产地南非花期7～8月。

中国科学院植物研究所北京植物园　尚未观察到开花结实。

北京植物园　尚未观察到开花结实。

仙湖植物园　尚未观察到开花结实。

上海辰山植物园　尚未观察到开花结实。全年生长，未见明显休眠。

南京中山植物园　尚未观察到开花结实。

上海植物园　花期2月。

繁殖

多播种繁殖。扦插繁殖常用于挽救烂根植株。

迁地栽培要点

习性强健，栽培管理容易。耐旱，喜排水良好的基质。喜温暖，不耐寒。

中国科学院植物研究所北京植物园　土壤配方选用腐殖土与颗粒性较强的赤玉土、轻石、木炭等基质，以及排水良好的粗沙混合配制。

北京植物园 温室盆栽，采用草炭土、火山岩、沙、陶粒等材料配制混合基质，排水良好。夏季中午需50%遮阳网遮阴，冬季保持5℃以上可安全越冬。

仙湖植物园 室内地栽，采用腐殖土、河沙混合土栽培。

上海辰山植物园 温室栽培，土壤配方用砂壤土与草炭混合种植。温室内夏季最高温在40℃以下，冬季最低温在13℃以上，能安全度夏和越冬。

南京中山植物园 栽培基质为园土：碎岩石：沙：泥炭=2：1：1：1。最适宜生长温度为10～25℃，最低温度不能长时间低于0℃，否则产生冻害，最高温低于40℃，否则生长不良，根系不能积水，设施温室内栽培，夏季加强通风降温，夏季70%遮阳。

上海植物园 采用德国K牌422号（0～25mm）草炭、赤玉土、鹿沼土混合种植，种植时随土拌入缓释肥。每年另外施肥一次，选用氮磷钾10-30-20比例的花多多肥。及时修剪枯叶和花序。花后清洗花序下叶片，花蜜滴落叶片，易有煤污。

病虫害防治

在原产地容易罹患介壳虫、芦荟瘿螨、蚜虫和锈病。

中国科学院植物研究所北京植物园 未见明显病虫害发生，仅定期进行常规病虫害防治。

北京植物园 未见病虫害发生，仅进行日常病虫害预防性施药。

仙湖植物园 未见病虫害发生，仅进行日常病虫害预防性施药。

上海辰山植物园 未见病虫害发生。

南京中山植物园 未见病虫害发生。

上海植物园 未见虫害，开花后易染煤污，及使用清水清洗叶片表面。

保护状态

已列入CITES附录II。分布较广，未受到威胁。

变种、自然杂交种及常见栽培品种

自然杂交种很多，杂交亲本有伯格芦荟（*A. burgersfortensis*）、隐柄芦荟（*A. cryptopoda*）、蛇尾锦芦荟（*A. greatheadii* var. *davyana*）、球蕾芦荟（*A. globuligemma*）、长苞芦荟（*A. longibracteata*）、马氏芦荟（*A. marlothii*）、斑马芦荟（*A. zebrina*）等。

本种模式标本采集于1906年，1907年舍恩兰（S. Schönland）对其进行了定名描述。本种花序穗状，长可达1～2米，花钟形，密集排列，雄蕊雌蕊伸出非常长，形成刷子状的外观，棕褐色的蜜汁充满花被筒，通过这些典型特征很容易鉴定本种。拉丁种名“*castanea*”意为“栗色的”指其栗褐色的花蜜或花色。因为其花序形似猫尾，亦被称为猫尾芦荟。

本种引种栽培广泛，北京、上海、南京、深圳均有栽培记录，栽培表现良好，上海地区观察到花期物候。本种株形较大，适合在温暖干燥地区作露地栽培观赏，或在其他地区温室地栽观赏，常用于配置多肉花园、多肉温室的景观。国内各植物园多有引种，但收集保存以苗期植物为主，目前观察记录开花信息的植物园较少。

参考文献

Castillon J -B, Castillon J -P, 2010. The Aloe of Madagascar[M]. La Réunion: J.-P. & J.-B Castillon: 674.

Eggli U (Ed.), 2001. Illustrated Handbook of Succulent Plants: Monocotyledons[M]. Berlin: Springer-Verlag: 120.

Grace O M, Klopper R R, Figueiredo E, et al., 2011. The Aloe names book[M]. Pretoria: SANBI: 32.

Jeppe B, 1969. South Africa Aloes[M]. Cape Town: Purnell & Sons S.A. (PTY.) LTD.: 109.

Van Wyk B -E, Smith G F, 2014. Guide to the Aloes of South Africa[M]. Pretoria: Briza Publications: 88-89.

30
要塞芦荟

别名：古城芦荟

Aloe castellorum J. R. I. Wood, Kew Bull. 38: 25. 1983.

多年生肉质草本植物。植株茎不明显，多单生。叶12～15片，直立，排列成莲座状；叶片披针形，锐尖，长30～45cm，宽7～10cm；叶腹面平，先端内卷，均一亮黄绿色，光滑，无斑或具少数白色斑点；叶背凸起，与腹面同色；幼株叶片具白色斑点；边缘具苍白、三角状、棕色尖头的小齿，长2～3mm，齿间距6～8mm。花序直立，高达160cm，不分枝或具1～5分枝（常2分枝），分枝基部包裹在苞片中，苞片卵状至三角状，白色，膜质，不育苞片长15～20mm，宽达8mm，具棕色脉纹；总状花序圆柱形，渐尖，长30～35cm，花排列比较密集；花苞片卵状，具骤尖，干膜质，长8～10mm，宽4～6mm；花梗黄绿色，长4～6mm；花被三棱状筒形，亮黄色，有时红色，口部具绿色中肋，长23～31mm，子房部位宽5～6mm；外层花被分离12～19mm；雄蕊花丝黄白色，伸出约2mm，花柱黄色，伸出约4mm。染色体：2n=14。

上海辰山植物园　温室栽培，生长较慢，基部有萌生小芽，株丛直径125cm。叶约20片，披针形，渐尖；叶腹面均一光亮的黄绿色，强光下有时微红，无斑点，有时具压痕，具模糊条痕；叶背面均一绿色，无斑点，具模糊条痕；边缘具白色至绿白色窄边，有时微红，具钝三角状边缘齿，尖端暗红棕色。

分布

产自也门西北部和沙特阿拉伯东南部。红花型分布于沙特阿拉伯。

生态与生境

生长在陡峭山脉的裸露西面坡上，多雾，年降水量135～220mm。海拔1200～2400m。

用途

观赏。

引种信息

上海辰山植物园 植株材料（20130619）引种自美国，生长迅速，长势良好。

物候信息

原产地也门花期7～9月。

上海辰山植物园 尚未观测到开花，果未见。全年生长，未见明显休眠。

繁殖

多播种繁殖。扦插繁殖多用于挽救烂根植株。

迁地栽培要点

习性强健，栽培管理容易。

上海辰山植物园 温室栽培，土壤配方用砂壤土与草炭混合种植。温室内夏季最高温在40℃以下，冬季最低温在13℃以上，能正常生长度夏和越冬。

病虫害防治

抗性强，病虫害较少发生。

上海辰山植物园 未见病虫害发生。

保护状态

已列入CITES附录II。

变种、自然杂交种及常见栽培品种

尚未见相关报道。

本种模式标本采集于1978年，1983年由伍德（J. R. I. Wood）命名和描述，种名"*castellorum*"意为城堡、堡垒，指其分布地靠近历史上设防的要塞山脉。

国内引种较少，仅上海地区有栽培记录，栽培表现良好，但尚未观察到开花结实。本种可盆栽、地栽观赏，我国南部温暖、干燥的无霜地区可露地栽培。

参考文献

Carter S, Lavranos J J, Newton L E, et al., 2011. Aloes: The Definitive Guide[M]. London: Kew Publishing: 250.
Eggli U (Ed.), 2001. Illustrated Handbook of Succulent Plants: Monocotyledons[M]. Berlin: Springer-Verlag: 120.
Grace O M, Klopper R R, Figueiredo E, et al., 2011. The Aloe names book[M]. Pretoria: SANBI: 32.
McCoy A T, 2019. The Aloes of Arabia[M]. Temecula: McCoy Publishing: 118-124.
Wood J R I, 1983. The Aloes of the Yemen Areb Republic[J]. Kew Bulletin, 38(1): 13-31.

31
卡萨帝芦荟

别名：卡斯特芦荟

Aloe castilloniae J.-B. Castillon, Succulentes 29 (4): 22. 2006.

多年生肉质草本植物。植株基部多分枝形成较大的株丛，株丛直径可达100cm，茎倒伏或下垂，长可达40cm，粗1cm，枯叶宿存覆盖叶丛下的茎表面。每茎枝具叶30～40片，排成5列，反曲强烈，干旱季节向茎反折，僵直；叶片三角状，长6cm，宽1.5cm，先端锐尖，具1～2个小刺齿，蓝绿色，两面具散布的红色皮刺，长1～2mm；边缘具粗壮、三角状的红齿，长2mm，齿间距3～6mm。花序不分枝，高6.5cm；花序梗的淡红色，具2～4个不育苞片，长5mm；总状花序具2～9朵排列松散的花；花苞片长约2mm；花梗淡红色，约8mm长；花被筒亮橙红色，稍弯曲，长23mm，子房部位宽6mm，上方缢缩至直径4mm，口部直径8mm；外层花被基部或近基部分离；雄蕊和花柱伸出1～3mm。

中国科学院植物研究所北京植物园　盆栽植株，株高达10.5cm，单头株幅12cm，基部萌蘖较多，具6个以上蘖芽。叶片三角状，长6.5～7cm，宽1.6～1.7cm，腹面橄榄绿色至黄绿色（RHS 146A–147 B），背面黄绿色（RHS 147B）；两面无斑点，具数条模糊暗条痕；两面无或具钝圆锥状皮刺或疣状突起，红色至暗红色（RHS 178A–C，177A）；常呈列状分布在模糊暗条痕上，基部突起；边缘具粗壮锯齿，三角状，红色至暗红色（RHS 178A–C，177A），长1.5～2.5mm，齿间距5～6.5mm。花序高7.2cm，不分枝；总状花序长1.6cm，宽3.3cm，具花6朵，花排列松散；花序梗灰棕色（RHS N201B–D），具2～3个不育苞片，苞片白色具深棕色脉纹，膜质；花梗红色至淡红色（RHS 182A–C）；花橙红色（RHS 32A–C），口部淡黄色，裂片先端中脉绿色，裂片边缘淡黄色（RHS 10B–D）；花蕾橙红色（RHS 32A）；花被筒状，长21～22mm，子房部位宽5.5mm，上方稍缢缩，最窄处直径4.5mm，其后向上渐宽至直径6～6.5mm；外层花被基部分离或近基部分离；雄蕊黄色（RHS 2C），伸出2～4mm，花柱黄色（RHS 2C），伸出0～3mm。

分布

原产自马达加斯加图利亚拉省（Toliara）。

生态与生境

生于面海陡崖的孔状石灰岩上，海拔约100~250mm。

用途

观赏。常作园艺杂交亲本。

引种信息

中国科学院植物研究所北京植物园 幼苗（2018-W0001）引种自北京，生长较慢，长势良好。

物候信息

原产地马达加斯加花期2~5月。

中国科学院植物研究所北京植物园 花期10~11月。10月下旬花芽初现，始花期11月中旬，盛花期11月中、下旬，末花期11月末。单花花期约3天。夏季7~8月休眠。

繁殖

播种、分株、扦插繁殖。

迁地栽培要点

栽培无太大难度。不耐湿涝，湿热季节容易发生腐烂病。喜温暖，不耐寒。

中国科学院植物研究所北京植物园 温室栽培，采用腐殖土、沙、赤玉土、轻石等材料配制混合基质，栽培基质需颗粒性强，排水良好。北方地区夏季湿热季节休眠，需控制浇水，浇水避免叶心积水，保持环境干燥通风。

病虫害防治

习性强健，病虫害少见。

中国科学院植物研究所北京植物园 尚未见其他病虫害发生，定期喷洒50%多菌灵800~1000倍液预防腐烂病发生，尤其是湿热季节。

保护状态

已列入CITES附录II。

变种、自然杂交种及常见栽培品种

尚未见自然杂交种报道。常用作园艺杂交种的杂交亲本，可与微白芦荟（*A. albida*）、什锦芦荟（*A. variegata*）、维格尔芦荟（*A. viguieri*）等芦荟属植物杂交，也可与一些园艺杂交种进行杂交，如*A.*'DZ'、*A.*'Pink Blush'等。有一些卡萨帝芦荟园艺杂交品种的报道，如*A.*'Gray Prince'、*A.*'Big Teeth & Blue Skin'等等。一些美丽的园艺杂交品种是经由多重杂交获得，亲本包含卡萨帝芦荟，如*A.*（'Snowflake' × 'Lizard Lips'）× (*castilloniae* × (*descoingsii* × *rauhii*))。

本种发现较晚，2006年由卡斯蒂隆（J. –B. Castillon）命名并描述。虽然外观与原产肯尼亚的微型芦荟（*A. juvenna*）相似，二者之间并非近缘种，而是与曲叶芦荟（*A. millotii*）、细叶芦荟（*A. antandroi*）亲缘关系较近。

本种是非常美丽的小型观赏种类，稀有种类，国内植物园引种栽培较少，北京地区有栽培记录，栽培表现良好，已观察到开花结实。盆栽植株虽未形成原产地大规模的株丛，但植株叶片的长度和宽度、边缘齿长度、齿间距、花序长度、都稍大于文献记载的数据，花被筒各部位的尺寸稍有差别，但差异不大。

参考文献

Carter S, Lavranos J J, Newton L E, et al., 2011. Aloes: The Definitive Guide[M]. London: Kew Publishing: 470.

Castillon J –B, Castillon J –P, 2010. The Aloe of Madagascar[M]. La Réunion: J.–P. & J.–B Castillon: 278.

Grace O M, Klopper R R, Figueiredo E, et al., 2011. The Aloe names book[M]. Pretoria: SANBI: 32.

32
查波芦荟

别名： 茶仙人、菊花芦荟（近头状花序）、洞乳锦（日）、茶番仙人（日）

Aloe chabaudii Schönland, Chron. III, 38 (3): 102. 1905.

多年生肉质草本植物。通常茎不明显，高可达75cm；萌生蘖芽形成小而密集的株丛。叶约20片，密集排列成莲座状，叶直立或伸展，披针形，渐尖，长30～60cm，宽6～15cm；叶片灰绿色至暗橄榄绿色，具模糊条纹，有时具少量H型斑点；边缘具狭窄的软骨质边，具尖锐棕色的齿，齿长1～2mm，齿间距5～10mm。花序高50～150cm，具6～12开展的分枝，下部分枝常具1～3个再次分枝；总状花序宽圆柱形或紧缩成近头状，长5～15cm，直径8～10cm，花排列松散至较密集，具花30～40个；花序苞片卵状或三角状，渐尖，3～6mm长；花梗长15～25mm。花被亮珊瑚粉，口部渐浅，或有时黄色至橙色（产自马拉维和津巴布韦），筒状，长30～40mm，基部骤缩，子房部位宽7～9mm，上方稍缢缩至宽5mm，其后向口部渐宽；外层花被分离约8mm；雄蕊和花柱伸出2～3mm。染色体：2n=14（Müller 1945）

中国科学院植物研究所北京植物园 （1）样本1（花序圆柱状）：盆栽植株高约40cm，株幅约61cm。叶片长32～36cm，宽5～6.4cm，叶片腹面背面灰绿色（RHS 191A–B），无斑，具模糊暗条纹；边缘具窄假骨质边，淡橄榄灰色（RHS 195A–B），微红，边缘齿淡绿色（RHS 196C–D），尖端红棕色至橙棕色（RHS 166A–C），长2～3.5mm，齿间距5.5～12mm。（2）样本2（花序近头状类型）：盆栽植株高40～42cm，株幅54～56cm。叶片长30～33cm，宽4.1～5.2cm，叶表面具霜粉，腹面背面灰绿色（RHS N138C），有时微红；叶片具斑点，H型，淡绿色（RHS 193C），腹面分布于叶基部，稀疏散布，背面分布于叶基部，偶尔分布于叶上部，稀疏散布，叶片具绿色暗条纹；边缘具钩状齿，基部绿色（RHS N138C），中间淡绿色（RHS 193C），齿尖橙红色（RHS 172B），长3.5～4mm，齿间距13～17mm。花序高55～60cm，6～10分枝，下部分枝具二次分枝；花序梗淡青灰色（RHS 188C）至淡灰绿色（RHS 191C），强光下发红；总状花序紧缩成近头状，花排列紧密，具花8～39朵；花苞片白色，具棕色细脉纹，膜质；花梗红橙色（RHS 174B）至肉粉色（RHS 179C）；花被筒橙色（RHS 32B）至橙红色（RHS 42C），强光下深红色，内层花被口部黄色（RHS 17C），花被裂片具中脉纹，橙红色（RHS 40C）渐变至橙色（RHS 32B）至灰绿色，裂片边缘淡黄白色（RHS 158D）；花被筒长约30mm，子房部位宽7～8mm，上方渐狭至5.5～6mm，然后渐宽，先端稍下弯；外层花被筒分离7.5～10.5mm；雄蕊花丝淡黄色至黄色（RHS 5C），雄蕊伸出4～5mm，花柱淡黄色（RHS 4B），伸出4～5mm。

北京植物园 植株易丛生，株高33cm，株幅45cm。叶片长22.5cm，宽4.5～5cm；红褐色，基部绿色，新叶斑点多，老叶斑点减少；边缘齿三角状，尖锐，齿尖红色，长3mm，齿间距8～10mm；花序高42cm，具12分枝，基部分枝常再分枝；总状花序长4cm；花梗红色，长17mm；花被筒红色，未开花时筒口具浅黄绿色条纹，开花后变白色；花被筒长32mm，子房部位宽9mm，最宽处达9mm；外层花被分离约8mm；雄蕊、花柱伸出约5mm。

厦门市园林植物园 多年生肉质草本植物。茎不明显，叶片排列成莲座状，披针形，渐尖，长20～35cm，宽4～6cm，叶片绿灰色，具白霜；边缘具白色钩状小齿，齿间距5～25mm。幼苗叶基、叶背面有不规则椭圆形斑点。花序高30～65cm，总状花序伞形，具6～10个分枝；花梗长16mm；花鲜亮的橙红色，花被筒长35mm，雄蕊和花柱伸出约3～5mm。

仙湖植物园 植株高23～28cm，株幅43～54cm。叶片长28～34cm，宽4.8～5.3cm；边缘齿长3～5mm，齿间距12～15mm。花序高39～47cm；总状花序长5.5～6.3cm，宽7.9～8.2cm；花被筒长

25～27mm，子房部位宽6～7mm，上方稍变狭至4～5mm，其后向上变宽至6～7mm；外层花被分离7～8mm。样本2（菊花芦荟）：植株高42～50cm，株幅65～78cm。叶片长30～40cm，宽4.8～5.2cm；边缘齿长2～3mm，齿间距12～15mm。花序高40～46cm；总状花序3.9～4.1cm，宽8.6～9.2cm；花被筒长27～29mm，子房部位宽6～9mm，上方稍缢缩至3～4mm，其后向上变宽至6～8mm，外层花被分离7～8mm。

华南植物园 花序圆柱状，花排列较松散。

（1）查波芦荟（样本1）：

霜粉和压痕
种子
幼苗
幼株叶片斑点
开花植株（广州）
地栽群植景观（广州）
花序
花

（2）菊花芦荟（样本2）：

地栽植株（深圳）
地栽植株（厦门）
植株局部
叶腹面
叶腹面局部
叶背面
叶背面局部
叶腹面斑点
模糊条纹
叶片边缘钩齿
齿尖棕红

叶尖
花序梗苞片
基部蘖芽
幼株
露地开花景观（厦门）
花芽
花芽伸长
开花植株（厦门）
开花植株（深圳）
开花植株（北京IBCASBG）
花序
总状花序紧缩成近头状
总状花序紧缩成近头状
总状花序
花
花
花蕾
花基部

花发育　花解剖　花苞片和不育苞片
果序　果序　果实

分布

广布种，产自南非的北部省、姆普马兰加省、夸祖鲁-纳塔尔省，以及斯威士兰、津巴布韦、莫桑比克、赞比亚、坦桑尼亚、马拉维等。

生态与生境

生于开阔地或灌丛中，生境土壤为红壤土、砂质土或黏土，或花岗岩丘陵风化土，海拔约380～1700m。分布区温暖，无霜冻。年降水量为500～624mm。夏季高温，温度可达38℃以上。

用途

观赏。

引种信息

中国科学院植物研究所北京植物园　幼苗材料（2010-0780）引种自上海植物园，长速中等，长势良好；种子材料（2011-W1126）引种自南非开普敦，长速中等，长势良好。菊花芦荟幼苗材料（2010-2706）引种自厦门市园林植物园，长速中等，长势良好。

北京植物园　植株材料（2011123）引种自美国，生长迅速，长势良好。

厦门市园林植物园　菊花芦荟引种来源不详，生长迅速，长势良好。

仙湖植物园　植株材料（SMQ-025）引种自美国，生长迅速，长势良好。

华南植物园　材料（1988-0184）引种地及生长情况无记录；材料（2015-1671）引种上海（网购）；菊花芦荟材料（2018-0001）引种自厦门市园林植物园，生长迅速，长势良好。

物候信息

原产地南非花期6～7月，莫桑比克花期4～8月，马拉维花期4～8月。

中国科学院植物研究所北京植物园　近头状花序的样本（2010-2706）观察到花期12月至翌年1月。12月上旬花芽初现，始花期12月下旬，盛花期翌年1月上旬，末花期1月中旬。单花花期2~3天。果熟期2月。其他样本（2010-0780、2011-W1126）材料尚未观察到开花结果。

北京植物园　观察到花期12月至翌年1月。未见结实。

厦门市园林植物园　花期11月至翌年2月。11月末12月初，花芽初现，翌年1月上旬始花期，盛花期在1月中旬至2月中旬，2月下旬末花期，3月初果期，果熟期3月中下旬。2019年暖冬季节花期会提前半个月，2月上、中旬已是末花期。半阴处栽植花期延后半个月。

仙湖植物园　花期11月至翌年2月。无休眠期。

华南植物园　花期11月至翌年2月。

繁殖

播种、分株、扦插繁殖。

迁地栽培要点

习性强健，栽培容易。喜阳，耐半阴，耐旱，不耐湿涝。喜温暖，稍耐寒，耐短暂1~3℃低温。保持盆土干燥，5~6℃可安全越冬。

中国科学院植物研究所北京植物园　采用腐殖土、沙、赤玉土、轻石等材料配制混合基质。温室栽培夏季需遮阴降温，遮阴度40%~50%。湿热季节需加强通风。

北京植物园　温室栽培。选用火山灰、腐殖土、陶粒、沙等材料配制混合基质。夏季需适当遮阴降温，遮阴度50%。

厦门市园林植物园　户外露地栽培，大面积片植，表面覆盖排水良好的河沙，以利排水，生长季增施有机肥。

仙湖植物园　露地栽培，栽培场地混合腐殖土和河沙以加强排水。管理粗放。

华南植物园　栽培要求不高而且耐半阴，甚至冬天对温度要求都不高，比较常见。

病虫害防治

习性强健，病虫害少见。

中国科学院植物研究所北京植物园　未见明显病虫害发生，仅定期做预防性打药，尤其是夏季湿热季节和冬季温室越冬期间，每10~15天喷洒50%多菌灵1000倍液、40%氧化乐果1000倍液、蚧必治1000倍液等，预防病害发生。

北京植物园　未见明显病虫害发生，作定期预防性打药。

厦门市园林植物园　病虫害少见。仅作常规预防性打药。

仙湖植物园　未见明显病虫害发生，常规管理。

华南植物园　未见明显病虫害发生，仅定期做预防性打药，尤其是夏季湿热季节和冬季温室越冬期间。

保护状态

已列入CITES附录II。

变种、自然杂交种及常见栽培品种

有自然杂交种的报道，可见与皮刺芦荟（*A. aculeata*）、高芦荟（*A. excelsa*）、球蕾芦荟（*A. globuligemma*）、马氏芦荟（*A. marlothii*）、穗花芦荟（*A. spicata*）的自然杂交种。有园艺栽培品种，如*A. chabaudii*'Orange Burst'等。

本种1905年由舍恩兰（S. Schönland）定名描述，种名以爱好者查波（J. A. Chabaud）的名字命名，本种最初的开花样本来自他的花园。查波芦荟遗传多样性丰富，不同产地来源的样本形态差异较大，花序形态和叶片变化较大。花序从长圆柱状、长圆锥形、短圆柱形至紧缩至近头状，花色从淡粉色、黄色、橙色、橙红色至深红色，叶色从灰绿至兰灰色，叶片大小和株形大小也有差异。如原产自坦桑尼亚'Matopos型'样本，叶色灰绿，花暗红。来自马拉维蒂约罗（Thyolo）和姆兰杰（Mulanje）地区的某样本（'Victoria Falls型'），具长圆锥形的花序，叶片较宽，基部宽可达15cm，株幅可达140cm。来自马拉维Nyika高原的样本，具短而多分枝的花序。来自莫桑比克戈龙戈萨山（Mt Gorongosa）和奇马尼马尼山（Chimanimani Mountain）、马拉维一些低海拔地区、南非夸祖鲁-纳塔尔省靠近斯威士兰、莫桑比克边境地区的样本，花序紧缩成近头状。国内各植物园引种栽培的"菊花芦荟"，是查波芦荟的短花序样本，来自南非东北部靠近边界的地区。北京地区温室栽培的植株可以开花结实，但室内栽培植株果实中的种子数量不多。

菊花芦荟是国内各大植物园栽培中最受欢迎的种类，花序紧缩呈头状，十分美丽，常用于盆栽或庭园花境，在福建厦门、广东深圳、广州的各植物园及一些苗圃，已经大量扩繁应用。

福建龙海地区露地多肉景观中的菊花芦荟花境

参考文献

Carter S, Lavranos J J, Newton L E, et al., 2011. Aloes: The Definitive Guide[M]. London: Kew Publishing: 457–458.

Eggli U (Ed.), 2001. Illustrated Handbook of Succulent Plants: Monocotyledons[M]. Berlin: Springer–Verlag: 121.

Grace O M, Klopper R R, Figueiredo E, et al., 2011. The Aloe names book[M]. Pretoria: SANBI: 34.

Jeppe B, 1969. South Africa Aloes[M]. Cape Town: Purnell & Sons S.A. (PTY.) LTD.: 6–7.

Lane S S, 2004. A Field Guide to The Aloes of Malawi[M]. Pretoria: Umdaus Press: 15–18.

Van Wyk B –E, Smith G F, 2014. Guide to the Aloes of South Africa[M]. Pretoria: Briza Publications: 148–149.

33
纤毛芦荟

别名：睫毛芦荟、细茎芦荟、笹百合锦（日）

Aloe ciliaris Haw., Philos. Mag. J. 67: 281. 1825.

多年生肉质蔓生植物。具茎，多分枝，依靠周围灌木蔓生，茎长可达5m以上，直径1～1.5cm。叶螺旋状松散排列在茎先端，具叶茎段长约30～60cm；叶片条状披针形，长渐尖，长10～15cm，宽1.5～2.5cm；叶片均一绿色；边缘锯齿细小，长1mm，向先端逐渐变短，坚硬，白色，齿间距3mm；叶鞘长5～15mm，具模糊的绿色条纹，与叶片相对的叶鞘上缘具睫毛状齿，长2～4mm。花序长20～30cm，通常不分枝，有时具1个分枝；总状花序圆柱形，长8～15cm，宽4～5cm，花排列较密集，具花24～30朵；花苞片卵状，渐尖；花梗长约5～8mm；花被红色，口部黄绿色，长28～35mm，稍棒形，基部骤缩短尖状，子房部位向上逐渐变宽；外层花被分离约6mm长；雄蕊和花柱伸出约2～4mm。染色体：2n=42（Müller 1945）。

中国科学院植物研究所北京植物园 植株蔓生，具茎，茎长可达182cm，单头株幅15～18cm。叶片披针形，长13～17cm，宽约1.9～2.5cm；叶腹面暗橄榄绿色（RHS NN137A–C）至黄绿色（RHS 143A–B），叶背面较叶腹面稍浅橄榄绿色（RHS NN137 B–C）至黄绿色（RHS 143C），叶两面无斑，具模糊条纹状纹理；边缘具齿，绿白色（RHS 196B–D）；边缘具齿，长0.5～1.2mm，齿间距1.5～4mm，有时齿双连，靠近鞘部的齿有时具双尖头；叶鞘长1～3.5cm，具模糊条纹，叶鞘边缘具睫毛状长齿，齿长2～3.5mm。花序高15.3cm；花被筒长约30mm，子房部位宽约5mm。

北京植物园 易丛生，株高33cm，株幅15cm。叶片长10.5cm，宽1.5cm；叶两面深绿色，光滑，无斑点无条纹；边缘具睫毛状齿，白色，长1～2mm，齿间距1～2mm；具叶鞘，叶鞘上有褐色条纹；花序高18cm，不分枝，花序梗绿色；总状花序长8cm，直径5cm；花梗绿色，长4mm；花被筒橙色，未开花时口部绿色；花被筒长27mm，子房部位宽5mm，最宽处直径6mm；外层花被分离约4mm；雄蕊、雌蕊伸出约5mm。

厦门市园林植物园 未记录形态信息。

仙湖植物园 植株高60～80cm，株幅18～22cm。叶片长10.5～12cm，宽1.3～1.5cm；边缘齿长1mm，齿间距1.8～3mm。

华南植物园 未记录形态信息。

上海植物园 未记录形态信息。

盆栽植株（广州）

地栽植株（深圳）

盆栽植株（北京 IBCASBG）

栽培植株（南非）
叶螺旋状生于枝端
蔓延的茎
干燥叶鞘覆盖茎表面
节间较长
基部萌蘖
叶腹面
叶背面
叶腹面局部
叶背面局部
叶腹面模糊条痕
叶片边缘
双连齿
双尖头齿
叶鞘边缘睫毛状齿
睫毛状齿
叶鞘条纹
幼株
开花植株（南非）
开花植株（北京 IBCASBG）
花序
花序局部

花序梗基部睫毛状齿

花苞片

花发育

花解剖

分布

分布于南非东开普省。

生态与生境

生于山坡沙地灌丛和山谷树林，依靠周围的灌木树木攀附生长。年降水量500~625mm，降雨主要分布于夏季。分布区气候温暖，无霜冻。

用途

观赏。原产地可做防火篱笆等。

引种信息

中国科学院植物研究所北京植物园 植株材料（2001-W0038）来源不详，生长迅速，长势良好。

北京植物园 植株材料（2011126）引种自美国，生长迅速，长势良好。

厦门市园林植物园 植株材料（编号不详）引自北京，生长迅速，长势良好。

仙湖植物园 植株材料（SMQ-031）引种自美国，生长迅速，长势良好。

华南植物园 植株材料（19930225）引种自摩纳哥，种子质量较差，有霉斑，发芽状况较差；植株材料（2004-1739）引种自深圳，生长迅速，长势良好。

上海植物园 植株材料（2011-6-039）引种自美国，生长迅速，长势良好。

物候信息

原产地南非花期经年。

中国科学院植物研究所北京植物园 观察到12月至翌年1月开花。12月初花芽初现，12月中旬始花期，12月下旬至翌年1月中旬盛花期，1月下旬末花期。无休眠期。

北京植物园 花期5月，未见结实。无休眠期。

厦门市园林植物园 未记录花期。无休眠期。

仙湖植物园 花期12月至翌年1月。未观察记录物候信息。

华南植物园 露地栽植12月底至翌年1月开花。

上海植物园 尚未记录花期。无休眠期。

繁殖

播种、分株、扦插繁殖，最常用扦插繁殖。

迁地栽培要点

习性强健，管理粗放。喜充足阳光、耐遮阴、耐旱、喜温暖、稍耐寒。

中国科学院植物研究所北京植物园 温室盆栽，可采用腐殖土、沙配比2∶1的混合基质加入少量有机肥。需充足阳光，过于荫蔽不利于开花。

北京植物园 温室盆栽，采用草炭土、火山岩、沙、陶粒等基质配制混合土，混合基质排水良好。夏季中午需50%遮阳网遮阴，冬季保持5℃以上可安全越冬。

厦门市园林植物园 室内外均有栽植。采用腐殖土、河沙混合土栽培。

仙湖植物园 室内或室外地栽，采用腐殖土、河沙混合土栽培。

华南植物园 对土壤要求不严格，黏土栽培需掺沙或增施有机肥。光照充足易开花，幼苗需适当遮光。夏季阳光强烈，正午可遮光50%左右。0~5℃保持盆土干燥可避免病害发生，安全越冬。

上海植物园 温室盆栽，用赤玉土、腐殖土、轻石、麦饭石、沙等基质配制混合土。

病虫害防治

抗性较强，不容易罹患病虫害。

中国科学院植物研究所北京植物园 未见明显病虫害发生，仅定期进行预防性打药。

北京植物园 未见明显病虫害发生。

厦门市园林植物园 未见明显病虫害发生。

仙湖植物园 未见明显病虫害发生。

华南植物园 南方湿热地区，容易罹患腐烂病，可用50%多菌灵800~100倍液，隔周喷施1次，连喷2~3次即可，同时将病斑多的叶子剪去。

上海植物园 未见明显病虫害发生。

保护状态

列入CITES附录II。

变种、自然杂交种及常见栽培品种

具几个变种，其中变种*A. ciliaris* var. *tidmarshii*，被一些苗圃错误地列为品种*A.*'Firewall'，与原种的区别为：叶鞘上的睫毛短于1mm。花梗长3~4mm；花被筒长16~25mm。有园艺杂交种的报道，如常见的杂交种海虎兰（*A.* × *delaetii*），就是纤毛芦荟与索科德拉芦荟（*A. succotrina*）的杂交种。

本种由哈沃斯（A. H. Haworth）定名于1825年，种名"*ciliaris*"指其叶鞘具睫毛状（纤毛状）的齿。芦荟属最新的分类研究基于分子生物学技术，倾向于将纤毛芦荟与其他6个蔓生种类从芦荟属分离形成一个新属——蔓芦荟属（*Aloiampelos*），本种定名描述为*Aloiampelos ciliaris* (Haw.) Klopper & Gideon F. Sm.，许多人已开始接受这个观点。

本种栽培中较为常见，各地植物园几乎均有栽培记录，栽培表现良好，已观察到花期物候。光照对其开花有一定影响，长期在较荫蔽的环境下栽培，不容开花。栽培植株各部位测定数据与文献记载基本吻合。栽培条件下光照较原产地不足，植株花色有时稍浅，叶片稍长一些。

参考文献

Carter S, Lavranos J J, Newton L E, et al., 2011. Aloes: The Definitive Guide[M]. London: Kew Publishing: 540–541.

Eggli U (Ed.), 2001. Illustrated Handbook of Succulent Plants: Monocotyledons[M]. Berlin: Springer–Verlag: 122–123.

Grace O M, Klopper R R, Figueiredo E, et al., 2011. The Aloe names book[M]. Pretoria: SANBI: 36–37.

Jeppe B, 1969. South Africa Aloes[M]. Cape Town: Purnell & Sons S.A. (PTY.) LTD.: 110.

Manning J C, Boatwright J, Daru B, 2014. A molecular phylogeny and Generic Classification of Asphodelaceae Subfamily Alooideae: Final Resolution of th Prickly Issue of Polyphyly in the Alooids? [J]. Systematic Botany, 39(1): 55–74.

Van Wyk B –E, Smith G F, 2014. Guide to the Aloes of South Africa[M]. Pretoria: Briza Publications: 108–109.

34
棒花芦荟

别名：雪女芦荟、雪女（日）、加农炮芦荟

Aloe claviflora Burch., Trav. S. Africa 1: 272. 1822.
Aloe decora Schönland, Gard. Chron. 1905 (2): 386. 1905.
Aloe schlechteri Schönland, Rec. Albany Mus. 1: 45. 1903.

多年生肉质草本植物。茎不明显或具短平匐茎，高30cm，通常形成空心的圆环状株丛，直径1～2m或更大，茎长10～12cm长。叶30～40片，密集排列成莲座状；叶片卵状至披针形，长约20cm，宽6～8cm，灰绿色，背面先端1/3处具1～2条龙骨状突起，上具4～6个棘刺，2～4mm长；边缘具棕色尖锐齿，长2～4mm，齿间距约10mm左右。花序高可达50cm，斜倾，几乎水平，花序不分枝或具1～4分枝；总状花序圆柱形，渐尖，长20～30cm，花排列密集；苞片卵状，急尖，反折，长约15mm，宽6～8mm；花梗7～10mm；花被红色，具霜粉，口部稍浅，裂片先端中脉处绿色，授粉后，变为柠檬黄至象牙色；花被筒长30～40mm，基部骤缩，子房向上变宽，最宽处直径达10mm；外层花被分离约15～20mm；雄蕊和花柱黄色，伸出10～15mm。染色体：2n=14（Riley, 1959）。

中国科学院植物研究所北京植物园 播种幼苗，叶两列状排列，随生长渐呈莲座状；叶灰绿色，幼叶两面稍圆凸，成熟植株叶片腹面稍平，背面圆凸；具皮刺，常列状排列于叶背面中线或靠近边缘处，叶先端具尖齿，红棕色；边缘具齿，尖锐或圆钝，齿先端红棕色至暗棕色。蒴果3室，开裂，种子多角状，种翅较宽，膜质。

北京植物园 未记录形态信息。

厦门市园林植物园 叶片灰绿色，叶背面具龙骨状突起，沿龙骨列状排列尖锐皮刺，皮刺先端红棕色；边缘具尖锐锯齿，先端红棕色，长2～4mm。花序斜伸，具1～3分枝；花序具不育苞片，倒卵形具长尾尖；总状花序圆柱形，花排列密集；花苞片大，倒卵形具长尾尖，膜质；花橙色至橙红色，稍棒状；雄蕊、花柱淡黄色，显著伸出。

仙湖植物园 未记录形态信息。

华南植物园 未记录形态信息。

南京中山植物园 植株单生，未分枝，具短茎，植株倒伏向一侧，株高约60cm，株幅30～35cm。叶片灰绿色，被霜粉，披针形，稍反曲，长20～30cm，宽5～6cm；先端具2～4个尖锐锯齿，红棕色至暗棕色；边缘具尖锐锯齿，红棕色至暗棕色，基部有时颜色为浅黄绿色，边缘齿长2.5～3mm，齿间距10～15mm。

上海植物园 未记录形态信息。

温室地栽植株（南京）

植株（北京BBG）

温室地栽植株（南非）

露地栽培植株（南非）
株丛（南非）
植株局部
温室栽培植株的叶腹面
温室栽培植株的叶背面
原产地植株的叶腹面
原产地植株的叶背面
叶片边缘
强光下叶片微红
播种幼苗（北京IBCASBG）
具花芽植株
花芽
露出花蕾的花芽
开花植株（厦门）
花序（厦门）
花序局部（厦门）

开花植株（南非野外） 花序（未开） 花序（南非野外）
花序局部（南非野外） 花 结果植株（厦门）
果实开裂的植株（南非） 干燥开裂的果序 种子

分布

分布较广泛，从纳米比亚南部至南非的北开普省、西开普省东北部、东开普省西北部及自由邦省西部的干旱地区。

生态与生境

生于排水良好的碎石平原、沙地平原、露出地面的岩层、丘陵的岩石山坡草地或裸露地面。海拔300～1300m。分布区极干旱，年降水量仅100～300mm。夏季炎热，温度可达38℃以上，冬季寒冷。

用途

观赏。

引种信息

中国科学院植物研究所北京植物园 幼苗材料（2010-1034）引种自上海，生长较慢，长势良好。幼苗材料（2010-w1133）引种自上海，生长较慢，长势良好。

北京植物园 植株材料（2011125）引种自美国，长速中等，长势良好。

厦门市园林植物园 材料来源不详，生长较慢，长势良好。

仙湖植物园 植株材料（SMQ-032）引种自美国，长速中等，长势良好。

华南植物园 材料来源不详。长速中等，长势良好。

南京中山植物园 植株材料（NBG-2017-13）引种自福建漳州，生长较慢，长势良好。

上海植物园 植株材料（2011-6-026）引种自美国，长速中等，长势良好。

物候信息

原产地南非花期8～9月。单花期2～3天。

中国科学院植物研究所北京植物园　尚未观察到开花和自然结实。无休眠期。

北京植物园　尚未观察到开花和自然结实。无休眠期。

厦门市园林植物园　观察到花期3～4月，果熟期4～5月。

仙湖植物园　尚未观察到开花结实。

华南植物园　尚未观察到开花和自然结实。无休眠期。

南京中山植物园　尚未观察到开花结实。无休眠期。

上海植物园　尚未观察到开花结实。无休眠期。

繁殖

播种、分株繁殖。扦插繁殖用于无根蘖芽繁殖和挽救烂根植株。

迁地栽培要点

栽培不困难。植株耐旱，不喜湿涝，喜阳光充足，喜温暖，耐热，耐寒。

中国科学院植物研究所北京植物园　温室盆栽。采用排水良好的颗粒性混合基质，栽培采用草炭土：河沙为1：1的基本比例，混合入适量的颗粒基质，如赤玉土、轻石、木炭粒等，轻石、沙、木炭粒的总比例占1/3左右，加入少量缓释肥颗粒。栽培场所需阳光充足。本种不耐水涝，所以浇水要见干见湿，不能积水。夏季湿热季节要保持盆土稍干燥，加强通风。冬季温室越冬，保持盆土干燥，5～6℃可安全越冬。

北京植物园　粗放管理，用火山灰、腐殖土、粗沙、陶粒等配制栽培基质。

厦门市园林植物园　温室地栽，喜砂质丰富的混合基质。

仙湖植物园　室内地栽，采用腐殖土、河沙混合土栽培。

华南植物园　栽培方式地栽为主，也有盆栽，都是露地，采用腐殖土、河沙混合土栽培。

南京中山植物园　我国南方各省可栽植在含岩石砂质土壤山地或坡地上。长江流域及以北地区在设施温室内栽植，栽培基质为：园土：碎岩石：沙：泥炭=2：1：1：1。最适宜生长温度为10～30℃，最低温度不能低于0℃，否则产生冻害，最高温不能高于45℃，否则生长不良，根系不能积水，光照好，空气湿度低，设施温室内栽培，夏季加强通风降温，春秋两季各施一次有机肥。

上海植物园　温室盆栽。采用赤玉土、腐殖土、轻石、麦饭石、沙等材料配制混合基质。

病虫害防治

抗性强，病虫害较少发生。

中国科学院植物研究所北京植物园　湿热季节容易发生腐烂病，要避免叶心积水，定期喷洒50%多菌灵1000倍液进行预防。

北京植物园　未见病虫害发生，常规施用多菌灵、氧化乐果预防病虫害。

厦门市园林植物园　预防发生腐烂病、黑斑病、褐斑病，湿热季节定期喷洒杀菌剂进行预防。

仙湖植物园　常规打药预防腐烂病、黑斑病、褐斑病发生，湿热季节每10天喷洒1次杀菌剂进行预防。

华南植物园　在广东地区常见病害有炭疽病、褐斑病、根腐病等，可施用50%甲基托布津600～800倍液或50%多菌灵800～1000倍液防治。

南京中山植物园　常见病害主要有炭疽病、褐斑病、叶枯病、白绢病及细菌性病害，多发生于湿热夏季通风不良的室内。可喷洒百菌清等杀菌类农药进行防治。

上海植物园 容易发生腐烂病，注意控制浇水，定期喷洒杀菌剂进行预防。

保护状态

已列入CITES附录II。

变种、自然杂交种及常见栽培品种

有自然杂交种的报道，可与狮子锦芦荟（*A. broomii*）、加利普芦荟（*A. gariepensis*）、大恐龙芦荟（*A. grandidentata*）、赫雷罗芦荟（*A. hereroensis*）等自然杂交。园艺杂交有与柏加芦荟（*A. peglerae*）的杂交种。

本种的发现较早，伯切尔（W. J. Burchell）在他的《南部非洲内陆游记》中，首次记录了本种，发现的时间大约是1811年左右。1903年，舍恩兰（S. Schönland）曾将其描述为*Aloe schlechteri*，后采用伯切尔最初的命名*Aloe claviflora*作为其接受的学名。种名"*claviflora*"指其花被筒呈棒状，故称为棒花芦荟。其植株低矮，具短茎横卧，莲座偏向一侧。新株向周围蔓延生长，由于株丛内部的老植株死亡，植株常形成一个圆环状分布的株丛，十分特别，环状株丛可拥有的莲座可达50个，其南非语的名称"Kraal alwyn"或"Kraal aloe"，就是描述了这种特殊的环形株丛，很像南非当地人搭建的牛或其他牲畜的围栏，这种围栏南非语称作"Kraal"，外观是圆形的。本种从外观上来看，偏斜的莲座和侧面伸出接近平伸的花序，有点像加农炮炮筒平伸瞄准的样子，因此其英文名称为"Cannon Aloe"（加农炮芦荟）。棒花芦荟极为耐旱，原产地降雨稀少，能够在没有降雨的那些季节中存活下来，旱季叶片变白，反射阳光，叶片内弯形成球状植株，包裹幼叶，避免极度干旱、炎热的气候的影响。栽培非常容易，需要避免土壤积水的情况发生。

目前国内一些植物园都有引种栽培，北京、上海、南京、厦门、深圳等地均有栽培记录，栽培表现良好，已观察到开花结实。棒花芦荟株形和花序美丽，非常适宜盆栽和地栽观赏。栽培植株与野生植株相比较，由于光照不足，往往花色呈现橙色或较浅的橙红色，叶片细长，株形有时松散，而南非野外的植株，花色较深，叶片稍短稍宽，株形紧凑。

参考文献

Carter S, Lavranos J J, Newton L E, et al., 2011. Aloes: The Definitive Guide[M]. London: Kew Publishing: 408.

Eggli U (Ed.), 2001. Illustrated Handbook of Succulent Plants: Monocotyledons[M]. Berlin: Springer-Verlag: 123.

Grace O M, Klopper R R, Figueiredo E, et al., 2011. The Aloe names book[M]. Pretoria: SANBI: 38.

Jeppe B, 1969. South Africa Aloes[M]. Cape Town: Purnell & Sons S.A. (PTY.) LTD.: 28-29.

Van Wyk B -E, Smith G F, 2014. Guide to the Aloes of South Africa[M]. Pretoria: Briza Publications: 90-91.

35
簇叶芦荟

别名：野罗仙女芦荟、翠烟城（日）、野罗仙女（日）

Aloe comosa Marloth & A. Berger, Bot. Jahrb. Syst. 38: 86. 1905.

多年生肉质小乔木。具茎，单生，高可达2m，枯叶宿存。叶片密集排列成莲座状，叶片剑状至披针形，长可达65cm，宽可达12cm；腹面灰绿色至有些棕粉色，具模糊条痕，背面蓝绿色，具粉边；边缘具齿，长1~2mm，棕红色，齿间距5~10mm。花序高可达250cm或更高，通常不分枝，有时具1分枝，每株常多个花序；总状花序细圆柱形，长约100cm，直径约8cm，花排列密集；苞片披针形，长锐尖，长40mm，在芽阶段覆瓦状排列，簇生在花序顶端；花梗长20mm，花期几乎直立，基部贴紧中轴（花序梗），上部1/3明显反曲；花蕾玫瑰红色，开花后变为淡粉色至象牙白色，有时稍暗粉色具霜粉；花被筒长35mm，向一侧膨大，基部骤缩呈短尖头状，子房部位向上逐渐变宽，中部直径可达12mm，其后向口部变窄；外层花被分离约23mm；雄蕊和花柱伸出10~12mm。染色体：2n=14（Riley 1959）。

中国科学院植物研究所北京植物园　幼苗期叶片两列状排列，随生长渐呈螺旋状排列。叶片灰绿色，无斑点，两面具纵向模糊暗条痕，有时叶腹面具新叶边缘齿的压痕；边缘具三角状齿，绿白色（RHS 196C-D至192D），长1~1.5mm；幼苗具短叶鞘，有时微红。种子灰棕色，不规则多角状，具狭窄膜质翅，翅具暗棕色斑点斑纹。

北京植物园　未记录形态信息。

南京中山植物园　单生，株高100cm。叶片长约55~60cm，宽约8cm，灰绿色至蓝绿色。花序高190~200cm，不分枝，单株观察到3个花序；总状花序长约110cm，花排列密集；花蕾红色，花淡粉色至象牙白色。

温室栽培植株（南京）　露地栽培植株（南非）

温室栽培植株叶腹面（南京）　温室栽培植株叶背面（南京）　露地栽培植株叶腹面（南非）　露地栽培植株叶背面（南非）

叶片边缘
边缘齿
种子
播种苗（北京IBCASBG，1年）
播种苗（北京IBCASBG，约2年）
播种苗（北京IBCASBG，约5年）
开花植株（南京）
开花植株（南非）
花序（未开花）
总状花序
花序（南非）
花序（南非）
花序局部
花

不育苞片

花苞片反曲

花发育

分布

南非西开普省和北开普省交界的地方，位于克兰威廉（Clanwilliam）北边，分布区较小。

生态与生境

生长在丘陵和山谷的山坡上。海拔300~600m。位于冬雨区，年降水量250~375mm。夏季温度高，常超过38℃，冬季气候温和，无霜冻发生。

用途

观赏。

引种信息

中国科学院植物研究所北京植物园 种子材料（2002-W0096）引种自南非，长速中等，长势良好；种子材料（2008-1738）引种自美国，长速中等，长势良好。

北京植物园 植株材料（2011127）引种自美国，生长迅速，长势良好。

南京中山植物园 植株材料（NBG-2007-36）引种自福建漳州，长速较快，长势良好。

物候信息

原产地南非花期12月至翌年1月，单花期2~3天。

中国科学院植物研究所北京植物园 尚未观察到开花和自然结实。无休眠期。

北京植物园 尚未观察到开花结实。无休眠期。

南京中山植物园 观察到花期5~6月，尚未观察到结实。

繁殖

多播种繁殖。扦插繁殖常用于挽救烂根植株。

迁地栽培要点

习性强健，栽培管理容易。耐旱，耐热，耐寒。可耐短暂0~3℃短暂低温，冬季盆土干燥下5~6℃可安全越冬。

中国科学院植物研究所北京植物园 温室盆栽。比较怕湿涝，盆土要排水良好。选择赤玉土：草炭土：轻石：沙为1：1：1：1的基本比例，加入少量谷壳碳和草炭土。夏季湿热季节注意盆土不积水，加强通风，定期打药预防腐烂病。

北京植物园 粗放管理，用火山灰、腐殖土、粗沙、陶粒等配制栽培基质。夏季湿热，需加强通风降温，遮阴50%。

南京中山植物园 栽培基质为园土：碎岩石：沙：泥炭=2：1：1：1。最适宜生长温度为10～25℃，最低温度不能长时间低于0℃，否则产生冻害，最高温不能长期高于35℃，否则生长不良。根系不能积水，设施温室内栽培，夏季加强通风降温，夏季10～15时用70%遮阳网遮阴。春秋两季各施一次有机肥。

病虫害防治

抗性强，病虫害较少发生。

中国科学院植物研究所北京植物园 尚未未观察到明显病虫害发生，仅定期施用多菌灵、溴氰菊酯、氧化乐果等药剂进行预防性打药。

北京植物园 未观察到病虫害发生，湿热季节施用杀菌剂预防细菌、真菌病害发生。

南京中山植物园 常见病害主要有炭疽病、褐斑病、叶枯病、白绢病及细菌性病害，多发生于湿热夏季通风不良的室内。可喷洒百菌清等杀菌类农药进行防治。

保护状态

已列入CITES附录II。分布区狭小，由于生境人为破坏和非法采集，野外生境中已非常稀少。

变种、自然杂交种及常见栽培品种

未见自然杂交种的相关报道，有一些人工杂交种的报道，如与微斑芦荟（*A. microstigma*）杂交等。

本种发现、定名于1905年，发现并引入园艺栽培的人无明确记载，定名人为南非植物学家马洛斯（H. W. R. Marloth）和德国植物学家伯格（A. Berger），种名"*comosa*"指其叶片簇生在一起，或指其花序簇生。

本种是非常吸引人的观赏种类，野生植株常树状，具有较高的茎干，而栽培植株因株龄较小，常呈莲座状。花序特征非常典型，每株具多个花序，花序纤长壮观，高度可达2m以上，花序梗粗壮。花蕾玫红色，花开放后呈淡粉或象牙白色，使得花序外观看上去呈现玫红-象牙白双色，十分美观。

国内引种栽培不算太常见，北京、南京等地有引种栽培，栽培表现良好。在南京，温室栽培已观察到开花。适应温度范围广，能耐40℃高温，原产地冬季时能在-1℃低温下存活。美国加利福尼亚州、亚利桑那州的干旱地区的植物园常露地栽培，在我国南部温暖干燥的无霜地区可露地栽培，适于室内、室外地栽观赏。

参考文献

Adams R, 2015. Aloes A to Z[M]. Te Puke: Raewyn Adams: 32.
Carter S, Lavranos J J, Newton L E, et al., 2011. Aloes: The Definitive Guide[M]. London: Kew Publishing: 656.
Eggli U (Ed.), 2001. Illustrated Handbook of Succulent Plants: Monocotyledons[M]. Berlin: Springer-Verlag: 124.
Grace O M, Klopper R R, Figueiredo E, et al., 2011. The Aloe names book[M]. Pretoria: SANBI: 39-40.
Jeppe B, 1969. South Africa Aloes[M]. Cape Town: Purnell & Sons S.A. (PTY.) LTD.: 55.
Van Wyk B -E, Smith G F, 2014. Guide to the Aloes of South Africa[M]. Pretoria: Briza Publications: 58-59.

36
圆锥芦荟

别名：锥花芦荟、锥序芦荟、翠眉殿芦荟、翠眉殿（日）、豆切丸（日）、科尼菲拉芦荟、科尼非拉女神

Aloe conifera H. Perrier, Mém. Soc. Linn. Normandie, Bot. 1: 47. 1926.

多年生肉质草本植物。植株单生，茎不明显或具短茎，长可达10cm。叶20～24片，排列成密集莲座状；叶片披针形，渐尖，先端圆，具齿，叶片长15～16cm，宽4～5cm，蓝灰色，微红，幼株叶片背面具大量红色疣突，随株龄增长疣突消失；边缘具尖锐红色齿，长2～3mm，齿间距5～10mm。花序通常不分枝，稀1～2分枝，高30～50cm；花序梗具少数肉质的不育苞片，长可达15mm；总状花序圆柱形，长10～15cm，直径3.5cm，花排列非常密集；花苞片倒卵形，具骤尖，长12mm，宽12mm，花芽期呈明显覆瓦状排列；花无梗，花被筒下部柠檬黄，口部黄色，近钟形，长14mm，子房部位宽4mm，向口部渐宽；外层花被自基部分离，裂片先端展开；雄蕊和柱头伸出3mm。

中国科学院植物研究所北京植物园　幼苗叶片两列状排列，随生长逐渐呈莲座状排列；叶蓝绿色至灰绿色，被霜粉；两面具红棕色疣突或皮刺，集中在叶片中下部或靠近边缘的位置；叶先端圆钝，具3个尖齿；边缘具齿，短粗，锥状或三角状，有时稍钩状，红棕色（RHS 183A–B、178A）。

北京植物园　株高9cm，株幅17cm。叶约12片，叶片长8～9cm，宽2.5～3cm，灰蓝色，叶先端具红色齿，叶腹面光滑无斑点，叶背面有稀疏疣突；边缘具齿，红色，长2mm，齿间距2～7mm。

仙湖植物园　未记录形态信息。

地栽植株
盆栽植株（上海）
盆栽植株（北京BBG）
叶腹面
叶背面（少疣突）

分布

产自马达加斯加的菲亚纳兰楚阿省（Fianarantsoa），分布区局限于安巴图菲南德拉哈纳（Ambatofinandrahana）和伊瓦图（Ivato）之间。

生态与生境

生长在花岗岩山地的岩间稀少的侵蚀土壤中，海拔1300～2000m。

用途

观赏。

引种信息

中国科学院植物研究所北京植物园　种子材料（2008-1739）引种自美国，生长缓慢，长势一般；幼苗材料（2010-W1135）引种自北京，生长缓慢，长势一般。

北京植物园　植株材料（2018376）引种自上海，生长缓慢，长势良好。

仙湖植物园　植株材料（SMQ-035）引种自美国，生长缓慢，长势良好。

物候信息

原产地马达加斯加花期6月。

中国科学院植物研究所北京植物园　尚未观察到开花和自然结实。

北京植物园　尚未观察到开花和自然结实，休眠期不明显。

仙湖植物园　尚未观察到开花结实。

繁殖

播种、扦插繁殖。

迁地栽培要点

生长缓慢，栽培稍有难度。耐旱不耐涝，喜充足阳光，喜温暖，不耐寒。

中国科学院植物研究所北京植物园 温室栽培，栽培基质采用赤玉土、轻石、腐殖土、沙、谷壳碳配制的颗粒性混合基质。夏季湿热季节怕湿涝，需加强管理。控制浇水，避免盆土、叶心积水，并加强通风。需适当遮阴，遮阴度40%～50%。不耐寒，盆土干燥下，5～6℃可安全越冬。

北京植物园 用火山灰、草炭土、蛭石配制混合基质。温室栽培，夏季中午需50%遮阳网遮阴，冬季保持5℃以上可安全越冬。

仙湖植物园 室内地栽或盆栽，采用腐殖土、河沙混合土栽培。

病虫害防治

中国科学院植物研究所北京植物园 北京地区湿热季容易罹患腐烂病，通常从叶心腐烂，除避免叶心积水外，可定期喷洒50%多菌灵1000倍液进行预防。

北京植物园 未见病虫害发生。

仙湖植物园 高温高湿季节，休眠期容易发生腐烂病，注意控水，定期喷洒50%多菌灵可湿性粉剂800～1000倍液进行防治。

保护状态

已列入CITES附录II。

变种、自然杂交种及常见栽培品种

尚无相关报道。

本种为马达加斯加特有的种类，具有典型的穗状花序，没有花梗。其种名“*conifera*”是指其花序幼时外观圆锥形，很像冷杉的长圆锥形的球果，因此称为圆锥芦荟、锥序芦荟或锥花芦荟。圆锥芦荟的模式标本由法国植物学家皮埃尔（H. Perrier）采集于1920年，并由他定名于1926年。本种与伯纳芦荟（*A. betsileensis*）亲缘关系较近，但花色、味道稍有差异。

圆锥芦荟不同产地的样本形态特征有一定的差异，形态具有多样性。卡斯蒂隆（J. -B. Castillon）等在其专著中描述到，典型的样本分布于安巴图菲南德拉哈纳南部的拉托维山（Mt Ratovay），叶片绿色；分布于靠近安布西特拉（Ambositra）至伊瓦图（Ivato）的样本，叶片灰绿色至红色；分布于伊碧提山（Mt Ibity）有两个样本，植株大小与典型样本差异很大，株形小的样本直径只有20cm，而体型大的样本则是典型样本的2倍。

国内引种栽培不多，北京、上海、深圳的一些植物园或私人苗圃有收集，多为幼株，生长较慢，栽培稍有难度，栽培表现一般，尚未观察到开花结实。圆锥芦荟是非常好的观赏种类，绿色、青灰色、红色至灰白色的叶片与红棕色的边缘和边缘齿搭配，非常美丽。幼株常作盆栽观赏，一些幼株叶片表面密布红棕色至灰绿色的圆形疣突，多疣、大疣的植株常被筛选保留，作为优选植株进行观赏和繁殖。

参考文献

Carter S, Lavranos J J, Newton L E, et al., 2011. Aloes: The Definitive Guide[M]. London: Kew Publishing: 230.
Castillon J -B, Castillon J -P, 2010. The Aloe of Madagascar[M]. La Réunion: J.-P. & J.-B Castillon: 132-137.
Eggli U (Ed.), 2001. Illustrated Handbook of Succulent Plants: Monocotyledons[M]. Berlin: Springer-Verlag: 125.
Grace O M, Klopper R R, Figueiredo E, et al., 2011. The Aloe names book[M]. Pretoria: SANBI: 41.

37
库珀芦荟

别名： 库伯芦荟、羽衣锦（日）

Aloe cooperi Baker, Gard. Chron. 1874 (1): 628. 1874.

多年生肉质草本植物，为草芦荟。植株单生或形成小株丛，具直立茎，长可达15cm，一些海岸型的健壮植株，茎可长达50cm，覆盖着老叶叶基部。叶片两列状排列，较老的植株莲座状排列；叶片直立，肉质，线状，长达40～80cm，宽2.5～6cm，叶腹面深凹，背面显著龙骨状；中绿色，近基部淡棕色，具白色斑点，特别是背面；边缘假骨质，具白色软齿，长2mm，向基部密集。花序不分枝，长40～100cm；花序梗上半部分具淡粉色、干膜质的不育苞片，苞片卵状，锐尖；总状花序圆锥状至近头状，长10～20cm，直径10～14cm，花排列密集；花苞片卵状，渐尖，长25～35mm，宽10mm，花芽期交叠排列；花梗长30～60mm，果期伸长；花被筒鲑粉色或淡红色至橙色，绿头，长25～40mm，三棱状筒形，子房部位宽12mm，向口部变窄，花被筒基部尖头状；外层花被几近基部分离，花被尖端稍开展；雄蕊和柱头稍伸出。染色体：2n=14（Kondo & Megata，1943）。

中国科学院植物研究所北京植物园　盆栽播种苗，植株尚未形成丛生，植株低矮，高约12cm，株幅约30cm。叶紧密交叠排列成两列状，叶线形，基部变宽呈三角形，长47～58cm，上部宽4～7mm，腹面凹，背面龙骨状，龙骨棱具白边，上具连续的小齿；叶两面深绿色（RHS NN137A-C），叶基部微红，呈棕红色；叶两面具斑点，淡黄绿色至绿白色（RHS 193A-D，196D），斑点中间有时具突起的小齿尖，主要分布于叶基部，腹面斑点较少，延长椭圆形，背面斑点较多，圆形、椭圆形、延长椭圆形，有时斑点连成线状；边缘窄假骨质边颜色稍浅，淡黄绿色至绿白色（RHS 193A-D，196D），具同色纤毛状柔软的边缘齿，边缘齿长0.5～1.5mm，齿间距2～4mm。

北京植物园　未记录形态信息。

仙湖植物园　未记录形态信息。

上海辰山植物园　温室盆栽栽培，植株茎不明显，丛生，形成大小约26头的株丛，高达40cm。叶片线状，长39cm，宽1～1.2cm；腹面深凹，背面龙骨状；两面均匀绿色，叶基部红棕色，两面具斑点，绿白色，腹面较少，背面密集，集中于叶基部，椭圆形、圆形，或多个斑点连合成一串，有时叶基具模糊暗条纹；边缘具绿白色的假骨质边和软齿，长0.5mm，齿间距1mm。

丛生植株（上海CBG）

开花植株（南非）

花序

植株局部
叶片基部紧密交叠排成两列状
植株基部根系
基部多萌蘖
蘖芽
成株边缘齿
成株叶腹面
成株叶背面
播种幼株（北京IBCASBG）
幼株局部
幼株叶腹面
幼株叶背面
幼株叶腹面局部
幼株叶背面局部

幼株边缘齿

幼株叶先端

幼株斑点、龙骨棱上刺突

种子

分布

广泛分布于南非夸祖鲁-纳塔尔省向北至姆普马兰加省和斯威士兰，以及莫桑比克最南端。

生态与生境

生长于沼泽草地至干旱岩石坡，海拔自近海平面至1800m。

用途

观赏、食用、药用。在原产地，南非和莫桑比克的祖鲁人用花煎煮汁液缓解分娩痛苦；他们还食用嫩芽和花，将其作为蔬菜进行烹饪；用汁液喂马驱除虱子；在牛圈燃烧叶片产生烟雾，用以防止食用不当食物对牛产生的影响。

引种信息

中国科学院植物研究所北京植物园　种子材料（2017-0268）引种自南非开普敦，播种苗生长较慢，长势一般。

北京植物园　植株材料（2011132）引种自美国，生长较慢，长势良好。

仙湖植物园　植株材料（SMQ-036）引种自美国，生长较慢，长势良好。

上海辰山植物园　植株材料（20110851）引种地美国，生长较缓慢，长势良好。

物候信息

原产地南非花期12月至翌年3月。

中国科学院植物研究所北京植物园　播种苗尚未观察到开花和自然结实。

北京植物园　未观察到开花。夏季湿热季节有短暂休眠。

仙湖植物园　未观察到开花。夏季湿热季节有短暂休眠。

上海辰山植物园　未观测到开花结实，全年生长，夏季短暂休眠。

繁殖

多播种、分株繁殖，扦插一般用于抢救烂根病株。

迁地栽培要点

高海拔种类，对环境条件有一定需求。喜光，耐阴。不耐旱，不耐水涝。夏季喜凉爽，冬季喜温暖，需要一定空气湿度。

中国科学院植物研究所北京植物园 温室盆栽。采用排水良好的颗粒基质，采用草炭土：河沙为2：1或1：1的基本比例，加入赤玉土、轻石等颗粒基质。喜湿，生长季保持盆土微潮。北京地区度夏较困难，夏季湿热季节，要注意保持盆土稍干，加强通风，避免湿涝引起腐烂病。

北京植物园 温室盆栽，采用草炭土、火山岩、沙、陶粒等材料配制混合基质，排水良好。夏季中午需50%遮阳网遮阴，休眠期要控制浇水，避免盆土湿涝。冬季保持5℃以上可安全越冬。

仙湖植物园 温室盆栽。采用腐殖土、河沙混合土栽培

上海辰山植物园 温室栽培，土壤配方用颗粒土和少量草炭混合种植。温室内夏季最高温在40℃以下，冬季最低温在13℃以上，能安全度夏和越冬。

病虫害防治

抗性强，容易发生腐烂病和根粉蚧。

中国科学院植物研究所北京植物园 容易罹患腐烂病和根粉蚧，定期用50%多菌灵800～1000倍液、40%氧化乐果1000液、蚧必治1000倍液进行预防。对于已罹患根粉蚧的植株，施用蚧必治喷洒患病部位或灌根，每7天1次，连续4～6次。

北京植物园 夏季高温高湿季节，休眠期容易发生腐烂病，注意控水，定期喷洒百菌清等杀菌剂进行防治。

仙湖植物园 湿热夏季容易发生腐烂病，定期喷洒75%甲基托布津可湿性粉剂800倍液等杀菌类农药进行防治。

上海辰山植物园 有时在翻盆时发现根部有根粉蚧，用特福力2000倍液灌根。

保护状态

已列入CITES附录II。分布广泛，没有受到威胁。

变种、自然杂交种及常见栽培品种

存在自然杂交种，可与木立芦荟（*A. arborescens*）自然杂交。

本种发现和定名较早，最早由伯切尔（W. J. Burchell）在其早期的南非旅行中发现，后由英国人库珀（T. Cooper）重新发现并收集。1874年，贝克（J. G. Baker）以库珀的名字命名了这种植物。

国内一些植物园、苗圃已有引种，北京、上海、深圳等地有栽培记录。本种喜气候凉爽、空气湿润，国内各地栽培表现不同。上海地区植株生长状态较好，而北京地区表现一般，温室栽培度夏稍有难度。

参考文献

Carter S, Lavranos J J, Newton L E, et al., 2011. Aloes: The Definitive Guide[M]. London: Kew Publishing: 148.
Eggli U (Ed.), 2001. Illustrated Handbook of Succulent Plants: Monocotyledons[M]. Berlin: Springer-Verlag: 125.
Grace O M, Klopper R R, Figueiredo E, et al., 2011. The Aloe names book[M]. Pretoria: SANBI: 42.
Jeppe B, 1969. South Africa Aloes[M]. Cape Town: Purnell & Sons S.A. (PTY.) LTD.: 125-126.
Schmelzer G H, Gurib-Fakim A, 2008. Medicinal Plants[M]. Wageningen: Ponsen & Looijen BV: 76.
Van Wyk B -E, Smith G F, 2014. Guide to the Aloes of South Africa[M]. Pretoria: Briza Publications: 306.

38
隐花芦荟（拟）

Aloe cryptoflora Reynolds, J. S. African Bot. 31: 281. 1965.

多年生肉质草本植物。植株茎不明显或具短茎，单生。叶15～20片，密集排列成莲座状，叶片披针形，渐尖，长20～25cm，宽6.5cm，暗绿色，微红；边缘微红色，具尖锐红色齿，长2～3mm，齿间距5～10mm。花序通常具1分枝，高约40～60cm；花序梗具少数不育苞片，苞片肉质，长12～15mm；总状花序圆柱形至稍有些圆锥形，长14～30cm，直径3cm，花排列非常密集。花苞片倒卵状，具骤尖，肉质，环绕呈杯状，淡绿色，长11mm，宽12mm，花芽期明显覆瓦状排列，完全包裹花蕾；花无梗，花被筒下部黄绿色，口部橙黄色，圆筒形至近钟形，长10mm，子房部位宽3.5mm；外层花被自基部分离，有香味；雄蕊和花柱伸出3mm。

中国科学院植物研究所北京植物园 植株单生，具短茎，株幅达36cm。叶片披针形，均一绿色（RHS NN137A–B），光亮革质，无斑点，有模糊条痕，长17～18cm，宽达3.3cm；叶先端圆钝，具多个红色齿尖（RHS 178A–B），叶背面靠近叶先端沿中脉分布少数几个皮刺，小而圆钝，红色至绿色；边缘红色（RHS 178B），边缘齿三角状，粗壮，红色（RHS 178A–B），齿尖暗棕色，长1～2mm，齿间距3～6mm。

分布

原产自马达加斯加的菲亚纳兰楚阿省（Fianarantsoa）。

生态与生境

生长在中央高原地区的花岗岩山坡上，海拔1300m。

用途

观赏。

引种信息

中国科学院植物研究所北京植物园 幼苗材料（2010-W1142）引种自北京，长速中等，长势良好。

物候信息

原产地马达加斯加花期6月。

中国科学院植物研究所北京植物园　尚未观察到开花和自然结实。

繁殖

播种繁殖。扦插繁殖多用于挽救烂根植株。

迁地栽培要点

习性强健，栽培管理容易。喜光，喜温暖，耐旱，需排水良好的栽培基质。可耐短暂0～3℃低温，保持盆土干燥5～6℃可安全越冬。

中国科学院植物研究所北京植物园　温室盆栽栽培，需阳光充足。选用赤玉土、腐殖土、轻石、沙、谷壳碳等材料配制的颗粒性混合基质，混合基质排水良好。北京地区夏季湿热，注意适当遮阴降温，加强通风，降低空气湿度，避免盆土过于湿涝。

病虫害防治

抗性强，病虫害较少发生。

中国科学院植物研究所北京植物园　偶有腐烂病、褐斑病发生，可喷施多菌灵800～1000倍液进行防治。未发现明显虫害，仅喷施氧化乐果、溴氰菊酯等农药进行常规预防性打药。

保护状态

已列入CITES附录II。

变种、自然杂交种及常见栽培品种

尚未见相关报道。

本种发现较晚，1965年，雷诺德（G. W. Reynolds）首次描述了该种。其拉丁种名“*cryptoflora*”意为“隐藏的花”。本种的花序穗状，花苞片非常大，覆盖着花，几乎很少部分的花被筒从苞片中露出来，花丝伸出较长，被称为“隐藏的花”（hidden flower）。

隐花芦荟的花和花序与圆锥芦荟（*A. conifera*）很相似，但植株有很大区别。表现在隐花芦荟的叶片为光亮的绿色至微红色，茎长10～30cm，幼株不密布皮刺或疣突；而圆锥芦荟的叶片没有光泽，绿色、灰绿色至红棕灰色，被霜粉，有些样本的幼株密布大量疣状突起或皮刺，茎长仅达10cm。

国内栽培不多，仅北京有栽培，栽培表现良好，但尚未观察到花期物候。植株叶丛油绿，光亮，红色的边缘齿十分显著，观赏效果很好。可在温暖、干燥的无霜地区，与山石搭配，布置庭园或岩石园；幼苗适于作盆栽观赏。

参考文献

Carter S, Lavranos J J, Newton L E, et al., 2011. Aloes: The Definitive Guide[M]. London: Kew Publishing: 217-219, 252, 241.

Castillon J -B, Castillon J -P, 2010. The Aloe of Madagascar[M]. La Réunion: J.-P. & J.-B Castillon: 138-139.

Eggli U (Ed.), 2001. Illustrated Handbook of Succulent Plants: Monocotyledons[M]. Berlin: Springer-Verlag: 126.

Grace O M, Klopper R R, Figueiredo E, et al., 2011. The Aloe names book[M]. Pretoria: 43.

Rakotoarisoa S E, Klopper R R, Smith G F, 2014. A preliminary assessment of the conservation status of the genus *Aloe* L. in Madagascar[J]. Bradleya: 32: 81-91.

39
达维芦荟

别名：塔影锦芦荟、塔影锦（日）

Aloe dawei A. Berger, Notizbl. Königl. Bot. Gart. Berlin 4: 246. 1906.

多年生肉质矮灌木。具茎，多分枝，茎直立或横卧，长可达200cm，直径6～8cm，枯叶宿存。叶16～20片，松散排列成莲座状，叶片披针形，渐尖，长40～60cm，宽6～9cm，橄榄绿色至暗绿色，有时带红色，幼枝叶片具暗淡白色斑点；边缘具齿，尖锐，红棕色，长2～4mm，齿间距10～15mm；汁液干燥后黄色。花序高60～90cm，具3～8分枝；总状花序宽圆柱形至圆锥形，长8～20cm，直径8cm，花较密集；花序苞片卵状，急尖，长3～4mm，宽3～5mm；花梗长10～15mm；花被通常红色，口部较浅，稀黄色，长33～35mm，基部骤缩，子房部位宽8mm；上方稍狭窄；外层花被分离11～22mm；雄蕊和花柱伸出约4mm。染色体：2n=14（Brandham，1971）。

北京植物园 未记录形态信息。

厦门市园林植物园 露地栽培，多年生灌状肉质植物。叶片披针形，两面均匀绿色，无斑。花序具3～6分枝，分枝较开展；总状花序圆锥至圆柱状，花排列较密集；花橙红色，口部稍浅，略黄色，花被裂片边缘橙白色至淡黄色；花蕾先端灰绿色或绿色；花被筒状，长32～33mm，子房部位宽6～7mm，子房上方稍渐狭，其后向上稍变宽，花被裂片先端稍平展；雄蕊花柱伸出约6mm。

仙湖植物园 未记录形态信息。

上海辰山植物园 温室地栽，丛生植株，生长强健，基部容易萌蘖，株高93cm，株幅61cm，株丛可达直径94cm。叶片长27cm，宽5.6cm；叶片在幼叶期时斑纹不明显，成叶斑纹向叶尖逐渐清晰密集；边缘具齿，长1～2mm，齿间距10～15mm。花序分枝2～3个；总状花序圆柱状，花排列紧密；花苞片小，倒卵状，米色具棕褐色的细脉纹，膜质；花橙红色，口部渐变至淡黄色，花被裂片边缘淡黄色；花蕾先端青绿色或灰绿色；花被筒状，长32～33mm，子房部位宽约7mm，上方稍缢缩至6mm，之后向上渐宽至7mm；外层花被裂片分离约9～10mm；雄蕊花丝淡黄色，伸出约6mm，花柱淡黄色，伸出约2mm。

露地栽培植株（厦门）

株丛（厦门）

植株局部（厦门）

茎节
叶鞘条纹和斑点
植株基部萌生蘖芽
叶腹面
叶背面（无斑）
叶背面斑点
叶先端
叶片边缘
边缘齿
花芽伸长期花序
开花植株（上海CBG）
花序（上海CBG）
开花植株（厦门）
花序（厦门）

花序局部　花

花发育

分布

广泛分布于肯尼亚、卢旺达、乌干达和扎伊尔。

生态与生境

生长于草原和刺灌丛，海拔800～1525m。

用途

观赏、药用，可做篱笆等。为乌干达中部主要的药用芦荟，用于治疗烧伤、创伤、皮肤溃疡、疟疾、耳部炎症等，还可用作缓泻剂。

引种信息

北京植物园　植株材料（2011138）引种自美国，生长迅速，长势良好。

厦门市园林植物园　扦插材料引种登记信息不详，生长迅速，长势良好。

仙湖植物园　植株材料（SMQ-039）引种自美国，生长迅速，长势良好。

上海辰山植物园　植株材料（20110962）引种自美国，生长迅速，长势良好。

物候信息

原产地乌干达花期8月至翌年4月。

北京植物园　未观察到花期物候。无休眠期。

厦门市园林植物园　花期10月。未见明显休眠期。

仙湖植物园　观察到花期12月至翌年1月。12月下旬初花期。

上海辰山植物园　温室栽培。10月下旬初现花芽，11月上旬花序抽出，11月下旬开始开花，翌年2月中旬，果实成熟。未见明显休眠。

繁殖

播种、扦插、分株繁殖。

迁地栽培要点

习性强健，栽培管理容易。本种喜光、喜温暖，耐旱，稍耐寒，有记录可耐短暂-3℃左右低温。

北京植物园　温室盆栽，采用草炭土、火山岩、沙、陶粒等材料配制混合基质，排水良好。夏季中午需50%遮阳网遮阴，冬季保持5℃以上可安全越冬。

厦门市园林植物园　室内室外均有栽植。馆内采用腐殖土、河沙混合土栽培。

仙湖植物园　室内地栽，采用腐殖土、河沙混合土栽培。

上海辰山植物园　温室栽培，土壤配方用砂壤土与草炭混合种植。温室内夏季最高温在40℃以下，冬季最低温在13℃以上，能安全度夏和越冬。

病虫害防治

抗性强，病虫害较少发生。

北京植物园　未观察到病虫害发生，仅定期进行病虫害预防性的打药。

厦门市园林植物园　未观察到病虫害发生，定期喷洒甲基托布津预防腐烂病、黑斑病等细菌、真菌病害。

仙湖植物园　未观察到病虫害发生，仅定期进行病虫害预防性的打药。

上海辰山植物园　未见病虫害发生，定期喷洒杀菌剂预防腐烂病发生。

保护状态

已列入CITES附录II。

变种、自然杂交种及常见栽培品种

为非常常见的园艺观赏种类，一般红色花，偶有黄花，为变型*A. dawei*'Yellow'，亦用于园林观赏。除原种及其变型外，一些园艺杂交种也广泛应用于庭园美化，如*A. dawei*'Jacob's Ladder'、*A. dawei*'David's Delight'、*A. dawei*'Conejo Flame'等等。

本种由乌干达恩德培植物园的达维（M. T. Dawe）发现，1905年，他将这种芦荟的种子邮寄给柏林的植物学家伯格（A. Berger）。1906年，伯格以达维的名字命名了这种芦荟。这种芦荟的典型生境离恩德培很近，在靠近维多利亚湖的岸边。

达维芦荟与涅里芦荟（*A. nyeriensis*）的亲缘关系较近，同属于东非四倍体灌状芦荟的群组，具有共同祖先。与后者区别是花序轴暗红棕色，花被筒较短。在国内植物园栽培中，由于记录不完整，达维芦荟常与类似的灌木状的科登芦荟（*A. kedongensis*）、埃尔贡芦荟（*A. elgonica*）混淆，鉴定存在一些问题。这三种芦荟可以根据花序分枝数量、花被筒的长度、花梗的长度、边缘齿的长度和形状进行区分，达维芦荟的花序分枝是这些种类里最多的，可达8个，较开展；花梗长度也是最短的，只有10～15mm长；花被筒长度33～35mm。

国内一些植物园已有引种收集，在北京、上海、厦门、深圳等地都有栽培，在我国厦门、深圳等温暖地区，已作露地栽培，其他靠北方的地区均温室地栽或盆栽。各地栽培表现良好，可以开花结实。本种是非常好的灌木状种类，可以在温暖干燥无霜地区成片种植，布置多肉景观的花境。

参考文献

Carter S, Lavranos J J, Newton L E, et al., 2011. Aloes: The Definitive Guide[M]. London: Kew Publishing: 635.

Cole T, Forrest T, 2017. Aloes of Uganda: A Field Guide[M]. Santa Babara: Oakleigh Press: 56–61.

Eggli U (Ed.), 2001. Illustrated Handbook of Succulent Plants: Monocotyledons[M]. Berlin: Springer–Verlag: 127.

Grace O M, Klopper R R, Figueiredo E, et al., 2011. The Aloe names book[M]. Pretoria: SANBI: 44–45.

Reynolds T, 2004. Aloes: The genus *Aloe*[M]. New York: CRC Press: 358–359.

40
三角齿芦荟

别名：三隅锦芦荟、三隅锦（日）

Aloe deltoideodonta Baker, J. Linn. Soc., Bot. 10: 271. 1883.
Aloe rossii Todaro ap. Berger, Pflanzenreich Aloineae 186. 1908.

多年生肉质草本植物。茎不明显或具短茎，单生或萌生蘖芽形成小株丛。叶约12～16片，密集排列成莲座状，直立至平展，三角状至披针形，长10～13cm，宽2.5～3cm，灰绿色，具模糊条纹；边缘具狭窄，淡黄色的软骨质边，具齿，长2mm，微黄色，齿间距3～5mm。花序高40～60cm，不分枝或具1～2分枝；花序梗总状花序下具少数不育苞片；总状花序细圆柱形，锐尖，长15～20cm，花排列稍密集；花序苞片披针形至三角状，长约10mm，白色；花梗10～12mm；花被红色，长约25mm，筒形；外层花被分离约10mm；雄蕊和花柱伸出0～1mm。

中国科学院植物研究所北京植物园 株高约14cm，株幅约21.5cm。叶片长10～11cm，宽5～5.6cm；叶片腹面深绿色至黄绿色（RHS 141A-B至146A），背面绿色（RHS 147A-B），腹面背面全叶密布斑点，或斑点稀疏，有时无斑，斑点圆形、H型，淡黄绿色（RHS 193B-D）至白色，背面斑点几连成片；边缘具三角齿，有时钩状，青白色（RHS 193B-D），尖端红棕色至淡橙红色（RHS 174A-D），边缘齿长1.5～2mm，齿间距2～3.5mm。花序高约36.5cm，具1分枝；花序梗淡灰棕色（RHS 201C），具霜粉，擦去后淡棕红色（RHS 177D）；总状花序长7.9～12.6cm，直径6.3～7cm，具花21～40朵；花被筒深粉色（RHS 180C-D），口部渐浅，裂片中脉深粉渐变至灰绿色（RHS 189A-B），裂片边缘白色；花被筒长27～28mm，子房部位宽约7mm，子房上方稍缢缩至直径6mm，其后向上逐渐变宽；外层花被分离约22mm；雌蕊雄蕊淡黄白色，雄蕊伸出0～2mm，花柱不伸出。

上海植物园 未记录形态信息。

植株（北京IBCASBG）
地栽丛生植株
少斑型植株（上海SHBG）
幼株（密斑型）
基部蘖芽（密斑型）
叶腹面
叶背面

叶腹面斑点
叶背面斑点
边缘齿
钩状边缘齿
叶先端
叶心
叶腹面（上海SHBG）
叶腹面局部
（上海SHBG）
叶心（少斑型）（上海SHBG）
开花植株（花芽伸长期）
开花植株（盛花期）
（北京IBCASBG）
花序
总状花序
总状花序局部
花芽伸长期花序
花
花
cm 1 2 3 4 5 6 7 8 9 10
花发育
花解剖

分布

马达加斯加西南部，模式产地不详。

生态与生境

生于山地山坡、岩石缝隙中，海拔100～1000m。

用途

观赏等。

引种信息

中国科学院植物研究所北京植物园 斑点型样本插穗材料（2012-W0403）引种自捷克布拉格，长速中等，长势良好。

上海植物园 植株材料（2011-6-036）引种自美国，长速中等，长势良好。斑点型植株材料（2011-6-046）引种自美国，长速中等，长势良好。

物候信息

原产地马达加斯加花期4～6月。

中国科学院植物研究所北京植物园 观察到花期5～6月、9～10月。5～6月：5月中旬花芽初现，始花期6月初，盛花期6月上旬至6月中旬，末花期6月下旬。9～10月：9月初花芽初现，始花期9月下旬，盛花期9月末至10月上旬，末花期10月中旬。单花花期3天。未观察到结实。无休眠期。

上海植物园 未记录花期物候。

繁殖

播种、分株、扦插繁殖。

迁地栽培要点

栽培管理较容易。植株中小型，多盆栽。喜排水良好的栽培基质，可选用颗粒混合基质，耐旱，不耐涝。喜充足阳光，稍耐遮阴。喜温暖，不耐寒。越冬温度6～8℃以上，最适生长温度为15～23℃。

中国科学院植物研究所北京植物园 管理较为粗放，选用赤玉土、腐殖土、沙、颗粒腐殖土、轻石、谷壳碳等配制的混合基质，掺入少量颗粒缓释肥。夏季怕湿热，需控制浇水，避免盆土和叶心积水，并加强通风。夏季可适当遮阴，遮阴度40%～50%。

上海植物园 温室盆栽。用赤玉土、腐殖土、轻石、沙等配制基质。

病虫害防治

湿热季节容易罹患腐烂病。

中国科学院植物研究所北京植物园 夏季湿热季节和入冬来暖之前的低温高湿季节，每10～15天施用50%多菌灵1000倍液进行预防。其他季节可延长打药间期至15～20天。

上海植物园 高温高湿季节容易发生腐烂病，注意控制浇水，定期喷洒杀菌剂进行预防。

保护状态

已列入CITES附录II。

变种、自然杂交种及常见栽培品种

具几个变种，均产自马达加斯加。常见的有：短叶三角齿芦荟（*A. deltoideodonta* var. *brevifolia*），叶片宽，几近圆形，有时具白点。*A. deltoideodonta* var. *candicans*，花序较短，膜质苞片非常宽大，长8mm，宽15mm，具许多细脉纹，花芽期花蕾完全被苞片包裹。美纹三角齿芦荟（*Aloe deltoideodonta* var. *fallax* H.Perrier）又名假伊碧提芦荟，萌生蘖芽形成小株丛，株丛一般10头左右，叶片具明显的条纹，总状花序长7cm；苞片大，膜质，披针状。鲁芬三角齿芦荟（*A. deltoideodonta* var. *ruffingiana*），植株较平展，具绿白色斑点，边缘具连续的软骨质边和齿。有园艺杂交种的报道，如*A.*'Delta Light'、*A.*'Blue Sensation'、*A. deltoideodonta*'Sparkler'、*A.*'Badeel'、*A.*'Jacobseniana'、*A.*'Wunderkind'等，杂交亲本都包含三角齿芦荟的园艺杂交品种。

本种由Baker定名于1883年，其种名"*deltoideodonta*"，意指其三角状的边缘齿。三角齿芦荟、其变种及其相关种类的定名目前还较比混乱，还没有定论。拉弗兰诺斯（J. J. Lavranos）研究后得认为马南多芦荟（*Aloe manandonae*）在Tananarive地区与*Aloe deltoideodonta*是同物异名的。为了解决这一问题，让-菲利普·卡斯蒂隆（J.-P. Castillon）在2014年发布的文章中提出一种新的组合名称，将原本的*A. deltoideodonta* var. *brevifolia*和*A. deltoideodonta* var. *intermedia*更名为*A. horombensis*，而三角齿原有的变种*A. deltoideodonta* var. *candicans*、*A. deltoideodonta* var. *fallax*、*A. deltoideodonta* var. *ruffingiana*、*A. deltoideodonta* var. *amboahangyensis*作为新种名下的亚种，变更为*A. horombensis* subsp. *candicans*、*A. horombensis* subsp. *fallax*、*A. horombensis* subsp. *ruffingiana*、*A. horombensis* subsp. *amboahangyensis*，并描述了一个来自Fort Dauphin的新亚种*A. horombensis* subsp. *andavakana*，目前这一观点还未被广泛接受。

国内有引种，北京、上海等地有栽培，栽培表现良好，适合小盆栽观赏。本种多样性丰富，国内栽培的样本包含少斑、密斑两种类型。栽培表现良好，已观察到花期物候。国内栽培的各样本是不同植物园分别从美国、捷克等国家引种，随植株引进的标牌名称也很混乱。经过比对植株、叶、花的形态数据，基本与文献记录相吻合，所以暂时保持原有名称。由于本种定名较为复杂，可参考的资料不多，鉴定上难免产生偏差。

参考文献

Carter S, Lavranos J J, Newton L E, et al., 2011. Aloes: The Definitive Guide[M]. London: Kew Publishing: 217, 219.

Castillon J -P, 2014. New remarks on the identity of *Aloe deltoideodonta* Baker (Xanthorrhoeaceae) and new name, *Aloe horombensis* nom. nov., for the *Aloe* of Southern Betsileo[J]. Adansonia 36(2): 221-235.

Castillon J -B, Castillon J -P, 2010. The Aloe of Madagascar[M]. La Réunion: J.-P. & J.-B Castillon: 172-183.

Eggli U (Ed.), 2001. Illustrated Handbook of Succulent Plants: Monocotyledons[M]. Berlin: Springer-Verlag: 127-128.

Grace O M, Klopper R R, Figueiredo E, et al., 2011. The Aloe names book[M]. Pretoria: SANBI: 46.

41 美纹三角齿芦荟（拟）

Aloe deltoideodonta var. ***fallax*** H. Perrier, Succulentes 29 (1): 20. 2006.
Aloe deltoideodonta subsp. *fallax* (J.-B.Castillon) Rebmann, Int. Cact. Advent. 84: 24. 2009.

多年生肉质草本植物。茎不明显或具短茎萌生蘖芽形成小株丛，株丛一般10头左右。叶约12～16片，密集排列成莲座状，直立至平展，三角状至披针形，长10～13cm，宽2.5～3cm，绿色至黄绿色，干旱季节红色，不具斑点，具明显的纵向条纹；边缘具狭窄、淡黄绿色的软骨质边，具齿，长1mm，微黄绿色，齿间距3～5mm。花序高40～60cm，不分枝或具1～2分枝；花序梗具少数不育苞片；总状花序细圆柱形，锐尖，长7cm，花排列较密集；花苞片大，膜质；花梗长10～12mm；花被红色，长约25mm，筒状；外层花被分离约10mm；雄蕊和花柱伸出0～1mm。

中国科学院植物研究所北京植物园　株高30～35cm，株幅24～26cm，枯叶宿存。叶片长17.5～19.5cm，宽3.6～3.9cm，叶腹面、背面淡黄绿色（RHS 147C至148D），具纵向细条纹，橄榄绿色至黄绿色（RHS 147A-B）；边缘具软骨质边，与边缘齿一样，淡黄绿色至白色，齿长0.5～1mm，齿间距5～9mm。花序高45～70cm，具1～2分枝；花序梗具霜粉，淡黄绿色（RHS 138C-D），擦去霜粉黄绿色（RHS 138B）；总状花序长13.2cm，宽5.5cm，具花32～68朵；花苞片白色，膜质，具浅棕色细脉；花梗黄绿色（RHS 146D），微红；花被淡橙色（RHS 29B-C），口部白色，裂片先端具黄绿色（RHS 146A-C）脉纹，花蕾红橙色（RHS 31B-29B）至淡橙色；花被筒长28mm，子房部位宽6.5mm，向上稍变宽至7.5mm；外层花被分离约19mm；雄蕊花丝白色，伸出约5mm，花柱淡黄色（RHS 13D），伸出3～4mm。

北京植物园　植株丛生，株高约15cm，株幅约22.5cm。叶片三角状至披针形，渐尖，腹面微凹，长11cm，宽可达4cm；叶腹面绿色或黄绿色，背面颜色相对较浅。有纵向条纹均匀排列；边缘浅黄色，具齿，不尖锐，长度小于1mm，齿间距2mm。

厦门市园林植物园　植株丛生多萌蘖，形成小株丛。叶片直立至平展，披针形，先端渐尖，黄绿色，两面具密集纵向条纹；边缘具小齿，绿白色。

上海辰山植物园　温室盆栽植株，茎长约10cm，基部萌蘖，形成大小芽达20头，直径达25cm的株丛。叶片三角状、披针形，淡绿色，具密集暗绿色纵向细条纹。

上海植物园　尚未记录物候信息。

盆栽植株（上海CBG）

盆栽植株（厦门）

植株（上海SHBG）

盆栽植株（北京IBCASBG）
展室配置山石的植株（北京IBCASBG）
植株基部多蘖芽
叶腹面
叶背面
叶先端
叶腹面局部
条纹
叶片边缘
边缘齿
不育苞片
花苞片
开花植株（北京IBCASBG）
开花植株（北京IBCASBG）
花序（现蕾期）
花序（盛花期）
花
cm 1 2 3 4 5 6 7 8 9 10
花发育
花解剖

分布

产自马达加斯加安巴拉沃（Ambalavao）西南部，与安卡拉梅纳（Ankaramena）之间的地区。

生态与生境

生长于花岗岩地区的草丛中，与密花棒锤树（*Pachypodium densiflorum*）和珊瑚大戟（*Euphorbia leucodendron*）伴生。海拔800m。

用途

观赏。

引种信息

中国科学院植物研究所北京植物园 幼苗材料（2008-1924），引种自仙湖植物园，生长迅速，长势良好；幼苗材料（2012-W0327），引种自捷克，生长迅速，长势良好。

北京植物园 植株材料（20110140）引种自美国，生长迅速，长势良好。

厦门市园林植物园 登记不全，引种地不详，生长速度中等，长势良好。

上海辰山植物园 植株材料（20110901）引种自美国，生长速度中等，长势良好。

上海植物园 植株材料（编号不详）引种自美国，生长速度中等，长势良好。

物候信息

原产地马达加斯加花期3～4月。

中国科学院植物研究所北京植物园 花期9～10月。9月中旬花芽初现，10月上旬始花期，10月中旬盛花期，10月下旬末花期。单花期3天。未见自然结实。未观察到明显休眠期。

北京植物园 尚未观察到开花。

上海辰山植物园 未观测到开花，果未见。未观察到具有休眠期。

厦门市园林植物园 尚未记录开花信息。

上海植物园 尚未记录开花信息。

繁殖

播种、分株、扦插繁殖。

迁地栽培要点

本种习性强健，栽培管理较为容易。栽培基质需排水良好，可选用颗粒性较强的混合基质。栽培场所需阳光充足，光线不足容易引起徒长。北方地区栽培，夏季需适当遮阴。耐旱，不耐涝。耐短暂3℃低温，冬季温度保持8～10℃以上，可正常生长。

中国科学院植物研究所北京植物园 采用腐殖土与粗沙（3：1或4：1）的混合土进行栽培，也可混入适量的颗粒基质促进根部排水，如轻石、赤玉土、木炭粒、珍珠岩等，颗粒基质的总量应控制在1/3左右。北京地区夏季湿热，需保持盆土适当干燥，避免盆土积水、叶心积水引起腐烂病。

北京植物园 温室盆栽，采用草炭土、火山岩、沙、陶粒等材料配制混合基质，排水良好。

上海辰山植物园 温室栽培，土壤配方用少量颗粒与草炭混合种植。温室内夏季最高温在40℃以下，冬季最低温在13℃以上，能安全度夏和越冬。

厦门市园林植物园 温室种植，采用腐殖土、河沙混合土栽培。本种不耐水涝，湿热季节容易发生腐烂病，要定期施用杀菌剂进行防治。

上海植物园 温室盆栽，采用赤玉土、腐殖土、轻石、沙等基质配制混合土。

病虫害防治

不耐水涝，湿热季节容易发生腐烂病，要定期防治。

中国科学院植物研究所北京植物园 定期进行病虫害预防性的打药，尤其是冬季和夏季，每10～15天喷洒50%多菌灵800～1000倍液进行预防，加强通风。

北京植物园 未见病虫害发生。

上海辰山植物园 抗性强，病虫害较少发生。

厦门市园林植物园 湿热季节定期喷洒杀菌剂预防腐烂病发生。

上海植物园 未见病虫害发生。

保护状态

已列入CITES附录II

变种、自然杂交种及常见栽培品种

未见相关报道。

美纹三角齿芦荟为三角齿芦荟的变种，与原变种三角齿芦荟的区别是，本种叶两面具密集纵向的条纹，条纹清晰，花序较短。叶片黄绿色，有时微红；三角齿芦荟则灰绿色，无清晰条纹。本变种发现定名较晚，由让-伯纳德·卡斯蒂隆（J.–B. Castillon）定名于2006年。美纹三角齿芦荟与马南多芦荟（*A. manandonae*）有些难以分辨，二者叶腹面都具有清晰的暗绿条纹，前者基部多萌蘖形成株丛，而后者不萌生蘖芽，往往单生。从苗圃购买种苗时，美纹三角齿芦荟常被错误地称作伊碧提芦荟（*A. ibitiensis*）。其变种名"*fallax*"意为"迷惑的、欺骗的"，就是指它被认为是其他种，偶有人称之为假伊碧提芦荟。这两种芦荟还是区别很大的，伊碧提芦荟单生，不形成株丛，叶片不具有清晰的条纹，叶形也有一定区别，较窄，条状披针形。白纹芦荟（*A. albostriata*）也是一种常被误认为是伊碧提芦荟的种类，叶片条纹与本种很相似，区别是白纹芦荟的叶形较狭长，呈条状或较窄的披针形。让-菲利普·卡斯蒂隆（J.–P. Castillon）在2014年发布的文章中将本变种重新定名描述为，*Aloe horombensis* subsp. *fallax* (J.–B.Castillon) J.–P. Castillon，但这一观点还未被广泛接受。

国内多地引种，北京、上海、厦门、深圳等地的植物园均有栽培，栽培表现良好，已观察到花期物候。栽培植株物候观测的数据与文献记录稍有差别，上海栽培的植株，萌蘖多达20个，多于文献记载，北京地区栽培植株的总状花序长度也大于文献记录。

参考文献

Carter S, Lavranos J J, Newton L E, et al., 2011. Aloes: The Definitive Guide[M]. London: Kew Publishing: 217–219, 252, 309.

Castillon J –B, 2009. Rectification of a mistake by G.–W. Reynolds on a Malagasy *Aloe* (Asphodelaceae) and description of a new species[J]. Bradleya, 27: 145–152.

Castillon J –P, 2014. Nouvelles remarques sur l'identité de l'*Aloe deltoideodonta* Baker (Xanthorrhoeaceae) et nouveau nom, *Aloe horombensis* nom. nov., pour les Aloe L. affiliés du sud–Betsileo:[J]. ADANSONIA, sér, 3: 36 (2): 221–235.

Castillon J –B, Castillon J –P, 2010. The Aloe of Madagascar[M]. La Réunion: J.–P. & J.–B Castillon: 176–177.

Eggli U (Ed.), 2001. Illustrated Handbook of Succulent Plants: Monocotyledons[M]. Berlin: Springer–Verlag: 127–128,142–143.

Grace O M, Klopper R R, Figueiredo E, et al., 2011. The Aloe names book[M]. Pretoria: SANBI: 46–47.

42
鲁芬三角齿芦荟

别名：伊索莫尼芦荟

Aloe deltoideodonta var. ***ruffingiana*** (Rauh & Petignat) J.-B. Castillon & J.-P. Castillon, Aloe Madagascar 28 2010.
Aloe deltoideodonta subsp. *esomonyensis* Rebmann, Int. Cact. Advent. 84: 30. 2009.
Aloe ruffingiana Rauh & Petignat, Kakteen And. Sukk. 50: 271. 1999.

为三角齿芦荟的变种。与原变种区别：植株较平展，具或多或少的白色斑点，有时无斑点；边缘具假骨质边。

中国科学院植物研究所北京植物园　多年生肉质草本植物。植株基部萌蘖，形成小株丛，株高约20cm，株幅约28cm。叶片密集排列成莲座状，叶三角状至披针形，长16～17.5cm，宽可达4.5cm，先端锐尖；叶片两面绿色（RHS 147A–148A），有时微红（RHS 177A–C）；叶两面具H型斑点，斑点密集，列状排列，黄色至绿白色（RHS 196 A–C），腹面斑点清晰，背面斑点模糊；具微凸的条痕；边缘具窄边，棕红色（RHS 177A–C），具三角齿，齿绿白色或黄白色（RHS 196A–B），齿尖黄棕色，长1～1.5mm，齿间距2～6mm；汁液无色，干燥后无色。花序高达60cm，具1分枝；花序梗淡灰绿色（RHS 194C–195B）；总状花序圆柱状，长11～18cm，直径4～4.5cm，花排列稍疏松，具花14～32朵；花梗红色（RHS 182B–C）；花橙红色（RHS 35B），口部白色，裂片先端具绿脉纹（RHS 147A–B），花被裂片边缘粉白色（RHS N155B）；花蕾橙红色（RHS 35A–B）；花被筒长26mm，子房部位宽6～6.5mm，上方稍变狭至5～5.5mm，其后向上稍宽；外层花被分离14～18mm；雄蕊花丝白色，伸出2～2.5mm，花柱浅橙黄色（RHS 163B–C），伸出0～1mm。

植株（北京IBCASBG）　植株（北京IBCASBG）　叶腹面　叶背面　叶腹面局部　叶背面局部　叶腹面斑点　叶背面斑点　叶先端

分布

产自马达加斯加安布文贝（Ambovombe）以北、伊索莫尼（Esomony）。

生态与生境

生长于岩石上或林地。

用途

观赏。

引种信息

中国科学院植物研究所北京植物园 植株材料（2017-0378）引种自福建龙海，生长迅速，长势良好。

物候信息

原产地马达加斯加花期5~8月。

中国科学院植物研究所北京植物园 花期9~10月。9月中旬花芽初现，始花期9月末，盛花期10月上旬，末花期10月中。无明显休眠期。

繁殖

可播种、分株、扦插繁殖。

迁地栽培要点

习性强健，栽培管理容易。耐旱，不耐涝，栽培基质需排水良好，可选用颗粒性较强的混合基质。不耐寒，冬季温度5~8℃以上可安全越冬。

中国科学院植物研究所北京植物园　土壤配方选用腐殖土与颗粒性较强的赤玉土、轻石、木炭等基质，以及排水良好的粗沙混合配制，颗粒基质占1/3左右，加入少量谷壳碳，并混入少量缓释的颗粒肥。北京地区夏季湿热，需保持盆土适当干燥，避免盆土积水、叶心积水引起腐烂病。

病虫害防治

抗性较强，未观察到明显的病虫害发生。

中国科学院植物研究所北京植物园　仅定期进行病虫害预防性的打药，尤其是冬季供暖前的低温阶段和夏季7~8月高温高湿季节。每10~15天喷洒50%多菌灵800~1000倍液和40%的氧化乐果800~100倍液进行预防，并加强通风。

保护状态

已列入CITES附录II。

变种、自然杂交种及常见栽培品种

尚未见相关报道。

本变种为三角齿芦荟的变种，常被称作伊索莫尼芦荟（Esomony Aloe），拉丁学名曾定名为*Aloe deltoideodonta* subsp. *esomonyensis* Rebmann，因其采集于马达加斯加的伊索莫尼（Esomony）。2010年，让-伯纳德·卡斯蒂隆（J.-B. Castillon）等在其专著中指出，由于其形态特征并非一成不变的，还有一些无斑、具齿的样本，认为其达不到亚种的地位，仅将其认定为三角齿芦荟的变种。让-菲利普·卡斯蒂隆（J.-P. Castillon）在2014年发布的文章中将本变种重新定名描述为*Aloe horombensis* subsp. *ruffingiana* (Rauh & Petignat) J.-P. Castillon，但这一观点还未被广泛接受。

本变种国内栽培不多，仅在北京、福建有栽培记录。栽培表现良好，是非常适宜盆栽的小型观赏种类。

参考文献

Carter S, Lavranos J J, Newton L E, et al., 2011. Aloes: The Definitive Guide[M]. London: Kew Publishing: 706.
Castillon J -B, Castillon J -P. 2010. The Aloe of Madagascar[M]. La Réunion: J.-P. & J.-B Castillon: 180-183, 211.
Eggli U (Ed.), 2001. Illustrated Handbook of Succulent Plants: Monocotyledons[M]. Berlin: Springer-Verlag: 127-128.
Grace O M, Klopper R R, Figueiredo E, et al., 2011. The Aloe names book[M]. Pretoria: SANBI: 47.

43
第可芦荟

别名：狄氏芦荟、德氏芦荟

Aloe descoingsii Reynolds, J. S. African Bot. 24: 103. 1958.
Guillauminia descoingsii (Reynolds) P. V. Heath, Calyx 4: 147. 1994.

多年生肉质草本植物。茎不明显，萌生蘖芽形成密集株丛。叶8～20片，排列成紧凑莲座状，直径4～5cm；叶片三角状，急尖，平展至反曲，长3cm，宽1.5cm，叶表粗糙，暗绿色具大量白色疣突；边缘常内卷，具白色软骨质边，具三角状齿，长1mm，齿间距1～1.5mm。花序不分枝，高12～15cm，花序梗纤细柔软，具大量不育苞片，苞片长5mm，宽2mm；总状花序紧缩成头状或近头状，长约1.2cm，直径2.5cm，每花序约具花10朵；花苞片卵状，急尖，长2mm，宽1mm；花梗长5mm；花被鲜红色，口部黄色，壶形，长7～8mm，子房部位宽4mm，口部宽3mm；外层花被分离2mm；雄蕊和花柱不伸出。染色体：2n=14（Brandham 1971）。

中国科学院植物研究所北京植物园 单头株高达4.4cm，株幅达7.4cm，8头株丛直径达14.5cm。叶片长达3.2cm，宽达1.9cm，厚约0.6cm；腹面暗橄榄绿色（RHS NN137B），凹陷，具大量白色疣突状长圆形斑点，散布全叶，有零星疣突顶端具软刺尖，叶片基部紧密交叠抱茎，鞘部无斑点，色浅，具细条纹；叶背面暗橄榄绿色（RHS NN137B），先端2/3部分具龙骨状突起，具大量白色疣突状长圆形斑点，有零星疣突顶端具软刺尖；边缘软骨质边宽约0.5mm，齿三角状，大小不规则，有时两个齿连合在一起，向叶先端逐渐变小，有时齿先端钩状，长1～1.6mm，齿间距1～2mm。花序高达32.6cm；花序梗淡橙棕色（RHS N170B）；总状花序长达4cm，直径2.8cm，具花达17朵；花梗红橙色（RHS 35B）；花被筒红橙色（RHS 34C），口部鲜黄色（RHS 14B），长7～7.5mm，子房处宽5.2～5.4mm，向上渐细至宽3.8～4mm，花被裂片先端稍反曲；外层花被分离2～3mm；雄蕊和花柱淡黄色，不伸出。

北京植物园 未记录形态信息。

仙湖植物园 未记录形态信息。

叶片紧密交叠
叶表疣突和刺齿
叶片边缘
边缘齿
双连齿
斑点
开花植株（北京IBCASBG）
花序（未开）
花序
花序
花序局部
花苞片
cm 1 2 3 4 5 6 7 8 9 10
花发育
花
花解剖

分布

原产马达加斯加图利亚拉省（Toliara），分布区极为狭小。

生态与生境

生长于河岸石灰岩峭壁由腐殖质填充的溶蚀缝隙中、灌丛树荫下，海拔约350m。

用途

观赏。常见杂交育种亲本。

引种信息

中国科学院植物研究所北京植物园 幼苗材料（2010-W1137）引种自北京，生长速度较慢，长势良好。

北京植物园 植株材料（2011142）引种自美国，生长缓慢，长势良好。原变种var. *augustina*植株材料（2011143）引种自美国，生长缓慢，长势良好。

仙湖植物园 植株材料（SMQ-043）引种自美国，生长迅速，长势良好。

物候信息

原产地马达加斯加植株全年开花，当植株直径达到2cm时即可开花。

中国科学院植物研究所北京植物园 温室栽培。植株直径达到5～6cm（4～5年）的植株即可开花。花期7月末至翌年6月末，花期几乎全年。7月末初现花芽，8月上旬花序抽出，8月中旬开始开花；9月中、下旬较多花芽显现，10月上旬花序陆续抽出依次开花，10月下旬至12月中旬进入第一个群体盛花期；翌年1月上旬至1月下旬开花数量逐渐减少；2月初花芽开始增多，至2月中旬抽出花序数量逐渐增多，2月下旬至5月下旬进入第二个盛花期，6月初至6月末，花序数量逐渐减少；7月上旬至7月中旬未见开花。12月初观测到单花花期2～3天。异花授粉，未见自然结实。温室栽培7月中旬至8月初有短暂休眠。

北京植物园 未记录开花物候信息。

仙湖植物园 未记录开花物候信息。

繁殖

播种、分株、扦插繁殖。

迁地栽培要点

本种生长较缓慢，栽培稍有难度。喜排水良好的基质，不耐涝。喜光照充足，稍耐阴。不耐湿热，夏季高温高湿季节短暂休眠。较耐旱，可耐短暂-2℃低温，5～10℃可安全越冬，10～15℃可正常开花生长。

中国科学院植物研究所北京植物园 选用腐殖土、赤玉土、轻石、木炭、粗沙配制的颗粒性强的混合基质，颗粒基质占1/3左右，加入少量谷壳碳和少量缓释颗粒肥。夏季7月中旬至8月初短暂休眠时，应注意控制浇水，适当遮阴降温。

北京植物园 温室盆栽。采用赤玉土、草炭土、火山岩、轻石、沙等栽培基质配制混合土，混合基质排水良好。夏季中午需50%遮阳网遮阴，冬季保持5℃以上可安全越冬。

仙湖植物园 室内地栽，采用腐殖土、河沙混合土栽培。

病虫害防治

夏季高温高湿季节容易发生腐烂病，需定期防治。

中国科学院植物研究所北京植物园 北京温室栽培少见虫害，夏季湿热季节容易发生腐烂病，注意控水，定期喷洒50%多菌灵800~1000倍液进行防治。

北京植物园 定期施用杀菌剂预防腐烂病。

仙湖植物园 夏季休眠期易烂心烂根，定期喷洒甲基托布津防治。

保护状态

极度濒危物种，被列入CITES附录I。

变种、自然杂交种及常见栽培品种

本种具有1个变种，*A. descoingsii* var. *angustina*，与原变种的主要区别为：叶灰绿色，花梗长约10mm，花近筒状。

第可芦荟是杂交育种常用的亲本之一，选育出许多小型芦荟杂交品种。有许多园艺栽培品种以其作为杂交亲本，如常见的芦荟园艺品种蜥嘴芦荟（*Aloe*‘Lizard Lip’）、草地芦荟（*Aloe*‘Pepe’）（又名拍拍）、*Aloe*‘Winter Sky’等。

蜥嘴芦荟

草地芦荟

Aloe‘Winter Sky’

本种为马达加斯加特有种，是世界上最小的芦荟属植物。1956年，由马达加斯加植物学家第可（B. M. Descoings）首次发现。1958年，由雷诺德（G. W. Reynolds）首次命名并描述了该种。为了纪念发现人，他用第可的名字进行了命名。1959年，劳（W. Rauh）重新在野外发现了本种，收集并将其引入栽培。其变种var. *angustina*发现较晚，发现于90年代初期，发现人为巴纳（R. Baná）。1995年由植物学家、多肉植物专家拉弗兰诺斯（J. J. Lavranos）命名。

本种国内栽培较多，生长非常缓慢，单头植株栽培稍有难度，形成株丛后，管理相对容易一些。国内引种较多，北京、上海、深圳、南京等地均有栽培，栽培表现良好。栽培植株的体型都略大于野生植株，如株高、株幅、叶片长度、宽度等。植株的花序高度远大于野生植株，已达到野生植株的两倍以上，花序上花的数量也多于文献记载，花被筒基部较野生植株粗一些。对比栽培植株和野生植株各部位的尺寸，我们可以看出，栽培中水肥条件较好，植株营养状态好，各部位尺寸更大一些。

参考文献

Carter S, Lavranos J J, Newton L E, et al., 2011. Aloes: The Definitive Guide[M]. London: Kew Publishing: 392.

Castillon J -B, Castillon J -P, 2010. The Aloe of Madagascar[M]. La Réunion: J.-P. & J.-B Castillon: 285.

Eggli U (Ed.), 2001. Illustrated Handbook of Succulent Plants: Monocotyledons[M]. Berlin: Springer-Verlag: 128.

Grace O M, Klopper R R, Figueiredo E, et al., 2011. The Aloe names book[M]. Pretoria: 47.

44
德威氏芦荟

别名：德维特芦荟

Aloe dewetii Reynolds, J. S. African Bot. 3: 139. 1937.

多年生肉质草本植物。茎不明显，单生。叶约20片，密集排列成莲座状，平展，叶片披针形，渐尖，长36～50cm，宽7～13cm；腹面亮暗绿色，具大量细长苍白色的白点，斑点密集形成横向条纹，背面没有斑点，有模糊条纹；边缘具角质边，棕色，具尖锐棕色齿，长10mm，齿间距10～15mm。花序高可达200cm或更高，具8～12分枝，弯曲开展上升，下部分枝可再分枝；花序梗具披针形有时肉质的苞片，长可达90mm，包裹分枝；总状花序圆柱形，锐尖，长可达40cm，直径7cm，花松散排列；花苞片条形，长约20mm，宽约3mm，纸质；花梗长8～15mm；花被暗红色，具霜粉，筒状，长35～42mm，子房处宽14mm；子房上方缢缩至6～7mm，之后向口部渐变宽；外层花被分离约6mm；雄蕊和花柱几乎不伸出。染色体：2n=14（Müller 1945）。

中国科学院植物研究所北京植物园 植株高约58cm，株幅97cm，单生，不萌蘖。叶片长可达47.3cm，宽8.5～14.5cm；叶腹面橄榄绿色（RHS 137A–B），具长圆、H型淡绿色斑点（RHS 193B–C），斑点密集排列成明显横向条带；叶背面淡绿色（RHS 193B–C），无斑点，具模糊细条纹，具许多橄榄绿色的细小点斑；边缘具角质边，淡绿色，具尖锐齿，齿尖端黄棕色（RHS N167A–B）。花序高113.8～132.4cm，可达5分枝；分枝宽展，总状花序直立；花序梗灰绿色（RHS 198B–C），上部渐变为黄绿色（RHS 144B）；苞片淡棕色，纸质，包裹分枝基部。种子灰棕色，具膜质翅，稍宽。

植株（北京IBCAS） 植株（南非）
叶腹面 叶背面 叶腹面局部 叶背面局部

分布

产南非和斯威士兰，从南非夸祖鲁-纳塔尔省北部至斯威士兰南部和姆普马兰加省东南端。

生态与生境

生长在丘陵、山地的开阔草地、平原、草坡，海拔200～1000m。年降水量约750mm，降雨主要集中在夏季。夏季气候温暖，冬季在某些地区降至0℃以下。

用途

观赏。

引种信息

中国科学院植物研究所北京植物园　种子材料（2011-W1129）引种自南非开普敦，生长迅速，长势良好。

物候信息

原产地南非花期2～3月。

中国科学院植物研究所北京植物园　花期9月下旬至11月上旬。9月下旬花芽初现，始花期10月中旬至下旬，盛花期10月下旬至11月初，末花期11月上旬。

繁殖

播种、扦插繁殖。

迁地栽培要点

习性强健，栽培管理容易。喜光、耐荫蔽、耐旱。生长适宜温度为14～23℃，冬季温度5～8℃以上可安全越冬。

中国科学院植物研究所北京植物园　采用腐殖土和粗沙（2∶1或3∶1）的混合土进行栽培，混入适量的颗粒基质促进根部排水，如轻石、赤玉土、木炭粒、珍珠岩等，颗粒基质的总量应控制在1/3左右。栽培管理粗放。

病虫害防治

习性强健，未见明显病虫害发生。

中国科学院植物研究所北京植物园　仅定期进行病虫害预防性的打药，每10～15天喷洒1次50%多菌灵800～1000倍液和40%氧化乐果800～1000倍液进行预防，并加强通风。

保护状态

已列入CITES附录II。

变种、自然杂交种及常见栽培品种

可与马氏芦荟（*A. marlothii*）自然杂交形成杂交种。

本种1937年由雷诺德（G. W. Reynolds）首次命名，采用收集人德威特（J. F. De Wet）的名字命名。本种与*A. dyeri*的亲缘关系较近，区别是花基部为扁球状膨大。

本种为斑点芦荟群的较大型种类。国内栽培记录不多，北京地区有栽培，栽培表现良好，已观察到开花，但详细记录缺乏。

参考文献

Carter S, Lavranos J J, Newton L E, et al., 2011. Aloes: The Definitive Guide[M]. London: Kew Publishing: 189.

Eggli U (Ed.), 2001. Illustrated Handbook of Succulent Plants: Monocotyledons[M]. Berlin: Springer-Verlag: 128.

Grace O M, Klopper R R, Figueiredo E, et al., 2011. The Aloe names book[M]. Pretoria: SANBI: 189.

Jeppe B, 1969. South Africa Aloes[M]. Cape Town: Purnell & Sons S.A. (PTY.) LTD.: 77.

Van Wyk B -E, Smith G F, 2014. Guide to the Aloes of South Africa[M]. Pretoria: Briza Publications: 224.

45
二歧芦荟

别名：箭筒芦荟、箭袋芦荟、龙树芦荟、皇玺锦（日）

Aloe dichotoma Masson, Philos. Trans. 66: 310. 1776.

Rhipidodendrum dichotomum (Masson) Willd., Mag. Neuesten Entdeck. Gesammten Naturk. Ges. Naturf. Freunde Berlin 5: 166. 1811.

多年生肉质大乔木。分枝二歧状，形成密集圆形的树冠，主茎直立，高可达9m，干基部直径可达1m。叶集中在枝端，约20片，密集排列成莲座状；叶片条状披针形，长25~35cm，宽5cm，灰绿色；边缘具非常狭窄的棕黄色边，具齿，长1mm，向叶先端逐渐变小至退化，棕黄色；花序高30cm，具3~5分枝；总状花序宽圆柱形，稍渐狭，长15cm，直径9cm；花苞片渐尖，宽5~7mm，宽3mm；花梗长5~10mm；花被亮淡黄色，筒状，长33mm，向一侧膨大，基部骤缩，向中部变宽至最宽处达14mm；外层花被分离约25mm；雄蕊和花柱伸出12~15mm。染色体：2n=14（Riley 1959：241）。

中国科学院植物研究所北京植物园 播种苗株高约40cm的植株，株幅大于20cm，叶排成四列状，排列于茎顶端，不分枝；叶片长约15~16cm，宽2.5~3cm，灰绿色（RHS 188A-C），背面具大量纵列状排列的皮刺或疣突，皮刺淡黄绿色（RHS 195D），尖端有时棕橙色至橙色（RHS 172B-D），腹面皮刺较少，零星散布或列状排列；边缘具橙棕色（RHS 172B-D）的齿，长1.5~2mm，齿间距多6~7mm，三角状或具双尖头。种子淡棕色至暗棕色，具宽翅，米色。

北京植物园 盆栽植株，株高2~2.5m，二歧状分枝，树皮光滑，灰白色，基部表皮剥裂。叶片灰绿色，密集排列于枝端，呈莲座状，叶片披针状。

厦门市园林植物园 温室栽培，高约2.5m，茎干弯曲。花黄色。

仙湖植物园 未记录形态信息。

上海辰山植物园 温室栽培，单生植株，高度仅1.2m，株幅78cm，未分枝。

南京中山植物园 温室栽培，高2.6m，具粗壮茎干，表皮剥落。叶片长40cm，宽4cm。花黄色。

上海植物园 未记录形态信息。

植株群植景观（厦门）

植株局部（南京）

植株（北京BBG） 原产地植株（南非） 植株局部（南非）

播种苗（北京IBCASBG，1年） 播种苗（北京IBCASBG，1年半） 播种苗（北京IBCASBG，3年） 播种苗（北京IBCASBG，5年）

植株（上海SHBG） 幼株（上海CBG） 年轻植株（南京） 成株（厦门）

年轻植株的茎 成株的茎（南非） 成株叶腹面（南非） 成株叶背面（南非）

成株叶腹面　成株叶腹面局部　成株叶背面　成株叶背面局部

幼株叶腹面　幼株叶腹面局部　幼株叶背面　幼株叶背面局部

成株叶片边缘　幼株边缘齿　幼株叶先端　幼株叶背的疣突和刺齿　幼株叶鞘

开花植株（南京）　开花植株（厦门）　花序（南京）

总状花序
结果植株（南非）
结果植株（南非）
果序（南非）
果实（南非）
种子

分布

产自南非北开普省中部扩展至纳米比亚布兰德山。

生态与生境

生长于山地的岩石坡，极为干旱，海拔600～900m。较干旱的区域年降水量约125mm，降雨主要集中在冬季。1月炎热，许多地方温度超过33℃，冬季较寒冷。

用途

观赏、药用等，大型植株群植做主体景观植物。树干粗大的植株被用作“天然冰箱”，被当地人用于储存水、肉类和蔬菜，空气通过茎干的纤维组织时能够产生一定冷却效应。

引种信息

中国科学院植物研究所北京植物园　种子材料（2008-1741）引种自美国，长速较慢，长势良好。幼苗材料（2010-W1138）引种自北京，长速较慢，长势良好。

北京植物园　植株材料（2011-6-073）引自美国，长速较慢，长势良好。

厦门市园林植物园　幼苗材料（编号不详）引种福建福州，引种长速较慢，长势良好。植株材料（XM2002002）引种自深圳，移栽未成活。

仙湖植物园　植株材料（SMQ-044）引种自美国，已死亡。

上海辰山植物园 植株材料（20110657）引种自美国，长速中等，长势良好。

南京中山植物园 幼苗材料（NBG-2007-14）引自福建漳州，长速中等，长势良好。

上海植物园 植株材料（2011-6-073）引种自美国，长速中等，长势良好。

物候信息

原产地南非花期5～10月。

中国科学院植物研究所北京植物园 植株处于幼年期，尚未观察到开花。

北京植物园 花期12月至翌年1月，未见结实。

厦门市园林植物园 观察到花期10月，未见果实。

仙湖植物园 未观察到开花。

上海辰山植物园 未观测到开花，果未见，全年生长，未见明显休眠。

南京中山植物园 观察到花期11～12月，未见结实。

上海植物园 未观察到开花。

繁殖

播种、扦插繁殖。播种较容易，扦插用于挽救根系腐烂的植株。

迁地栽培要点

习性强健，栽培管理容易。喜光、喜温暖、极耐旱，不耐湿涝。可耐短暂0～3℃低温，冬季5～6℃以上，保持盆土干燥，可安全越冬。

中国科学院植物研究所北京植物园 温室盆栽。混合基质土壤配方选用腐殖土与颗粒性较强的赤玉土、轻石、木炭等基质，以及排水良好的粗沙混合配制，颗粒基质占1/3左右，并混入少量缓释的颗粒肥。夏季湿热季节，幼苗容易发生腐烂病，除调整栽培基质外，浇水注意不要叶心积水，加强通风。

北京植物园 温室盆栽，采用草炭土、火山岩、沙、陶粒等材料配制混合基质，排水良好。

厦门市园林植物园 馆内栽植，采用腐殖土、河沙混合土栽培，植株生长迅速、长势良好。大植株移栽成功率较低，移栽时尽量移栽容器苗。

仙湖植物园 室内地栽，采用腐殖土、河沙混合土栽培。

上海辰山植物园 温室栽培，土壤配方用砂壤土与草炭混合种植。温室内夏季最高温在40℃以下，冬季最低温在13℃以上，能安全度夏和越冬。

南京中山植物园 温室地栽，土壤配方用砂壤土与草炭混合种植。

上海植物园 温室盆栽。采用赤玉土、腐殖土、轻石、沙等基质配制混合土。

病虫害防治

抗性强，病虫害较少发生。幼苗有时会罹患根粉蚧，导致根系腐烂病发生。

中国科学院植物研究所北京植物园 预防幼苗根粉蚧和根系腐烂病发生，每10～15天施用一次50%多菌灵1000倍液和40%氧化乐果800～1000倍液。若已罹患根粉蚧，每7天施用1次蚧必治等杀介壳虫的药物，连续施用4～6次进行根治。

北京植物园 未见明显病虫害发生。

厦门市园林植物园 未见明显病虫害发生。

仙湖植物园 湿热季节预防腐烂病发生，尤其是幼苗。定期喷洒杀菌剂防治。

上海辰山植物园 未见病虫害发生。

南京中山植物园 未见病虫害发生。

上海植物园　未见明显病虫害发生。

保护状态

已列入CITES附录II；南非红色名录列为易危种（VU）。

变种、自然杂交种及常见栽培品种

有园艺杂交种的报道。著名的园艺杂交种*A.*‘Hercules’就是二歧芦荟与大树芦荟的杂交种，本种还可与多枝芦荟（*A. ramosissima*）进行杂交。

本种是芦荟属著名的树状种类，当地土著居民萨恩人（San People）将其枝条掏空制作箭筒，故得名箭筒芦荟。枝干二歧状分枝，又名二歧芦荟，其拉丁种名“*dichotoma*”，意指“二歧状分枝的”。二歧芦荟最早的记载要追溯到1685，荷兰开普殖民地总督范德斯代尔（S. van der Stel）在其北上去纳马夸兰考察铜山的旅行中，首次记录了这种高达12英尺（约3.7m）的树状芦荟，并记录了当地土著居民如何用枝干和皮革制作坚固的箭筒。1776年，苏格兰植物学家梅森（F. Masson）将其命名为*Aloe dichotoma*。随着分子生物学技术发展，人们对芦荟属的研究越来越深入。2013年，格雷斯（O. M. Grace）等人认为，二歧芦荟与其他几个树状芦荟应该从芦荟属中分离出来独立成属，称为树芦荟属（*Aloidendron*）。克洛波（Ronell R. Klopper）等人将本种命名描述为*Aloidendron dichotomum* (Masson) Klopper & Gideon F.Sm.。2014年，曼宁（J. C. Manning）等人支持了他们的观点。二歧芦荟与皮尔兰斯芦荟（*A. pillansii*）、多枝芦荟的亲缘关系较近，区别是：乔木状的皮尔兰斯芦荟的树冠分枝较少，不密集；而多枝芦荟没有粗壮高大的茎干，呈现较低矮灌木状。

在原产地，二歧芦荟茂密的树冠常成为群织雀（*Philetairus socius*）搭建巨大的复合巢的支架，复合巢由许多小隔间构成，类似人类的集合住宅，可容纳数千只群织雀生活和繁衍。树冠上的复合巢的位置较高，可避免幼鸟和鸟蛋被捕食动物和蛇类吞食。

本种国内广泛引种，北京、上海、南京、厦门、深圳等地均有栽培，栽培表现良好。本种生长非常缓慢，国内植物园和苗圃栽培的一般是株龄较小的播种幼苗或十余年的幼株。到目前为止，国内仅厦门市园林植物园、南京中山植物园和北京植物园的植株观察到开花。目前国内株龄最大的植株在厦门市园林植物园，已达22年，高度达到2.5m。由厦门市园林植物园的王成聪老师于1998年在福州播种，2000年前后他将播种苗带到厦门进行栽种。

移栽二歧芦荟大苗一定要慎重。根据厦门市园林植物园的经验，大苗移栽非常困难，一旦根系、茎干木质化，则不易萌发新根，容易导致植株缓慢死亡。国内一些植物园或苗圃早期曾经从国外购买较大的成株进行引种栽培，个别植物园的园区改造也曾尝试进行大苗移栽，均以失败告终。

参考文献

Carter S, Lavranos J J, Newton L E, et al., 2011. Aloes: The Definitive Guide[M]. London: Kew Publishing: 690.

Eggli U (Ed.), 2001. Illustrated Handbook of Succulent Plants: Monocotyledons[M]. Berlin: Springer-Verlag: 129.

Grace O M, Klopper R R, Figueiredo E, et al., 2011. The Aloe names book[M]. Pretoria: SANBI: 48-49.

Grace O M, Klopper R R, Smith G F, et al., 2013. A revised generic classification for Aloe (Xanthorrhoeaceae subfam. Asphodeloideae) [J]. Phytotaxa, 76 (1): 7-14.

Jeppe B, 1969. South Africa Aloes[M]. Cape Town: Purnell & Sons S.A. (PTY.) LTD.: 57.

Manning J C, Boatwright J, Daru B, 2014. A molecular phylogeny and Generic Classification of Asphodelaceae Subfamily Alooideae: Final Resolution of th Prickly Issue of Polyphyly in the Alooids? [J]. Systematic Botany, 39(1): 55-74.

Van Wyk B -E, Smith G F, 2014. Guide to the Aloes of South Africa[M]. Pretoria: Briza Publications: 40-41.

46
还城乐芦荟

别名： 远距芦荟、还城乐（日）

Aloe distans Haw., Syn. Pl. Succ. 78. 1812.
Aloe mitriformis subsp. *distans* (Haw.) Zonn., Bradleya 20: 10. 2002.

多年生肉质草本植物。植株匍匐生长，茎长2～3m，多分枝形成密集株丛。叶稍松散排列成莲座状，莲座可达50cm长；叶相当肉质，直伸，披针形，长可达15cm，宽可达7cm；叶腹面平，灰绿色，有时具近疣突状黄色斑点；背面圆凸，灰绿色，下半部具一些近疣突状的黄色斑点，靠近叶先端处具2～4个沿不明显的龙骨棱排列的皮刺；边缘假骨质，具金黄色三角齿，长3～4mm，齿间距5～8mm。花序高40～60cm，二歧状分枝，具3～4分枝；总状花序紧缩呈头状，长可达8cm，直径达10cm，花排列密集；花苞片长8mm，宽5mm；花梗长30～40mm；花被暗红色，三棱状筒形，长可达40mm，子房部位宽约4mm；外层花被自基部分离；雄蕊和花柱几乎不伸出。染色体：2n=14（Brandham 1971）

中国科学院植物研究所北京植物园 盆栽植株。植株高约23.5cm，单头株幅11.4～13.7cm，基部萌生蘖芽形成小株丛。植株茎达一定高度后倒伏，匍匐生长。叶片披针状，肉质厚，长约8～15cm，宽3～3.5cm；叶两面绿色至黄绿色（RHS N138A–B）；腹面未见斑点，背面下半部具散布斑点，斑点淡黄绿色至绿白色（RHS 193A–D, 142B–D），斑点圆形、H型；叶背面中央靠近叶先端具1～3个成列排列皮刺，皮刺生于斑点之上，皮刺基部绿白色至白色，先端橙色至暗橙棕色（RHS 166A–C）；边缘具白色软骨质边，具淡黄白色至白色的齿，长2～4mm，齿间距5～11.5mm；节间较长，具叶鞘，叶鞘具棕红色条纹（RHS 200A,199A）。

北京植物园 株高约10cm，株幅约9cm。叶片长5～6.5cm，宽3cm；墨绿色，腹面无斑点，背面可见零星圆形浅黄色斑点，多集中于叶先端；尖端具3个刺齿；边缘具不尖锐齿，长3mm，齿间距2～3mm，在叶片基部排列均匀，向先端排列渐稀。

仙湖植物园 叶片绿色，背面中线靠近先端具1～4个皮刺，皮刺黄色或白色，有时靠近边缘具数个皮刺，斑点上具疣突状皮刺；边缘具白色或黄色的边缘或齿。

植株（北京IBCASBG）

植株（北京IBCASBG）

植株（北京BBG）

植株（深圳）

植株（南非）
植株局部（南非）

分布

产自南非西开普省，西海岸从丹杰角（Danger Point）向北至圣海伦娜湾（St. Helena Bay）。

生态与生境

专生于开普花岗岩地区。海拔约达100m。

用途

观赏。可用作地被植物。

引种信息

中国科学院植物研究所北京植物园　幼苗材料（2003-2538）引种自俄罗斯圣彼得堡，生长较慢，长势良好。

北京植物园　植株材料（2011146）引种自美国，生长较慢，长势良好。

仙湖植物园　植株材料（SMQ-045）引种自美国，生长较慢，长势良好。

物候信息

原产地南非花期12月。

中国科学院植物研究所北京植物园 尚未观察到开花结实。

北京植物园 尚未观察到开花结实。

仙湖植物园 尚未观察到开花结实。

繁殖

播种、扦插、分株繁殖。

迁地栽培要点

喜光、稍耐阴。喜温暖、稍耐寒，可耐短暂1～3℃低温。耐旱，喜肥沃，疏松透气的土壤，忌涝，忌黏土。

中国科学院植物研究所北京植物园 适应基质范围较广，可选用最简单腐殖土、沙配制混合土进行栽植，也可选用赤玉土、腐殖土、轻石、沙配制混合基质，加入适量谷壳碳或木炭以及少量缓释肥。夏季湿热季节注意室内通风，降低湿度。

北京植物园 温室盆栽，采用草炭土、火山岩、沙、陶粒等材料配制混合基质，排水良好。夏季中午需50%遮阳网遮阴，冬季保持5℃以上可安全越冬。

仙湖植物园 温室地栽。采用腐殖土和河沙配制混合基质，休眠期注意控水。

病虫害防治

抗性强，不易罹患病虫害。

中国科学院植物研究所北京植物园 无明显病虫害发生，仅进行病虫害预防性打药。

北京植物园 未见明显病虫害发生。

仙湖植物园 未见明显病虫害发生，注意避免腐烂病发生，定期喷施杀菌剂预防。

保护状态

范维克（B. -E. van Wyk）等人建议列为濒危物种。列入CITES附录II。

变种、自然杂交种及常见栽培品种

有一些杂交种类的报道，如与福氏芦荟（*A. fleurentiniorum*）、不夜城（*A.* × *nobilis*）、皮氏芦荟（*A. pearsonii*）等种类杂交。

据记载，本种最早于1596年栽培于英格兰，也是那时开始为世人所知。本种1812年由哈沃斯（A. H. Haworth）用双名法定名，种名“*distans*”意为“远、远距离的”，一种说法指其节间较长，另一种说法认为是指其地理分布而不是指其外观。

本种国内有栽培，北京、深圳等地均有栽培，多株龄较小，栽培表现良好。本种植株较低矮，生长缓慢，适于盆栽观赏。南部温暖干燥的无霜地区可作为地被植物露地栽培，可以形成低矮的株丛。

参考文献

Carter S, Lavranos J J, Newton L E, et al., 2011. Aloes: The Definitive Guide[M]. London: Kew Publishing: 601–603.

Eggli U (Ed.), 2001. Illustrated Handbook of Succulent Plants: Monocotyledons[M]. Berlin: Springer-Verlag: 129.

Grace O M, Klopper R R, Figueiredo E, et al., 2011. The Aloe names book[M]. Pretoria: SANBI: 49.

Jeppe B, 1969. South Africa Aloes[M]. Cape Town: Purnell & Sons S.A. (PTY.) LTD.: 21.

Reynolds G W, 1982. The Aloes of South Africa[M]. Cape Town: A.A. Balkema: 377–379.

Van Wyk B -E, Smith G F, 2014. Guide to the Aloes of South Africa[M]. Pretoria: Briza Publications: 130–131.

47
多花序芦荟

别名：竹仙人芦荟、清盛芦荟、竹仙人（日）、竹仙花（日）、清盛（日）

Aloe divaricata A. Berger, Bot. Jahrb. Syst. 36: 64. 1905.
Aloe sahundra Bojer ex Baker, J. Bot. 20: 267. (n.s., vol. 11) 1882.
Aloe vahontsohy Decorse, Notes & Expl. 621. 1900.
Aloe vaotsohy Decorse & Poiss., Rech. Fl. Mérid. Madagascar 96. 1912.

多年生小乔木状肉质植物。植株单生或从基部或较低部位分枝，茎高可达3m或更高，莲座下50～100cm茎上枯叶宿存。叶30片或更多，排列成莲座状；叶片剑形，钝尖至渐尖，长60～65cm，宽7cm，浅灰绿色微红；边缘具尖锐红棕色齿，长5～6mm，齿间距15～20mm；汁液干燥后黄色。花序高约100cm，具许多伸展的分枝，最下部具8～10个二级分枝，整个花序可达60～80个总状的分枝花序；总状花序圆柱形，锐尖，长15～20cm，花排列松散，约具20朵花；花序苞片三角状，长4mm，宽2mm；花梗长6mm；花被红色，长28mm，基部稍圆，子房部位宽7mm，向上变狭窄至6mm，之后向口部变宽；外层花被自基部分离；雄蕊和花柱伸出3～4mm。染色体：2n=14（Brandham 1971）。

中国科学院植物研究所北京植物园　植株高约120cm，单头株幅约64cm。叶片长44～49cm，宽4～5cm；浅灰绿色（RHS 189C至RHS 188B-C）；边缘具粗壮齿，大多双尖头，有时多尖头或单尖头，有时数个齿基部联合在一起，橙红色至红色至红棕色（RHS 178A-D、176A-C），有时齿尖棕黑色，长4～7mm，齿间距15～20mm。

北京植物园　未记录形态信息。

仙湖植物园　未记录形态信息。

植株（北京IBCASBG）　植株局部　幼株（北京IBCASBG）　幼株局部
植株局部　茎基部　叶鞘

播种苗（北京IBCASBG）
播种苗（北京IBCASBG）
播种苗（北京IBCASBG）
成株叶腹面
成株叶腹面局部
成株叶背面
成株叶背面局部
幼株叶腹面
幼株叶腹面局部
幼株叶背面
幼株叶背面局部
成株叶片边缘
成株边缘齿
幼株边缘齿（单尖头齿）
幼株边缘齿（双尖头齿）

幼株边缘齿（双尖头弯齿） 幼株边缘齿（多尖头齿） 幼株边缘齿（叶基连续齿） 幼株边缘齿（叶基连续齿）
齿尖暗褐色 叶先端 幼株叶先端 干燥汁液
开花植株（北京IBCASBG） 花序（北京IBCASBG） 花序局部 分枝总状花序

分布

广泛分布于马达加斯加西部、西南部和部分南部地区。

生态与生境

生长于干旱灌丛和海岸刺灌丛地区，海拔达800m。

用途

观赏、药用。为马达加斯加药用芦荟之一，是渗出物产出最高的种类，是马岛本地与国际贸易中的重要药用种类，干燥汁液被称为“Madagascar Aloes”。

引种信息

中国科学院植物研究所北京植物园 种子材料（2008-1742、2008-1743）引种自美国，生长迅速，长势良好。

北京植物园 植株材料（2011147）引种自美国，生长迅速，长势良好。

仙湖植物园 植株材料（SMQ-046）引种自美国，生长迅速，长势良好。

物候信息

原产地马达加斯加的海岸地区花期8~9月，内陆地区花期4月。

中国科学院植物研究所北京植物园 花期5~6月。5月中旬花芽初现，始花期6月上旬末，盛花期6月中旬，末花期6月中旬末至下旬初。无休眠期。

北京植物园 尚未观测到开花。无休眠期。

仙湖植物园 尚未观测到开花。无休眠期。

繁殖

播种、扦插繁殖。

迁地栽培要点

习性强健，栽培管理容易。对土壤要求不高，排水良好即可。喜光，耐强烈阳光。耐旱，耐寒，可耐短暂0~3℃低温。保持盆土干燥5~6℃可安全越冬。

中国科学院植物研究所北京植物园 采用草炭土、河沙配制混合土，亦可混入园土、赤玉土、轻石、木炭粒等其他基质。北京地区夏季湿热，要加强控水和通风降温，适当遮阴，湿度过高叶片会罹患黑斑病。

北京植物园 温室盆栽，采用草炭土、火山岩、沙、陶粒等基质配制混合土，混合基质排水良好。夏季中午需50%遮阳网遮阴，冬季保持5℃以上可安全越冬。

仙湖植物园 室内地栽，采用腐殖土、河沙混合土栽培。

病虫害防治

本种栽培中虫害发生较少，容易罹患真菌病害。要定期进行防治。

中国科学院植物研究所北京植物园 栽培中未见明显虫害发生，湿热季节，叶片容易罹患黑斑病、褐斑病，发病初期可喷洒75%甲基托布津可湿性粉剂800倍液，或施用50%多菌灵可湿性粉剂800~1000倍液进行防治。

北京植物园 栽培中未见明显虫害发生，常规管理。

仙湖植物园 栽培中未见明显虫害发生，常规管理。

保护状态

已列入CITES附录II。

变种、自然杂交种及常见栽培品种

有自然杂交种的报道，在同一分布区发现有与维格尔芦荟（*A. viguieri*）、细叶芦荟（*A. antandroi*）、海伦芦荟（*A. helenae*）、三角齿芦荟（*A. deltoidodonta*）的杂交植株的分布。

本种1905年，由伯格（A. Berger）定名描述。其种名“*divaricata*”意指其花序多分枝。

国内植物园、苗圃引种不多，仅在北京、深圳一些植物园中有栽培，北京地区已观察到花期物候。栽培表现良好，幼株多盆栽，刺大、形态多样、色泽红艳，观赏价值很高。温暖地区可地栽，作为较高大的小株丛植株栽植观赏。花序大而艳丽，分枝多，亦是非常美丽的观花种类。

参考文献

Carter S, Lavranos J J, Newton L E, et al., 2011. Aloes: The Definitive Guide[M]. London: Kew Publishing: 667.

Castillon J -B, Castillon J -P, 2010. The Aloe of Madagascar[M]. La Réunion: J.-P. & J.-B Castillon: 200-202.

Eggli U (Ed.), 2001. Illustrated Handbook of Succulent Plants: Monocotyledons[M]. Berlin: Springer-Verlag: 129-130.

Schmelze G H, Gurib-Fakim A, 2009. Plant Resource of Tropical Africa 11(1) ‘Medicinal Plants’[M]. Wageningen: Backhuys & University of Wageningen: 67-68.

48
日落芦荟

别名： 多萝西芦荟、丽红芦荟

Aloe dorotheae A. Berger, Notizbl. Königl. Bot. Gart. Berlin 4: 263. 1906.
Aloe harmsii A. Berger, Pflanzenr. IV, 38: 230. 1908.

多年生肉质草本植物。植株具短横卧茎，基部萌生蘖芽形成大株丛。叶16～20片，排列成密集莲座状，直立至平展，卵状至披针形，长20～30cm，宽4～5cm；光亮淡绿色，常微红；具大量白色斑点；边缘具浅色硬齿，长3～5mm，齿间距10～15mm。花序高40～60cm，不分枝或稀具1分枝；总状花序圆柱形，长10～12cm，花排列密集；花苞片长3mm，宽2mm，纸质；花梗长6mm；花被黄色或红色，长27～33mm，子房部位宽7mm；外层花被分离10～12mm；雄蕊和花柱伸出4～5mm。染色体：2n=14（Brandham 1971）。

北京植物园 茎不明显，密生莲座状，株高19cm，基部萌蘖丛生。叶13～30片，长15～25cm，宽3～4cm；叶片光亮的淡黄绿色，强光下为红色，腹面具长圆状白斑，背面密布白斑；边缘具齿，白色，长3～5mm，齿间距8～13mm。

分布

产自坦桑尼亚坦噶省（Tanga），仅在Kideliko Rock地区已知有分布。

生态与生境

生长于岩板表面的少量土壤中。海拔600~685m。

用途

观赏、药用等。

引种信息

北京植物园 植株材料（2011149）引种自美国，生长旺盛，长势良好。

物候信息

原产地坦桑尼亚花期6~8月。南非地区栽培中花期11~12月。

北京植物园　花期6~8月，6月底花芽初现。未观察到明显休眠期。

繁殖

播种、扦插、分株繁殖，非常适合分株繁殖。

迁地栽培要点

习性强健，栽培管理容易。喜光，耐旱，需排水良好的栽培基质。喜温暖，不耐寒。

北京植物园　基质：草炭土、珍珠岩、蛭石。温室栽培，夏季中午需50%遮阳网遮阴，冬季保持5℃以上可安全越冬。

病虫害防治

习性强健，不易罹患病虫害。

北京植物园　未见病虫害发生。

保护状态

IUCN红色名录列为极危种（CR）；已列入CITES附录II。

变种、自然杂交种及常见栽培品种

有园艺杂交种的报道，可与微型芦荟（*A. juvenna*）等种类进行杂交。小型种类刚果芦荟（= *A. congolensis*）有可能是日落芦荟与*A. morijensis*、微型芦荟的杂交种。卡尔特（David F. Cutler）等人曾用本种与沙鱼掌属的*Gasteria planifolia*、*G. carinata*进行杂交，获得了属间杂交种。

本种最初发现于坦桑尼亚东部的Pangani河南岸附近，1890年，采集的活植物被送到了德国皇家植物园。伯格（A. Berger）首次描述了本种，并以伦敦的多萝西·韦斯赫德（Dorothy Westhead）小姐的名字命名了本种。本种的花红色或黄色，典型样本的花是红色的，黄花的样本曾被伯格定名为*A. harmsii*（1908）（同物异名）。本种英文名为“Sunset Aloe”，即日落芦荟，也有人按种名发音称之为多萝西芦荟。国内许多人把某些强光下变红的丛生芦荟通称作丽红芦荟，如本种、布塞芦荟（*A. bussei*）和卡梅隆芦荟（*A. cameronii*）等，目前难以分辨到底是特指哪个种。本种是温暖干旱地区常见露地栽培种类，常作为地被植物成片栽植。强光下、昼夜温差大的情况下，植株变红，非常美丽。本种与布塞芦荟的亲缘关系较近，后者也是一种岩生的种类，外观相似，强光下叶片也变红。区别是：前者的叶片黄绿色，具斑点，花苞片、花梗长度相对后者稍短一点，花黄色或红色；而后者的花珊瑚粉色。

国内引种不多，北京地区有栽培，温室栽培，栽培表现良好。栽培中常与布塞芦荟相混淆，很多植物园误将布塞芦荟或一些本种的杂交种登记为日落芦荟。

参考文献

Carter S, Lavranos J J, Newton L E, et al., 2011. Aloes: The Definitive Guide[M]. London: Kew Publishing: 418.

Cutler D F, Brandham P E, 1977. Experimental Evidence for the Genetic Control of Leaf Surface Characters in Hybrid Aloïneae (Liliaceae) [J]. Kew Bulletin, 32(1): 23–32.

Eggli U (Ed.), 2001. Illustrated Handbook of Succulent Plants: Monocotyledons[M]. Berlin: Springer–Verlag: 130.

Grace O M, Klopper R R, Figueiredo E, et al., 2011. The Aloe names book[M]. Pretoria: SANBI: 51.

Riley H P, Majumda S K, 1979. The Aloineae, A Biosystematic Survey[M]. Lexington (US): University Press of Kentucky: 148.

49
埃克伦芦荟（拟）

Aloe ecklonis Salm-Dyck, Aloes Mesembr. 2: 21. 1849.

多年生肉质草本植物，属草芦荟群。植株单生或萌生蘖芽形成约12头的具极短茎的株丛。叶片两列状，随株龄增长呈莲座状排列；叶直立至平展，披针形，渐尖，长30~40cm，暗绿色，有时在叶背面靠近基部处具少量白色斑点；边缘具狭窄假骨质边，边缘齿白色，长1~3mm。花序不分枝，长35~50cm；花序梗具数个的膜状不育苞片，卵状，锐尖；总状花序紧缩成宽头状，长约5cm，宽约10~12cm，花排列密集；花苞片卵状，锐尖，长10~15mm，宽3~5mm；花梗长30~40mm；花被通常鲑粉色，有时黄色、橙色或红色，长20~24mm，筒形，中部宽7mm，基部骤缩；外层花被自基部分离；雄蕊和花柱稍伸出。染色体：2n=14（Vosa 1982）

中国科学院植物研究所北京植物园　2年的播种苗，尚未形成株丛，株高达20cm，株幅达32cm，茎不明显。叶两列状排列（幼株），叶片条状，基部变宽呈三角状，紧密交叠，叶片长17.5~23cm，宽1~2cm；叶两面均匀绿色（RHS NN137B-D），无斑点，具模糊的条痕；基部淡黄绿色至绿白色（RHS 193D），条纹清晰，尤其是叶背面，条纹绿色（RHS NN137C-D）；边缘具窄假骨质边，绿白色或淡黄绿色（RHS 193D），边缘齿半透明，绿白色或淡黄绿色（RHS 193 D），三角状至锐尖状，长0.2~0.5mm，齿间距2~4mm。种子不规则多角状，暗棕色，具淡棕色翅，较宽。

成年植株　成株局部　成株叶片　成株叶片螺旋状排列　幼株叶片两列状排列　叶基紧密交叠　叶先端

分布

分布区宽阔，沿东部陡崖，从南非东开普省向北穿越夸祖鲁-纳塔尔省西部、莱索托东部和北部、自由邦省东部，至姆普马兰加省中、南部，斯威士兰北部边缘地区也有分布。

生态与生境

生长于高海拔地区的草原上，海拔从海平面至2500m。夏季降雨地区，年降水量625~700mm，生境温度常短暂低于0℃。

用途

观赏、饲用等；花可食用。

引种信息

中国科学院植物研究所北京植物园　种子材料（2017-0273）引种自南非开普敦，生长较快，长势良好。

物候信息

原产地南非花期11月至翌年1月。

中国科学院植物研究所北京植物园　尚未观察到开花结实。夏季7月下旬至8月上旬短暂休眠。

繁殖

播种、分株繁殖，扦插繁殖主要用于抢救烂根植株。

迁地栽培要点

本种喜温暖、夏季凉爽的的气候，夏季炎热地区，栽培稍有难度。喜排水良好的土壤，喜充足阳光，稍耐阴。喜空气湿润的环境，稍耐旱。稍耐寒，可耐短暂0～3℃低温，保持盆土干燥，5～6℃可安全越冬。

中国科学院植物研究所北京植物园 采用腐殖土、赤玉土、粗沙、轻石等材料配制排水良好的腐殖土，加入少量谷壳碳、缓释肥颗粒。夏季休眠期管理要注意保持盆土适当干燥，避免湿涝引起植株腐烂。加强通风，适当遮阴降温。生长季节保证充足水分和空气湿度。

病虫害防治

湿热季节容易发生腐烂病。

中国科学院植物研究所北京植物园 定期喷施50%多菌灵800～1000倍液，预防根系、叶心腐烂病的发生。结合药物预防，还要改善栽培条件，尤其是夏季湿热季节，保持土壤排水良好，加强通风。

保护状态

已列入CITES附录II。

变种、自然杂交种及常见栽培品种

未见相关报道。

本种由丹麦著名的植物收集家、药剂师埃克伦（C. F. Ecklon）采集，并将种子送往欧洲。1849年，著名分类学家萨姆迪克（Salm-Dyck）以埃克伦的名字命名了本种。本种与*A. kraussii*、*A. hlangapies*、伯伊尔芦荟（*A. boylei*）的亲缘关系很近，可通过叶形、花色、花形来区分，本种是这几个种里叶片最宽的种类。

埃克伦芦荟属于芦荟属的草芦荟群（Grass Aloes），分布地区广泛，生长于草原，生境常受到自然山火和畜牧业的扰动。南非的干燥草原地区常发生有规律的自然草原火，草原火可以帮助清理干燥濒死的植被、枯落物和过于密集的草甸，为植物的繁殖更新清理空间，回流养分。本种具有地下隐芽和肉质的叶片，有助于在草原火中生存下来，草原火清理掉了堆积的干枯叶片和附着在上面的病害，并促进开花。长时间不经历草原火的地区，埃克伦芦荟的花会越来越少，繁殖力下降。在靠近公路的地区，人类放牧活动频繁，除牛羊啃食外，人们每年还对草地进行人工割刈，对本种的生长都有一定的影响。本种在原产地数量丰富，和芦荟属很多植物一样，花后产生大量的种子，果实成熟后，干燥开裂，种子随风散播到更广泛的区域。如果果实成熟后气候过于湿润，影响种子干燥，真菌容易侵染，会大大降低种子的活力和繁殖率。

国内引种不多，北京地区有栽培。播种繁殖，尚处于幼苗期，栽培表现一般，尤其是北京夏季气候湿热，进入休眠期，度夏稍有难度。本种花序美丽，适宜在夏季凉爽的地区栽培观赏。

参考文献

Carter S, Lavranos J J, Newton L E, et al., 2011. Aloes: The Definitive Guide[M]. London: Kew Publishing: 147.
Craib C, 2005. The grass Aloes in the South Africa Veld[M]. Hatfiels: Umdaus Press: 50-53.
Eggli U (Ed.), 2001. Illustrated Handbook of Succulent Plants: Monocotyledons[M]. Berlin: Springer-Verlag: 131.
Grace O M, Klopper R R, Figueiredo E, et al., 2011. The Aloe names book[M]. Pretoria: SANBI: 52-53.
Jeppe B, 1969. South Africa Aloes[M]. Cape Town: Purnell & Sons S.A. (PTY.) LTD.: 121.
Van Wyk B -E, Smith G F, 2014. Guide to the Aloes of South Africa[M]. Pretoria: Briza Publications: 312-313.

50
优雅芦荟

Aloe elegans Tod., Index Seminum (PAL) 1880: 37. 1880.

多年生肉质草本植物。植株通常单生，通常茎不明显。叶16～20片，直立，披针形，渐尖，长60cm，宽15～18cm，厚25mm；均一灰绿色；边缘具红色边缘和棕红色尖锐三角齿，长3～4mm，齿间距15～22mm；汁液干燥后红棕色。花序长100cm，从花序梗中部开始分枝，具约8分枝，有时二次分枝。总状花序圆锥状至紧缩成近头状，或短圆柱形，长可达8cm，花排列密集；花苞片卵状，锐尖，长8mm，宽3mm；花梗长15mm；花被筒红色、橙色或黄色，长25～30mm，子房部位宽6mm；外层花被分离12～15mm；雄蕊和花柱伸出3～4mm。

中国科学院植物研究所北京植物园 盆栽植株，株高42～49cm，株幅约55cm。叶约15片，幼苗期叶片呈两列状排列，随生长渐为螺旋状排列；叶片长达44cm，宽达5.8cm，淡绿色（RHS 147C–D、148D），无斑；边缘常具窄红棕色边（RHS 172A），边缘齿三角状稍钩形，深红橙棕色（RHS 172A），齿长3～6mm，齿间距7～15mm；汁液土黄色，干燥汁液暗红棕色。花序高约65cm，具2～3分枝；花序梗淡灰棕色（RHS 201B），具霜粉，擦去后暗棕色（RHS N200A）；总状花序圆柱状或短圆柱状，长8～14.6cm，直径7～7.5cm，花排列较密集，具花达105朵；花梗红棕色至淡橙棕色（RHS 174A–C）；花被筒深红橙色至橙色（RHS 171A–C），口部稍浅，裂片边缘淡橙色（RHS D–C），内层花被裂片先端深橙棕色至橙色（RHS 166B–C）；也有黄色花的样本；花被筒长约29mm，基部具短尖头，子房部位宽7mm，向上渐宽至2/3处达直径9.5mm，之后向口部稍变狭；外层花被分离12～13mm；雄蕊花丝白色渐变至淡黄色（RHS 2D–C），花柱淡黄色（RHS 2C–D），雄蕊和花柱伸出5～6mm。种子不规则多角状，具薄而宽的膜质翅，翅淡棕色。

北京植物园 未记录形态信息。

厦门市园林植物园 花橙红色，花序圆锥状，较长。

仙湖植物园 未记录形态信息。

上海辰山植物园 温室盆栽栽培，株丛直径90cm，叶片长达56cm。

植株（北京IBCASBG）

植株（上海CBG）

丛生植株（厦门）
植株（厦门）
年轻植株（厦门）
播种苗（北京IBCASBG，6个月）
播种苗（北京IBCASBG，1年）
播种苗（北京IBCASBG，1年半）
播种苗（北京IBCASBG，2年）
播种苗（北京IBCASBG，3年）
播种苗（北京IBCASBG，5年）
叶腹面
叶背面
叶腹面局部
叶背面局部

叶先端
边缘齿
边缘齿
不育苞片
开花植株（橙花，北京 IBCASBG）
开花植株（橙花，厦门）
开花植株（橙花，厦门）
开花植株（黄花，北京 IBCASBG）
花序（花芽期花序柄伸长）
花序（花序分枝开始伸展）
花序（花蕾未开）
花序（初花期）
花序
分枝花序短圆柱状
分枝花序圆锥状
花序局部

花 花发育 花解剖
结果植株（北京IBCASBG，黄花） 果序（黄花） 初果（黄花）
成熟果实 种子 种子具宽膜质翅

分布

广泛、大量分布于埃塞俄比亚的提格雷省（Tigre）和厄立特里亚。

生态与生境

生长于山地多石山坡的开阔灌丛、草地中，海拔1500~2500m。

用途

观赏、药用等。

引种信息

中国科学院植物研究所北京植物园 种子材料（2008-1745）引种自美国，生长迅速，长势良好；幼苗材料（2010-1025）引种自上海，生长迅速，长势良好；幼苗材料（2010-W1140）（黄花型）引种自北京，生长迅速，长势良好。

北京植物园 植株材料（2011153）引种自美国，生长迅速，长势良好。

厦门市园林植物园 植株材料引种信息不详，生长迅速，长势良好。

仙湖植物园 植株材料（SMQ-047）引种自美国，生长迅速，长势良好。

上海辰山植物园 植株材料（20110872）引种地美国，生长迅速，长势良好。

物候信息

原产地埃塞俄比亚花期9～12月，3～5月偶有开花。

中国科学院植物研究所北京植物园 （1）橙花样本：观察到花期9～10月、5～6月。9～10月开花：9月下旬花芽初现，始花期10月上旬，盛花期10月中旬，末花期10月下旬。5～6月开花：5月初花芽初现，始花期5月下旬，盛花期6月上旬，末花期6月中旬。单花花期3天。未观察到结实，无休眠期。（2）黄花样本：花期10～12月。10月下旬花芽初现，始花期11月中旬末期，盛花期11月下旬，末花期11月末。初果期12月初，果熟期12月下旬至翌年1月。全年生长，无休眠期。

北京植物园 未记录开花物候。无明显休眠期。

厦门市园林植物园 花期3～4月，果熟期5月。

仙湖植物园 未记录开花物候。无休明显眠期。

上海辰山植物园 未观测到开花，果未见，全年生长，未见明显休眠。

繁殖

多采用播种繁殖。扦插繁殖一般用于拯救烂根的植株。

迁地栽培要点

习性强健，栽培管理容易。适应基质种类宽泛，排水良好即可，不喜湿涝。喜充足阳光，喜温暖，耐热，可耐40℃以上高温。较耐寒，可耐短期0～2℃低温，5～6℃可安全越冬。

中国科学院植物研究所北京植物园 栽培常采用草炭土：河沙为2：1的基本比例，同时可根据实际情况混入园土、珍珠岩等其他基质。也可采用腐殖土与颗粒性较强的赤玉土、轻石、木炭等基质，以及排水良好的粗沙混合配制，颗粒基质占1/3左右，加入少量谷壳碳，并混入少量缓释的颗粒肥。夏季湿热季节注意加强通风，避免浇水到植株叶心中。

北京植物园 温室盆栽，采用草炭土、火山岩、沙、陶粒等材料配制混合基质，排水良好。夏季中午需50%遮阳网遮阴，冬季5℃以上可安全越冬。

厦门市园林植物园 温室地栽栽培。采用腐殖土、河沙混合土配制排水良好的栽培基质。可全光照。

仙湖植物园 室内地栽，采用腐殖土、河沙混合土栽培，生长良好。

上海辰山植物园 生长缓慢，长势一般，温室栽培，采用少量颗粒土与草炭混合种植。温室内夏季最高温在40℃以下，冬季最低温在13℃以上，能安全度夏和越冬。

病虫害防治

抗性强，病虫害较少发生。空气湿度较大时，容易引起真菌病害，需定期喷施杀菌剂进行防治。

中国科学院植物研究所北京植物园 夏季湿热季节和入冬前低温潮湿天气，容易罹患黑斑病或褐斑病，每10～15天喷施50%多菌灵800～1000倍液一次进行防治。

北京植物园 未见明显病虫害发生，仅定期进行病虫害预防性的打药。

厦门市园林植物园 未见明显病虫害发生，仅定期进行病虫害预防性的打药。

仙湖植物园 未见明显病虫害发生，仅定期进行病虫害预防性的打药。

上海辰山植物园 未见明显病虫害发生。

保护状态

已列入CITES附录II。

变种、自然杂交种及常见栽培品种

国外植物园通过播种筛选出一些不同花色的品种，如*Aloe elegans*'Orange'、*Aloe elegans*'Yellow'等。

本种最早描述于19世纪后期，托达罗（A. Todaro）教授基于意大利西西里岛的巴勒莫植物园收集的物种，出版了著作*Hortus Botanicus Panormitanus*（1876—1892），其中描述了10种芦荟属植物，有3种来自埃塞俄比亚，就包含本种。巴勒莫植物园种植的优雅芦荟，来源于申佩尔（G. W. Schimper）从埃塞俄比亚的提格雷自治区收集的种子，但采集的具体时间和地点已很难确定。本种花的颜色、花序的大小有一定变化。花色从黄色、橙红色至红色，总状花序形状从圆锥状、短圆柱状至近头状，分枝总状花序长短不一，多样性十分丰富。自1880年至1908年间，基于栽培样本的形态差异，有大量的种和变种被描述，但都被认为是本种的同物异名。

本种与苏丹芦荟（*A. sinkatana*）的亲缘关系较近，比较容易区分二者的差别，本种株形较大，叶片较宽，成株几乎无斑点，分枝总状花序稍长，短圆柱形，花被筒也较长；苏丹芦荟株形较小，分枝总状花序较短，紧缩成近头状，花被筒也比较短。两个种的花蕾先端都向下垂或平伸，花下垂。

本种国内栽培较多，北京、上海、厦门、深圳等地均有栽培。栽培表现良好，已观察到花期物候。是非常优良的观花种类，温暖干燥地区可露地栽培，用于布置花境，我国厦门地区已有露地栽培。北方地区温室栽培，可地栽或盆栽。本种是中型的种类，盆栽有时限制其生长，植株尺寸会稍小于文献记载的尺寸，但花的尺寸差别不算太大。

参考文献

Carter S, Lavranos J J, Newton L E, et al., 2011. Aloes: The Definitive Guide[M]. London: Kew Publishing: 373.
Demissew S, Nordal I, 2010. Aloes and Lilies of Ethiopia and Eritrea[M]. Addis Ababa: Shama Books: 88.
Eggli U (Ed.), 2001. Illustrated Handbook of Succulent Plants: Monocotyledons[M]. Berlin: Springer-Verlag: 131.
Grace O M, Klopper R R, Figueiredo E, et al., 2011. The Aloe names book[M]. Pretoria: SANBI: 53.
Walker C C, 2019. Aloe elegans-an Ethiopian / Eritrean endemic?[J]. Haworthiad, 33(2): 32-37.

51
埃尔贡芦荟

Aloe elgonica Bullock, Bull. Misc. Inform. Kew 1932: 503. 1932.

多年生灌状肉质植物。植株分枝形成密集株丛，有时株丛直径可达200cm，具直立茎或横卧茎，长可达100cm或更长。叶20～24片，密集排列成莲座状，三角状，渐尖，长可达40cm，宽9cm，暗绿色，常微红；边缘具尖锐齿，长8～9mm，齿间距10～15mm，汁液干燥后黄色。花序高50～70cm，不分枝或具3～4分枝；总状花序圆柱形至圆锥形，长18cm，直径8～9cm，花排列密集；花苞片卵状，急尖，长5mm，宽4mm；花梗长20～25mm；花被橙色至红色，口部微黄，长40mm，基部骤缩，子房部位宽7～8mm，向上微狭，之后向口部变宽；外层花被分离15mm；雄蕊和花柱伸出3～5mm。染色体：2n=28（Brandham, 1971）

中国科学院植物研究所北京植物园　种子不规则角状，暗棕色，具宽而薄的膜质翅，翅淡棕色。

北京植物园　未分枝植株高49cm，株幅33cm。叶片灰绿色至绿色，叶片长20cm，宽约6cm，无斑；边缘具三角状粗大边缘齿，长4～6mm，齿间距9～11mm。花序侧生，具1～3分枝；总状花序圆锥至圆柱状，花排列稍密集。花被橙色至红色，向口部渐变为淡黄色，裂片先端具棕绿色细脉纹，边缘淡黄色；花蕾先端具灰绿色中脉纹；花被筒长40mm，子房部位宽7mm，子房上方接近中部的部位稍变狭；雄蕊和花柱伸出3～5mm。

仙湖植物园　叶片灰绿色，先端稍反曲，无斑；边缘具三角状大齿，红棕色。

丛生植株（北京BBG）　植株局部（北京BBG）　植株局部（北京BBG）

温室地栽植株（深圳）　叶腹面　叶背面

分布

产自肯尼亚特兰斯-恩佐亚地区（Trans-Nzoia）的埃尔贡山（Mt Elgon）及其周边地区。

生态与生境

生长于山地多岩石的草地、石缝间，海拔1980~2380m。

用途

观赏、药用等。

引种信息

北京植物园 植株材料（2011155）引种自美国，生长迅速，长势良好。

仙湖植物园 植株材料（SMQ-048）引种自美国，生长迅速，长势良好。

物候信息

原产地肯尼亚花期不详，南加利福尼亚栽培花期7～8月。

北京植物园 花期6～8月。6月花芽初现，始花期7月中旬，盛花期7月末至8月上、中旬，末花期8月下旬。无休眠期。

仙湖植物园 未记录花期信息。

繁殖

播种、扦插、分株繁殖。

迁地栽培要点

习性强健，栽培管理容易。喜光照充足的栽培场所，稍耐阴。耐旱，不耐湿涝，喜排水良好的栽培基质。喜温暖，不耐寒，北方地区需温室栽培越冬，5～6℃可安全越冬，10～14℃可正常生长。

北京植物园 温室盆栽，采用草炭土、火山岩、沙、陶粒等材料配制混合基质，排水良好。夏季中午需50%遮阳网遮阴。

仙湖植物园 室内地栽，采用腐殖土、河沙混合土栽培，植株长势明显较室外的长势更为迅速，生长良好。

病虫害防治

抗性强，栽培管理容易。

北京植物园 未观察到病虫害发生，常规管理。

仙湖植物园 未观察到病虫害发生，常规管理。

保护状态

已列入CITES附录II。

变种、自然杂交种及常见栽培品种

有与*A. wollastonii*自然杂交种的报道。还可与岩壁芦荟（*A. petrophila*）杂交形成杂交种。

本种为四倍体植物，与达维芦荟（*A. dawei*）、涅里芦荟（*A. nyeriensis*）亲缘较近。其模式标本采集于1930年，1932年由布洛克（A. A. Bullock）命名，种名取自产地埃尔贡山的名字。栽培中常与达维芦荟、科登芦荟（*A. kedongensis*）等种类混淆，可通过边缘齿大小、花序分枝数、花被筒大小来区别。本种叶片相对较宽，三角状，渐尖，反曲；边缘齿最大，长8～9mm，花序分枝3～4个，花被筒比其他两种长，可达40mm。

国内北京、深圳等地一些植物园已有栽培，栽培表现良好，北京已观察记录了花期物候。本种植株灌状丛生，花序繁茂美丽，可用于布置花境。

参考文献

Carter S, Lavranos J J, Newton L E, et al., 2011. Aloes: The Definitive Guide[M]. London: Kew Publishing: 628.

Eggli U (Ed.), 2001. Illustrated Handbook of Succulent Plants: Monocotyledons[M]. Berlin: Springer-Verlag: 131.

Grace O M, Klopper R R, Figueiredo E, et al., 2011. The Aloe names book[M]. Pretoria: SANBI: 53-54.

52

艾伦贝克芦荟

Aloe ellenbeckii A. Berger, Bot. Jahrb. Syst. 36: 59. 1905.
Aloe dumetorum B. Mathew & Brandham, Kew Bull. 32: 19. 1977.

多年生肉质草本植物。植株茎不明显，萌生蘖芽形成低矮株丛。叶排列成莲座状，叶线状披针形，稍弓形反曲，长15～27cm，宽1～2.5cm，肥厚肉质，腹面凹，黄绿色，覆盖白色斑点；边缘角质，具流苏状齿，长可达1mm，齿间距2～6mm；汁液淡黄色。花序不分枝或稀具1分枝，直立，高可达50～75cm；花序梗上半部具2～3个小的不育苞片，纸质；总状花序圆锥形至圆柱形，长5～8cm，直径6cm，花排列松散。花苞片线状披针形，长5～10mm，宽2mm，纸质；花梗长7～15mm，果期延长至22mm；花被筒状，橙红色，口部黄色，长24～30mm，子房部位宽7～10mm，向上突然缢缩至直径5mm；外层花被分离8～10mm，裂片先端平展；雄蕊和花柱伸出2～4mm。

北京植物园 植株密集丛生。叶片条状至狭披针形，具密集、淡绿白色斑点，散布全叶；边缘具假骨质窄边，淡绿白色，边缘齿三角状，有时具双连齿，绿白色，齿尖红棕色。花序不分枝；总状花序圆柱状；花梗长约7mm；花橙红色，口部黄色；花被筒长22～23mm，子房部位宽7～8mm，其上突然缢缩至5mm，然后向上逐渐变宽；外层花被分离约9mm；雌蕊花柱几乎不伸出。

厦门市园林植物园 叶片长8cm，叶宽1.5cm。花序高50cm；总状花序长8cm，花被筒长20mm。

植株（厦门） 植株（厦门） 植株局部
叶腹面 叶背面 叶腹面斑点 叶背面斑块

分布

产自索马里中朱巴州（Jubbada Dhexe）地区、肯尼亚北部以及靠近埃塞俄比亚南部边界摩亚雷（Moyale）的地区。

生态与生境

生长于落叶灌丛荫蔽下的砂壤土上，海拔700m。

用途

观赏。

引种信息

北京植物园 植株材料（2011156）引种自美国，生长迅速，长势良好。

厦门市园林植物园 引种登录信息不详，生长缓慢，长势中等。

物候信息

原产地埃塞俄比亚地区花期10～11月。

北京植物园 观察到花期2～3月。无明显休眠期。

厦门市园林植物园 花期10月至翌年5月。

繁殖

播种、分株、扦插繁殖。

迁地栽培要点

习性强健，栽培管理较为容易。喜栽培基质排水良好，怕湿涝。喜光线充足的栽培环境。喜温暖，不耐寒，5～6℃可安全越冬，最适生长温度为15～23℃。

北京植物园 温室盆栽，采用草炭土、火山岩、沙、陶粒等材料配制混合基质，排水良好。夏季中午需50%遮阳网遮阴，冬季保持5℃以上可安全越冬。

厦门市园林植物园 大棚内栽植，采用腐殖土、河沙混合土栽培，植株生长缓慢、长势中等。

病虫害防治

抗性较强，不易发生病虫害。

北京植物园 不易发生病虫害，仅常规管理。

厦门市园林植物园 未见明显病虫害发生。

保护状态

已列入CITES附录II。

变种、自然杂交种及常见栽培品种

未见相关报道。

本种为小型芦荟种类。1900年1月，德国医生艾伦贝克（D. H. Ellenbeck）在冯埃尔朗根（C. B. Von Erlanger）率领的东非探险旅行中，采集了本种。1905年，伯格（A. Berger）以他的名字命名了该种。

本种与阿穆芦荟（*A. amudatensis*）亲缘关系较近，形态相似，在栽培中容易混淆。主要的区别是：本种株形较小，叶片较短较狭窄，稍反曲，边缘齿较小，花序一般不分枝，稀具1分枝，花梗较短，约7～15mm，花被筒长24～30mm。而阿穆芦荟的植株稍大，叶片直立至斜伸，较宽；边缘齿较显著，花序具1～2分枝，花梗长，约15～18mm，花被筒较长，约30mm。

国内一些地方有栽培，如北京、厦门等地，栽培表现良好，已观察到开花结实。株形小巧美观，形似海星状，较平伏，适于作小型盆栽观赏，丛生植株可做地被栽植。我国南部干燥温暖的无霜地区可露地栽培，能够形成低矮的株丛。

参考文献

Carter S, Lavranos J J, Newton L E, et al., 2011. Aloes: The Definitive Guide[M]. London: Kew Publishing: 156.

Demissew S, Nordal I, 2010. Aloes and Lilies of Ethiopia and Eritrea[M]. Addis Ababa: Shama Books: 64-65.

Eggli U (Ed.), 2001. Illustrated Handbook of Succulent Plants: Monocotyledons[M]. Berlin: Springer-Verlag: 131-132.

Grace O M, Klopper R R, Figueiredo E, et al., 2011. The Aloe names book[M]. Pretoria: SANBI: 54.

Jeppe B, 1969. South Africa Aloes[M]. Cape Town: Purnell & Sons S.A. (PTY.) LTD.: 54.

53

黑魔殿芦荟

别名：黑魔殿（日）、刺猬芦荟

Aloe erinacea D. S. Hardy, Bothalia 10: 366. 1971.
Aloe melanacantha var. *erinacea* (D. S. Hardy) G. D. Rowley, I. O. S. Rep. 29. 24. Oct. 1979.

多年生肉质草本植物。植株单生，或萌生蘖芽形成小的紧凑株丛，茎倒伏长可达60cm。叶开展形成密集莲座，直径15cm；叶片狭三角形，长可达8～16cm，宽2～4cm，浅灰绿色，有点粗糙，腹面凸，背面龙骨状，沿龙骨具少数黑棕色刺；边缘具显著的黑棕色刺，长5～9mm；汁液柠檬黄色。花序不分枝，直立，高可达100cm；花序梗淡棕色，具大量卵状锐尖的不育苞片，长可达30mm，宽10mm；总状花序圆锥状至圆柱状，长可达26cm，花排列密集；花苞片卵形，长可达27mm，宽4.5mm，干膜质；花梗长达19mm；花被红色，渐变为黄色，三棱状筒形，长约28mm，基部圆；外层花被几近基部分离，裂片先端灰绿色，稍平展；雄蕊伸出约4mm，花柱伸出达7mm。

中国科学院植物研究所北京植物园　10年的盆栽幼株，株高13cm，株幅12.5cm。叶片长约7.5cm，宽约1.8cm；淡灰绿色（RHS 191C-D），腹面微凸，背面龙骨状，皮刺列状着生于叶背面中线龙骨上及边缘附近，叶腹面皮刺少于叶背面，生于边缘附近，长约8mm，刺色渐变，基部向上白色至青白色渐变为橙棕色（RHS 172C-A）、深棕色（RHS 200B-A）、黑色，稍弯曲；边缘齿尖锐，常弯曲，刺色渐变，从青白色渐变至橙棕色（RHS 172C-A）、深棕色（RHS 200B-A）、黑色，长5～8.5mm，齿间距7～11mm。

厦门市园林植物园　未记录形态信息

植株（厦门）　植株（上海）　植株（俄罗斯）
植株（北京IBCASBG）　植株（北京IBCASBG）　植株局部

植株（南非） 植株（南非） 植株（南非） 叶心
叶腹面 叶背面 边缘齿和皮刺 皮刺
叶先端刺尖 播种苗（北京IBCASBG） 幼株（北京IBCASBG） 果序（南非）

分布

产自纳米比亚。

生态与生境

生长在纳米比亚海拔900~1350m多岩石砂质土壤的北部丘陵，年降水量350mm，有规律的雾发生。温差大，最低温0℃、最高温40℃左右。

用途

观赏。

引种信息

中国科学院植物研究所北京植物园 种子（2008-1746）引种自美国，生长缓慢，长势良好。

厦门市园林植物园 引种记录不详，生长缓慢，长势良好。

物候信息

原产地纳米比亚花期5~8月。

中国科学院植物研究所北京植物园 尚未观察到开花和自然结实。

厦门市园林植物园 尚未观察到开花和自然结实。

繁殖

播种、分株繁殖。

迁地栽培要点

生长缓慢，怕湿涝，栽培管理稍有难度。温暖干燥地区可栽植在含岩石砂质土壤山地或坡地上，霜冻地区温室栽植。栽培最低温高于-2℃，最高温低于45℃。

中国科学院植物研究所北京植物园 根系不能积水，避免盆土积水，采用赤玉土、腐殖土、轻石、沙、谷壳碳等颗粒基质配制的混合基质。需光照充足，空气湿度低，温室栽培，夏季需适当遮阴降温，遮阴度40%～50%，并加强通风降温，避免室内过于湿涝，可将盆栽置于室外防雨的荫棚下。春秋两季各施一次有机肥。

厦门市园林植物园 温室盆栽，采用腐殖土、蛭石、粗沙、赤玉土等基质配制混合土。

病虫害防治

抗性强，病虫害较少发生。南方地区湿热常见病害主要有炭疽病、褐斑病、叶枯病、白绢病及细菌性病害，多发生于湿热夏季通风不良的室内。可喷洒百菌清等杀菌类农药进行防治。翻盆更新时，注意不要伤根，可带坨移入大一号的盆中。

中国科学院植物研究所北京植物园 夏季湿热季节，幼苗容易发生腐烂病，可喷洒50%多菌灵800～1000倍液进行防治。

厦门市园林植物园 容易发生腐烂病，注意控制浇水，定期喷洒杀菌剂进行预防。

保护状态

IUCN红色名录列为濒危植物（EN）；已列入CITES附录II。

变种、自然杂交种及常见栽培品种

有与绫锦芦荟（*A. aristata*）、木立芦荟（*A. arborescens*）、青鬼城（*A.* × *spinosissima*）、黑刺芦荟（*A. melanacantha*）等种类杂交的报道。

本种拉丁学名“*erinacea*”意为“刺猬”，与植株外观很吻合。模式标本采集于1968年，由哈迪（D. S.Hardy）命名于1971年。

本种国内有引种，北京、上海、厦门等地有栽培。适合盆栽，多播种繁殖，植株生长较缓慢，栽培中很少见到开花结实。株形、刺形、刺色非常美丽，适于小盆栽观赏。

参考文献

Carter S, Lavranos J J, Newton L E, et al., 2011. Aloes: The Definitive Guide[M]. London: Kew Publishing: 224.

Eggli U (Ed.), 2001. Illustrated Handbook of Succulent Plants: Monocotyledons[M]. Berlin: Springer-Verlag: 153.

Grace O M, Klopper R R, Figueiredo E, et al., 2011. The Aloe names book[M]. Pretoria: SANBI: 55.

Rothmann S, 2004. Aloes aristocrats of Namibian Flora: a layman's photo guide to the aloe species of Namibia[M]. Cape Town: Creda Communications: 60-61.

54 食花芦荟（拟）

Aloe esculenta L. C. Leach, J. S. African Bot. 37: 249. 1971.

多年生肉质草本植物。植株茎不明显，或具粗壮、匍匐短茎，长可达40cm，萌生蘖芽形成密集株丛。叶约20片，排列成紧密莲座状，叶片三角状至披针形，长40~60cm，宽7~10.5cm，斜伸至反曲，灰色至灰绿色至粉棕色，叶腹面凹，具大量无规则白色斑点，多少形成横带状，背面靠先端1/2至2/3叶长处通常龙骨状，沿中线常具黑棕色锐刺，基部白色；边缘具尖锐亮棕色三角状齿，长3~5mm，齿间距10~20mm。花序高约1.5(–2.2) m，具3~5分枝，分枝开展，分枝上部总状花序直立，下部分枝有时具二次分枝；总状花序窄圆柱状，渐尖，长30~40cm，直径约6cm，花排列较密集；花苞片卵状，急尖，干膜质，白色，反折，长20~27mm，宽10~11mm；花梗长5~6mm，果期延长至12.5mm；花被三棱状筒形，稍棒状，深粉色，随时间渐变微黄色，裂片边缘淡黄色，长28~30mm，子房部位宽约6mm，向上至中间之上部位渐宽至8mm，基部圆；外层花被分离约15~18mm；雄蕊和花柱伸出6~8mm。

中国科学院植物研究所北京植物园　植株株高41~52cm，株幅达84cm。叶片长35~45cm，宽4.3~5.1cm，叶片腹面、背面灰绿色（RHS N138C），叶斑淡黄绿色（RHS 145D），腹面具长圆斑、梭形斑和延长斑，分布于叶片靠下2/3部分，背面具梭形斑，全叶分布，稍呈横带状，叶背面中线和两侧靠近边缘呈列状分布皮刺，皮刺生于斑点之上，皮刺浅黄绿色（RHS 145D），尖端红棕色（RHS 175A）；边缘齿淡黄绿色（RHS 193A），尖端深红棕色（RHS 175A–B），长5~7mm，齿间距12~22mm；汁液干燥后土黄色。花序高达80cm，具1分枝；花序梗棕灰色（RHS 201B）；总状花序长13.3~26.4cm，宽6.8~7.2cm，具花可达52朵；花苞片白色，膜质，具棕色细脉；花梗灰红橙色（RHS 174B）；花被筒鲜红橙色（RHS 31B），口部淡黄色（RHS 8D），裂片中部鲜红橙色（RHS 31B），裂片边缘白色（RHS NN155B）；长28~29mm，子房部位宽6mm，向上稍变窄至5mm，之后向上渐宽至2/3处直径8mm；外层花被分离19~22mm；花丝、花柱白色（RHS NN155B），伸出花被7~9mm。种子不规则角状，暗棕色，具宽而薄的膜质翅。

北京植物园　未记录形态信息。

厦门市园林植物园　未记录形态信息。

盆栽植株（北京IBCASBG）

地栽植株（厦门）

茎

植株局部
叶鞘
种子
叶腹面
叶腹面局部
叶背面
叶背面局部
叶基部斑点
斑点上皮刺
叶背面列状皮刺
靠近叶片边缘的列状皮刺
边缘齿
叶先端
花序苞片
不育苞片
花苞片覆瓦状
花苞片包裹花蕾
花蕾伸出花苞片
花苞片斜伸
花苞片反折
开花植株（北京IBCASBG）
花序

分布

产自安哥拉南部至纳米比亚北部，向东至博茨瓦纳北部、赞比亚西部，可能至津巴布韦西北部。

生态与生境

生长于炎热干旱的砂质平坦地区和开阔林地，海拔约1000m。

用途

观赏、药用。做泻药。原产地花可食用；叶片置于牛的饮水中用于治疗蜱虫感染。

引种信息

中国科学院植物研究所北京植物园　种子材料（2011-W1131）引种自南非开普敦，2012年播种，生长迅速，长势良好。

北京植物园　植株材料（2011159）引种自美国，生长迅速，长势良好。

厦门市园林植物园　引种记录不全，生长迅速，长势良好。

物候信息

原产地博茨瓦纳花期7~8月。

中国科学院植物研究所北京植物园　11月至翌年2月下旬，观测到2次开花。11~12月：11月底花芽初现，始花期12月上旬，盛花期12月中旬，末花期12月下旬。12月至翌年2月：12月下旬花芽初现，始花期1月中旬，盛花期1月下旬至2月上旬，末花期2月中旬至下旬。单花期2~3天。无休眠期。

北京植物园　观察到花期1~2月，2月末自然结实。无休眠期。

厦门市园林植物园　花期12月至翌年1月。果期1月末至2月。

繁殖

播种、扦插繁殖。

迁地栽培要点

本种习性强健，栽培容易。喜排水良好的土壤。喜光，能耐轻度遮阴。耐热，夏季能耐40℃以上高温。耐寒，能耐短暂0～3℃低温，不耐0℃以下霜冻。

中国科学院植物研究所北京植物园 土壤配方选用腐殖土与颗粒性较强的赤玉土、轻石、木炭等基质，以及排水良好的粗沙混合配制，颗粒基质占1/3左右，加入少量谷壳碳，并混入少量缓释的颗粒肥。北京地区，注意夏季高温高湿的7～8月的管理，浇水避免叶心积水，注意盆土排水通畅，不积水，加强通风。

北京植物园 温室盆栽，采用草炭土、火山岩、沙、陶粒等材料配制混合基质，排水良好。夏季中午需50%遮阳网遮阴，冬季5℃以上可安全越冬。

厦门市园林植物园 温室地栽，采用腐殖土、河沙配制混合基质。

病虫害防治

抗性强，未见病虫害发生。

中国科学院植物研究所北京植物园 未见病虫害发生，仅进行常规病虫害预防性的防治。定期喷洒50%多菌灵800倍液、40%氧化乐果1000倍液进行预防。

北京植物园 未见病虫害发生，仅进行常规病虫害预防性的防治。

厦门市园林植物园 未见病虫害发生，仅进行常规病虫害预防性的防治。

保护状态

列入CITES附录II。

变种、自然杂交种及常见栽培品种

有与皮刺芦荟（*A. aculeata*）杂交的报道。

本种种名“*esculenta*”意为可食用的，指其花可食用。与海滨芦荟（*A. littoralis*）亲缘关系较近，区别是本种茎不明显，花序分枝少于后者，花更偏粉色。本种的花苞片非常大，20～27mm长，十分显著。

国内部分地区有引种，如北京、厦门等，栽培表现良好，已观察到开花结实。我国南部无霜、温暖干燥的地区可露地栽培。

参考文献

Carter S, Lavranos J J, Newton L E, et al., 2011. Aloes: The Definitive Guide[M]. London: Kew Publishing: 450.

Eggli U (Ed.), 2001. Illustrated Handbook of Succulent Plants: Monocotyledons[M]. Berlin: Springer-Verlag: 133.

Grace O M, Klopper R R, Figueiredo E, et al., 2011. The Aloe names book[M]. Pretoria: SANBI: 55-56.

Rothmann S, 2004. Aloes aristocrats of Namibian Flora: a layman's photo guide to the aloe species of Namibia[M]. Cape Town: Creda Communications: 62-63.

55
高芦荟

别名：针仙人芦荟、针仙人（日）

Aloe excelsa A. Berger, Notizbl. Königl. Bot. Gart. Berlin 4: 247. 1906.

多年生小乔木状肉质植物。植株具单生茎，高2～6m，莲座下枯叶宿存，覆盖茎表面。叶排列成紧凑莲座状于茎端，平展而强烈反曲，披针形，渐尖，长可达100cm，宽15cm，叶腹面深凹，暗绿色、常微红，背面通常散布皮刺；边缘具尖锐、三角状红棕色齿，长4～6mm，齿间距15～25mm。花序直立，长可达100cm，分枝可达6个，斜展后向上，下部分枝具二次分枝；总状花序直立，圆柱状，长15～25cm，直径6～7cm，花排列非常密集；花苞片圆，干膜质，米色，长4～6mm，宽4mm，反折；花梗长约1mm；花被光亮红色至红橙色，筒形，长28～32mm，子房部位宽5mm，向上至中部变宽至7mm，然后向口部变窄；外层花被分离约15mm；雄蕊和花柱伸出达10mm，花丝紫色，花药橙色。

中国科学院植物研究所北京植物园　幼苗初时叶排列成两列状，后随生长渐呈螺旋状排列。叶片灰绿色至黄绿色，叶腹面具皮刺，皮刺较少，散布叶片中下部，叶背面皮刺较多，散布整个叶背面，中下部较多，皮刺基部疣突圆锥状隆起，皮刺尖端红棕色；边缘具尖锐锯齿，尖端红棕色。种子不规则角状，暗棕色，具稍宽膜质翅，淡棕色。

北京植物园　未记录形态信息。

厦门市园林植物园　大棚内地栽五年植株，株高115cm，叶片长90cm，叶宽12cm；边缘齿间距9～25mm。花序高108cm，宽77cm；总状花序长25cm，花排列密集；花光亮红色，花被筒长约30mm。露地栽培植株：株高101cm，株幅178cm。叶片长99cm，宽11cm；边缘齿长4mm，齿间距9～30mm。花序高91cm，分枝可达19个；分枝总状花序长33cm，宽6cm；花被筒长30mm，子房部位宽4mm，最宽处直径8mm，最窄处直径4mm；外层花被分离15～20mm；雄蕊伸出花被约16mm，花柱伸出花被约18mm。

仙湖植物园　未记录形态信息。

上海植物园　未记录形态信息。

温室地栽植株（深圳）

温室地栽植株（深圳）

温室地栽植株（厦门）

植株（南非）

植株莲座状叶丛（南非） 叶片（南非） 茎干（南非）

成株叶腹面 成株叶背面 叶基部 成株皮刺

幼株莲座叶丛（北京IBCASBG） 幼株叶腹面 幼株叶背面 幼株皮刺

种苗（北京IBCASBG，6个月） 播种苗（北京IBCASBG，1年） 播种苗（北京IBCASBG，1年半） 播种苗（北京IBCASBG，3年）

温室栽培的开花植株（厦门）
温室栽培的开花植株（厦门）
露地栽培的开花植株（厦门）
花序
花序局部
花芽
总状花序（花蕾开始透色）
总状花序（始花期）
总状花序（盛花期）
总状花序局部
总状花序局部
花
花蕾
花序分枝基部苞片
不育苞片

花发育

花解剖

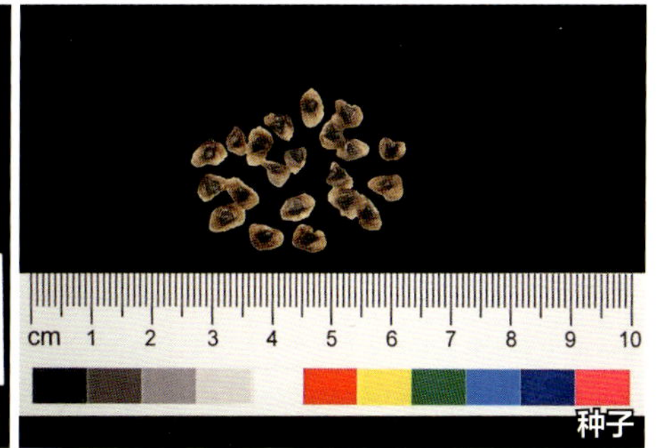
种子

分布

分布于津巴布韦、赞比亚中部、博茨瓦纳北部和南非东北部。

生态与生境

生长于裸露的花岗层，通常生长于陡峭的岩石坡和开阔落叶林地，海拔450～1500m。

用途

观赏、药用等。汁液有抗菌、杀菌作用。

引种信息

中国科学院植物研究所北京植物园 种子材料（编号不详）从上海植物园引种，生长迅速，长势良好；幼苗材料（2010-1029）引种自上海，生长迅速，长势良好；幼苗材料（2010-W1143）引种自北京，生长迅速，长势良好。

北京植物园 植株材料（2011160）引种自美国，生长迅速，长势良好。

厦门市园林植物园 幼苗材料（XM2016031）引种自北京，生长迅速，长势良好。

仙湖植物园 植株材料（SMQ-050）引种自美国，生长迅速，长势良好。

上海植物园 植株材料（2011-6-046）引种自美国，生长迅速，长势良好。

物候信息

原产地南非花期8～9月。

中国科学院植物研究所北京植物园 尚未观察到开花和自然结实，无休眠期。

北京植物园 未观察到开花。无休眠期。

厦门市园林植物园 花期1～3月。1月末始现花芽，2月初花芽抽高，3月初花始盛开，3月末花落。果期4月。露地栽培花期比大棚晚半个月左右。

仙湖植物园 未记录花期物候。无休眠期。

上海植物园 已开花结实，未记录花期物候。无休眠期。

繁殖

播种、扦插繁殖。

迁地栽培要点

习性强健，栽培管理容易。南方温暖干燥地区可露地栽培，北方地区需室内栽培。喜排水良好的栽培基质，适应栽培基质范围广。喜强光，不耐阴。喜温暖，耐高温，可耐45℃以上高温，稍耐寒，可耐短暂-2℃低温，4～5℃可安全越冬。

中国科学院植物研究所北京植物园 采用腐殖土：沙为2：1或3：1的基本配比，可加入一些颗粒基质，如赤玉土、轻石、颗粒腐殖土、珍珠岩等等。避免盆土积水，湿热季节加强通风。

北京植物园 温室盆栽，采用草炭土、火山岩、沙、陶粒等材料配制混合基质，排水良好。夏季中午需50%遮阳网遮阴，冬季保持5℃以上可安全越冬。

厦门市园林植物园 户外及大棚内栽植，采用腐殖土、河沙混合土栽培，植株生长迅速、长势良好。

仙湖植物园 室内地栽，采用腐殖土、河沙混合土栽培。

上海植物园 温室盆栽。采用赤玉土、腐殖土、轻石、沙等基质配制混合土。

病虫害防治

抗性较强，病虫害发生较少。

中国科学院植物研究所北京植物园 成年植株抗性较强，不易罹患病虫害。幼苗容易罹患腐烂病，定期喷洒50%多菌灵1000倍液进行防治。

北京植物园 未见明显病虫害发生，仅定期进行病虫害预防性的打药。

厦门市园林植物园 未见明显病虫害发生。

仙湖植物园 未见明显病虫害发生。

上海植物园 未见明显病虫害发生。

保护状态

已列入CITES附录II。

变种、自然杂交种及常见栽培品种

本种具1变种短叶高芦荟（*A. excelsa* var. *brevifolia*），分布于莫桑比克和马拉维的边界地区。有自然杂交种报道，常见杂交亲本有皮刺芦荟（*A. aculeata*）、卡梅隆芦荟（*A. cameronii*）、查波芦荟（*A. chabaudii*）等。

本种最早由伯格（A. Berger）在他的*Das Pflanzenreich*（1908年）命名描述，其种名“*excelsa*”意为“高的”，指其高大的株形。本种与好望角芦荟（*A. ferox*）、马氏芦荟（*A. marlothii*）、石地芦荟（*A. rupestris*）的亲缘关系较近，区别是本种的叶片、花序较狭窄。

本种国内栽培较多，北京、上海、厦门、深圳等地都有栽培，栽培表现良好，上海、厦门、龙海等地已观察到开花，上海地区已结实并收获种子。植株高大，株形美丽，可在温暖干燥地区露地栽培，孤植或数株群植作为主景进行观赏。幼苗叶片表面密布尖锐皮刺，非常美观，适宜盆栽观赏。

参考文献

Carter S, Lavranos J J, Newton L E, et al., 2011. Aloes: The Definitive Guide[M]. London: Kew Publishing: 687-688.

Eggli U (Ed.), 2001. Illustrated Handbook of Succulent Plants: Monocotyledons[M]. Berlin: Springer-Verlag: 133.

Grace O M, Klopper R R, Figueiredo E, et al., 2011. The Aloe names book[M]. Pretoria: SANBI: 56-57.

Lane S S, 2004. A Field Guide to The Aloes of Malawi[M]. Pretoria: Umdaus Press: 41-43.

Jeppe B, 1969. South Africa Aloes[M]. Cape Town: Purnell & Sons S.A. (PTY.) LTD.: 45.

Van Wyk B -E, Smith G F, 2014. Guide to the Aloes of South Africa[M]. Pretoria: Briza Publications: 60.

56

镰叶芦荟

别名：镰刀芦荟、雪岭芦荟、雪岭（日）

Aloe falcata Baker, J. Linn. Soc., Bot. 18: 181. 1880.

多年生肉质草本植物。植株茎不明显，萌生蘖芽形成小株丛。叶可达20片，排列成莲座状，莲座倾斜倒斜至一侧；叶片披针形，急尖，内弯，长30cm，宽7cm，灰绿色或蓝绿色，粗糙，背面沿龙骨具少数黑色刺；边缘具暗棕色尖锐三角齿，长5mm，齿间距10mm。花序高60cm，分枝从中下部起，可达10分枝，总状花序圆柱形，锐尖，长可达35cm，花排列相对松散；花苞片狭三角形，急尖，长20mm；花梗长约20mm；花被筒状，红色，稀黄色，长40mm，子房部位宽7mm；外层花被分离10mm；雄蕊伸出8mm，花柱伸出10mm，黄色。

中国科学院植物研究所北京植物园　幼苗期最初叶两列状排列，很快从第3～4片真叶开始，叶片开始螺旋状排列；幼株叶绿色至灰绿色（RHS 137B-D，138A-B），成株叶片灰绿色至蓝绿色；叶背面圆凸稍呈龙骨状，靠近叶先端具少数皮刺，排列在中线上，尖端红棕色；边缘具齿，尖端红棕色，长3～4mm，齿间距8～11mm。种子多角状，棕黑色，具宽翅，米色，膜质，膜上具不规则斑点。种子不规则多角状，具宽膜质翅，翅淡棕色，具棕色斑点。

北京植物园　未记录形态信息。

仙湖植物园　未记录形态信息。

上海辰山植物园　温室栽培，单生植株株高36cm，直径61cm。叶片灰绿色，披针形，渐尖，长27cm，宽5.6cm；叶腹面无斑，具霜粉和压痕，叶背面一列刺仅在叶尖端着生；边缘具尖锐锯齿，红色至红棕色，齿尖暗红棕色至暗褐色，齿长1～2mm，齿间距10～15mm。

温室地栽植株（上海CBG）　植株局部（上海CBG）

盆栽植株（北京BBG）　植株（南非）

植株局部（南非）
叶腹面（南非）
叶背面（南非）
叶腹面（北京BBG）
叶背面（北京BBG）
叶腹面局部（上海CBG）
叶背面局部（上海CBG）
叶尖腹面
叶尖背面
叶片边缘
边缘压痕
播种苗（北京IBCASBG，8个月）
播种苗（北京IBCASBG，1年半）
播种苗（北京IBCASBG，2年2个月）

分布

分布于南非自西开普省西北部、北开普省西部至纳米比亚南部。

生态与生境

生长于非常干旱的沙地、岩石山地斜坡裸露岩层区域，海拔从近海平面至500m。

用途

观赏。

引种信息

中国科学院植物研究所北京植物园　种子材料（2008-1747）引种自美国，生长较慢，长势良好。

北京植物园　植株材料（2011161）引种自美国，长速中等，长势良好。

仙湖植物园　植株材料（SMQ-051）引种自美国，长速中等，长势良好。

上海辰山植物园　植株材料（20110880）引种自美国，生长较慢，长势良好。

物候信息

原产地南非花期12月。

中国科学院植物研究所北京植物园　尚未观察到开花和自然结实，无休眠期。

北京植物园　尚未观察到开花。无休眠期。

仙湖植物园　尚未观察到开花。无休眠期。

上海辰山植物园　温室栽培，未观测到开花，果未见。未观察到具有休眠期。

繁殖

播种、分株、扦插繁殖。

迁地栽培要点

生长较为缓慢，栽培管理容易。喜阳光充足的栽培环境；耐旱，不喜湿涝；喜温暖，耐热，夏季可耐40℃高温，稍耐寒，冬季能耐短暂-3℃低温。

中国科学院植物研究所北京植物园 选用赤玉土、腐殖土、轻石、粗沙等材料配制的混合基质，加入少量颗粒缓释肥。夏季湿热季节，注意盆土和叶心不要积水。栽培中，温室温度10～12℃可正常生长，保持盆土干燥，5～6℃可安全越冬。

北京植物园 温室盆栽，采用草炭土、火山岩、沙、陶粒等材料配制混合基质，排水良好。夏季中午需50%遮阳网遮阴，冬季保持5℃以上可安全越冬。

仙湖植物园 室内地栽，采用腐殖土、河沙混合土栽培。夏季温室遮光降温，加强通风。

上海辰山植物园 温室栽培，土壤配方用砂壤土与草炭混合种植。夏季高温和温室内夏季最高温在40℃以下，冬季最低温在13℃以上，能安全度夏和越冬。

病虫害防治

抗性强，病虫害较少发生。

中国科学院植物研究所北京植物园 未见病虫害发生，仅作常规病虫害预防性打药。

北京植物园 未见病虫害发生，仅作常规病虫害预防性打药。

仙湖植物园 夏季高温高湿季节及冬季地区低温高湿环境下，注意保持盆土稍干燥，浇水避免盆土积水和叶心积水，加强通风。定期喷洒杀菌剂预防腐烂病。

上海辰山植物园 病虫害不常发生。定期喷洒杀菌剂预防腐烂病。

保护状态

已列入CITES附录II。

变种、自然杂交种及常见栽培品种

未见相关报道。

本种最早描述于1880年，贝克（J. G. Baker）根据泽赫尔（Zeyher）采集的标本进行了定名。其种名“*falcata*”意为“镰状的”，指其叶片形状似镰刀状。

国内有引种，目前北京、上海有栽培，深圳早期有引种栽培。栽培表现良好，株形紧凑，花序繁茂，适于盆栽或温室地栽；温暖、干燥的无霜地区亦可露地栽培，成片种植观赏。

参考文献

Carter S, Lavranos J J, Newton L E, et al., 2011. Aloes: The Definitive Guide[M]. London: Kew Publishing: 438.

Eggli U (Ed.), 2001. Illustrated Handbook of Succulent Plants: Monocotyledons[M]. Berlin: Springer-Verlag: 133.

Grace O M, Klopper R R, Figueiredo E, et al., 2011. The Aloe names book[M]. Pretoria: SANBI: 57.

Jeppe B, 1969. South Africa Aloes[M]. Cape Town: Purnell & Sons S.A. (PTY.) LTD.: 27.

Van Wyk B -E, Smith G F, 2014. Guide to the Aloes of South Africa[M]. Pretoria: Briza Publications: 92-93.

57
好望角芦荟

别名：开普芦荟、多刺芦荟、青鳄芦荟、芒芦荟、青鳄（日）、幻魔龙（日）

Aloe ferox Mill., Gard. Dict. ed. 8 22. 1768.
Aloe ferox var. *galpinii* (Baker) Reynolds, J. S. African Bot. 3: 127. 1937.
Aloe ferox var. *incurva* Baker, Trans. Linn. Soc. London, Bot. 18: 180. 1880.
Aloe ferox var. *subferox* (Spreng.) Baker, J. Linn. Soc., Bot. 18: 180. 1880.
Aloe galpinii Baker, Bull. Misc. Inform. Kew 1901: 135. 1901.
Aloe horrida Haw., Trans. Linn. Soc. London 7: 27. 1804.
Aloe perfoliata var. *ferox* (Mill.) Aiton, Hort. Kew. 1: 467. 1789.
Aloe pseudoferox Salm-Dyck, Verz. Art. Aloe 31. 1817.
Aloe subferox Spreng., Syst. Veg. 2: 73. 1825.
Aloe supralaevis Haw., Trans. Linn. Soc. London 7: 22. 1804.
Aloe supralaevis var. *erythrocarpa* Baker, Fl. Cap. 6: 327. 1896.
Pachidendron ferox (Mill.) Haw., Saxifrag. Enum. 2: 38. 1821.
Pachidendron pseudoferox (Salm-Dyck) Haw., Saxifrag. Enum. 2: 38. 1821.
Pachidendron supralaeve (Haw.) Haw., Saxifrag. Enum. 2: 40. 1821.

多年生小乔木状肉质植物。植株单生，具茎，高达3（~5）m，莲座下覆盖宿存枯叶。叶50~60片，排列成密集莲座状，叶剑状披针形，长可达100cm，宽15cm，暗绿色，有时微红，光滑或具少数至多数无规律分布的棘刺；边缘具红色至红棕色的齿，长约6mm，齿间距10~20mm。花序高约100cm，具5~8分枝；总状花序圆柱形，稍渐狭，长50~80cm，直径9~12cm，顶部变狭至直径6cm，花排列非常密集，花蕾平伸；花序苞片卵状，急尖，长8~10mm，宽3~5mm；花梗长4~5mm；花被红色，有时橙色，长33mm，棒状，稍向一侧膨出，基部圆，子房上方变宽，之后向口部稍变窄；外层花被分离22mm；雄蕊和花柱伸出20~25mm，花丝橙棕色至紫色，花药棕色。

中国科学院植物研究所北京植物园　盆栽2年幼苗，株高14cm，株幅约16cm。叶片长约10.4cm，宽4.5cm；叶片灰绿色（RHS 138B-C、N138C），叶背面具皮刺，长3~5mm，下部红色（RHS 176A-C），尖端深棕红色（RHS 200A）；边缘具尖锐齿，下部红色（RHS 176A-D），尖端深棕红色（RHS 200A），长3~6mm，齿间距6.5~10mm。种子不规则多角状，暗棕色，几无翅。

厦门市园林植物园　树状肉质植物，植株具不分枝粗茎干。叶片莲座状排列于枝端，叶披针形，渐尖，灰绿色。

仙湖植物园　未记录形态信息。

华南植物园　植株树状，高达2.3m。叶可达45片，灰绿色。花橙红色、橙色至橙黄色；花丝橙棕色。

南京中山植物园　植株单茎树状，高120cm。叶莲座状排列于茎端，长约45cm，宽约10cm。花序1~2分枝；总状花序圆柱状，花排列密集；花橙黄色，筒状，雄蕊花丝橙红色，显著伸出。

上海植物园　多年生肉质小乔木。通常单生，具直立茎干，根肉质。叶约39片，向上伸展，长达66cm，宽达7.8cm，呈螺旋状排列，叶渐尖，先端尖，质地坚硬；边缘具三角状齿，长2.5mm，齿间距11mm。花序直立，高约78cm，具2个分枝；花序梗粗壮坚硬；苞片淡棕色，花序分枝基部抱茎，具不育苞片，倒卵状，先端渐尖；总状花序长约42cm，直径约7.8cm；花被橙红色，筒状，基部平截，长34mm，子房部位宽5mm，向上至口部稍变宽至直径11mm；外层花被基部分离；雄蕊花丝深橙红色，雄蕊（花柱）伸出花被16mm。

植株（南京）
植株（南京）
植株（深圳）
植株（厦门）
植株（南非）
播种苗（北京IBCASBG，2个月）
播种苗（北京IBCASBG，2年）
播种苗（北京IBCASBG，5年）
成株叶腹面（密刺）
成株叶腹面（无刺）
成株叶背面（密刺）
成株叶背面（少刺）

幼株叶腹面
幼株叶腹面
幼株叶背面
幼株叶背面
成株叶片边缘
幼株边缘齿
幼株边缘齿
齿尖深棕色
幼株皮刺
幼株叶先端
幼株须根系
开花植株（广州）
开花植株（上海SHBG）
开花植株（厦门）
开花植株（龙海）

开花植株（南京） 开花植株（南非） 花序（花芽期）
花序（广州） 花序（南京） 花序（上海SHBG）
花序（南非） 总状花序（末开） 总状花序
总状花序（南京） 花（橙红） 花（橙黄） 花丝显著伸出

分布

广泛分布于南非东开普省、西开普省和夸祖鲁-纳塔尔省，莱索托也有分布。

生态与生境

生长于岩石山地、平坦开阔地区，Fynbos植被的草地上，海拔从海平面至1500m。分布区从干旱的卡鲁地区至东部相对潮湿的地区。

用途

观赏、药用等。好望角芦荟是南非传统的药用植物，世界各地引入，各国药典都有记载。

引种信息

中国科学院植物研究所北京植物园　幼苗材料（2002-W0023）引种自南非伍斯特的卡鲁荒漠国家植物园，生长迅速，长势良好；种子材料（2017-0052）引种自南非东开普省，生长迅速，长势良好。

厦门市园林植物园　引种来源不详，生长迅速，长势良好。

仙湖植物园　植株材料（SMQ-052）引种自美国，生长迅速，长势良好。

华南植物园　材料（1986-0929）引种自摩纳哥，生长状况无记录；材料（1987-0513）无引种地记载，生长状况缺失；种子材料（1993-0223）引种自摩纳哥，种子质量较差，有霉斑，种子无法发芽；种子材料（2010-0078）引种自以色列耶路撒冷植物园，种子良好，发芽状况良好。

南京中山植物园　植株材料（NBG-2007-16）引种自福建漳州，生长迅速，长势良好。

上海植物园　植株材料（2011-6-041）引种自美国，生长迅速，长势良好。

物候信息

原产地南非花期，大部分地区花期5～8月，北部较冷地区花期9～10月。

中国科学院植物研究所北京植物园 尚未观察到开花结实。无休眠期。

厦门市园林植物园 露地栽培，观察到花期1～2月。

仙湖植物园 花期1～2月。无休眠期。

华南植物园 露地栽植花期2～3月。1月上旬花芽初现，初花期2月初，盛花期2月，末花期3月。

南京中山植物园 花期1～2月。无休眠期。

上海植物园 花期1～2月。无休眠期。

繁殖

主要采用播种繁殖，扦插繁殖用于挽救烂根植株。播种苗生长较快，厦门地区2年苗高可达50cm，播种苗3年后开始开花。

迁地栽培要点

习性强健，栽培管理容易。本种喜光、喜温暖、稍耐寒、耐旱，要求土壤疏松透气，忌水涝。

中国科学院植物研究所北京植物园 适应基质范围较广，可选用最简单腐殖土、沙配制混合土进行栽植，也可选用赤玉土、腐殖土、轻石、沙配制混合基质，加入适量谷壳碳或木炭以及少量缓释肥。夏季湿热季节注意室内通风，降低湿度。入冬供暖前的低温阶段，要控制浇水和避免植株周围喷水，以免低温高湿下罹患真菌、细菌病害。

厦门市园林植物园 可选用园土、腐殖土、粗沙混合配制混合土。

仙湖植物园 露地栽植或室内地栽。采用腐殖土、河沙混合土栽培。

华南植物园 选择排水良好的混合土。可选用园土、腐殖土、粗沙（1∶1∶1）混合配制混合土。地栽植株要避免积水，湿热季节需加强通风。冬季栽培温度不低于5℃。

南京中山植物园 栽培基质为园土∶碎岩石∶沙∶泥炭=2∶1∶1∶1。最适宜生长温度为10～25℃，最低温度不能长时间低于0℃，否则产生冻害，最高温不能高于40℃，否则生长不良，根系不能积水，设施温室内栽培，夏季加强通风降温，春秋两季各施一次有机肥。

上海植物园 温室栽培。采用德国K牌422号（0～25mm）草炭、赤玉土、鹿沼土混合种植，种植时随土拌入缓释肥。每年另外施肥一次，选用氮磷钾10-30-20比例的花多多肥。及时修剪枯叶和花序。

病虫害防治

湿热季节容易罹患腐烂病、黑斑病、褐斑病等真菌性、细菌性病害，干热不通风的环境下，容易罹患介壳虫、根粉蚧等虫害。

中国科学院植物研究所北京植物园 常在温室进行病虫害预防性打药，故未见明显病虫害发生。夏季湿热季节，每10～15天喷洒50%多菌灵1000倍液、40%氧化乐果1000倍液预防病虫害发生。幼苗有时容易罹患根粉蚧，可定期喷洒蚧必治1000倍液进行预防，若已罹患，可每7天施用一次蚧必治800～1000倍液进行治疗，连续4～6次，即可杀灭。

厦门市园林植物园 观察到容易罹患介壳虫，可每周施用1次蚧必治800～1000倍液或其他杀蚧农药进行杀灭，连续4～6次即可。

仙湖植物园 每10～15天喷洒甲基托布津、氧化乐果、蚧必治预防病害发生。

华南植物园 未见明显病虫害发生，仅定期做预防性打药，尤其是夏季湿热季节和冬季温室越冬期间，每10～15天喷洒50%多菌灵1000倍液、40%氧化乐果1000倍液、蚧必治1000倍液预防病害发生。

南京中山植物园 常见病害主要有炭疽病、褐斑病及细菌性病害，多发生于湿热夏季通风不良的室内。可喷洒百菌清等杀菌类农药进行防治。干热不通风时容易罹患介壳虫，可喷蚧必治防治。

上海植物园 未见病虫害发生。

保护状态

已列入CITES附录II。

变种、自然杂交种及常见栽培品种

自然杂交种多有报道，与非洲芦荟（*A. africana*）、木立芦荟（*A. arborescens*）、狮子锦芦荟（*A. broomii*）、缪尔线状芦荟（*A. lineata* var. *muirii*）、微斑芦荟（*A. microstigma*）、多齿芦荟（*A. pluridens*）、斑点芦荟（*A. maculata*）、艳丽芦荟（*A. speciosa*）、银芳锦芦荟（*A. striata*）均可进行自然杂交，这些种类与好望角芦荟的杂交品种常用于庭院造景。园艺栽培中，还可见好望角芦与沙丘芦荟（*A. thraskii*）、头状芦荟（*A. capitata*）、马氏芦荟（*A. marlothii*）、树形芦荟（*A. vaombe*）、皮刺芦荟（*A. aculeata*）等种类的杂交品种。具斑锦变异品种好望角芦荟锦（*A. ferox*'Variegata'），叶片具黄色条纹，十分美观。

本种被人类认识和利用的历史十分悠久，非洲的早期人类将其描绘于洞穴岩画之中。好望角芦荟最早由米勒（P. Miller）定名于1768年，种名"*ferox*"意为"凶猛的、猛烈的"，指其多皮刺的叶片。本种是南非最著名的药用芦荟，被称为"开普芦荟"，其带苦味的黄色汁液浓缩干燥后，形成的黑色、坚硬的树脂块是著名的药材，被用于治疗便秘、关节炎、创伤、烧伤烫伤等，是南非地区主要应用的药用芦荟种类，还被广泛应用于化妆品、食品工业之中。我国中药药典也有记载，称为"新芦荟"。

本种国内引种较广泛，北京、上海、南京、厦门、广州、深圳等地均有栽培，厦门、广州、深圳等地有露地栽培。各地栽培植株生长状态不同，北京地区温室播种苗两年苗高约14cm，而厦门地区地栽2年苗可高达50cm。上海、南京、厦门、广州、深圳等地均观察到开花，而北京地区温室栽培，尚未观察到开花。本种栽培表现良好，花序大而显著，花色从黄色、橙黄至橙红色，色彩变化丰富，是非常优良的观花种类。植株高大，地栽可作为主景观植物进行观赏。幼苗叶片密布皮刺，非常奇特美观，可作为盆栽多肉花卉进行观赏。目前各地栽培植株的花序，分枝数量较少，达不到原产地5～8个分枝的数量，植株也较矮，这与国内栽培植株的株龄有关。栽培中，容易与非洲芦荟（*A. africana*）、高芦荟（*A. excelsa*）和马氏芦荟（*A. marlothii*）相混淆。与非洲芦荟的区别：本种花筒直，花色多橙黄至橙红色，而非洲芦荟花黄色，花筒向上弯曲。与高芦荟的区别：高芦荟的花序较纤细一些，花红色，叶片较窄；与马氏芦荟的区别：本种花序直立，花丝橙棕色，而马氏芦荟的花序平伸，花黄色，花丝紫色。

参考文献

Carter S, Lavranos J J, Newton L E, et al., 2011. Aloes: The Definitive Guide[M]. London: Kew Publishing: 665.

Eggli U (Ed.), 2001. Illustrated Handbook of Succulent Plants: Monocotyledons[M]. Berlin: Springer-Verlag: 133-134.

Grace O M, Klopper R R, Figueiredo E, et al., 2011. The Aloe names book[M]. Pretoria: SANBI: 57-58.

Jeppe B, 1969. South Africa Aloes[M]. Cape Town: Purnell & Sons S.A. (PTY.) LTD.: 40.

Van Wyk B -E, Smith G F, 2014. Guide to the Aloes of South Africa[M]. Pretoria: Briza Publications: 62-63.

58
福氏芦荟

Aloe fleurentinorum Lavranos & L. E. Newton, Cact. Succ. J. (Los Angeles) 49: 113. 1977.
Aloe edentata Lavranos & Collen., Cact. Succ. J. (Los Angeles) 72: 86. 2000.

多年生肉质草本植物。茎不明显，单生。叶8~12片，排列成莲座状，幼株排列成两列状；叶披针形，先端锥状，长20~30cm，宽6~7cm，平展至反曲，腹面凹，叶片暗绿色，暴晒环境中微棕色，表面粗糙；几全缘或具细小白齿，齿长1~1.5mm；汁液黄色，干燥后变微棕色。花序直立，高35~40cm，具3~6分枝；花序梗具可达6个三角状不育苞片，长可达10mm，宽3mm；总状花序圆柱形，花排列松散，具10~20朵花；花苞片急尖，长6~8mm，干膜质，三脉；花梗长11mm，红色；花被亮红色，口部微黄，花被裂片具三条红色脉纹，花被筒状，长31~33mm，基部骤缩，子房部位宽8mm，向上稍变窄；外层花被分离9~10mm；雄蕊伸出1~2mm，雌蕊不伸出。染色体：2n=14（from protologue）。

中国科学院植物研究所北京植物园 盆栽植株高10~11.2cm，株幅26~30.5cm。叶片两列状排列，长16.5~18.1cm，宽2.5~4cm；叶暗绿色至暗橄榄绿色（RHS 137B-147A），强光下变为棕红色（RHS 177A），边缘淡黄绿色（RHS 147D）或强光下变为红棕色（RHS 175A）；叶全缘，有时有零星小齿，尤其是在叶基部；汁液干燥后棕色。花序高17~20cm，具1~3分枝；花序梗淡灰绿色（RHS 198B-D），强光下变为红棕色（RHS 174A-B）；总状花序长约4.5cm，直径5~6cm，具花12~19朵；花苞片白色，膜质；花梗淡灰绿色（RHS 194D）至棕橙色至红色（RHS 177B-D、176C、178C）；花被红橙色或粉色（RHS 41C至37A-B），口部稍浅，口部内层花被片先端黄色，外层花被裂片先端具淡黄绿色（RHS 144A）中脉纹，裂片边缘淡粉色至淡橙色（RHS 36D-27C）；花被筒长28mm，子房部位宽8.5~9mm，向口部稍变狭至6.5~7mm；外层花片分离13~14mm；雄蕊和花柱白色渐变为淡黄色（RHS 4C-8C），雄蕊伸出约4~5mm，花柱伸出约5~5.5mm。

北京植物园 植株单生，高11.5cm，株幅13.5cm。叶片墨绿色，无斑，老叶颜色比新叶浅，叶片长6~8cm，宽约5~8cm；边缘具微齿，边缘齿浅黄色，尖部的边缘齿不尖锐，长0.6mm，齿间距2~3mm。

仙湖植物园 植株几乎茎不明显，成株叶螺旋状排列。

植株（北京IBCASBG）

植株（全光下变红）

植株（深圳） 叶心 叶基抱茎

播种苗（北京IBCASBG，6个月） 播种苗（北京IBCASBG，1年） 播种苗（北京IBCASBG，2年）

叶腹面 叶背面 叶腹面凹槽状 叶腹面粗糙

叶反曲 花芽期植株（北京IBCASBG） 花序（花蕾膨大期）

盛花期植株（北京IBCASBG） 末花期植株（北京IBCASBG） 开花植株（深圳） 花序（现蕾期）

花序（花蕾膨大期） 花序（盛花期） 花序局部 花 花发育 花解剖

分布

产自也门萨那省、沙特阿拉伯西南部。

生态与生境

生长于砂岩山地、岩石坡上，海拔1500～2350m。

用途

观赏等。

引种信息

中国科学院植物研究所北京植物园 幼苗材料（2008-1919）引种自仙湖植物园，生长缓慢，长势良好。幼苗材料（2010-1037）引种自上海，生长缓慢，长势良好；幼苗材料（2010-W1144）引种自北京，生长缓慢，长势良好。

北京植物园 植株材料（2011162）引种自美国，生长缓慢，长势良好。

仙湖植物园 植株材料（SMQ-054）引种自美国，生长缓慢，长势良好。

物候信息

原产地也门主要花期为夏末秋初，其他温暖的月份也有开花。

中国科学院植物研究所北京植物园 观察到2010年引入的植株花期分别为10～11月、2月。10～11月开花：10月初花芽初现，10月中旬始花期，10月下旬盛花期，11月初末花期。2月开花：花芽期2月上旬，始花期2月中旬，盛花期2月下旬，末花期2月末。单花花期约3天。观察到2008年引入的植株花期7月，7月中旬花芽初现，始花期7月中旬末，盛花期7月下旬，末花期7月底。单花花期2天。

北京植物园 未记录花期物候。无休眠期。

仙湖植物园 未记录花期物候。无休眠期。

繁殖

主要播种繁殖。扦插繁殖常用于挽救烂根的病株。

迁地栽培要点

习性强健，栽培容易。喜光，稍耐阴，但过于荫蔽节间会变长，影响观赏价值。极耐旱，不耐湿涝，需排水良好的栽培基质。耐热，可耐40℃以上高温，耐寒，干燥情况下，可耐短暂-2~2℃低温。保持盆土干燥5~6℃可安全越冬

中国科学院植物研究所北京植物园　选用赤玉土、腐殖土、颗粒腐殖土、轻石、沙（1∶1∶1∶1∶1）配制的混合基质，加入适量木炭粒或谷壳碳和少量颗粒缓释肥。夏季浇水注意避免盆土和叶心积水。

北京植物园　温室盆栽，采用草炭土、火山岩、沙、陶粒等材料配制混合基质，排水良好。夏季中午需50%遮阳网遮阴，冬季5℃以上可安全越冬。

仙湖植物园　室内盆栽，采用腐殖土、河沙混合土栽培。

病虫害防治

抗性强，不易发生病虫害。

中国科学院植物研究所北京植物园　未见病虫害发生，仅作常规预防性打药，每10~15天喷施50%多菌灵1000倍液和40%氧化乐果1000倍液。

北京植物园　未见病虫害发生。

仙湖植物园　高温高湿季节容易发生腐烂病，可定期喷洒杀菌剂进行防治。

保护状态

已列入CITES附录II。

变种、自然杂交种及常见栽培品种

有与顶簇芦荟（*A. parvicoma*）自然杂交的报道。

1974年，拉弗兰诺斯（J. J. Lavranos）在也门萨那省的瓦迪达尔首次发现本种的一个样本，1976年，他和纽顿（L. Newton）重返该地区，野外发现了更多的植株。除了野外，他们还发现在杰克和马琳·福来伦汀（Jacky和Marine Fleurentin）的花园里也生长着这种植物。为了纪念福来伦汀夫妇对也门植物研究的贡献，1977年以他们的姓氏Fleurentin命名了本种。

本种与无刺芦荟（*A. inermis*）亲缘关系较近，二者的区别在于：本种植株较小一些，茎不明显，单生，而后者具短茎，可达50cm，萌生蘖芽形成小株丛；二者比较，后者叶片较长；本种花序较矮，高度小于40cm，分枝较少3~6个，分枝斜向上伸展，与花序主轴夹角远小于90°，而后者花序很高，可达70cm，花序分枝较多，6~9个，分枝近平展，与花序主轴间夹角较大，接近90°，花被筒稍短于本种。

本种国内有引种栽培，北京、深圳、上海等地有栽培，栽培表现良好。幼株叶两列状排列，株形十分规整美观，常作小盆栽进行观赏。成株叶片螺旋状排列，可地栽观赏。栽培植株多为幼株，花序分枝较少，花被筒也稍短于文献记载。

参考文献

Carter S, Lavranos J J, Newton L E, et al., 2011. Aloes: The Definitive Guide[M]. London: Kew Publishing: 308.

Eggli U (Ed.), 2001. Illustrated Handbook of Succulent Plants: Monocotyledons[M]. Berlin: Springer-Verlag: 134.

Grace O M, Klopper R R, Figueiredo E, et al., 2011. The Aloe names book[M]. Pretoria: SANBI: 59.

59
弯叶芦荟

Aloe flexilifolia Christian, J. S. African Bot. 8: 167. 1942.

多年生灌木状肉质植物。基部分枝，分枝多；具直立茎，长60～100cm，直径6～7cm；当茎悬垂在陡峭的岩石表面时，可达100～200cm长，直径5cm。叶剑形，先端尖锐，叶片开展，镰形，反曲，长50cm，宽6～7cm；叶片均一的蓝绿色；边缘具角质边和微棕色三角状齿，长1～2mm，齿间距10～20mm；汁液干燥后微棕色。花序生于叶腋间，偏斜，高50～65cm，分枝可达8个；总状花序圆柱形，长10～12cm，直径7～8cm，花排列稍密集；花序苞片卵状三角形，长5～6mm，宽3mm；花梗12～14mm长；花被筒状，红色或棕红色，长33～35mm，子房部位宽9mm；外层花被分离10mm；雄蕊和花柱伸出2～4mm。

仙湖植物园 植株高76～82cm，株幅36～43cm。叶片长22～26cm，宽2.8～3.5cm；边缘齿长1mm，齿间距5～8mm。

植株（深圳） 植株局部（深圳） 长茎（深圳） 开花植株（深圳）
叶腹面 叶腹面 叶背面 叶背面
花序（深圳） 总状花序（深圳） 花发育（深圳）

分布

产自坦桑尼亚乌桑巴拉山脉（Usambara Mountain）。

生态与生境

生长于山地岩石坡和峭壁上，海拔1000～1300m。

用途

观赏、药用等。坦桑尼亚当地土著桑巴人（Shambaa）将根部榨出的汁液用于消除睾丸、阴囊的炎症。

引种信息

仙湖植物园 植株材料（SMQ-055）引种自美国，生长迅速，长势良好。

物候信息

原产地坦桑尼亚花期5～7月。

仙湖植物园 观察到花期12月至翌年1月。无休眠期。

繁殖

播种、扦插、分株繁殖。

迁地栽培要点

习性强健，栽培管理容易。喜光照充足的栽培场所，稍耐阴。耐旱，不耐湿涝，喜排水良好的栽培基质。喜温暖，不耐寒。

仙湖植物园 室内地栽，采用腐殖土、河沙混合土栽培。

病虫害防治

抗性强，栽培管理容易。

仙湖植物园 未见明显病虫害发生，仅作常规防治。

保护状态

IUCN红色名录列为极危种（CR）；已列入CITES附录II。

变种、自然杂交种及常见栽培品种

尚未见相关报道。

本种模式标本采集于1941年，克里斯蒂安（H. B. Christian）定名描述。种名“*flexilifolia*”源自拉丁文“*flexible*”（易弯曲的）和“*folius*”（叶），指其弯曲的叶片。本种的弯曲叶片为典型特征之一，叶片有时反折，在叶背面形成横向的褶皱。本种的花序分枝很多，可达8个，分枝宽展，常至水平或近水平，分枝总状花序短圆柱形，花序的外观非常容易辨认。

国内有引种，深圳地区有栽培。栽培表现良好，已观察到开花物候。本种为灌状种类，茎长而纤细，适于地栽丛植观赏，我国南部温暖干燥的无霜地区可露地栽培。可大片栽植用于布置远景，或小丛孤植观赏。花序大而美丽，花色鲜艳，观赏效果极佳。

参考文献

Carter S, Lavranos J J, Newton L E, et al., 2011. Aloes: The Definitive Guide[M]. London: Kew Publishing: 511.

Eggli U (Ed.), 2001. Illustrated Handbook of Succulent Plants: Monocotyledons[M]. Berlin: Springer-Verlag: 135.

Grace O M, Klopper R R, Figueiredo E, et al., 2011. The Aloe names book[M]. Pretoria: SANBI: 59.

60
福斯特芦荟

别名：夏丽锦芦荟、夏丽锦（日）、茶王锦（日）

Aloe fosteri Pillans, S. African Gard. 23: 140. 1933.

多年生肉质草本植物。植株茎不明显或具短茎粗茎，长可达20cm，有时单生或通常萌生蘖芽形成小株丛。叶约20片，开展，排列成莲座状；叶披针形，渐尖，长40cm，宽8～10cm，先端干枯卷曲；叶片暗绿色，腹面具大量浅色斑点，斑点密集排列成带状，背面无斑点；边缘具尖锐棕色锯齿，长3～4mm，齿间距10～15mm；汁液干燥后微紫色。花序高可达200cm，约达8个近直立分枝，下部分枝具二次分枝；花序梗具干膜质披针形苞片，长可达100mm，包裹分枝基部；总状花序圆柱形，长40cm，直径6～7cm，花排列较疏松；花苞片线状披针形，长7～10mm，纸质；花梗长6～9mm；花被光亮黄色、橙色或鲜红色，筒状，长30mm，子房部位宽9mm，之上突然缢缩至5.5mm，之后向口部逐渐变宽；外层花被分离8mm；雄蕊和花柱几乎不伸出。染色体：2n=14（Müller 1945）

中国科学院植物研究所北京植物园　植株高29～34cm，株幅60～80cm。叶片38～45cm，宽4.6～6.4cm；腹面橄榄绿色（RHS 147A），具H型斑点，淡黄绿色（RHS 193A-D），密集排列成不规则横向条带状；背面灰黄绿色（RHS 148C），无斑点，具模糊暗条纹；边缘齿红棕色（RHS 174A-C），长4～5mm，齿间距13～17mm；汁液干燥后紫棕色。花序长108～115cm；花序梗具霜粉，棕灰色（RHS 198B-C），擦去霜粉后呈棕色微绿（RHS N199A）；总状花序长15～40cm，直径4.5～5cm，具花达96朵；花苞片白色，纸质；花被筒红橙色（RHS 31A-B），口部黄色（RHS 14B-C），花被裂片先端中脉处微黄绿色，裂片边缘黄白色（RHS 155A），花被筒长31～32mm，子房部位宽8mm，子房上方突然缢缩至4mm，之后向口部渐宽；外层花被分离12～14mm；雄蕊花丝白色，伸出约4mm，花柱基部淡黄色向上渐浅，不伸出。种子暗棕色，不规则多角状，翅较，翅淡棕色，具暗棕色斑点斑纹。

北京植物园　未记录形态信息。

植株（北京IBCASBG）　植株（北京IBCASBG）　播种苗（北京IBCASBG）　播种苗（北京IBCASBG）　播种苗（北京IBCASBG）

叶腹面
叶背面
叶腹面局部
叶背面局部
叶斑
边缘齿
幼株叶腹面局部
幼株叶背面局部
幼株边缘齿
叶腹面凹
叶先端干枯
幼株叶尖
汁液干燥棕色
花序苞片
花序苞片
具霜粉
花苞片卷曲
cm 1 2 3 4 5 6 7 8 9 10
种子
种子
花芽

开花植株（北京IBCASBG） 花序 分枝总状花序 花序局部 花 花发育 花解剖

分布

产自南非姆普马兰加省和北部省。

生态与生境

生长于开放林地的多石土壤中，海拔500～1000m。

用途

观赏、药用。

引种信息

中国科学院植物研究所北京植物园 种子材料（2008-1750）引种自美国，生长迅速，长势良好。

北京植物园 植株材料（2011163）引种自美国，生长迅速，长势良好。

物候信息

原产地南非花期3～4月。

中国科学院植物研究所北京植物园 花期9月下旬至11月上旬。9月底花芽初现，始花期10月下旬，盛花期11月上旬，末花期11月中旬。单花期2～3天。果熟期12月初至12月中旬。无休眠期。

北京植物园 花期9～11月。无休眠期。

繁殖

播种、分株、扦插繁殖。

迁地栽培要点

习性强健，栽培管理容易。栽培基质适应范围广。栽培场所需阳光充足，本种耐部分遮阴，夏季可根据实际情况适度遮阴。非常耐寒，原产地冬季可耐受-5℃左右的短暂低温（落叶），栽培条件下，保持干燥3～5℃以可上安全越冬。

中国科学院植物研究所北京植物园 北京地区栽培没有难度，采用腐殖土和粗沙配制成简单的基础栽培基质，也可加入轻石、赤玉土等颗粒性较强的颗粒基质，加强排水。夏季温室栽培需遮阴30%，并加强通风，若根系良好，可全光照。

北京植物园 温室盆栽，采用草炭土、火山岩、沙、陶粒等材料配制混合基质，排水良好。夏季中午需50%遮阳网遮阴，温室冬季保持3℃以上可安全越冬。

病虫害防治

北方地区气候干燥无明显病虫害发生，南方地区较潮湿，要预防腐烂病和各种真菌病害的发生。

中国科学院植物研究所北京植物园 无明显病虫害发生，仅作预防性打药。每10～12天喷洒多菌灵和氧化乐果稀溶液一次进行预防，并加强通风。

北京植物园 无明显病虫害发生，仅作预防性打药。夏季高温高湿季节喷洒杀菌剂预防腐烂病和褐斑病发生。

保护状态

已列入CITES附录II。

变种、自然杂交种及常见栽培品种

有自然杂交种报道，与布兰德瑞芦荟（*A. branddraaiensis*）可自然杂交。

本种是斑点芦荟中最吸引人的种类之一。1933年由皮兰斯（N. S. Pillans）命名，为了纪念植物爱好者福斯特（C. Foster），以他的姓氏命名了本种。本种与伯格芦荟（*A. burgersfortensis*）的亲缘关系很近，与其相比较，本种的植株更为健壮，总状花序更长，花苞片和花梗更短一些。本种花序繁茂，花色橙红至红色，花蕾初时颜色较浅，为黄色，使得花序呈现黄色、橙红色（红色）的双色的外观。其花苞片卷曲，非常有辨识度，可以很容易与其他斑点类芦荟种类区别开。

国内有引种，北京、上海等地有栽培，栽培表现良好，生长旺盛，已观察到花期物候。对温室栽培植株进行形态信息的测定，各部位尺寸基本吻合文献记录数据，由于栽培环境光照不足，叶片、花被筒略细长一些。本种叶片和花序十分美丽，可盆栽或地栽观赏。非常耐寒，可耐短暂-5℃的低温，温暖干燥的无霜地区可露地栽培，可大片丛植配置花境。

参考文献

Carter S, Lavranos J J, Newton L E, et al., 2011. Aloes: The Definitive Guide[M]. London: Kew Publishing: 187.

Eggli U (Ed.), 2001. Illustrated Handbook of Succulent Plants: Monocotyledons[M]. Berlin: Springer-Verlag: 135.

Grace O M, Klopper R R, Figueiredo E, et al., 2011. The Aloe names book[M]. Pretoria: SANBI: 60.

Jeppe B, 1969. South Africa Aloes[M]. Cape Town: Purnell & Sons S.A. (PTY.) LTD.: 89.

Van Wyk B -E, Smith G F, 2014. Guide to the Aloes of South Africa[M]. Pretoria: Briza Publications: 228.

61
脆芦荟

Aloe fragilis Lavranos & Röösli, Cact. Succ. J. (Los Angeles) 66: 5. 1994.

多年生肉质草本植物。植株具细平伏茎，萌生大量蘖芽形成具数百头的大株丛，茎易折断。叶约10片，莲座状簇生枝端，三角状，长3~5cm，宽1.5~2cm，有时较长，坚硬，光亮的，暗蓝绿色，密集覆盖汇合的椭圆形浅色斑点；边缘暗绿，具坚硬、靠近的、常聚合的白色齿，长1~1.5mm。花序不分枝或有时具1分枝，长20~60cm；花序梗具不育苞片，可达5个；总状花序长10~15cm，花排列松散；花苞片约2mm长；花梗长8mm；花被筒状，珊瑚红色，先端1/3处奶白色，花被筒长20~25mm，子房部位宽4mm；外层花被分离约5mm；雄蕊和花柱伸出1mm。

中国科学院植物研究所北京植物园　盆栽植株，株高14~15cm，株幅16~21cm。叶片长8.8~13.5cm，宽1.8~2.2cm；叶暗绿色（RHS NN137B），叶两面全叶密布斑点，长椭圆形或延长斑，边缘模糊，连成片状，叶斑淡黄绿色（RHS 145C），强光下叶红棕色（RHS 166A），叶斑淡粉色（RHS 36C）；全叶密布与斑点同色的小点，均匀覆盖。边缘齿长1~1.5mm，齿间距3~5mm；节间短，叶鞘边缘具少量条纹。花序梗暗红色（RHS 182B）；花序高45~47.3cm，不分枝；总状花序长19~22cm，直径5.5~6.1cm，花排列松散，具花16~29朵；花梗暗红色（RHS 182B）；花被筒下半部分暗粉色（RHS 180D），靠近口部白色，花被裂片先端具黄绿色（RHS 143C-146B）宽脉纹，花被裂片边缘白色，花被筒长27~29mm，子房部位宽6~8mm，子房上方向花被筒1/3处稍变狭至6~7mm，之后向口部渐宽，最宽处至8~9.5mm；外层花被分离9~16mm；雄蕊和花柱不伸出或稍伸出。

北京植物园　未记录形态信息。

厦门市园林植物园　植株盆栽或地栽，萌蘖形成大株丛。花被筒长约27mm，子房部位宽5.5~6mm。

上海辰山植物园　温室栽培，极易形成大株丛，株丛直径58cm。花被筒长27~28mm，子房部位宽6mm，上方稍变狭至5mm，其后向上渐宽至约7mm。

植株（北京IBCASBG）　植株（厦门）　叶鞘
地栽丛生植株（厦门）　蘖芽　不育苞片

叶腹面（北京IBCASBG）

叶背面（北京IBCASBG）

强光下叶腹面（北京IBCASBG）

叶背面（北京IBCASBG）

叶腹面（上海CBG）

叶背面（上海CBG）

边缘齿

边缘齿

丛生植株（上海CBG）

丛生开花植株（上海CBG）

株丛局部（上海CBG）

具花芽植株（北京IBCASBG）

开花植株（北京IBCASBG）

花芽

花芽开始伸长

花序（尚未开花）

花序（盛花期）

花序局部

花

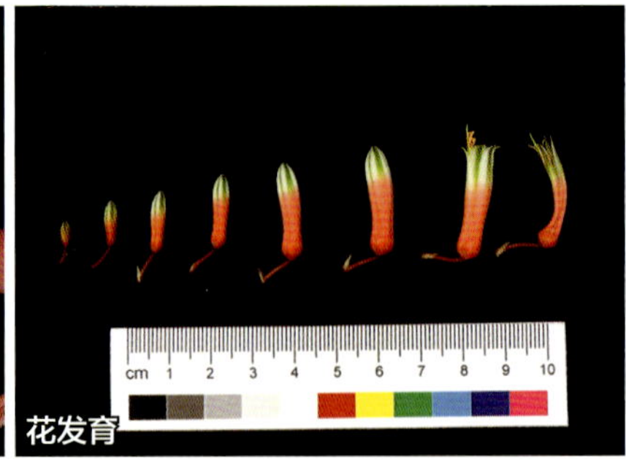
花发育

花解剖

分布

产自马达加斯加的安齐拉纳纳省（Antsiranana）。

生态与生境

生长于沿海岸的花岗岩缝隙中。海拔接近海平面。

用途

观赏。

引种信息

中国科学院植物研究所北京植物园 扦插材料（2010-0783，2010-0806）引种自上海植物园，生长迅速，长势良好；幼苗材料（2010-2920）引种自上海，生长迅速，长势良好。

北京植物园 植株材料（2011164）引种自美国，生长迅速，长势良好。

厦门市园林植物园 植株材料（引种编号不详）引种自中国科学院植物研究所北京植物园，生长迅速，长势良好。

上海辰山植物园 植株材料（20110883）引自美国，生长迅速，长势良好。

物候信息

原产地马达加斯加花期5～7月。

中国科学院植物研究所北京植物园 观察到花期10月至翌年2月。10月下旬花芽初现，始花期11月上旬至中旬，盛花期11月下旬至12月上旬，末花期12月下旬至翌年2月上旬。单花花期3～4天。未观察到休眠期。

北京植物园 花期10月至翌年2月。无休眠期。

厦门市园林植物园 未记录花期物候信息。无休眠期。

上海辰山植物园 温室栽培。10月下旬初现花芽，11月上旬花序抽出，11月下旬开始开花。异花授粉，未见自然结实。未见明显休眠。

繁殖

播种、分株、扦插繁殖。

迁地栽培要点

习性强健，栽培管理粗放。喜排水良好的土壤，不耐涝。喜充足阳光，可适当遮阴。喜温暖，盆土干燥下5～6℃可安全越冬，10～12℃以上可正常生长。

中国科学院植物研究所北京植物园 可采用园土、腐殖土、沙（1∶1∶1）配制的混合基质，或用赤玉土、腐殖土、沙、轻石（1∶1∶1∶1）配制的混合基质，加入少量颗粒缓释肥。本种枝条较脆，翻盆、移栽时要稍小心，避免枝条断裂，影响美观。

北京植物园 温室盆栽，采用草炭土、火山岩、沙、陶粒等材料配制混合基质，排水良好。夏季中午需50%遮阳网遮阴。

厦门市园林植物园 室内室外均有栽植。馆内采用腐殖土、河沙混合土栽培，植株长势明显较室外的长势更为迅速，生长良好。

上海辰山植物园 温室栽培，土壤配方用砂壤土与草炭混合种植。温室内夏季最高温在40℃以下，冬季最低温在13℃以上，能安全度夏和越冬。

病虫害防治

抗性强，病虫害较少发生。

中国科学院植物研究所北京植物园 避免盆土湿涝引起腐烂病，可喷洒多菌灵、百菌清等杀菌剂进行防治。

北京植物园 未见病虫害明显发生。

厦门市园林植物园 未见病虫害明显发生。

上海辰山植物园 未见病虫害明显发生。

保护状态

已列入CITES附录I。

变种、自然杂交种及常见栽培品种

有园艺杂交种的报道。

本种定名于1994年，种名“*fragilis*”意为“脆弱的、易碎的”，指其枝端莲座碰触时易折断。卡特（S. Carter）认为本种与*A. capmanabatoensis*亲缘关系较近，分布区重叠，但不是同一个种，后者株形、叶片、花的尺寸明显大于前者，应列为两个种。而卡斯蒂隆（J. -B. Castillon）等人，认为本种与*A. capmanabatoensis*是同一个种的不同表型，他们在栽培中观察到了典型的*A. fragilis*的小型植株逐渐转变为*A. capmanabatoensis*较大型植株的现象，认为二者应该归并为同一个种。我们实测本种栽培植株的花被筒长度为27～29mm，大于卡特专著中*A. fragilis*的花尺寸（20～25mm）、符合*A. capmanabatoensis*的花尺寸（25～40mm），从这个角度看，卡斯蒂隆等人的观点似乎有一些道理。

本种国内有引种，北京、上海、厦门等地均有栽培，栽培表现良好。植株容易形成较大的密集株丛，可盆栽或作地栽观赏。温暖干燥的无霜地区可露地栽培，形成低矮、垫状的地被，强光下叶色粉红，观赏效果极佳。

参考文献

Carter S, Lavranos J J, Newton L E, et al., 2011. Aloes: The Definitive Guide[M]. London: Kew Publishing: 396, 411.

Castillon J -B, Castillon J -P, 2010. The Aloe of Madagascar[M]. La Réunion: J.-P. & J.-B Castillon: 326-329.

Eggli U (Ed.), 2001. Illustrated Handbook of Succulent Plants: Monocotyledons[M]. Berlin: Springer-Verlag: 135.

Grace O M, Klopper R R, Figueiredo E, et al., 2011. The Aloe names book[M]. Pretoria: SANBI: 60.

62
加利普芦荟

别名：醉鬼亭芦荟、醉鬼亭（日）、花蟹丸（日）

Aloe gariepensis Pillans, S. African Gard. 23: 213. 1933.

多年生肉质草本植物。植株单生，有时萌蘖形成小株丛，茎极短缩或具短茎，长达50cm，枯叶宿存覆盖茎表面。叶密集排列成莲座形，叶直立至稍内弯，披针形，锐尖，长30~40cm，宽5~8cm；暗绿色至红棕色，具条纹，幼株叶腹面具大量白色斑点，成株具少数斑点；边缘角质，具尖锐红棕色齿，长2~3mm，齿间距约10mm。花序不分枝，高80~120cm；花序梗具许多不育苞片，苞片干膜质，长25~35mm；总状花序圆柱形，锐尖，长35~50cm，直径7cm，花密集排列；花苞片披针形，长约25mm，宽8mm，干膜质，包裹花蕾；花梗长12~20mm；花被三棱状筒形，黄色至黄绿色，长23~27mm，向口部稍变宽；外层花被自基部分离；雄蕊和花柱伸出5~6mm。

中国科学院植物研究所北京植物园 幼株叶初时两列状排列，随生长渐螺旋状排列；叶片两面具密集H型斑点，具暗绿条纹，随生长斑点逐渐变得稀疏。种子不规则角状，具膜质翅，米色，稍窄，具棕黑色斑点。

北京植物园 未记录形态信息。

仙湖植物园 叶呈莲座状排列，叶腹面具暗条纹，散布少量斑点。

南京中山植物园 植株高60cm，叶片长50cm，宽12cm；淡灰绿色，被霜粉，具纵向暗条纹；叶腹面中下部条纹清晰，具零星斑点；叶背面具模糊条纹，散布稀疏斑点，或仅具零星斑点，或无斑点。单株具1~3个花序，不分枝；总状花序圆柱状，渐尖，芽期披针形的花苞片覆瓦状排列。

上海植物园 未记录形态信息。

植株（南京） 植株（广州） 植株（南非）
播种苗（北京IBCASBG，3个月） 播种苗（北京IBCASBG，6个月） 播种苗（北京IBCASBG，2年）
幼苗（南非） 种子 种子

叶腹面（南京）
叶背面（南京）
叶腹面（南非）
叶背面（南非）
植株叶心
叶内弯
叶腹面斑点
幼叶H型斑
开花植株（橙花，南非）
开花植株（黄花，南非）
开花植株（花芽期）
花序（花芽期）
花序（橙花，南非）
花序（黄花，南非）
花芽期花苞片覆瓦状排列

花序（橙花） 花序（黄花） 花（橙花） 花（黄花）

分布

分布区位于南非北开普省和纳米比亚交界的奥兰治河两岸区域。

生态与生境

生长于陡峭的山地岩石坡和大量的岩石缝隙中，海拔150~800m。

用途

观赏、药用等。叶片汁液可用作泻药和愈合伤口。

引种信息

中国科学院植物研究所北京植物园 种子材料（2017-0277）引种自南非开普敦，生长迅速，长势良好。幼苗材料（2010-W1145）引种自北京，生长迅速，长势良好。

北京植物园 植株材料（2011166）引种自美国，生长迅速，长势良好。

仙湖植物园 植株材料（SMQ-056）引种自美国，生长迅速，长势良好。

南京中山植物园 植株材料（NBG-2007-31）引种自福建漳州，生长迅速，长势良好。

上海植物园 材料（2011-6-043）引种自美国，生长迅速，长势良好。

物候信息

原产地南非花期7~9月。

中国科学院植物研究所北京植物园 尚未观察到开花。

北京植物园 尚未观察到开花。

仙湖植物园 尚未观察到开花。

南京中山植物园 花期1~2月。

上海植物园 尚未观察到开花。

繁殖

播种、扦插、分株繁殖。

迁地栽培要点

习性强健，栽培管理容易。喜光照充足的栽培场所，稍耐阴。耐旱，不耐湿涝，喜排水良好的栽培基质。喜温暖，耐寒、耐热，北方地区需温室栽培越冬，4～5℃可安全越。

中国科学院植物研究所北京植物园 温室盆栽，栽培基质采用赤玉土、腐殖土、沙、轻石配制的混合土，基质排水良好。夏季遮阴降温，遮阴度40%～50%。

北京植物园 温室盆栽，采用草炭土、火山岩、沙、陶粒等材料配制混合基质，排水良好。夏季中午需50%遮阳网遮阴。

仙湖植物园 室内地栽，采用腐殖土、河沙混合土栽培。

南京中山植物园 栽培基质配比为园土：粗沙：泥炭=2：2：1。最高温不能高于40℃，否则生长不良，设施温室内栽培，夏季加强通风降温，夏季50%遮阳。春秋两季各施一次有机肥。

上海植物园 温室盆栽。采用赤玉土、腐殖土、轻石、沙等基质配制混合土。

病虫害防治

抗性强，栽培管理容易。

中国科学院植物研究所北京植物园 未见病虫害发生，仅作常规病虫害防治管理。

北京植物园 未见病虫害发生。

仙湖植物园 病虫害不常发生。湿热季节注意预防腐烂病、褐斑病、黑斑病，定期施用杀菌剂即可。

南京中山植物园 未见病虫害发生。

上海植物园 未见病虫害发生。预防腐烂病，注意控制浇水，定期喷洒杀菌剂进行预防。

保护状态

已列入CITES附录II。

变种、自然杂交种及常见栽培品种

有自然杂交种的报道，可以与棒花芦荟（*Aloe claviflora*）、克拉波尔芦荟（*Aloe krapohliana*）形成自然杂交种。

本种命名于1933年，其种名“*gariepensis*”来自南非Khoi语“Gariep”，意为“大，巨大”，指其产地加利普河（Gariep River），加利普河也是奥兰治河（Orange River）最早的名字之一。干旱和强光胁迫下叶片内弯，可保护叶心的幼嫩部分。在原产地，山羚和蹄兔常啃食加利普芦荟的根和茎。本种与微斑芦荟（*A. microstigma*）的亲缘关系很近，植株、花序外观很相似，但也有区别：本种的叶片具条纹，只有幼时具大量斑点；花序梗具大量不育苞片，苞片披针形，长25～35mm，花苞片披针形，长约25mm，花芽期覆瓦状排列；花总是黄色或黄绿色，有时花蕾橙色。而微斑芦荟不具清晰的条纹，成株具或多或少的斑点；花序梗具大量不育苞片，苞片较宽，花苞片披针形，较短，长约14mm；花红色、黄色或双色。

本种国内有引种，北京、上海、南京、广州、深圳等地均有栽培，栽培表现良好，已观察到开花期物候。适宜地栽观赏，温暖干燥的无霜地区可露地栽培，可群植布置花境。幼苗密布斑点，十分美观，适于盆栽观赏。

参考文献

Carter S, Lavranos J J, Newton L E, et al., 2011. Aloes: The Definitive Guide[M]. London: Kew Publishing: 259.

Eggli U (Ed.), 2001. Illustrated Handbook of Succulent Plants: Monocotyledons[M]. Berlin: Springer-Verlag: 136.

Grace O M, Klopper R R, Figueiredo E, et al., 2011. The Aloe names book[M]. Pretoria: SANBI: 61.

Jeppe B, 1969. South Africa Aloes[M]. Cape Town: Purnell & Sons S.A. (PTY.) LTD.: 32.

Van Wyk B -E, Smith G F, 2014. Guide to the Aloes of South Africa[M]. Pretoria: Briza Publications: 198-199.

63
蓝芦荟

别名： 粉绿芦荟、樱花锦芦荟、樱花锦（日）、土偶锦（日）

Aloe glauca Mill., Gard. Dict. ed. 8 16, 1768.
Aloe perfoliata var. *glauca* (Mill.) Aiton, Hort. Kew. 1: 466. 1789.

多年生肉质草本植物。植株单生或有时形成小株丛，茎极短缩或具短茎，短茎覆盖枯死的干叶。叶30~40片，密集排列成莲座形，叶片斜展，三角状至披针形，长30~40cm，宽10~15cm；暗蓝灰绿色，具不清晰条纹，背面靠近叶片先端处常具少量小而散布的皮刺；边缘具尖锐红棕色齿，长4~5mm，齿间距约10mm。花序不分枝，长60~80cm；花序梗具大量不育、卵状、干膜质苞片，长30mm；总状花序圆柱形，锐尖，长15~20cm，直径8~9cm，花排列密集；花苞片卵形，长25mm，宽10mm，干膜质、纸质，包裹花芽；花梗长30~35mm；花被筒形，粉色至淡橙色，长可达40mm，子房上部稍缢缩，之后向口部逐渐变宽；外层花被自基部分离；雄蕊和花柱几乎不伸出。

中国科学院植物研究所北京植物园 植株基部萌生蘖芽较多。叶排列成稍疏松莲座状，叶片灰绿色、灰蓝绿色，两面具细条纹；叶背面具少量皮刺，沿纵向的脉纹分布；边缘具尖锐锯齿，有时弯曲，先端红棕色，长3~4mm。种子不规则多角形，灰棕色，几无翅。

北京植物园 未记录形态信息。

仙湖植物园 未记录形态信息。

上海辰山植物园 温室盆栽栽培，底部易萌蘖小芽，形成株丛。叶片蓝绿色，无斑点，具暗色细条纹，具皮刺，腹面具少量皮刺，沿脉纹纵向分布，背面皮刺较多，沿条纹纵列分布；边缘具红棕色、红色尖锐锯齿，长3~5mm，齿间距5~12mm；叶鞘具脉纹。

植株（上海CBG） 植株（上海CBG） 植株（北京IBCASBG）
播种苗（北京IBCASBG） 种子 种子

植株（北京IBCASBG）
植株（俄罗斯）
基部萌生蘖芽
叶腹面（上海CBG）
叶背面（上海CBG）
叶腹面（北京IBCASBG）
叶背面（北京IBCASBG）
边缘齿
叶先端稍反曲
叶背面密布皮刺
短茎

分布

广泛分布于南非西开普省和北开普省西部。

生态与生境

生长于岩石丘陵和山地的山坡上，海拔200～1300m。

用途

观赏、药用等。

引种信息

中国科学院植物研究所北京植物园 扦插材料（2007-2169）引种自俄罗斯圣彼得堡的科马洛夫植物研究所植物园，生长迅速，长势良好。植株材料（2010-1027）引种自上海，深圳迅速，长势良好。

北京植物园 植株材料（2011168）引种自美国，生长迅速，长势良好。

仙湖植物园 植株材料（SMQ-057）引自美国，生长迅速，长势良好。

上海辰山植物园 植株材料（20112273）引种自日本，生长迅速，长势良好。

物候信息

原产地南非花期8～10月。

中国科学院植物研究所北京植物园 尚未观察到开花和自然结实。无休眠期。

北京植物园 尚未观察到开花和自然结实。无休眠期。

仙湖植物园 尚未观察到开花和自然结实。无休眠期。

上海辰山植物园 尚未观察到开花和自然结实。未见明显休眠。

繁殖

播种、分株、扦插繁殖。

迁地栽培要点

习性强健，栽培管理容易。喜光，喜温暖，耐旱，需排水良好的基质。

中国科学院植物研究所北京植物园 本种栽培管理极为粗放。选用赤玉土、腐殖土、轻石、沙、谷壳碳等材料配制的混合基质，混合基质排水良好。

北京植物园 温室盆栽，采用草炭土、火山岩、沙、陶粒等材料配制混合基质，混合基质排水良好。夏季中午需50%遮阳网遮阴，冬季5℃以上可安全越冬。

仙湖植物园 室内地栽，采用腐殖土、河沙混合土栽培。

上海辰山植物园 温室盆栽，土壤配方用少量颗粒土与草炭混合种植。栽培温室夏季最高温40℃以下，冬季最低温13℃以上，能安全度夏和越冬。

病虫害防治

抗性强，病虫害较少发生。

中国科学院植物研究所北京植物园 未见病虫害发生，仅作常规预防性打药。

北京植物园 未见病虫害发生，仅作常规预防性打药。

仙湖植物园 病虫害发生较少。气候湿热容易罹患腐烂病、褐斑病、黑斑病，定期施用杀菌剂防治。

上海辰山植物园 未见病虫害发生，仅作常规预防性打药。

保护状态

已列入CITES附录II。

变种、自然杂交种及常见栽培品种

有与木立芦荟（*A. arborescens*）自然杂交的报道。

本种的收集与定名较早，1701年考梅林（C. Commelin）记录了他在1697年从开普总督范德斯代尔（S. van der Stel）处得到一种植物，这种芦荟属植物种植于东印度公司在开普的花园中，首次收集的人和地点已无人知晓。1768年，米勒（P. Miller）用双名法命名了该种，其种名“*glauca*”意为“灰绿色的”，指其灰绿色的叶色。叶腹面具清晰暗条纹，叶色蓝绿至灰绿色，是本种非常典型的特征。

本种国内有引种，北京、上海、深圳等地有栽培，栽培表现良好。栽培中观察到叶片皮刺分布情况变化较多，有些样本叶背面面皮刺较多，而有些则较少。

参考文献

Carter S, Lavranos J J, Newton L E, et al., 2011. Aloes: The Definitive Guide[M]. London: Kew Publishing: 264.

Eggli U (Ed.), 2001. Illustrated Handbook of Succulent Plants: Monocotyledons[M]. Berlin: Springer-Verlag: 137.

Grace O M, Klopper R R, Figueiredo E, et al., 2011. The Aloe names book[M]. Pretoria: SANBI: 62-63.

Jeppe B, 1969. South Africa Aloes[M]. Cape Town: Purnell & Sons S.A. (PTY.) LTD: 51-52.

Van Wyk B -E, Smith G F, 2014. Guide to the Aloes of South Africa[M]. Pretoria: Briza Publications: 156-157.

Wijnands D O, 1983. The Botany of the Commellins[M]. Rotterdam: A.A.Balkema: 123-124.

64
球蕾芦荟

别名：球芽芦荟、乙女锦（日）、幻魔锦（日）、白丽锦（日）

Aloe globuligemma Pole-Evans, Trans. Roy. Soc. South Africa 5: 30. 1915.

多年生肉质草本植物。植株具匍匐茎，根状茎，长可达50cm，萌生蘖芽形成密集株丛。叶约20片，披针形，渐尖，直立伸展，先端内弯向植株轴心；叶片长45～60cm，宽8～11cm，绿灰色；边缘具坚硬、淡粉色、尖头棕色的齿，长2mm，齿间距10mm。花序高175cm，分枝可达18个，近水平，花排列偏斜至一侧；总状花序长30～40cm，花排列较密集；花苞片卵状，急尖，长4～6mm；花梗刚硬，长3～4mm；花被筒状至棒状，暗红色具霜粉，向口部变为淡黄色，花芽几乎球形；花被筒长22～26mm，子房部位宽5mm，向上变宽至10mm，口部稍缢缩；外层花被分离约17mm；雄蕊伸出10～12mm，花丝紫色，花药橙色，花柱伸出12～14mm。染色体：2n=14（Müller，1941）。

中国科学院植物研究所北京植物园 植株高约60cm，株幅达83cm。叶片披针形，渐尖，长47～59cm，宽6.8～8.7cm；叶腹面无斑，淡灰绿色（RHS 191A–B），有时微红（RHS 197A–B），叶背面灰绿色（RHS 191B–C），有时微红（RHS 197B）；边缘具软骨质边，绿白色（RHS 196D），有时微红，边缘齿三角状至钩状，基部绿白色（RHS 196D），尖端橙棕色（RHS 165A–C），长2～2.5mm，齿间距5～9mm；汁液淡橙黄色。种子不规则多角状，暗棕色，具薄而宽的膜质翅，翅上具暗棕色斑点。

北京植物园 未记录形态信息。

仙湖植物园 未记录形态信息。

上海辰山植物园 温室栽培，易萌蘖小芽，形成株丛，单头直径93cm，株丛直径达134cm。叶片长57cm，宽7～8.5cm；边缘齿长1～3mm，齿间距15～20mm。花序高120cm；总状花序长22～28cm，宽2cm；花被筒长22mm，子房部位宽3mm，最宽处宽7mm；最窄处宽5mm，花被分离长度12mm。

植株（上海CBG） 植株（深圳） 植株（北京IBCASBG） 植株局部 短茎

叶腹面（北京IBCASBG） 叶背面（北京IBCASBG） 叶腹面局部（北京IBCASBG） 叶背面局部（北京IBCASBG）

叶腹面局部（上海CBG） 叶背面局部（上海CBG） 叶腹面先端微凹（上海CBG）

叶尖 叶片边缘 边缘齿 汁液

播种苗 种子 种子

开花植株（南非） 花序（南非） 分枝花序（南非）

花序局部（南非）

花蕾（南非）

棒状的花（南非）

分布

广泛分布于南非北部省，至津巴布韦、莫桑比克、博茨瓦纳。

生态与生境

产地气候干热，生长在富含重金属，如铁、镁、铬的砂壤土上，生于开阔落叶灌丛地、草地或裸露地面上，海拔500～1325m。

用途

观赏、药用等。与其他芦荟不同，本种芦荟的汁液是有毒的，食用一定剂量可致死，有为治疗慢性便秘饮用煮沸的汁液突然致死的记录。

引种信息

中国科学院植物研究所北京植物园　种子材料（2011-W1134）引种自南非开普敦，生长迅速，长势良好。

北京植物园　植株材料（2011169）引种自美国，生长迅速，长势良好。

仙湖植物园　植株材料（SMQ-059）引自美国，生长迅速，长势良好。

上海辰山植物园　植株材料（20110888）引自美国，生长迅速，长势良好。

物候信息

原产地南非、津巴布韦花期7～8月。

中国科学院植物研究所北京植物园　尚未开花，无休眠期。

北京植物园　未记录花期信息。无休眠期。

仙湖植物园　未记录花期信息。休眠期不明显。

上海辰山植物园　温室栽培。11月下旬初现花芽，12月中旬花序抽出，隔年2月上旬开始开花。异花授粉，未见自然结实。未见明显休眠。

繁殖

播种、分株、扦插繁殖。

迁地栽培要点

习性强健，栽培管理容易。喜光、耐旱、喜温暖、不耐霜冻，喜排水良好的栽培基质。

中国科学院植物研究所北京植物园 可用园土、腐殖土、沙配制混合基质，或用赤玉土、腐殖土、沙、轻石配制的混合基质，加入少量颗粒缓释肥。夏季湿热季节注意控制浇水，加强通风，降低空气湿度。冬季温室越冬，可耐短暂2～3℃低温。

北京植物园 温室盆栽，采用草炭土、火山岩、沙、陶粒等材料配制混合基质，排水良好。夏季中午需50%遮阳网遮阴，冬季温室越冬，5℃以上可安全越冬。

仙湖植物园 室内地栽，采用腐殖土、河沙混合土栽培。

上海辰山植物园 上海地区温室盆栽栽培中，土壤配方用砂壤土与草炭混合种植。温室内夏季最高温在40℃以下，冬季13℃以上，能生长良好。

病虫害防治

抗性强，病虫害较少发生。

中国科学院植物研究所北京植物园 未见病虫害发生，仅作常规管理。

北京植物园 未见病虫害发生，仅作常规管理。

仙湖植物园 病虫害发生很少。湿热天气预防腐烂病等细菌真菌病害，定期喷洒甲基托布津防治。

上海辰山植物园 未见病虫害发生，仅作常规管理。

保护状态

已列入CITES附录II。

变种、自然杂交种及常见栽培品种

有自然杂交种的相关报道，可与皮刺芦荟（*A. aculeata*）、安吉丽芦荟（*A. angelica*）、伯格芦荟（*A. burgersfortensis*）、栗褐芦荟（*A. castanea*）、查波芦荟（*A. chabaudii*）、马氏芦荟（*A. marlothii*）等种类自然杂交。

本种1914年由威肯斯（M. Wickens）和皮纳尔（Pienaar）采集于南非的彼得斯堡（Pietersberg）。1915年，花期的标本被送到比勒陀利亚（Pretoria），波尔埃文斯（I. B. Pole-Evans）首次对其进行了描述和定名。其种名"*globuligemma*"由拉丁文"*globulus*"（小球）和"*gemma*"（花蕾）构成，意指其特征明显的球状花蕾。与*A. ortholopha*亲缘关系较近，两种都具有接近水平伸展的花序分枝，区别是本种花序多于4分枝，花暗红色口部淡黄色，花蕾球状至椭球状；而后者少于4个分枝，花亮红色至橙色（稀黄色）。

本种北京、上海、深圳等地有引种栽培，栽培表现良好。植株形态特征基本吻合文献记录，尚未有开花的记录。本种植株密集大株丛丛生，花序繁茂美丽，温暖干燥地区可露地栽培，用于配置花境，观赏效果极佳。

参考文献

Carter S, Lavranos J J, Newton L E, et al., 2011. Aloes: The Definitive Guide[M]. London: Kew Publishing: 459.
Eggli U (Ed.), 2001. Illustrated Handbook of Succulent Plants: Monocotyledons[M]. Berlin: Springer-Verlag: 137-138.
Grace O M, Klopper R R, Figueiredo E, et al., 2011. The Aloe names book[M]. Pretoria: SANBI: 63.
Jeppe B, 1969. South Africa Aloes[M]. Cape Town: Purnell & Sons S.A. (PTY.) LTD.: 6-7.
Pole-Evans I B, 1915. Descripions of Some New Aloes frome the Transvaal[J]. Transactions of the Royal Society of South Africa: 5, 25-37.
Van Wyk B -E, Smith G F, 2014. Guide to the Aloes of South Africa[M]. Pretoria: Briza Publications: 158-159.
West O, 1974. Aloes of Zimbabwe[M]. Harare: Longman Zimbabwe: 80-84.

65

大恐龙芦荟

别名：大齿芦荟、武者锦（日）、大恐龙（日）

Aloe grandidentata Salm-Dyck, Observ. Bot. Hort. Dyck. 3: 3. 1822.

多年生肉质草本植物。植株茎不明显，或具粗壮的短茎，单生或萌生蘖芽形成小株丛，高可达75cm。叶10~20片，密集排列成莲座形；幼株叶呈两列状排列，随着生长，逐渐变为莲座形；叶披针形，长约15~20cm，宽6~7cm；叶棕绿色，具大量白色长圆形斑点，通常密集排列成横向条带状，背面斑点更大更为密集，几乎铺满叶背面，常连接在一起形成大面积横向条带和斑块；边缘角质，红棕色，边缘齿尖锐，长3~5mm，齿间距8~10mm。花序直立，高可达90cm，4~7分枝；花序梗具1~2不育纸质苞片，苞片小；总状花序圆柱形，向上稍变细，长可达20cm，花较密集；花苞片线状披针形，长10~15mm，宽3~4mm，纸质；花梗长10~15mm；花被暗红色，棒状，基部圆，筒长28~30mm，子房部位宽约9mm，向上稍缢缩，向口部明显变宽；外层花被分离约8~10mm；雄蕊和花柱伸出4~5mm。染色体：2n=14（Resende 1937）。

中国科学院植物研究所北京植物园 4~5年扦插繁殖苗，茎不明显，萌生2~3个蘖芽形成小株丛，高可达26cm，株幅可达58cm。叶片长达36.8cm，宽达4.1cm，厚8~9.4mm；暗橄榄绿色（RHS NN137A），叶腹面具大量密集长圆形斑点或扁豆形斑点，淡绿色（RHS 136D），先端稍稀疏，中下部更密集，斑点常密集排列成横向条带，叶背面斑块呈淡黄绿色（RHS 138C）；幼叶或植株最初的叶片基部常具暗绿色纵向条纹，条纹不连贯，线段状；夏季遮光条件下边缘不变红棕色，边缘齿长约4mm，齿间距10~13mm。6~8年植株花序高约50~67cm，具2~5分枝；花序梗具霜粉，呈浅棕灰色（RHS 201C）；分枝总状花序长10~12.5cm，直径6~8cm，具花24~42朵；花梗长10~15mm，灰橙红色（RHS 176C）；花被鲜艳橙红色（RHS 34A-B），向口部变浅，内层花被裂片先端渐变为苍黄色（RHS 151B），裂片中脉橙红色（RHS 34A-B），先端较深，边缘白色；花蕾鲜艳橙红色，先端渐变为白色和黄绿色（RHS N138B）条纹相间状；花冠筒长33~34mm，子房处宽约5mm，向上缢缩变细，最细处位于花下部1/3长度处，宽约3.5mm，向上逐渐变宽，向腹面稍膨大，最宽处8~9mm；外层花被分离约10~11mm；花丝、花柱鲜黄色（RHS 9B），伸出4~5mm。

植株（北京IBCASBG）

丛生植株（北京IBCASBG）

植株局部

北京植物园 株高10cm，株幅31cm。叶片长13~17cm，宽4~6cm；叶片两面光滑，腹面具白色斑点，背面斑点几乎覆盖全叶，呈现斑驳的淡绿白色；边缘具齿，长5mm，齿间距9~14mm。花序高63cm，具3个分枝，花序梗褐色；总状花序长13cm，具花14~35朵；花被筒粉红色，花被裂片先端具褐色中肋纹，裂片边缘白色；花被筒长35mm，子房部位宽5mm；外层花被分离约10mm；雄蕊伸出5mm。

厦门市园林植物园 未记录形态信息。

仙湖植物园 未记录形态信息。

播种苗
幼株
叶腹面
叶背面
叶腹面局部
叶背面局部
叶腹面斑点
叶背面斑点密集排列成不规则横带状
叶背面斑点密集排列成不规则片状
边缘齿
枯尖
基部蘖芽
花序苞片

分布

分布较为广泛，分布于博茨瓦纳南部，南非的北部省的东北部、自由邦省的西部边缘，西北省的中部。

生态与生境

生长于干旱的碎石平原、铁矿石山坡、岩石丘陵地区，稀生长于灌丛荫蔽下，海拔1000～1800m。分布地区夏季高温，冬季寒冷，温度低于零度，耐寒，可短期忍耐-12℃低温环境；干旱，年降水量250～500mm。

用途

观赏。温暖干燥地区可做花境的地被覆盖植物，生长迅速。

引种信息

中国科学院植物研究所北京植物园 种子材料（2008-1753）引种自美国，生长迅速，长势良好；从仙湖植物园引种幼苗（2008-1925），生长迅速，长势良好。

北京植物园 植株材料（2011170）引种自美国，生长迅速，长势良好。

厦门市园林植物园 植株材料（XM2016036）引种自北京，生长迅速，长势良好。

仙湖植物园 植株材料（SMQ-062）引种自美国，生长迅速，长势良好。

物候信息

原产地南非花期8～10月。

中国科学院植物研究所北京植物园 温室栽培，5～6年植株可开花。观测到花期11月下旬至翌年

1月上旬，始花期11月下至12月初，盛花期在12月上旬至翌年1月上旬，末花期1月中旬至1月下旬。12月初观测到单花花期为2天。未见自然结实。无休眠期。

北京植物园　花期12月，开花期持续22天。单花花期3天。

厦门市园林植物园　露地花期全年。无休眠期。

仙湖植物园　花期全年。无休眠期。

繁殖

播种、分株、扦插繁殖。

迁地栽培要点

习性强健，栽培管理容易。栽培基质需排水良好，喜碱性土壤，栽培场所需光线充足，冬季温度保持在8～10℃以上可正常生长，0℃以上断水可安全越冬。

中国科学院植物研究所北京植物园　温室盆栽，采用腐殖土与粗沙的混合土进行栽培，也可混入适量的颗粒基质，如轻石、赤玉土、木炭粒、珍珠岩等。

北京植物园　温室盆栽，采用草炭土、火山岩、沙、陶粒等材料配制混合基质，排水良好。

厦门市园林植物园　户外栽植，采用腐殖土、河沙混合土栽培，植株生长迅速、长势良好。

仙湖植物园　室内地栽，采用腐殖土、河沙混合土栽培。

病虫害防治

抗性强，病虫害不易发生。

中国科学院植物研究所北京植物园　未见明显病虫害发生。仅定期进行病虫害预防性的打药。

北京植物园　未见明显病虫害发生。

厦门市园林植物园　未见明显病虫害发生。

仙湖植物园　未见明显病虫害发生。

保护状态

已列入CITES附录II。

变种、自然杂交种及常见栽培品种

有与棒花芦荟（*A. claviflora*）、赫雷罗芦荟（*A. hereroensis*）自然杂交的报道。

本种1822年由萨姆迪克（Salm-Dyck）首次命名描述。其种名“*grandidentata*”是由拉丁文“*grandis*”（大）和“*dentatus*”（齿）构成的，指其叶缘齿大而尖锐。

本种国内有引种，北京、厦门、深圳等地有栽培，栽培表现良好。栽培植株的叶片、花被筒的尺寸较文献记载细长一些，可能跟栽培条件和人工繁殖的遗传混杂有关。我国南部温暖干燥的无霜地区可露地栽培，丛植布置花境。

参考文献

Carter S, Lavranos J J, Newton L E, et al., 2011. Aloes: The Definitive Guide[M]. London: Kew Publishing: 160.

Eggli U (Ed.), 2001. Illustrated Handbook of Succulent Plants: Monocotyledons[M]. Berlin: Springer-Verlag: 138.

Grace O M, Klopper R R, Figueiredo E, et al., 2011. The Aloe names book[M]. Pretoria: SANBI: 65-66.

Jeppe B, 1969. South Africa Aloes[M]. Cape Town: Purnell & Sons S.A. (PTY.) LTD.: 100.

Van Wyk B -E, Smith G F, 2014. Guide to the Aloes of South Africa[M]. Pretoria: Briza Publications: 232-233.

66
大宫人芦荟

别名：大头芦荟、大宫人（日）、格雷特海德芦荟

Aloe greatheadii Schönland, Rec. Albany Mus. 1: 121. 1904.
Aloe pallidiflora A. Berger, Bot. Jahrb. Syst. 36: 58. 1905.
Aloe termetophyla De Wild., Pl. Bequaert. 1: 30. 1921.

多年生肉质草本植物。植株单生或萌生蘖芽形成小株丛，茎不明显或具粗茎可达30cm长。叶约12片，排列成密集莲座形，叶片开展，宽披针形，长20～40cm，宽6～12cm，具干枯扭曲的先端；腹面光亮暗绿色，具椭圆形白色斑点，密集排列形成横向条带；背面淡灰绿色，无斑点，靠近边缘具条纹；边缘角质棕色，具尖锐、三角状、红棕色齿，长4～6mm，齿间距10～15mm；汁液黄色，干燥后为斑驳的紫色。花序高100～175cm，具3～10分枝，下部分枝有时再分枝，分枝直立；花序梗具干膜质、披针形苞片，长20～30mm，包裹分枝基部；总状花序圆锥状至圆柱形，长8～10cm，直径7cm，花松散至较密集排列；花苞片线状披针形，长10～15mm，纸质；花梗长12～18mm；花被筒淡粉色具浅色边缘，长25～32mm，子房部位宽7～8mm，向上缢缩至直径5mm，然后向口部逐渐变宽；外层花被分离约9～10mm；雄蕊和花柱几乎不伸出。

中国科学院植物研究所北京植物园 植株叶片莲座状排列，叶片披针形，暗橄榄绿色至红棕色；叶腹面具斑点，H型，淡绿白色，边缘稍模糊，斑点密集排列成不规则横带状；叶背面几乎被极其密集的淡绿白色的斑点全部覆盖，先端斑点密集呈绿白色的不规则的横带状，横带间暗绿至棕红色，边缘模糊，叶片中下部几乎全部淡绿白色，靠近边缘有一些暗绿或红棕色条纹，清晰或不清晰；边缘具假骨质边缘，边缘淡绿白色，有时微红，具尖锐锯齿，齿尖稍弯向叶先端，齿尖红棕色。种子不规则角状，棕色，具极狭窄的翅，膜质，淡棕色。

植株（南非） 植株（北京IBCASBG）
叶腹面（南非） 叶背面（南非） 叶腹面（北京IBCASBG） 叶背面（北京IBCASBG）

分布

广泛分布于津巴布韦至博茨瓦纳东南部、马拉维、赞比亚、莫桑比克和南非的北开普省。

生态与生境

生长于多岩石的草原和开放林地，海拔1000～1500m。分布区为夏季降雨区，年平均降水量375～626mm。夏季温暖至炎热，冬季无霜。

用途

观赏、药用。原产地从野外采集作为传统药物，有毒性。花芽可烹饪食用。

引种信息

中国科学院植物研究所北京植物园 种子材料（2017-0280）引种自南非开普敦，生长迅速，长势良好。

物候信息

原产地南非花期6～7月；津巴布韦花期5月下旬至7月，部分地区4月也有花。

中国科学院植物研究所北京植物园　盆栽植株尚未观察到开花。无休眠期。

繁殖

播种、分株、扦插繁殖。

迁地栽培要点

习性强健，栽培管理粗放。

中国科学院植物研究所北京植物园　北京地区栽培没有难度，采用腐殖土和粗沙配制成简单的基础栽培基质，也可加入轻石、赤玉土等颗粒性较强的颗粒基质，加强排水。夏季温室栽培需遮阴30%，并加强通风，若根系良好，可全光照。

病虫害防治

抗性强，不易发生病虫害。

中国科学院植物研究所北京植物园　无明显病虫害发生，仅作预防性打药。

保护状态

已列入CITES附录II。

变种、自然杂交种及常见栽培品种

本种常见变种为蛇尾锦芦荟（*A. greatheadii* var. *davyana*），与原变种主要区别在于花序较矮，总状花序圆锥状，花排列较松散，花苞片12～25mm长，花被筒长30～37mm。

有自然杂交种的相关报道，可与蛇尾锦、马氏芦荟（*A. marlothii*）、卡梅隆芦荟（*A. cameronii*）、*A. mzimbana*等种类自然杂交。

本种1903年，由舍恩兰（S. Schönland）在其前往恩加米湖（Ngami）的探险旅途中，收集于博茨瓦纳的Mapellapoede。1904年，舍恩兰命名并描述了本种，种名取自他探险之旅的同伴格雷哈特（J. B. Greathead）博士的姓氏。

在原产地，本种大量分布的种群可预示该地区已过度放牧，可以作为指示植物。在当地一些水土破坏严重的地区，可作为修复植物使用。

本种北京地区有栽培，栽培表现良好，尚未观察到花期物候。栽培容易，北方地区温室盆栽或地栽观赏，南部温暖、干燥的无霜地区可露地丛植，用于布置花境。

参考文献

Carter S, Lavranos J J, Newton L E, et al., 2011. Aloes: The Definitive Guide[M]. London: Kew Publishing: 176–177.

Eggli U (Ed.), 2001. Illustrated Handbook of Succulent Plants: Monocotyledons[M]. Berlin: Springer–Verlag: 138–139.

Grace O M, Klopper R R, Figueiredo E, et al., 2011. The Aloe names book[M]. Pretoria: SANBI: 66.

Jeppe B, 1969. South Africa Aloes[M]. Cape Town: Purnell & Sons S.A. (PTY.) LTD.: 82.

Reynolds G W, 1982. The Aloes of South Africa[M]. Cape Town: A.A. Balkema: 231–233.

Van Wyk B –E, Smith G F, 2014. Guide to the Aloes of South Africa[M]. Pretoria: Briza Publications: 234.

West O, 1974. Aloes of Zimbabwe[M]. Harare: Longman Zimbabwe: 55–56.

67
蛇尾锦芦荟

别名：星斑龙舌芦荟、蛇尾锦（日）、锦之里（日）、星龙舌（日）、星鳄（日）、巴伯顿芦荟、变色芦荟（拟）

Aloe greatheadii var. ***davyana*** (Schönland) Glen & D. S. Hardy, S. African J. Bot. 53: 490. 1987.
Aloe barbertoniae Pole-Evans, Trans. Roy. Soc. South Africa 5: 706. 1917.
Aloe comosibracteata Reynolds, J. S. African Bot. 2: 27. 1936.
Aloe davyana Schönland, Rec. Albany Mus. 1: 288. 1905.
Aloe mutans Reynolds, Fl. Pl. South Africa 16: 602. 1936.
Aloe verdoorniae Reynolds, J. S. African Bot. 2: 173. 1936.

多年生肉质草本植物。植株茎不明显，稀具短茎，单生或可形成达15头的株丛。叶片三角状至披针形，长可达30cm，宽6~8cm；腹面暗绿至亮绿色，具长圆状白色斑点，斑点密集排列成横向条带状，背面通常暗绿白色；边缘具尖锐暗棕色齿。花序高50~120cm，分枝可达6个，每莲座生1~3花序；总状花序圆锥状，花排列相对松散；花苞片长12~25mm；花梗长12~15mm；花被筒暗或淡粉色至暗砖红色，长30~37mm。染色体：2n=14（Kondo & Megata，1943）。本种多样性丰富，不同产地的样本形态特征有一定差异，分述如下：

（1）蛇尾锦芦荟型（= *A. davyana* schonl.）：植株单生或基部萌蘖形成多达4头莲座的小株丛。叶排列成密集莲座状，夏季绿色，具大量长椭圆形的白色斑点，散布或密集排列成横向带状；背面绿白色，具模糊条痕，无斑点；冬季叶片棕红色，先端具卷曲枯尖；边缘具角质边，棕色，具棕色尖锐边缘齿；汁液无色，干燥伤口紫色。花序分枝3~5个，通常同时产生1~3个花序；总状花序圆锥状，花排列稍松散；花色变化较大，从奶油色、灰粉色至鲑粉色，通常为肉粉色或灰粉色。

（2）巴伯顿芦荟型（= *A. barbertoniae* Pole-Evans）：植株通常单生，茎不明显，有时具短茎，株幅约45cm。叶排列成密集莲座状，具宿存枯叶，叶片长30~40cm，宽10~11cm，披针形，渐尖，具约10cm长扭曲干枯的先端；叶腹面绿色，有时微红棕色，具大量明显的白色斑点或少斑，斑点长圆，或多或少联合，密集排列成波状横带状；背面淡绿色，无斑；边缘具红棕色尖锐三角齿，长5~6mm，齿间距10~15mm；汁液无色，干燥汁液黄色。花序高可达1m，从花序梗中下部开始分枝，具5~8个分枝，下部分枝通常再分枝，可达12个分枝总状花序，通常同时产生2个花序；总状花序细长圆柱状，长25~30cm，花排列稍松散；花梗长12~14mm，花苞片长15~20mm，花苞片明显长于花梗长度；花被筒状，深粉色至暗红色，稍具霜粉，脉纹暗红粉色，长36~40mm，子房部位宽10~12mm，向上缢缩至直径5~6mm，其后边宽至直径7~8mm；外层花被裂片具稍浅色边缘，分离约10mm；雄蕊伸出约1mm，花柱伸出约1~2mm。

（3）变色芦荟型（=*A. mutans* Reynolds）：植株茎不明显或具短茎，基部萌蘖长形成多达12头莲座的密集株丛。叶片腹面绿色至棕绿色，具大量长圆形暗白色斑点；背面灰绿色，通常无斑点，偶尔具模糊斑点；边缘具深色角质边和非常尖锐的锯齿，长3~4mm，齿间距8~10mm；汁液无色，干燥伤口紫黑色。花序从中部以下分枝，3~7分枝，下部分枝常再分枝，具1~2个小枝；总状花序呈现双色外观，花蕾粉色，开花后口部变为橙色或黄色，授粉后花变为全黄色。

（4）维多恩芦荟型（*Aloe verdoorniae* Reynolds）：植株小，通常单生，茎不明显。叶片蓝灰色，有时微红，色暗；叶具模糊条纹，无斑点，或具散布的模糊的椭圆形斑点；具假骨质边缘，红棕色，具尖锐边缘齿，汁液无色。花序可达4分枝；花珊瑚红色，具霜粉。

中国科学院植物研究所北京植物园 测定三个类型的样本。(1)蛇尾锦芦荟型：盆栽植株，高32~34cm，株幅可达54cm。叶片长29~34cm，宽6.3~7.9cm；叶腹面暗绿色（深于RHS 147A），具H型斑点、淡绿色（RHS 194A），斑点较密，分布全叶，密集排列成横向条带状；叶背面淡绿色，无斑点，具暗绿色微点；边缘具假骨质边，棕色（RHS 165A），具尖锐边缘齿，棕色至橙棕色（RHS 165A-B），长3.5~5mm，齿间距9~19mm；干燥汁液棕紫色至橙棕色。花序高46~63cm，分枝达2个；花序梗淡灰绿色（RHS 191C），具霜粉，擦去霜粉深绿色（RHS NN137A-B）；总状花序长6~14.7cm，直径6~6.5cm，具花20~103朵；花苞片浅绿色，纸质；花梗淡绿色（RHS 147D）；花被筒深粉色至肉粉色（RHS 37A-B）至橙黄色（RHS 168D），口部渐浅，裂片先端具淡绿色中脉纹，裂片边缘白色至粉白色（RHS 27D）；花被筒长29~31mm，子房部位宽5~5.5mm，子房之上突然缢缩至3.8~4mm，之后向上逐渐变宽至6~6.5mm；外层花被分离约14~16mm，雄蕊花丝白色渐变至淡黄色（RHS 4B-C），伸出0~2mm，花柱淡黄色（RHS 4B-C），不伸出。种子不规则角状，暗棕色，具淡棕色较宽的膜质翅，翅上具暗棕色斑点。(2)巴伯顿芦荟型：植株高约32cm，株幅约60cm，茎不明显或具极短茎。叶披针形，长38~42cm；腹面亮绿色（RHS 146B-C），具较多散布斑点，斑点H型，淡绿白色，散布全叶，中等密度，密集排列稍呈横向条状，也有斑点不明显的样本；背面淡黄绿色（RHS 145D），边缘深绿色，向内具模糊暗绿条纹，散布暗绿色微小油点状小点；边缘具假骨质边缘，淡绿色，有时微红，具尖锐锯齿，锯齿暗棕色至棕橙色（RHS 166A-B），长4~5mm。花序具分枝；花被筒长约33mm，子房部位宽8.5~10mm，上方突然缢缩至4.5~5mm，其后向上渐宽至7mm。(3)变色芦荟型：植株莲座状，株高约42cm，株幅达61cm。叶片长达34cm，宽达6cm；叶腹面深绿色（RHS NN137A），具H型绿白色（RHS 193A-D）斑点，斑点分布全叶，密集排列成横带状；叶背面淡黄绿色至灰绿色（RHS 195B-D），无斑点，具条纹，条纹暗绿色（RHS NN137A-D），有时模糊；边缘具假骨质边和尖锐边缘齿，齿先端红棕色至橙棕色（RHS 175B-D），边缘齿长3~5mm，齿间距14~17mm。花序高达82cm，具3分枝；总状花序长达22cm，宽达6cm；花被筒橙红色，向口部渐浅，内层花被口部淡绿黄色（RHS 153B-C），花被裂片先端具黄绿色（RHS 144A-B）中脉纹，裂片边缘白色至黄白色；花蕾橙红色，先端具灰绿色脉纹；花被筒长29~30mm，子房部位宽8mm，上方缢缩至4mm，其后向上逐渐变宽至8mm；外层花被分离约12mm，雄蕊花丝淡黄色，伸出花被约1~3mm，花柱淡黄色，伸出约1mm。

北京植物园 未记录形态信息。

上海植物园 未记录形态信息。

厦门市园林植物园 株高54cm，株幅109cm。叶片长71cm，叶宽5.8cm；边缘齿长3mm，齿间距6~22mm。花序高达145cm；总状花序长49cm，宽6cm；花被筒长31mm，子房部位宽9mm，最宽处8mm，最窄处4mm；外层花被分离约12~15mm。

(1)蛇尾锦芦荟型样本（= *Aloe davyana*）：

植株（北京IBCASBG）

植株（北京IBCASBG）

植株局部

播种苗（北京IBCASBG，6个月）
播种苗（北京IBCASBG，1年）
播种苗（北京IBCASBG，3年）
叶腹面
叶背面
叶腹面局部
叶背面局部
叶腹面H型斑点
叶背面暗绿微点
边缘齿
边缘齿
叶先端
干燥汁液
花序苞片
花序苞片
花苞片
花苞片

开花植株（北京IBCASBG） 开花植株（北京IBCASBG） 花序（现蕾期） 花序

总状花序（肉粉色） 总状花序（奶油色） 花序（肉粉色） 花（奶油色）

花发育 花解剖 种子

（2）巴伯顿芦荟型样本（= *Aloe barbertoniae*）：

植株（北京IBCASBG） 斑不明显植株（北京IBCASBG） 植株局部

地栽植株局部（厦门） 地栽植株叶腹面（厦门） 地栽植株叶背面（厦门） 边缘齿（厦门）

盆栽植株叶腹面 盆栽植株叶背面 盆栽植株叶腹面局部 盆栽植株叶背面局部

叶斑清晰植株的叶腹面 叶斑清晰植株的叶背面 叶斑不明显植株的叶腹面 叶斑不明显植株的叶背面

叶斑 边缘齿 钩齿 叶尖

分枝处苞片
叶反曲
种子
幼苗
幼苗
幼株叶腹面
幼株叶背面
花芽
花序（花芽期）
花序（盛花期）
花序（末花期）
花序局部
花
cm 1 2 3 4 5 6 7 8 9 10
花发育
花苞片
地栽开花植株（厦门）
花序（厦门）
花（厦门）

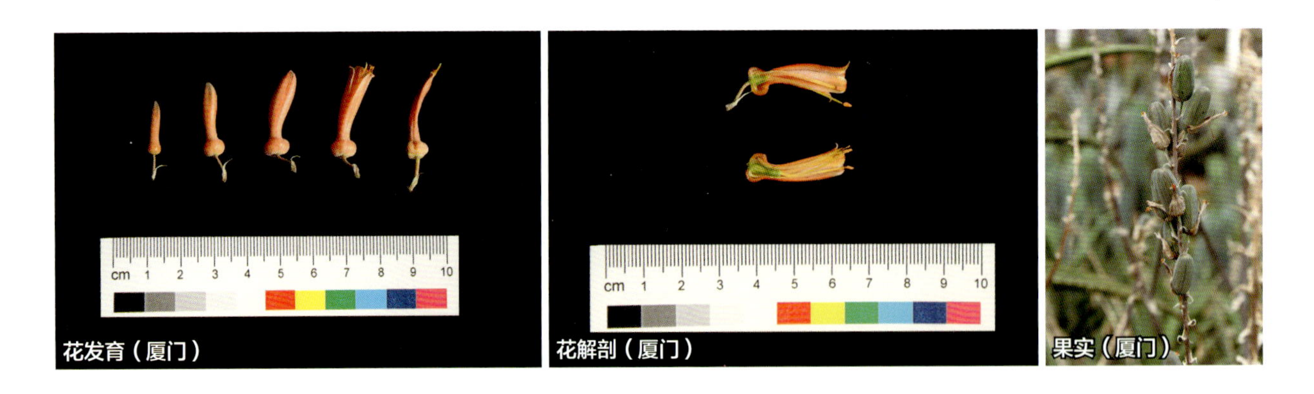

（3）变色芦荟型样本（=*Aloe mutans*）：

叶尖　播种苗（北京IBCASBG）　花序苞片

开花植株（北京IBCASBG）　花序（初花）　花序（盛花）　花序局部

花序（始花期）　总状花序（现蕾期）　花蕾和花苞片　花（开放时口部淡黄）

花（授粉后变黄色）　花发育　花解剖

分布

广泛分布于南非东北部各省区，从自由邦省向东至夸祖鲁-纳塔尔省，向北至津巴布韦边界。（1）蛇尾锦芦荟型：分布于南非北部省、姆普马兰加省北部、豪藤省、自由邦省北部、西北省东部、夸祖鲁-纳塔尔省北部。（2）巴伯顿芦荟型：分布于姆普马兰加省中东部至斯威士兰北部边界地区，北部省中部靠南地区也有分布。（3）变色芦荟型：分布于北部省中南部，分布区范围较小。（4）维多恩芦荟型：分布于姆普马兰加省西部和豪藤省东部跨越交界的小范围区域。

生态与生境

（1）蛇尾锦芦荟型：生长于草地的裸露岩石区域、灌丛或开阔草坡，海拔600～2000m。分布区气温温暖至炎热，冬季一些地区有霜冻。夏季降雨地区，年平均降水量625～750mm。（2）巴伯顿芦荟型：生长于山地河谷、山坡灌丛、开阔草地中。分布区温暖无霜，夏季温度较高，可达37℃以上，山地冬季冷凉常有雾。年平均降水量625～750mm。（3）变色芦荟型：生于干热地区开阔草地，土质为红砂壤。夏季温度高达38℃，冬季罕见霜冻，夏季降雨，年均降水量375～500mm。（4）维多恩芦荟型：生于多石的山坡草地，海拔1300～2000m。夏季降雨，年均降水量625～750mm。

用途

观赏、药用；蜜源植物。

引种信息

中国科学院植物研究所北京植物园 （1）蛇尾锦芦荟型：种子材料（2008-1740），引种自美国，生长迅速，长势良好；幼苗材料（W2010241）引种自上海，生长迅速，长势良好；幼苗材料（2010-W1136）引种自北京，生长迅速，长势良好。（2）巴伯顿芦荟型：种子材料（2011-W1120）引种自南非开普敦，生长迅速，长势良好。（3）变色芦荟型：种子材料（2008-1771）引种自美国，生长迅速，长势良好。

北京植物园 植株材料（2011173）引种自美国，生长迅速，长势良好。

厦门市园林植物园 材料来源不详。生长迅速，长势良好。

上海植物园 材料（2011-6-031，2011-6-032）引种自美国，生长迅速，长势良好。

物候信息

蛇尾锦芦荟型：原产地南非花期6～7月。巴伯顿芦荟型：原产地南非花期6～8月。变色芦荟型：原产地南非7～8月。

中国科学院植物研究所北京植物园 （1）蛇尾锦芦荟：观察到花期11～12月。11月中旬花芽初现，始花期12月初，盛花期12月上旬至中旬，末花期12月下旬。单花花期2天。无明显休眠期。（2）巴伯顿芦荟型：花期11月下旬至翌年3月，11月下旬花芽初现，始花期12月中旬，盛花期12月下旬至翌年2月下旬，末花期2月末至3月初。单花花期2天。无明显休眠期。（3）变色芦荟型：花期11月至翌年3月，11月中旬花芽初现，始花期12月上旬，盛花期12月中旬至翌年3月上旬，末花期3月中旬。单花花期2天。无明显休眠期。

北京植物园 花期11～12月。无休眠期。

厦门市园林植物园 花期1～3月，1月份抽出花芽，开花期2～3月。果期3～4月。不休眠。

上海植物园 未记录花期物候。无休眠期。

繁殖

播种、分株、扦插繁殖。

迁地栽培要点

习性强健，栽培管理粗放。喜光、耐阴，耐旱，喜温暖，耐寒。最适生长温度13～25℃，栽培基质干燥下可耐短暂0～3℃低温，5～6℃可安全越冬，10～12℃以上可正常生长。

中国科学院植物研究所北京植物园　对栽培基质适应范围广泛。可采用腐殖土：沙为2：1、3：1的比例，也可采用赤玉土：腐殖土：沙：轻石为1：1：1：1的比例，加入少量谷壳碳和缓释肥颗粒。避免环境过于湿涝，否则容易罹患黑斑病、褐斑病，叶片和花柄容易生病斑。

北京植物园　温室盆栽，采用草炭土、火山岩、沙、陶粒等材料配制混合基质，排水良好。夏季中午需50%遮阳网遮阴，冬季保持5℃以上可安全越冬。

厦门市园林植物园　大棚内栽植，采用腐殖土、河沙混合土栽培。

上海植物园　休眠期容易发生腐烂病，注意控制浇水，定期喷洒杀菌剂进行预防。

病虫害防治

抗性强，病虫害发生较少。

中国科学院植物研究所北京植物园　病虫害很少发生，仅作常规打药预防。

北京植物园　病虫害很少发生。

厦门市园林植物园　未见明显病虫害发生。

上海植物园　注意控制浇水，定期喷洒杀菌剂进行预防腐烂病。

保护状态

已列入CITES附录II。

变种、自然杂交种及常见栽培品种

自然杂交种多有报道，（1）蛇尾锦芦荟型：可与皮刺芦荟（*A. aculeata*）、栗褐芦荟（*A. castanea*）、隐柄芦荟（*A. cryptopoda*）、大宫人芦荟（*A. greatheadii*）、长苞芦荟（*A. longibracteata*）、柏加芦荟（*A. peglerae*）、比勒陀利亚芦荟（*A. pretoriensis*）等种类自然杂交。（2）巴伯顿芦荟型：可与*A. komatiensis*、木立芦荟（*A. arborescens*）、长苞芦荟、马氏芦荟（*A. marlothii*）、石生芦荟（*A. petricola*）、穗花芦荟（*A. spicata*）等种类自然杂交。（3）变色芦荟型：可与隐柄芦荟、球蕾芦荟（*A. globuligemma*）、马氏芦荟、威肯斯芦荟（*A. wickensii*）等种类自然杂交。（4）维多恩芦荟型：可与木立芦荟、比勒陀利亚芦荟等种类自然杂交。

蛇尾锦芦荟（*Aloe davyana*）首次由舍恩兰（S. Schönland）定名描述于1903年，种名“*davyana*”取自英国植物学家大卫（J. B. Davy）的姓氏。巴伯顿芦荟（*Aloe barbertoniae*）首次采集于1914年，1917年由波尔埃文斯（I. B. Pole-Evans）首次命名描述，其种名“*barbertoniae*”指其分布地南非姆普马兰加省的巴伯顿（Barberton）。变色芦荟（*Aloe mutans*）首次定名描述于1936年，种名“mutans”意为“变、变化”，指其花色在开花、授粉后发生变化。维多恩芦荟（*Aloe verdoorniae*）由植物学家维多恩（I. C. Verdoorn）首次收集，1936年由雷诺德（G. W. Reynolds）首次描述，并以收集者的姓氏进行命名。雷诺德（1950,1982）、叶普（B. Jeppe）（1969）等人分别在他们的专著中将这些种类作为单独的种进行描述。

表1　形态特征比较（基于文献）

名称	蛇尾锦芦荟 *Aloe davyana*	巴伯顿芦荟 *Aloe barbertoniae*	变色芦荟 *Aloe mutans*
株丛	单生或多达4头莲座株丛	单生	形成多达12头莲座株丛
叶腹面	大量斑点，呈横带状	斑点密集或稍松散，呈横带状	大量斑点，呈横带状
叶背面	淡灰绿，无斑，模糊条痕	灰绿色，无斑	灰绿色，无斑，有时具模糊斑点
边缘齿	4～5mm	5～6mm	3～4mm
花序	高60～100cm，同时产生1-3个花序	高达100cm，同时产生2个花序	高60～90cm，
花序分枝	3～6个，下部分枝再分枝	分枝5～8个	3～7个，下部分枝常再分枝
总状花序	圆锥状，长25～30cm，宽至7～8cm，花排列密集	细长圆柱形，渐尖，长25～30cm，花排列较松散	圆柱状，渐尖，长15～30cm，花排列较密集
花色	花色变化较大，从奶油色、灰粉色至鲑粉色，通常为肉粉色或灰粉色	花被筒深粉色至暗红色，稍具霜粉	花序双色外观，花蕾粉色，开花后口部变橙色或黄色，授粉后花变全黄色
花尺寸	长32～35mm，子房部位宽7mm，上方缢缩至5mm，之后向上逐渐变宽至7mm。	长36～40mm，子房部位宽10～12mm，上方突然缢缩至5～6mm，之后向上变宽至7～8mm。	长29～32mm，子房部位宽9mm，上方缢缩至5.5mm，之后向上逐渐变宽
花苞片	20～25mm	15～20mm	2倍花梗长度
花梗	20～25mm	12～14mm	小于16mm
花期	6～7月	6～8月	7～8月

1987年格伦（H.F. Glen）和哈迪（D.S. Hardy）将*Aloe davyana*降级为*Aloe greatheadii*之下的变种*Aloe greatheadii* var. davyana。*Aloe barbertoniae*、*Aloe mutans*、*Aloe verdoorniae*等不同产地的种类被归并入*Aloe greatheadii* var. *davyana* (Schönland) Glen & D.S.Hardy之中。埃格利（U. Eggli）等人的*Illustrated Handbook of Succulent Plants*: *Monocotyledons*（2001）、卡特（S. Carter）等人的专著*Aloes*: *The Definitive Guide*（2011）均采用了此观点。

仍然存在着一些不同的观点，近年来，有新的趋势认为这些种类应该重新作为独立的种类进行描述，但尚无定论。范维克（B. –E. van Wyk）等人在其专著*Guide to the Aloes of South Africa*（1996, 2003, 2005）三版编辑中均将这些种类独立作为种进行描述。2014年，克洛波（R. R. Klopper）等人在对*A. barbertoniae*与*A. davyan*对比研究中认为，二者形态特征有明显差异，表现在叶片、花序和花的形态上，认为巴伯顿芦荟应作为种独立描述。

本书采用卡特等人的观点，将这些不同产地的种类归并入蛇尾锦芦荟，同时将它们的形态特征差异（依据文献）进行了对比（表1）。北京地区收集的样本包含了三种不同产地的类型，分别为蛇尾锦芦荟型、巴伯顿芦荟型、变色芦荟型的样本，栽培中观察到三种样本的确有一定的形态特征差异，花期也有一定差异。在分别对三个样本进行了形态特征和花期观测后，对其差异进行了记录和比较（表2）。

表2　实际观察形态特征、花期物候数据比较

名称	蛇尾锦芦荟型样本	巴伯顿芦荟型样本	变色芦荟型样本
叶腹面	暗绿色，H型斑点，密集排列成横带状	亮绿色，H型斑点，斑点密集或稍松散排列成横带状	暗绿色，H型斑点，密集排列成横带状
叶背面	淡绿，无斑，暗绿微点	淡黄绿，具暗绿微点，具模糊条痕	淡黄绿至灰绿，无斑点，具暗绿条纹，有时模糊
边缘齿	3.5～5mm，间距9～19mm	长4～5mm，间距18～24mm	长3～5mm，间距14～17mm
总状花序	圆锥状，长达14.7cm，花排列密集	圆柱状，细长，长达15cm，花排列稍密集	细长圆柱状，长达22cm，花排列疏松
花色	肉粉色、淡橙黄（奶油色）	橙红色	花变色，花开后变色，基部橙红色，口部淡黄色，
花尺寸	长29～31mm，子房部位宽5～5.5mm，上方缢缩至3.8～4mm，之后向上逐渐变宽至直径6～6.5mm	长约33mm，子房部位宽8.5～10mm，上方突然缢缩至4.5～5mm，之后向上逐渐变宽至7mm	长28～30mm，子房部位宽8mm，上方缢缩至4mm，其后向上逐渐变宽至8mm
花苞片	与花梗几乎等长20～24mm	约花梗长度，约10～12mm	11mm
花梗	20mm	11mm	12mm
花期	11～12月	11月至翌年2月	12月至翌年3月

从花期物候上，基本趋势与文献记载的花期已一致，蛇尾锦芦荟型的样本花期结束较早，变色芦荟型花期结束较晚，而巴伯顿花期结束时间适中。花被筒长度上来看，巴伯顿芦荟型较长，达33mm，变色芦荟型相对稍短，为29～30mm，蛇尾锦芦荟型适中，为29～31mm，趋势与文献一致，但蛇尾锦芦荟型和巴伯顿芦荟型的花被筒长度均未达到文献记载的长度，三个变型相差并不大。

在叶片、花序、花形态上，三者差异较明显。从叶片形态上看，巴伯顿芦荟型样本较其他两种偏黄绿，叶腹面斑点密集或稍稀疏一些；变色芦荟型样本叶背面有时会具较清晰的条纹或模糊斑点，而其他两种条纹不清晰。从分枝总状花序形状上看，蛇尾锦芦荟型样本花序较短，圆锥状，花排列非常密集，而其他两种花序相对细长，圆柱状，先端渐细，花排列相对松散。从花形状上看，蛇尾锦芦荟子房部位上方缢缩较小，花被筒基部球状不明显，而其他两种基部明显呈扁球状。从花色及其变化上来看，三种样本花色不同，蛇尾锦芦荟型样本花色从粉色至淡橙黄色或淡黄色（奶油色）；巴伯顿芦荟型样本花橙红色；变色芦荟型样本在花开后、授粉后花色发生明显变化，花蕾未开放时为橙红色，开花后花被筒基部为橙红色，向口部渐变为淡黄，花授粉后花被筒几乎变为全黄色，其他两种类型的样本没有类似变化。

三种不同产地样本的花序、总状花序、花形态比较示意图

参考文献

Carter S, Lavranos J J, Newton L E, et al., 2011. Aloes: The Definitive Guide[M]. London: Kew Publishing: 176–177.

Eggli U (Ed.), 2001. Illustrated Handbook of Succulent Plants: Monocotyledons[M]. Berlin: Springer–Verlag: 138–139.

Glen H F, Hardy D S, 1987. Nomenclatural notes on three southern African representatives of the genus *Aloe*[J]. South Africa Journal of Botany. 53(6): 489–492.

Grace O M, Klopper R R, Figueiredo E, et al., 2011. The Aloe names book[M]. Pretoria: SANBI: 19,44,66–67,107,162.

Jeppe B, 1969. South Africa[M] Aloes. Cape Town: Purnell & Sons S.A. (PTY.) LTD.: 82,91, 93–96.

Klopper R R, Smith G F, Grace O M, et al., 2014. Reinstatement of Aloe barbertoniae Pole–Evans (Asphodelaceae: Alooideae) from northeastern South Africa[J]. Bradleya, 32: 70–75.

Reynolds G W, 1982. The Aloes of South Africa[M]. Cape Town: A.A. Balkema: 231– 239, 261–262, 265–266.

Van Wyk B –E, Smith G F, 2014. Guide to the Aloes of South Africa[M]. Pretoria: Briza Publications: 214–215, 222–223, 234–235,256–257,278–279.

68

格林芦荟

Aloe greenii Baker, J. Linn. Soc., Bot. 18: 165. 1880.

多年生肉质草本植物。植株茎不明显，萌生蘖芽形成大而密集的株丛。叶12～16片，密集排列成莲座形，叶条状至披针形，长40～50cm，宽7～8cm，亮绿色，具模糊条纹和椭圆形白色斑点，斑点密集形成横向条带，背面具大量斑点组成横向条带；边缘具尖锐、粉棕色齿，长3～4mm，齿间距8～10mm；汁液黄色。花序高100～130cm，具5～7直立分枝，下部分枝常再分枝；总状花序圆柱形，长15～25cm，花排列较密集；花序苞片线状披针形，长10mm，纸质；花梗长10mm；花被筒暗粉色，稍覆粉，长28～30mm，子房部位宽7mm，向上突然缢缩至直径4mm，向口部逐渐变宽；外层花被分离约7～10mm；雄蕊和花柱稍伸出。染色体：2n=14（Müller，1945）。

中国科学院植物研究所北京植物园 盆栽植株，株高达64cm，株幅达90cm。叶片长63～69cm，宽8.4～9.2cm；叶腹面暗绿色（RHS NN137A–C），具长圆形、H型斑，斑点淡黄绿色（RHS 193C–B）或浅暗黄绿色（RHS 195B–C），密集排列成明显横带状；叶背面底色暗绿（RHS NN137A–C），具大量斑点，斑点椭圆形、H型、延长线状，淡黄绿色（RHS 193C–B）至浅暗黄绿色（RHS 195B–C），斑点密集连成片宽横带状或片状，使整个叶背面呈现出淡黄绿色的外观；边缘具红橙色（RHS 175C）尖锐的齿，长2～5mm，齿间距11～14mm，偶有齿间距很近，达2mm。花序高达144cm，分枝达7个，下部分枝具二次分枝；花序梗淡棕灰色（RHS 201C），被霜粉，擦去霜粉后呈暗棕色（RHS N200A）；总状花序长11.5～23cm，直径约8cm，花排列较密集，单个总状花序具花达133朵；花苞片暗白色膜质，具暗棕色细脉纹；花梗暗粉色（RHS 182B–C）；花被筒暗粉色（RHS 182B–C），被霜粉，口部内层花被裂片先端橙黄色（RHS 167B），花被裂片先端中脉暗粉色（RHS 182B–C），裂片边缘白色，花被筒长33～34mm，稍下弯，子房部位宽8mm，子房上部突然缢缩至4mm宽，向口部渐宽至7mm；外层花被分离约7～8mm；雄蕊花丝白色渐变至淡黄色，伸出0.5～2mm，花柱淡黄色，伸出0.5～1mm。果序长约20.5cm。

北京植物园 株高约17cm，株幅约78cm，叶片长30～40cm，宽6.5cm；叶片墨绿色，有白色梭形斑点排列稀疏，叶背面有墨绿色竖条纹；边缘齿钩状，不尖锐，红棕色，齿基部浅黄色，齿长3～4mm，齿间距8mm。

仙湖植物园 未记录形态信息。

上海植物园 未记录形态信息。

植株（北京IBCASBG）

植株（北京IBCASBG）

植株局部

叶腹面
叶背面
叶腹面局部
叶背面局部
叶腹面斑点
叶基斑点
叶腹面凹
边缘齿
边缘齿
边缘齿
叶先端
叶先端枯尖
包裹分枝基部的苞片
不育苞片
花苞片
花序（花蕾透色）
花序
花序局部
总状花序

分布

分布于南非夸祖鲁-纳塔尔省东北部。

生态与生境

生长于干旱的刺灌林地的多石土壤中，海拔从靠近海平面至1000m。

用途

观赏、药用等。在原产地为祖鲁人传统草药，汁液用于宗教仪式或用于治疗家畜疾病。

引种信息

中国科学院植物研究所北京植物园　幼苗材料（2008-1941）引种自仙湖植物园，生长迅速，长势良好；种子材料（2011-W1135）引种自南非开普敦，生长迅速，长势良好。

北京植物园　植株材料（2011174）引种自美国，生长迅速，长势良好。

仙湖植物园　植株材料（SMQ-064）引种自美国，生长迅速，长势良好。

上海植物园　植株材料（2011-6-048）引种自美国，生长迅速，长势良好。

物候信息

原产地南非花期1~3月。

中国科学院植物研究所北京植物园　观察到主要花期9~10月。9月中旬花芽初现，始花期10月上旬，盛花期10月中旬，末花期10月底。12月偶有开花。果熟期11~12月。单花花期3天。未观察到休眠期。

北京植物园　观察花期9~11月。未观察到休眠期。

仙湖植物园　未记录花期物候。未观察到明显休眠期。

上海植物园　未记录花期物候。未观察到明显休眠期。

繁殖

播种、分株、扦插繁殖。栽培中获得种子较少，一般通过根部萌蘖进行繁殖。有报道观察到花序有时产生珠芽。

迁地栽培要点

习性强健，栽培管理容易。南方温暖干燥地区可露地栽培，北方地区需室内栽培。喜排水良好的栽培基质，适应栽培基质范围广。喜强光，不耐阴。喜温暖，耐高温，可耐42℃以上高温，稍耐寒，盆土干燥可耐短暂1～3℃低温，5～6℃可安全越冬。

中国科学院植物研究所北京植物园 采用腐殖土：沙为2：1或3：1的基本配比，可加入一些颗粒基质，如赤玉土、轻石、颗粒腐殖土、珍珠岩等等。避免盆土积水，湿热季节加强通风。

北京植物园 温室盆栽，采用草炭土、火山岩、沙、陶粒等材料配制混合基质，排水良好。夏季中午需50%遮阳网遮阴，冬季保持5℃以上可安全越冬。

仙湖植物园 室内地栽，采用腐殖土、河沙混合土栽培。

上海植物园 温室盆栽，采用赤玉土、腐殖土、轻石、沙等基质配制混合土。

病虫害防治

抗性强，不易发生病虫害。湿度过高时叶片、花序梗容易罹患褐斑病或黑斑病。

中国科学院植物研究所北京植物园 不常见病虫害发生，仅作常规打药预防病虫害，每10～15天施用50%多菌灵1000倍液和40%氧化乐果1000倍液。

北京植物园 病虫害发生不多。

仙湖植物园 不易发生病虫害。要注意芦荟螨（*Aceria aloinis*）的发生，传染很快。发现病株需要清除烧毁，周围环境用杀螨剂进行消毒。

上海植物园 未见发生病虫害。

保护状态

已列入CITES附录II。在南非夸祖鲁-纳塔尔省，格林芦荟是受到法律保护的种类。

变种、自然杂交种及常见栽培品种

尚未见相关报道。

本种1880年由贝克（J. G. Baker）首次描述，据他记载，最初采集的的地点已无人知晓，描述依据的活植物材料来自库珀（T. Cooper）。种名“*Greenii*”来自人名格林（Green）。

本种国内有引种，北京、上海、深圳等地有栽培，栽培表现良好。北京地区盆栽植株实际测量叶片长度、宽度、花序高度、花被筒长度，均稍大于文献记载数据，可能与栽培条件有关。本种植株较大，叶两面密布斑点，斑点密集呈横带状，十分美观。花序高大，花暗粉色，被霜粉，十分美观，是非常好的观赏植物。北方地区可温室栽培，南部温暖干燥地区可露地栽培。

参考文献

Carter S, Lavranos J J, Newton L E, et al., 2011. Aloes: The Definitive Guide[M]. London: Kew Publishing: 192.
Eggli U (Ed.), 2001. Illustrated Handbook of Succulent Plants: Monocotyledons[M]. Berlin: Springer-Verlag: 139.
Grace O M, Klopper R R, Figueiredo E, et al., 2011. The Aloe names book[M]. Pretoria: SANBI: 67.
Jeppe B, 1969. South Africa Aloes[M]. Cape Town: Purnell & Sons S.A. (PTY.) LTD.: 74.
Reynolds G W, 1982. The Aloes of South Africa[M]. Cape Town: A.A. Balkema: 246-248.
Van Wyk B -E, Smith G F, 2014. Guide to the Aloes of South Africa[M]. Pretoria: Briza Publications: 236-237.

69

哈恩芦荟（拟）

Aloe hahnii Gideon, Bothalia 39 : 98. 2009.

多年生肉质草本植物。植株单生，高20～40cm，株幅25～40cm，不形成小株丛，通常茎不明显，或具匍匐茎，长达12cm。叶片长13～40cm，基部宽4～6cm，具斑点，腹面暗灰绿色至棕色，具大量不同形状的的斑点，斑点淡绿白色至白色，小的白色斑点组成密集的虚线；背面通常为均一的浅绿至绿白色，白色至绿白色斑点密集排列成带状，通常具随意分布的纵向暗绿色或紫色条纹；边缘具尖锐、直伸的棕橙色齿，长2～4mm，齿间距7～14mm。花序生于植株顶端中心，高可达1m，花序梗中部以上具4～8（～10）个分枝，上部分枝稀再分枝；总状花序圆柱形或紧缩成近头状，长4～6cm，宽5～7cm，花排列较紧密；花色多变，从均一红色至绿色、奶白色和淡红的复色，花被筒三棱状筒形，长25～28mm，子房部位宽5～7mm，上方缢缩至3～4mm，之后向上逐渐变宽至5mm；子房上方突然缢缩，之后向口部逐渐变宽；外层花被分离约12～14mm，雄蕊和花柱几乎不伸出。

中国科学院植物研究所北京植物园 株高22～26cm，株幅53～92cm；叶片长达46cm，宽4～5.2cm，腹面暗橄榄绿色（RHS NN137A），具H型斑点，散布全叶，淡黄绿色（RHS 193A），排列稍呈横向条带状，有时H型斑点连在一起，形成纵向连续或不连续条纹；背面黄绿色（RHS 193A），密布或稀布暗绿色油点状小斑点以及清晰或模糊的细条纹（RHS 148A–C）；干旱或强光下，叶片微红；边缘具假骨质边，淡黄绿色（RHS 192A），具尖锐齿，橙棕色（RHS 164A），长3mm，齿间距达24～28mm；汁液干燥色紫黑色。花序高32～79cm，分枝总状花序可达24个；花序梗橄榄灰色（RHS 197D）至淡灰绿色（RHS 194D）；花序苞片绿色，边缘具齿，纸质或稍肉质，干燥时棕色，具多数棕细脉；总状花序长2.5～5.3cm，直径4.5～7.0cm，具花10～39朵；花梗肉粉色（RHS 35C）；花被红色至橙红色（RHS 34B–C），口部橙黄色（RHS 22A），花被裂片先端具橄榄绿色（RHS NN137D）中脉纹，裂片边缘白色，花被筒长32～33mm，子房部位宽6.[illegible]～7mm，子房之上突然缢缩至4mm，之后向口部逐渐变宽；外层花被分离约6～6.5mm；雄蕊花丝和花柱淡黄色，雄蕊伸出约3mm。

北京植物园 未记录形态信息。

植株（北京IBCASBG） 植株（北京IBCASBG） 植株局部 幼苗 叶腹面 叶背面 叶腹面局部

分布

产自南非的北部省北部山地。

生态与生境

生长于森林边缘的砂壤草地，有时生长于密闭林地的荫蔽环境下。海拔1000～2050m。

用途

观赏、药用等。

引种信息

中国科学院植物研究所北京植物园　种子材料（2011-W1120）引种自南非开普敦，生长迅速，长势良好。

北京植物园　植株材料（2011176）引种自美国，生长迅速，长势良好。

物候信息

原产地南非花期6～7月。

中国科学院植物研究所北京植物园 花期12月至翌年1月。12月初花芽初现，始花期翌年12月中、下旬，盛花期1月上旬，末花期1月中旬。单花期1～2天。

北京植物园 未观察到开花结实。

繁殖

多播种繁殖。扦插繁殖主要用于烂根植株的抢救。

迁地栽培要点

习性强健，栽培管理容易。植株耐旱，喜排水良好的土壤。喜光，稍耐遮阴。喜温暖，耐热，稍耐寒，可耐短暂0～1℃低温

中国科学院植物研究所北京植物园 混合基质选用腐殖土与颗粒性较强的赤玉土、轻石、木炭等基质，以及排水良好的粗沙混合配制，颗粒基质占1/3左右，加入少量谷壳碳，并混入少量缓释的颗粒肥。夏季湿热季节，避免湿涝引起腐烂病。

北京植物园 温室盆栽，采用草炭土、火山岩、沙、陶粒等材料配制混合基质，排水良好。夏季中午需50%遮阳网遮阴，冬季5℃以上可安全越冬。

病虫害防治

常见病害有黑斑病、腐烂病等，虫害较少见。

中国科学院植物研究所北京植物园 定期喷洒多菌灵和氧化乐果预防病害。

北京植物园 未见病虫害发生。

保护状态

IUCN红色名录列为近危种（NT）；已列入CITES附录II。

变种、自然杂交种及常见栽培品种

尚未见相关报道。

索特潘斯山脉地区（Soutpansberg）分布的特有种哈恩芦荟的身份一直存在疑问。很久以来，被认定为是斯氏芦荟（*Aloe swynnertonii*）。根据南非植物学家哈恩（Norbert Hahn）博士的研究（2002，2006），在对当地进行了大量的实地调查之后，他认为，来自布鲁贝格（Blouberg）和Lejuma被认为是斑点芦荟（*Aloe maculata*）的样本和来自索特潘斯山脉东部的样本代表了一个非常多态的极端分类单元。2009年，史密斯（G. F. Smith）将其正式命名为*Aloe hahnii*，种名取自哈恩的姓氏，克洛波（R. R. Klopper）等人正式描述了该种。

本种北京地区有引种，栽培表现良好。植株体型较小，花序近头状，红色，开花时非常美丽，可作盆栽观赏或地栽丛植观赏。

参考文献

Carter S, Lavranos J J, Newton L E, et al., 2011. Aloes: The Definitive Guide[M]. London: Kew Publishing: 707.

Grace O M, Klopper R R, Figueiredo E, et al., 2011. The Aloe names book[M]. Pretoria: SANBI: 68.

Hahn N, 2009. Floristic diversity of the Soutpansberg, Limpopo Province, South Africa[M]. Pretoria: University of Pretoria: 146–148.

Klopper R R, Matos S, Figueiredo E, et al., 2009. *Aloe* in Angola (Asphodelaceae: Alooideae)[J]. Bothalia, 39(1): 98–100.

Van Wyk B –E, Smith G F, 2014. Guide to the Aloes of South Africa[M]. Pretoria: Briza Publications: 238–239.

70
哈迪芦荟

Aloe hardyi Glen, Fl. Pl. Africa 49: 1942. 1987.

多年生肉质草本植物。植株悬垂，分枝较少，自基部分枝，具粗茎，长可达2m。叶12~20片，通常垂下，披针形，长可达70cm，宽8cm，灰绿色或微红；边缘具棕色或淡红色齿，齿尖朝向叶先端，齿长2mm，齿间距10~12mm。花序不分枝，弓形，长可45~70cm，下弯而后向上直立；总状花序圆锥状至近头状，长约25cm，花排列较密集；花苞片倒卵形，长可达17mm，宽15mm；花梗长15~30mm；花被筒粉色或红色，长25~40mm，子房部位宽5mm，最宽处约7mm；外层花被自基部分离；雄蕊和花柱伸出3~5mm。

北京植物园 盆栽幼年植株，单生，株高17cm，茎长5cm。叶约22片，两列状排列，叶片长37cm，叶宽4.5~5cm，叶两面无斑点；边缘红棕色，具钩齿，长2mm，齿间距7~10mm，齿间棕红色。总状花序圆柱状，花排列稍密集；花梗黄绿色，长约20mm；花苞片宽倒卵形，米色，具棕红脉纹。花被橙红色，三棱状筒形，口部黄绿色，长约34mm，子房部位宽约6.5mm，上方稍变狭至6mm，其后向上渐宽至8mm；雄蕊花丝、雌蕊花柱淡黄色，伸出约6mm。

上海辰山植物园 温室栽培，单生植株，植株直径110cm。叶片披针形，渐尖，有时弯曲，叶片蓝绿色至绿色，具霜粉；两面无斑点。花序总状，不分枝或具1分枝，先弓形下弯后向上直立生长，单株可同时具8个花序；花序梗深绿色；花序具多个不育苞片，宽倒卵状，花序苞片包裹分枝基部；总状花序短圆柱状，花排列密集；花梗长19mm；花被橙红色，三角状筒形，口部黄绿色，裂片先端黄绿色至绿色，裂片边缘略浅；长34mm，子房部位宽约6mm，上方稍变狭至4.5~5mm，其后向上渐宽至6.5mm；雄蕊花丝和雌蕊花柱淡黄色，伸出3~5mm。

幼株（北京BBG）

丛生盆栽植株（北京BBG）

叶两列状排列

盆栽开花植株（北京BBG）

花序（北京BBG）

成株叶腹面
成株叶腹面局部
成株叶背面局部
成株边缘齿
幼株叶腹面
幼株叶腹面局部
幼株叶背面局部
幼株叶片边缘
幼株边缘齿
幼株叶尖
不育苞片
花苞片
基生蘖芽
露地栽培开花植株（南非）
温室栽培开花植株（南非）

分布

产自南非姆普马兰加省和北部省交界处的莱登堡地区（Lydenburg）。

生态与生境

生长于陡峭悬崖峭壁的表面，悬垂生长，海拔900～1400m。

用途

观赏、药用等。

引种信息

北京植物园 植株材料（2011175）引种自美国，生长缓慢，长势良好

上海辰山植物园 植株材料（20110894）引种自美国，生长迅速，长势良好。

物候信息

原产地南非花期6~7月。

北京植物园 观察到花期11~12月。11月上旬花芽初现，始花期11月末，盛花期12月上旬初期，末花期12月上旬末期。单花花期5天。休眠期不明显。

上海辰山植物园 温室栽培植株，观察到花期11月至翌年1月。11月上旬初现花芽，11月下旬花序抽出，隔年1月上旬开始开花。未见明显休眠。

繁殖

播种、分株、扦插繁殖。

迁地栽培要点

习性强健，栽培管理容易。

北京植物园 基质：草炭土、火山岩、陶粒。温室栽培，夏季中午需50%遮阳网遮阴。冬季保持5℃以上可安全越冬。

上海辰山植物园 上海地区温室盆栽栽培中，土壤配方用少量颗粒土与草炭混合种植。温室内夏季最高温在40℃以下，冬季最低温在13℃以上，安全度夏和越冬。

病虫害防治

抗性强，不易罹患病虫害。

北京植物园 未见病虫害发生。

上海辰山植物园 病虫害较少发生。

保护状态

已列入CITES附录II。南非红色名录（2009）将其列为稀有种（R）。另有文献提到在南非，保护现状列为易危种（VU）.

变种、自然杂交种及常见栽培品种

有园艺杂交的报道，可与卡梅隆芦荟（*A. cameronii*）杂交。

1987年，格伦（H.F. Glen）首次描述了本种，其种名来自哈迪（David S. Hardy）的姓氏，哈迪是一位著名的多肉收集者、多肉植物专家，特别是对芦荟属有很深的研究。本种的最早收集者是狂热的芦荟收集者比勒陀利乌斯（Jan Pretorius）上校，他将植物送到了比勒陀利亚的植物研究所。本种是一个狭域特有种，与木立芦荟亲缘关系较近，差别是悬垂生长，植株体型较小。

本种国内有引种栽培，北京、上海等地有引种栽培，北京地区为温室盆栽，上海辰山植物园温室地栽。植株栽培表现良好，已观察到花期物候。植株、花序尺寸与文献记载基本吻合，但上海辰山植物园栽培的样本，花序有时具1个分枝，与相关文献记载不同，文献记载该种花序始终不分枝，可能存在遗传混杂。

参考文献

Carter S, Lavranos J J, Newton L E, et al., 2011. Aloes: The Definitive Guide[M]. London: Kew Publishing: 522.
Eggli U (Ed.), 2001. Illustrated Handbook of Succulent Plants: Monocotyledons[M]. Berlin: Springer-Verlag: 140.
Grace O M, Klopper R R, Figueiredo E, et al., 2011. The Aloe names book[M]. Pretoria: SANBI: 69.
Rainondo D, Von Staden L, Foden W, et al., 2009. Red List of South Africa plants 2009[M]. Pretoria: SANBI: 81.
Van Wyk B -E, Smith G F, 2014. Guide to the Aloes of South Africa[M]. Pretoria: Briza Publications: 94-95.
Walker C C, 2014. *Aloe hardyi* – a rare South Africa cremnophyte[J]. Cactus world: 32(4): 289-292.

71
琉璃姬孔雀芦荟

别名： 琉璃姬孔雀（日）、羽生锦（日）、毛兰

Aloe haworthioides Baker, J. Linn. Soc., Bot. 22: 529. 1887.
Aloinella haworthioides (Baker) Lemée, Dict. Gen. Pl. Phan. 7 (Suppl.): 27. 1939.
Lemeea haworthioides (Baker) P. V. Heath, Calyx 3: 153. 1993.

多年生肉质草本植物。植株具纺锤状根，单生或形成小株丛。叶30～35片，密集排列成莲座形，三角状披针形，长3～4cm，宽0.4cm，叶片先端终结于一个透明点，暗绿色，覆盖白色的透明疱状突起，疱状突起顶端常具白色短毛；边缘睫毛状，具密集狭三角形柔软的软骨质透明的齿，长1～2mm。花序不分枝，高20～30cm；总状花序，长4～6cm，宽约1.2cm，花排列密集，具花可达30朵；花苞片近圆形，具急尖，微红，长5mm，宽4mm；花梗无或极短；花被白色至淡粉色，筒状，长6～8mm；外层花被自基部分离；雄蕊显著膨大，肉质，宽1mm，伸出5mm，花柱伸出5mm。

中国科学院植物研究所北京植物园　植株高4.8～5.2cm，单头直径6.0～8.8cm。叶36～61片，长4.1～4.3cm，宽0.6～0.8cm，厚0.32～0.36cm；两面暗橄榄绿色（RHS 137A），具大量白色软毛状皮刺，有时皮刺较长，常在叶先端部分沿中脉或边缘两侧成列排列；边缘具白色软毛状边缘齿，长1.5～2.5mm，齿间距1～2mm。花序高15～26.3cm，单生；总状花序长可达9.2cm，直径1.7～1.9cm，单花序花数量可达34朵；花序梗棕红色（RHS 177A）；花被筒淡橙粉色（RHS 170C），向口部渐变深呈深橙红色（RHS 173A），瓣裂片边缘具极窄的浅色边，中脉向先端渐变为暗橄榄绿色（RHS NN137A），花被筒长8～9mm，子房部位宽约2.5～3.2mm，靠近口部最宽处直径3.6～4.6mm；雄蕊花丝膨大，深橙色（RHS 169B），伸出4～5mm。

北京植物园　未记录形态信息。

厦门市园林植物园　未记录形态信息。

华南植物园　叶片长约6cm，基部宽至0.7～0.8cm。花序不分枝；总状花序长约4cm，宽约1.8cm；花被筒长约8mm，子房部位宽约3mm，向上稍渐宽至4.5mm；雄蕊伸出约3.5mm。

上海植物园　未记录形态信息。

丛生植株（广州）　丛生植株（广州）　越冬植株（厦门）
植株（北京IBCASBG）　植株（北京IBCASBG）　植株局部

叶腹面 叶背面 叶片

叶尖 开花植株（花芽期）（北京IBCASBG） 开花植株（花芽期）（厦门）

丛生开花植株（现蕾期） 开花植株（盛花期） 开花植株（末花期）

花序（现蕾期） 花序（始花期） 花序（盛花期） 花序（末花期）

分布

产自马达加斯加中部高原，环绕菲亚纳兰楚阿（Fianarantsoa）的山地、扎扎富齐（Zazafotsy）、安德林吉特拉（Andringitra）。

生态与生境

生长于片麻岩和石英岩石裂缝，生长在丛生的低矮多年生杂草丛中。花岗岩穹顶或山脊，生长于由于苔藓和地衣产生的黑色酸性土壤中。海拔1200~2000m。分布区夏季降雨，冬季干燥，通过高山雾气和夜露缓解干旱。

用途

观赏。

引种信息

中国科学院植物研究所北京植物园　植株材料（2010-0905）引自上海，生长较慢，长势中等。

北京植物园　植株材料（2011177）引种自美国，生长较慢，长势良好。

厦门市园林植物园　植株材料引种记录不全，生长较慢，长势一般。

华南植物园　植株材料（2011-3313）引种自美国，生长速度一般，长势一般；植株材料（2017-0199）引种自厦门市园林植物园，生长较慢，长势良好。

上海植物园　植株材料（2011-6-030）引自美国，生长较慢，长势良好。

物候信息

原产地马达加斯加秋季开花，花期4~5月。

中国科学院植物研究所北京植物园　温室栽培中，5~6年植株开始开花。观测到花期11月中旬至翌年1月下旬，始花期11月底，盛花期在11月下旬至翌年1月中旬，末花期1月下旬。12月初观测到单花花期1~2天。4月下旬至8月也有开花。尚未见自然结实。

北京植物园　观察到花期11月至翌年1月。夏季7~8月间短暂休眠。

厦门市园林植物园　观察到花期10月至翌年2月。

华南植物园　观察到花期5~8月。

上海植物园　未记录花期物候。

繁殖

主要采用播种、分株繁殖。也可扦插繁殖，用于抢救烂根植株或繁殖从株丛上切下的无根蘖芽。

迁地栽培要点

栽培稍有难度，度夏困难。应选用排水良好的混合基质。保持栽培场所阳光充足，夏季适当遮阴，进行降温防晒伤。浇水要比较注意，夏季高温高湿地区，需注意水分管理。喜温暖，冬季12~14℃以上可正常生长，5~6℃可安全越冬。

中国科学院植物研究所北京植物园　北京地区温室栽培选用排水良好的混合基质，用腐殖土、赤玉土、轻石、粗沙配成混合基质，比例约2∶1∶1∶1，加入适量谷壳碳并混入少量缓释颗粒肥，粗沙比例可稍提高。也可用腐殖土、粗沙配制混合基质，比例1∶1或2∶2。不喜强光，夏季需要遮阴50%左右。夏季7月至8月上旬，气候高温高湿，需控制浇水，避免湿涝引起腐烂病发生，并加强通风。

北京植物园　温室盆栽，采用草炭土、火山岩、沙、陶粒等材料配制混合基质，排水良好。夏季中午需50%遮阳网遮阴，冬季保持5℃以上可安全越冬。

厦门市园林植物园　室内栽植。馆内采用赤玉土、腐殖土、轻石、河沙混合土栽培，植株长势明显较室外的长势更为迅速，生长良好。

华南植物园　浇水：耐干旱，刚栽时少浇水，生长期可多浇些，夏季控制浇水，冬季减少浇水并保持干燥。光照：全日照，也耐半阴。施肥：较喜肥，生长期每半月施肥一次。

上海植物园　温室盆栽。采用赤玉土、腐殖土、轻石、沙等基质配制混合土。

病虫害防治

常罹患介壳虫和腐烂病。除喷洒农药防治外，要注意加强通风，休眠季节注意控水。

中国科学院植物研究所北京植物园　温室中干燥、通风不良的时候，株丛叶心和花序梗容易罹患介壳虫，根部容易罹患根粉蚧。可每10~15天左右喷洒蚧必治1000倍液进行预防。对于已罹患介壳虫的植株，先刷去白色絮状物，然后用蚧必治喷洒患病部位或灌根，每7天施用一次，连续打药4~6周。夏季北京地区高温高湿，可定期喷洒杀菌剂预防腐烂病发生。

北京植物园　夏季湿热，容易发生腐烂病。定期喷洒杀菌剂进行防治。容易罹患根粉蚧，可定期施用蚧必治进行防治。

厦门市园林植物园　容易发生腐烂病。定期喷洒杀菌剂进行防治。每10天喷洒一次50%的甲基托布津可湿性粉剂700~1000倍液。

华南植物园　未见明显病虫害发生，定期做预防性打药，尤其是夏季湿热季节和冬季温室越冬期间。

上海植物园　容易发生腐烂病，注意控制浇水，定期喷洒杀菌剂进行预防。

保护状态

已列入CITES附录I。

变种、自然杂交种及常见栽培品种

小型芦荟杂交品种亲本之一，常与贝克芦荟（*A. bakeri*）、第可芦荟（*A. descoingsii*）、美丽芦荟（*A. bellatula*）等小型种类进行杂交或多重杂交，获得了很多小型园艺杂交种。以其为亲本的栽培品种有著名的园艺品种草地芦荟（"拍拍"）（*A.*'PePe'）、*A.*'Twilight Zone'等。琉璃姬孔雀锦（*A. haworthioides*'Variegata'）是其斑锦品种。

本种为马达加斯加特有种类。株形矮小，叶片覆盖柔软的白色长毛，形似十二卷属植物，其种名"*haworthioides*"意为"似十二卷的"。1887年，贝克（J. G. Baker）首次对其进行了命名和描述。1939年，勒梅（A. M. V. Lemée）将其移至一个单种属琉璃姬孔雀属（*Aloinella*），这个属并没有被广泛接受。雷诺德（G. W. Reynolds）（1956，1966）在全球范围内对芦荟属进行修订时将这个名称列为芦荟属的异名。1993年，希斯（P. V. Heath）恢复了这个属名，后改名为琉璃芦荟属（*Lemeea* P. V. Heath），将本种归入该属，其中包含3个小型种类。这个属针对马达加斯加原产的小型芦荟而设立，并没有被广泛接受。1995年史密斯（G. F. Smith）等人在对芦荟属分离的*Aloinelle*、*Guillauminia*、*Lemeea*三个属的研究中，认为这些属分离依据的性状，大多具有多态性，没有一个单独的标准可以被认为是确定一个新属的可靠标准，不足以支持其划分独立成属，在一个特定属的成员与其他相近属成员之间应该有一个清晰的形态隔断。将本种分离归入新属依据的唯一特征是"开花时具有筒状、宽而鲜橙色的花丝和细小的花药"，然而芦荟属植物的花药大小差异很大，很难作为属一级的判定标准。因此，史密斯恢复了本种原有的名称。

本种国内有引种栽培，北京、上海、广州、厦门等地，均有栽培。栽培表现良好，已观察到花期物候。本种叶片长度、花序高度、总状花序长度、花被筒长度或多或少大于文献记载的尺寸，这与栽培条件下营养状况较好有关。本种夏季不喜过于湿热，有短暂休眠。休眠期若浇水管理不佳，容易引起腐烂病，导致死亡。植株矮小，具白色长毛状皮刺，是非常美丽的观赏植物，适于用作小型盆栽观赏。

参考文献

Carter S, Lavranos J J, Newton L E, et al., 2011. Aloes: The Definitive Guide[M]. London: Kew Publishing: 394–395.

Castillon J –B, Castillon J –P, 2010. The Aloe of Madagascar[M]. La Réunion: J.–P. & J.–B Castillon: 143.

Eggli U (Ed.), 2001. Illustrated Handbook of Succulent Plants: Monocotyledons[M]. Berlin: Springer–Verlag: 140.

Grace O M, Klopper R R, Figueiredo E, et al., 2011. The Aloe names book[M]. Pretoria: SANBI: 69–70.

Smith G F, Van Wyk B –E, Mossmer M, et al., 1995. The taxonomy of *Aloinella*. *Guillauminia* and *Lemeea* (Aloaceae)[J]. Taxon: 44(4): 513–517.

72

赫雷罗芦荟

别名：海莱芦荟、青刀锦芦荟、青刀锦（日）、沙芦荟

Aloe hereroensis Engl., Bot. Jahrb. Syst. 10: 2. 1889.

Aloe hereroensis var. *lutea* A. Berger, Pflanzenr. IV, 38: 205. 1908.

多年生肉质草本植物。植株单生或形成小株丛，茎不明显或具短横卧茎，长可达1m。叶约30片，排列成莲座状，叶弓状至直立，三角状披针形，长30～40cm，宽6～8cm，被霜粉，常具浅色斑点，具明显的条纹至沟槽；边缘具尖锐棕色三角状齿，长3～4mm，齿间距8～10mm。花序高约100cm，十分开展斜伸的分枝从1/2处向上直立，分枝可达4～8个，下部分枝有时二次分枝；总状花序紧缩成近头状、伞状，长6～8cm，直径8～10cm，花排列密集；末端苞片明显簇生，苞片三角状披针形，渐尖，长15～30mm，宽3mm；花梗长30～50mm；花被红色、橙色或黄色，三棱状筒形，长25～35mm，基部圆，子房部位宽7～8mm，向口部渐狭；外层花被分离约14～20mm；雄蕊伸出2～4mm，花柱伸出5mm。染色体：2n=14（Müller，1941）。

中国科学院植物研究所北京植物园　盆栽幼株，单生，高31～48cm，株幅41～58cm，具短茎。幼苗叶片两列状排列，其后渐排列成莲座状；叶片披针形，渐尖，长25～38cm，宽4～5.6cm；腹面灰绿色（RHS 191B–C）、淡灰绿色（RHS 192A–B）至黄绿色（RHS 138B–C），背面灰绿色（RHS 191B–C）、淡青灰色（RHS 188A–B, 189B）至黄绿色（RHS 138B–C）；两面均具椭圆形、H型斑点，斑点绿白色或黄绿白色（RHS 196D,193D,145D），幼时密集，成株斑点稍稀疏至无斑点，具灰绿色条纹，清晰或模糊；边缘具尖锐锯齿，钩状，齿尖红棕色、橙棕色至暗棕色（RHS 166A–C至200A–C），长2～4mm，齿间距7～12mm；汁液橙黄，干燥汁液橙黄色。

北京植物园　株高约42cm，株幅约52.5cm。叶片长34cm，宽5cm，直伸向上生长；叶片浅黄绿色至绿色，腹面有深绿色纵向条纹，具浅黄色H型斑纹，叶背面基部无条纹和斑纹，中间至先端具模糊纵向条纹，条纹上具零星H型斑纹；边缘齿红棕色，尖锐，带小弯钩，齿长约3mm，齿间距约6mm。

仙湖植物园　未记录形态信息。

南京中山植物园　一般单生，有时形成3头小株丛，单头株高60cm，株幅80cm，植株横卧，茎短。叶片长30～40cm，叶片宽5～6cm，灰绿色，细长披针形，叶稍内弯，叶表面光滑。花序高80cm，多分枝，分枝常再分枝，具9个分枝总状花序，分叉点高30cm；总状花序紧缩成近头状，长8～10cm。花被黄色、橙红色，三棱状筒形，长约30mm（橙花）或达40mm（黄花），花基部略宽于花冠筒口；内层花被片直立，裂片先端具深橙色边缘，长于外层花被片，外层花被片外翻。

上海植物园　未记录形态信息。

植株（南京）

植株（南京）

植株（北京IBCASBG）

植株局部

植株（纳米比亚）

种子

播种苗（北京IBCASBG，3个月）

播种苗（北京IBCASBG，1年）

成株叶腹面（南京）

成株叶背面（南京）

成株叶腹面（南京）

成株叶背面（南京）

幼株叶腹面（北京IBCASBG）

幼株叶背面（北京IBCASBG）

叶腹面（纳米比亚）

叶背面（纳米比亚）

幼株叶腹面局部
幼株叶背面局部
幼株叶尖
幼株边缘齿
干燥汁液
橙花型开花植株（始花期）
橙花型开花植株（盛花期）
橙花型花序（南京）
总状花序（橙花）
黄花型开花植株（南京）
花序（南京）
黄花型花序局部（南京）
总状花序（南京）
结果植株（南非）
花发育（橙花型）
花发育（黄花型）

分布

分布较广泛，分布区从距纳米比亚东北部约50km的安哥拉南部，跨越纳米比亚，至南非的北部省。

生态与生境

生长在南非内陆地区坡地北面，喜欢有机质砂壤地，喜光，耐半阴，低于10℃停止生长。

用途

观赏、药用。

引种信息

中国科学院植物研究所北京植物园 种子材料（2008-1754）引种自美国，生长迅速，长势良好；种子材料（2008-1755）引种自美国，生长迅速，长势良好；幼苗材料（2010-1039）引种自上海，生长迅速，长势良好；幼苗材料（2010-W1147）引种自北京，生长迅速，长势良好。

北京植物园 植株材料（2011178，2011179）引种自美国，长速中等，长势良好。

仙湖植物园 植株材料（SMQ-065）引种自美国，生长速中等，长势良好。

南京中山植物园 植株材料（NBG-2007-56）引种自福建漳州，生长迅速，长势良好。

上海植物园 植株材料（2011-6-071）引种自美国，生长迅速，长势良好。

物候信息

原产地南非、纳米比亚花期6~9月。

中国科学院植物研究所北京植物园 尚未观察到开花和自然结实。无休眠期。

北京植物园 尚未观察到开花。

仙湖植物园 尚未观察到开花。

南京中山植物园 观察到花期12至翌年1月（黄花）、3月（橙花）。

上海植物园 尚未观察到开花。

繁殖

多种子繁殖，种子发芽温度15~25℃，发芽时间1个月左右。

迁地栽培要点

习性强健，栽培管理容易。我国南方各地可露地栽培，长江流域及以北地区在设施温室内栽植。喜光照充足。耐旱，不耐湿涝，较耐寒，可耐短期0~3℃低温，5~6℃可安全越冬。

中国科学院植物研究所北京植物园 温室盆栽。混合基质土壤配方选用腐殖土与颗粒性较强的赤玉土、轻石、木炭等基质，以及排水良好的粗沙混合配制，颗粒基质占1/3左右，加入少量谷壳碳，并混入少量缓释的颗粒肥。夏季高温高湿季节需要注意控水管理，避免湿涝引起腐烂病或罹患黑斑病。

北京植物园 温室盆栽，采用草炭土、火山岩、沙、陶粒等材料配制混合基质，排水良好。夏季中午需50%遮阳网遮阴，冬季保持5℃以上可安全越冬。

仙湖植物园 室内地栽，采用腐殖土、河沙混合土栽培。

南京中山植物园 栽培基质为：园土：火山石：沙：泥炭=1：1：1：2。最适宜生长温度为15~30℃，最低温度不能低于0℃，否则产生冻害死亡，最高温不能高于45℃，否则生长不良。耐旱，不能积水，喜半阴，夏季加强通风降温，夏季10~15时用70%遮阳网遮阴。春秋两季各施一次有机肥。

上海植物园 温室盆栽。采用赤玉土、腐殖土、轻石、沙等基质配制混合土。

病虫害防治

抗性强，病虫害较少发生。

中国科学院植物研究所北京植物园 定期喷洒50%多菌灵可湿性粉剂800～1000倍液预防腐烂病及黑斑病等细菌、真菌病害。

北京植物园 未观察到病虫害发生，仅作常规防治管理。

仙湖植物园 湿热天气容易罹患黑斑病、炭疽病和腐烂病，可喷洒多菌灵、百菌清或甲基托布津等杀菌类农药进行防治。

南京中山植物园 常见病害主要有炭疽病、褐斑病、叶枯病、白绢病及细菌性病害，多发生于湿热夏季通风不良的室内。可喷洒百菌清等杀菌类农药进行防治。

上海植物园 容易发生腐烂病，注意控制浇水，定期喷洒杀菌剂进行预防。

保护状态

已列入CITES附录II。

变种、自然杂交种及常见栽培品种

有自然杂交种报道，可与狮子锦芦荟（*A. broomii*）、棒花芦荟（*A. claviflora*）、大恐龙芦荟（*A. grandidentata*）、什锦芦荟（*A. variegata*）自然杂交。园艺栽培种可与苏丹芦荟（*A. sinkatana*）杂交获得杂交种。

本种1889年由恩格勒（H. G. A. Engler）首次命名描述，最初的收集地点是纳米比亚班图族赫雷罗部落（Herero tribe）的家乡，其种名来源于部落名称。黄花的种类曾经作为变种被描述，目前并入原种。

本种国内引种广泛，北京、上海、南京、深圳等地均有栽培，栽培表现良好，已观察到花期物候。本种花色多样，从橙红色至黄色，南京中山植物园收集的样本包含2种花色，为橙红色和黄色。花序多分枝，分枝开展，分枝总状花序花密集紧缩成近头状，末端常具簇状的苞片，是本种比较典型的特征。栽培中观察到，幼株和成株叶片有一定的区别，较小型的植株具稍密集或稀疏的H型斑点和条纹，较大型的植株有时无斑点，具明显的条纹。在较原产地的旱季，叶片强烈内弯，保护幼嫩的叶心部位，栽培植株水分条件较好，叶片内弯不如野生植株强烈。南京植物园栽培的两种花色的样本，花被筒长度差异较大，黄花的种类花被筒长度明显长于橙红色花的种类。

参考文献

Adams R, 2015. Aloes A to Z[M]. Te Puke: Raewyn Adams: 57.

Carter S, Lavranos J J, Newton L E, et al., 2011. Aloes: The Definitive Guide[M]. London: Kew Publishing: 321.

Eggli U (Ed.), 2001. Illustrated Handbook of Succulent Plants: Monocotyledons[M]. Berlin: Springer-Verlag: 141.

Grace O M, Klopper R R, Figueiredo E, et al., 2011. The Aloe names book[M]. Pretoria: SANBI: 72.

Jeppe B, 1969. South Africa Aloes[M]. Cape Town: Purnell & Sons S.A. (PTY.) LTD.: 31.

Rothmann S, 2004. Aloes aristocrats of Namibian Flora: a layman's photo guide to the aloe species of Namibia[M]. Cape Town: Creda Communications: 66-67.

Van Wyk B -E, Smith G F, 2014. Guide to the Aloes of South Africa[M]. Pretoria: Briza Publications: 162-163.

73 希氏芦荟

别名： 黄星锦芦荟、黄星锦（日）

Aloe hildebrandtii Baker, Bot. Mag. 114: t. 6981. 1888.
Aloe gloveri Reynolds & Bally, J. S. African Bot. 24: 180. 1958.

多年生肉质灌木状肉质植物。植株基部分枝，蔓延的茎，长可达100cm，茎粗4cm。叶约20片，沿茎轴排列成疏松莲座状，开展至稍反曲，披针形，渐尖，长20～30cm，宽4～5cm；暗绿色，具少数白色斑点；边缘具尖锐、三角状、红棕色锯齿，长2～3mm，齿间距8～10mm；干燥汁液呈棕色。花序高约50cm，分枝可达12个，分枝夹角大；总状花序圆柱形，长8～18cm，花排列疏松，花排列常某种程度地稍偏向一侧；花苞片长3mm，宽2mm；花梗长10～15mm；花被黄色或红色，筒状，长26～30mm，子房部位宽8mm；外层花被分离约12mm；雄蕊和花柱伸出3～4mm。

中国科学院植物研究所北京植物园 植株高74cm，株幅49.3cm；叶片长27～30cm，宽3.9～4.2cm，叶片上、背面黄绿色（RHS 138B），腹面叶基部和背面靠叶基2/3部分具长圆斑点，斑点淡黄绿色（RHS 145D）；边缘具软骨质边橙黄色（RHS 165C），边缘齿橙棕色至橙黄色（RHS 165B–C），长2～3mm，齿间距10～14mm；汁液干燥后棕色。花序高37cm，具6分枝；花序梗橄榄灰色（RHS 197A–C）；总状花序长12.8～13.2cm，宽5.8～6.2cm，具花18～24朵；花苞片白色，膜质，具1条细棕脉；花梗黄绿色至淡黄绿色（RHS 145A–C）；花被黄色（RHS 8C），内层花被口部亮橙黄色（RHS 21B），裂片先端具深黄绿色（RHS 141A）中脉纹，裂片边缘白色；花被筒长26mm，子房部位宽8.5～9mm，子房上方稍变狭至直径5.5～6mm，而后向口部逐渐变宽至9mm；外层花被分离约10～11mm；雄蕊花丝黄色（RHS 6C），伸出5～6mm，花柱伸出3～5mm。蒴果椭圆形，三室，干燥开裂。种子不规则角状，棕黑色，具膜质翅，两侧翅较宽。

北京植物园 未记录形态信息。

仙湖植物园 未记录形态信息。

植株（北京IBCASBG） 植株局部 基生蘖芽 幼株 叶鞘 叶腹面凹

叶腹面
叶背面
叶腹面局部
叶背面局部
叶腹面斑点
叶背面斑点
边缘齿
叶横切
叶片病害
开花植株
开花结果植株
花序
花序和果序
花序局部
总状分枝花序
花
花发育
6
7
8
9
10
11
12
花

果序

果实

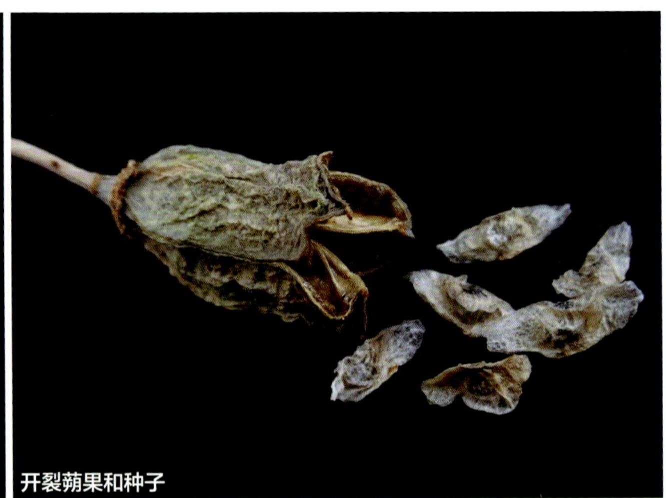
开裂蒴果和种子

分布

产自东热带非洲索马里，无精确位置，分布区沿索马里陡崖北部扩展，从加安利巴（Ga'an Libah）向东至格伦多拉帕斯（Geldora Pass）。

生态与生境

生长于石灰岩山地，海拔1095～1800m。

用途

观赏、药用等。

引种信息

中国科学院植物研究所北京植物园 幼苗（2008-1927）引种自深圳，生长迅速，长势良好。

北京植物园 植株材料（2011180）引种自美国，生长迅速，长势良好。

仙湖植物园 植株材料（SMQ-067）引种自美国，生长迅速，长势良好。

物候信息

原产地索马里花期7～8月。

中国科学院植物研究所北京植物园 11月至翌年1月、5～6月开花。以12月开花为例：12月上旬花芽初现，始花期12月下旬，盛花期1月上旬，末花期1月中旬。单花期2～3天。果熟期2月中下旬、5月下旬至6月。未观察到明显休眠期。

北京植物园 尚未记录花期物候。

仙湖植物园 尚未记录花期物候。

繁殖

播种、扦插、分株繁殖。

迁地栽培要点

习性强健，栽培管理容易。栽培土壤基质需要排水良好。喜光照充足，稍耐阴。本种耐热，怕涝；较耐寒。

中国科学院植物研究所北京植物园 温室栽培，土壤配方选用腐殖土与颗粒性较强的赤玉土、轻石、木炭等基质，以及排水良好的粗沙混合配制，颗粒基质占1/3左右，加入少量谷壳碳，并混入少量缓释的颗粒肥。夏季7月至8月较为湿热，要控制浇水量，加强水分管理；需要适当遮阴。加强通风，降低空气湿度，避免发生腐烂病和褐斑病。冬季可耐短期1～3℃低温，5～6℃可安全越冬，8～10℃以上可正常生长。

北京植物园 温室盆栽，采用草炭土、火山岩、沙、陶粒等材料配制混合基质，排水良好。夏季中午需50%遮阳网遮阴，冬季保持5℃以上可安全越冬。

仙湖植物园 室内地栽，采用腐殖土、河沙混合土栽培。

病虫害防治

习性强健，病虫害发生较少。湿热地区、湿热易感染芦荟褐斑病，发病初期形成水渍状小点，后逐渐形成圆形或不规则病斑，病斑中央凹陷，呈红褐色至灰褐色，有时与炭疽病混合出现。

中国科学院植物研究所北京植物园 药物防治褐斑病，可于发病初期施用40%的甲霜铜可湿性粉剂600～700倍液、50%多菌灵可湿性粉剂800～1000倍液或50%的甲基托布津600～700倍液，每隔10天喷施用叶片一次，连续2～3次，即可取得较好的效果。感染比较厉害的时候，可剪掉染病严重的叶片、茎枝和植株集中烧毁，然后施用50%多菌灵可湿性粉剂800～1000倍液。

北京植物园 未观察到明显病虫害发生。定期喷洒50%多菌灵可湿性粉剂800～1000倍液预防细菌、真菌病害。

仙湖植物园 夏季气候湿热，冬季湿冷，容易罹患真菌、细菌病害，定期喷洒甲基托布津等杀菌剂预防腐烂病、炭疽病、褐斑病发生。

保护状态

IUCN红色名录列为濒危种（EN）。列入CITES附录II。

变种、自然杂交种及常见栽培品种

未见相关报道。

1888年，贝克（J. G. Baker）对本种进行了首次命名和描述。本种种名的命名是为了纪念收集者德国探险家希尔德布兰特（J. M. Hildebrandt），他在1872—1881年之间，对埃塞俄比亚、索马里和肯尼亚的内陆地区进行了探险考察，加深了人们对该地区的了解。根据他的行程，本种可能是采集自苏鲁德（Surud）陡崖的北坡。

本种与索马里西北部及埃塞俄比亚相邻地区分布广泛的大刺锦芦荟（*A. megalacantha*）亲缘关系较近，后者株形较大、植株较直立，花序分枝花序短圆柱状至近头状，花黄色、橙色或红色；而本种花序圆柱状，较长，花排列较松散，花黄色或红色。

本种国内有引种，北京、深圳等地有栽培。栽培表现良好，已观察到开花结实。本种花期长，开花次数多，花序大而繁茂，是非常好的观赏种类。可盆栽观赏，地栽亦更佳，我国南部温暖干燥的无霜地区可露地栽培，可丛植布置花境，与其他花色的种类搭配，形成丰富的色彩变化。对栽培植株进行了形态特征观测，植株、叶片、花序、花的形态和尺寸，与文献记载的数据能够基本吻合。

参考文献

Adams R, 2015. Aloes A to Z[M]. Te Puke: Raewyn Adams: 57.

Carter S, Lavranos J J, Newton L E, et al., 2011. Aloes: The Definitive Guide[M]. London: Kew Publishing: 495.

Eggli U (Ed.), 2001. Illustrated Handbook of Succulent Plants: Monocotyledons[M]. Berlin: Springer-Verlag: 141-142.

Grace O M, Klopper R R, Figueiredo E, et al., 2011. The Aloe names book[M]. Pretoria: SANBI: 73.

74
木锉芦荟

别名： 矮小芦荟、帝王锦芦荟、帝王锦（日）

Aloe humilis (L.) Mill., Gard. Dict. Abr. ed. 6 10, 1771.
Aloe acuminata var. *major* Salm-Dyck, Verz. Art. Aloe 22. 1817.
Aloe echinata Willd., Enum. Pl. 385. 1809.
Aloe humilis var. *acuminata* Baker, J. Linn. Soc., Bot. 18: 157. 1880.
Aloe humilis var. *candollei* Baker, J. Linn. Soc., Bot. 18: 157. 1880.
Aloe humilis var. *echinata* (Willd.) Baker, Fl. Cap. 6: 308. 1896.
Aloe humilis var. *incurvata* Haw., Trans. Linn. Soc. London 7: 15. 1804.
Aloe humilis var. *macilenta* Baker, J. Linn. Soc., Bot. 18: 157. 1880.
Aloe humilis var. *suberecta* (Aiton) Baker, Fl. Cap. 6: 308. 1836.
Aloe humilis var. *subtuberculata* (Haw.) Baker, Fl. Cap. 6: 308. 1896.
Aloe incurva (Haw.) Haw., Syn. Pl. Succ. 85. 1812.
Aloe macilenta (Baker) G.Nicholson, Ill. Dict. Gard. 1: 52. 1884.
Aloe perfoliata var. *humilis* L., Sp. Pl. 1: 320. 1753.
Aloe perfoliata var. *suberecta* Aiton, Hort. Kew. 1: 467. 1789.
Aloe suberecta (Aiton) Haw., Trans. Linn. Soc. London 7: 16. 1804.
Aloe subtuberculata Haw., Philos. Mag. J. 67: 280. 1825.
Aloe tuberculata Haw., Trans. Linn. Soc. London 7: 16. 1804.
Aloe verrucosospinosa All., Auct. Syn. Meth. Stirp. Hort. Regii Taur. 13. 1773.
Catevala humilis (L.) Medik., Theodora 69. 1786.

多年生肉质低矮草本植物。植株茎不明显，萌生蘖芽形成密集株丛。叶20～30片，直立至稍内弯，长卵形，急尖，长10cm，宽1.2～1.8cm，灰绿色，具霜粉，具模糊条纹，两面具散布的疣突，疣突顶部有时具白色软刺尖；边缘具柔软、白色齿，长2～3mm，齿间距4～5mm或更靠近。花序不分枝，直立，高25～35cm；总状花序长可达10cm，花松散排，可达20朵；花苞片披针形，急尖，长可达25mm；花梗长25～35mm；花被三棱状筒形，红色或橙色，长35～42mm，子房部位宽4mm，中部膨大最宽，向口部渐狭；外层花被分离约22～28mm；雄蕊和和花柱伸出约1mm。染色体：2n=14（Satô，1937）

中国科学院植物研究所北京植物园　植株高13～15.1cm，株幅16.5～20.8cm。叶片长10～12.4cm，宽1.2～2.1cm，灰绿色（RHS N138C），两面具模糊条纹，具疣突，淡黄绿色（RHS 145D），背面有时密集排列稍呈横带状，有时疣突顶端具短锥状粗短齿或长锥状直或弯曲的长齿；边缘具粗长齿，直或弯曲，淡黄绿色（RHS 145D），长3～5.5mm，齿间距3～10.5mm。花序高25.4～45.4cm，不分枝；花序梗绿色（RHS 137D），有时微红；总状花序长16～25.3cm，直径4.5cm，具花达39朵；花梗淡黄绿色至淡橙色（RHS 144D、173B-C）；苞片白色膜质，具棕色或绿色的细脉纹；花被深橙红色、橙红色（RHS 34C-32B）至橙黄色，口部渐变至淡黄绿色，裂片先端中脉黄绿色（RHS 143B），裂片边缘淡橙色（RHS 34D-19D）；花被筒呈中间粗两头细的三棱状筒形，长34～39mm，子房部位宽4.5mm，向上至近中部渐宽至8～9.5mm，之后向口部渐狭至5～5.5mm；外层花被分离约25～28mm；雄蕊花丝白色，伸出4～5mm，花柱白色至淡黄，伸出约3mm。

北京植物园　未记录形态信息。

厦门市园林植物园　未记录形态信息。

仙湖植物园　未记录形态信息。

华南植物园　未记录形态信息。

南京中山植物园 单生、丛生，株高7～8cm，株幅15cm。叶片长6～7cm，宽2cm。花序高30～40cm，不分枝；总状花序长10cm；花橙红色，三棱状筒形，长39mm，子房部位宽5mm，向上至中部渐宽至8.5mm，后向口部渐狭至5.5mm。

上海植物园 未记录形态信息。

花芽期植株（厦门） 开花植株（厦门） 花序（厦门）
开花植株（北京IBCASBG） 开花植株（北京IBCASBG） 开花植株（南京） 花序（南京）
花芽 花序 总状花序 花（橙红）
花序（橙黄） 花（橙黄） 不育苞片 花苞片

分布

分布于南非的西开普省与东开普省。

生态与生境

生长在南非夏季降雨区和冬季降雨区的过渡地带，天气非常干旱，耐旱，喜排水良好的砂质壤土，喜光，耐半阴。海拔从近海平面至1600m。

用途

观赏。常作园艺杂交品种的亲本。

引种信息

中国科学院植物研究所北京植物园　植株材料（橙红花）（2010-0945）引种自上海，生长缓慢，长势良好；植株材料（1991-W0003），引种地不详，生长缓慢，长势良好；植株材料（橙黄）（1991-W0475），引种地不详，生长缓慢，长势良好。

北京植物园　植株材料（2011181）引种自美国，生长迅速，长势良好。

厦门市园林植物园　植株材料引种记录不详，生长缓慢，长势良好。

仙湖植物园　植株材料（SMQ-068）引种自美国，生长缓慢，长势良好。

华南植物园　引种记录不详，生长缓慢，长势良好。

南京中山植物园 植株材料（NBG-2017-9）从福建漳州引入，生长缓慢，长势良好。

上海植物园 植株材料（2011-6-053）引种自美国，生长缓慢，长势良好。

物候信息

原产地南非花期8~9月。

中国科学院植物研究所北京植物园 观察到花期1~3月。1月中旬花芽初现，始花期1月下旬至2月中旬，盛花期2月下旬至3月初，末花期3月上旬至中旬。单花花期4~5天。初果期2月下旬，果熟期3月下旬。夏季湿热高温季节有短暂休眠。

北京植物园 花期1~3月。7月下旬至8月初短暂休眠。

厦门市园林植物园 尚未记录花期物候。夏季休眠。

仙湖植物园 尚未记录花期物候。夏季休眠。

华南植物园 尚未记录花期物候。夏季休眠。

南京中山植物园 观察到花期2~3月。

上海植物园 尚未记录花期物候。夏季休眠。

繁殖

播种、扦插、分株繁殖。

迁地栽培要点

习性强健，栽培管理容易。夏季休眠，注意休眠期水分管理。

中国科学院植物研究所北京植物园 可采用腐殖土、粗沙配制混合基质，或用赤玉土、腐殖土、轻石、沙、谷壳碳、颗粒缓释肥配制混合基质。湿热季节短暂休眠，植株颜色变暗，需要控制浇水量，避免湿涝引起腐烂病，适当通风降温。可耐短暂1~3℃低温，保持5~6℃以上可安全越冬。

北京植物园 温室盆栽，采用草炭土、火山岩、沙、陶粒等材料配制混合基质，排水良好。夏季中午需50%遮阳网遮阴，冬季保持5℃以上可安全越冬。

厦门市园林植物园 大棚内盆栽，采用腐殖土、河沙混合土栽培。

仙湖植物园 室内盆栽，采用腐殖土、河沙混合土栽培。

华南植物园 室内盆栽，采用腐殖土、河沙混合土栽培。

南京中山植物园 设施温室内栽培。栽培基质为：园土：青石：沙：泥炭=1：1：1：1。夏季加强通风降温，夏季10~15时用50%遮阳网遮阴。春秋两季各施1次有机肥。

上海植物园 温室栽培中，采用少量颗粒土与草炭混合种植。

病虫害防治

抗性强，病虫害较少发生。

中国科学院植物研究所北京植物园 北京地区7~8月湿热季节容易发生腐烂病。除改善基质加强排水外，每10~15天喷洒50%多菌灵可湿性粉剂800~1000倍液，并加强通风。

北京植物园 夏季湿热季节容易发生腐烂病。定期喷洒多菌灵防治。

厦门市园林植物园 容易发生腐烂病。定期喷洒甲基托布津或多菌灵防治。

仙湖植物园 容易发生腐烂病。定期喷洒多菌灵或百菌清防治。

华南植物园 容易发生腐烂病。定期喷洒甲基托布津或多菌灵防治。

南京中山植物园 常见病害主要有炭疽病、褐斑病、叶枯病、白绢病及细菌性病害，多发生于湿热夏季通风不良的室内。可喷洒百菌清等杀菌类农药进行防治。

上海植物园 湿热季节容易发生腐烂病，注意控制浇水，定期喷洒杀菌剂进行预防。

保护状态

已列入CITES附录II。

变种、自然杂交种及常见栽培品种

有自然杂交种的报道，可与线状芦荟（*A. lineata*）、微斑芦荟（*A. microstigma*）、银芳锦芦荟（*A. striata*）自然杂交。园艺上常用作杂交亲本，如常见的栽培品种*A.*'Blue Elf'、*A.*'Jaws'的亲本就包含木锉芦荟，常见的园艺杂交种还包括与短叶芦荟（*A. brevifolia*）、草地芦荟（*A. pratensis*）、弗雷黑德芦荟（*A. vryheidensis*）等种类的杂交后代，这些杂交改善了观赏性状。具斑锦品种木锉芦荟锦（*A. humilis*'Variegata'）。

本种为芦荟属的低矮种类，在原产地，不同产地变型较多，差异表现在株形、叶色、叶形、皮刺疏密等方面。雷诺德（G. W. Reynolds）在其专著中曾记录了5个变型，并将其作为变种进行描述，包含：var. *incurva*、var. *echinata*、var. *suberecta*、var. *acuminata*、var. *subtuberculata*，目前都归并入*A. humilis*之中。本种最初收集的地点已无法确定，可能在靠近西开普省奥茨胡恩（Oudtshoorn）的地方。1869—1890年，奥尔登兰（H. B. Oldenland）与施莱弗（E. Schryver）前往因夸霍屯督茨（Inqua Hottentots）探险，从开普出发抵达了东开普省的坎迪波（Camdeboo），之后返回。他们的旅行途经奥茨胡恩或附近地区，而木锉芦荟最西边的分布区就靠近奥茨胡恩，估计奥尔登兰就是在那里收集的这种植物。1695年，木锉芦荟被种植在位于开普的东印度公司的花园里，奥尔登兰是当时的主管。1703年考梅林（C. Commelin）在他的*Praeludia Botanica*收录了该种。1771年，米勒（P. Miller）以双名法命名并描述了该种，其种名"*humils*"指其低矮的外观。

本种国内各地都有引种，是栽培较早的种类。北京、上海、南京、厦门、广州、深圳等地都有栽培，栽培表现良好，是非常适于小型盆栽观赏的种类。目前国内常见栽培的有两种样本，一种是花橙红色，叶片皮刺较多的样本，而另一种是花色稍浅、橙黄色，叶片皮刺稍稀疏的样本。实际测定的栽培植株的形态特征，基本和文献记载吻合，但有些样本叶片尺寸稍大，花序高度大于文献记载的尺寸。

参考文献

Carter S, Lavranos J J, Newton L E, et al., 2011. Aloes: The Definitive Guide[M]. London: Kew Publishing: 401.

Eggli U (Ed.), 2001. Illustrated Handbook of Succulent Plants: Monocotyledons[M]. Berlin: Springer-Verlag: 142.

Grace O M, Klopper R R, Figueiredo E, et al., 2011. The Aloe names book[M]. Pretoria: SANBI: 74-75.

Jeppe B, 1969. South Africa Aloes[M]. Cape Town: Purnell & Sons S.A. (PTY.) LTD.: 14.

Reynolds G W, 1982. The Aloes of South Africa[M]. Cape Town: A.A. Balkema: 173-179.

Smith G F, Figueiredo E, 2015. Garden Aloes, Growing and Breeding, Cultivars and Hybrids[M]. Johannesburg: Jacana media (Pty) Ltd,: 136-137.

Van Wyk B -E, Smith G F, 2014. Guide to the Aloes of South Africa[M]. Pretoria: Briza Publications: 162-163.

75

伊马洛特芦荟

Aloe imalotensis Reynolds, J. S. African Bot. 23: 68. 1957.
Aloe contigua (H.Perrier) Reynolds, Naturaliste Malgache 10: 57. 1958.
Aloe deltoideodonta var. *contigua* H. Perrier, Mém. Soc. Linn. Normandie, Bot. 1 (1): 26. 1926.
Aloe deltoideodonta f. *latifolia* H. Perrier, Mém. Soc. Linn. Normandie 1 (1): 25. 1926.
Aloe deltoideodonta f. *longifolia* H. Perrier, Mém. Soc. Linn. Normandie 1 (1): 25. 1926.
Aloe makayana Lavranos, Rakouth & T. A. McCoy, Kakteen And. Sukk. 59: 190. 2008.

多年生肉质草本植物。植株单生，或形成相当大的株丛，常具短匍匐茎，在分布区域南部的植株，茎多粗壮直立。叶20~24片，弓形至向上伸展，宽卵状，长30cm，宽12~15cm，稍柔软、肉质，蓝绿色微棕；分布区北部的植株无斑点，分布区南端的植株具大量白色斑点；边缘具宽假骨质边缘，淡红色，全缘或具细小靠合的齿；干燥汁液黄色。花序直立，高50~65cm，分枝总状花序可达5个；总状花序长10~20cm，花排列密集；花苞片急尖，长7~10mm，宽3~5mm；花梗长12~18mm；花被珊瑚红色，筒状，稍弯曲，长30~35mm，子房部位宽6mm；外层花被几近基部分离；雄蕊和花柱伸出1~2mm。

中国科学院植物研究所北京植物园　植株高约17~20cm，株幅22~25cm。叶片长11~15cm，宽6~7cm，叶腹面暗橄榄绿色（RHS NN137B至RHS 137B-C）有时红棕色，无斑点，具模糊暗绿色细条纹，叶背面灰绿色（RHS 188A-C），无斑点，具模糊细条纹；边缘具软骨质边，暗红色至红橙色（RHS 176A-D），边缘齿暗红色至红橙色（176A-D），有时黄绿色（RHS 195D），齿长0.5~1mm，齿间距1.5~2.4mm。花序高14.5cm，具1分枝；总状花序长4~7.5cm，宽6~6.2cm，花排列密较密集，具花19~34朵；花被红橙色（RHS 32B-C），口部稍浅，内层花被口部橙棕色至橙黄色（RHS 165B-C），裂片先端中脉具暗棕绿色（RHS N199A）细脉纹，裂片边缘白色至淡肉粉色（RHS 27D）；花被筒长26~30mm，子房部位宽5.5mm，上方稍变狭至4.8mm，其后向上渐宽至7mm，裂片先端稍平展，宽约10~11mm；外层花被分离约19~28mm；雄蕊花丝淡橙色（RHS 162D），伸出4~6mm，雌蕊花柱淡黄色（RHS 8B-C），伸出3~4mm。

北京植物园　未记录形态信息。

植株（北京IBCASBG）　植株（北京IBCASBG）

播种苗（1年）
播种苗（2年）
植株局部
叶腹面
叶腹面微红
叶背面
叶先端稍反曲
叶腹面具细条纹
叶背面细条纹
叶片边缘
边缘齿
叶尖
不育苞片
花苞片
开花植株（北京IBCASBG）
花序（始花期）
花序（盛花期）
总状花序（始花期）

总状花序（盛花期） 花序局部 花 花蕊伸出 花发育 花解剖

分布

产自马达加斯加霍伦贝（Horombe plateau）高原的伊马洛托谷（Imaloto valley）、伊萨鲁地区（Isalo）、马卡伊地区（Makay）。

生态与生境

生长于三叠纪片岩和砂岩上，海拔600～1000m。

用途

观赏。

引种信息

中国科学院植物研究所北京植物园 种子材料（2008-1757）引种自美国，生长迅速，长势良好。

北京植物园 植株材料（2011183，2011184）引种自美国，生长迅速，长势良好。

物候信息

原产地马达加斯加花期5～6月。

中国科学院植物研究所北京植物园 花期12月至翌年1月。12月上旬花芽初现，始花期12月下旬，盛花期12月末至翌年1月上旬。单花花期2～3天。

北京植物园 尚未观察到开花。未观察到明显休眠期。

繁殖

播种、分株繁殖。

迁地栽培要点

栽培管理稍困难。耐旱，不耐涝，栽培基质需排水良好，可选用颗粒性较强的混合基质。不耐寒，冬季温度5℃以上可安全越冬。

中国科学院植物研究所北京植物园　采土壤配方选用腐殖土与颗粒性较强的赤玉土、轻石、木炭等基质，以及排水良好的粗沙混合配制，颗粒基质占1/3左右，加入少量谷壳碳，并混入少量缓释的颗粒肥。北京地区夏季湿热，需保持盆土适当干燥，避免盆土积水、叶心积水引起腐烂病。

北京植物园　温室盆栽，采用草炭土、火山岩、沙、陶粒等材料配制混合基质，排水良好。夏季中午需50%遮阳网遮阴，冬季保持5℃以上可安全越冬。

病虫害防治

不耐水涝，湿热季节容易发生腐烂病，要定期防治。

中国科学院植物研究所北京植物园　定期进行病虫害预防性的打药，尤其是冬季和夏季，每10～15天喷洒50%多菌灵800～1000倍液进行预防，加强通风。

北京植物园　定期喷洒杀多菌灵或百菌清预防腐烂病发生。

保护状态

已列入CITES附录II。

变种、自然杂交种及常见栽培品种

有与好望角芦荟（*A. ferox*）杂交的报道。

本种1957年由雷诺德（G. W. Reynolds）定名描述，种名"*imalotensis*"指其产地伊马洛托谷。在分布区的南部，有一种具白色斑点叶片的样本，1926年，皮埃尔（H. Perrier）将其定名为*A. deltoideodonta* var. *contigua*，并进行了描述，后被归并入本种。本种与三角齿芦荟（*A. deltoideodonta*）亲缘关系较近，很容易混淆。二者相比较，本种株形较大，叶片长可达30cm，宽12～15cm，而三角齿芦荟叶片较小，长10～13cm；本种花序可达5分枝，总状花序较短，长10～12cm，花排列较密集，花被筒长30～35mm，而三角齿芦荟分枝仅1～2个，总状花序长圆柱状，长15～20cm，花排列较松散，花被筒长25mm。

国内引种不多，仅北京地区有栽培，栽培表现良好，已观察到花期物候。由于栽培植株还处于较年轻的状态，植株、叶片、花序、花的尺寸均小于文献记载。株高达到20cm的植株就可以开花，只是花序分枝数量较少，花序和花被筒长度较短。本种株形较小，适于盆栽观赏，叶片边缘和边缘齿常呈红色，非常美观。

参考文献

Adams R, 2015. Aloes A to Z[M]. Te Puke: Raewyn Adams: 61.

Carter S, Lavranos J J, Newton L E, et al., 2011. Aloes: The Definitive Guide[M]. London: Kew Publishing: 315.

Castillon J –B, Castillon J –P, 2010. The Aloe of Madagascar[M]. La Réunion: J.–P. & J.–B Castillon: 180–183.

Eggli U (Ed.), 2001. Illustrated Handbook of Succulent Plants: Monocotyledons[M]. Berlin: Springer–Verlag: 143.

Grace O M, Klopper R R, Figueiredo E, et al., 2011. The Aloe names book[M]. Pretoria: SANBI: 75–76.

76
无斑芦荟

Aloe immaculata Pillans, S. African Gard. 24: 25. 1934.

多年生肉质草本植物。植株茎不明显或具短粗茎，长可达10cm，通常单生。叶16~20片，排列成密集莲座形，叶片披针形，渐尖，长35~40cm，宽6~8cm，具干枯卷曲的先端；腹面暗绿色至棕绿色，具明显条纹，有时具少量散布白色斑点；背面灰绿色，没有斑点；边缘棕绿色，具尖锐棕色齿，长4~5mm，齿间距10~15mm。花序高可达100cm，分枝6~10个，斜展，下部分枝常二次分枝；花序梗具干膜质、线状苞片，包裹分枝基部；总状花序紧缩至近头状，长10~20cm，直径8~9cm，花排列密集；花苞片线状披针形，长10~15mm，纸质；花梗长12~15mm；花被橙粉色至珊瑚红色，筒状，长30~33mm，子房部位宽7mm，上方缢缩至直径4mm，之后向口部渐宽；外层花被分离约10mm；雄蕊和花柱几乎不伸出。

中国科学院植物研究所北京植物园 植株高约60cm，株幅约69cm。叶片长46~54cm，宽5.1~6.5cm；腹面蓝绿色（RHS 138A），具纵向细条纹，基部有时具少数模糊的H型斑点，淡绿色（RHS 192D），或无斑点；背面灰绿色（RHS 138B-C）具模糊纵向条纹，有时有模糊斑点，多位于叶片基部，不明显；边缘具尖锐齿，尖端红棕色（RHS 175A-C），边缘齿长5~6mm，齿间距11~17mm，干燥汁液暗棕色。花序高80~106cm，单株花序可达2个或以上，花序分枝达3个；花序梗淡灰色（RHS N200D），具霜粉，擦去霜粉后棕绿色（RHS N199A）；总状花序长11~27.8cm，直径约10cm，花排列稍密集，总状花序具花达85朵；花苞片白色，膜质，具细棕脉；花梗橙色（RHS 170D）；花被橙色，向口部渐浅，内层花被片先端土黄色（RHS N167B-C），裂片边缘淡黄色（RHS 9B-C）；花被筒长34~37mm，子房部位宽8~8.5mm，子房上方缢缩至5~5.5mm，之后向口部逐渐变宽，花被裂片平展；外层花被分离约11~12mm；雄蕊花丝淡黄色（RHS 6C），伸出6~8mm，花柱淡黄色（RHS 6C），伸出3~5mm。果序长94~100cm，直径4.5cm；果实长约2.5cm，直径1.15~1.35cm。

仙湖植物园 株高40~50cm，株幅80~95cm。叶片长36~44cm，宽4.5~5.4cm；边缘齿长4~6mm，齿间距12~14mm。花序高22~35cm，总状花序长6~8.2cm，宽7.4~8cm；花被筒长28~31mm，子房部位宽3~4mm，上方缢缩至2~3mm，其后变宽至5~7mm；外层花被分离约7~9mm。

植株（北京IBCASBG）

植株局部

植株局部

枯叶宿存
播种苗（1年）
播种苗（2年）
叶先端枯尖
叶腹面
叶背面
叶腹面局部
叶背面局部
叶腹面条纹
叶背面条纹和压痕
叶腹面基部斑点
叶腹面基部斑块
叶背面模糊斑点
边缘直齿
边缘钩齿
齿尖红棕色
花期植株（深圳）
花期植株（深圳）
花期植株（北京IBCAS）

分布

产自南非北部省。

生态与生境

生长于草地或灌木荫蔽处，海拔900~1800m。

用途

观赏、药用等。

引种信息

中国科学院植物研究所北京植物园 幼苗材料（2008-1907）引种自仙湖植物园，生长迅速，长势良好。

仙湖植物园 植株材料（SMQ-070）引种自美国，生长迅速，长势良好。

物候信息

原产地南非花期6~8月。

中国科学院植物研究所北京植物园　观察到两次花期，花期12月至翌年3月。12月初花芽初现，始花期12月下旬，盛花期12月末至翌年3月上旬，末花期3月中旬。单花花期3～4天。果期2～3月，初果期2月上旬至中旬，果熟期3月上旬至3月末。尚未观察到休眠期。

仙湖植物园　花期11月至翌年2月。12月中旬花芽初现，始花期翌年1月上旬，盛花期1月中旬至2月初，末花期2月上旬。未记录果期情况。未观察到休眠期。

繁殖

播种、扦插繁殖。

迁地栽培要点

习性强健，栽培管理简单。本种喜光照充足的栽培环境，稍耐荫蔽。耐旱，不喜湿涝。耐旱，可忍耐短暂-3℃低温环境。北方地区温室栽培4～5℃可安全越冬，10～12℃以上可正常生长。

中国科学院植物研究所北京植物园　温室盆栽，栽培管理粗放，生长迅速。选用腐殖土、赤玉土、轻石、沙、木炭配制的混合基质（比例1∶1∶1∶1∶少量），基质排水良好。

仙湖植物园　温室地栽，基质选用园土、腐殖土、沙配置的混合基质，配比为1∶1∶1。

病虫害防治

抗性强，不易发生病虫害。

中国科学院植物研究所北京植物园　未见病虫害发生，仅作常规性预防性打药。

仙湖植物园　未见病虫害发生，仅作常规性预防性打药。

保护状态

已列入CITES附录II。

变种、自然杂交种及常见栽培品种

有自然杂交种的报道，可与马氏芦荟（*A. marlothii*）自然杂交形成杂交种。

本种最初的收集者已经不详。1933年，活植物样本在南非斯泰伦博斯大学（Stellenbosh Univeristy）的植株园里开花。1934年，皮兰斯（N. S. Pillans）命名描述了该种。其种名“*immaculata*”意为无斑的，指其叶片无斑。格伦（H.F. Glen）等人（2000）认为，本种与近缘芦荟（*A. affinis*）应为同一物种，此观点尚未被广泛接受。

本种国内有引种栽培，最早由仙湖植物园于2000—2002年间从美国引入我国，目前北京、深圳有栽培，北京地区温室盆栽，仙湖植物园温室地栽，栽培表现良好，已观察到花期物候。本种株形中等，叶片无斑点，具清晰的暗色条纹，花序高大，色彩鲜艳，适宜丛植配制花境，我国南部温暖、干燥的无霜地区可考虑露地栽培。北京地区实测栽培植株的形态特征，植株株形、叶片长度、花序高度、总状花序长度、宽度、花被筒长度、宽度均略大于文献记载的数据，材料来源于植物园的繁殖材料，可能存在遗传混杂。温室栽培中由于光照不足，花色略浅。

参考文献

Carter S, Lavranos J J, Newton L E, et al., 2011. Aloes: The Definitive Guide[M]. London: Kew Publishing: 185.

Eggli U (Ed.), 2001. Illustrated Handbook of Succulent Plants: Monocotyledons[M]. Berlin: Springer-Verlag: 240-241.

Jeppe B, 1969. South Africa Aloes[M]. Cape Town: Purnell & Sons S.A. (PTY.) LTD.: 81.

Reynolds G W, 1982. The Aloes of South Africa[M]. Cape Town: A.A. Balkema: 239-247.

Van Wyk B -E, Smith G F, 2014. Guide to the Aloes of South Africa[M]. Pretoria: Briza Publications: 240.

77
迷你芦荟（拟）

Aloe inexpectata Lavranos & T. A. McCoy, Cact. Succ. J. (Los Angeles) 75: 261. 2003.

多年生小型矮灌状肉质植物。植株基部分枝形成可达12头的小株丛，茎横卧、上升，长3~12cm，粗0.4~0.8cm。叶5~9片，呈两列状排列，均一灰绿色，有点僵直，水平伸展，渐稍反曲，长3~5cm，宽0.6~0.9cm，先端急尖；边缘具纤细、柔软、三角状、白色齿，长2~3mm，齿间距2mm。花序不分枝，直立，高20~25cm；总状花序长5~7cm，直径5cm，花排列松散；花苞片长约5mm；花梗红色，长12~15mm；花被筒状或稍钟形，珊瑚红色，口部几乎白色，长20mm；外层花被分离约6mm；雄蕊和花柱几乎不伸出。

中国科学院植物研究所北京植物园　株高15.5cm，株幅约24cm，枯叶宿存。叶片长6.4~7.6cm，宽约1cm，叶腹面、背面灰绿色至淡灰绿色（RHS N189C-B）；边缘齿先端淡橙红色（RHS 174B-C），长1.0~1.5mm，齿间距1~6mm；叶鞘与叶同色，有时微红。花序高18~22cm，花序不分枝；花序梗红棕色至橙棕色（RHS 176 C）；总状花序长2.8~4.8cm，直径2.4~2.5cm，具花8~13朵；花苞片白色，膜质，具红棕色脉；花被橙红色（RHS 35A-B），口部白色，裂片先端中脉微绿至橙棕色，边缘白色，花被筒状，长17~18mm，子房部位宽3.5mm，向上3/5处稍变宽至5~5.5mm，之后至口部稍变窄；外层花被分离约9~11mm；雄蕊和花柱不伸出。

植株（北京IBCASBG）　植株局部　叶片两列状排列　幼苗　叶腹面　叶背面　茎　叶心　边缘齿

分布

产自马达加斯加的菲亚纳兰楚阿省（Fianarantsoa）靠近安巴图菲南德拉哈纳（Ambatofinandrahana）。

生态与生境

生长于结晶石灰岩（大理石）悬崖表面，海拔1400m。

用途

观赏。

引种信息

中国科学院植物研究所北京植物园　幼苗材料（2012-W0328）引种自捷克布拉格，植株生长缓慢，长势良好。

物候信息

原产地马达加斯加花期2~3月。

中国科学院植物研究所北京植物园　花期10月中旬至11月上旬。10月中旬花芽初现，始花期10月下旬，盛花期10月末至11月初，末花期11月上旬。单花期3天。

繁殖

播种、扦插、分株繁殖。

迁地栽培要点

本种生长较缓慢，耐旱，怕涝。栽培中要选择排水良好的混合基质，排水良好。夏季怕湿热，夏季湿热季节要注意控制浇水，加强通风。

中国科学院植物研究所北京植物园 北京地区温室栽培选用排水良好的混合基质，用腐殖土、赤玉土、轻石、粗沙配成混合基质，并混入少量缓释颗粒肥，粗沙比例可稍提高。夏季需要遮阴50%左右。夏季7月至8月上旬，气候高温高湿，植株进入休眠期，需控制浇水，加强通风。喜温暖，冬季4～5℃可安全越冬。

病虫害防治

盆土排水不畅时容易引发腐烂病，要加强盆土排水性，并喷洒多菌灵进行预防。

中国科学院植物研究所北京植物园 北京温室栽培少见虫害，北京夏季高温高湿季节，容易发生腐烂病，注意控水，定期喷洒50%多菌灵可湿性粉剂800～1000倍液。

保护状态

已列入CITES附录II。

变种、自然杂交种及常见栽培品种

尚未见相关报道。

本种首次发现于2003年，由拉弗兰诺斯（J. J. Lavranos）首次定名并描述，其种名“*inexpectata*”意为“意外的”，指其发现非常意外。植株株形较小，叶丛外观一眼看上去与喜钙芦荟（*A. calcairophila*）非常相似，采集者意外地发现了这个新的小型种类。本种与喜钙芦荟还是有很大区别，本种具3～10cm长的茎，基部萌蘖形成密集的小灌丛状植株，花珊瑚红色；而喜钙芦荟茎不明显，植株不形成矮灌丛状，花白色。本种的花与小芦荟（*A. parvula*）很相似，但二者植株外观完全不一样。

本种国内有引种，仅北京有栽培。栽培表现一般，长势一般。本种株形较小，叶两列状或稍螺旋状着生枝端，边缘齿红色，适宜作小盆栽观赏。栽培植株株形、叶片略大于文献记录数据，而花被筒稍短于文献记录的数值。

参考文献

Carter S, Lavranos J J, Newton L E, et al., 2011. Aloes: The Definitive Guide[M]. London: Kew Publishing: 530.
Grace O M, Klopper R R, Figueiredo E, et al., 2011. The Aloe names book[M]. Pretoria: South Africa National Biodiversity Institute / SANBI: 77.
Jean-Bernard Castillon, Jean-Philippe Castillon, 2010. The Aloe of Madagascar[M]. Réunion: by the author: 116-117.

78
伊萨鲁芦荟

Aloe isaloensis H. Perrier, Bull. Trimestriel Acad. Malgache 10: 20 1927. publ. 1928.

多年生小灌状肉质植物。植株基部分枝，具直立茎、蔓延的茎或匍匐茎，长可达30～50cm，粗0.8～1.2cm。叶10～14片，螺旋状较松散排列于枝端，下部10cm处具宿存枯叶；叶片线状，渐狭，长13～20cm，宽1～1.3cm，灰绿色；边缘具坚硬淡绿色至淡棕色的齿，长1～1.5mm；齿间距5～10mm；叶鞘长0.5cm，具模糊条纹；汁液黄橙色，汁液丰富。花序高30～50cm，不分枝或分枝可达5个；总状花序圆柱形，稍锐尖，长10～14cm，直径4～5cm，花排列疏松，具20～30朵花；花苞片三角状，长3mm，宽1.5mm；花梗长6～7mm；花被红色，长22mm，基部骤缩成短尖状，子房部位宽6mm，上方稍变狭至5mm，其后向口部稍变宽；外层花被分离约11mm；雄蕊伸出0～1mm。染色体：2n=14（Brandham 1971）

中国科学院植物研究所北京植物园 盆栽植株，植株纤细，蔓延状生长，基部多萌蘖形成株丛，茎长可达72cm，长茎倒伏，单头株幅可达23cm。叶松散螺旋状排列于枝端，叶片长15～18cm，宽0.7～1cm；两面均一灰绿至灰黄绿色（RHS 138B-D，N148A-D），有时微红（RHS 177D），无叶斑；边缘具齿，三角状至钩状，绿白色（RHS 193 B-D），长1～1.5mm，齿间距4～7.5mm；叶鞘绿白色（RHS 194B-D），常微红，具棕红色细条纹；汁液淡黄色，干燥伤口紫褐色。

北京植物园 未记录形态信息。

厦门市园林植物园 未记录形态信息。

盆栽植株（北京IBCASBG） 植株局部 基部茎 叶鞘 基部萌生蘖芽 植株（厦门）

分布

产自马达加斯加伊萨鲁（Isalo）地区。

生态与生境

生于砂岩山坡灌丛中裸露的岩石上，海拔600～1200m。

用途

观赏。

引种信息

中国科学院植物研究所北京植物园　插穗材料（2018-0021）引种自厦门，生长迅速，长势良好。

北京植物园　植株材料（2011185）引种自美国，生长迅速，长势良好。

厦门市园林植物园　植株材料引种时间、地点不详，生长迅速，长势良好。

物候信息

原产地马达加斯加花期3～8月。

中国科学院植物研究所北京植物园　花期8～9月。8月中旬花芽初现，始花期9月初，盛花期9月上旬，末花期9月中旬。

北京植物园 未记录花期信息。无休眠期。

厦门市园林植物园 未记录花期信息。

繁殖

播种、扦插、分株繁殖。

迁地栽培要点

习性强健，栽培管理容易。耐旱，喜排水良好的土壤。喜光、稍耐荫蔽。喜温暖，5～10℃可安全越冬，10～15℃可正常开花生长。

中国科学院植物研究所北京植物园 栽培常采用草炭土：河沙为2∶1的基本比例，也可加入轻石、赤玉土等颗粒基质，加强排水。北京地区温室栽培，5月至9月下旬需适当遮阴降温。

北京植物园 温室盆栽，采用草炭土、火山岩、沙、陶粒等材料配制混合基质，排水良好。夏季中午需50%遮阳网遮阴，冬季保持5℃以上可安全越冬。

厦门市园林植物园 露地栽培，采用腐殖土、河沙混合土栽培。

病虫害防治

抗性强，病虫害不易发生。

中国科学院植物研究所北京植物园 尚未见明显病虫害。仅作常规预防性打药。

北京植物园 未见病虫害发生，

厦门市园林植物园 未见病虫害发生。

保护状态

已列入CITES附录II。

变种、自然杂交种及常见栽培品种

未见相关报道。

本种1927年由皮埃尔（H. Perrier）定名描述，种名"*isaloensis*"指其产地伊萨鲁。本种与曲叶芦荟（*A. millotii*）、细叶芦荟（*A. antandroi*）亲缘关系很近，区别是叶形不同。栽培中有时被误当作迪卡里芦荟（*A. decaryi*），二者最明显的区别是迪卡里芦荟的花苞片较大，长约8mm，而本种的苞片仅3mm长。

本种国内有栽培，如北京、厦门等地。习性强健，栽培表现良好，厦门地区已露地栽培，生长良好。适宜与其他灌状多肉植物搭配，配置花境。

参考文献

Carter S, Lavranos J J, Newton L E, et al., 2011. Aloes: The Definitive Guide[M]. London: Kew Publishing: 472, 481, 592.

Castillon J -B, Castillon J -P, 2010. The Aloe of Madagascar[M]. La Réunion: J.–P. & J.–B Castillon: 185–187, 262–269.

Grace O M, Klopper R R, Figueiredo E, et al., 2011. The Aloe names book[M]. Pretoria: SANBI: 45.

79

杰克逊芦荟

别名： 青霞城芦荟、青霞城（日）

Aloe jacksonii Reynolds, J. S. African Bot. 21: 59. 1955.

多年生肉质矮灌状植物。植株具直立或横卧茎，长10~20cm，多分枝形成小灌丛状的株丛，直径可达50cm。叶5~7片，伸展，松散螺旋状排列于茎端；叶片锥状，渐尖，长10~15cm，宽1~1.4cm，钝尖具白色刺齿，暗绿具少数白色斑点，粗糙；边缘具坚硬三角状白色齿，长1mm或更长，齿间距宽；干燥汁液黄色。花序不分枝，长30cm；总状花序长6~8cm，花排列松散；花苞片卵状，锐尖，长4mm，宽2.5mm；花梗长5~7mm；花被筒状，亮红色，口部白色，长27mm，子房部位宽8~9mm；外层花被分离约6~7mm；雄蕊和花柱伸出2~3mm。

中国科学院植物研究所北京植物园　植株高14~25.5cm，株幅38~50cm。叶片长17.4~20.9cm，宽1.1~1.3cm，叶片厚0.8~0.9cm，两面蓝绿色（RHS 133B–C），两面具斑，斑点圆形至长圆形，淡黄绿色（RHS 138D），背面密集排列稍呈横带状，有时不明显，强光下有时微红至红棕色；边缘齿长1~1.5mm，齿间距4~5mm；叶鞘具斑点和模糊条纹。花序高36.6~41.5cm，不分枝；总状花序长12.1~13.5cm，直径4.5~5cm，具花16~24朵；花被鲜红色（RHS 42A–B），口部稍浅渐至淡粉或白色，裂片先端具暗黄绿色脉纹，裂片边缘淡粉色（RHS 38D）至白色，内层花被先端深橙黄色、橙棕色；花蕾鲜红色，先端淡黄绿色（RHS 145C）；花被筒长27~28mm，子房部位宽10mm，子房之上开始变狭，至口部最窄7mm；外层花被分离约7mm；雄蕊伸出2.5~4mm。

北京植物园　株高约14.5cm，株幅约20cm。叶片长10~11cm，宽0.9~1cm，革质，墨绿色，腹面具浅黄色椭圆形斑点，叶背面斑点更多；边缘齿浅绿色，三角形，齿长小于1mm，齿间距2~3mm。

厦门市园林植物园　植株丛生。叶片狭披针形，灰绿色，具散布绿白色斑点，斑点较稀疏。

仙湖植物园　未记录形态信息。

丛生植株（北京IBCASBG）

植株（北京IBCASBG）

盆栽植株（厦门）

植株局部

叶鞘

幼苗
幼株
叶尖
叶腹面
叶背面
叶腹面斑点
叶背面斑点
开花植株（北京IBCASBG）
花序（花芽伸展）
花序（始花期）
花序（盛花期）
总状花序
花序局部
花

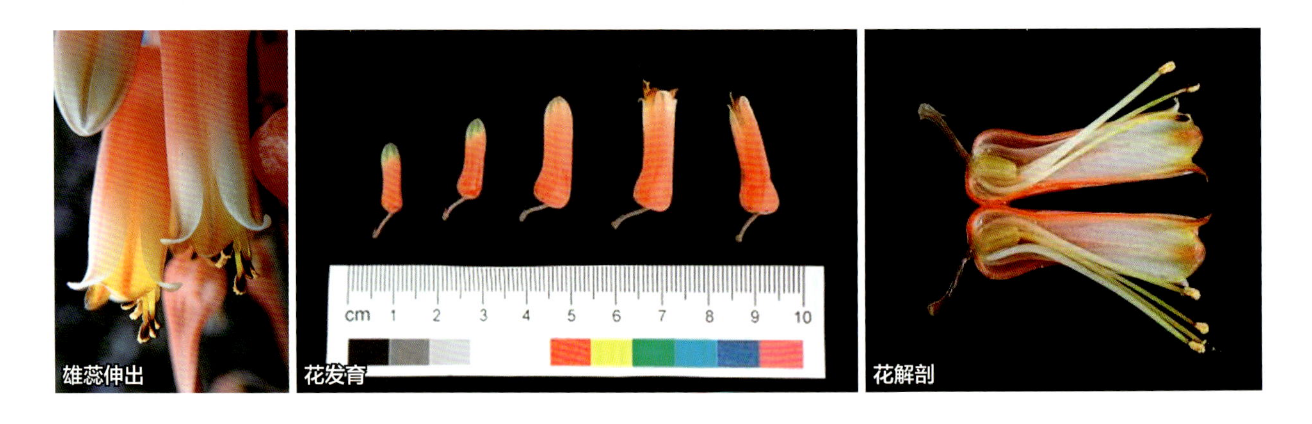

雄蕊伸出　花发育　花解剖

分布

产自埃塞俄比亚的哈拉里省（Harrerghe），最初采集的地点目前不详，目前仅在栽培中可见。

生态与生境

生长于裸露岩石区域。

用途

观赏、药用等。

引种信息

中国科学院植物研究所北京植物园　植株材料（2005-0331）引种自仙湖植物园，生长较快，长势良好。

北京植物园　植株材料（2011186）引种自美国，生长较快，长势良好。

厦门市园林植物园　植株材料（登录号不详）引种自北京的中国科学院植物研究所北京植物园，生长较快，长势良好。

仙湖植物园　植株材料（SMQ-072）引种自美国，生长较快，长势良好。

物候信息

原产地埃塞俄比亚花期不详。

中国科学院植物研究所北京植物园　观察到花期11月至翌年1月，7~8月也有开花。11月至翌年1月：11月上旬花芽初现，始花期12月初，盛花期12月中旬至12月下旬，末花期翌年1月中旬。6~7月：6月上旬花芽初现，始花期6月下旬，盛花期7月中旬至8月初，末花期8月上旬。单花花期3~4（~5）天。无明显休眠期。

北京植物园　未记录花期物候。

厦门市园林植物园　未记录花期物候。

仙湖植物园　未记录花期物候。

繁殖

播种、扦插、分株繁殖。

迁地栽培要点

习性强健，栽培管理容易。喜光照充足的栽培场所，稍耐荫蔽。耐旱，不耐湿涝，喜排水良好的栽培基质。喜温暖，不耐寒，北方地区需温室栽培越冬，不耐寒，10℃以上可安全越冬。

中国科学院植物研究所北京植物园　土壤配方选用腐殖土与颗粒性较强的赤玉土、轻石、木炭等基质，以及排水良好的粗沙混合配制。喜强光，根系良好的情况下可全光照。保持温室温度10℃以上，低温会引起叶尖枯尖。

北京植物园　温室盆栽，采用草炭土、火山岩、沙、陶粒等材料配制混合基质，排水良好。夏季中午需50%遮阳网遮阴，冬季保持5℃以上可安全越冬。

厦门市园林植物园　室内盆栽，采用腐殖土、河沙混合土栽培。

仙湖植物园　室内盆栽，采用腐殖土、河沙混合土栽培。

病虫害防治

抗性强，栽培管理容易。

中国科学院植物研究所北京植物园　未见病虫害发生，仅定期进行病虫害预防性的打药，每10～15天喷洒50%多菌灵800～1000倍液和40%氧化乐果1000液一次进行预防，并加强通风。

北京植物园　未见病虫害发生，定期喷洒50%多菌灵800～1000倍液预防腐烂病。

厦门市园林植物园　未见病虫害发生，定期施用50%甲基托布津700～1000倍液预防发生腐烂病、黑斑病、炭疽病等细菌、真菌病害。

仙湖植物园　湿热气候，需要定期施用杀菌剂预防腐烂病和炭疽病。

保护状态

已列入CITES附录II。

变种、自然杂交种及常见栽培品种

园艺常见杂交亲本，可与愉悦芦荟（*A. jucunda*）、美丽芦荟（*A. bellatula*）、曲叶芦荟（*A. millotii*）、劳氏芦荟（*A. rauhii*）、白花芦荟（*A. albiflora*）、微白芦荟（*A. albida*）、汤普森芦荟（*A. thompsoniae*）等小型种类交叉杂交获得园艺品种。

本种1943年由杰克逊（T. H. E. Jackon）首次发现并采集于埃塞俄比亚的埃尔克尔雷（El Kerré），1955年由雷诺德（G. W. Reynolds）命名并描述，种名以采集人的姓氏命名。最初发现的地点已不详，目前该种仅在栽培中可见。2000年，迪奥里（M. Dioli）在该地区试图寻找最初的发现地点，但没有能够成功，而找到了另一种不同的芦荟属植物，后被命名为埃尔克尔芦荟（*A. elkerriana*），杰克逊芦荟的最初发现地点至今仍是谜团。

本种国内有引种，北京、厦门、深圳等地均有栽培，栽培表现良好。已观察到花期物候，尚未见自然结实。实际观测栽培植株的形态信息，植株叶片长度、花序高度、总状花序的长度均稍长于文献记载的数据。

本种不耐寒，北京地区温室栽培，当温度低于10℃时，叶先端开始萎蔫干枯，影响美观，建议置于10℃以上的栽培场所，露地栽培要注意当地的最低温度。叶片青绿，强光下或水分胁迫下叶片变红色，十分美观，适于做室内小型盆栽。

参考文献

Carter S, Lavranos J J, Newton L E, et al., 2011. Aloes: The Definitive Guide[M]. London: Kew Publishing: 477.

Demissew S, Nordal I, 2010. Aloes and Lilies of Ethiopia and Eritrea[M]. Addis Ababa: Shama Books: 108.

Eggli U (Ed.), 2001. Illustrated Handbook of Succulent Plants: Monocotyledons[M]. Berlin: Springer-Verlag: 144.

Grace O M, Klopper R R, Figueiredo E, et al., 2011. The Aloe names book[M]. Pretoria: SANBI: 79.

80

愉悦芦荟

别名： 俏芦荟、愉人芦荟、喜芦荟、西昆达芦荟、西坤达芦荟

Aloe jucunda Reynolds, J. S. African Bot. 19: 21. 1953.

多年生肉质矮灌状植物。植株茎不明显或具短茎，常萌生蘖芽形成较大株丛，直径可达50cm或更多，单头莲座直径8~9cm。叶约12片，宽卵状，急尖，平展至反曲；长4~6cm，宽2~5cm；光亮暗绿色至淡棕色，具大量白色斑点，尤其是在叶背面；边缘具淡红色或棕色、尖锐、三角齿，长2mm，齿间距3~4mm。花序不分枝，长30~35cm；总状花序圆柱状，长13cm，花排列有些松散，约具10~20朵；花苞片卵状，急尖，长5mm，宽3mm；花梗深粉色，长6~7mm；花被珊瑚粉色，筒状，长20~25mm，子房部位宽7mm；外层花被分离约7mm；雄蕊和花柱伸出2~3mm。染色体：2n=14, 21（Brandham，1971）

中国科学院植物研究所北京植物园 植株高10~19cm，单头株幅13~15cm，密集垫状大株丛。叶片长8~10cm，宽1.4~3cm，厚0.6~0.8cm；腹面深橄榄绿色（RHS NN137A–B），背面暗绿（RHS 137A），有时微红呈红棕色；两面具长圆形、圆形斑点，淡黄绿色（RHS 144D），背面斑点较多，有时连在一起呈连线状；边缘齿尖锐，尖端红棕色，有时弯曲，齿长2~2.8mm，齿间距2.5~5.5mm。花序高33.5~40cm；总状花序长11~26cm，直径5~6.5cm，具花达28朵；花被深粉色（RHS 51C–D，37A–C），口部白色，裂片边缘白色，裂片先端中脉具暗绿脉纹（RHS NN137B），花被筒长25~26mm，子房部位宽8~9mm，向上稍变窄至7~8mm；外层花被分离约8~12mm，雄蕊伸出花被4~5mm。花柱伸出4mm。

北京植物园 植株小型，稀疏排列莲座状，植株高7cm，株幅6~13cm。叶片长3.5~4cm，宽1.5cm；叶片两面光滑，具长圆形斑点，背面斑点细小；边缘齿长1~2mm，齿间距2~3mm。花序高30cm；总状花序长10cm，直径5cm，具花达21朵；花被筒粉色，口部白色有浅棕色条纹，长27~30mm，子房部位宽7mm；外层花被分离约10mm，雄蕊伸出花被4mm。

厦门市园林植物园 未记录形态信息。

仙湖植物园 未记录形态信息。

华南植物园 未记录形态信息。

上海辰山植物园 温室栽培，形成大小芽达20头，直径达48cm的株丛。

南京中山植物园 高15cm，叶片长7cm，宽3cm。

上海植物园 未记录形态信息。

丛生植株（广州）

地栽植株（上海CBG）

植株（上海CBG）

盆栽植株（北京IBCASBG）
植株（北京IBCASBG）
盆栽植株（北京BBG）
盆栽植株（厦门）
地栽株丛（厦门）
地栽植株（深圳）
株丛（南京）
叶鞘
叶腹面（上海CBG）
叶背面（上海CBG）
披针形叶的叶腹面
披针形叶的叶背面
卵状叶的叶腹面
卵状叶的叶背面
叶腹面斑点
叶背面斑点
边缘齿
叶尖

开花植株（北京IBCAS） 开花株丛（广州） 地栽开花株丛（厦门） 花芽伸长现蕾

花序（花蕾膨大） 花序（花蕾膨大） 花序（初花期） 花序（盛花期）

花序（末花期） 花序局部 花 不育苞片

花发育（北京IBCASBG） 花发育（厦门） 花解剖

分布

产自索马里，分布区狭窄，分布靠近加安利巴（Ga'an Libah）高原北坡，靠近高原的边缘。

生态与生境

通常生长于石灰岩山地，林地部分荫蔽下，海拔1060～1680m。

引种信息

中国科学院植物研究所北京植物园　植株材料（2001-W0061）来源不详，生长较快，长势良好。

北京植物园　植株材料（2011187）引种自美国，生长迅速，长势良好。

厦门市园林植物园　植株材料，来源不详，生长较快，长势良好。

仙湖植物园　植株材料（SMQ-073）引种自美国，生长迅速，长势良好。

华南植物园　植株材料（20041732）引种自仙湖植物园，生长迅速，长势良好；植株材料（20082010）引种自广州，生长迅速，长势良好。

上海辰山植物园　植株材料（20110906）引种自美国，生长较快，长势良好。

南京中山植物园　植株材料（NBG-2007-10）引种自福建漳州，生长较快，长势良好。

物候信息

原产地索马里花期5月。

中国科学院植物研究所北京植物园　观察到11月至翌年1月、4～5月、6～7月开花。12月至翌年1月：11月中旬花芽初现，始花期期12月上旬，盛花期12月中旬至12月下旬，末花期12月底至翌年1月初。单花花期3～4天。4～5月：4月下旬花芽初现，始花期5月上旬，盛花期5月中旬，末花期5月下旬。6～7月：6月中旬花芽初现，始花期7月初，盛花期7月上旬至中旬，末花期7月下旬。

北京植物园　花期11月至翌年1月。

厦门市园林植物园　花期4～6月。

仙湖植物园　花期5～6月。

华南植物园　温室栽植5～6月份开花。

上海辰山植物园　温室栽培。花期5～7月。未见明显休眠。

南京中山植物园　多次开花。

上海植物园　花期5～7月。

繁殖

播种、分株、扦插繁殖。

迁地栽培要点

习性强健，栽培管理容易。喜光照充足的栽培场所，稍耐荫蔽。耐旱，不耐湿涝，喜排水良好的栽培基质。喜温暖，不耐寒，北方地区需温室栽培越冬，5～6℃以上可安全越冬，10～12℃以上可正常生长。

中国科学院植物研究所北京植物园　栽培基质适应范围广泛。可采用腐殖土和沙配制混合基质，也可采用赤玉土、腐殖土、沙、轻石配制，加入少量谷壳碳和缓释肥颗粒。

北京植物园　温室盆栽，采用草炭土、火山岩、沙、陶粒等材料配制混合基质，排水良好。夏季中午需50%遮阴。

厦门市园林植物园　室内盆栽均有栽植，采用腐殖土、河沙混合土栽培。

仙湖植物园　室内地栽或盆栽，采用腐殖土、河沙混合土栽培。

华南植物园 露地地栽或盆栽，用腐殖土、河沙混合土栽培。

上海辰山植物园 温室栽培，土壤配方用砂壤土与草炭混合种植。温室内夏季最高温在40℃以下，冬季最低温在13℃以上，能安全度夏和越冬。

南京中山植物园 园土：火山石：沙：泥炭=1：1：1：1。最适宜生长温度为15～25℃，最低温度不能低于0℃，否则产生冻害，最高温不能高于45℃，否则生长不良，根系不能积水，光照好，空气湿度低，设施温室内栽培，夏季加强通风降温，夏季10:00～15:00时用50%遮阳网遮阴。春秋两季各施1次有机肥。

上海植物园 温室盆栽。采用赤玉土、腐殖土、轻石、沙等基质配制混合土。

病虫害防治

抗性强，不易罹患病虫害。

中国科学院植物研究所北京植物园 定期进行病虫害预防性的打药，每10～15天喷洒50%多菌灵800～1000倍液和40%氧化乐果1000液1次进行预防，并加强通风。

北京植物园 未观察到病虫害发生，仅定期进行病虫害预防性的打药。

厦门市园林植物园 未观察到病虫害发生。

仙湖植物园 未观察到病虫害发生。

华南植物园 病害主要是黑斑病。防治方法：发病初期可选用75%甲基托布津可湿性粉剂800倍液，或50%多菌灵可湿性粉剂1000倍液进行防治。

上海辰山植物园 抗性强，病虫害较少发生。

南京中山植物园 未观察到病虫害发生。

上海植物园 未观察到病虫害发生。湿热季节定期喷洒杀菌剂进行预防腐烂病。

保护状态

IUCN红色名录列为极危种（CR）；列入CITES附录II。

变种、自然杂交种及常见栽培品种

常见园艺杂交亲本，可与杰克逊芦荟（*A. jacksonii*）、第可芦荟（*A. descoingsii*）、索马里芦荟（*A. somaliensis*）等种类杂交获得杂交品种。布兰德姆（P. Brandham）曾经将本种与艾伦斯芦荟（*A. erensii*）进行杂交，获得了杂交品种*A.*'Erensjuc'。

本种1949年由巴利（P. R. O. Bally）在索马里戈利斯山脉的西端首次发现。1953年，雷诺德（G. W. Reynolds）首次命名描述了本种。种名"*jucunda*"意"愉快的、美好的"，指其外表十分漂亮，令人愉悦。愉悦芦荟与亨氏芦荟（*A. hemmingii*）、索马里芦荟等种类叶片革质光亮、密布斑点的外观有些相似，其他两种都是比较大型的植株，而本种株形较小。

本种国内普遍引种栽培，十分常见，南北各地植物园均有引种栽培。栽培表现良好，适于小型盆栽观赏，已经商业化。栽培植株实际测量的植株大小、叶片长度、花序高度、总状花序的长度、花被筒的长度均稍大于文献记载的尺寸，与栽培条件下植株生长状态较好有关，有时温室栽培缺光照，叶片也会变得较细长。

参考文献

Carter S, Lavranos J J, Newton L E, et al., 2011. Aloes: The Definitive Guide[M]. London: Kew Publishing: 397.

Eggli U (Ed.), 2001. Illustrated Handbook of Succulent Plants: Monocotyledons[M]. Berlin: Springer-Verlag: 144-145.

Grace O M, Klopper R R, Figueiredo E, et al., 2011. The Aloe names book[M]. Pretoria: SANBI: 80.

Walke C, Suzanne M, 2019. *Aloe erensii*, *Aloe jucunda* and a new cultivar[J]. CactusWorld, 37(1): 13-19.

81
微型芦荟

别名： 翡翠殿、虎齿芦荟

Aloe juvenna Brandham & S. Carter, Cact. Succ. J. Gr. Brit. 41: 29. 1979.

多年生肉质矮灌状植物，密集垫状。植株具茎，基部密集萌蘖分枝形成株丛，茎直立，高可达25cm，或横卧长可达45cm，粗约1cm，下部覆盖宿存枯叶；叶平展，排列成密集莲座形，叶片三角形，亮绿色，常微红色，长达4cm，宽2cm；密布白色斑点，尤其是背面，许多斑点具针状刺；边缘具尖头棕色的假骨质齿，长2～4mm，齿间距4～6mm。花序高可达25cm，不分枝，或有时具1分枝；总状花序圆锥状，长可达8cm，直径6cm，花排列相当密集；花苞片卵状，长约5mm，宽约4mm，干膜质；花梗长13～18mm；花被筒状，珊瑚红色，口部微黄绿色，长27mm，子房部位宽8mm，向上稍狭，向口部稍变宽；外层花被分离约9mm，先端微弯曲；雄蕊和花柱几乎不伸出。染色体：2n=28（Brandham, 1971）。

中国科学院植物研究所北京植物园 植株高约30cm，单头株幅7～9cm，基部萌蘖形成较大株丛。叶片三角状至三角状披针形，长5.2～6cm，宽达1.4cm；腹面黄绿色（RHS 144A）至橄榄绿色（RHS 147A-B），背面暗绿色（RHS 147A-B）；叶两面具斑点，腹面斑点稍稀疏，叶基部具绿色条纹；背面密布斑点，散布或密集稍呈横带状，斑点椭圆形、长圆形，有时连合，斑点中央多具疣突或突尖状皮刺，绿白色（RHS 196A-D）；边缘具尖锐弯曲的边缘齿，基部绿色（RHS 146B-D），齿中上部绿白色，齿尖有时红棕色，齿长2～4mm，齿间距5～6mm；汁液无色。

北京植物园 植株高15.8cm，株幅6.5cm，具多数侧芽。叶片长3.8～4cm，宽1.8cm；草绿色，腹面基部白色具纵向条纹，叶背斑点常凸起；边缘齿浅绿色，粗大不尖锐，长4mm，齿间距2～3mm。

厦门市园林植物园 未记录物候信息。

仙湖植物园 未记录物候信息。

南京中山植物园 植株单生、丛生，株高30～40cm。叶片长5cm，宽2cm。花序高25～30cm；花梗长12mm，花被橙红色，先端绿色，筒状，长31～32mm，子房部位宽8mm，上方稍变狭至7mm，然后向上宽阔至8mm。

上海植物园 未记录物候信息。

植株株丛（南京） 植株（南京） 植株（厦门） 盆栽植株（北京BBG） 盆栽株丛（北京IBCASBG） 盆栽植株（北京IBCASBG）

枝端莲座　枝端莲座　叶鞘　枯叶宿存

叶腹面（南京）　叶背面（南京）　叶腹面（北京IBCAS）　叶背面（北京IBCAS）

叶腹面局部　叶背面局部　叶片边缘　边缘齿

齿尖红棕色　叶先端　叶片皮刺及疣突

斑点　斑点上的疣突和刺突　基生蘖芽

花序

花序

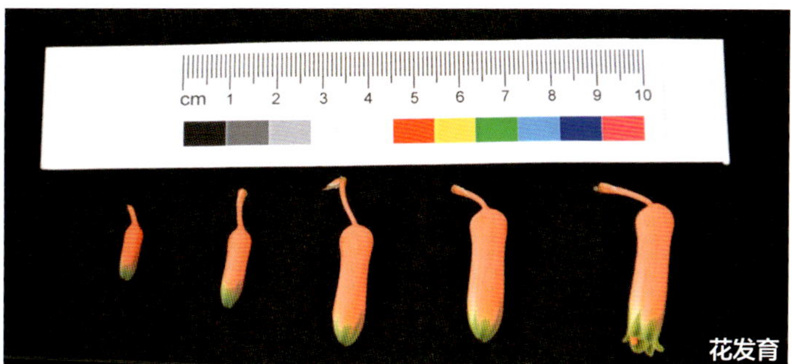

花发育

分布

产自肯尼亚南部和坦桑尼亚北部。

生态与生境

生长于岩石山脊的草地中，海拔2300m。

用途

观赏。

引种信息

中国科学院植物研究所北京植物园 植株材料（2001-W0039），来源无记录，生长较快，长势良好。

北京植物园 植株材料（2011188）引种自美国，生长迅速，长势良好。

厦门市园林植物园 植株材料来源不详，生长迅速，长势良好。

仙湖植物园 植株材料（SMQ-074）引种自美国，生长迅速，长势良好。

南京中山植物园 植株材料（NBG-2017-6），引自福建漳州，生长较快，长势良好。

上海植物园 植株材料（2011-6-005）引自美国，生长迅速，长势良好。

物候信息

原产地花期不详。

中国科学院植物研究所北京植物园 未记录花期信息。无休眠期。

北京植物园 未观察到开花结实。无休眠期。

厦门市园林植物园 未记录花期信息。无休眠期。

仙湖植物园 未记录花期信息。无休眠期。

南京中山植物园 花期1～2月。

上海植物园 未记录花期信息。无休眠期。

繁殖

播种、扦插、分株繁殖。

迁地栽培要点

习性强健，栽培管理容易。喜光照充足的栽培场所，稍耐阴。耐旱，不耐湿涝，喜排水良好的栽培基质。喜温暖，稍耐寒。

中国科学院植物研究所北京植物园 温室盆栽，栽培基质采用赤玉土、腐殖土、沙、轻石配制的混合土，基质排水良好。可耐短暂1～3℃低温，5～6℃以上可安全越冬。

北京植物园 温室盆栽，采用草炭土、火山岩、沙、陶粒等材料配制混合基质，排水良好。夏季中午需50%遮阳网遮阴。

厦门市园林植物园 室内盆栽或地栽，采用腐殖土、河沙混合土栽培，植株长势明显较室外的长势更为迅速，生长良好。

仙湖植物园 室内地栽，采用腐殖土、河沙混合土栽培。

南京中山植物园 栽培基质为：园土：青石：沙：泥炭=1：1：1：1。最适宜生长温度为10～25℃，最低温度不能低于5℃，最高温不能高于35℃，否则生长不良，设施温室内栽培，夏季加强通风降温，夏季10:00～15:00时用50%遮阳网遮阴。春秋两季各施1次有机肥。

上海植物园 温室栽培，采用少量颗粒土与草炭混合种植。

病虫害防治

抗性强，病虫害较少发生。

中国科学院植物研究所北京植物园 抗性强，未见病虫害发生，仅作常规打药预防。

北京植物园 病虫害较少发生。

厦门市园林植物园 尚未见病虫害发生。

仙湖植物园 尚未见病虫害发生。

南京中山植物园 尚未见病虫害发生。

上海植物园 尚未见病虫害发生。

保护状态

已列入CITES附录II。

变种、自然杂交种及常见栽培品种

有一些相关报道，如*A.* 'Mecheal Fern'为本种与僧帽芦荟（*A. perfoliata*）杂交获得的品种。

本种最早的栽培样本出现在南非，但没有人知道它的来源，传闻来自肯尼亚。因为体形较小，曾被认为是某种芦荟的幼苗，被标记为"*juvenna*"（"juvenile"意为"幼年的"），本种拉丁种名正是来源于此。后来它又被认为是还城乐芦荟（*A. distans*）与十二卷属或松塔掌属植物的杂交种。1970年，随着对芦荟属植物遗传学的研究，发现它具有双套染色体，是一种四倍体的植物（染色体28条），从而猜测它可能来自东非，东非是四倍体芦荟属植物起源的地方。1979年，本种终于作为芦荟属植物首次被命名，命名人为布兰德姆（P. Brandham）等人。1982年一支探险队前往东非探险，在肯尼亚西南部的岩石山脊发现了野外的居群，本种的原产地终于被证实。本种常与原产自索科特拉岛的翡翠殿（*A. squarrosa*）相混淆，中文名有时也被叫做翡翠殿。二者很容易区别，索科特拉岛的翡翠殿的叶片光滑，不具皮刺和疣突，叶先端反曲，老叶枯死后脱落。

本种国内多有引种，栽培十分广泛，北京、上海、南京、厦门、深圳等地的植物园均有引种栽培，栽培表现良好。栽培植株实测植株形态特征，叶片、花被筒的长度稍大于文献记载的数据，可对文献进行补充。本种是非常受欢迎的小型盆栽观赏植物，已经商品化，市场多有销售，是十分常见的家庭盆栽植物。

参考文献

Carter S, Lavranos J J, Newton L E, et al., 2011. Aloes: The Definitive Guide[M]. London: Kew Publishing: 529.

Eggli U (Ed.). 2001. Illustrated Handbook of Succulent Plants: Monocotyledons[M]. Berlin: Springer-Verlag: 145.

Grace O M, Klopper R R, Figueiredo E, et al., 2011. The Aloe names book[M]. Pretoria: SANBI: 80.

82

卡拉芦荟

别名： 细纹芦荟、凌波锦（日）、乌山锦（日）、紫纹锦（日）

Aloe karasbergensis Pillans, J. Bot. 66: 233. 1928.

Aloe striata subsp. *karasbergensis* (Pillans) Glen & D. S. Hardy, S. African J. Bot. 53: 491. 1987.

多年生肉质草本植物。植株单生，或基部萌生蘖芽形成多个莲座，具极短茎。叶15～20片，卵状至披针形，平展，锐尖，长40～50cm，宽15～20cm，叶片饱满时非常刚硬和肉质，淡灰绿色，具很多纵向、凸起、密集的暗绿色条纹；叶全缘，有时具细小齿，具柔软的浅色假骨质边，稍波状，宽2～3mm。花序1～3，高50～60cm，杂乱分枝直径可达50cm；分枝总状花序可达50个，具少数花，排列松散；花苞片长3～6mm，窄三角状；花梗长8～12mm；花被筒状，暗红色，长25～27mm，子房部位宽7mm，之上缢缩至4mm，口部明显三角状；外层花被分离约5～6mm，具3～5汇合、暗色纵脉纹；雄蕊和花柱伸出1～2mm。染色体：2n=14（Riley，1959）

中国科学院植物研究所北京植物园　幼苗植株高15cm，株幅25cm。叶片长23～25cm，宽4.4cm，叶淡灰绿色（RHS 192A–194A），具暗绿色纵向条纹（RHS 189B）；叶几近全缘，边缘具假骨质边，绿白色（RHS 195B–D），具微齿，绿白色（RHS 195B–D），长0.1mm，齿间距8～11mm；干燥汁液棕色。

北京植物园　未记录形态信息。

厦门市园林植物园　单生，具短茎。叶披针形，全缘，浅灰绿色，叶，两面具清晰深绿色条纹。

仙湖植物园　未记录形态信息。

植株（深圳）　幼株（北京IBCASBG）　幼株（厦门）　成年植株（南非）　植株局部

播种苗（北京IBCASBG，6个月）
播种苗（北京IBCASBG，1年）
播种苗（北京IBCASBG，1年半）
播种苗（北京IBCASBG，2年）
幼株叶腹面
幼株叶背面
幼株叶腹面条纹
幼株叶背条纹
幼株叶尖
幼株叶片边缘
叶反曲

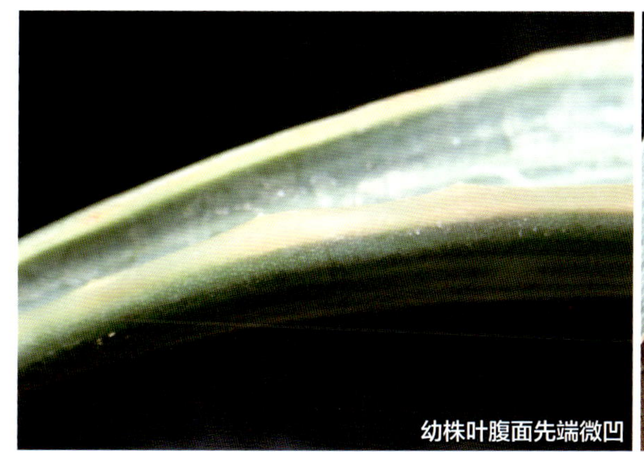
幼株叶腹面先端微凹

幼株短茎

干燥汁液

分布

产自南非北开普省及纳米比亚南部。

生态与生境

生长于山地半干旱荒漠地区的开阔沙地或多石山坡。海拔可达1200m。降雨稀少，降雨高峰在夏季或冬季。

用途

观赏等。

引种信息

中国科学院植物研究所北京植物园　种子材料（2008-1759）引种自美国，生长较慢，长势良好。

北京植物园　植株材料（2011248）引种自美国，生长较慢，长势良好。

厦门市园林植物园　来源不详，生长较慢，长势良好。

仙湖植物园　植株材料（SMQ-075）引种自美国，生长迅速，长势良好。

物候信息

原产地南非花期1月至翌年3月；纳米比亚花期1~2月。南非地区栽培条件下可能全年开花。

中国科学院植物研究所北京植物园　植株幼苗期，尚未开花。

北京植物园　未记录花期物候。

厦门市园林植物园　植株幼苗期，尚未开花。

仙湖植物园　未记录花期物候。

繁殖

播种、扦插、分株繁殖。

迁地栽培要点

习性强健，栽培管理容易。本种喜强光，非常耐旱，不耐湿涝，喜排水良好的栽培基质。喜温暖。

中国科学院植物研究所北京植物园　温室盆栽，栽培基质采用赤玉土、腐殖土、沙、轻石配制的混合土，基质排水良好。

北京植物园　基质采用草炭土、火山岩、陶粒、沙配制混合土。温室栽培，夏季中午需50%遮阳网遮阴，冬季保持5℃以上。

厦门市园林植物园 温室盆栽，采用草炭土、火山岩、沙、陶粒等基质配制混合土，混合基质排水良好。夏季中午需遮阴50%，冬季保持5℃以上可安全越冬。

仙湖植物园 室内地栽，采用腐殖土、河沙混合土栽培。

病虫害防治

抗性强，不易罹患病虫害。

中国科学院植物研究所北京植物园 北京夏季高温高湿季节，容易发生腐烂病和褐斑病，注意控水，定期喷洒50%多菌灵可湿性粉剂800~1000倍液进行防治。

北京植物园 病虫害较少发生，仅定期进行病虫害预防性的打药。

厦门市园林植物园 未观察到病虫害发生。定期施用杀菌剂预防真菌病害。

仙湖植物园 容易发生腐烂病，褐斑病，定期施用杀菌剂防治。要注意芦荟螨（*Aceria aloinis*）的发生，传染很快。发现病株需要清除烧毁，周围环境用杀螨剂进行消毒。

保护状态

已列入CITES附录II。

变种、自然杂交种及常见栽培品种

尚未见相关报道。

本种1926年由植物学家、探险家皮兰斯（N. S. Pillans）在南非首次发现并采集，1928年，当植株在开普敦开花后他首次定名并描述了它。本种种名“*karasbergensis*”，指其产地之一纳米比亚南部的大卡拉斯山脉（Great Karas Mountains）。本种与银芳锦芦荟（*A. striata*）亲缘关系较近，曾作为银芳锦芦荟的亚种，本种的花序较银芳锦芦荟密集。卡特（S. Carter）（2011）在其专著中提到，格伦（H. F. Glen）等人（2000）认为本种应处于亚种的级别，但如果是这样，与银芳锦芦荟亲缘关系较近的雷诺兹芦荟（*A. reynoldsii*）、布尔芦荟（*A. buhrii*）的分类关系会发生混乱，它们与银芳锦芦荟也有很多相似特征。目前WCPS和基于APG系统的theplantlist的网站还是将其列为单独的种。

本种国内有引种，北京、厦门、深圳等地有引种栽培，栽培表现良好。目前国内栽培的植株均为幼苗期，尚未观察到开花结实。植株叶片条纹清晰美观，幼苗适合小型盆栽观赏，温暖干燥的无霜地区可露地栽培，需要注意避免水涝。

参考文献

Carter S, Lavranos J J, Newton L E, et al., 2011. Aloes: The Definitive Guide[M]. London: Kew Publishing: 334, 352,356.

Eggli U (Ed.), 2001. Illustrated Handbook of Succulent Plants: Monocotyledons[M]. Berlin: Springer-Verlag: 176.

Glen H F, Hardy D S, 1987. Nomenclatural notes on three southern African representatives of the genus *Aloe*. South Africa Journal of Botany[J]. 53(6): 489-492.

Grace O M, Klopper R R, Figueiredo E, et al., 2011. The Aloe names book[M]. Pretoria: SANBI: 81.

Jeppe B, 1969. South Africa Aloes[M]. Cape Town: Purnell & Sons S.A. (PTY.) LTD.: 64-65.

Reynolds G W, 1982. The Aloes of South Africa[M]. Cape Town: A.A. Balkema: 294-301.

Rothmann S, 2004. Aloes aristocrats of Namibian Flora: a layman's photo guide to the aloe species of Namibia[M]. Cape Town: Creda Communications: 88-89.

Van Wyk B -E, Smith G F, 2014. Guide to the Aloes of South Africa[M]. Pretoria: Briza Publications: 164-167,188-189.

83

科登芦荟

别名： 长柱芦荟、灰芦荟、克东芦荟

Aloe kedongensis Reynolds, J. S. African Bot. 19: 4. 1953.

多年生灌木状肉质植物。植株多分枝，或靠近基部分枝形成密集灌丛，具直立茎或蔓生茎，长可达4m，粗3～7cm。叶片螺旋排列成莲座状，莲座下30～60cm处枯叶宿存；叶片披针形，长30cm，宽4cm，灰绿色至黄绿色；边缘具红棕色尖头的齿，长2～3mm，齿间距10～15mm；干燥汁液淡黄色。花序高可达75cm，不分枝或通常具1～2分枝；总状花序圆柱形，长10～20cm，直径8cm，花排列密集；花苞片卵状，急尖，长5mm，宽5mm；花梗长20～25mm；花被筒状，红色，长35mm，基部骤缩成短尖状，子房部位宽7mm，上方稍变狭，其后向口部变宽；外层花被分离约14mm；雄蕊和花柱伸出约3mm。

中国科学院植物研究所北京植物园 温室盆栽植株丛生，基部多萌蘖，形成大株丛，株高约65cm，株幅35～37cm。叶片狭长披针形，长约21cm，宽2～3cm；叶两面均匀绿色（RHS 138A-B），具H型或椭圆形斑点，斑点稀疏，绿白色至淡黄绿色（RHS 193D），腹面分布于叶基，背面分布于叶下部；边缘稍浅，淡黄绿色（RHS 193A-D），边缘齿淡黄绿色（RHS 193A-D），齿尖红棕色（RHS 166A-B），长2～3mm，齿间距9～13mm；具叶鞘，淡黄绿色（RHS 138C-D），有时微红，具暗绿色（RHS NN137B、138C-D）细条纹，有时微红，具少量斑点，同叶背面斑点；汁液无色，干燥后微黄色。

北京植物园 未记录形态信息。

厦门市园林植物园 株高95cm，株幅47cm；叶片披针形，长约27cm，宽约4cm；边缘具齿，长约3mm，齿间距约5～12mm。花序高53cm，具1～2分枝；总状花序圆柱形，长约13cm，花排列较密集；花橙红色，至口部稍浅，口部黄色；花蕾先端灰绿色至棕灰色。果实椭圆形。

仙湖植物园 植株高135～150cm，株幅70～85cm。叶片长40～50cm，宽3.7～4.5cm；边缘齿长3～4mm，齿间距15～19mm。

露地栽培植株（厦门）

向阳露地栽培植株（厦门）

露地栽培丛生植株（厦门）

阳生植株局部
背阴地栽植株、株丛（厦门）
温室地栽植株（深圳）
温室盆栽株丛（北京 IBCASBG）
植株局部（北京）
叶鞘
基部茎
露地栽培植株叶腹面
露地栽培植株叶背面
温室盆栽植株叶腹面
温室盆栽植株叶背面
叶腹面局部
叶背面局部
叶腹面基部斑点
叶先端
边缘齿
双连齿
钩齿
叶反曲

分布

产自肯尼亚裂谷省（Rift Valley）。

生态与生境

生长于多石地区的密集灌丛地中，海拔1825～2300m。

用途

观赏、药用、篱笆、作染料等。根被添加用于蜂蜜啤酒的发酵。叶子用于治疗感冒、发烧、腹泻和疟疾，还可用于治疗家禽牲畜的"东海岸热病"（East Coast Fever）。

引种信息

中国科学院植物研究所北京植物园　植株材料（2010-0802）引种自上海植物园，生长迅速，长势良好。

北京植物园　植株材料（2011189）引种自美国，生长迅速，长势良好。

厦门市园林植物园　引种来源不详，生长迅速，长势良好。

仙湖植物园　植株材料（SMQ-076）引种自美国，生长迅速，长势良好。

物候信息

原产地肯尼亚花期4月。

中国科学院植物研究所北京植物园　尚未观察到花期物候。无休眠期。

北京植物园　未记录花期物候。无休眠期。

厦门市园林植物园　花期11～12月。果期1～2月。

仙湖植物园　未记录花期信息。

繁殖

播种、扦插、分株繁殖。

迁地栽培要点

习性强健，栽培管理容易。喜光照充足的栽培场所，稍耐阴。耐旱，不耐湿涝，喜排水良好的栽培基质。喜温暖，适宜生长温度为15～23℃，不耐寒，北方地区需温室栽培越冬，3～5℃以上可安全越冬，10～15℃以上可正常生长。

中国科学院植物研究所北京植物园 温室盆栽，栽培基质采用赤玉土、腐殖土、沙、轻石配制的混合土，基质排水良好。

北京植物园 温室盆栽，采用草炭土、火山岩、沙、陶粒等材料配制混合基质，排水良好。夏季中午需50%遮阳网遮阴，冬季保持5℃以上可安全越冬。

厦门市园林植物园 室内室外均有栽植。馆内采用腐殖土、河沙混合土栽培，植株长势明显较室外的长势更为迅速，生长良好。

仙湖植物园 室内地栽，采用腐殖土、河沙混合土栽培。

病虫害防治

抗性强，不易罹患病虫害。

中国科学院植物研究所北京植物园 仅定期进行病虫害预防性的打药，每10～15天喷洒50%多菌灵800～1000倍液和40%氧化乐果1000液一次进行预防，并加强通风。

北京植物园 未观察到病虫害发生。

厦门市园林植物园 未观察到病虫害发生，定期喷洒杀菌剂防治。

仙湖植物园 抗性强，未观察到病虫害发生。

保护状态

已列入CITES附录II。

变种、自然杂交种及常见栽培品种

有自然杂交种的报道，可与侧花芦荟（*A. secundiflora*）自然杂交。

本种为东非原产的四倍体芦荟，与其他几种近缘灌状芦荟形成特殊的群组，具有共同的祖先，如达维芦荟（*A. dawei*）、埃尔贡芦荟（*A. elgonica*）、涅里芦荟（*A. nyeriensis*）等。1953年，雷诺德（G. W. Reynolds）在《南非植物学杂志》上首次描述该种。

国内多个植物园有引种，北京、厦门、深圳、上海等地有栽培。厦门、深圳等地可露地栽培，栽培表现良好，观察到开花结实。栽培中有时与达维芦荟相混淆，但从其非常狭窄的叶片可以很容易区分出来，另外科登芦荟的花序仅有1～2分枝。

参考文献

Carter S, Lavranos J J, Newton L E, et al., 2011. Aloes: The Definitive Guide[M]. London: Kew Publishing: 563.

Eggli U (Ed.), 2001. Illustrated Handbook of Succulent Plants: Monocotyledons[M]. Berlin: Springer-Verlag: 145.

Grace O M, Klopper R R, Figueiredo E, et al., 2011. The Aloe names book[M]. Pretoria: SANBI: 81-82.

84

喀米斯芦荟

别名：水玉锦芦荟、水玉锦（日）

Aloe khamiesensis Pillans, S. African Gard. 24: 25, 28. 1934.

多年生小乔状肉质植物。植株单生或中部分枝形成株丛，茎高可达3m，茎粗10～15cm，莲座下枯叶宿存。叶排列成密集莲座形，披针形，渐尖，长约40cm，宽约8cm；暗绿色，具明显条纹，通常具少数散布的白色椭圆形斑点，背面具大量斑点；边缘具尖锐红棕色齿，长2～4mm，齿间距5～10mm。花序高可达90cm，具4～8分枝；总状花序长圆锥状，长25～30cm，直径9cm，花排列密集；花苞片卵状，急尖，长18mm，宽8mm；花梗长25mm；花被筒状，橙红色，口部绿色，长30～35mm，基部圆，子房上方稍变狭；外层花被自基部分离；雄蕊和花柱伸出3～4mm。

中国科学院植物研究所北京植物园 幼苗株高32cm，株幅28cm。叶片长10～13.5cm，宽2.2cm，叶片暗绿色（RHS 137A-C），具斑点，两面基部斑点H型，向上斑点圆形、椭圆形，白色至淡黄绿色（RHS 193A-D）；边缘具尖锐边缘齿，三角状，尖端红棕色（RHS 166A-B），边缘齿长0.5～2.5mm，齿间距4～5mm；叶鞘具条纹，绿色至红棕色。

北京植物园 未记录形态信息。

厦门市园林植物园 植株莲座状，高40cm。叶片长33cm，叶宽5cm；齿间距2～10mm。

植株（厦门）
幼株（北京IBCASBG）
播种苗（北京IBCASBG，6个月）
播种苗（北京IBCASBG，1年）
幼苗（厦门）
播种苗
幼株叶鞘
种子
幼株叶尖

分布

产自南非北开普省，广泛分布于纳马夸兰南部。

生态与生境

生长于山地岩石山坡上，几乎特定生长在花岗岩上，海拔700~1500m。

用途

观赏。

引种信息

中国科学院植物研究所北京植物园　种子材料（2008-1760，2008-1761）引种自美国，生长较慢，长势良好。

北京植物园　植株材料（2011190）引种自美国，生长缓慢，长势良好。

厦门市园林植物园　幼苗材料（XM2012003）从中国科学院植物研究所北京植物园引种，生长速度较慢，长势良好。

物候信息

原产地南非花期6~7月。

中国科学院植物研究所北京植物园 栽培幼苗，尚未开花。

北京植物园 观测到2月、5月均有开花。

厦门市园林植物园 尚未观察到花期。

繁殖

播种、扦插、分株繁殖。

迁地栽培要点

习性强健，栽培管理容易。喜光照充足的栽培场所，稍耐阴。耐旱，不耐湿涝，喜排水良好的栽培基质。喜温暖，不耐寒。

中国科学院植物研究所北京植物园 温室盆栽，栽培基质采用赤玉土、腐殖土、沙、轻石配制的混合土，基质排水良好。

北京植物园 温室盆栽，采用草炭土、火山岩、沙、陶粒等材料配制混合基质，排水良好。夏季中午需50%遮阳。

厦门市园林植物园 盆栽，采用腐殖土、河沙混合土栽培。

病虫害防治

抗性强，不易罹患病虫害。

中国科学院植物研究所北京植物园 仅定期进行病虫害预防性的打药，湿热、湿冷季节，每10～15天喷洒50%多菌灵800～1000倍液和40%氧化乐果1000液一次进行预防，并加强通风。

北京植物园 未见明显病虫害发生，仅作常规病虫害预防管理。

厦门市园林植物园 未见明显病虫害发生。

保护状态

南非地区列为易危种（VU）；已列入CITES附录II。

变种、自然杂交种及常见栽培品种

有自然杂交种报道，可与克拉波尔芦荟（*A. krapohliana*）自然杂交。

本种发现较早，1685年，在范德斯代尔（S. van der Stel）的探险之旅中，克劳狄（Claudius）发现并初步描述了1种芦荟，可能是本种。1932年，皮兰斯（N. S. Pillans）在靠近卡米斯克龙（Kamieskroon）的卡米斯堡（Kamiesberg）山脉首次采集了模式标本，1934年进行了命名和描述，种名"*khamiesensis*"指其模式产地卡米斯堡。本种与微斑芦荟（*A. microstigma*）亲缘关系较近，区别是本种较高大，花序具分枝。

国内引种不多，北京、厦门等地有栽培，栽培表现一般。幼苗期长势良好，适合作小盆栽观赏。成株状态一般，若光线不充足、温度过低的情况下，外观很快发生变化。

参考文献

Carter S, Lavranos J J, Newton L E, et al., 2011. Aloes: The Definitive Guide[M]. London: Kew Publishing: 658.

Eggli U (Ed.), 2001. Illustrated Handbook of Succulent Plants: Monocotyledons[M]. Berlin: Springer-Verlag: 145–146.

Grace O M, Klopper R R, Figueiredo E, et al., 2011. The Aloe names book[M]. Pretoria: SANBI: 82.

Jeppe B, 1969. South Africa Aloes[M]. Cape Town: Purnell & Sons S.A. (PTY.) LTD.: 51.

Reynolds G W, 1982. The Aloes of South Africa[M]. Cape Town: A.A. Balkema: 404–406.

Van Wyk B -E, Smith G F, 2014. Guide to the Aloes of South Africa[M]. Pretoria: Briza Publications: 200–201.

85 基利菲芦荟

Aloe kilifiensis Christian, J. S. African Bot. 8: 169. 1942.

多年生肉质草本植物。植株茎不明显或具短粗茎，长可达30cm，萌生蘖芽形成小株丛。叶约15片，排列成密集莲座状，叶片披针形，渐尖，长30～60cm，宽7～8cm，暗黄绿色或微红色，通常具散布白色斑点；边缘具尖锐棕色尖头的齿，长1～3mm，齿间距5～10mm；汁液黄色。花序直立，长可达40～70cm，具1～6弯曲开展向上的分枝；花序梗具肉质披针形苞片，长可达50mm，包裹分枝的基部；总状花序紧缩成近头状，长约8cm，直径约8cm，花排列较紧密；花苞片线状披针形，长8～14mm，纸质；花梗长10～16mm；花被暗酒红色，筒状，长达30mm，子房部位宽10mm，突然缢缩至约6mm，其后向口部渐宽；外层花被分离约9～11mm；雄蕊和花柱几乎不伸出。

中国科学院植物研究所北京植物园 植株高23～28cm，株幅40～60cm。叶片26～35.5cm，宽4.6～6.2cm，黄绿色（RHS 144A–B），两面具斑点，斑点椭圆形、H型，淡黄绿色（RHS 145D），散布全叶，密集排列成不规则横带状；边缘具假骨质边，淡黄绿色（RHS 145D）至红棕色（RHS 177B），边缘齿三角状，红棕色（RHS 177A–B），长0.5～2mm，齿间距12～16mm；干燥汁液淡棕色。花序高45～52cm，具1～4分枝；总状花序长达12cm，直径达6.4cm，具花达30朵；花苞片淡棕色，膜质；花被筒状，基部暗棕色（RHS N199A、166A）向上渐变至橙红色（RHS 31A），裂片边缘黄白色（RHS 158D）；花蕾暗棕色至暗棕红色（RHS N199A–177A）；花被筒长23～24mm，子房部位宽7.5～8mm，子房上方突然缢缩至直径4.5mm，之后向上渐宽；外层花被分离约8.5～9.5mm；雄蕊花丝白色渐变为淡黄白色（RHS 4D），伸出花被约2mm，花柱淡黄色（RHS 3C），伸出0～1mm。果实椭圆形，长2.2～2.4cm，直径1.3～1.5cm。

北京植物园 花序高约81cm，具5分枝；总状花序高10cm，直径7cm，分枝花序具花达47朵；花梗长10mm；花被筒长25mm，子房部位宽约8mm，花被筒最宽处达8mm；外层花被分离约8mm。

厦门市园林植物园 叶片长41cm，宽9.5cm。花橙红色，花蕾棕黑色。

仙湖植物园 未记录形态信息。

地栽植株（厦门）

地栽植株（厦门）

盆栽植株（北京IBCASBG）

盆栽幼株

叶心

幼苗

叶腹面
叶背面
叶背面（露地）
边缘齿
叶腹面斑点
叶背面斑点
叶先端
边缘齿
花序（厦门，露地）
花序（厦门，露地）
始花期花序（厦门，露地）
盛花期花序（厦门、露地）
花序局部
果序（露地）
开花植株（北京IBCASBG）
花序
总状花序
花

分布

产自肯尼亚东南部至坦桑尼亚东北部的海岸地区。

生态与生境

生长于灌丛珊瑚岩上和砂壤中，海拔3～380m。

用途

观赏、药用等。

引种信息

中国科学院植物研究所北京植物园 种子材料（2008-1767）引种自美国，生长迅速，长势良好。

北京植物园 植株材料（2018058）引种自上海，生长迅速，长势良好。

厦门市园林植物园 幼苗材料（XM2016006）引种自北京，生长速度迅速，长势良好。

仙湖植物园 植株材料（SMQ-078）引自美国，生长迅速，长势良好。

物候信息

原产地肯尼亚花期2～3月。

中国科学院植物研究所北京植物园 观察到6～7月、11～12月开花。6～7月：6月上旬花芽初现，始花期6月下旬，盛花期7月上旬，末花期7月下旬。11～12月：11月中花芽初现，始花期12月初，盛花期12月上旬至中旬，末花期12月下旬。单花花期2天。未观察到休眠期。

北京植物园　2月、5月均有开花。

厦门市园林植物园　观察到1月、5月、7月、10月均有开花。

仙湖植物园　未记录开花物候。无休眠期。

繁殖

多播种、分株繁殖，扦插繁殖多用于未生根蘖芽繁殖或挽救烂根植株。

迁地栽培要点

习性强健，栽培管理容易。喜光照充足的栽培场所，稍耐阴。耐旱，不耐湿涝，喜排水良好的砂质栽培基质。喜温暖，不耐寒，北方地区需温室栽培越冬。

中国科学院植物研究所北京植物园　温室盆栽，栽培基质采用赤玉土、腐殖土、沙、轻石配制的混合土。

北京植物园　温室盆栽，采用草炭土、火山岩、沙、陶粒等材料配制混合基质，排水良好。夏季中午需50%遮阳网遮阴，冬季保持5℃以上可安全越冬。

厦门市园林植物园　户外栽植，采用腐殖土、河沙混合土栽培。

仙湖植物园　室内地栽，采用腐殖土、河沙混合土栽培。

病虫害防治

抗性强，不易罹患病虫害。

中国科学院植物研究所北京植物园　未见明显病虫害发生，常规病虫害防治管理。

北京植物园　未见明显病虫害发生。

厦门市园林植物园　未见明显病虫害发生。

仙湖植物园　未见明显病虫害发生。

保护状态

IUCN红色名录列为濒危种（EN）；已列入CITES附录II。

变种、自然杂交种及常见栽培品种

尚未见相关报道。

本种模式标本1937年由莫格里奇（J. Y. Moggridge）采集，1942年由克里斯蒂安（H. B. Christan）定名描述。其种名命名自模式标本的发现地基利菲（Kilifi）地区。

国内有引种，北京、厦门、深圳等地有栽培，栽培表现良好，已观察到开花结实。本种植株密布斑点，非常美观，幼苗适于小型盆栽观赏，成株适于大片丛植布置花境。实际观测植株的形态特征，基本吻合文献记载，但花被筒长度，比较短。

参考文献

Carter S, Lavranos J J, Newton L E, et al., 2011. Aloes: The Definitive Guide[M]. London: Kew Publishing: 190.
Eggli U (Ed.), 2001. Illustrated Handbook of Succulent Plants: Monocotyledons[M]. Berlin: Springer-Verlag: 146.
Grace O M, Klopper R R, Figueiredo E, et al., 2011. The Aloe names book[M]. Pretoria: SANBI: 82.
Quattrocchi U, 2012. CRC World Dictionary of Medicinal and Poisonous Plants[M]. Boca Raton: CRC Press: 191.

86

艳芦荟

别名：鲜艳芦荟

Aloe laeta A. Berger, Pflanzenr. IV, 38: 256. 1908.

多年生肉质草本植物。植株单生，茎不明显或具短茎，长可达5cm。叶约24片，排列成密集莲座状，叶片披针形，渐尖，长可达20cm，宽7~8cm，直立至平展，粗糙，蓝灰色，具模糊条纹；边缘假骨质，粉色，具粉色、假骨质、流苏状排列的细小齿，齿长2mm。花序高40~60cm，不分枝或有时具2~3分枝；花序梗在总状花序下方具不育苞片，分枝基部包裹在膜质苞片中，苞片长可达13mm；总状花序紧缩至近头状，长5~7cm，直径6cm，花排列密集；花苞片膜质，长5mm；花梗长20~25mm；花被筒状，深红色，长15mm，子房部位宽7mm，向基部和口部变狭窄；外层花被几乎自基部分离；雄蕊和花柱几乎不伸出。

中国科学院植物研究所北京植物园　未记录形态信息。

北京植物园　植株莲座状，茎不明显，株高约15cm，株幅达28cm。叶片灰绿色至浅灰绿色（RHS 189A-B），长17cm，宽5~5.3cm，无斑，被霜粉；边缘具流苏状排列的细长齿，假骨质，绿白色（RHS 195 C-D）至浅橙棕色（RHS 174B-C）至橙棕色（RHS 176C），具双连齿、三连齿、双尖齿，边缘齿长2~3mm，齿间距1~2mm。

植株（北京BBG）　播种苗（北京IBCASBG）　植株（厦门多肉展览展品）　植株（捷克）　植株局部

分布

产自马达加斯加的塔那那利佛省（Antananarivo）伊碧提山（Mt Ibity），向南扩展跨过马南多那河（Manandona River）。

生态与生境

生长于岩石山地山坡的岩石缝隙中，海拔1500～2200m。

用途

观赏。

引种信息

中国科学院植物研究所北京植物园 种子材料（2007-0481），引种记录不全，生长缓慢，长势较差。

北京植物园 植株材料（20183345）引种自上海，生长缓慢，长势良好。

物候信息

原产地马达加斯加花期5～6月。

中国科学院植物研究所北京植物园 幼苗期，未观察到开花。夏季休眠。

北京植物园 尚未记录开花情况。

繁殖

多播种繁殖，扦插繁殖用于挽救烂根植株。

迁地栽培要点

本种生长较缓慢。喜阳、耐旱、怕湿涝，喜温暖、夏季不耐湿热。栽培基质需排水良好。

中国科学院植物研究所北京植物园 栽培基质选择腐殖土、园土、沙配制的混合基质，可加入颗粒性较强的赤玉土、轻石、木炭等基质增加透水性。夏季不耐湿热，短暂休眠，休眠期注意控制浇水，避免叶心积水或盆土积水而导致腐烂病发生。稍耐寒，盆土保持干燥，5～6℃以上可安全越冬。

北京植物园 基质：草炭土、火山岩、陶粒、沙。温室栽培，夏季中午需50%遮阳网遮阴，冬季保持5℃以上。

病虫害防治

抗性一般，休眠季节容易发生腐烂病。

中国科学院植物研究所北京植物园 夏季湿热季节容易发生腐烂病，定期施用多菌灵等杀菌剂进行预防。

北京植物园 病虫害较少发生，

保护状态

IUCN红色名录列为濒危种（EN）；已列入CITES附录I。

变种、自然杂交种及常见栽培品种

可与白花芦荟（*A. albiflora*）、琉璃姬孔雀芦荟（*A. haworthioides*）、马德卡萨芦荟（*A. madecassa*）、三角齿芦荟（*A. deltoideodonta*）、劳氏芦荟（*A. rauhii*）等小型种类杂交或多重杂交获得杂交品种。

本种1908年由伯格（A. Berger）定名描述。种名“*laeta*”意为“明亮的、鲜艳的”，指其花色为明亮的深红色。本种与维格尔芦荟（*A. viguieri*）亲缘关系较近，区别在于：艳芦荟花序紧缩成近头状，边缘具假骨质边和流苏状排列的细长齿；而维格尔芦荟花序圆柱状，边缘具小齿，不具细长流苏状排列的齿。

国内引种较少，北京、深圳有栽培，多为幼苗或幼株，栽培表现一般，尚未观察到花期物候。多作盆栽观赏，光照充足、昼夜温差大的条件下，叶片边缘及边缘齿红色，十分美观。由于其栽培稍有难度，不适于粗放管理的露地栽培或丛植地栽。

参考文献

Carter S, Lavranos J J, Newton L E, et al., 2011. Aloes: The Definitive Guide[M]. London: Kew Publishing: 239.

Castillon J –B, Castillon J –P, 2010. The Aloe of Madagascar[M]. La Réunion: J.–P. & J.–B Castillon: 90–94.

Eggli U (Ed.), 2001. Illustrated Handbook of Succulent Plants: Monocotyledons[M]. Berlin: Springer–Verlag: 107.

Grace O M, Klopper R R, Figueiredo E, et al., 2011. The Aloe names book[M]. Pretoria: SANBI: 85.

Rakotoarisoa S E, Klopper R R, Smith G F, 2014. A preliminary assessment of the conservation status of the genus *Aloe* L. in Madagascar[J]. Bradleya: 32: 81–91.

87

暗红花芦荟（拟）

Aloe lateritia Engl., Pflanzenw. Ost-Afrikas C: 140. 1895.
Aloe amanensis A. Berger, Bot. Jahrb. Syst. 36: 59. 1905.
Aloe boehmii Engl., Pflanzenw. Ost-Afrikas C: 141. 1895.
Aloe campylosiphon A. Berger, Notizbl. Königl. Bot. Gart. Berlin 4: 151. 1905.

多肉生肉质草本植物。植株茎不明显，单生或萌生蘖芽形成小株丛。叶16～20片，密集排列成莲座状，近直立至平展，披针形，渐尖，长30～50cm，宽5～10cm，肉质肥厚，先端常干燥卷曲，亮黄绿色，通常具大量白色斑点，斑点密集排列成不规则横带状；边缘具白色角质边，具尖锐、棕色锯齿，长2～4mm，齿间距7～15mm；汁液无色。花序高达125cm，具3～8分枝，分枝宽展，最下方分枝常再分枝；花梗肉质，具叶状披针形苞片，长达70mm，分枝基部抱茎；总状花序紧缩成头状至近头状，长6～12cm，宽8cm，花排列密集，有时稍松散至20cm长；花苞片线状披针形，长10～20mm，纸质；花梗长20～30mm；花被橙红色，或有时全黄色，花被筒长30～38mm，子房部位宽8～10mm，上方突然缢缩至5mm，之后向口部逐渐变宽；外层花被分离约10～12mm，先端稍开展；雄蕊和花柱略伸出。染色体：2n=14（Resende，1937）。

中国科学院植物研究所北京植物园　叶片宽披针形，渐尖。叶片深橄榄绿色（RHS 137A），长约36～43cm，宽5～6.8cm；两面密布斑点，斑点椭圆形，绿白色（RHS 145D），密集排列成不规则横带状，叶背面斑点密；边缘具绿白色窄边，具尖锐三角状齿，齿尖红棕色至橙棕色（RHS 174A-C），长2～4mm，齿间距7～12mm。花序高97cm，具4～5分枝；总状花序紧缩成近头状至近头状，长4～10cm，宽约8～8.5cm，花排列较密集，具花达38朵；花被暗砖红色至棕红色至橙红色（RHS 177A，173A-D），基部颜色较深棕红色（RHS 177A），口部稍浅砖红色或橙红色，内层花被口部黄色，花被裂片边缘稍浅，淡肉色至白色；花被筒长30～31mm，子房部位宽9mm，上方突然缢缩至5mm，之后向口部渐宽至8～9mm；外层花被分离约6～7mm；雄蕊伸出约2mm。

北京植物园　植株莲座状，叶背面斑点模糊。花序短圆柱状；花砖红色，花蕾暗红色，先端绿色。

厦门市园林植物园　植株莲座状，基生蘖芽形成株丛。叶片绿色，两面具浅色斑点，斑点椭圆形，绿白色，密集排列成横向带状；叶片长45.5cm，叶宽8.1cm，齿间距12～23mm。花序高98cm，具4～6分枝，下部分枝再分枝；总状花序紧缩呈短圆柱状至近头状，长11cm，花排列稍松散。花梗红色至棕绿色，近平展；花暗棕红色，向口部渐浅至砖红色，基部稍膨大稍呈球状；花蕾暗红棕色，基部色深，先端棕绿色至绿色。

植株（北京IBCASBG）

植株（北京IBCASBG）

植株（北京BBG）

丛植地栽植株（厦门） 露地栽植株叶腹面 露地栽植株叶背面 叶片边缘

盆栽植株叶腹面 叶腹面局部 盆栽植株叶背面 叶背面局部

开花植株（厦门） 开花植株（北京IBCASBG） 地栽植株花序（厦门）

地栽植株花序（厦门） 总状花序（盛花期）（厦门） 花序（北京BBG）

花序（北京IBCASBG） 总状花序（花蕾膨大期） 总状花序（盛花期）

分布

广泛分布，从坦桑尼亚至肯尼亚南部，马拉维也有。

生态与生境

生于散布金合欢灌丛的草地上，黑棉土或多石地，通常在山地，海拔250~2125m。

用途

观赏、药用、染料等。为坦桑尼亚传统药物，叶片汁液用于治疗感冒、疟疾、肝病、创伤、胃痛等；还用于治疗家禽疾病。根部和黄水茄（*Solanum incanum*）共同煎煮的汁液，用于治疗贫血；据说根部煮沸可做啤酒添加剂，促进发酵。在肯尼亚，根可用作黄色至粉棕色染料。

引种信息

中国科学院植物研究所北京植物园 种子材料（2016-0300）引种自肯尼亚，生长迅速，长势良好。

北京植物园 植株材料（2011192）引种自美国，生长迅速，长势良好。

厦门市园林植物园 来源不详，生长迅速，长势良好。

物候信息

原产地马拉维花期3~5月、8月、9月，其他地区花期不详。

中国科学院植物研究所北京植物园　观察到两次开花5～6月、7～8月。

北京植物园　花期12月至翌年1月。

厦门市园林植物园　花期11月至翌年3月。

繁殖

播种、分株、扦插繁殖。

迁地栽培要点

习性强健，栽培管理容易。栽培土壤基质需要排水良好，采用颗粒性较强的混合基质。耐旱、喜光、耐稍阴。较耐寒，盆土干燥可耐短期0～2℃低温，5～10℃可安全越冬。

中国科学院植物研究所北京植物园　选用腐殖土、赤玉土、轻石、木碳、粗沙、谷壳碳、缓释的颗粒肥配制混合基质。

北京植物园　温室盆栽，采用草炭土、火山岩、沙、陶粒等材料配制混合基质，排水良好。夏季中午需遮阴50%，冬季4～5℃以上可安全越冬。

厦门市园林植物园　采用河沙与腐殖土配制的混合基质，忌土壤积水。

病虫害防治

抗性强，未见病虫害发生。

中国科学院植物研究所北京植物园　未见病虫害发生。仅定期进行预防性打药。

北京植物园　未观察到病虫害发生。仅定期进行病虫害预防性的打药。

厦门市园林植物园　未见明显病虫害发生。

保护状态

已列入CITES附录II。

变种、自然杂交种及常见栽培品种

有相关育种报道。

本种由恩格勒（H. G. A. Engler）定名描述于1895年，种名“*lateritia*”意指其暗砖红色的花色。本种是原产地著名的药用植物应用十分广泛。分布广泛，遗传多样性较丰富，表现在不同产地的样本叶片、花序的形态有一定的差异。

国内有引种，北京、厦门地区有栽培，栽培表现良好，已观察到花期物候。实测植株、花序、花的形态特征，各部位尺寸与文献基本吻合。目前存在来源不同的样本，花序、叶片形态有差异，中国科学院植物研究所北京植物园从肯尼亚引种收集的样本，花序近头状、叶片两面斑点清晰，而北京植物园从美国引种收集的样本，叶片背面斑点模糊，花序呈短圆柱状。本种株形较大，适合地栽丛植布置多肉花境景观，我国南部温暖、干燥的无霜地区可露地栽培。

参考文献

Carter S, Lavranos J J, Newton L E, et al., 2011. Aloes: The Definitive Guide[M]. London: Kew Publishing: 179–181.

Eggli U (Ed.), 2001. Illustrated Handbook of Succulent Plants: Monocotyledons[M]. Berlin: Springer–Verlag: 147.

Grace O M, Klopper R R, Figueiredo E, et al., 2011. The Aloe names book[M]. Pretoria: SANBI: 86.

Schmelzer G H, Gurib–Fakim A, 2008. Medicina Plants 1. Plant Resources of Tropical Africa[J]. PROTA Foundation, 11(1): 72–75.

88
海滨芦荟

别名：温德和克芦荟、龙血殿（日）、流纹锦（日）

Aloe littoralis Baker, Trans. Linn. Soc. London, Bot. 1: 293. 1878.
Aloe angolensis Baker, Trans. Linn. Soc. London, Bot. 1: 263. 1878.
Aloe rubrolutea Schinz, Bull. Herb. Boissier 4 (3): 39. 1896.
Aloe schinzii Baker, Fl. Trop. Afr. 7: 459. 1898.

多年生肉质小乔木植物。植株单生，具直立茎，高可达4m，茎表面覆盖宿存枯叶。叶约30～40片，排列成密集莲座状；叶片披针形至剑状，急尖，长60cm，宽10～13cm，灰绿色，有时具白色斑点，背面中线有时具少量棕色皮刺；边缘具尖锐棕色齿，长3～4mm，齿间距10～20mm；干燥汁液黄色。花序高100～200cm，具8～10分枝，下部分枝有时再分枝；总状花序圆柱形，渐尖，长30cm，直径6cm，花排列密集；花苞片披针形，长12～18mm，宽5～6mm；白色，膜质，通常反折；花梗长6～7mm；花被筒状，玫瑰粉色至深粉红色，口部较浅，稀黄色，长23～34mm，基部圆，子房部位宽6mm；外层花被分离约15～17mm；雄蕊和花柱伸出1～4mm。染色体：2=14（Koshy，1937）

中国科学院植物研究所北京植物园　播种幼苗，初时叶片两列状排列，后随生长渐螺旋状排列。叶片披针状，渐尖；叶片灰绿色（RHS 189A–C），叶腹面具零星斑点，长椭圆状至延长斑，叶背面具较大量斑点，椭圆形，密集排列稍呈不规则横带状，斑点绿白色（RHS 196D），随生长斑点渐稀少至无。

北京植物园　植株高26cm，株幅50.5cm；叶片长31cm，宽4.5～5cm；绿色，新叶浅黄绿色，白色膜质；边缘齿红棕色，尖锐，齿基部浅黄色，有时在叶片边缘处相连，齿长3mm，齿间距7～10mm。

上海辰山植物园　温室栽培，单生植株，高度仅1m，植株直径132cm。

南京中山植物园　单生，株高70cm。叶片长35～40cm，宽6～7cm，花序高70～75cm，分枝点高35cm；分枝总状花序长5～8cm；花被筒长约24～25mm，子房部位宽约6mm，向上渐宽至8mm，雄蕊伸出约6～7mm。

上海植物园　未记录形态信息。

植株（上海CBG）　植株（南京）　植株（南京）　植株（纳米比亚）　播种苗（北京IBCASBG）　种子

叶腹面
叶腹面局部
叶背面
叶背面局部
叶腹面（南京）
叶背面（南京）
幼株叶腹面
幼株叶背面
叶片边缘
幼株叶片边缘
钩齿
叶先端
花序（纳米比亚）
花序局部（纳米比亚）
结果植株（纳米比亚）
果序（纳米比亚）

果序局部（纳米比亚）

花序

花发育

分布

广泛分布，自安哥拉至纳米比亚北部、南非北开普省、博茨瓦纳、赞比亚西南部、津巴布韦和莫桑比克。

生态与生境

生于季节性干旱的平原、落叶灌丛和林地的干燥砂壤上，海拔200~1700m。

用途

观赏、药用等。

引种信息

中国科学院植物研究所北京植物园 种子（2017-0286）引种自南非，生长迅速，长势良好。

北京植物园 植株材料（2011196）引种自美国，生长迅速，长势良好。

上海辰山植物园 植株材料（20110915）引种自美国，生长迅速，长势良好。

南京中山植物园 材料引种登记不详，引自福建漳州，生长迅速，长势良好。

上海植物园 植株材料（2011-6-037）引种自美国，生长迅速，长势良好

物候信息

原产地南非花期2~3月；纳米比亚花期10月至翌年2月，中部地区3~4月；津巴布韦花期3~4月。

中国科学院植物研究所北京植物园 幼苗期，尚未观察到开花结实。

北京植物园 尚未观察到开花结实。

上海辰山植物园 温室栽培，未观测到开花，果未见。未观察到有休眠期。

南京中山植物园 花期12月至翌年1月。单花期2~3天。

上海植物园 未观察到开花。

繁殖

播种、扦插繁殖。

迁地栽培要点

习性强健，栽培管理容易。

中国科学院植物研究所北京植物园 采用腐殖土、沙、赤玉土、轻石等基质配制混合基质。

北京植物园 温室盆栽，采用草炭土、火山岩、沙、陶粒等材料配制混合基质，排水良好。

上海辰山植物园 温室栽培，土壤配方用砂壤土与草炭混合种植。温室内夏季最高温在40℃以下，冬季最低温在13℃以上，能安全度夏和越冬。

南京中山植物园 我国南方各省可栽植在排水良好的砂质壤土。长江流域及以北地区在设施温室内栽植，栽培基质比例为：园土：青石：沙：泥炭=2：1：1：1。最适宜生长温度为15～25℃，最低温度不能低于7℃，最高温不能高于35℃，否则生长不良，设施温室内栽培，夏季加强通风降温，夏季10:00～15:00用50%遮阳网遮阴。春秋两季各施1次有机肥。

上海植物园 温室盆栽。采用赤玉土、腐殖土、轻石、沙等基质配制混合土。

病虫害防治

抗性强，病虫害较少发生。

中国科学院植物研究所北京植物园 未见病虫害发生，仅作常规预防性打药。

北京植物园 未见病虫害发生。

上海辰山植物园 未见病虫害发生。

南京中山植物园 抗性强，病虫害较少发生。常见病害主要有炭疽病、褐斑病、叶枯病、白绢病及细菌性病害，多发生于湿热夏季通风不良的室内。可喷洒百菌清等杀菌类农药进行防治。

上海植物园 未见病虫害发生。

保护状态

已列入CITES附录II。

变种、自然杂交种及常见栽培品种

有自然杂交种的报道，与变黄芦荟（*A. lutescens*）、马氏芦荟（*A. marlothii*）、斑马芦荟（*A. zebrina*）形成自然杂交种。

本种分布面积广泛，不同产地的样本曾作为不同的种类进行定名描述，如*Aloe rubrolutea* Schinz、*A. angolensis* Baker、*A. schinzii* Baker等。*Aloe littoralis* Baker是1878年由贝克（J. G. Baker）定名描述，种名“*littoralis*”意为“海岸地区”，指其生长于海岸地区，但描述的地方是指在安哥拉最初发现该芦荟分布的海岸地区。海滨芦荟的分布区广泛，生境多样，这个名字已经不太适合了。雷诺德（G. W. Reynolds）在其专著*The Aloes of South Africa*中并未使用这个学名，他采用了*Aloe rubrolutea* Schinz这个名字，“*rubrolutea*”来自拉丁文“*rubrum*”（红色）和“*luteus*”（黄色），指其花红色，口部黄色。

国内有引种，北京、上海、南京均有栽培，栽培表现良好，南京地区已观察到花期物候。本种叶片斑点变化较多，从密布、散布至几乎无斑点，幼株斑点较密集。文献记载花被筒红色，口部渐浅至黄色，花稀黄色，长约23～34mm。南京中山植物园栽培的样本观察到花蕾橙红色，开花后花筒几乎全黄色，花被筒长约25mm。

参考文献

Carter S, Lavranos J J, Newton L E, et al., 2011. Aloes: The Definitive Guide[M]. London: Kew Publishing: 675.

Eggli U (Ed.), 2001. Illustrated Handbook of Succulent Plants: Monocotyledons[M]. Berlin: Springer-Verlag: 149.

Grace O M, Klopper R R, Figueiredo E, et al., 2011. The Aloe names book[M]. Pretoria: SANBI: 89-90.

Reynolds G W, 1982. The Aloes of South Africa[M]. Cape Town: A.A. Balkema: 327-331.

Rothmann S, 2004. Aloes aristocrats of Namibian Flora: a layman's photo guide to the aloe species of Namibia[M]. Cape Town: Creda Communications: 68-69

Jeppe B, 1969. South Africa Aloes[M]. Cape Town: Purnell & Sons S.A. (PTY.) LTD.: 46.

Van Wyk B -E, Smith G F, 2014. Guide to the Aloes of South Africa[M]. Pretoria: Briza Publications: 66-67.

89
长柱芦荟

别名： 长生锦芦荟、百鬼夜行芦荟、长生锦（日）、百鬼夜行（日）、鯱锦（日）

Aloe longistyla Baker, J. Linn. Soc., Bot. 18: 158. 1880.

多年生矮小肉质草本植物。植株茎不明显，单生或基部分枝形成小株丛，稀形成10头以上的株丛。叶20~30片，排列成密集莲座形，叶片披针形，长12~15cm，宽3cm，直立至内弯，灰绿色具霜粉，具散布着生于疣状突起顶部的坚硬白色刺突，长可达4mm；边缘具坚硬白色齿，长3~4mm，齿间距5mm。花序高15~20cm，不分枝；花序梗强壮，粗可达3cm，具少数卵状不育苞片；总状花序圆锥状，长约11cm，直径约11cm，花排列密集；花苞片卵状至披针形，长25~30mm，宽12~15mm，稍肉质；花梗长6~8mm；花被筒状，淡鲑粉色至珊瑚红，上半部分向上翘起，花被筒长35~55mm，中部直径10mm；外层花被分离约13mm，裂片先端平展；雄蕊伸出20~25mm，花柱伸出约25mm。染色体：2n=14（Brandham，1971）。

中国科学院植物研究所北京植物园　幼苗叶片两列状排列。幼叶条状，灰绿色，有时具模糊条纹，叶腹面或背面具绿白色皮刺，列状排列，为与中线或靠近边缘的位置；边缘具较长绿白色长齿。

北京植物园　植株莲座状。叶片灰绿色（RHS 189A，188A-C），披针状，渐尖，直立或稍内弯，先端具刺尖，腹面具零星皮刺，背面具较多列状排列的皮刺，皮刺白色至绿白色，锥状或稍弯曲，尖端微红；被霜粉；边缘具白色至绿白色长齿，齿锥状或稍弯。总状花序圆锥状，花苞片大，包裹花基部，顶端覆瓦状排列形成簇状；花梗短；花被筒橙红色，自基部向口部近3/4处向上弯曲，长约42mm，子房部位宽约6mm；雄蕊伸出约18mm，花柱伸出约20mm。

上海植物园　未记录形态信息。

分布

产自南非东开普省和西开普省。

生态与生境

生长于多沙石的土壤中，特别是植被下荫蔽处，海拔500~1500m。

用途

观赏等。

引种信息

中国科学院植物研究所北京植物园　植株材料（2010-W1152）引种自北京，生长缓慢，长势一般。

北京植物园　植株材料（2011198）引种自美国，生长迅速，长势良好。

上海植物园　植株材料（2011-6-011）引种自美国，生长迅速，长势良好。

物候信息

原产地南非花期主要2~3月。

中国科学院植物研究所北京植物园　幼苗期，尚未观察到开花。夏季超过35℃生长停滞进入休眠。

北京植物园　观察到花期1~2月。1月初花芽初现，始花期1月下旬，盛花期1月末至2月上旬，末花期2月中旬。夏季超过35℃休眠。

上海植物园　未记录花期物候。夏季休眠。

繁殖

播种、扦插、分株繁殖。

迁地栽培要点

栽培管理稍有难度。喜光照充足的栽培场所，稍耐阴。耐旱，不耐湿涝，喜排水良好的栽培基质。喜温暖，不耐热，超过35℃生长停滞。不耐寒，北方地区需温室栽培越冬，5~6℃以上可安全越冬，10~15℃以上可正常生长。

中国科学院植物研究所北京植物园 采用腐殖土：粗沙（2：1或3：1）的混合土进行栽培，混入适量的颗粒基质促进根部排水，如轻石，赤玉土、木炭粒、珍珠岩等，颗粒基质的总量应控制在1/3左右。

北京植物园 温室盆栽，采用草炭土、火山岩、沙、陶粒等材料配制混合基质，排水良好。夏季中午需50%遮阳网遮阴。

上海植物园 温室盆栽，采用赤玉土、腐殖土、轻石、沙等基质配制混合土。

病虫害防治

抗性一般，常见病害有腐烂病、根粉蚧等。

中国科学院植物研究所北京植物园 北京夏季高温高湿季节，休眠期容易发生腐烂病，注意控水，定期喷洒50%多菌灵可湿性粉剂800~1000倍液进行防治。有时容易罹患介壳虫，可每10天左右喷洒蚧必治1000倍液进行预防。夏季温室须加强通风降温。

北京植物园 定期喷洒杀菌剂和速杀蚧预防腐烂病和根粉蚧。

上海植物园 休眠期容易发生腐烂病，注意控制浇水，定期喷洒杀菌剂进行预防。

保护状态

已列入CITES附录II。在南非作为易危种进行保护。

变种、自然杂交种及常见栽培品种

有相关报道。常见与黑魔殿芦荟（*A. erinacea*）的杂交种，也可与木立芦荟（*A. arborescens*）、木锉芦荟（*A. humilis*）等种类杂交获得杂交品种。

本种1880年由贝克（J. G. Baker）命名描述，其种名“*longistyla*”意为“长花柱的”，指其显著伸出的花柱，伸出可达20~25mm。本种与柏加芦荟（*A. peglerae*）亲缘关系较近，很容易区别：本种株形较小，花序圆锥状，花被筒淡肉粉色、橙红色至珊瑚红色，向上弯曲，雄蕊和柱头显著伸出，果实非常大，长达5cm，直径3cm；而柏加芦荟株形较大，花序圆柱状，花被筒暗红色，不弯曲，花数量多。二者叶片都具有美观的皮刺。

国内引种不多，北京、上海等地有引种栽培。栽培表现良好，北京地区已观察到花期物候。植株矮小，株形、皮刺美观，花序大而显著，花色明艳，观赏价值、育种价值极高，适合作为小型盆栽观赏。由于其栽培稍有难度，所以不适合粗放管理的露地栽培。

参考文献

Carter S, Lavranos J J, Newton L E, et al., 2011. Aloes: The Definitive Guide[M]. London: Kew Publishing: 222, 246.

Eggli U (Ed.), 2001. Illustrated Handbook of Succulent Plants: Monocotyledons[M]. Berlin: Springer-Verlag: 149-150.

Grace O M, Klopper R R, Figueiredo E, et al., 2011. The Aloe names book[M]. Pretoria: SANBI: 91.

Jeppe B, 1969. South Africa Aloes[M]. Cape Town: Purnell & Sons S.A. (PTY.) LTD.: 35.

Van Wyk B -E, Smith G F, 2014. Guide to the Aloes of South Africa[M]. Pretoria: Briza Publications: 292.

90
伦特芦荟（拟）

Aloe luntii Baker, Bull. Misc. Inform. Kew 1894: 342. 1894.

多年生肉质草本植物。植株萌生蘖芽形成小株丛，具茎长可达30cm。叶8～10片，幼时两列状排列，之后逐渐形成密集莲座状排列，叶片剑状，急尖，长可达30cm，宽达5cm，灰色至淡棕色，具霜粉，表面光滑；边缘无齿。花序高达40cm，通常具1～3个花序，4～8分枝，下部分枝常二次分枝；花序苞片包裹分枝基部，不育苞片卵状、急尖，白色膜质，长6mm，宽4mm；总状花序长达14cm，越往上越短，花排列疏松、偏斜到一侧；花苞片卵状，急尖，白色膜质，长3～4mm，宽2mm；花梗长4～6mm；花被筒状，粉色至红色或黄色，具明显的霜粉，长20～25mm，子房部位宽6mm，上方稍变窄，其后向口部变宽；外层花被分离约10～12mm；雄蕊和花柱伸出4～5mm。

中国科学院植物研究所北京植物园 幼年植株，株高38cm，株幅33cm。叶片长17～23cm，宽2.8～3cm，腹面橄榄绿色至深黄绿色（RHS 147A–B），背面橄榄绿色至深黄绿色（RHS 147A–B、148A），基部微红呈红棕色（RHS 177A–B）；叶两面具斑点，斑点圆形、椭圆形至延长斑，淡黄绿色（RHS 192A–D至196A–D），不组成横向带状，背面斑点较密，腹面斑点全叶分布，基部稍密，背面斑点散布全叶，基部较密；叶全缘，无齿，边缘角质边黄绿色（RHS 147B）；叶鞘红棕色（RHS 177A–B）具斑点。

植株（北京IBCASBG）　植株（北京IBCASBG）　植株局部

叶鞘　植株（捷克）　幼苗

分布

产自也门东南部。

生态与生境

生长于石灰岩山地多石地区，海拔800～2100m。分布区极端温度为-2～40℃，常有较轻的霜冻。极度干旱，年降水量仅75mm。

用途

观赏。

引种信息

中国科学院植物研究所北京植物园 幼苗材料（2012-W0364）引种自捷克布拉格，生长缓慢，长势一般。

物候信息

原产地也门地区花期多为夏末，也可能发生在一年中的其他时候，降雨可促进开花。

中国科学院植物研究所北京植物园 植株幼龄，尚未开花结实。

繁殖

播种、分株、扦插繁殖。

迁地栽培要点

耐旱，适应干旱环境，栽培基质需排水良好。喜光，不耐阴。耐寒，盆土干燥下可耐短暂0~2℃低温，10℃以上可正常生长。夏季不耐湿热，需加强通风，控制浇水。

中国科学院植物研究所北京植物园 土壤配方选用腐殖土与颗粒性较强的赤玉土、轻石、木炭等基质，以及排水良好的粗沙混合配制，颗粒基质占1/3左右，加入少量谷壳碳，并混入少量缓释的颗粒肥。夏季7月中旬至8月初气候湿热，此时应注意控制浇水，适当遮阴降温。

病虫害防治

夏季高温高湿季节容易发生腐烂病，定期喷洒多菌灵进行防治。

中国科学院植物研究所北京植物园 北京夏季高温高湿季节容易发生腐烂病，注意控水，定期喷洒50%多菌灵可湿性粉剂800~1000倍液进行防治。

保护状态

稀有种类，也门地区易危种（VU）；已列入CITES附录II。

变种、自然杂交种及常见栽培品种

有与萨巴芦荟（*Aloe sabaea* Schweinf.）自然杂交的相关报道。

1893年，英国园艺学家和植物收集者伦特（W. Lunt）前往也门的哈德拉毛地区（Hadhramaut）进行野外考察，在考察中，采集了2个新属25种新植物，其中就包括了伦特芦荟。1894年，贝克（J. G. Baker）对这个新种进行了定名和描述，以采集者的姓氏命名了本种的种名。本种与无刺芦荟（*A. inermis*）的亲缘关系较近，但很容易区分二者的差别：伦特芦荟叶片较短、较狭窄，叶片较光滑，呈现橄榄绿色，幼株叶两面具斑点，花序分枝达8个，花被筒长度较短，20~25mm；而无刺芦荟叶片较窄，幼株叶片无斑，花序分枝6~9个，花被筒稍长，28~30mm。

本种为稀有种类，国内引种较少，仅北京地区有栽培，栽培表现良好。植株生长缓慢，目前尚处于幼苗期，尚未观察到开花结实。幼株叶片有时具斑点，非常美观，可作小型盆栽观赏。成年植株常基部萌生蘖芽形成株丛，适合与山石配置，在温暖干燥的无霜地区，可装饰岩石园景观。

参考文献

Carter S, Lavranos J J, Newton L E, et al., 2011. Aloes: The Definitive Guide[M]. London: Kew Publishing: 593.
Eggli U (Ed.), 2001. Illustrated Handbook of Succulent Plants: Monocotyledons[M]. Berlin: Springer-Verlag: 150.
Grace O M, Klopper R R, Figueiredo E, et al., The Aloe names book[M]. Pretoria: SANBI: 92.
McCoy A T, 2019. The Aloes of Arabia[M]. Temecula: McCoy Publishing: 216-223.

91
斜花芦荟（拟）

Aloe macra Haw., Suppl. Pl. Succ. 45. 1819.
Lomatophyllum macrum (Haw.) Salm-Dyck ex Schult. & Schult.f., Syst. Veg. 7: 1715. 1830.
Phylloma macrum (Haw.) Sweet, Hort. Brit. 423. 1826.

多年生肉质草本植物。植株具茎，达30cm。叶10～12片，排列成松散莲座状，叶片剑状，渐尖，长30～35cm，宽3cm，均一绿色；边缘红色，具微齿，红色，密集排列。花序高30cm，不分枝或具1个分枝；总状花序圆柱状，长10～15cm，花排列密集；花苞片披针状，长约5mm；花梗长约10mm；花被筒状，红橙色，口部渐变为黄色，长13～14mm；雄蕊不伸出。果实为浆果。

中国科学院植物研究所北京植物园　植株单生，具茎，高67cm，株幅42cm，茎下部萌生蘖芽形成小株丛。叶螺旋状排列于枝端，稍松散；叶片条状至披针形，渐尖，长约32cm，宽2.5cm；均一黄绿色（RHS 138A），无斑点；边缘具软骨质窄边，淡黄绿色（RHS 193A–B），有时红棕色至淡红棕色（RHS 177A–D），具微小边缘齿，绿白色（RHS 193A–B），有时微红，长1mm，齿间距3～4mm；干燥汁液棕色。花序高32cm，不分枝；花序梗黄绿色（RHS 145A）至微红呈棕绿色，斜伸，或先平伸，弓状下弯后上升；总状花序圆柱状，长13cm，直径4cm，花排列较密集，具花达56朵；花梗橙色；花苞片肉质，深棕色（RHS 200A–B），边缘膜质，稍浅；花被筒状，橙红色至橙色（RHS 171C–D），口部渐浅至淡绿黄色（RHS 145C–D），裂片先端具黄绿色的脉纹（RHS 171C–143C），裂片边缘浅绿黄色（RHS 145 C–D），花被筒长约18mm，子房部位宽5.5mm，向上稍变狭至5mm，其后渐宽至6mm；花蕾橙红色（RHS 171 B）；外层花被分离约10.5mm；雄蕊伸出约0.5mm，花柱不伸出。

株丛（北京IBCASBG）　植株（北京IBCASBG）　植株局部　近基生蘖芽
叶腹面　叶背面　叶片边缘　边缘齿

分布

分布于留尼旺岛。

生态与生境

生长在干旱山地的岩石山坡、峭壁上。

用途

观赏、药用。叶片用于治疗感染、烫伤，还可治疗便秘。

引种信息

中国科学院植物研究所北京植物园　插穗材料（2017-2174）引种自俄罗斯圣彼得堡，生长迅速，长势良好。

物候信息

原产地留尼旺岛花期全年。

中国科学院植物研究所北京植物园　观察到3～6月开花。3月中旬花芽初现，始花期4月初，盛花期4月上旬至6月上旬，末花期6月中旬。单花花期2～3天。未观察到自然结实。无休眠期。

繁殖

播种、扦插繁殖。

迁地栽培要点

习性强健，栽培管理容易。土壤需透气性良好，栽培基质配比可根据各地材料因地制宜。喜光，稍耐阴。浇水见干见湿，越冬温度要大于5℃。

中国科学院植物研究所北京植物园　栽培常采用草炭土：河沙为2：1的基本比例，同时可根据实际情况混入园土、珍珠岩等其他基质。夏季需适当遮阴降温，冬季温室越冬。

病虫害防治

抗性强，病虫害少见。

中国科学院植物研究所北京植物园　未见病虫害发生，仅采取日常病虫害预防措施，定期喷洒50%多菌灵1000倍液、40%氧化乐果1000倍液等农药预防病虫害。

保护状态

极度稀有种，IUCN红色名录列为濒危种（E）；已列入CITES附录II。

变种、自然杂交种及常见栽培品种

尚未见相关报道。

本种为印度洋上的留尼旺岛特有种，非常稀有。1819年由哈沃斯（A. H. Haworth）定名描述。关于这个种的相关信息较少，栽培植株来源的地点不确切。本种与原产自毛里求斯岛的紫边芦荟（*A. purpurea* Lam.）的亲缘关系较近，二者植株大小有差异，本种株形较小。关于本种的产地，有很多争论，一些人认为它源自毛里求斯岛，1908年，伯格（A. Berger）首次确认它来自留尼旺岛。

国内栽培较少，仅北京地区有栽培。中国科学院植物研究所北京植物园从俄罗斯圣彼得堡科马洛夫植物研究所植物园引进本种，当时材料引进的标签标名是纤枝芦荟（*Aloe tenuior*），植株形态特征与其他引种来源的纤枝芦荟不同，开花后进行了重新鉴定，认为是*A. macra*，但其花被筒长度稍长于文献记载的尺寸，可能跟栽培条件和遗传混杂有关。本种习性强健，栽培表现良好，幼株适合盆栽观赏，成株适合林缘、疏林下丛植。

参考文献

Carter S, Lavranos J J, Newton L E, et al., 2011. Aloes: The Definitive Guide[M]. London: Kew Publishing: 566.
Castillon J –B, Castillon J –P, 2010. The Aloe of Madagascar[M]. La Réunion: J.–P. & J.–B Castillon: 378–382.
Eggli U (Ed.), 2001. Illustrated Handbook of Succulent Plants: Monocotyledons[M]. Berlin: Springer–Verlag: 150.
Grace O M, Klopper R R, Figueiredo E, et al., 2011. The Aloe names book[M]. Pretoria: SANBI: 93.

92
大果芦荟

Aloe macrocarpa Tod., Hort. Bot. Panorm. 1: 36. 1876.
Aloe eduli A. Chev. ex Hutch. & Dalziel, Fl. W. Trop. Afr. 2: 345. 1936.
Aloe macrocarpa var. *major* A. Berger, Pflanzenr. IV, 38: 210. 1908.

多年生肉质草本植物。植株茎不明显或具茎，长可达30cm，单生或萌生蘖芽形成小株丛。叶16~20片，排列成密集莲座形；叶片披针形，渐尖，长20~40cm，宽6~7cm；中绿，具大量白色或淡绿色长圆斑点，密集排列成横带状；边缘具尖锐三角齿，淡棕色，长3mm，齿间距8~10mm。花序高80~100cm，具3~5分枝；花序梗具膜质苞片，包裹分枝基部；总状花序圆柱形，长15~20cm，直径6cm，花排列疏松；花苞片线状披针形，膜质，长8mm；花梗长12~15mm；花被红色，筒形，长25~35mm，子房部位宽8mm，上方缢缩至5mm，之后向口部变宽；外层花被分离约6~7mm，先端开展；雄蕊和花柱几乎不伸出。

北京植物园 未记录形态信息。

上海辰山植物园 温室盆栽栽培，因盆栽受限，株丛直径37cm，株高13cm，基部萌蘖形成株丛。叶长达17cm，叶片两面具斑点，斑点密集排列成清晰的横带状。

植株（上海CBG） 萌蘖小芽 叶先端稍反曲 叶腹面 叶背面 叶腹面斑点 叶背面斑点 边缘齿

分布

广泛分布于埃塞俄比亚和厄立特里亚，向西从苏丹至尼日利亚、西非地区至马里。

生态与生境

生长于多石草原，海拔400~2000m。

用途

观赏、药用、食用等。在西非地区，当地部落居民食用大果芦荟的花，并做为季节性的材料烹饪；干燥叶片被混合入茶叶饮用。当地居民用叶片治疗疟疾、黄疸和皮肤病。有关于治疗利什曼病的研究的报道，大果芦荟具有开发相关药物的潜力。

引种信息

北京植物园 植株材料（2011200）引种自美国，生长迅速，长势良好。

上海辰山植物园 植株材料（20110919）引种自美国，生长较快，长势良好。

物候信息

原产地埃塞俄比亚花期主要从10月至翌年4月。

北京植物园 未观察到开花。

上海辰山植物园 未观测到开花，果未见。未观察到具有休眠期。

繁殖

多播种、分株繁殖，扦插繁殖用于挽救烂根植株或未生根蘖芽繁殖。

迁地栽培要点

习性强健，栽培管理容易。

北京植物园 温室盆栽，采用草炭土、火山岩、沙、陶粒等材料配制混合基质，排水良好。夏季中午需50%遮阴。

上海辰山植物园 温室栽培，采用少量颗粒土与草炭混合种植。温室夏季最高温40℃以下，冬季最低温13℃以上，能安全度夏和越冬。

病虫害防治

抗性强，病虫害较少发生。

北京植物园 未观察到病虫害发生。定期喷洒杀菌剂预防黑斑病、炭疽病、褐斑病发生。

上海辰山植物园 未观察到病虫害发生。高温高湿季节喷施杀菌剂预防真菌细菌病害。

保护状态

已列入CITES附录II。

变种、自然杂交种及常见栽培品种

尚未见相关报道。

本种最初发现的确切地点已无人知晓，1875年由托达罗（A. Todaro）首次定名并绘制了模式图。最早引入栽培的活植物材料由申佩尔（G. W. Schimper）收集，材料可能来自埃塞俄比亚的提格雷地区（Tiger Region）。其种名“*macrocarp*”意为“大果”，本种与斑马芦荟（*A. zebrina*）亲缘关系较近，可通过花序和花的差异来区分。

本种国内有引种，北京、上海地区有栽培，栽培表现良好，尚未记录花期物候信息。植株斑纹清晰，非常美观，幼株可盆栽观赏，成株适宜大片丛植配置花境。温暖干燥的无霜地区可露地栽培。

参考文献

Carter S, Lavranos J J, Newton L E, et al., 2011. Aloes: The Definitive Guide[M]. London: Kew Publishing: 173.

Demissew S, Nordal I, 2010. Aloes and Lilies of Ethiopia and Eritrea[M]. Addis Ababa: Shama Books: 62-63.

Eggli U (Ed.), 2001. Illustrated Handbook of Succulent Plants: Monocotyledons[M]. Berlin: Springer-Verlag: 150-151.

Grace O M, Klopper R R, Figueiredo E, et al., 2011. The Aloe names book[M]. Pretoria: SANBI: 93-94.

93
长筒芦荟

Aloe macrosiphon Baker, Fl. Trop. Afr. 7: 495. 1898.
Aloe compacta Reynolds, Kirkia 1: 162. 1961.
Aloe mwanzana Christian, J. S. African Bot. 6: 184. 1940.

多年生肉质草本植物。植株茎不明显，常萌蘖形成密集大株丛。叶排列成密集莲座形，叶片直立至平展，披针形，渐尖，长50～70cm，宽5～10cm；光亮暗绿色，干旱状态下呈红棕色，具白色长斑点，背面斑点小而密集；边缘具尖锐齿，小尖头棕色，向叶先端弯曲，长2～4mm，齿间距8～15mm。花序高75～150cm，具2～8直立分枝；总状花序圆柱形，长15～30cm，直径6cm，花排列稍密集；花苞片卵状，急尖，膜质，白色，长10～15mm，宽5～8mm，花芽期包裹花蕾；花梗长约10mm；花被亮红色至粉红色，口部黄色，三棱状筒形，长27～33mm，子房部位宽约7mm；外层花被分离约10mm；雄蕊和花柱稍伸出。

上海辰山植物园 温室栽培，丛生植株，株丛直径174cm。叶片宽7～9cm；边缘齿长3～4mm，齿间距15～20mm。花序高121cm；总状花序长14～20cm；花被筒长30mm，子房部位宽7mm，最宽处宽7mm，最窄处宽6mm；外层花被分离约15mm。

植株（上海CBG） 边缘齿 边缘齿 叶腹面 叶腹面局部 腹面斑点 叶背面局部 叶腹面先端微凹 叶先端 花序局部

分布

广泛分布于维多利亚湖（Lake Victoria）南端，肯尼亚西南部、乌干达西南部至卢旺达和坦桑尼亚西北部、西部，至坦噶尼喀湖（Lake Tanganyika）以东。

生态与生境

生长于草原刺灌丛边缘荫蔽处的多石区域，海拔1125～1585m。

用途

观赏、药用等。

引种信息

上海辰山植物园 植株材料（20130620）引种于美国，生长迅速，长势良好。

物候信息

原产地乌干达主要的花期为6～10月。

上海辰山植物园 温室栽培，花期12月至翌年2月。12月上旬初现花芽，翌年1月上旬花序抽出，1月下旬开始开花，盛花期2月上旬。2月下旬果实成熟。未见明显休眠。

繁殖

播种、扦插、分株繁殖。

迁地栽培要点

习性强健，栽培管理容易。喜光照充足的栽培场所，耐阴。耐旱，不耐湿涝，喜排水良好的栽培基质。喜温暖，不耐寒，5～6℃以上可安全越冬。

上海辰山植物园 温室栽培，土壤配方用砂壤土与草炭土混合种植。温室内夏季最高温在40℃以下，冬季最低温在13℃以上，能安全度夏和越冬。

病虫害防治

抗性强，病虫害较少发生。

上海辰山植物园 未观察到病虫害发生，常规管理。

保护状态

已列入CITES附录II。

变种、自然杂交种及常见栽培品种

有少量报道，如品种*A. macrosiphon*'Cielo'。

本种1893年由埃利奥特（G. F.S. Elliot）首次采集，1898年，英国植物学家贝克（John G. Baker）命名并描述了该种，种名"*macrosiphon*"意为"大的花筒"。

本种国内引种不多，目前仅上海有栽培。栽培表现良好，已观察到开花。本种株形较大，适于地栽，温暖干燥的无霜地区可露地栽培，喜部分遮阴的环境。

参考文献

Carter S, Lavranos J J, Newton L E, et al., 2011. Aloes: The Definitive Guide[M]. London: Kew Publishing: 462.
Cole T, Forrest T, 2017. Aloes of Uganda: A Field Guide[M]. Santa Babara: Oakleigh Press: 94–99.
Eggli U (Ed.), 2001. Illustrated Handbook of Succulent Plants: Monocotyledons[M]. Berlin: Springer-Verlag: 151.
Grace O M, Klopper R R, Figueiredo E, et al., 2011. The Aloe names book[M]. Pretoria: SANBI: 94.

94
斑点芦荟

别名： 斑痕芦荟、皂芦荟、皂质芦荟、皂甙芦荟、肥皂芦荟、明鳞锦芦荟、明鳞锦（日）

Aloe maculata All., Auct. Syn. Meth. Stirp. Hort. Regii Taur. 13. 1773.
Aloe latifolia (Haw.) Haw., Syn. Pl. Succ. 82. 1812.
Aloe leptophylla N.E.Br. ex Baker, J. Linn. Soc., Bot. 18: 165. 1881.
Aloe maculosa Lam., Encycl. 1: 87. 1783.
Aloe saponaria (Aiton) Haw., Trans. Linn. Soc. London 7: 17. 1804.
Aloe umbellata DC., Pl. Hist. Succ. t. 98. 1802.

多年生肉质草本植物。植株茎不明显，或具粗壮短茎，长可达50cm，有时更长；植株单生或萌生蘖芽形成小株丛。叶12~20片，排列成密集莲座状；叶片平展，卵状至披针形，具枯尖，长25~30cm，宽8~12cm，腹面暗绿色，具大量白色长斑点，密集排列成横带状，背面颜色较浅，通常无斑点，具条纹；边缘具棕色尖锐锯齿，长3~5mm，齿间距约10mm。花序高40~100cm，具3~7分枝，分枝宽展，弯曲向上；花梗粗壮，具膜质苞片，包裹分枝基部；总状花序紧缩成近头状，长10~12cm，宽12~16cm，顶端平或圆，花排列密集；花苞片线状披针形，膜质，长13~20mm；花梗长35~40mm；花被鲑粉色至橙色、黄色或红色，筒状，长35~45mm，子房部位宽10mm，上方突然缢缩至6mm，之后向口部渐宽；外层花被分离约10~15mm，先端稍开展；雄蕊和花柱几乎不伸出。

中国科学院植物研究所北京植物园 盆栽植株高约28cm，株幅58cm。叶片长26~29cm，宽6~7cm；腹面暗黄绿色（RHS NN137A），具H型斑点，淡黄绿色（RHS195C），斑点密集排列成横带状；背面淡灰绿色（RHS 195C），具模糊斑点，绿白色（RHS195D），密集排列成片状或横带状；边缘齿尖锐、三角状，尖端橙棕色（RHS N170A-B），长3.5~4.5mm，齿间距8~11mm。花序高约44cm，具2分枝；花序梗淡灰棕色（RHS N200D），被霜粉，擦去霜粉棕色（RHS 200C）；总状花序紧缩成近头状，长达8.7cm，直径6~6.5cm，花排列密集，具花达91朵；花苞片米色，膜质；花被橙红色（RHS 35A-B），裂片边缘白色或淡肉色（RHS 159C），花被筒长32~33mm，子房部位宽6~7mm，上方稍变狭至4.5~5mm，之后向口部变宽；外层花被分离约8~9mm；雄蕊和花色淡黄色，雄蕊伸出5~6mm，花柱伸出约1~4mm。

北京植物园 未记录形态信息。

仙湖植物园 植株株高43~49cm，株幅62~70cm。叶片长30~35cm，宽4.9~5.6cm；边缘齿长3~5mm，齿间距14~20mm。花序高15~26cm；总状花序长9.8~10.2cm，宽6.9~7.4cm；花被筒长30~35mm，子房基部宽6~7mm，上方稍狭至2~4mm，其后向上渐宽至6~7mm；外层花被分离约6~7mm。

上海植物园 未记录形态信息。

植株（北京IBCASBG）

植株（北京IBCASBG）

植株局部（北京IBCAS）

不同样本植株（北京IBCASBG）　不同样本植株（北京IBCASBG）　不同样本植株（北京IBCASBG）

植株（北京BBG）　株丛（北京BBG）　植株（南非）

不同样本叶腹面　不同样本叶腹面　不同样本叶腹面　不同样本叶腹面

不同样本叶背面　不同样本叶背面　不同样本叶背面　不同样本叶背面

不同样本叶腹面斑点　不同样本叶腹面斑点　不同样本叶腹面斑点　不同样本叶腹面斑点

不同样本叶背面斑点
不同样本叶背面斑点
不同样本叶背面斑点
不同样本叶背面斑点
边缘齿
边缘齿
边缘齿
边缘齿
叶先端
不育苞片
不育苞片
花序分枝基部苞片
花苞片
播种苗
（北京IBCASBG）
幼株（北京IBCASBG）
幼株（北京IBCASBG）
幼株（北京IBCASBG）
幼株叶腹面
幼株叶背面
幼株边缘齿
幼株叶尖

开花植株（北京IBCASBG）
开花植株（北京IBCASBG）
不同样本的花序
花序（深圳）
不同样本的分枝总状花序
不同样本的分枝总状花序
不同样本的分枝总状花序
不同样本的分枝总状花序
不同样本的花
不同样本的花
不同样本的花
不同样本的花
cm 1 2 3 4 5 6 7 8 9 10
不同样本花发育
cm 1 2 3 4 5 6 7 8 9 10
不同样本花发育

不同样本花解剖

不同样本花解剖

种子

分布

广泛分布，自西开普省南部、跨越东开普省、自由邦省东部至夸祖鲁-纳塔尔省和姆普马兰加省；莱索托、津巴布韦南端也有分布。

生态与生境

生长于海岸气候地带至高海拔山地等多种生境中，生长于裸露岩石地区、刺灌丛至草地。

用途

观赏、药用等。叶片汁液可用于作肥皂的替代品。

引种信息

中国科学院植物研究所北京植物园　植株（1991-W0006）引种记录不全，生长迅速，长势良好。幼苗材料（2008-1942）引种自深圳植物园，生长迅速，长势良好。幼苗材料（2010-W1165）引种自北京，生长迅速，长势良好。种子材料（2017-0289）引种自南非，生长迅速，长势良好。斑点芦荟锦：幼苗材料（2010-0765）引种自杭州，生长迅速，长势良好。

北京植物园　植株材料（2011201）引种自美国，生长迅速，长势良好。

仙湖植物园　植株材料（SMQ-081）引种自美国，生长迅速，长势良好。

上海植物园　植株材料（2011-6-070）引自美国，生长迅速，长势良好。

物候信息

原产地南非花期多变，12月至翌年1月（夏）、6月（冬）、8~9月（春）都有开花。津巴布韦花期9~12月，主要在9~10月。

中国科学院植物研究所北京植物园　观察到不同样本花期10~11月、2~3月、5~6月。10~11月花期：10月中旬花芽初现，10月末始花期，11月上旬至中旬盛花期，11月下旬末花期。单花花期约3天。果期11~12月，初果期11月下旬，果熟12月。无休眠期。

北京植物园　未记录花期。无休眠期。

仙湖植物园　花期12月至翌年2月。

上海植物园　未记录花期。

繁殖

播种、扦插、分株繁殖。

迁地栽培要点

习性强健，栽培管理容易。喜光照充足的栽培场所，稍耐阴。耐旱，不耐湿涝，喜排水良好的栽培基质。喜温暖，适宜生长温度为15～23℃，不耐寒，北方地区需温室栽培越冬，5～6℃以上可安全越冬，10℃以上可正常生长。

中国科学院植物研究所北京植物园 栽培基质适应范围广泛，可采用腐殖土：沙为2：1、3：1的混合基质，也可采用赤玉土：腐殖土：沙：轻石为1：1：1：1的混合基质。

北京植物园 温室盆栽，采用草炭土、火山岩、沙、陶粒等材料配制混合基质，排水良好。夏季中午需50%遮阴。

仙湖植物园 室内地栽，采用腐殖土、河沙混合土栽培。

上海植物园 温室盆栽，采用赤玉土、腐殖土、轻石、沙等基质配制混合土。

病虫害防治

抗性强，不易罹患病虫害。

中国科学院植物研究所北京植物园 定期进行病虫害预防性的打药，每10～15天喷洒50%多菌灵800～1000倍液和40%氧化乐果1000液1次，并加强通风。

北京植物园 容易发生黑斑病、褐斑病、腐烂病，注意控制浇水，定期喷洒杀菌剂进行预防。

仙湖植物园 常见病害有炭疽病。主要危害叶片，茎部也可受害。去除患病部位，与没病植株隔离。病害流行季节选喷50%甲基托布津700～1000倍液、50%代森锰锌或25%施宝克600倍液等3～5次，间隔7～10天。

上海植物园 容易发生炭疽病、褐斑病、腐烂病，注意控制浇水，定期喷洒杀菌剂进行预防。

保护状态

已列入CITES附录II。

变种、自然杂交种及常见栽培品种

有自然杂交种的报道，与木立芦荟（*A. arborescens*）、短叶芦荟（*A. brevifolia*）、好望角芦荟（*A. ferox*）、线状芦荟（*A. lineata*）、穆登芦荟（*A. mudenensis*）、草地芦荟（*A. pratensis*）、银芳锦芦荟（*A. striata*）、沙丘芦荟（*A. thraskii*）形成自然杂交种。斑锦品种斑点芦荟锦（*Aloe maculate* ‘Variegata’），又名皂芦荟锦、皂质芦荟锦、明鳞锦之光等，叶片具纵向斑锦条纹。

斑点芦荟锦植株（南京）
斑点芦荟锦植株（厦门）
斑点芦荟锦植株（厦门）
斑点芦荟锦植株（北京IBCASBG）
叶腹面
叶背面
开花植株

本种1773年由阿里奥尼（C. Allioni）命名并描述，种名“*maculata*”意为“具斑点的”，指其叶面具斑点。此后的100多年间，分类上出现了许多异名，达到30个左右。1804年，哈沃斯（A. H. Haworth）将其定名为*Aloe saponaria*，“*saponaria*”意为“皂质的”，指其叶片汁液被用于肥皂的替代品。这个名字最为常见，被错误地使用了很多年，直至人们发现阿里奥尼最早定名的名称具有优先权。本种的遗传多样性十分丰富，植株、叶片、花序的形态变化丰富。其密集呈近头状的花序，很容易把它与分布在同一区域的斑点芦荟群的其他种类区别开。本种不同产地来源的样本植株，叶片的斑点疏密度、模糊程度有一定的变化，花序的分枝数量、分枝总状花序的的疏密度、花梗的长度、花色、花被筒的长度都有一定的差异。

斑点芦荟的引入栽培可追溯到18世纪，全世界温暖地区广泛栽培，常用于庭院观赏。我国广泛引种栽培，北京、上海、深圳等地均有栽培，栽培表现良好。北京地区收集的不同样本之间有一定差异：叶形从披针形至三角状；叶腹面斑点从密集排列成清晰的横带状至排列稍呈横带状，斑点从密集至稍稀疏、清晰至稍模糊；叶背面斑点从模糊、稍模糊至稍清晰；花序分枝从1个到7个，分枝总状花序从非常密集呈近头状至短圆柱状；花色从浅粉至橙红色，花被筒长度33～45mm。斑点芦荟的斑锦品种栽培也很广泛，北京、上海、南京、杭州、深圳、厦门等地均有栽培，栽培表现良好，观赏效果极佳。斑点芦荟的杂交种在国内栽培中也很常见，最常见的是与银芳锦芦荟（*A. striata*）的杂交品种。本种及其杂交品种习性强健，株形美观、花序繁茂，花色艳丽，具有很高的观赏价值，适于丛植地栽布置露地展区、温室展区的花境，我国南部温暖、干燥的无霜地区可露地栽培。斑锦品种生长较慢，适于盆栽观赏或室内地栽观赏。

参考文献

Carter S, Lavranos J J, Newton L E, et al., 2011. Aloes: The Definitive Guide[M]. London: Kew Publishing: 171.
Eggli U (Ed.), 2001. Illustrated Handbook of Succulent Plants: Monocotyledons[M]. Berlin: Springer-Verlag: 151.
Grace O M, Klopper R R, Figueiredo E, et al., 2011. The Aloe names book[M]. Pretoria: SANBI: 95-96.
Jeppe B, 1969. South Africa Aloes[M]. Cape Town: Purnell & Sons S.A. (PTY.) LTD.: 67.
Klopper R R, Crouch N R, Smith G F, et al., 2020. A synoptic review of the aloes (Asphodelaceae, Alooideae) of KwaZulu-Natal, an ecologically diverse province in eastern South Africa[J]. PhytoKeys, 142: 1-88.
Van Wyk B -E, Smith G F, 2014. Guide to the Aloes of South Africa[M]. Pretoria: Briza Publications: 250-251.
West O, 1974. Aloes of Zimbabwe[M]. Harare: Longman Zimbabwe: 50-52.

95
马德卡萨芦荟

别名：马岛原生芦荟

Aloe madecassa H. Perrier, Mém. Soc. Linn. Normandie, Bot. 1: 23. 1926.

多年生肉质草本植物。植株通常茎不明显，单生。叶约20片，披针形，急尖，长25cm，宽7～9cm，均一的暗绿色，具模糊条纹；边缘具粉色假骨质边，具细小、粉色、三角状齿，长2mm，齿间距5～8mm；干燥汁液白色。花序高100cm，分枝可达10个，自花序梗中部开始分枝。总状花序长可达20cm，锐尖，花排列较密集；花苞片披针形，长9mm，宽3mm；花梗红色，长14mm；花被鲜红色，稍棍棒状，长25mm，子房部位宽5mm，外层花被分离约12mm；雄蕊和花柱伸出1～2mm。

中国科学院植物研究所北京植物园 植株高约21cm，株幅29cm。叶片长14～15cm，宽4.6～5.6cm，腹面橄榄绿色（RHS 137B-C），具模糊条痕，背面稍灰（RHS N138B-C）；边缘具假骨质边，淡黄绿色（RHS 145C-D），有时微红，具三角状边缘齿，淡黄绿色（RHS 146B-D）至白色；齿长1～1.5mm，齿间距3～9.5mm；汁液无色。花序高61cm，花序具2个分枝；花序梗棕灰色（RHS N200C-D），被霜粉，擦去霜粉暗棕色（RHS N200A）；总状花序圆柱状，渐尖，长10～28cm，宽约6.5cm，花排列较疏松，具花23～58朵；花梗暗红橙色（RHS 175B-C）；花苞片膜质，浅褐色；花被筒状，红橙色（RHS 35A-B），口部稍浅，花被裂片边缘浅肉粉色（RHS 29D），花被筒长27～28mm，子房部位宽5mm，向上渐宽至7mm；花被分离约9～10mm；雄蕊花丝淡黄色（RHS 4C），伸出2～4mm，花柱淡黄色（RHS 16C-4C），伸出3～4mm。

植株（北京IBCASBG） 植株（北京IBCASBG） 叶腹面 叶背面 叶腹面局部 叶背面局部 叶先端

分布

产自马达加斯加的塔那那利佛省（Antananarivo）以南的山地。

生态与生境

生长于山地硅质岩石上。

用途

观赏等。

引种信息

中国科学院植物研究所北京植物园　幼苗（2012-W0322）引种自捷克布拉格，生长较慢，长势良好。

物候信息

原产地马达加斯加花期4～5月。

中国科学院植物研究所北京植物园　花期10～11月。始花期10月末，盛花期11月上旬。单花花期2～3天。初果期11月中旬，果熟期12月中旬。无休眠期。

繁殖

多播种、扦插繁殖。

迁地栽培要点

习性强健，栽培管理容易。喜光照充足的栽培场所，稍耐阴。耐旱，不耐湿涝，喜排水良好的栽培基质。喜温暖，不耐寒，5～6℃以上可安全越冬。

中国科学院植物研究所北京植物园　配制混合土采用腐殖土：沙为2：1、3：1的比例，也可采用赤玉土：腐殖土：沙：轻石为1：1：1：1的比例，加入少量谷壳碳和缓释肥颗粒。

病虫害防治

抗性强，不易罹患病虫害。

中国科学院植物研究所北京植物园　未观察到病虫害发生，常规预防性打药管理。

保护状态

马达加斯加列为易危种（VU），已列入CITES附录II。

变种、自然杂交种及常见栽培品种

有与*A. capitata*的自然杂交种的报道。

1926年皮埃尔（H. Perrier）首次命名描述本种，种名“*madecassa*”意为“本土的”，指其为马达加斯加原产的物种。与三角齿芦荟（*A. deltoideodonta*）亲缘关系较近，后者植株较小，花序较短，仅2～3分枝。这两个种的关系还需要进一步研究。卡斯蒂隆（J. -B. Castillon）在其专著中提到拉弗兰诺斯（J. J. Lavranos）认为本种是真正的三角齿芦荟，但缺乏证据，故本书采用卡斯蒂隆的观点，将其作为独立的种描述。

国内仅北京有引种栽培，栽培表现良好，已观察到开花结实。植株体型较小，适于盆栽观赏。

参考文献

Carter S, Lavranos J J, Newton L E, et al., 2011. Aloes: The Definitive Guide[M]. London: Kew Publishing: 311.

Castillon J -B, Castillon J -P, 2010. The Aloe of Madagascar[M]. La Réunion: J.-P. & J.-B Castillon: 54-55.

Eggli U (Ed.), 2001. Illustrated Handbook of Succulent Plants: Monocotyledons[M]. Berlin: Springer-Verlag: 151-152.

Grace O M, Klopper R R, Figueiredo E, et al., 2011. The Aloe names book[M]. Pretoria: SANBI: 96.

Rakotoarisoa S E, Klopper R R, Smith G F, 2014. A preliminary assessment of the conservation status of the genus *Aloe* L. in Madagascar[J]. Bradleya: 32, 81-91.

96
马氏芦荟

别名：山地芦荟、鬼切芦荟、鬼切丸（日）、音羽锦（日）

Aloe marlothii A. Berger, Bot. Jahrb. Syst. 38: 87. 1905.
Aloe marlothii var. *bicolor* Reynolds, J. S. African Bot. 2: 34. 1936.

多年生小乔木状肉质植物。植株单生，具直立茎，高可达4（~6）m，莲座下茎表面覆盖宿存枯叶。叶40~50片，排列成密集莲座形；叶披针形，渐尖，平展，长100~150cm，宽20~25cm，暗灰绿色至蓝绿色，具少量至大量散布的红棕色皮刺，长3~4mm，背面皮刺更大量；边缘具尖锐红棕色齿，长3~6mm，齿间距10~20mm。花序高约80cm，直立，具10~30个倾斜开展的分枝，下部分枝再分枝；总状花序水平至倾斜或近直立，长30~50cm，直径5~6cm，花排列密集，偏斜至花序轴一侧；花苞片卵状至披针形，急尖，长约8~9mm，宽5mm，淡棕色；花梗长5~8mm；花被黄色、橙色至橙红色，棒状至一侧膨出，长30~35mm，基部圆，子房部位宽约7mm，向上变宽至11mm，之后向口部变窄；外层花被分离约20~23mm；雄蕊和花柱伸出约15mm；雄蕊花丝紫色，具橙色花药。

中国科学院植物研究所北京植物园 未记录形态信息。

北京植物园 幼株高37cm，株幅35cm。叶片长24.5~25cm，宽5cm；蓝绿色，无斑，叶背面具稀疏皮刺，叶腹面先端凹，叶先端具刺突；边缘齿红棕色，尖锐，长3mm，齿间距10mm。

厦门市园林植物园 叶片长79cm，叶宽15.5cm，株高124cm。

仙湖植物园 未记录形态信息。

上海辰山植物园 温室栽培，植株单生，高71cm，株丛直径40cm。

南京中山植物园 高170cm，叶片长90cm，宽11cm。

上海植物园 未记录形态信息。

植株（南京） 植株（南京） 植株（深圳）
植株（上海CBG） 露地栽培植株（厦门） 植株（上海） 植株（南非）

播种苗（北京IBCASBG，6个月）
播种苗（北京IBCASBG，1年）
播种苗（北京IBCASBG，2年）
播种苗（北京IBCASBG，4年）
叶腹面
叶背面
叶腹面局部
叶背面局部
边缘齿
叶基
叶背面（露地）
幼株（露地）
叶背面皮刺（露地）
开花植株（花芽期，厦门）
开花植株（花蕾膨大期，北京）
开花植株（盛花期，厦门）
花芽（厦门）
花序（厦门）
分枝总状花序（厦门）

分枝总状花序（南京） 花序局部 花 花发育（厦门） 花发育（南京） 果实 花解剖 种子 播种苗

分布

广泛分布于博茨瓦纳东南部、南非的西北省、北部省、姆普马兰加省、豪藤省、夸祖鲁-纳塔尔省，斯威士兰也有。

生态与生境

生于多石灌丛地，常生长在裸露的土壤中或岩帽上，海拔1000～1800m。

用途

观赏、药用等。在原产地，叶片和汁液的汤剂被土著居民用于治疗蛔虫和绦虫感染以及胃病等，还可用于妇女断奶。叶片灰烬用作鼻烟添加剂，花蜜可食用。可用于治疗马的疾病。

引种信息

中国科学院植物研究所北京植物园 种子（2008-1767、2008-1768）引自美国，生长迅速，长势良好；幼苗（2010-W1154）引种自北京，生长迅速，长势良好；幼苗（2010-1018）引种自上海，生长迅速，长势良好。

北京植物园 植株材料（2011202、2011204）引自美国，生长迅速，长势良好。

厦门市园林植物园 幼苗（XM2002013）从深圳引种，生长迅速，长势良好；幼苗材料（XM2016020）从北京引种，生长迅速，长势良好。

仙湖植物园　植株材料（SMQ-084）引种自美国，生长迅速，长势良好。

上海辰山植物园　植株材料（20110923）引种自美国，生长迅速，长势良好。

南京中山植物园　植株材料（NBG-2007-7）引自福建漳州，生长迅速，长势良好。

上海植物园　植株材料（2011-6-047）引种自美国，生长迅速，长势良好。

物候信息

原产地南非花期5～9月。

中国科学院植物研究所北京植物园　花期11～12月。无休眠期。

北京植物园　尚未观察到开花结实。无休眠期。

厦门市园林植物园　大棚内12月抽出花芽，翌年1月盛花期，2月下旬末花期。果期3月。露地栽培植株2月上旬始见花芽，4月中旬花末期，比大棚花期晚近2个月。

仙湖植物园　未记录开花情况。

上海辰山植物园　温室栽培，未观测到开花结实。未观察到具有休眠期。

南京中山植物园　花期2～3月。

上海植物园　尚未记录开花情况。

繁殖

多播种、扦插繁殖。厦门地区通常4月播种，自采种子一般出苗率70%～80%，幼苗生长较快，播种苗3个月高4cm，1年苗高约15cm，2年苗高可达30cm。

迁地栽培要点

喜温暖、怕寒冷，露地栽培应选终年无霜地区种植，冬季栽培温度不低于5℃。芦荟喜光、耐旱，要求土壤潮湿、肥沃，疏松透气，忌涝，忌黏土。

中国科学院植物研究所北京植物园　适应基质范围较广，可选用最简单腐殖土、沙配制混合土进行栽植，也可选用赤玉土、腐殖土、轻石、沙配制混合基质，加入适量谷壳碳或木炭以及少量缓释肥。

厦门市园林植物园　可选用园土、腐殖土、粗沙混合配制腐殖土。

北京植物园　温室盆栽，采用草炭土、火山岩、沙、陶粒等材料配制混合基质，排水良好。夏季中午需50%遮阴。

厦门市园林植物园　户外栽植，采用腐殖土、河沙混合土栽培。

仙湖植物园　室内地栽，采用腐殖土、河沙混合土栽培，植株长势明显较室外的长势更为迅速，生长良好。

上海辰山植物园　温室栽培，土壤配方用少量颗粒土与草炭土混合种植。温室内夏季最高温在40℃以下，冬季最低温在13℃以上，能安全度夏和越冬。

南京中山植物园　栽培基质为：园土：粗沙：泥炭为2：2：1。最适宜生长温度为15～25℃，最低温度不能低于0℃，否则产生冻害，最高温不能高于35℃，否则生长不良，设施温室内栽培，夏季加强通风降温，夏季10:00～15:00用50%遮阳网遮阴。春秋两季各施1次有机肥。

上海植物园　温室盆栽。采用赤玉土、腐殖土、轻石、沙等基质配制混合土。

病虫害防治

抗性强，病虫害较少发生。

中国科学院植物研究所北京植物园　未观察到病虫害发生，仅定期进行病虫害预防性的打药，每10～15天喷洒50%多菌灵800～1000倍液和40%氧化乐果1000液1次进行预防，并加强通风。

北京植物园 病虫害较少发生。

厦门市园林植物园 易受介壳虫真菌危害，用蚧必活、多菌灵及托布津防治。

仙湖植物园 常见病害有炭疽病、褐斑病、叶枯病、根腐病等。清除病叶，烧掉，少量病斑可局部切除，施用50%甲基托布津600~800倍液或50%多菌灵800~1000倍液防治。

上海辰山植物园 病虫害较少发生。

南京中山植物园 常见病害主要有炭疽病、褐斑病、叶枯病、白绢病及细菌性病害，多发生于湿热夏季通风不良的室内。可喷洒百菌清等杀菌类农药进行防治。

上海植物园 未见病虫害发生。

保护状态

已列入CITES附录II。

变种、自然杂交种及常见栽培品种

有自然杂交种的报道，与皮刺芦荟（*A. aculeata*）、近缘芦荟（*A. affinis*）、木立芦荟（*A. arborescens*）、栗褐芦荟（*A. castanea*）、查波芦荟（*A. chabaudii*）、蛇尾锦芦荟（*A. greatheadii* var. *davyana*）、德威芦荟（*A. dewetii*）等等很多种类形成自然杂交种。本种具一亚种*Aloe marlothii* subsp. *orientalis* Glen & Hardy，分布于东部地区，与原种区别在于，本亚种萌生蘖芽形成小株丛，花序和花较短。

本种由植物学家马洛斯（H. W. R. Marloth）最早收集，1905年，贝克（J. G. Baker）定名描述，种名取自马洛斯的姓氏。本种与好望角芦荟（*A. ferox*）亲缘关系较近，区别在于：本种花序分枝平展，总状花序上花偏斜到一侧，几乎垂直，而好望角芦荟花序直立，圆柱状，花不偏斜到花序一侧。1937年，雷诺德（G. W. Reynolds）描述了分布在夸祖鲁-纳塔尔省的一个样本，并作为分离的种定名为*Aloe spectabilis* Reynolds，未开花时，植株很难与马氏芦荟区分，其花序分枝不平展，为直立状，但分枝总状花序的花偏斜排列在花序轴的一侧。卡特（S. Carter）等人认为*A. spectabilis*是马氏芦荟的一个变型，应归并入本种。也有一些不同意见，认为应该独立成种，如范维克（B.-E. van Wyk）、史密斯（G. F. Smith）等人。

国内广泛引种，北京、上海、南京、广州、深圳、厦门等地的植物园均有栽培，栽培表现良好，目前已观察到开花结实。目前栽培的植株株龄较年轻，虽然已观察到开花结实，但植株目前均达不到文献记载的植株高度，花序分枝数量尚达不到文献记载的数量。目前未见亚种的记录，花序直立分枝的样本（=*A. spectabilis*）北京、深圳等有引种记录，但尚未有开花记录。本种为大型的树状种类，幼苗叶片表面多皮刺，适于盆栽观赏，成年植株较高大，具单干，花序平展，花色艳丽，适于温室或露地地栽孤植或群植观赏，我国南部温暖、干燥的无霜地区可露地栽培。

参考文献

Carter S, Lavranos J J, Newton L E, et al., 2011. Aloes: The Definitive Guide[M]. London: Kew Publishing: 665.
Eggli U (Ed.), 2001. Illustrated Handbook of Succulent Plants: Monocotyledons[M]. Berlin: Springer-Verlag: 152.
Grace O M, Klopper R R, Figueiredo E, et al., 2011. The Aloe names book[M]. Pretoria: SANBI: 97-98.
Jeppe B, 1969. South Africa Aloes[M]. Cape Town: Purnell & Sons S.A. (PTY.) LTD.: 36.
Reynolds G W, 1982. The Aloes of South Africa[M]. Cape Town: A.A. Balkema: 477-485.
Van Wyk B -E, Smith G F, 2014. Guide to the Aloes of South Africa[M]. Pretoria: Briza Publications: 68-69.

97
黑刺芦荟

别名：唐力士芦荟、唐锦芦荟、唐力士（日）、唐锦（日）

Aloe melanacantha A. Berger, Bot. Jahrb. Syst. 36: 63. 1905.

多年生肉质草本植物。植株单生或通常分枝形成小株丛，植株具匍匐茎，长可达50cm，莲座下方覆盖宿存枯叶。叶排列成密集莲座形，直立至内弯，三角状披针形，长可达20cm，宽4cm，先端具黑色刺尖，叶片粗糙，暗绿至棕绿色，背面沿龙骨向叶先端排列黑色皮刺，长10mm；边缘具尖锐黑刺齿，长10mm，直或弯曲，齿间距10～15mm；汁液暗黄色。花序高可达100cm，不分枝或稀具1分枝；花序梗具少数不育苞片，长2.5～3.5mm；总状花序圆柱形，长20～25cm，直径8cm，花排列密集；花苞片长可达25mm，宽7mm，膜质；花梗长15mm；花被筒亮红色，向口部渐变为淡黄色，三棱状筒形，长约45mm；外层花被近基部分离；雄蕊和花柱稍伸出。染色体：2n=14（Müller，1945）。

中国科学院植物研究所北京植物园　幼株植株单生，叶片均一绿色，叶背面具绿白色长齿，排列于龙骨棱上，边缘具绿白色长齿。

北京植物园　植株高18.5cm，株幅23cm；叶片长14～15cm，宽3.5cm；叶表面粗糙，草绿色，两面无斑点；边缘齿三角形，尖锐，黑色，幼株从叶基部到叶片中间为浅黄色，叶背中线龙骨棱上具列状排列的皮刺，长5～6mm，齿间距10mm。

南京中山植物园　单生，株高30cm。叶片长15cm，宽3.5cm。

上海植物园　未记录形态信息。

分布

分布于南非北开普省西部至西开普省北端，向北至纳米比亚南部。

生态与生境

生长于沙地和多石山坡，海拔50～1100m。分布区冬季降雨，年降水量125～250mm，有时全年无降雨。夏季炎热，温度常超过38℃，冬季无霜。

用途

观赏。

引种信息

中国科学院植物研究所北京植物园 幼苗材料（2005-3480）引种自厦门，生长缓慢，长势良好。

北京植物园 植株材料（2011206）引种自美国，生长缓慢，长势良好。

南京中山植物园 植株材料（NBG-2007-53）引种自福建漳州，生长缓慢，长势良好。

上海植物园 植株材料（2011-6-079）引种自美国，生长缓慢，长势良好。

物候信息

原产地南非花期5～7月。

中国科学院植物研究所北京植物园 尚未观察到开花结实。

北京植物园 尚未观察到开花结实。

南京中山植物园 尚未观察到开花结实。

上海植物园 尚未观察到开花结实。

繁殖

播种、分株、扦插繁殖。

迁地栽培要点

习性强健，栽培管理容易。栽培基质需排水良好，喜碱性土壤。栽培场所需光线充足，耐旱。可耐1～3℃短暂低温，5～6℃以上保持盆土干燥可安全越冬。

中国科学院植物研究所北京植物园 采用腐殖土：粗沙配制混合土进行栽培，也可混入适量的颗粒基质，如轻石，赤玉土、木炭粒、珍珠岩等。温室栽培越冬。

北京植物园 基质采用草炭土、火山岩、陶粒、沙配制。温室栽培，夏季中午需50%遮阳网遮阴，冬季保持5℃以上。

南京中山植物园 栽培基质为：泥炭：青石：沙=3：1：1。设施温室内栽培，夏季加强通风降温，夏季10:00～15:00用50%遮阳网遮阴。春秋两季各施1次有机肥。

上海植物园 采用赤玉土、腐殖土、轻石、麦饭石、沙等配制混合土。

病虫害防治

习性强健，容易罹患腐烂病、根粉蚧，需定期进行病虫害预防性的打药。

中国科学院植物研究所北京植物园 易罹患腐烂病、根粉蚧。加强盆土排水性，避免积水导致腐烂病发生，并定期施用杀菌剂预防。每10天喷施1次氧化乐果、蚧必治等农药预防根粉蚧和其他虫害发生，并加强通风。

北京植物园 病虫害较少发生，仅定期进行病虫害预防性的打药。

南京中山植物园 常见病害主要有炭疽病、褐斑病及细菌性病害，多发生于湿热夏季通风不良的室内。可喷洒百菌清等杀菌类农药进行防治。

上海植物园 湿热季节容易发生腐烂病，注意控制浇水，定期喷洒杀菌剂进行预防。

保护状态

已列入CITES附录II。

变种、自然杂交种及常见栽培品种

有与沙地芦荟（*A. arenicola*）自然杂交的报道。

本种最初发现于1685年，为范德斯代尔（S. Van der Stel）在前往纳马夸兰的考察中发现的四种芦荟属植物之一，推测发现的地点为斯普林博克（Springbok）。1905年，伯格（A. Berger）正式定名描述了本种，种名“*melanacantha*”意为“黑刺的”，指其黑色的边缘齿和皮刺。本种与黑魔殿芦荟（*A. erinacea*）亲缘关系较近，相对来讲，本种株形较大，叶片棕绿色至黄绿色，表面粗糙；而黑魔殿芦荟叶为浅灰绿色。

本种国内广泛引种，北京、上海、南京等地均有栽培，栽培表现良好。本种栽培中少见开花，所以尚未观察记录到花期物候。本种株形紧凑，边缘齿和皮刺大而美丽，适宜盆栽或地栽丛植观赏。国内栽培植株由于光照强度不足，叶色往往为绿色至黄绿色，株龄较小的植株边缘齿和皮刺多呈绿白色至白色，较大的植株刺齿白色至绿白色，尖端橙黄色至棕黑色，叶尖具1棕黑色刺尖。

参考文献

Carter S, Lavranos J J, Newton L E, et al., 2011. Aloes: The Definitive Guide[M]. London: Kew Publishing: 236.

Eggli U (Ed.), 2001. Illustrated Handbook of Succulent Plants: Monocotyledons[M]. Berlin: Springer-Verlag: 153-154.

Grace O M, Klopper R R, Figueiredo E, et al., 2011. The Aloe names book[M]. Pretoria: SANBI: 100.

Jeppe B, 1969. South Africa Aloes[M]. Cape Town: Purnell & Sons S.A. (PTY.) LTD.: 25.

Van Wyk B -E, Smith G F, 2014. Guide to the Aloes of South Africa[M]. Pretoria: Briza Publications: 174-175.

98
微斑芦荟

别名： 星光锦芦荟、星光锦、小斑点芦荟、细柱芦荟、红暗血帝王芦荟

Aloe microstigma Salm-Dyck, Aloes Mesembr. 2: 26. 1849.
Aloe juttae Dinter, Repert. Spec. Nov. Regni Veg. 19: 159. 1923.

多年生肉质草本植物。植株单生或形成小株丛，茎通常横卧，长可达50cm，粗10cm，枯叶覆盖表面。叶排列成密集莲座形，叶片三角状披针形，长30~50cm，宽6.5~8cm，绿色，有时微红，通常具模糊条纹，常具少数散布的白色斑点，背面通常具很多斑点；边缘红棕色，假骨质，具尖锐红棕色齿，长2~4mm，齿间距5~10mm。花序高可达100cm，不分枝；总状花序细长，顶端细锥状，下部为渐狭的圆筒状，长可达60cm，花排列紧密；花苞片披针形，急尖，长约14mm，深棕色；花梗长25~30mm；花被筒状，橙色，渐变为绿黄色，稀红色，长25~30mm，基部圆，稍向一侧膨出，从子房部位向口部稍变宽；外层花被自基部分离；雄蕊和花柱伸出1~3mm。染色体：2n=14（Resende, 1937）。

中国科学院植物研究所北京植物园　植株单生，莲座状，株高达78cm，株幅达83cm。叶片披针形，渐尖，长45~50cm，宽4.7~7.2cm；叶片灰绿色（RHS 189A-B）；具绿白色（RHS 192D）斑点，斑点椭圆形至长圆形，腹面斑点稀疏，多位于叶片基部或位于叶上部、中线部位，背面斑点稍多，位于叶片的中、上部；边缘绿色（RHS 137B），具三角状齿，红棕色至红橙色（RHS 175A-173B），长2~4mm，齿间距7~17mm；干燥汁液橙黄色，干燥伤口红棕色。花序高达81cm，不分枝；花序梗深黄绿色（RHS 146A），具多数不育苞片，苞片倒卵状，淡棕色，纸质；总状花序圆锥状，长41.5cm，直径约8.5~9cm，花排列密集，具花达320朵；花被橙黄色至淡黄色（RHS 11A-B），口部黄色（RHS 11C），裂片先端中脉具绿色脉纹（RHS 139A-B），裂片边缘淡黄色（RHS 11C），花蕾橙黄色（RHS 26A，167B-C）；花被筒长33~35mm，子房部位宽4.5~5.5mm，向上渐宽至6.5~8mm；外层花被近基部分离；雄蕊花丝淡黄色（RHS 4C）向上渐变为橙色（RHS N167B-C），花柱淡黄色（RHS 4C-A），伸出4~5mm。

北京植物园　未记录形态信息。

华南植物园　盆栽幼株，植株莲座状。叶片披针形，渐尖，绿色，叶片两面具椭圆形斑点，绿白色，散布全叶。

南京中山植物园　丛生，单生，株高50~60cm，叶片长25~35cm，叶片宽6~7cm。花序高50~65cm，不分枝；总状花序长15~20cm；花梗长约28mm；花被黄色或黄色微橙，花被裂片先端绿色；花蕾橙红色，先端绿；花被筒长30mm，子房部位宽5~5.5mm，向上渐宽至7~8mm。

上海植物园　植株单生，高约47cm；具短茎，直立，根肉质。叶约29片，排列密集呈莲座状；叶片柔软，平展，披针状，渐尖，长29~33cm，宽约5cm，有清晰较密集斑纹；边缘具齿，尖锐，长1.5~2mm，齿间距5~8mm。花序直立不分枝，高约60cm；总状花序长约30cm，直径8cm，有花达201朵；花序梗具多个纸质不育苞片，长约18mm，宽约17mm；花被黄色，花被裂片先端绿色；花蕾橙红色，先端绿色；花被筒长约27mm，子房部位宽4~5mm，向上至口部稍变宽至直径7mm，基部平截；外层花被近基部分离，分离约25~26mm；雄蕊（花柱）伸出花被约3mm。

植株（北京IBCASBG）
植株（北京IBCASBG）
植株（南京）
植株（上海SHBG）
植株（上海SHBG）
幼株（广州）
植株（南非）
植株（南非）
幼苗（南非）
播种苗（北京IBCASBG，4个月）
播种苗（北京IBCASBG，1年）
播种苗（北京IBCASBG，3年）
叶腹面（北京IBCASBG）
叶腹面（南京）
叶腹面（上海SHBG）
叶腹面（南非）

叶背面（北京IBCASBG）　叶背面（南京）　叶背面（上海SHBG）　叶背面（南非）

边缘齿　边缘齿　双连齿　叶先端

叶腹面斑点　叶腹面斑点　幼株叶腹面斑点　干燥汁液

幼株（北京IBCASBG）　幼株叶腹面　幼株叶背面　幼株叶尖

开花植株（南京）
开花植株（南京）
开花植株（上海SHBG）
开花植株（北京IBCASBG）
开花植株（南非）
开花植株（南非）
总状花序（上海SHBG）
总状花序（北京IBCASBG）
总状花序（北京IBCASBG）
总状花序（南京）
总状花序（南京）
总状花序（南非）
花序局部（橙红）
花序局部（橙黄）
花

花序局部（上海SHBG）
花发育（上海SHBG）
花解剖
花发育（北京IBCASBG）
花发育（南京）
花序梗苞片
不育苞片
花苞片覆瓦状排列
花苞片
花苞片
结果植株（南非）
果序（南非）
果序（南非）
种子

分布

产自南非，广泛分布于西开普省、北开普省南部、东开普省西部。

生态与生境

生于干旱炎热的地区，生长在平坦的开阔地、陡峭多石山坡、灌丛中，海拔50～1200m。不同产地降雨冬季或夏季，年降水量250～500mm。夏季温度较高。

用途

观赏、药用等。汁液有创伤愈合的功效。

引种信息

中国科学院植物研究所北京植物园　种子材料（2002-W0027）引种自南非，生长迅速，长势良好。种子材料（2008-1769）引种自美国，生长迅速，长势良好。幼苗材料（2010-W1156）引种自北京，生长迅速，长势良好。种子材料（2017-0297）引种自南非，生长迅速，长势良好。

北京植物园　植株材料（2011207）引种自美国，生长迅速，长势良好。

华南植物园　植株材料（1987-0488）引种来源地无记录，生长迅速，长势良好；植株材料（2012-2827）引种自上海，生长迅速，长势良好；植株材料（2014-3081）引种自上海，生长迅速，长势良好；植株材料（2015-1739）引种自上海，生长迅速，长势良好。

南京中山植物园　植株材料（NBG-2007-71）引自福建漳州，生长迅速，长势良好。

上海植物园　植株材料（2011-6-001）引种自美国，生长迅速，长势良好。

物候信息

原产地南非东部5～6月，西部地区花期7月。

中国科学院植物研究所北京植物园　花期12月至翌年1月。始花期12月20日，盛花期翌年12月末，末花期1月末。单花花期1～2天。无休眠期。

北京植物园　尚未观察到开花结实。

华南植物园　尚未记录花期信息。

南京中山植物园　花期12月至翌年1月。尚未见结实。

上海植物园　12月至翌年1月开花。无明显休眠

繁殖

多播种、扦插繁殖。

迁地栽培要点

喜光、稍耐阴。喜温暖、稍耐寒，可耐短暂1～3℃低温。耐旱，喜肥沃，疏松透气的土壤，忌涝，忌黏土。

中国科学院植物研究所北京植物园　适应基质范围较广，可选用最简单腐殖土、沙配制混合土进行栽植，也可选用赤玉土、腐殖土、轻石、沙配制混合基质，加入适量谷壳碳或木炭以及少量缓释肥。夏季湿热季节注意室内通风，降低湿度。

北京植物园　温室盆栽，采用草炭土、火山岩、沙、陶粒等材料配制混合基质，排水良好。夏季中午需50%遮阳网遮阴，冬季保持5℃以上可安全越冬。

华南植物园　盆栽，选用腐殖土、河沙混合土进行栽培。

南京中山植物园 设施温室内栽植，栽培基质比例为：园土：石灰石：沙：泥炭为1：1.5：1：1。最适宜生长温度为15～30℃，最低温度不能低于8℃，最高温不能高于40℃，否则生长不良，设施温室内栽培，夏季加强通风降温，夏季10:00～15:00用50%遮阳网遮阴。春秋两季各施1次有机肥。

上海植物园 采用德国K牌422号（0～25mm）草炭、赤玉土、鹿沼土混合种植，种植时随土拌入缓释肥。每年另外施肥1次，选用氮磷钾10-30-20比例的花多多肥。及时修剪枯叶和花序。

病虫害防治

抗性强，不易罹患病虫害。

中国科学院植物研究所北京植物园 未见明显病虫害发生，仅进行病虫害预防性打药。

北京植物园 未见病虫害发生。

华南植物园 未见明显病虫害发生。

南京中山植物园 抗性强，病虫害较少发生。常见病害主要有炭疽病、褐斑病及细菌性病害，多发生于湿热夏季通风不良的室内。可喷洒百菌清等杀菌类农药进行防治。

上海植物园 未见病虫害。

保护状态

已列入CITES附录II。

变种、自然杂交种及常见栽培品种

有与非洲芦荟（*A. africana*）、好望角芦荟（*A. ferox*）、木锉芦荟（*A. humilis*）、艳丽芦荟（*A. speciosa*）、银芳锦芦荟（*A. striata*）、什锦芦荟（*A. variegata*）自然杂交种的报道。

本种由萨姆迪克（Salm-Dyck）首次描述于1849年，其种名“*microstigma*”意为“非常小的斑点”，指其叶斑较小。本种与加利普芦荟（*A. gariepensis*）亲缘关系非常近，与本种相比，加利普芦荟的花苞片更短。本种与喀米斯芦荟（*A. khamiesensis*）相比，株形较小，花序较为窄长，叶片小斑点较密集。本种与*A. framesii*相比，后者多萌蘖丛生。

微斑芦荟分布广泛，多样性较为丰富，花序和花的颜色有一定的变化。花蕾从红色、橙红色至淡橙红色，花开后，花色变浅，从橙红色、橙色、淡橙黄色至黄色。花序外观呈现双色的外观，从深红-橙红、橙红-浅黄至浅橙黄-浅黄。

国内广泛栽培，北京、上海、南京、广州等地的植物园均有栽培，栽培表现良好。已观察到开花结实。目前国内栽培的样本观察到橙红-浅黄、淡橙黄-浅黄等双色的花序，温室栽培的植株，花色较露地栽培的植株颜色浅。本种为中等大小的种类，幼苗适于盆栽观赏。成株适于地栽丛植观赏。我国南部温暖、干燥的无霜地区可露地栽培。

参考文献

Carter S, Lavranos J J, Newton L E, et al., 2011. Aloes: The Definitive Guide[M]. London: Kew Publishing: 577.
Eggli U (Ed.), 2001. Illustrated Handbook of Succulent Plants: Monocotyledons[M]. Berlin: Springer-Verlag: 155.
Grace O M, Klopper R R, Figueiredo E, et al., 2011. The Aloe names book[M]. Pretoria: SANBI: 103-104.
Jeppe B, 1969. South Africa Aloes[M]. Cape Town: Purnell & Sons S.A. (PTY.) LTD.: 33.
Reynolds G W, 1982. The Aloes of South Africa[M]. Cape Town: A.A. Balkema: 396-400.
Van Wyk B -E, Smith G F, 2014. Guide to the Aloes of South Africa[M]. Pretoria: Briza Publications: 204-205.

99

曲叶芦荟

Aloe millotii Reynolds, J. S. African Bot. 22: 23. 1955.

多年生肉质矮灌状植物。植株低矮，基部多分枝，具纤弱的横卧茎，长可达25cm。叶8～10片，螺旋状松散排列于枝端，叶片线状，渐尖，先端圆，具软刺齿，长8～10cm，宽0.7～0.9cm，稍淡棕绿色，具散布的白色小斑点，有时斑点上具刺突；边缘具细小、白色、角质的齿，长小于1mm，齿间距5～10mm。花序高12～15cm，通常不分枝；总状花序圆柱形，长3～5cm，直径4～5cm，花排列松散，具6～8朵花；花苞片卵状，急尖，长7mm，宽4mm；花梗长6～8mm；花被筒状，红色，口部常黄色，长22mm，子房部位宽7mm，上方弯曲；外层花被近基部分离；雄蕊和花柱伸出1～2mm。染色体：2n=14（Brandham，1971）。

中国科学院植物研究所北京植物园 植株高约18cm，株幅17～25cm。叶片条形，长达11cm，宽约0.7cm；叶腹面深橄榄绿色（RHS NN137B），具零星斑点，叶背面黄绿色（RHS 137C）具较多斑点；斑点H型，绿白色；边缘具绿白色的齿，长0.5～1mm，齿间距7～10mm；节间较长，具叶鞘，长1.5～1.7cm，淡黄绿色，有时微红，叶鞘具条纹。花序高约16.5～21.5cm，不分枝；总状花序长3～6cm，宽4.5cm，花排列疏松，具花6～13朵；花被红橙色（RHS 33B），向口部渐浅至淡肉粉色至白色，裂片先端具绿色中脉纹（RHS 137B），边缘浅肉粉色（RHS 32D）至白色；花被筒长26～27mm，子房部位宽7.5～8mm，上方稍变狭至6～6.5mm，其后向上变宽至7.5～8mm；外层花被分离约宽9～10mm；雄蕊、花柱白色，伸出约3～3.5mm。

仙湖植物园 未记录形态信息。

华南植物园 未记录形态信息。

分布

产自马达加斯加图利亚拉省（Toliara）。

生态与生境

生长于岩石缝隙中、灌丛、草地中，海拔100m。

用途

观赏。

引种信息

中国科学院植物研究所北京植物园 插穗材料（2012-W0404）引种自捷克布拉格，生长缓慢，长势良好。

仙湖植物园 植株材料（SMQ-085）引种自美国，生长缓慢，长势良好。

华南植物园 引种记录不全，生长缓慢，长势良好。

物候信息

原产地马达加斯加花期12月。

中国科学院植物研究所北京植物园 观察到11月至翌年1月，3月、6~7月，9月均有开花。单花花期3~4天。夏季8月休眠。

仙湖植物园 尚未记录花期物候。

华南植物园 观察到6月开花。

繁殖

播种、分株、扦插繁殖。

迁地栽培要点

生长较为缓慢，栽培管理容易。耐旱，不喜湿涝；喜温暖，不耐湿热，夏季短暂休眠。

中国科学院植物研究所北京植物园 选用赤玉土、腐殖土、轻石、粗沙等材料配制的混合基质，加入少量颗粒缓释肥。休眠期，注意盆土不要积水。

仙湖植物园 采用腐殖土和河沙配制混合基质，休眠期注意控水。

华南植物园 种植于排水良好的砂质土壤，种植时多施有机肥、泥炭土等。夏季有短暂休眠现象，春秋季生长迅速。

病虫害防治

抗性强，病虫害较少发生。

中国科学院植物研究所北京植物园 未见病虫害发生，仅作常规病虫害预防性打药。

仙湖植物园 预防腐烂病、煤烟病发生，定期喷洒杀菌剂预防。

华南植物园 病虫害发生较少，仅每月定期喷药预防。

保护状态

已列入CITES附录II。

变种、自然杂交种及常见栽培品种

尚未见相关报道。

本种由雷诺德（G. W. Reynolds）命名描述于1955年，种名以米拉特（J. Millot）教授的姓氏命名。本种为小型种类，与细叶芦荟（*A. antandroi*）亲缘关系很近，株形小于细叶芦荟，叶片也较短。

国内有引种，北京、深圳、广州的一些植物园有引种记录，生长较慢栽培表现良好，已观察到花期物候。由于株形低矮，适于小型盆栽观赏或与岩石布置小型景观。

参考文献

Carter S, Lavranos J J, Newton L E, et al., 2011. Aloes: The Definitive Guide[M]. London: Kew Publishing: 472.

Castillon J -B, Castillon J -P, 2010. The Aloe of Madagascar[M]. La Réunion: J.-P. & J.-B Castillon: 268-269.

Eggli U (Ed.), 2001. Illustrated Handbook of Succulent Plants: Monocotyledons[M]. Berlin: Springer-Verlag: 155.

Grace O M, Klopper R R, Figueiredo E, et al., 2011. The Aloe names book[M]. Pretoria: SANBI: 104.

100
米齐乌芦荟

Aloe mitsioana J.-B. Castillon, Bradleya 24: 69. 2006.

多年生肉质草本植物。植株茎不明显或具短茎，萌生蘖芽形成小株丛。叶12~15片，排列成莲座状，直立或稍内弯，叶片披针形，渐尖，长40~50cm，宽6~9cm，绿色微红；边缘具白色至淡红色齿，长2mm，齿间距3~10mm。花序高40~50cm，具2~3分枝；总状花序紧缩成近头状，长3~4cm，排列较紧密，具30~40朵花，顶部的花先开；花苞片长4mm，宽3mm，白色，纸质，红脉纹；花梗不等长，上部的花梗较长，可达32mm，下部花近无柄；花被黄色，蕾期红色，筒形，长32mm，子房部位宽6mm，向口部渐宽至10mm；外层花被几近基部分离；雄蕊和花柱稍伸出。

中国科学院植物研究所北京植物园　盆栽植株株高达49cm，株幅宽50cm。叶片披针形，渐尖，长39~41cm，宽5.8~6.4cm；叶腹面黄绿色（RHS 146A-B），背面颜色略暗淡黄绿色（RHS 148A-B），叶片有时微红；无斑点，有时有条痕或边缘压痕；边缘具假骨质边，浅黄绿色，有时棕红色，具三角状齿、齿有时双连或双尖或钝尖，浅黄绿色，有时微红，齿尖红棕色，长1.5~2mm，齿间距8~9mm；汁液无色，干燥汁液淡棕红色。花序高达36cm，具2个分枝；花序梗灰棕色至浅灰棕色（RHS N200B-C），具霜粉，擦去霜粉暗灰棕色（RHS N200A）；总状花序紧缩成近头状，最下花梗处距花序顶端长1.5cm，整个花序外观长5.5~6cm，宽7cm，花排列非常密集，具花17~40朵；花被鲜黄色（RHS 13A-C），花被裂片边缘稍浅呈淡黄色（RHS 8D）；花蕾鲜橙红色至粉橙色（RHS 34B-D）；花被筒长约30mm，子房部位宽约6.5mm，向上至口部渐宽至11mm；外层花被近基部分离，分离约28mm；雄蕊花丝淡黄色（RHS 8C-D），伸出6~7mm，花柱淡黄色（RHS 8C），伸出6~7mm。

开花植株（北京IBCASBG）
开花植株（北京IBCASBG）
叶腹面
叶腹面局部
叶背面
叶背面局部

分布

产自马达加斯加的安齐拉纳纳省（Antsiranana），西北海岸的米齐乌岛（Mitsio Island）。

生态与生境

生长于玄武岩石板或近直立的崖壁上，全光照。

用途

观赏。

引种信息

中国科学院植物研究所北京植物园 幼苗材料（2012-W0332）引种自捷克，生长迅速，长势良好。

物候信息

原产地马达加斯加花期6~7月。

中国科学院植物研究所北京植物园 观察到花期10~11月。10月上旬花芽初现，始花期11月上旬，盛花期11月中旬，末花期11月末。单花花期约3天。未观察到明显休眠期。

繁殖

多播种、分株繁殖。扦插繁殖多用于挽救烂根植株或用无根蘖芽繁殖。

迁地栽培要点

习性强健，栽培容易。需排水良好的栽培基质；喜光照充足，耐阴，夏季需要适当遮阴；稍耐寒，可耐短期1~3℃低温，5~6℃可安全越冬。

中国科学院植物研究所北京植物园 土壤配方选用腐殖土与颗粒性较强的赤玉土、轻石、木炭等基质，以及排水良好的粗沙混合配制，颗粒基质占1/3左右，加入少量谷壳碳，并混入少量缓释的颗粒肥。温室栽培越冬。

病虫害防治

未见病虫害发生，仅作常规预防性打药。

中国科学院植物研究所北京植物园 定期喷洒50%多菌灵可湿性粉剂800~1000倍液，预防腐烂病发生。

保护状态

马达加斯加特有种、极度濒危种（CR）；已列入CITES附录II。

变种、自然杂交种及常见栽培品种

尚未见相关报道。

本种为马达加斯加地区的稀有种类，2006年由卡斯蒂隆（J.-B. Castillon）首次命名描述，其种名来自产地岛屿的名称。马达加斯加地区分布着一些花序极度紧缩成近头状花序的种类，如头状芦荟（*A. capitata*）、云石头序芦荟（*A. capitata* var. *cipolinicola*）等，本种与这些种类可以很容易区分开。本种萌蘖可形成达10头左右的小株丛，花序长度几乎与叶片等长或近等长，叶片黄绿色至棕绿色；而其他那些头状芦荟组的种类植株多单生，花序往往达到叶片长度的2~3倍，叶片灰绿色至青绿色。

本种国内引种栽培不常见，目前仅北京地区有栽培，栽培表现良好，已观察到花期物候。花序近头状，大而美丽，适合盆栽观赏，也可地栽，我国南部温暖干燥的无霜地区可露地栽培。

参考文献

Carter S, Lavranos J J, Newton, L E, et al., 2011. Aloes: The Definitive Guide[M]. London: Kew Publishing: 278.

Castillon J -B, Castillon J -P, 2010. The Aloe of Madagascar[M]. La Réunion: J.-P. & J.-B Castillon: 334-335.

Grace O M, Klopper R R, Figueiredo E, et al., 2011. The Aloe names book[M]. Pretoria: SANBI: 105.

Rakotoarisoa S E, Klopper R R, et al., 2014. A preliminary assessment of the conservation status of the genus *Aloe* L. in Madagascar[J]. Bradleya: 32, 81-91.

101
尼布尔芦荟

Aloe niebuhriana Lavranos, J. S. African Bot. 31: 68. 1965.

多年生肉质草本植物。植株单生或形成株丛，茎不明显或具横卧茎。叶20～25片，上升或平展，披针形，渐尖，长可达45cm，宽10cm，均一灰绿色，微棕；边缘具坚硬暗棕色齿，长2mm，齿间距12～15mm。花序高50～100cm，不分枝或具1～2弓状上升的分枝；花序梗通常被微柔毛；总状花序宽锥形，花排列密集，长12～30cm；花苞片窄三角形，长8mm，宽4mm；花梗通常具微柔毛，长达6mm；花被筒鲜红色或黄绿色，被微柔毛，但有时光滑无毛，或具乳突状毛，长28～31mm，子房部位宽6mm；外层花被分离约19～21mm；雄蕊和花柱伸出3～4mm。

中国科学院植物研究所北京植物园 植株高53cm，株幅48cm。叶片长32～38cm，宽5～6cm，叶腹面、背面灰绿色（RHS N138C、189C），被霜粉，无叶斑；边缘齿三角状，微红，尖端暗棕色至灰色（RHS 200A–203B），长2.5～3mm，齿间距9～15mm；叶鞘灰绿色微红；汁液干燥后棕黄色。花序高67.4cm，不分枝；花序梗淡灰绿色（RHS 195D–196D）；总状花序长25.4cm，直径4cm；花苞片白色，具棕绿色脉，膜质；花梗长4.5mm，暗粉色（RHS 182C–D）渐浅；花被暗粉色（RHS 182C），口部绿白色（RHS 192D），裂片先端具黄绿色（RHS 182C–137C）宽中脉纹，裂片边缘绿白色（RHS 192D）；花蕾暗粉色（RHS 182C），先端绿白色（RHS 192D），具绿脉纹；花被筒状，被毛，基部骤缩，长34～35mm，子房部位宽5～5.5mm，向上稍变窄，之后向口部稍变宽至6.5～7mm；外层花被分离约14～15.5mm；雄蕊花丝淡黄色（RHS 8B–C）至橙黄色（RHS 22A），伸出5～6mm，花柱淡黄色（RHS 8B–C），伸出4～5mm。

植株（北京IBCASBG） 植株（北京IBCASBG） 植株局部 叶腹面 叶背面 边缘齿 叶先端 播种苗（北京IBCASBG，8个月）

分布

产自也门西南部地区。

生态与生境

生长于红海沿岸多石丘陵地区，海拔约350m。

用途

观赏、药用等。也门传统药用植物。

引种信息

中国科学院植物研究所北京植物园　种子材料（2008-1772）引种自美国，生长迅速，长势良好。

物候信息

原产地也门花期4~5月，其他季节伴随偶发的降雨也有开花。

中国科学院植物研究所北京植物园 花期5～7月、8～9月、10～12月均见到开花。5～7月花期：5月初花芽初现，始花期5月末至6月初，盛花期6月上旬至7月初，末花期7月中旬。10～12月花期：10月上旬花芽初现，11月中始花期，11月下旬盛花期，11月末至12月初末花期。8～9月也有开花。单花期2天。未观察到明显休眠期。

繁殖

播种、扦插、分株繁殖。

迁地栽培要点

习性强健，栽培管理容易。栽培基质需排水良好。耐旱，不耐涝。冬季能耐短暂1～3℃低温，盆土保持干燥4～5℃以上可安全越冬，温度保持在8～10℃以上可正常生长并开花。

中国科学院植物研究所北京植物园 栽培场所需光线充足，根系好的情况下，可全光照。采用腐殖土、粗沙配制混合土进行栽培，也可混入适量的颗粒基质促进根部排水，如轻石，赤玉土、木炭粒、珍珠岩等。夏季要注意通风防涝，避免盆内积水引起腐烂病。

病虫害防治

习性强健，未见明显病虫害发生。仅定期进行病虫害预防性的打药。

中国科学院植物研究所北京植物园 冬季低温高湿阶段和夏季高温高湿阶段，每10:00～15:00喷洒多菌灵和氧化乐果稀溶液1次进行预防，并加强通风。

保护状态

已列入CITES附录II。

变种、自然杂交种及常见栽培品种

尚未见相关报道。

本种原产自也门，1965年由拉弗兰诺斯（J. J. Lavranos）首次定名描述，其种名"*neibuhriana*"命名自德国探险家尼布尔（C. Niebuhr）的姓氏，为了纪念他对人们认识和了解阿拉伯南部地区物种资源的宝贵贡献。他曾于1761—1767年前往阿拉伯地区进行探险，是该探险队唯一幸存的人员，后致力于出版发表该地区的探险发现。本种特征明显，十分容易与其他种类区分：花双色，中下部暗粉色，口部绿白色，花序梗、花梗、花被筒均被毛，这在芦荟属植物中不太常见。另外，植株的叶片灰绿色，边缘和三角状的边缘齿常呈现红色或粉色。

国内引种栽培不多，北京地区有栽培记录，栽培表现良好，已观察到花期物候。本种株形较大，适合盆栽或地栽，我国南部温暖、干燥的无霜地区可露地栽培，适合丛植观赏。

参考文献

Adams R, 2015. Aloes A to Z[M]. Te Puke: Raewyn Adams: 85.

Carter S, Lavranos J J, Newton L E, et al., 2011. Aloes: The Definitive Guide[M]. London: Kew Publishing: 426.

Eggli U (Ed.), 2001. Illustrated Handbook of Succulent Plants: Monocotyledons[M]. Berlin: Springer-Verlag: 159.

Grace O M, Klopper R R, Figueiredo E, et al., 2011. The Aloe names book[M]. Pretoria: SANBI: 110.

McCoy A T, 2019. The Aloes of Arabia[M]. Temecula: McCoy Publishing: 256-261.

Wood J R I, 1983. The Aloes of the Yemen Areb Republic[J]. Kew Bulletin, 38(1): 13-31.

102
涅里芦荟

Aloe nyeriensis Christian & I. Verd., Fl. Pl. Africa 29: t. 1126. 1952.

多年生肉质灌木状植物。植株多分枝，靠近基部分枝形成密集株丛，具直立茎，长可达300cm，粗7cm，具宿存枯叶。叶约20片，排列于茎端呈松散莲座形，莲座约50cm长，叶片披针形，渐尖，长50~60cm，宽7cm，灰绿色，新梢叶片具白色斑点；边缘具尖锐齿，长3mm，齿间距约10mm；叶鞘长2~4cm；汁液黄色。花序高约60cm，具5~8分枝，下部分枝有时再分枝；总状花序圆柱状至圆锥形，长可达15cm，花排列较密集；花苞片卵状，急尖，长5~7mm，宽3~4mm；花梗长15~20mm；花被光亮珊瑚红色至鲜红色，筒状，长40mm，基部短尖头，子房部位宽8~9mm，向上稍变狭，之后向口部变宽；外层花被分离约15mm；雄蕊和花柱伸出约4mm。染色体：2n=14（Cutler & al.，1980）。

北京植物园　株高75cm，茎长35cm。叶10~14片，叶片长24~28cm，宽2.5~3cm，腹面基部具长圆形斑点，背面散布白色斑点；边缘齿长2mm，齿间距8~10mm；叶鞘长2~4cm。

植株（北京BBG） 植株局部（北京BBG） 茎 叶腹面 叶腹面局部 叶背面 叶背面局部 叶腹面上部无斑 叶腹面基部具少量斑点 叶背面散布斑点 叶片边缘 边缘齿 叶先端 叶鞘

分布

产自肯尼亚中部省。

生态与生境

生长于干旱灌丛，海拔1760～2120m。

用途

观赏、药用。

引种信息

北京植物园 植株材料（2011215）引种自美国，生长缓慢，长势良好。

物候信息

原产地肯尼亚花期不详。

北京植物园 栽培中未见开花。休眠期不明显。

繁殖

播种、扦插、分株繁殖。

迁地栽培要点

习性强健，栽培管理容易。

北京植物园 基质采用草炭土、火山岩、陶粒等配制。温室栽培，夏季中午需50%遮阳网遮阴，冬季保持5℃以上。

病虫害防治

抗性强，少见病虫害发生。

北京植物园 未见病虫害，仅作常规预防性打药管理。

保护状态

列入CITES附录II。

变种、自然杂交种及常见栽培品种

有与*A. lateritia* var. *graminicola*自然杂交的报道。

本种1952年由克里斯蒂安（H. B. Christan）定名描述，种名“*nyeriensis*”源自分布地涅里（Nyeri）的地名。本种为东非地区四倍体的灌状芦荟之一，与达维芦荟（*A. dawei*）亲缘关系较近，花序较达维芦荟更短、更窄一些，花光亮，排列更为密集。

国内引种栽培不多，北京地区有栽培记录，栽培表现良好。为高大的灌木状种类，花序繁茂美丽，适于地栽丛植布置花境，我国南部温暖、干燥的无霜地区可露地栽培。

参考文献

Carter S, Lavranos J J, Newton L E, et al., 2011. Aloes: The Definitive Guide[M]. London: Kew Publishing: 638.

Eggli U (Ed.), 2001. Illustrated Handbook of Succulent Plants: Monocotyledons[M]. Berlin: Springer-Verlag: 159.

Grace O M, Klopper R R, Figueiredo E, et al., 2011. The Aloe names book[M]. Pretoria: SANBI: 111.

103
顶簇芦荟（拟）

Aloe parvicoma Lavranos & Collen., Cact. Succ. J. (Los Angeles) 72:21 2000.

多年生肉质矮灌状植物。植株具茎，长可达50cm，粗1～1.8cm，直立或上升，有时悬垂，萌生大量蘖芽形成相当密集的株丛。叶约15片，上升，线状形，长35～45cm，宽3.5～5.5cm，亮绿色；边缘具角质白色的齿，长1～2mm，齿间距5～15mm。花序高可达60cm，不分枝或具1～2分枝；总状花序圆柱状，长可达20cm，花排列相对松散；花苞片长8～10mm，宽4～7mm；花梗长6～7mm；花被鲑粉色，向口部渐变至淡黄色，长25～28mm，子房部位宽6mm；外层花被分离约7～10mm；雄蕊和花柱伸出3～4mm。

中国科学院植物研究所北京植物园　植株高约62～101cm，单头株幅31～61cm，基生蘖芽形成株丛；叶片条状，渐尖，长31～61cm，宽2～2.2cm；叶两面灰绿色（RHS N138C，191A-B）至黄绿色（RHS 146A-C），有时微红，有时背面稍浅；成株叶片无斑，有时下部的叶片具斑点，斑点绿白色，叶腹面基部具零星斑点，椭圆形，叶背面斑点稍多，椭圆形或圆形，有时斑点连在一起，集中分布于叶片中下部；幼株、蘖芽叶两面斑点较多；边缘具窄边，绿白色（RHS 192D）或微红呈淡橄榄灰色（RHS 197C-D），边缘齿三角状，绿白色（RHS 192D），长1～1.5mm，齿间距11～19mm；具叶鞘，淡黄绿色（RHS 146D-147C），有时微红，具脉纹，脉纹黄绿色（RHS147A）或橄榄棕色（RHS N199A-B）。花序高达52cm，不分枝；花序梗灰绿色（RHS 138C），具多个不育苞片，苞片脉纹淡棕色，边缘膜质，白色；总状花序长达16.6cm，直径4cm，花排列松散，具花42朵；花苞片白色膜质，具棕色细脉纹；花梗黄绿色（RHS 144B）；花被红橙色（RHS 31B-C），口部渐浅至淡黄色（RHS 10D），裂片边缘淡黄色（RHS 10D）；花被筒长27～28mm，子房部位宽4.5～5.5mm，向上渐宽至6.5～7mm；外层花被分离约13～15mm；雄蕊、花柱淡黄色（RHS 3B-D），雄蕊伸出约4mm，花柱伸出约4～6mm。

上海辰山植物园　温室盆栽栽培，形成6头丛生植株，株丛直径75cm，宽，高80cm，叶片表面偶见白色稀疏斑点。

植株（上海CBG）　植株（北京IBCASBG）　叶鞘

分布

产自沙特阿拉伯阿西尔省（Asir）瓦迪穆拉巴峡谷（Wadi Muraba）。

生态与生境

生长于灌丛地、峡谷山坡的岩石间，崖壁上。海拔1200～1400m。夏季炎热湿润，冬季寒冷干燥。年降水量200～250mm。

用途

观赏、药用等。

引种信息

中国科学院植物研究所北京植物园 插穗（2008-1906）引种自深圳，生长迅速，长势良好。

上海辰山植物园　植株材料（20110954）引种自美国，生长迅速，长势良好。

物候信息

原产地沙特阿拉伯花期高峰在9～11月。

中国科学院植物研究所北京植物园　花期11～12月。11月上旬花芽初现，始花期11月下旬，盛花期11月末至12月上旬，末花期12月中旬。单花花期2天。无休眠期。

上海辰山植物园　尚未记录物候信息，未见明显休眠。

繁殖

播种、分株、扦插繁殖。

迁地栽培要点

习性强健，栽培管理容易。喜基质排水好，喜光，耐阴；耐旱，不耐涝；喜温暖，稍耐寒。

中国科学院植物研究所北京植物园　选用赤玉土、腐殖土、轻石、粗沙等材料配制的混合基质，加入少量颗粒缓释肥。盆土干燥下，可耐短暂1～3℃低温，5～6℃可安全越冬。

上海辰山植物园　土壤配方用砂壤土与草炭混合种植。温室栽培，夏季最高温在40℃以下，冬季最低温在13℃以上，能安全度夏和越冬。

病虫害防治

抗性强，病虫害较少发生。

中国科学院植物研究所北京植物园　未见病虫害发生，仅作常规病虫害预防性打药。

上海辰山植物园　病虫害不常发生。定期喷洒杀菌剂预防腐烂病。

保护状态

沙特阿拉伯特有种。已列入CITES附录II。

变种、自然杂交种及常见栽培品种

有与福氏芦荟（*A. fleurentinorum*）的自然杂交种。

本种2000年由拉弗兰诺斯（J. J. Lavranos）和科莱尼特（I. S. Collenette）命名和描述。本种与里维芦荟（*A. rivierei*）、下垂芦荟（*A. pendens*）、也门芦荟（*A. yemenica*）亲缘关系较近。有观点认为本种应归并入里维芦荟，但麦科伊（T. A. McCoy）（2019）、卡特（S. Carter）（2011）等人认为应列为单独的种进行描述。实际栽培中观察到本种与里维芦荟差异明显，故采用麦科伊等人的观点，作为单独种进行描述。本种较里维芦荟植株矮小，叶片狭窄，茎、花序、花梗较短，花苞片较小，花被筒较短。

国内有引种收集，北京、上海、深圳有栽培记录，栽培表现良好，已观察到花期物候。本种适合盆栽或地栽丛植观赏，我国南部温暖、干燥的无霜地区可露地栽培。

参考文献

Carter S, Lavranos J J, Newton L E, et al., 2011. Aloes: The Definitive Guide[M]. London: Kew Publishing: 424, 581.

Eggli U (Ed.), 2001. Illustrated Handbook of Succulent Plants: Monocotyledons[M]. Berlin: Springer-Verlag: 163, 170.

Grace O M, Klopper R R, Figueiredo E, et al., 2011. The Aloe names book[M]. Pretoria: SANBI: 134.

McCoy A T, 2019. The Aloes of Arabia[M]. Temecula: McCoy Publishing: 276-281.

Wood J R I, 1983. The Aloes of the Yemen Areb Republic[J]. Kew Bulletin, 38(1): 13-31.

104
小芦荟

别名：女王锦芦荟、女王锦（日）、琉璃孔雀（日）

Aloe parvula A. Berger, Pflanzenr. IV, 38: 172. 1908.
Aloe sempervivoides H.Perrier, Mém. Soc. Linn. Normandie, Bot. 1: 28. 1926.
Lemeea parvula (A. Berger) P. V. Heath, Calyx 4: 147. 1994.

多年生肉质草本植物。植株茎不明显，单生或萌生蘖芽形成小株丛。叶约24片，密集排列成莲座状，叶片三角状，渐尖，长4～10cm，宽0.8～1.2cm，蓝灰色，具疣，密布多数长0.5～1mm的小皮刺；边缘具软骨质白色齿，长1～2mm，齿间距1～2mm。花序不分枝，高约35cm；花序梗具散布的不育纸质苞片，长可达12mm；总状花序圆柱形；长约10cm，直径5cm，花排列十分松散；花苞片卵状，纸质，长6mm；花梗长12～15mm；花被珊瑚红色，三棱状筒形，长26mm，基部骤缩，向中部渐变至最宽，之后向口部渐狭；外层花被分离约7mm；雄蕊和花柱几乎不伸出。

中国科学院植物研究所北京植物园 植株高6.5cm，株幅16.2cm。叶片长9.3～10.5cm，宽0.6～0.9cm，叶片腹面、背面棕灰色（RHS 201A–B），全叶具密集疣突和皮刺，暗白色；边缘齿暗淡白色，长1mm，齿间距1～3mm。花序高35.2～38.4cm；花序梗浅棕灰色（RHS N200C–D），具霜粉，擦掉霜粉红棕色（RHS 177A）；总状花序长11～15cm，直径4.2～4.4cm，具花22～32朵；花苞片白色，膜质，具红棕色细脉纹；花梗红色（RHS 179B）；花被筒橙红色（RHS 35A–B），口部暗白色，裂片先端具灰绿色（RHS N189B–C）中脉纹，裂片边缘暗白色，花被筒长23～25mm，子房部位宽4～4.5mm，向上至1/2处渐宽至6mm；外层花被分离约7～9mm；雄蕊花丝白色，伸出0～1mm，花柱淡黄色，不伸出。

北京植物园 未记录形态信息。

植株（北京IBCASBG） 植株（北京IBCASBG） 播种苗（北京IBCASBG）
叶腹面 叶背面 叶腹面局部 叶背面局部

分布

产自马达加斯加菲亚纳兰楚阿省（Fianarantsoa）伊特雷穆（Itremo）以西的山地。

生态与生境

生长于山地岩石缝隙的草丛中，海拔约2000m。

用途

观赏。

引种信息

中国科学院植物研究所北京植物园 植株材料（2010-0785）引种自上海植物园，生长缓慢，长势中等。

北京植物园 植株材料（2011217）引种自美国，生长迅速，长势良好。

物候信息

原产地花期马达加斯加3~6月。

中国科学院植物研究所北京植物园 观察到2~3月、5~6月开花。2~3月：2月下旬花芽初现，2月底初花期，3月上旬盛花期，3月中旬末花期。5~6月：5月初花芽初现，始花期5月中旬，盛花期5月下旬，末花期5月底至6月初。单花花期2~3天。

北京植物园　未记录花期信息。

繁殖

播种、蘖芽、扦插繁殖。

迁地栽培要点

本种生长缓慢，栽培较为困难。需选用排水良好的颗粒混合基质。喜阳光充足，夏季适当遮阴。春秋季为生长期，冬季休眠，夏季湿热地区有短暂休眠。喜温暖，不耐寒。冬季12～15℃可正常生长开花，盆土干燥5～10℃可安全越冬。

中国科学院植物研究所北京植物园　温室栽培，选用排水良好的混合基质，用腐殖土、赤玉土、轻石、粗沙配成混合基质，并混入少量缓释颗粒肥，用浅盆栽不容易烂根。夏季需要遮阴40%左右，根系不好的植株要适当遮阴。北京地区7～8月短暂休眠，浇水要比较注意，避免盆土积水和株丛心部积水，造成腐烂，需加强通风，减少罹患病虫害的机会。

北京植物园　温室盆栽，采用草炭土、火山岩、沙、陶粒等材料配制混合基质，排水良好。夏季中午需50%遮阴。

病虫害防治

积水容易造成根系腐烂，除改善栽培方式外，可定期喷洒杀菌剂进行预防。

中国科学院植物研究所北京植物园　休眠期要定期喷洒50%多菌灵可湿性粉剂800～1000倍液防治根系腐烂。

北京植物园　北京夏季高温高湿季节，休眠期容易发生腐烂病，注意控水，定期喷洒50%多菌灵可湿性粉剂800～1000倍液进行防治。

保护状态

已列入CITES附录I。

变种、自然杂交种及常见栽培品种

为园艺常见杂交亲本。与贝氏芦荟（*A. bakeri*）、第可芦荟（*A. descoingsii*）、劳氏芦荟（*A. rauhii*）等常见亲本杂交出大量园艺品种。

本种为马达加斯加特有种类，植株矮小，叶腹面密布软骨质刺齿和疣突。1908年由伯格（Alwin Berger）首次命名描述，其种名“*parvula*”意为“小，小的”指其株形矮小。1994年本种被希斯（P. V. Heath）置于琉璃芦荟属（*Lemeea* P. V. Heath），该属包含三个小型种类，但这个属并未被广泛接受。1995年，史密斯（G. F. Smith）等人认为其分离依据的性状不足以支撑形成独立新属，恢复了本种原有的名称。

本种国内有引种，北京地区、上海等地有栽培记录。北京地区栽培表现一般，植株状态较弱，已观察到开花结实。植株叶色棕灰，叶腹面密布软骨质皮刺、疣突，十分奇特。适于作小型盆栽观赏，栽培中需注意水分管理，夏季湿热的地区需注意降温通风，避免盆土湿涝。

参考文献

Carter S, Lavranos J J, Newton L E, et al., 2011. Aloes: The Definitive Guide[M]. London: Kew Publishing: 210.

Castillon J –B, Castillon J –P, 2010. The Aloe of Madagascar[M]. La Réunion: J.–P. & J.–B Castillon: 112.

Eggli U (Ed.), 2001. Illustrated Handbook of Succulent Plants: Monocotyledons[M]. Berlin: Springer–Verlag: 162.

Grace O M, Klopper R R, Figueiredo E, et al., 2011. The Aloe names book[M]. Pretoria: SANBI: 115–116.

105 帕维卡芦荟

Aloe pavelkae van Jaarsv., Swanepoel, A. E. van Wyk & Lavranos, Aloe 44: 75. 2007.

多年生肉质草本植物。植株茎不明显，或通常基部分枝，具成下垂的丛生茎，长可达150～300cm，基部叶宿存。叶紧密排列成莲座状，叶条状披针形，长18～28cm，宽2.5～7cm，暗绿色，具模糊条纹；幼株叶背面具少量白色疣突；边缘具软骨质白色齿，长1.5mm，齿间距4～8mm；汁液干燥后橙黄色。花序高24～32cm，不分枝或稀具1分枝，下垂15～20cm之后弯曲向上；总状花序紧缩成近头状，长4.5～9cm，花排列密集；花苞片长3mm，宽1.5mm；花梗长20～28mm；花被橙红色，口部黄色，三棱状筒形，近棒状，长20mm；基部宽4mm，向口部变宽至6mm；外层花被分离约15mm；雄蕊和花柱稍伸出。

中国科学院植物研究所北京植物园　植株高约37cm，株幅21cm。叶片长12～13.5cm，宽3.2～3.5cm，叶腹面黄绿色（RHS 146A、148B-C），叶背面黄绿色（RHS 144A，146B-C，148B）；边缘具软骨质窄边，红棕色至淡红色（RHS 178A，174A-D），边缘齿淡黄绿色至红棕色（RHS 195D，174A-D），长0.5～1.5mm，齿间距5～6.5mm；节间稍长，叶鞘斑纹绿色至红棕色（RHS 200A-B，166A）。

植株（北京IBCASBG）　植株（南非）　播种苗（北京IBCASBG）　叶腹面　叶腹面局部　叶背面　叶背面局部　叶先端　边缘齿　边缘齿　叶鞘　叶心

分布

产自纳米比亚库姆斯伯格（Kuamsibberg）。

生态与生境

生长于陡峭东南向的砂岩峭壁上，海拔700～900m。

用途

观赏、药用等。

引种信息

中国科学院植物研究所北京植物园 幼苗材料（2010-2917）引种自上海，生长较慢，长势良好。

物候信息

原产地纳米比亚花期5~7月。

中国科学院植物研究所北京植物园 未见开花。无休眠期。

繁殖

播种、扦插繁殖。

迁地栽培要点

习性强健，栽培管理粗放。

中国科学院植物研究所北京植物园 采用腐殖土和粗沙（2∶1或3∶1）配制的混合土进行栽培，混入适量的颗粒基质促进根部排水，如轻石、赤玉土、木炭粒、珍珠岩等，颗粒基质的总量应控制在1/3左右。

病虫害防治

抗性强，不易罹患病虫害。

中国科学院植物研究所北京植物园 定期进行病虫害预防性的打药，每10~15天喷洒1次50%多菌灵800~1000倍液和40%氧化乐果1000液进行预防，并加强通风。

保护状态

已列入CITES附录II。

变种、自然杂交种及常见栽培品种

尚未见相关报道。

本种最早由捷克的植物探险者帕维卡（P. Pavelka）发现于纳米比亚南部的索南伯格（Sonnenberg），这一发现引起了南非植物学家的注意。2006年，南非植物学家范贾斯维尔德（E. van Jaarsveld）对其进行了实地考察。2007年，他定名并描述了该种，种名命名取自发现者的姓氏。本种属于Mitriformes组，与该组内的8个种类亲缘关系较近，都具有近头状的花序。与梅耶芦荟（*A. meyeri*）亲缘关系最近，区别是本种株形较大，叶片和花梗较长。

国内引种较少，北京、上海地区有栽培记录。栽培表现良好，生长较慢，尚未观察到开花结实。适于盆栽观赏，亦可在模拟原生境的微地形景观中与山石配置，布置悬崖景观。

参考文献

Carter S, Lavranos J J, Newton L E, et al., 2011. Aloes: The Definitive Guide[M]. London: Kew Publishing: 491.

Grace O M, Klopper R R, Figueiredo E, et al., 2011. The Aloe names book[M]. Pretoria: SANBI: 116.

Van Jaarsveld E J, Condy G, 2013. Aloe pavelkae[J]. Flowering Plants of Africa, 63: 16–21.

106 皮氏芦荟

Aloe pearsonii Schönland, Rec. Albany Mus. 2: 229. 1911.

多年生肉质小灌木。植株多分枝，基部分枝或较高处分枝，形成密集灌丛，株丛直径可达200cm；茎直立，粗1.5cm。叶沿茎松散螺旋状排列，叶片卵状至卵状至披针形，急尖，反曲至下弯，长7~9cm；宽3~4cm，均一绿色，具模糊条纹，干旱下微红色；边缘具尖锐的白色至淡红色齿，长1~2mm；齿间距达5mm。花序不分枝或具1~2分枝，高约40cm；总状花序圆柱状，长9~15cm，直径6~7cm，花排列松散；花苞片披针状，渐尖；长6~8mm，宽3mm，白色膜质，具1~2脉纹；花梗长约20mm；花被黄色或砖红色，长25mm，基部骤缩，子房上方向口部渐宽；外层花被分离约12~13mm。

中国科学院植物研究所北京植物园 植株高16cm，株幅10.3cm。叶片长5.5~5.8cm，宽2.6cm，黄绿色（RHS 147B-C）；边缘常红棕色、棕色（RHS 176A-C，200B），边缘齿绿白色（RHS 195C-D），齿长1mm，齿间距2.5~7mm；叶鞘具棕色、红棕色条纹（RHS 200A-B、166A）。

仙湖植物园 未记录形态信息。

植株（北京IBCASBG） 植株局部 叶鞘

植株（南非） 植株（南非） 植株（南非）

分布

产自南非北开普省和纳米比亚南部。

生态与生境

生长于极度干旱地区的炎热的岩石山坡上。

用途

观赏、药用等。

引种信息

中国科学院植物研究所北京植物园　插穗材料（2011-W0309）引种自南非伍斯特，生长缓慢，长势良好。

仙湖植物园　植株材料（SMQ-091）引种自美国，生长缓慢，长势一般。

物候信息

原产地南非花期12月至翌年1月。

中国科学院植物研究所北京植物园 幼株尚未开花。

仙湖植物园 尚未记录。

繁殖

多播种、扦插繁殖。

迁地栽培要点

生长缓慢，栽培管理稍有难度。喜光照充足的栽培场所，稍耐阴。耐旱，不耐湿涝，喜排水良好的栽培基质。喜温暖，耐热，不耐寒，

中国科学院植物研究所北京植物园 采用腐殖土和粗沙（2：1或3：1）配制混合土进行栽培，混入适量的颗粒基质促进根部排水，如轻石，赤玉土、木炭粒、珍珠岩等，颗粒基质的总量应控制在1/3左右。适宜生长温度为14～23℃，北方地区需温室栽培越冬，5～6℃以上可安全越冬，10～15℃以上可正常生长。

仙湖植物园 混合腐殖土和河沙栽培。

病虫害防治

湿热季节怕湿涝容易罹患腐烂病。

中国科学院植物研究所北京植物园 定期进行病虫害预防性的打药，每10～15天喷洒50%多菌灵800～1000倍液和40%氧化乐果1000液一次进行预防，并加强通风。

仙湖植物园 未见明显病虫害发生，常规管理。

保护状态

南非红色名录列为濒危种（EN）；列入CITES附录II。

变种、自然杂交种及常见栽培品种

有杂交品种的相关报道，*A.*'Hellskloof Bells'为本种与僧帽芦荟（*A. perfoliata*）的杂交种，1991年由肯布（B. Kemble）杂交获得。还有与还城乐芦荟（*A. distans*）的杂交种的报道。

本种由南非科斯滕布什植物园（Kirstenbosch BG）第一任主任皮尔森（H. H. W. Pearson）教授于1910年采集，1911年由舍恩兰（S. Schönland）命名和描述，种名的命名取自皮尔森教授的姓氏。本种分布于南非最干旱炎热的地区，夏季温度可达43℃，年降水量不到130mm，有时数年无降雨。本种与梅耶芦荟（*A. meyeri*）、还城乐芦荟、*A. dabenorisana*、僧帽芦荟和沙地芦荟（*A. arenicola*）等匍匐生长的种类亲缘关系较近，具有同类的化学成分。

本种国内引种不多，北京、深圳地区有引种记录，多为幼株，生长较慢，尚未观察到开花结实，目前栽培表现良好。本种适合盆栽观赏或地栽丛植观赏，我国南部温暖、干燥的无霜地区可露地栽培，但栽培中要注意避免湿涝的环境。

参考文献

Carter S, Lavranos J J, Newton L E, et al., Aloes: The Definitive Guide[M]. London: Kew Publishing: 534.

Eggli U (Ed.), 2001. Illustrated Handbook of Succulent Plants: Monocotyledons[M]. Berlin: Springer-Verlag: 162.

Grace O M, Klopper R R, Figueiredo E, et al., 2011. The Aloe names book[M]. Pretoria: SANBI: 116–117.

Jeppe B, 1969. South Africa Aloes[M]. Cape Town: Purnell & Sons S.A. (PTY.) LTD.: 23.

Van Wyk B -E, Smith G F, 2014. Guide to the Aloes of South Africa[M]. Pretoria: Briza Publications: 136–137.

107

柏加芦荟

别名： 红火棒、佩格勒芦荟

Aloe peglerae Schönland, Rec. Albany Mus. 1: 120. 1904.

多年生肉质草本植物。植株茎不明显，或具短横卧茎，单生或稀分枝形成小株丛。叶约30片，排列成密集莲座状，直立、内弯，披针状，渐尖，先端具锐刺，长约25cm，宽约7～8cm；灰绿色至绿色微红，具1～2列红棕色刺，生于白色疣突的顶部；边缘具尖锐的齿，尖端红色，长5～6mm，齿间距15mm。花序高40cm，不分枝；花序梗具有数个不育、卵状、具尖头的苞片，长达15mm；总状花序圆柱形，长25cm，直径7～8cm，花排列非常密集；花苞片长16mm，宽7mm，白色，膜质；花梗长2～4mm；花蕾暗红色，花开放后淡黄绿色，筒状，长26～30mm，子房上方开始逐渐变宽，之后向口部变狭窄；外层花被几近基部离生；雄蕊和花柱伸出15～20mm，雄蕊花丝暗深紫色。

中国科学院植物研究所北京植物园 幼苗高约9cm，株幅13.5cm，叶片长8.3cm，宽2.0～2.7cm，叶蓝灰色或绿灰色（RHS 188A–B），先端具尖锐刺尖，表面被霜粉，有皮刺边缘齿的压痕，叶背面具尖锐皮刺，长1.5～4.5mm，皮刺基部淡黄绿色（RHS 192A–C），尖端红棕色（RHS 166A–B）至暗棕色（RHS 200A–C）；边缘齿长2.5～4mm，齿间距3～7mm。

北京植物园 未记录形态信息。

仙湖植物园 未记录形态信息。

上海辰山植物园 温室栽培，单生植株，无侧芽，植株直径43cm。

南京中山植物园 植株单生，株高25cm，株幅45cm，叶片长15～20cm，宽5～6cm。花序高25cm；总状花序长8cm；花淡黄绿色，长约22mm，花蕾橙红色；雄蕊花柱伸出约16～17mm。

植株（南京） 植株（深圳） 植株（深圳）
植株（上海CBG） 植株（北京IBCASBG） 幼株（北京IBCASBG）
播种苗 播种苗 幼株 种子

成株叶腹面（南京） 成株叶背面（南京） 成株叶腹面（北京IBCASBG） 成株叶背面（北京IBCASBG）

成株叶腹面局部 成株叶背面局部 成株边缘齿 成株叶背面皮刺 成株叶背面列状皮刺

幼株（南非） 幼株叶腹面 幼株叶背面 幼株边缘齿 幼株叶尖

幼株叶片边缘压痕 花发育 开花植株（南京）

具花芽植株（南京） 开花植株局部（南京） 花序

分布

产自南非西北省至豪藤省。

生态与生境

生长于北向的岩石山坡，海拔1400～1700m。成群分布在南非威特沃特斯兰德和马加利斯堡山的山坡上，喜欢温暖、干燥和阳光充足的生长环境，忌长期淋雨。

用途

观赏、药用等。

引种信息

中国科学院植物研究所北京植物园 种子材料（2008-1774）引种自美国，生长缓慢，长势良好。

北京植物园 植株材料（2011218）引种自美国，生长缓慢，长势良好。

仙湖植物园 植株材料（SMQ-093）引种自美国，生长缓慢，长势良好。

上海辰山植物园 植株材料（20110937）引种地美国，生长缓慢，长势良好。

南京中山植物园 植株材料（NBG-2007-42），引种自福建漳州，生长缓慢，长势良好。

物候信息

原产地南非花期7～8月。

中国科学院植物研究所北京植物园 幼株还未开花。未观察到休眠期。

北京植物园 未记录花期信息。

仙湖植物园 未记录花期。

上海辰山植物园 未观测到开花，果未见。未观察到有休眠期。

南京中山植物园 花期1～2月。

繁殖

播种繁殖。扦插繁殖一般用于挽救烂根植株。

迁地栽培要点

生长缓慢，栽培管理稍有难度。喜光照充足的栽培场所，稍耐阴。耐旱，不耐湿涝，喜排水良好的栽培基质。喜温暖，不耐寒。

中国科学院植物研究所北京植物园 土壤配方选用腐殖土与颗粒性较强的赤玉土、轻石、木炭等基质，以及排水良好的粗沙混合配制。喜强光，根系良好的情况下可全光照。盆土干燥下可耐短暂1～3℃低温，5～6℃以上可安全越冬，10～15℃以上可正常生长。

北京植物园 温室栽培。选用火山灰、腐殖土、陶粒、沙等材料配制混合基质。夏季需适当遮阴降温，遮阴度50%。

仙湖植物园 室内地栽，采用腐殖土、河沙混合土栽培，沙要多一些，加强排水。

上海辰山植物园 温室栽培，土壤配方用砂壤土与草炭混合种植。温室内夏季最高温在40℃以下，冬季最低温在13℃以上，能安全度夏和越冬。但在浇水时应避免叶心积水，防止积水引起的腐烂。

南京中山植物园 可栽植在砂质壤土坡地上，长江流域及以北地区在设施温室内栽植。栽培基质比例为：园土∶青石∶沙∶泥炭为1∶1∶1∶1。最适宜生长温度为15～30℃，最低温度不能低于5℃，低于5℃时要控水，最高温不能高于40℃，否则生长不良，夏季加强通风降温，夏季10:00～15:00用50%遮阳网遮阴。春秋两季各施1次有机肥。

病虫害防治

抗性强，病虫害很少发生。湿热季节容易发生腐烂病。

中国科学院植物研究所北京植物园 北京夏季高温高湿季节，休眠期容易发生腐烂病，注意控水，定期喷洒50%多菌灵可湿性粉剂800～1000倍液进行防治。盆土干燥环境不通风的情况下容易罹患介壳虫和根粉蚧，在控制浇水的阶段，要注意预防虫害发生，可在浇水的时候施用蚧必治稀溶液进行预防。

北京植物园 预防腐烂病，定期施用杀菌剂预防性打药。

仙湖植物园 湿热天气容易发生腐烂病等细菌、真菌性病害，注意控制浇水，定期喷洒杀菌剂进行预防。

南京中山植物园 抗性强，病虫害较少发生。常见病害主要有炭疽病、褐斑病、叶枯病、白绢病及细菌性病害，多发生于湿热夏季通风不良的室内。可喷洒百菌清等杀菌类农药进行防治。

上海辰山植物园 未观察到病虫害发生。

保护状态

IUCN红色名录列为濒危种（EN）；南非红色名录列为濒危种（EN）；已列为CITES附录II植物。

变种、自然杂交种及常见栽培品种

有自然杂交种的报道，与蛇尾锦芦荟（*A. greatheadii* var. *davyana*）、马氏芦荟（*A. marlothii*）形成自然杂交种。

本种1903年由佩格勒（A. Pegler）首次收集，1904年，舍恩兰（S. Schönland）首次命名并描述了本种，种名“*peglerae*”源自收集者的姓氏。本种与皮刺芦荟（*A. aculeata*）亲缘关系较近，叶片都具较多皮刺，差别是：本种株形较小，叶片长约25cm，宽7～8cm，叶内弯，花序较短，长40cm，不分枝，总状花序长25cm，花淡黄绿色，花蕾红色，长26～30mm；而皮刺芦荟株形较大，叶片长25～60cm，宽8～14cm，叶片斜伸至直立，花序高100～120cm，分枝可达4个，总状花序长20～50cm，花黄色或橙色，花蕾橙红色，长25～40mm。

国内引种广泛，北京、上海、南京、深圳等地的一些植物园有栽培，栽培表现良好，南京地区已观察记录了开花物候。本种叶片具皮刺，强烈内弯，株形紧凑呈近圆球形；花序短粗圆柱形，呈双色外观，十分美观。适合盆栽观赏，也适合地栽群植观赏，但需避免湿涝。

参考文献

Carter S, Lavranos J J, Newton L E, et al., 2011. Aloes: The Definitive Guide[M]. London: Kew Publishing: 246.
Eggli U (Ed.), 2001. Illustrated Handbook of Succulent Plants: Monocotyledons[M]. Berlin: Springer–Verlag: 162.
Grace O M, Klopper R R, Figueiredo E, et al., 2011. The Aloe names book[M]. Pretoria: SANBI: 117.
Jeppe B, 1969. South Africa Aloes[M]. Cape Town: Purnell & Sons S.A. (PTY.) LTD.: 5.
Rainondo D, Von Staden L, Foden W, et al., 2009. Red List of South Africa plants 2009[M]. Pretoria: SANBI: 82.
Van Wyk B –E, Smith G F, 2014. Guide to the Aloes of South Africa[M]. Pretoria: Briza Publications: 176–177.

108
下垂芦荟

别名：吊芦荟

Aloe pendens Forssk., Fl. Aegypt.-Arab. 74. 1775.
Aloe arabica Lam., Encycl. 1: 91. 1783.

多年生肉质悬垂小灌木。通常具悬垂茎，长20cm，叶簇生枝端约10cm长处。叶片肉质，剑状，先端渐狭，初时两列状排列，后螺旋状排列至莲座形，下弯或反曲，长20cm，宽1.5cm；翠绿色或红棕色，基部具斑点；边缘具透明边和白色小三角齿，长1mm，齿间距4～7mm；叶鞘长1～2cm，具白色条纹和斑点。花序不分枝，弓状上弯，长约30～45cm；总状花序圆柱形，长约15cm，花排列较松散；花苞片长10mm，宽5mm；花梗长约6mm；花被黄色，稀深红棕色，筒状，长约18mm；外层花被分离约14mm；雄蕊和花柱伸出3mm。

中国科学院植物研究所北京植物园　植株基部萌蘖芽，密集丛生，株高20～25cm，单枝株幅约18～22.5cm，茎下垂，可长达30cm。叶松散螺旋状排列于枝端，叶片条状，长15～17.5cm，宽0.7～0.8cm；黄绿色（RHS 144A-B）至橄榄绿色（RHS 146A-C）；腹面具圆形、椭圆形斑点，有时数个斑点连合，有时散布全叶，有时中下部斑点较多，有时无斑点或具零星斑点；叶背面斑点较腹面密集，分布全叶，斑点圆形至椭圆形，密集排列稍呈横带状或片状，有时斑点稀疏；斑点绿白色（RHS 145C-D）；边缘具窄软骨质边和三角状小齿，淡黄绿色（RHS 145C-D），有时微红，齿长0.5～1mm，齿间距4～6mm；叶鞘具斑点和橄榄色条纹，有时棕红色；汁液无色。

北京植物园　植株丛生。叶片条形，黄绿色、绿色、至棕绿色，两面具淡绿白色椭圆形斑点；边缘具小齿。花序不分枝；总状花序花排列松散；花梗黄绿色，花苞片纸质，米色；花淡黄绿色，裂片先端中肋具黄绿色脉纹；雄蕊稍伸出。

仙湖植物园　未记录形态信息。

上海辰山植物园　温室栽培，丛生植株，株丛直径105cm，株高约30cm。叶片长19cm，宽0.8～1cm；边缘齿长0.5mm，齿间距0.2～0.5mm。花序高度普遍短于30cm。

株丛（北京BBG）　株丛（北京IBCASBG）　植株局部（北京IBCASBG）
植株（北京IBCASBG）　植株（厦门）　茎基蘖芽

叶腹面（上海CBG）
叶背面（上海CBG）
叶腹面局部（上海CBG）
边缘齿（上海CBG）
叶腹面（北京IBCASBG）
叶腹面局部（北京IBCASBG）
叶背面（北京IBCASBG）
叶背面局部（北京IBCASBG）
叶先端
叶片边缘
叶鞘
基部茎
开花植株（北京BBG）
开花植株（上海CBG）
开花株丛（上海CBG）

分布

产自也门，仅分布于哈迪亚（Hadiyah）和贾巴尔雷马（Jabal Raymah）之间。

生态与生境

生长于岩石山坡和峭壁上，海拔1500～2300m。年降水量300～500mm。

用途

观赏、药用等。

引种信息

中国科学院植物研究所北京植物园 插穗材料（2011-W0966）引种自南非开普敦，生长迅速，长势良好。

北京植物园 植株材料（2011219）引种自美国，生长迅速，长势良好。

仙湖植物园 植株材料（SMQ-094）引种自美国，生长迅速，长势良好。

上海辰山植物园 植株材料（20110938）引种自美国，生长迅速，长势良好。

物候信息

原产地也门花期主要在夏季，全年其他季节也有开花，受降雨变化影响。

中国科学院植物研究所北京植物园 尚未观察到开花。无休眠期。

北京植物园 花期4～5月。无休眠期。

仙湖植物园 未记录花期物候，无休眠期。

上海辰山植物园 温室栽培花期3～4月。3月下旬初现花芽，4月上旬花序抽出，4月下旬开始开花。异花授粉，未见自然结实。未见明显休眠。

繁殖

播种、扦插、分株繁殖。

迁地栽培要点

习性强健，栽培管理容易。喜光照充足的栽培场所，稍耐阴。耐旱，不耐湿涝，喜排水良好的栽培基质。喜温暖，适宜生长温度为15～25℃，不耐寒，北方地区需温室栽培越冬，5～6℃以上可安全越冬，10～15℃以上可正常生长。

中国科学院植物研究所北京植物园 栽培基质适应范围广泛。可采用腐殖土：沙为2：1、3：1的比例，也可采用赤玉土：腐殖土：沙：轻石为1：1：1：1的比例，加入少量谷壳碳和缓释肥颗粒。

北京植物园 温室盆栽，采用草炭土、火山岩、沙、陶粒等材料配制混合基质，排水良好。夏季中午需50%遮阴。

仙湖植物园 室内地栽，采用腐殖土、河沙混合土栽培。

上海辰山植物园 温室栽培，土壤配方用砂壤土与草炭混合种植。温室内夏季最高温在40℃以下，冬季最低温在13℃以上，能安全度夏和越冬。

病虫害防治

抗性强，不易罹患病虫害。

中国科学院植物研究所北京植物园 未见病虫害发生，常规管理。

北京植物园 未见病虫害发生。

仙湖植物园 未见病虫害发生。

上海辰山植物园 抗性强，仅在开花初期有蚜虫。

保护状态

已列入CITES附录II。

变种、自然杂交种及常见栽培品种

尚未见相关报道。

本种1775年由福斯科尔（P. Forsskål）定名描述，未保存模式标本。其种名“*pendens*”指其悬垂生长的特性。1975年，伍德（J. R. I. Wood）考察了福斯科尔考察过的哈迪亚的山脉，并在那里的悬崖发现了大量的悬垂、矮生的芦荟，符合福斯科尔的最初描述，在野外再次发现了该种。本种与也门芦荟（*A. yemenica*）亲缘关系较近，本种花序不分枝，而也门芦荟花序具分枝可达4个。

国内有引种，北京、上海、深圳等地的植物园有引种栽培记录。栽培表现良好，北京、上海的一些植物园已观察到花期物候。本种在栽培中有时容易与也门芦荟相混淆，可以通过花序是否分枝这一特征来区别。本种为芦荟属悬垂种类，密集萌蘖形成较大株丛，适于盆栽作为垂吊植物进行观赏，亦可作为地被植物布置室内、露地的花境，我国南部温暖、干燥的无霜地区可露地栽培。地栽可形大片株丛，明亮的黄色花序十分繁茂，观赏价值很高。由于其悬垂特性，还可配置山石，布置垂直景观。

参考文献

Carter S, Lavranos J J, Newton L E, et al., 2011. Aloes: The Definitive Guide[M]. London: Kew Publishing: 482.

Eggli U (Ed.), 2001. Illustrated Handbook of Succulent Plants: Monocotyledons[M]. Berlin: Springer-Verlag: 163.

Grace O M, Klopper R R, Figueiredo E, et al., 2011. The Aloe names book[M]. Pretoria: SANBI: 117-118.

McCoy A T, 2019. The Aloes of Arabia[M]. Temecula: McCoy Publishing: 282-287.

Wood J R I, 1983. The Aloes of the Yemen Areb Republic[J]. Kew Bulletin, 38(1): 13-31.

109
石生芦荟

别名：巴里锦芦荟、美龙芦荟、巴里锦（日）

Aloe petricola Pole-Evans, Trans. Roy. Soc. South Africa 5: 707. 1917.

多年生肉质草本植物。植株单生或形成株丛。叶20～30片，弓形直立，顶端向中心内弯，长60cm，宽10cm；叶片灰绿色，两面具数个散布的皮刺；边缘具尖锐的深棕色齿，长约5mm，齿间距约15mm。花序高达100cm，具可达6个的近直立的分枝总状花序；总状花序圆柱状，高达50cm，花排列非常密集；花苞片淡棕色，长12mm，宽5mm；花梗长2mm；花被筒向一侧膨大，长28～30mm，乳白色、黄色或橙色，花蕾红色；外层花被分离约20mm；雄蕊花丝紫棕色，伸出10～12mm；花柱伸出12mm。

中国科学院植物研究所北京植物园　植株单生，高达60cm，株幅达65cm。叶片长47.4～48.5cm，宽8～8.5cm；叶色淡灰绿色至浅灰色（RHS 191C–192A），无斑，被霜粉；边缘有时具窄红边，具尖锐边缘齿，有时钩状，红棕色至暗棕色（RHS 175A–C，200A），基部色深，向齿尖渐浅，齿长4.5～6mm，齿间距16～22mm；汁液黄色，干燥汁液橙黄色。

北京植物园　未记录形态信息。

植株（北京IBCASBG）　植株局部　茎　植株（南非）　植株（南非）　幼株（捷克）　播种苗　播种苗　种子

分布

产自南非姆普马兰加省。

生态与生境

生长于露出地面的岩石表面，生于花岗岩岩帽上。海拔500~1000m。

用途

观赏、药用等。

引种信息

中国科学院植物研究所北京植物园 种子材料（2011-W1143）引种自南非开普敦，生长迅速，长势良好。种子材料（2017-0299）引种自南非，生长迅速，长势良好。

北京植物园 植株材料（2011221）引种自美国，生长迅速，长势良好。

物候信息

原产地南非花期7～8月。

中国科学院植物研究所北京植物园　花期11～12月。11月中旬花芽初现。未观察到明显休眠期。

北京植物园　未观测到开花。

繁殖

播种、扦插繁殖。

迁地栽培要点

习性强健，栽培管理简单。植株耐旱，不耐涝。

中国科学院植物研究所北京植物园　盆栽，喜充足阳光，耐稍遮阴。根系好的情况下可置于全光照的栽培场所，叶片先端会变红。耐旱，夏季高温高湿季节注意防涝。冬季保持盆土干燥，可耐短暂1～3℃低温，4～5℃以上越冬。

北京植物园　温室盆栽，采用草炭土、火山岩、沙、陶粒等材料配制混合基质，排水良好。夏季中午需50%遮阳网遮阴，冬季保持5℃以上可安全越冬。

病虫害防治

习性强健，少见病虫害发生。该种有时会罹患介壳虫、蚜虫和真菌病害。

中国科学院植物研究所北京植物园　栽培中加强通风，避免湿涝引起黑斑病，每15～20天需喷洒1次农药，可施用百菌清或多菌灵、氧化乐果等药物，干热季节，通风不好的情况下，可喷洒蚧必治预防介壳虫害暴发。

北京植物园　未见明显病虫害发生。

保护状态

已列入CITES附录II。

变种、自然杂交种及常见栽培品种

有与木立芦荟（*A. arborescens*）、巴伯顿芦荟（*A. barbertoniae*）、马氏芦荟（*A. marlothii*）自然杂交种的报道。

本种最初于1905年由波尔埃文斯（I. B. Pole-Evans）采集于南非的内尔斯普雷特（Nelspruit），1917他正式命名描述了本种。种名“*petricola*”意为“生于岩石的”，指其生长于岩石上。本种与皮刺芦荟（*A. aculeata*）亲缘关系较近，区别是本种叶片皮刺远少于皮刺芦荟，分枝总状花序也较短。

国内有引种，北京地区有栽培，栽培表现良好，北京地区已观察到开花。本种株形紧凑，叶色灰绿，幼株适合作小型盆栽观赏，成株可盆栽或地栽观赏，亦可在模仿自然地形的景观中与岩石配置造景，我国南部温暖、干燥的无霜地区可露地栽培。本种是非常耐旱怕涝的种类，栽培中要避免湿涝。

参考文献

Carter S, Lavranos J J, Newton L E, et al., 2011. Aloes: The Definitive Guide[M]. London: Kew Publishing: 363.

Eggli U (Ed.), 2001. Illustrated Handbook of Succulent Plants: Monocotyledons[M]. Berlin: Springer-Verlag: 164.

Grace O M, Klopper R R, Figueiredo E, et al., 2011. The Aloe names book[M]. Pretoria: SANBT: 120.

Jeppe B, 1969. South Africa Aloes[M]. Cape Town: Purnell & Sons S.A. (PTY.) LTD.: 120.

Reynolds G W, 1982. The Aloes of South Africa[M]. Cape Town: A.A. Balkema: 450-452.

Van Wyk B -E, Smith G F, 2014. Guide to the Aloes of South Africa[M]. Pretoria: Briza Publications: 178-179.

110 岩壁芦荟

Aloe petrophila Pillans, S. African Gard. 23: 213. 1933.

多年生肉质草本植物。植株茎不明显或偶具茎，长达8cm，单生或者萌蘖形成小株丛。叶10～20片，排列成密集莲座形，长圆披针形，长20～25cm，宽5～6cm；叶亮棕绿色，具线条；具散布的白色的H型斑点；边缘具红棕色或棕绿色、尖锐齿，长3～5mm，齿间距8～12mm；汁液淡绿色。花序直立，高可达50～75cm，具3～6分枝；花序梗分枝基部被披针形、纸质苞片包裹，苞片长50～80mm；总状花序紧缩成近头状，长4～8cm，直径5～6cm，花排列稍密集；花苞片线状披针形，长7mm，纸质；花梗长可达15mm；花被亮粉色，筒状，长28mm，子房部位宽7mm，上方突然缢缩至4mm，之后向口部渐宽；外层花被分离约8mm；雄蕊和花柱几乎不伸出。

北京植物园 株高12cm，株直径37cm。叶片长20～21cm，宽4.3～4.5cm，腹面棕色或棕绿色，散布H型斑点，背面具棕色或棕绿色条纹；边缘假骨质，具尖锐齿，长4～5mm，齿间距10～13mm。

分布

产自南非北部省。

生态与生境

生长于陡峭的岩石山坡，海拔约1000m。

用途

观赏、药用。

引种信息

北京植物园 植株材料（2011222）引种自美国，生长迅速，长势良好。

物候信息

原产地南非花期为5~6月。

北京植物园 栽培中未见开花。无休眠期。

繁殖

播种、扦插、分株繁殖。

迁地栽培要点

习性强健，栽培管理容易。喜光照充足的栽培场所，稍耐阴。耐旱，不耐湿涝，喜排水良好的栽培基质。喜温暖，不耐寒，我国北方地区需温室栽培越冬。

北京植物园 采用草炭土、火山岩、陶粒等材料配制混合土。温室栽培，夏季中午需50%遮阴。

病虫害防治

抗性强，不易罹患病虫害。

北京植物园 未见病虫害发生。

保护状态

稀有植物。已列入CITES附录II。

变种、自然杂交种及常见栽培品种

有与斯氏芦荟（*A. swynnertonii*）、沃格特芦荟（*A. vogtsii*）形成自然杂交种的报道，亦可与埃尔贡芦荟（*A. elgonica*）形成杂交种。

本种最初由弗拉姆斯（P. R. Frames）采集，1933年皮兰斯（N. S. Pillans）命名描述。种名“*petrophila*”指其生境为岩生，生于岩壁表面。

国内引种不多，仅北京有引种记录。栽培表现良好，目前尚未记录花期信息。为斑点芦荟中的体型较小的种类，可盆栽、亦可地栽观赏，我国南部温暖干燥的无霜地区可露地栽培，可用于布置花境或岩石园景观。

参考文献

Carter S, Lavranos J J, Newton L E, et al., 2011. Aloes: The Definitive Guide[M]. London: Kew Publishing: 163.
Eggli U (Ed.), 2001. Illustrated Handbook of Succulent Plants: Monocotyledons[M]. Berlin: Springer-Verlag: 164.
Grace O M, Klopper R R, Figueiredo E, et al., 2011. The Aloe names book[M]. Pretoria: SANBI: 120.
Jeppe B, 1969. South Africa Aloes[M]. Cape Town: Purnell & Sons S.A. (PTY.) LTD.: 83.
Van Wyk B -E, Smith G F, 2014. Guide to the Aloes of South Africa[M]. Pretoria: Briza Publications: 260-261.

111
绘叶芦荟

别名： 库加芦荟（南非）

Aloe pictifolia D. S. Hardy, Bothalia 12: 62. 1976.

多年生肉质草本植物。植株基部分枝形成小株丛，茎不明显，或具短茎，匍匐或悬垂，长可达12cm。叶16~40片，平展或内弯，条状披针形；长12~17.5cm，宽1~2.5cm；蓝绿色，具大量白色斑点；边缘具密集的红棕色齿，长1mm，齿间距4~5mm；汁液柠檬黄色。花序高达35cm，不分枝；总状花序圆锥状，长14~17cm，花排列较密集；花苞片宽卵形，长6~10mm，宽2~4mm。花梗长11~14mm，红棕色；花被鲜红色，口部淡黄色，筒状，长15~18mm，子房部位宽4mm；外层花被自基部分离；雄蕊伸出1~2mm，雌蕊伸出2mm。

中国科学院植物研究所北京植物园 植株高约30cm，株幅约36cm。叶片长22~23cm，宽1.8cm，腹面灰绿色（RHS 191A-C），背面灰绿色（RHS 189B-N138D），斑点散布整个腹面和背面，长圆形、圆形、H型，淡黄绿色（RHS 196D）；边缘假骨质边深红棕色（RHS 175A-C），边缘齿三角状，有时两齿联合，暗红棕色（RHS 175A-B），长0.8mm，齿间距1~3mm。花序高约25cm，不分枝；花序梗棕灰色（RHS 201C），具霜粉，擦去霜粉深棕色（RHS N200A）；总状花序长9.5cm，直径3cm；花被鲜橙红色（RHS 42C），内层花被口部黄色，裂片先端具黄绿色（RHS 146D）至淡灰绿色脉纹，裂片边缘肉粉色（RHS 41D），花被筒状，长19~19.5mm，子房部位宽4~4.5mm，向上稍变宽至5~6mm，口部稍变窄；雄蕊花丝淡黄色（RHS 8B-C），伸出约3mm，花柱淡黄色（RHS 8C-D），伸出约2mm。

北京植物园 植株莲座状，基部萌蘖形成株丛。叶片条形，灰绿色，有时微红，两面密布小斑点，斑点圆形至椭圆形，边缘具细小锯齿。花序不分枝；花序梗具数个淡棕色不育苞片，披针形；花红色，口部渐浅至淡黄绿色；花蕾红色，先端青灰色。

植株（北京IBCASBG）　植株（北京BBG）　植株（南非）　植株局部（南非）

叶腹面
叶背面
叶腹面局部
叶背面局部
叶斑
边缘齿
花序梗不育苞片
花序梗不育苞片
开花植株（北京IBCASBG）
开花植株（北京IBCASBG）
开花植株（北京IBCASBG）
开花植株（北京BBG）
开花植株（南非）
花序
总状花序

分布

产自南非东开普省，分布区狭小，仅分布于许曼斯多普（Humansdorp）以北的小区域。

生态与生境

生长于陡峭山坡和峭壁上，生于石英质砂岩表面，海拔250~500m。

用途

观赏。有时用作杂交亲本。

引种信息

中国科学院植物研究所北京植物园 扦插材料（2011-W0965）引种自南非开普敦，生长较慢，长势良好。

北京植物园 植株材料（2011223）引种自美国，生长迅速，长势良好。

物候信息

原产地南非花期7~9月。

中国科学院植物研究所北京植物园 观察到2～6月开花。2月中旬花芽初现，始花期2月下旬，盛花期3月初至6月中旬，末花期6月底。单花花期2天。未见明显休眠。

北京植物园 观察到12月至翌年1月开花。初果期12月末。

繁殖

播种、分株、扦插繁殖。

迁地栽培要点

生长较缓慢，栽培稍有难度。耐旱，不耐涝，栽培基质需排水良好。喜阳，耐半阴。

中国科学院植物研究所北京植物园 土壤配方选用腐殖土与颗粒性较强的赤玉土、轻石、木炭等基质以及排水良好的粗沙混合配制，颗粒基质占1/3左右，加入少量谷壳碳，并混入少量缓释的颗粒肥。因为生长缓慢，不需要经常翻盆更新。夏季湿热季节需保持盆土适当干燥。断水可耐短暂-1～0℃低温，5～6℃可安全越冬。

北京植物园 温室盆栽，采用草炭土、火山岩、沙、陶粒等材料配制混合基质，排水良好。夏季中午需50%遮阴。

病虫害防治

夏季高温高湿季节容易发生腐烂病，盆土长期干燥容易罹患根粉蚧。

中国科学院植物研究所北京植物园 北京夏季高温高湿季节，休眠期容易发生腐烂病，注意控水，定期喷洒50%多菌灵可湿性粉剂800～1000倍液进行防治。根部容易罹患根粉蚧，可每7～10天左右喷洒蚧必治1000倍液进行防治，患病植株连续施用4～6次。

北京植物园 未观察到病虫害发生，常规管理预防腐烂病和根粉蚧。

保护状态

南非红色名录列为稀有植物（Rare）；已列入CITES附录II。

变种、自然杂交种及常见栽培品种

可作杂交亲本，与鲍威芦荟（*A. bowiea*）杂交得到园艺品种*A.* 'Southern Star'。

本种1971年由马雷（G. Marais）最早从比勒陀利亚（Pretoria）北部地区山地岩壁上采集，1976年由哈迪（D. S. Hardy）定名描述。种名"*pictifolia*"来自拉丁词汇"*pictus*"（painted）和"*folius*"（leaved），意指其密布小斑点的叶片。本种与微斑芦荟（*A. microstigma*）亲缘关系较近，但株形小，萌蘖形成小株丛。

本种国内有引种，北京地区有栽培，栽培表现良好，已观察到开花结实。栽培条件下的植株，实测植株大小、叶片长度和宽度、花被筒的长度稍大于文献记载的尺寸，花色浅于原产地的植株，这些差异与栽培条件有关。本种株形较小，适于盆栽观赏，也可配合山石布置模拟自然生境的微地形景观，栽培中需注意避免土壤过分湿涝。

参考文献

Carter S, Lavranos J J, Newton L E, et al., 2011. Aloes: The Definitive Guide[M]. London: Kew Publishing: 544.

Eggli U (Ed.), 2001. Illustrated Handbook of Succulent Plants: Monocotyledons[M]. Berlin: Springer-Verlag: 164.

Grace O M, Klopper R R, Figueiredo E, et al., 2011. The Aloe names book[M]. Pretoria: SANBI: 121.

Van Wyk B -E, Smith G F, 2014. Guide to the Aloes of South Africa[M]. Pretoria: Briza Publications: 206.

112
皮尔兰斯芦荟

别名：巨箭筒树、五叉锦（日）、五叉牟、鹡鸰锦（日）

Aloe pillansii L. Guthr, J. Bot. 66: 15. 1928.
Aloe dichotoma subsp. *pillansii* (L. Guthrie) Zonn., Bradleya 20: 10. 2002.

多年生乔木状肉质植物。植株通常单生，具茎，高10m或以上，茎基直径达1～2m，向上渐狭至约20cm，约从中部向上二歧状分枝。叶排列成密集莲座形，披针形，渐尖，稍镰状，长50～60cm，宽10～12cm，灰绿色至棕绿色，光滑；边缘具白边和白色齿，长1～2mm，齿间距5～8mm。花序高约50cm，水平伸展后总状花序直立，分枝可达50个；总状花序圆柱形，长可达15cm，花排列松散，约具花30朵；花苞片丝状，长约10mm；花梗长10mm；花被黄色，长达35mm，基部骤缩，子房部位宽约12mm，向口部稍变狭；外层花被分离约25mm；雄蕊和花柱黄色，伸出10～15mm。

北京植物园 未记录形态信息。

仙湖植物园 未记录形态信息。

上海植物园 未记录形态信息。

幼株（北京BBG）

幼株局部（北京BBG）

幼株（深圳）

幼株茎干

植株（南非）

植株（南非）

植株局部（南非）

茎干（南非）

成株叶腹面（南非）

成株叶背面（南非）

成株叶片边缘（南非）

幼株叶腹面

幼株边缘齿

分布

产自南非北开普省西端至纳米比亚南部。

生态与生境

生长于炎热干旱的岩石山坡，海拔250～1000m。

用途

观赏。

引种信息

北京植物园 植株材料（2002001）引种自美国，生长较慢，长势良好。

仙湖植物园 植株材料（SMQ-096）引自美国，生长较慢，长势良好。

上海植物园 植株材料（2011-6-055）引种自美国，生长较慢，长势良好。

物候信息

原产地南非、纳米比亚花期9～10月。

北京植物园 尚未观察到开花结实。

仙湖植物园 尚未观察到开花结实。

繁殖

播种繁殖。

迁地栽培要点

生长缓慢，栽培有难度。植株耐旱，不耐涝。

北京植物园 温室盆栽或地栽，采用草炭土、火山岩、沙、陶粒等材料配制混合基质，排水良好。夏季中午需50%遮阴，冬季保持5℃以上可安全越冬。

仙湖植物园 露地栽培，采用园土、腐殖土、河沙配制混合基质。

保护状态

IUCN红色名录列为极度濒危种（CR）；南非红色名录列为濒危种（EN）；已列入CITES附录I。

变种、自然杂交种及常见栽培品种

有与大树芦荟（*A. barbarae*）杂交的园艺杂交品种。

本种首次采集于1926年，采集人为南非植物学家皮兰斯（N. S. Pillans），1928年由格思里（L. Guthrie）命名和描述，种名取自采集人的姓氏。本种为高大的树状种类，与箭筒芦荟（*A. dichotoma*）亲缘关系较近，分布区有重叠，二者区别很明显：本种更为高大，分枝位置较低，分枝数量较少，树冠较稀疏，叶片较宽，花序位于莲座下方，水平或稍下垂。箭筒芦荟分枝较高，分枝多，树冠十分密集，叶片较狭窄，花序位于莲座上方，直立。克洛波（Ronell R. Klopper）、曼宁（J. C. Manning）等人认为皮尔兰斯芦荟等6个树状种类应从芦荟属中独立出来形成树芦荟属（*Aloidendron*），本种被重新命名为*Aloidendron pillansii*（L. Guthrie）Klopper & Gideon F. Sm.，目前APGVI分类法已接受这一观点。

国内有引种，北京、上海、深圳等地均有栽培记录，栽培表现一般，尚未观察到开花结实。本种适于地栽观赏，多孤植观赏，我国南部温暖、干燥的无霜地区可露地栽培。本种大苗移栽需慎重，根系木质化后，萌发新根困难。

参考文献

Carter S, Lavranos J J, Newton L E, et al., 2011. Aloes: The Definitive Guide[M]. London: Kew Publishing: 693.

Eggli U (Ed.), 2001. Illustrated Handbook of Succulent Plants: Monocotyledons[M]. Berlin: Springer-Verlag: 164.

Grace O M, Klopper R R, Figueiredo E, et al., 2011. The Aloe names book[M]. Pretoria: SANBI: 122.

Manning J C, Boatwright J, Daru B, 2014. A molecular phylogeny and Generic Classification of Asphodelaceae Subfamily Alooideae: Final Resolution of th Prickly Issue of Polyphyly in the Alooids? [J]. Systematic Botany, 39(1): 55-74.

Van Wyk B -E, Smith G F, 2014. Guide to the Aloes of South Africa[M]. Pretoria: Briza Publications: 42.

113
折扇芦荟

别名： 扇形芦荟、扇芦荟、折叶芦荟、青华锦、重塔芦荟、乙姬舞扇（日）

Aloe plicatilis (L.) Mill., Gard. Dict. ed. 8 7, 1768.
Aloe disticha var. *plicatilis* L., Sp. Pl. 321. 1753.
Aloe tripetala Medik., Bot. Beob. 1783. 55. 1783.
Kumara disticha Medik., Theodora 70. 1786.
Rhipidodendrum distichum (Medik.) Willd., Mag. Neuesten Entdeck. Gesammten Naturk. Ges. Naturf. Freunde Berlin 5: 165. 1811.
Rhipidodendrum plicatile (L.) Haw., Saxifrag. Enum. 2: 45. 1821.

多年生肉质小乔状植物。植株高达5m，茎直立，从茎较低处分枝，分枝二歧状。叶约12~16片，两列状排列，叶片条形至带状，长30cm，宽4cm；暗绿色至蓝绿色，光滑；叶片先端1/3处边缘具细齿，有时几无。花序高达50cm，不分枝；总状花序圆柱状，稍渐狭，长15~25cm，花排列松散，具花25~30朵；花苞片卵状三角形，长6~8mm；花梗长10mm；花被鲜红色，筒状，长达55mm，基部圆；外层花被分离约18mm；雄蕊和花柱伸出2~5mm。

中国科学院植物研究所北京植物园 高30cm的幼株，株幅49cm。叶片条状，先端圆，两面灰绿色至淡灰绿色（RHS 188A-B、189C），长24~26cm，宽2.4~2.9cm；边缘全缘或具微齿，微齿红棕色（RHS 176A-D），齿长0.1~0.2mm，齿间距3~4mm。

北京植物园 株高36cm，株幅42cm。叶片长24cm，宽5cm；边缘具微齿。花序高57cm；总状花序长18cm，直径10cm，具花达23朵；花梗褐色，长12mm；花被筒状，油亮，橙红色，先端绿色，长50mm，子房部位宽9mm，向上渐宽至11mm；外层花被分离约25mm；花蕊伸出达5mm。

厦门市园林植物园 未记录形态信息。

仙湖植物园 未记录形态信息。

华南植物园 未记录形态信息。

上海植物园 未记录形态信息。

植株（深圳）

幼株（北京BBG）

幼株（北京IBCASBG）

植株（厦门） 野外植株（南非） 野外山火烧过的幼株（南非）

幼株（北京IBCASBG） 幼株（北京IBCASBG） 植株（上海） 短茎 播种苗（北京IBCASBG） 叶片两列状

成株叶腹面（南非） 成株叶背面（南非） 枝端两列状叶丛（南非） 山火烧过的茎皮（南非）

幼株叶腹面 幼株叶背面 幼株叶腹面局部 幼株叶片边缘 幼株叶先端圆

开花植株（南非） 开花植株（南非） 花序（南非） 花序（南非）

花 果序（南非） 果实

分布

产自南非西开普省。

生态与生境

生长于陡峭、西南向的山坡上，常生于冬季降雨的岩石地区，冬季降雪，海拔1000～1400m。

用途

观赏、药用等。

引种信息

中国科学院植物研究所北京植物园　种子材料（2008-1777）引种自美国，生长较慢，长势良好。

北京植物园　植株材料（2011224）引种自美国，生长较慢，长势良好。

厦门市园林植物园　幼苗材料引种来源不详，生长较慢，长势良好。

仙湖植物园　植株材料（SMQ 097）引种自美国，长势良好。

华南植物园　植株材料（2004-2017）引自上海植物园生长较慢，长势良好。

上海植物园　植株材料（2011-6-038）引种自美国，长势良好。

物候信息

原产地南非花期8～10月。

中国科学院植物研究所北京植物园　尚未开花。

北京植物园　花期1月下旬至2月上旬。

厦门市园林植物园　尚未开花。

仙湖植物园　尚未开花。

华南植物园　尚未开花。

上海植物园　尚未开花。

繁殖

播种繁殖。扦插多用于挽救烂根幼株。

迁地栽培要点

习性强健，栽培管理容易。喜光照充足的栽培场所，稍耐阴。耐旱，不耐湿涝，喜排水良好的栽培基质。喜温暖，稍耐寒，能耐短暂轻度霜冻，

中国科学院植物研究所北京植物园　温室栽培，采用腐殖土、粗沙配制混合土进行栽培，混入适量的颗粒基质促进根部排水，如轻石，赤玉土、木炭粒、珍珠岩等，颗粒基质的总量应控制在1/3左右。可耐短暂1～3℃低温，5～6℃以上可安全越冬。

北京植物园　温室盆栽，采用草炭土、火山岩、沙、陶粒等材料配制混合基质，排水良好。夏季中午需50%遮阴。

厦门市园林植物园　室内盆栽，采用腐殖土、河沙混合土栽培。

仙湖植物园　室内盆栽，采用腐殖土、河沙混合土栽培。

华南植物园　需要阳光充足，凉爽且通风良好的场所，在排水良好的腐殖土与河沙混合土栽培。避免中午炎热的阳光直射。

上海植物园　温室盆栽。采用赤玉土、腐殖土、轻石、沙等基质配制混合土。

病虫害防治

抗性强，不易罹患病虫害。

中国科学院植物研究所北京植物园 未见明显病虫害发生，仅定期施用杀菌剂预防腐烂病发生。

北京植物园 未见明显病虫害发生。

厦门市园林植物园 未见明显病虫害发生。

仙湖植物园 未见明显病虫害发生。

华南植物园 湿热季节容易引起腐烂病，仅定期做预防性打药，尤其是夏季湿热季节和冬季温室越冬期间。

上海植物园 易发生腐烂病，注意控浇，定期喷洒杀菌剂进行预防。

保护状态

尚未受到威胁，但其分布区狭窄需受到保护；已列入CITES附录II。

变种、自然杂交种及常见栽培品种

尚未见相关报道。

1658年，在对塔尔巴赫克鲁夫（Tulbagh Kloof）的探险中，负责土地测绘的波特（P. Potter）前往塔尔巴赫山谷，攀爬了临近塔尔巴赫盆地的山峰，推测他可能是在那里首次采集了本种。1768年，米勒（P. Miller）命名并描述了本种，种名“*plicatilis*”意为“可折叠的”，指其枝端的叶丛像打开的折扇。1786年，德国植物学家梅迪库斯（F. K. Medikus）分离并描述了折扇芦荟属（*Kumara*），将本种置入，但未被广泛接受。随着分子生物学技术的发展，曼宁（J. C. Manning）等人经研究认为，应恢复折扇芦荟属，并将本种和虎耳重扇芦荟（*A. haemanthifolia*）一同置入，分别命名为*Kumara plicatilis*（L.）G. D. Rowley 和*Kumara haemanthifolia*（Marloth & A. Berger）Boatwr. & J. C. Manning。很多人支持该观点，但目前仍存在不同意见。折扇芦荟的原产地常发生规律的自然山火，茎干表面具厚栓质层，可耐火烧，使植株能够经历山火而生存下来。

本种国内有栽培，仙湖植物园是最早引种的植物园，北京、上海、厦门、广州等地区也有栽培记录，国内栽培多为幼苗或幼株，栽培表现良好，尚未观察到开花结实。幼苗适于盆栽观赏，成株可地栽观赏。大苗移栽需慎重，茎干和根系木质化后不易萌生新根，大苗移栽不易成活。

参考文献

Carter S, Lavranos J J, Newton L E, et al., 2011. Aloes: The Definitive Guide[M]. London: Kew Publishing: 681.

Eggli U (Ed.), 2001. Illustrated Handbook of Succulent Plants: Monocotyledons[M]. Berlin: Springer-Verlag: 165.

Grace O M, Klopper R R, Figueiredo E, et al., 2011. The Aloe names book[M]. Pretoria: SANBI: 123.

Jeppe B, 1969. South Africa Aloes[M]. Cape Town: Purnell & Sons S.A. (PTY.) LTD.: 67.

Manning J C, Boatwright J, Daru B, 2014. A molecular phylogeny and Generic Classification of Asphodelaceae Subfamily Alooideae: Final Resolution of th Prickly Issue of Polyphyly in the Alooids? [J]. Systematic Botany, 39(1): 55-74.

Van Wyk B -E, Smith G F, 2014. Guide to the Aloes of South Africa[M]. Pretoria: Briza Publications: 44-45.

114
多齿芦荟

Aloe pluridens Haw., Philos. Mag. J. 66: 299. 1824.

多年生树状肉质植物。植株分枝，茎直立，高可达5m。叶30~40片，密集排列成莲座状；叶披针形，常镰状，长60~70cm，宽5~6cm；淡绿至黄绿色，具模糊条纹；边缘具白色窄软骨质边，具白色或淡粉色边缘齿，长2~3mm，齿间距5~10mm；汁液具独特的刺激性气味。花序高80~100cm，分枝可达4个；总状花序圆锥状，长25~30cm，宽9~10cm，花排列密集；花苞片卵状，急尖，长约20mm，宽10~12mm，白色膜质；花梗长30~35mm；花被筒状，鲑粉色至暗红色，长40~45mm，基部圆，子房上方稍变狭窄，之后向口部变宽；外层花被自基部分离；雄蕊和花柱伸出2~5mm。染色体：2n=14（Ferguson，1950）。

中国科学院植物研究所北京植物园　盆栽植株高可达102cm，株幅61cm。叶片黄绿色（RHS 146B-C、144A），无斑点，具多数模糊细条纹，条纹橄榄绿色（RHS 147A），叶先端反曲；边缘具尖锐长三角状齿，齿先端淡绿白色（RHS 149D）；具叶鞘，叶鞘具橄榄绿色脉纹（RHS 147B、146A-B）。

北京植物园　未记录形态信息。

仙湖植物园　未记录形态信息。

植株（北京IBCASBG）　枝端莲座（北京IBCASBG）　枯叶宿存
植株（北京BBG）　植株（南非）　幼株（南非）　叶鞘

叶腹面　叶背面　叶腹面局部　叶背面局部
叶反曲　叶片边缘　边缘齿　种子
开花植株（南非）　结果植株（南非）　末花期花序（南非）　果序（南非）

分布

产自南非东开普省、夸祖鲁-纳塔尔省。

生态与生境

生长于海岸狭长地带的山坡、山谷灌丛中，海拔自近海平面至500m。

用途

观赏等。

引种信息

中国科学院植物研究所北京植物园　种子材料（2011-W1590）引种自南非伍斯特，生长迅速，长势良好。

北京植物园　植株材料（2011428）引种自美国，生长迅速，长势良好。

仙湖植物园　植株材料（SMQ-098）引种自美国，生长迅速，长势良好。

物候信息

原产地南非花期5～7月。

中国科学院植物研究所北京植物园 尚未见开花结实。无休眠期。

仙湖植物园 未记录花期信息。

繁殖

播种、扦插、分株繁殖。

迁地栽培要点

习性强健，栽培管理粗放。喜光照充足的栽培场所，稍耐阴。耐旱，不耐湿涝，喜排水良好的栽培基质。喜温暖，不耐寒，北方地区需温室栽培越冬，5～6℃以上可安全越冬。

中国科学院植物研究所北京植物园 栽培基质适应范围广泛。可采用腐殖土、沙配制混合土，也可采用赤玉土、腐殖土、沙、轻石配制，加入少量谷壳碳和缓释肥颗粒。

北京植物园 采用火山灰、草炭土、蛭石、沙等材料配制混合基质。温室栽培，夏季中午需50%遮阳网遮阴，冬季保持5℃以上安全越冬。

仙湖植物园 室内地栽，采用腐殖土、河沙混合土栽培。

病虫害防治

抗性较强，无明显病虫害。

中国科学院植物研究所北京植物园 未见病虫害发生，仅作常规防治。定期喷洒50%多菌灵可湿性粉剂800～1000倍液，预防腐烂病发生。

北京植物园 未见病虫害发生，仅作常规预防性打药。

仙湖植物园 未见病虫害发生，定期施用杀菌剂预防炭疽病、褐斑病等真菌病害发生。

保护状态

已列入CITES附录II。

变种、自然杂交种及常见栽培品种

在原产地有一些自然杂交种，杂交亲本有非洲芦荟（*A. africana*）、好望角芦荟（*A. ferox*）等。

本种1816—1823年间引种自南非，由鲍威（J. Bowie）首次采集，并于19世纪20年代引入英格兰栽培。1824年由哈沃斯（A. H. Haworth）首次定名描述，种名"*pluridens*"意为"多齿的"，指其叶片边缘有许多边缘齿分布的状态。本种与木立芦荟（*A. arborescens*）亲缘关系较近，花序都为圆锥状，但本种植株更高，可达5m，植株稍纤细，叶色偏黄绿色，较薄一些。

国内有引种，北京、深圳等地区的植物园有栽培记录，栽培表现良好，尚未观察到开花结实。植株较高，适于地栽丛植观赏，南部温暖干燥的无霜地区可露地栽培，用于布置花境。

参考文献

Carter S, Lavranos J J, Newton L E, et al., 2011. Aloes: The Definitive Guide[M]. London: Kew Publishing: 684.

Eggli U (Ed.), 2001. Illustrated Handbook of Succulent Plants: Monocotyledons[M]. Berlin: Springer–Verlag: 165.

Grace O M, Klopper R R, Figueiredo E, et al., 2011. The Aloe names book[M]. Pretoria: SANBI: 124.

Jeppe B, 1969. South Africa Aloes[M]. Cape Town: Purnell & Sons S.A. (PTY.) LTD.: 47.

Van Wyk B –E, Smith G F, 2014. Guide to the Aloes of South Africa[M]. Pretoria: Briza Publications: 70.

115
多叶芦荟

别名：螺旋芦荟、旋转芦荟、女王芦荟、所罗门王碧玉冠、千叶芦荟

Aloe polyphylla Pillans, S. African Gard. 24: 267. 1934.

多年生肉质草本植物。植株茎不明显，单生或形成密集株丛。叶150片或更多，密集排列，呈圆形莲座状，高可达50cm，直径60～80cm，叶片上升至内弯，总是呈5列以上至30列顺时针或逆时针旋转；叶片长卵状，锐尖，长20～30cm，宽6～10cm，灰绿色，具淡紫色尖端；背面具淡绿色或白色隆起的龙骨；边缘具浅色角质边，具坚硬、三角状、白色的齿，长8～10mm，齿间距10～15mm。花序高50～60cm，分枝可达8个，在分枝总状花序下有几个大的纸质不育的苞片，长20～30mm；花序紧缩成几近头状，长12～15cm，直径10cm，花排列密集；花苞片披针状，锐尖，有些肉质，长30mm，宽7mm；花梗红色，长30～60mm；花被筒状，鲑粉色，稀黄色，长45～55mm，子房部位宽7mm；外层花被基部离生；雄蕊和花柱伸出5mm。染色体：2n=14（Riley，1959）。

中国科学院植物研究所北京植物园　盆栽幼株，植株莲座状，单生，株高22cm，株幅32cm。叶片两面灰绿色至浅灰绿色（RHS 191A–C），长12～13.5cm，宽3.6～4.3cm，叶两面具模糊纵向条纹；叶背面具1～2条具隆起的龙骨棱，龙骨具半透明绿白色的边缘（RHS 192D），有时龙骨棱位于叶片的上部和中部，常具列状齿；边缘具绿白色（RHS 192D）半透明的软骨质窄边，边缘齿半透明绿白色（RHS 192D），齿长4～5mm，齿间距8～15mm。

上海植物园　尚未记录形态特征。

植株（北京IBCASBG）　植株（北京IBCASBG）　植株（上海SHBG）

植株局部　播种苗（3个月）　播种苗（2年）

分布

产自莱索托西部的马洛蒂山脉（Maluti Mountains）。

生态与生境

生长于陡峭、排水良好的的玄武岩山坡，海拔200～2500m。年降水量约875～1000mm，产地多云雾。

用途

观赏。

引种信息

中国科学院植物研究所北京植物园 种子材料（2011-W1145）引种自南非，植株生长较慢，长势一般。植株材料（2019-0624）引种自福建龙海，植株生长较慢。长势良好。

上海植物园 植株材料（2016-6-0124）引种自浙江温州，植株生长较慢，长势一般。

物候信息

原产地莱索托花期9～10月。

中国科学院植物研究所北京植物园 幼株尚未开花结实。

上海植物园 幼株尚未开花结实。

繁殖

多播种繁殖，播种前对需土壤进行消毒。

迁地栽培要点

植株生长较慢，栽培有难度。喜阳光充足和冷凉、空气湿润的环境。忌湿涝、湿热。

中国科学院植物研究所北京植物园 栽培基质选用排水良好的混合基质，配土选用腐殖土与颗粒性较强的赤玉土、轻石、木炭等基质，加入少量谷壳碳，并混入少量缓释的颗粒肥。幼苗期需适度遮阴，幼株不喜湿热，北京地区夏季7～8月高温高湿，植株短暂休眠，生长停滞，此时应注意控制浇水，遮阴降温，避免叶心积水导致腐烂病发生。播种苗移栽时避免散坨伤根。

上海植物园 采用赤玉土、腐殖土、轻石、麦饭石、沙等材料配制混合基质。

病虫害防治

容易罹患腐烂病和根粉蚧。

中国科学院植物研究所北京植物园 湿热季节过于湿涝容易罹患叶心或根系腐烂病，定期喷洒50%多菌灵800～1000倍液预防腐烂病。盆土干燥、不通风的情况下容易罹患介壳虫和根粉蚧，可施用蚧必治800～1000倍液或速蚧杀1500倍液等进行防治。

上海植物园 休眠期容易发生腐烂病，注意控制浇水，定期喷洒杀菌剂进行预防。

保护状态

已列入CITES附录I。

变种、自然杂交种及常见栽培品种

尚未见相关报道。

本种发现于1915年，由霍兰德（F.H. Holland）发现于弗鲁梅拉山（Phurumela Mountain）并将植物和材料送给舍恩兰（S. Schönland），1934年，舍恩兰和皮兰斯（N. S. Pillans）将其定名和描述。种名“*polyphylla*”意为多叶的。本种生长于高海拔多云雾地区，气候冷凉，冬季常覆于积雪下。

本种国内有引种，北京、上海、福建等地有栽培记录，多为幼株，尚未观察到开花结实。本种栽培非常困难，从生境移栽的植株一般很难长时间存活。播种苗移栽要避免散坨伤根。本种成株叶片数量非常多，呈螺旋状排列，十分美丽，适于盆栽或地栽观赏。

参考文献

Carter S, Lavranos J J, Newton L E, et al., 2011. Aloes: The Definitive Guide[M]. London: Kew Publishing: 440.

Eggli U (Ed.), 2001. Illustrated Handbook of Succulent Plants: Monocotyledons[M]. Berlin: Springer-Verlag: 165.

Grace O M, Klopper R R, Figueiredo E, et al., 2011. The Aloe names book[M]. Pretoria: SANBI: 125.

Jeppe B, 1969. South Africa Aloes[M]. Cape Town: Purnell & Sons S.A. (PTY.) LTD.: 11.

Reynolds G W, 1982. The Aloes of South Africa[M]. Cape Town: A.A. Balkema: 194-197.

Van Wyk B -E, Smith G F, 2014. Guide to the Aloes of South Africa[M]. Pretoria: Briza Publications: 180-181.

116
红穗芦荟

Aloe porphyrostachys Lavranos & Collen., Cact. Succ. J. (Los Angeles) 72: 18. 2000.

多年生草本植物。植株茎不明显，萌生蘖芽形成相当大的株丛。叶可达60片，直立至平展，狭三角状，长可达55cm，宽7.5cm，蓝灰色，通常带蓝紫色调；边缘白色、软骨质，具坚硬、白色三角状齿，长3～5mm，齿间距25～30mm；汁液黄色，干燥后浅棕色。花序高110cm，分枝可达6个，分枝内弯；花序梗具包裹分枝基部的苞片，长10mm，宽10mm；总状花序狭长圆柱状，长达45cm，宽4cm，花紧密贴生花序轴；花苞片卵状披针形，长12～15mm，宽5～8mm；花梗长2～5mm；花被亮红色，棒状，横截面三角形，长30～35mm，中部宽11mm，向基部和口部逐渐变细；外层花被分离约20mm；雄蕊花丝黄色，近花药部分的花丝棕黑色，花药黄色，伸出12～15mm，雌蕊伸出12mm。

北京植物园 植株莲座状，高约40cm，株幅约65cm。叶片长32～40cm，宽4.5～5cm；边缘齿长2～3mm，齿间距12～17mm。花序高88cm，未分枝，总状花序长41.5cm，宽6cm；花梗长5mm；花橙红色，棒状，长31～32mm，子房部位宽约6.5～7mm，向上渐宽至中部8.5～9.5mm；外层花被分离约13～15mm，雄蕊伸出10～14mm，花柱伸出约13mm。

上海辰山植物园 温室栽培，易萌蘖小芽，株丛直径120cm。花序具4分枝，花被橙红色，口部稍浅，花被筒长约31mm，粗细变化不大，子房部位宽约7mm，雄蕊伸出4～5mm，花柱伸出约9mm。

盆栽植株（北京BBG）
地栽植株（上海CBG）
叶腹面
叶背面
叶腹面局部
叶背面局部

分布

产自沙特阿拉伯希贾兹省（Hijaz）。

生态与生境

生长山顶的多碎石山坡上，北部陡崖边缘也分布着少量的居群，海拔约2000m。

用途

观赏、药用等。

引种信息

北京植物园 植株材料（2011225）引种自美国，生长迅速，长势良好。

上海辰山植物园 植株材料（20130622）引种自美国，生长迅速，长势良好。

物候信息

原产地沙特阿拉伯花期通常4~5月。

北京植物园 温室栽培，花期4~5月，4月下旬至5月上旬盛花期。未见自然结实。未见明显休眠期。

上海辰山植物园 温室栽培。4月上旬初现花芽，4月下旬花序抽出，5月中旬开始开花。异花授粉，未见自然结实。未见明显休眠期。

繁殖

播种、扦插、分株繁殖。

迁地栽培要点

习性强健，栽培管理容易。

北京植物园 基质采用草炭土、火山岩、陶粒、沙配制。温室栽培，夏季中午需50%遮阳网遮阴，冬季保持5℃以上。

上海辰山植物园 温室栽培，土壤配方用砂壤土与草炭混合种植。温室内夏季最高温在40℃以下，冬季最低温在13℃以上，能安全度夏和越冬。

病虫害防治

抗性强，病虫害较少发生。

北京植物园 病虫害较少发生，仅定期进行病虫害预防性的打药。

上海辰山植物园 仅在开花初期有蚜虫。

保护状态

已列入CITES附录II。

变种、自然杂交种及常见栽培品种

尚未见相关报道。

1981年，科莱尼特（I. S. Collenette）采集了模式标本，2000年由拉弗兰诺斯（J. J. Lavranos）和科莱尼特正式命名描述了本种，种名“*porphyrostachys*”指其红色近穗状的花序。

本种国内有引种，北京、上海地区有引种记录，栽培表现良好，已观察到花期物候。本种花序细长紧凑，色彩鲜艳，是非常美丽的观赏种类，盆栽观赏，亦可地栽，适宜丛植布置花境。我国南部温暖、干燥的无霜地区可露地栽培。上海辰山植物园地栽植株和北京植物园盆栽植株的花略有区别，上海的样本花被筒具微毛，颜色较深，橙红色；而北京的样本花被筒无明显的毛，花色为稍浅的橙红色。

参考文献

Carter S, Lavranos J J, Newton L E, et al., 2011. Aloes: The Definitive Guide[M]. London: Kew Publishing: 455.

Eggli U (Ed.), 2001. Illustrated Handbook of Succulent Plants: Monocotyledons[M]. Berlin: Springer–Verlag: 165.

Grace O M, Klopper R R, Figueiredo E, et al., 2011. The Aloe names book[M]. Pretoria: SANBI: 125.

McCoy A T, 2019. The Aloes of Arabia[M]. Temecula: McCoy Publishing: 296–303.

117
比勒陀利亚芦荟

别名：白美锦芦荟、白磁盃芦荟、白美锦（日）、白磁盃（日）、蛮蛇锦（日）

Aloe pretoriensis Pole-Evans, Gard. Chron. III, 56: 105. 1914.

多年生肉质草本植物。植物单生，具近直立或弓状直立的茎，高可达1m，粗25cm，枯叶宿存。叶40~60片，密集，叶披针形，渐尖，长可达60cm，宽15cm，绿色，被淡灰霜粉，具模糊条纹；边缘具尖锐淡红色齿，长约3~4mm，齿间距10~15mm。花序高200~350cm，具5~8分枝；总状花序圆锥状至圆柱状，锐尖，长20~30cm，宽10cm，花排列密集；花苞片卵状至三角状，长15~20mm；花梗长25~40mm；花被筒状，玫瑰粉至浓郁桃红色，有霜粉，有时口部黄色，长40~50mm，基部骤缩，子房部位之上稍变宽，之后向口部变窄；外层花被基部离生；雄蕊和花柱伸出达1~2mm。染色体：2n=14（Müller，1941）。

中国科学院植物研究所北京植物园　盆栽植株单生，高约42cm，株幅约57cm。叶片披针形，渐尖，两面灰绿色至淡灰绿色（RHS 190A, 191C-D），长达36cm，宽5~6.5cm，两面具纵向模糊条纹，条纹灰绿色（RHS 191A-B）；边缘具齿，尖锐、红棕色至橙红色（RHS 175A-D,177A-B），长2~3.5mm，齿间距6~14mm；汁液淡橙黄色，干燥汁液橙黄色至橙棕色，伤口紫棕色。

北京植物园　未记录形态信息。

植株（北京IBCASBG）　植株（北京IBCASBG）　短茎

播种苗（北京IBCASBG，1个月）　播种苗（北京IBCASBG，1年）　播种苗（北京IBCASBG，3年）

分布

产自南非，广泛分布于豪藤省北部、姆普马兰加省和北部省；斯威士兰、津巴布韦也有分布。

生态与生境

生长于落叶林地或草坡，海拔600～1500m。

用途

观赏、药用。叶片汁液用于美白。

引种信息

中国科学院植物研究所北京植物园　种子材料（2011-W1146）引种自南非开普敦，生长速度中等，长势良好。种子材料（2017-0301）引种自南非开普敦，生长迅速，长势良好。

北京植物园　植株材料（2011227）引种自美国，生长迅速，长势良好。

物候信息

原产地南非花期5～7月。

中国科学院植物研究所北京植物园　尚未见开花结实。

北京植物园　尚未见开花结实。

繁殖

多播种繁殖。扦插繁殖多用于挽救烂根植株。

迁地栽培要点

习性强健，栽培管理容易。喜光照充足的栽培场所，耐旱，不耐湿涝，喜排水良好的栽培基质。喜温暖，不耐寒，我国北方地区需温室栽培越冬，5~6℃以上可安全越冬，10~15℃以上可正常生长。

中国科学院植物研究所北京植物园　土壤配方选用腐殖土与颗粒性较强的赤玉土、轻石、木炭等基质以及排水良好的粗沙混合配制。喜强光，根系良好的情况下可全光照。

北京植物园　温室盆栽，采用草炭土、火山岩、沙、陶粒等基质配制混合土，排水良好。夏季中午需50%遮阴。

病虫害防治

偶有腐烂病发生。

中国科学院植物研究所北京植物园　叶心积水容易引起腐烂病，浇水要注意，定期喷洒多菌灵等杀菌剂预防。

北京植物园　病害不常发生，常规打药预防。

保护状态

已列入CITES附录II。

变种、自然杂交种及常见栽培品种

具一些自然杂交种，杂交亲本包括近缘芦荟（*A. affinis*）、蛇尾锦芦荟（*A. greatheadii* var. *davyana*）等。

本种据说由申克（A. Schenk）采集于1886年，1914年由波尔埃文斯（I. B. Pole-Evans）命名和描述，种名"*pretoriensis*"指其采集地比勒陀利亚（Pretoria）。本种容易与线状芦荟（*A. lineata*）、蓝芦荟（*A. glauca*）等叶面具线状的种类相混淆，可以很容易地从花序的差异区分开。

本种国内有引种，北京地区的植物园有栽培记录，栽培表现良好，但尚未开花结实。本种叶色灰绿至浅灰绿色，具条纹，十分美观，适于盆栽或地栽丛植观赏，栽培中需注意避免湿涝。

参考文献

Carter S, Lavranos J J, Newton L E, et al., 2011. Aloes: The Definitive Guide[M]. London: Kew Publishing: 646.
Eggli U (Ed.), 2001. Illustrated Handbook of Succulent Plants: Monocotyledons[M]. Berlin: Springer-Verlag: 166.
Grace O M, Klopper R R, Figueiredo E, et al., 2011. The Aloe names book[M]. Pretoria: SANBI: 126.
Jeppe B, 1969. South Africa Aloes[M]. Cape Town: Purnell & Sons S.A. (PTY.) LTD.: 10.
Reynolds G W, 1982. The Aloes of South Africa[M]. Cape Town: A.A. Balkema: 306-309.
Van Wyk B -E, Smith G F, 2014. Guide to the Aloes of South Africa[M]. Pretoria: Briza Publications: 72.

118
普氏芦荟

别名： 胧月夜芦荟、胧月夜（日）

Aloe prinslooi Verd. & D. S. Hardy, Fl. Pl. Africa 37: 1453. 1965.

多年生肉质草本植物。植株通常单生，茎不明显。叶16~30片，平展，短三角状，长14~20cm，宽4~8cm，浅绿色，具白色斑点；边缘具尖锐齿，长4mm，齿间距5~7mm。花序高达60cm，直立，具2~5分枝；花序梗粗20mm，总状花序下具1~8个非常狭窄的不育苞片，长40mm，宽2.5mm；总状花序，花排列密集，紧缩成近头状，长6cm；花苞片长可达30mm，宽5mm；花梗长12~30mm；花被筒状，绿白色微粉，长13~17mm，子房上方稍变狭窄；外层花被分离约7mm；雄蕊和花柱几乎不伸出。

中国科学院植物研究所北京植物园 植株单生，株高约18cm，株幅约40cm。叶片倒卵状，渐尖，长16~18cm，宽5~6.5cm；暗橄榄绿色（RHS NN137A-B、147A），两面具大量斑点，斑点绿白色（RHS 194A-C），分布全叶；腹面斑点椭圆形，大小较均一，密集排列成较整齐的横带状，背面斑点椭圆形或圆形，大小不一，密集排列成横带状；背面中线靠近叶尖处具1~3个不明显皮刺；边缘具假骨质边，绿白色（RHS 193D）至白色，具尖锐边缘齿，绿白色（RHS 193D），齿尖暗橙色至棕色（RHS 164A-165A），齿长3~4mm，齿间距5~8mm；汁液淡黄色，干燥后棕色。花序高达71cm，具1分枝；花序梗黄绿色（RHS 147B），有时微红呈橄榄棕色（RHS N199A）；总状花序紧缩成近头状或短圆柱状，长5.5~19cm，宽5~5.5cm，花排列密集，具花22~92朵；花梗浅黄绿色（RHS 145C-D）；花苞片白色，具棕色脉纹；花被淡肉粉色（RHS 29C-D），向口部渐浅至淡黄色（RHS 11D），裂片先端具黄绿色（RHS 139C-141C）宽中脉纹，裂片边缘白色；花被筒长17mm，子房部位宽约3.8~4mm，上方变狭至3.2~3.5mm宽，其后向上渐宽至4.8~5mm；外层花被分离约5mm；雄蕊和花柱淡黄色（RHS 4C），几乎不伸出。

北京植物园 植株高18.5cm，株幅31.5cm。叶片长16~19.5cm，宽5.5~6cm；蓝绿色，叶面具圆形淡黄色斑点，斑点常密集排列成横带状，背面斑点较大，叶先端有时呈红色；边缘齿三角形，红棕色，长2~3mm，齿间距4mm。

仙湖植物园 未记录形态信息。

上海植物园 未记录形态信息。

盆栽植株（北京IBCASBG）

地栽植株（北京IBCASBG）

植株局部

播种苗（北京IBCASBG，6个月）
播种苗（北京IBCASBG，1年）
叶先端
叶腹面
叶腹面局部
叶背面
叶背面局部
斑点密集排列成横带状
叶腹面斑点大小均匀
叶背面斑点大小不一
叶背面先端皮刺
叶片边缘
边缘齿
花序分枝基部苞片
花苞片

分布

分布区局限于南非夸祖鲁-纳塔尔省中部靠近科伦索（Colenso）的地区。

生态与生境

生长于开放林地的草坡上，海拔800~1500m。分布区夏季降雨，年降水量约750mm。

用途

观赏、药用。

引种信息

中国科学院植物研究所北京植物园 种子材料（2008-1778）引自美国，生长迅速，长势良好。

北京植物园 植株材料（2011228）引种自美国，生长迅速，长势良好。

仙湖植物园 植株材料（SMQ-100）引种自美国，生长迅速，长势良好。

上海植物园 植株材料（2011-6-002）引种自美国，生长迅速，长势良好。

物候信息

原产地南非花期6~10月。

中国科学院植物研究所北京植物园 观察到花期11月下旬至翌年2月，11月下旬花芽初现，始花期翌年1月初，盛花期1月上旬至2月上旬，末花期2月中旬。单花花期2~3天。未见结实。未见明显休眠期。

北京植物园 尚未记录花期物候。

仙湖植物园 尚未记录花期物候。

上海植物园 尚未记录花期物候。

繁殖

播种、扦插繁殖。

迁地栽培要点

习性强健，栽培管理容易。耐旱、耐寒，原产地可耐短暂-7℃低温。

中国科学院植物研究所北京植物园 北京地区栽培没有难度，采用腐殖土和粗沙配制成简单的基础栽培基质，也可加入轻石、赤玉土等颗粒性较强的颗粒基质，加强排水。

北京植物园 温室盆栽，采用草炭土、火山岩、沙、陶粒等材料配制混合基质，排水良好。夏季中午需50%遮阳网遮阴，温室冬季保持3℃以上可安全越冬。

仙湖植物园 采用腐殖土、河沙混合土栽培。

上海植物园 采用赤玉土、腐殖土、轻石、麦饭石、沙等材料配制混合基质。

病虫害防治

抗性强，不易发生病虫害。

中国科学院植物研究所北京植物园 无明显病虫害发生，仅作预防性打药。每10～12天喷洒1次多菌灵和氧化乐果稀溶液进行预防，并加强通风。

北京植物园 无明显病虫害发生，仅作预防性打药。夏季高温高湿季节喷洒杀菌剂预防腐烂病和褐斑病发生。

仙湖植物园 湿热季节容易发生腐烂病、黑斑病和褐斑病。定期喷洒杀菌剂进行预防。

上海植物园 休眠期容易发生腐烂病，注意控制浇水，定期喷洒杀菌剂进行预防。

保护状态

已列入CITES附录II。

变种、自然杂交种及常见栽培品种

有相关报道。可与银芳锦芦荟（*A. striata*）、斑点芦荟（*A. maculata*）等种类杂交或多重杂交获得杂交品种。

本种由爱好者普林斯洛（G. J. Prinsloo）首次发现，1965年由维多恩（I. C. Verdoorn）等人命名描述，种名以发现者的姓氏进行命名。本种与斑点芦荟（*A. maculata*）亲缘关系较近，花短于斑点芦荟，花色非常浅淡，子房上方缢缩不明显。

国内有引种，北京、上海、深圳等地的植物园有栽培记录，栽培表现良好，已观察到花期物候。栽培植株实测形态数据，叶片尺寸、花被筒长度基本与文献记载的数据相吻合，花序长度、分枝总状花序的长度长于文献记载的尺寸。本种株形较小，莲座紧凑，叶面斑纹规整美观，非常适合盆栽观赏，亦可地栽丛植观赏，可用于布置花境或配合山石布置模拟自然的微地形景观。

参考文献

Adams R, 2015. Aloes A to Z[M]. Te Puke: Raewyn Adams: 99-100.

Carter S, Lavranos J J, Newton L E, et al., 2011. Aloes: The Definitive Guide[M]. London: Kew Publishing: 159.

Eggli U (Ed.), 2001. Illustrated Handbook of Succulent Plants: Monocotyledons[M]. Berlin: Springer-Verlag: 166.

Grace O M, Klopper R R, Figueiredo E, et al., 2011. The Aloe names book[M]. Pretoria: SANBI: 127.

Jeppe B, 1969. South Africa Aloes[M]. Cape Town: Purnell & Sons S.A. (PTY.) LTD.: 102.

Van Wyk B -E, Smith G F, 2014. Guide to the Aloes of South Africa[M]. Pretoria: Briza Publications: 262-263.

119
珠芽浆果芦荟（拟）

Aloe propagulifera (Rauh & Razaf.) L. E. Newton & G. D. Rowley, Bradleya 16: 114. 1998.
Lomatophyllum propaguliferum Rauh & Razaf., Bradleya 16: 93. 1998.

多年生肉质草本植物。植株茎不明显，通常单生。叶10～12片，密集排列成莲座状，叶片长20cm，宽1.5～2cm，灰绿色具暗绿色斑点和条纹；边缘齿三角状，橄榄绿色，长1～2mm，齿间距5～10mm。花序高度小于20cm，不分枝；总状花序长2～3cm，具5～10朵花，基部或上方具1～2个珠芽；花苞片三角状，急尖；花梗长7～10mm，暗红色；花被筒状，朱砂红色，先端1/3淡红色具绿色脉纹，长25mm，基部圆，子房部位宽7～9mm，上方缢缩；外层花被仅先端分离。浆果，直径约10mm。

中国科学院植物研究所北京植物园　植株高7cm，株幅27cm。叶片长13.4～15.8cm，宽1.2～1.85cm，腹面和背面深橄榄绿色（RHS 147A），全叶具不规则浅绿白色、浅黄绿色（RHS 195D-139D）叶斑，叶斑呈明显横向条带状或呈片状；边缘假骨质边深绿色（RHS NN137A至147A），边缘齿三角状，有时双连齿，长1.5～2mm，齿间距3～7.5mm。花序高可达16.5cm，不分枝；花序梗棕色（RHS N200A-B）；总状花序长2.2cm，直径3.8cm，具花5～7朵，下方具1个肉质的珠芽；花苞片披针形，白色、膜质；花梗橙红色（RHS 42C）；花被筒状，橙红色（RHS 42C），口部淡黄绿色（RHS 142D），裂片先端具深黄绿色（RHS 143A）的中脉纹，花被筒长26.5～27mm，子房部位宽约7mm，子房上方稍缢缩至6mm，之后向口部变宽至8mm；外层花被分离约6～7mm；雄蕊伸出约2mm，花柱不伸出。果实椭圆形，直径约10～11mm。

植株（北京IBCASBG）　植株（北京IBCASBG）　叶心
叶腹面　叶背面　叶先端　边缘齿和叶斑

分布

产自马达加斯加。

生态与生境

可能生长于马达加斯加中部湿润的森林中。

用途

观赏。

引种信息

中国科学院植物研究所北京植物园 幼苗材料（2009-1673）引种自俄罗斯莫斯科总植物园，生长缓慢，长势良好。

物候信息

原产地马达加斯加花期12月至翌年4月。

中国科学院植物研究所北京植物园 观察到4~5月、7~8月、9~10月中旬、10月下旬至11月末均有开花。单花花期3天。观察到2次结实，果期分别为10月中旬至11月、5月至6月初。

繁殖

播种、珠芽、扦插繁殖。

迁地栽培要点

本种生长较慢，喜相对喜湿润的环境，土壤需透气性良好。耐阴，夏季需要适当遮阴。

中国科学院植物研究所北京植物园 栽培常采用草炭土、河沙配制混合土，可混入园土、赤玉土、轻石、珍珠岩等其他基质。盆周围喷水提高空气湿度。夏季需适当遮阴。

病虫害防治

病虫害发生较少。

中国科学院植物研究所北京植物园 定期喷洒50%多菌灵可湿性粉剂800~1000倍液和40%氧化乐果1000倍液，预防腐烂病发生。

保护状态

已列入CITES附录II。

变种、自然杂交种及常见栽培品种

尚未见相关报道。

1811年，韦尔登诺（C. J. Willdenow）设立了浆果芦荟属（*Lomatophyllum*），陆续大约十多个种被置入其中，其中大部分原产自马达加斯加。这些置入其中的种类果实为浆果，种子也和其他芦荟属植物不同，不具宽大的种翅。本种由劳（W. Rauh）发现并采集，1998年劳将其定名并描述为*Lomatophyllum propaguliferum* Rauh & Razaf.。1998年浆果芦荟属被纽顿（L. E. Newton）等人置入芦荟属下作为浆果芦荟组（Sect. *Lomatophyllum*），并重新进行定名描述，其中包含本种。本种与亲缘关系相近的*A. prostrata*、*A. ankaranensis*的花序都具有珠芽，但本种花序总是具有珠芽，而其他两种只是偶尔有珠芽。

本种国内引种不多，北京地区有栽培记录。栽培表现良好，已多次观察到开花结实。本种株形较小，花色艳丽，适合小型盆栽观赏，适合湿润和稍荫蔽的栽培环境。

参考文献

Castillon J -B, Castillon J -P, 2010. The Aloe of Madagascar[M]. La Réunion: J.-P. & J.-B Castillon: 56.

Eggli U (Ed.), 2001. Illustrated Handbook of Succulent Plants: Monocotyledons[M]. Berlin: Springer-Verlag: 166.

Grace O M, Klopper R R, Figueiredo E, et al., 2011. The Aloe names book[M]. Pretoria: SANBI: 127.

Newton L E, Rowley G D, 1998. New transfer from *Lomatophyllum* to *Aloe* (Aloeaceae) [J]. Bradley, 16: 114.

Rauh W, 1998. Three new species of Lomatophyllum and one new Aloe from Madagascar[J]. Bradleya, 16: 92-100.

120
霜粉芦荟

别名：普诺莎芦荟

Aloe pruinosa Reynolds, J. S. African Bot. 2: 122. 1936.

多年生肉质草本植物。植株单生，具匍匐根状茎，长可达50cm。叶12～24片，紧密排列成莲座状，叶片披针形，渐尖，长50～70cm，宽8～10cm，亮绿色，具大量长圆状白色斑点，密集排列成不规则的横向条带，背面斑点更为密集；边缘具尖锐粉棕色齿，长3～4mm，齿间距15～20mm；汁液干燥后深紫色。花序高150～200cm，具约达11个直立分枝，下部分枝常再分枝；花序梗具膜质披针形苞片，长可达120mm，包裹分枝基部；总状花序圆柱形，长10～30cm，宽7cm，花排列松散；花苞片线状披针形，长10～20mm，纸质；花梗长10～20mm；花被暗粉色，被厚霜粉，筒状，长30～40mm，子房部位宽8mm，上方突然缢缩至直径5mm，之后向口部渐宽；外层花被分离约7mm；雄蕊和花柱稍外伸。染色体：2n=14（Müller，1941）。

中国科学院植物研究所北京植物园　植株株形较大，单生，高约44cm，株幅58～63cm，枯叶宿存。叶片长35～39cm，宽6～7cm，腹面凹至微凹，先端干枯卷曲；腹面暗橄榄绿色（RHS NN137A），全叶具椭圆形斑或模糊的H型斑点，淡黄绿色（RHS 148D），密集排列成不规则横向条带状；背面暗橄榄绿色（RHS 147A），具椭圆形斑或模糊H型斑点，斑点较腹面多，密集排列成清晰的横向条带，有时排列成片状；边缘具尖锐锯齿，深橙棕色至浅橙棕色（RHS 166A–C），长3～4.5mm，齿间距8～11mm。花序高达68cm，分枝可达6个；花序梗淡棕灰色（RHS 201B–C），被霜粉，擦去霜粉棕色（RHS 200C）；总状花序长6.2～12.4cm，直径7～7.5cm，具花19～62朵；花苞片白色，膜质，具暗棕色细条纹；花梗棕红色（RHS 176C）；花被筒状，橙红色（RHS 35A–B），被霜粉，口部内层花被先端暗黄色，花被裂片先端具灰绿色（RHS N189B–C）中脉纹，裂片边缘白色，花被筒长30～32mm，子房部位宽约5mm，上方缢缩至直径4mm，之后向上逐渐变宽至7～8mm；外层花被分离约9～10mm；雄蕊花丝淡黄色，伸出4～5mm，花柱淡黄色，伸出约3～4mm。

北京植物园　植株高51.5cm，株幅72cm，具明显短茎。叶片长39cm，宽5cm，叶面微凹，下部叶反曲；腹面深墨绿色，H形斑点密集排列成横带状，背面斑点更多更为密集，排列成横带状至片状斑块，靠近边缘处具深绿色条纹；边缘齿黄褐色，尖锐，叶基部处的边缘齿颜色较浅，边缘齿长约3mm，齿间距8mm。

植株（北京IBCASBG）

植株局部

播种苗（北京IBCASBG）

分布

产自南非夸祖鲁-纳塔尔省的彼得马里茨堡（Pietermaritzburg）南部。

生态与生境

生长于刺灌丛荫蔽处，海拔600~800m。

用途

观赏、药用等。

引种信息

中国科学院植物研究所北京植物园 幼苗（2010-W1160）引种自北京，生长迅速，长势良好。

北京植物园 植株材料（2011229）引种自美国，生长迅速，长势良好。

物候信息

原产地南非花期2~3月。

中国科学院植物研究所北京植物园 花期冬季12月至翌年2月。12月中旬花芽初现，始花期翌年1月上旬，盛花期1月中、下旬，末花期1月底至2月上旬。单花花期2~3天。无休眠期。

北京植物园 未记录花期信息。

繁殖

播种、扦插繁殖。

迁地栽培要点

习性强健，栽培容易。喜光，耐阴。耐旱，不耐涝。喜温暖，稍耐寒。

中国科学院植物研究所北京植物园 采用腐殖土和粗沙（比例3：1或4：1）的混合土进行栽培，也可混入适量的颗粒基质促进根部排水，如轻石、赤玉土、木炭粒、珍珠岩等，颗粒基质的总量应控制在1/3左右。温室栽培越冬。

北京植物园 温室盆栽，采用草炭土、火山岩、沙、陶粒等材料配制混合基质，排水良好。夏季中午需50%遮阴。

病虫害防治

抗性强，病虫害发生较少。

中国科学院植物研究所北京植物园 未见病虫害发生。定期喷洒50%多菌灵可湿性粉剂800～1000倍液和40%氧化乐果1000倍液，预防腐烂病发生。

北京植物园 尚未见病虫害发生。喷洒杀菌剂预防细菌真菌病害。

保护状态

南非红色名录列为易危种（VU），分布区受到城市扩张的威胁；已列入CITES附录II。

变种、自然杂交种及常见栽培品种

尚未见相关报道。

本种由雷诺德（G. W. Reynolds）于1936年定名并描述，种名“*pruinosa*”意为覆盖蜡粉的，指其花和花序梗覆盖蜡质霜粉。本种与格林芦荟（*A. greenii*）亲缘关系较近，区别在于本种的花和花序梗具霜粉。

本种国内有栽培，北京地区有栽培记录，栽培表现良好，已观察到花期物候。本种株形较大，幼苗可盆栽观赏，成株适于地栽丛植观赏。我国南部温暖干燥的无霜地区可露地栽培，用于布置花境。实地测量栽培植株的形态数据，基本与文献记载的数据吻合。室内栽培的植株，花和花序梗的霜粉有时不厚重，花色有差异，与光照不足有关。

参考文献

Carter S, Lavranos J J, Newton L E, et al., 2011. Aloes: The Definitive Guide[M]. London: Kew Publishing: 196.

Eggli U (Ed.), 2001. Illustrated Handbook of Succulent Plants: Monocotyledons[M]. Berlin: Springer-Verlag: 167.

Grace O M, Klopper R R, Figueiredo E, et al., 2011. The Aloe names book[M]. Pretoria: SANBI: 128.

Jeppe B, 1969. South Africa Aloes[M]. Cape Town: Purnell & Sons S.A. (PTY.) LTD.: 75.

Rainondo D, Von Staden L, Foden W, et al., 2009. Red List of South Africa plants 2009[M]. Pretoria: SANBI: 83.

Van Wyk B -E, Smith G F, 2014. Guide to the Aloes of South Africa[M]. Pretoria: Briza Publications: 264-265.

121
拟小芦荟（拟）

Aloe pseudoparvula J.-B.Castillon, Kakteen And. Sukk. 55: 219. 2004.

多年生肉质草本植物。植株茎不明显，萌生蘖芽形成可达10头的小株丛。叶10～15片，直立、平展至反曲，三角状，锐尖，长7cm，宽1.5cm；灰绿色，常具粉线纹，腹面具散布的圆形皮刺，长达2mm；边缘具白色软齿，长1mm，齿间距2.5mm。花序不分枝或具1分枝，高达55cm；花序梗上半部具5～7个不育纸质苞片；总状花序圆柱状，排列相当松散，具花15～20朵；花梗粉色，长15mm；花苞片长5～8mm，宽3mm，微红色；花被粉红色，筒状，长约25mm，至中部变宽至5mm；外层花被分离约5mm，先端反曲；雄蕊和花柱不伸出。

中国科学院植物研究所北京植物园 植株高12.5cm，株幅21cm。叶片长11～13cm，宽1.8～2.0cm；腹面蓝绿色（RHS 133A–B）至黄绿色（RHS 138A），背面蓝绿色（RHS 122A）；全叶腹面、背面散布圆丘状的疣突，一些疣突顶端具软刺尖，淡黄绿色（RHS 193A–C）；边缘具软骨质边和边缘齿，浅灰绿色（RHS 196C–D），边缘齿长1.5～2mm，齿间距3～4mm。花序高达58.8cm，不分枝或具1分枝；花序梗淡棕灰色（RHS N200C），具霜粉，擦去霜粉红棕色（RHS 177B）；花序梗具几个不育苞片，米色至淡棕色，膜质，具棕红色细脉纹；总状花序长30.6cm，直径5.3cm，具花达37朵；花梗红色至深粉色（RHS 180C–D）；花被橙红色（RHS 35A–B），口部白色（RHS NN155C），花被裂片先端具暗黄绿色（RHS 189A）中脉纹，裂片边缘白色（RHS NN155C）；花被筒状，长26～27mm，基部骤缩，子房部位宽5～5.5mm，向上至中部渐宽至7.5～8mm，之后向口部稍变窄，花被裂片先端稍展开；外层花被分离约10mm；雄蕊和花柱不伸出，花丝白色，花柱淡黄色（RHS 4D）。

植株（北京IBCASBG） 丛生植株（北京IBCASBG） 植株局部
叶腹面 叶背面 叶腹面局部 叶背面局部

分布

产自马达加斯加中央高原的南部，安巴图菲南德拉哈纳（Ambatofinandrahana）以南的安图埃特拉山地（Antoetra Mountains）。

生态与生境

生长于混合花岗岩和结晶石灰岩地区，海拔约1200m。

用途

观赏。

引种信息

中国科学院植物研究所北京植物园 幼苗材料（2012-W0316）引种自捷克布拉格的私人苗圃，长速中等，长势良好。

物候信息

原产地马达加斯加花期12月至翌年1月。

中国科学院植物研究所北京植物园 观察到4月下旬至8月中旬、10下旬至11月中旬均有开花。4~8月：连续开花，4月中旬花芽初现，始花期5月上旬，盛花期5月中旬至8月初，末花期8月上旬至8月中旬；10~11月：10月下旬花芽初现，始花期10月末，盛花期11月上旬，末花期11月中旬。单花花期2~3天。仅观察到5中旬有零星结实。

繁殖

播种、分株、扦插繁殖。

迁地栽培要点

本种生长速度不快，栽培管理容易。

中国科学院植物研究所北京植物园 北京地区温室栽培选用排水良好的混合基质，用腐殖土、赤玉土、轻石、粗沙配成混合基质，比例约3：1：1：1，并混入少量缓释颗粒肥，粗沙比例可稍提高。夏季需要遮阴40%左右。喜阳光充足，夏季适当遮阴，进行降温防晒伤。容易烂根，根系不好的植株要适当遮阴。不耐湿涝，夏季湿热季节浇水要比较注意，避免盆土积水和株丛心部积水，造成腐烂病发生，加强通风，减少罹患病虫害的机会。喜温暖，可耐短暂1~3℃低温，盆土干燥5~10℃可安全越冬。

病虫害防治

虫害不常见。盆土积水容易造成根系腐烂，除改善栽培方式外，还可定期喷洒杀菌剂进行预防。

中国科学院植物研究所北京植物园 定期喷洒50%多菌灵可湿性粉剂800~1000倍液防治根系腐烂，尤其是7~8月高温高湿的季节。

保护状态

已列入CITES附录II。

变种、自然杂交种及常见栽培品种

有园艺杂交种的报道，可与小芦荟（*A. parvula*）等进行杂交。

本种2004年由卡斯蒂隆（J.-B. Castillon）命名并描述。种名“*pseudoparvula*”，由“*pseudo*”（false）和“*parvula*”构成，指其与小芦荟相似。本种与小芦荟为近缘种，但比小芦荟叶片宽、花序高。

本种国内有引种，北京地区有栽培记录，栽培表现良好，已观察到开花结实。本种株形较小，丛生，适于小盆栽观赏。也可用于布置模拟自然的微地形景观，与山石搭配造景。栽培中需注意防湿涝，尤其是夏季高温高湿季节。

参考文献

Carter S, Lavranos J J, Newton L E, et al., 2011. Aloes: The Definitive Guide[M]. London: Kew Publishing: 211.

Castillon J -B, Castillon J -P, 2010. The Aloe of Madagascar[M]. La Réunion: J.-P. & J.-B Castillon: 114.

Grace O M, Klopper R R, Figueiredo E, et al., 2011. The Aloe names book[M]. Pretoria: SANBI: 128.

122
拉巴伊芦荟（拟）

Aloe rabaiensis Rendle, J. Linn. Soc., Bot. 30: 410. 1895.

多年生肉质灌状植物。植株基部分枝，茎直立或蔓延状，依靠周围灌木支撑，长可达200cm，枯叶几宿存。叶在枝端排列成松散莲座状，披针形，渐尖，长30~45cm，宽3~8cm，灰绿色，常微红，幼株常具散布的白色斑点；边缘具尖端棕色齿，长2~3mm，齿间距8~15mm；汁液黄色，干燥汁液红色。花序高达60cm，具5~9分枝，下部分枝有时再分枝；总状花序紧缩成近头状，长约8cm，宽约8cm，花排列较密集至密集；花苞片披针形，长10~12mm，宽3mm；花梗长10~20mm；花被筒橙红色，口部黄色，有时花被全黄色，长20~25mm，基部骤缩，子房部位宽8mm，上方稍狭窄；外层花被分离约10~12mm；雄蕊和花柱伸出约11mm。染色体：2n=14（Cutler & al.，1980）。

中国科学院植物研究所北京植物园 植株高达175~185cm，枝端叶丛株幅57~66cm，基部萌蘖形成株丛。叶片披针形，渐尖，长45~50.5cm，宽5~6cm，无斑；腹面黄绿色（RHS 146A–B、147B），背面灰绿色（RHS 191A–B、N138B–C）；幼株叶片具浅色斑点；边缘具绿白色（RHS 157B–C）窄边，具尖锐锯齿，绿白色，齿尖红棕色至橙棕色（RHS 175A–B），长3~5mm，齿间距14~18mm；节间较长，叶鞘淡黄绿色（RHS 194B–C），常微红，有时具模糊条纹；汁液浅黄色，干燥汁液淡红棕色。花序高可达71cm，分枝达5个；总状花序紧缩成近头状，长5.4~12.5cm，宽5.5~6.5cm，花排列紧密；花苞片披针形，膜质，米色至淡棕色；花被橙红色（RHS 31A–B），向口部渐浅至浅橙黄色或浅黄色（RHS 163B–C），花被裂片先端具暗绿色中脉纹，裂片边缘浅橙黄色至浅黄色（RHS 163B–D）；花被筒长25~27mm，子房部位宽7.5~8mm，上方稍窄至7~7.5mm；外层花被分离约17~20mm；雄蕊花丝淡黄色至微橙，伸出6~7mm，花柱淡黄色（RHS 5B–D），不伸出。

厦门市园林植物园 尚未记录形态特征。

植株（北京IBCASBG） 植株局部（北京IBCASBG） 幼株 幼株（北京IBCASBG） 植株（厦门） 茎

分布

产自肯尼亚、坦桑尼亚和索马里。

生态与生境

生长于开阔林地沙壤中，海拔18~500mm。

用途

观赏、药用。原产地传统草药，用于催吐，治疗便秘、脾脏肿大。兽药，可治疗鸡病。汁液为箭毒的组分，与箭毒树（*Acokanthera schimperi*）汁液一起涂抹箭头上。

引种信息

中国科学院植物研究所北京植物园　幼苗材料（2016-0301）引种自肯尼亚，生长迅速，长势良好。

厦门市园林植物园　植株材料（引种编号不详）引种自北京，生长迅速，长势良好。

物候信息

原产地肯尼亚花期不详。

中国科学院植物研究所北京植物园 观察到花期10～12月。10月下旬花芽初现，始花期11月下旬初期，盛花期11月下旬至12月初，末花期12月上旬。单花花期3天。

厦门市园林植物园 观察到花期10～11月。始花期10月末，盛花期11月上旬。

繁殖

播种、扦插、分株繁殖。

迁地栽培要点

习性强健，栽培管理容易。

中国科学院植物研究所北京植物园 栽培常采用草炭土：河沙为2∶1的基本比例，同时可根据实际情况混入园土、珍珠岩等其他颗粒基质，增加排水性。浇水见干见湿。盆栽1～2年进行1次翻盆更新即可。温室夏季需适当遮阴降温，室内越冬。

厦门市园林植物园 室内地栽，栽培管理容易。土壤基质采用河沙与腐殖土配制的混合基质，忌土壤积水。喜光、稍耐荫蔽，栽植场所从全光照至稍遮阳均可。

病虫害防治

抗性强，不易发生病虫害。

中国科学院植物研究所北京植物园 未观察到病虫害发生，仅定期喷洒多菌灵、氧化乐果等农药进行预防性打药。

厦门市园林植物园 高湿低温季节容易罹患炭疽病、褐斑病，湿热季节容易罹患腐烂病，可定期喷洒杀菌剂进行防治。

保护状态

已列入CITES附录II。

变种、自然杂交种及常见栽培品种

有与侧花芦荟（*A. secundiflora*）的杂交种的报道。

本种1895年由伦德勒（A. B. Rendle）定名描述，种名“*rabaiensis*”指其产地拉巴伊山（Rabai Hills）。与恩贡芦荟（*A. ngongensis*）亲缘关系很近，区别在于：本种植株稍细弱，叶片较窄，花序较恩贡芦荟略松散，花橙红色向口部渐浅至淡黄色，或花黄色；而恩贡芦荟植株稍粗壮，叶片较宽，花序非常密集，花被为均一红色，光亮。

国内有引种，北京、厦门等地有栽培记录。栽培表现良好，已观察到花期物候。在引种过程中，有时幼苗材料会被错误地标记为穗花芦荟（*A. spicata*），二者花序完全不同。本种为较高的灌状种类，适合地栽丛植观赏，南部温暖干燥的无霜地区可露地栽培，可用于配置花境。

参考文献

Carter S, Lavranos J J, Newton L E, et al., 2011. Aloes: The Definitive Guide[M]. London: Kew Publishing: 633.

Eggli U (Ed.), 2001. Illustrated Handbook of Succulent Plants: Monocotyledons[M]. Berlin: Springer-Verlag: 168.

Grace O M, Klopper R R, Figueiredo E, et al., 2011. The Aloe names book[M]. Pretoria: SANBI: 129.

123
多枝芦荟

别名： 多杈芦荟、罗纹锦芦荟、罗纹锦（日）

Aloe ramosissima Pillans, J. S. African Bot. 5: 66. 1939.
Aloe dichotoma var. *ramosissima* (Pillans) Glen & D. S. Hardy, Fl. S. Afr. 5 (1: 1): 142. 2000.
Aloe dichotoma subsp. *ramosissima* (Pillans) Zonn., Bradleya 20: 10. 2002.

多年生灌状肉质植物。植株在茎基部及上部多二歧状分枝，茎直立或上升，高可达3m，粗8cm，较小分枝粗可达2cm，表面覆盖蜡质灰粉。叶10～14片，密集排列成莲座状，线状披针形，长15～20cm，宽2.2cm，灰绿色；边缘具非常狭窄的淡黄色半软骨质边，具淡棕色齿，长约1mm，齿间距1～4mm。花序高15～20cm，具1～2分枝；总状花序圆柱状，长12～15cm，花排列较紧密；花苞片三角形，锐尖，长4～5mm，宽3mm，白色，膜质；花梗长8mm；花被黄色微绿至淡黄色，长35mm，向一侧稍膨大，基部圆形，自子房之上至中部逐渐变宽，之后向口部变狭窄；外层花被分离约25mm；雄蕊和花柱橙黄色至橙红色，伸出约12mm。染色体：2n=14（Riley，1959）

中国科学院植物研究所北京植物园　幼苗高23cm，株幅29cm。叶片灰绿色（RHS 188A-B），长11.4～12cm，宽1.6～2cm；无斑，背面靠近先端龙骨棱上具少量皮刺，皮刺橙黄色、黄绿色、浅黄绿色（RHS 167A-D、145B-C、138D）；边缘具软骨质边和三角状齿，橙黄色、黄绿色、浅黄绿色（RHS 167A-D、145B-C、138D），有时齿双连，齿长1～1.5mm，齿间距2.5～6mm；汁液黄色，干燥汁液黄棕色。

北京植物园　未记录形态信息。

上海植物园　未记录形态信息。

仙湖植物园　未记录形态信息。

幼株（北京IBCASBG）　幼株局部　幼株的茎
植株（南非）　植株局部（南非）　茎枝（南非）

播种苗（北京IBCASBG，3年半）

播种苗（北京IBCASBG，5年）

种子

枝端莲座（南非）

叶腹面（南非）

叶背面（南非）

幼株叶腹面

幼株叶腹面局部

幼株叶背面

幼株叶背面局部

幼株叶先端

幼株叶片边缘

幼株叶边缘软骨质边

幼株叶边缘双连齿

幼株靠近叶片边缘成列的皮刺 叶背面先端皮刺 叶鞘 花序（南非）
结果植株（南非） 果序（南非） 果实（南非）

分布

产自南非北开普省扩展至纳米比亚。

生态与生境

生长于干热的山坡上。夏季炎热，温度常达38℃以上。原产地位于冬雨区，年降水量仅125mm。

用途

观赏。原产地嫩花芽可食用。

引种信息

中国科学院植物研究所北京植物园 幼苗材料（2017-0382）引种自福建龙海，生长缓慢，长势良好。

北京植物园 植株材料（2011230）引种自美国，生长缓慢，长势良好。

上海植物园 植株材料（2011-6-040）引种自美国，生长缓慢，长势良好。

仙湖植物园 植株材料（SMQ-103）引种自美国，生长缓慢，长势良好。

物候信息

原产地南非花期6~8月。

中国科学院植物研究所北京植物园 幼株尚未开花。

北京植物园 幼株尚未开花。

仙湖植物园 幼株尚未开花。

上海植物园 幼株尚未开花。

繁殖

多播种繁殖。扦插繁殖用于挽救烂根植株。

迁地栽培要点

习性强健，栽培管理容易。

中国科学院植物研究所北京植物园　温室盆栽，混合基质土壤配方选用腐殖土、粗沙与颗粒性较强的赤玉土、轻石、木炭混合配制。夏季湿热季节，幼苗容易发生腐烂病，除调整栽培基质外，浇水注意不要叶心积水，加强通风。

北京植物园　温室盆栽，采用草炭土、火山岩、沙、陶粒等材料配制混合基质，排水良好。

仙湖植物园　室内地栽，采用腐殖土、河沙混合土栽培。

上海植物园　温室盆栽，采用赤玉土、腐殖土、轻石、沙等基质配制混合土。

病虫害防治

不耐涝，湿热季节容易罹患腐烂病。干热不通风容易罹患根粉蚧。

中国科学院植物研究所北京植物园　预防幼苗根粉蚧和根系腐烂病发生，每10～15天施用1次50%多菌灵1000倍液和40%氧化乐果800～1000倍液。若已罹患根粉蚧，每7天施用1次蚧必治等药物，连续施用4～6次进行根除。

北京植物园　未见明显病虫害发生。

仙湖植物园　湿热季节预防腐烂病发生，尤其是幼苗。定期喷洒杀菌剂防治。

上海植物园　病虫害发生较少。

保护状态

IUCN红色名录列为易危种（VU）；已列入CITES附录II。

变种、自然杂交种及常见栽培品种

有与箭筒芦荟（*A. dichotoma*）杂交的相关报道。

本种1937年由皮兰斯（N. S. Pillans）命名和描述，种名“*ramosissima*”意为多分枝的，指其多分枝的灌状外观。本种与箭筒芦荟亲缘关系较近，曾被置为箭筒芦荟的变种或亚种，二者最明显的区别是本种没有粗壮的主干。近年来，有趋势将芦荟属分离成6个属，其中树状的种类归入树芦荟属（*Aloidendron*），包含本种。克洛波（Ronell R. Klopper）等人将其定名描述为*Aloidendron ramosissimum* (Pillans) Klopper & Gideon F. Sm.。

国内有引种，北京、上海、深圳等地有栽培记录。栽培表现良好，由于均为幼苗，尚未观察到开花结实。幼株适合盆栽观赏，成株适合地栽观赏。

参考文献

Carter S, Lavranos J J, Newton L E, et al., 2011. Aloes: The Definitive Guide[M]. London: Kew Publishing: 659.

Eggli U (Ed.), 2001. Illustrated Handbook of Succulent Plants: Monocotyledons[M]. Berlin: Springer-Verlag: 168.

Grace O M, Klopper R R, Figueiredo E, et al., 2011. The Aloe names book[M]. Pretoria: SANBI: 130.

Jeppe B, 1969. South Africa Aloes[M]. Cape Town: Purnell & Sons S.A. (PTY.) LTD.: 56.

Manning J C, Boatwright J, Daru B, 2014. A molecular phylogeny and Generic Classification of Asphodelaceae Subfamily Alooideae: Final Resolution of th Prickly Issue of Polyphyly in the Alooids? [J]. Systematic Botany, 39(1): 55–74.

Van Wyk B -E, Smith G F, 2014. Guide to the Aloes of South Africa[M]. Pretoria: Briza Publications: 46–47.

124
劳氏芦荟

Aloe rauhii Reynolds, J. S. African Bot. 29: 151. 1963.
Guillauminia rauhii (Reynolds) P. V. Heath, Calyx 4: 147. 1994.

多年生肉质草本植物。植株从基部萌蘖，形成大株丛。叶可达20片，叶片披针形至三角形，平展或上升，长7~10cm，宽1.5~2.0cm，灰绿色微棕，具浅色H型斑点；边缘具白色角质小齿，长0.5mm，齿间距1~2mm。花序高30cm，直立，不分枝或稀具1分枝；总状花序长达7cm，花排列松散；花苞片卵状，锐尖，长4~5mm，宽2mm；花梗粉色，长10mm；花被玫红色，长25mm，子房部位宽5mm，基部明显膨大；外层花被自基部分离，雄蕊和花柱伸出约1mm。染色体：2n=14（Brandham，1971）。

中国科学院植物研究所北京植物园 植株丛生，高11.5~15.5cm，单头株幅17.5~22cm。叶片披针形，渐尖，长13~15.5cm，宽2~2.4cm；黄绿色（RHS 137C-143A），有时微红呈棕红色、橄榄棕色至深棕色（RHS 177A，N199A，N200A）；两面均具暗色模糊条纹和密集H型斑点，散布全叶，斑点绿白色（RHS 196D），有时微红（RHS N155C）；边缘具软骨质边和三角齿，白色、绿白色（RHS 1966D），有时微红（RHS N155C），边缘齿有时双尖头或双连齿，长1.5~2mm，齿间距2~4.5mm；汁液无色，干燥后无色。花序高34~43cm，不分枝；花序梗红棕色（RHS 176B）；总状花序长达13.5cm，直径达5.8cm，花排列较松散，具花20~25朵；花苞片披针形，白色至浅粉色，膜质，具深棕色细脉纹；花梗红棕色至红色（RHS 176B-180B）；花被深粉红色（RHS 43C），向口部稍浅，花被裂片边缘淡粉色；花被筒长27~28mm，子房部位宽7mm，上方稍缢缩至6mm，其后向上渐宽至7~8mm；外层花被分离约16~19mm；雄蕊和花柱淡黄色（RHS 4C），伸出达5mm。

北京植物园 未记录形态信息。

上海植物园 未记录形态信息。

植株（北京IBCASBG） 植株（北京BBG） 幼苗（北京IBCASBG）
叶腹面 叶腹面 叶背面 叶背面

分布

产自马达加斯加图利亚拉省（Toliara）。

生态与生境

生长于多石山地密集灌丛中的砂岩区域，海拔600m。

用途

观赏。为常见园艺杂交亲本。

引种信息

中国科学院植物研究所北京植物园 幼苗材料（2010-1019）引种自上海，生长较快，长势良好；幼苗材料（2010-W1161）引种自北京，长较快，长势良好。

北京植物园 植株材料（2011231）引种自美国，生长较快，长势良好。

上海植物园 植株材料（2011-6-003）引种自美国，生长较快，长势良好。

物候信息

原产地马达加斯加花期6~7月。

中国科学院植物研究所北京植物园 观察到花期1~3月、4~6月。1~3月：1月中旬花芽初现，始花期2月中旬，盛花期2月下旬至3月中旬，末花期3月末。4~6月：4月末花芽初现，始花期5月中旬，盛花期5月下旬，末花期6月初。单花花期4天。未见明显休眠期。

北京植物园 观察到花期2~3月。未见休眠期。

上海植物园 尚未记录花期信息。

繁殖

播种、分株、扦插繁殖。

迁地栽培要点

习性强健，栽培管理容易。

中国科学院植物研究所北京植物园 土壤配方选用腐殖土与颗粒性较强的赤玉土、轻石、木炭等基质，以及排水良好的粗沙混合配制，颗粒基质占1/3左右，加入少量谷壳碳，并混入少量缓释的颗粒肥。北京地区夏季湿热，需控制浇水量，并加强通风。

北京植物园 温室盆栽，采用草炭土、火山岩、沙、陶粒等材料配制混合基质，排水良好。

上海植物园 采用赤玉土、腐殖土、轻石、麦饭石、沙等材料配制混合基质。

病虫害防治

抗性强，不易发生病虫害。

中国科学院植物研究所北京植物园 未见病虫害发生。仅定期进行预防性打药。

北京植物园 未观察到病虫害发生。仅定期进行病虫害预防性的打药。

上海植物园 未见病虫害发生。

保护状态

已列入CITES附录II。

变种、自然杂交种及常见栽培品种

以本种为亲本的杂交品种繁多，如*A.*‘Black Beauty’、*A.*‘Super Snow flake’、*A.*‘Lizard Lips’、*A.*‘Christmas Carol’、*A.*‘Winter Sky’等著名的园艺品种，是非常常见的园艺杂交亲本。

本种1963年由雷诺德（G. W. Reynolds）首次命名描述并发表在南非植物学杂志上。为了纪念德国植物学家、马达加斯加多肉植物专家劳（W. Rauh），种名“*rauhii*”取自他的姓氏。本种与鲁芬三角齿芦荟（*A. deltoideodonta* var. *ruffingiana*）的亲缘关系很近，本种植株较小，叶片长度和宽度、花序长度均小于鲁芬三角齿芦荟。

国内有引种，北京、上海等地有栽培记录。栽培表现良好，已观察到花期物候。本种株形小巧，丛生，适于小型盆栽观赏，也可与山石配置微地形景观。栽培植株进行实测，叶片、花序、花等各部分尺寸略大于文献记录数据。

参考文献

Carter S, Lavranos J J, Newton L E, et al., 2011. Aloes: The Definitive Guide[M]. London: Kew Publishing: 402.
Castillon J -B, Castillon J -P, 2010. The Aloe of Madagascar[M]. La Réunion: J.-P. & J.-B Castillon: 208-211.
Eggli U (Ed.), 2001. Illustrated Handbook of Succulent Plants: Monocotyledons[M]. Berlin: Springer-Verlag: 168.
Grace O M, Klopper R R, Figueiredo E, et al., 2011. The Aloe names book[M]. Pretoria: SANBI: 130.

125
赖茨芦荟

别名：雷鸟锦芦荟、雷鸟锦（日）、伊势（日）

Aloe reitzii Reynolds, J. S. African Bot. 3: 135. 1937.

多年生肉质草本植物。植株单生，茎不明显或稀具横卧茎，长达50cm。叶排列成莲座状，直立至向内弯曲，叶片披针形，长40～65cm，宽8～12cm，背面近先端通常具少量尖锐皮刺；边缘具棕色、基部白色的尖锐齿，长约3mm，齿间距5mm。花序高可达100cm，不分枝或自中下部起具2～6分枝；总状花序圆柱形，长40cm，宽6cm，花排列密集，花下垂紧密贴生花序梗；花苞片披针形，急尖，长14mm，宽7mm；花梗长3mm；花被筒状，弯曲，长可达40mm，宽5mm，中部变宽至7mm；外层花被分离约14mm，上方2裂片鲜艳的暗红色，下方1片黄色；雄蕊和花柱棕橙色，伸出8～10mm。染色体：2n=14（Müller，1941）。

中国科学院植物研究所北京植物园　种子不规则角状，深棕色，种翅窄。

仙湖植物园　未记录形态信息。

上海辰山植物园　温室栽培，单生植株，株幅86cm。

分布

主要分布于南非姆普马兰加省，豪藤省、北部省也有小区域分布。

生态与生境

生长于裸露的岩石山坡，海拔1200～1600m。

用途

观赏。

引种信息

中国科学院植物研究所北京植物园 种子材料（2011-W1147）引自南非开普敦，生长较快，长势良好。

仙湖植物园 植株材料（SMQ-104）引自美国，生长较快，长势良好。

上海辰山植物园 植株（20110911）引种自美国，生长较快，长势良好。

物候信息

原产地南非花期2～3月。

中国科学院植物研究所北京植物园 处于幼苗期，尚未观察到开花结实。

仙湖植物园 尚未记录花期信息。

上海辰山植物园 温室栽培，未观测到开花，果未见，全年生长，未见明显休眠。

繁殖

可播种、扦插繁殖。

迁地栽培要点

习性强健，栽培管理容易。

中国科学院植物研究所北京植物园 采用腐殖土、粗沙、轻石，赤玉土、木炭粒等配制混合基质。

仙湖植物园 室内地栽，采用腐殖土、河沙混合土栽培。

上海辰山植物园 温室栽培，土壤配方用砂壤土与草炭混合种植。温室内夏季最高温在40℃以下，冬季最低温在13℃以上，能安全度夏和越冬。

病虫害防治

抗性强，病虫害较少发生。

中国科学院植物研究所北京植物园 病虫害较少发生，仅定期作预防性打药。

仙湖植物园 病虫害较少发生。

上海辰山植物园 病虫害较少发生。

保护状态

已列入CITES附录II。

变种、自然杂交种及常见栽培品种

尚未见相关报道。

本种1937年由雷诺德（G. W. Reynolds）命名描述，种名取至发现人植物学家赖茨（F.W. Reitz）的姓氏。本种与石生芦荟（*A. petricola*）的亲缘关系较近，二者花色、花期均不同。

国内有引种，北京、上海、深圳等地有栽培记录，尚未记录花期物候。幼苗适于盆栽观赏，成株适于地栽丛植观赏，我国南部温暖、干燥的无霜地区可露地栽培。

参考文献

Carter S, Lavranos J J, Newton L E, et al., 2011. Aloes: The Definitive Guide[M]. London: Kew Publishing: 376-377.

Eggli U (Ed.), 2001. Illustrated Handbook of Succulent Plants: Monocotyledons[M]. Berlin: Springer-Verlag: 168.

Grace O M, Klopper R R, Figueiredo E, et al., 2011. The Aloe names book[M]. Pretoria: SANBI: 131.

Jeppe B, 1969. South Africa Aloes[M]. Cape Town: Purnell & Sons S.A. (PTY.) LTD.: 2.

Van Wyk B -E, Smith G F, 2014. Guide to the Aloes of South Africa[M]. Pretoria: Briza Publications: 184-185.

126
雷诺兹芦荟

Aloe reynoldsii Letty, Fl. Pl. South Africa 14: 558. 1934.

多年生肉质草本植物。植株茎不明显或具短茎，萌生蘖芽形成小株丛。叶16～20片，卵圆状披针形，急尖，长35cm，宽11cm，灰绿色，具明显条纹，具大量长圆形，暗淡白色斑点；边缘钝齿状至波状，具宽软骨质、粉色边缘，具细小软齿，齿间距1～4mm。花序高40～60cm，约具4～5分枝；总状花序紧缩成近头状，长可达6cm，花排列松散；花苞片狭披针形至三角形，长10mm，宽4mm；花梗长20～25mm；花被黄色，通常微橙色，筒状，长28mm，子房部位宽5mm，上方缢缩；外层花被分离约5mm；雄蕊和花柱伸出2mm。

中国科学院植物研究所北京植物园 株高38.5cm，株幅45cm。叶片宽披针形，长22～24cm，宽4.8～5.4cm；腹面淡灰绿色至橄榄绿色（RHS N138C，NN137D），具模糊暗绿条纹和稀疏的模糊斑点，H型，绿白色（RHS 193A），集中于叶片下部，有时散布全叶，幼株斑点较多；背面具模糊暗绿条纹和H型斑点，斑点绿白色（RHS 193D），斑点稀疏或密集，散布全叶；边缘具假骨质边缘和三角状齿，白色至绿白色（RHS 195D），边缘齿有时双连，大小有时不一，长达1.5mm，齿间距6～8mm。花序高达97.5cm，具6分枝；花序梗淡黄绿色（RHS 148D）；总状花序紧缩成近头状或短圆柱状，长8～10.8cm，宽8～9cm，花排列较松散，分枝总状花序具花32～51朵；花梗淡黄绿色、棕橙色至红棕色；花被淡黄色（RHS 14D），有时微橙色，有时花被筒下半部橙色（RHS 31B），花被裂片先端具橙色至淡黄绿色脉纹，裂片边缘白色；花被筒长28mm，子房部位宽5mm，上方缢缩至4mm，之后向上渐宽至5～6mm；外层花被分离约5～9mm；雄蕊和花柱淡黄色（RHS 10C），伸出0～2mm。

北京植物园 未记录形态信息。

仙湖植物园 未记录形态信息。

植株（南非）

株丛（南非）

播种苗（北京IBCASBG，6个月） 播种苗（北京IBCASBG，1年） 播种苗（北京IBCASBG，2年）

叶腹面 叶背面 基部萌蘖形成株丛

花序（花末开） 花序 分枝花序 花和果实

分布

产自南非东开普省。

生态与生境

生长于陡峭草坡的岩石表面，海拔150~1000m。

用途

观赏。

引种信息

中国科学院植物研究所北京植物园植 材料（2010-W1162）引种自北京，生长较快，长势良好。

北京植物园 植株材料（2011233）引种自美国，生长较快，长势良好。

仙湖植物园 植株材料（SMQ-105）引种自美国，生长较快，长势良好。

物候信息

原产地南非花期9～10月。初果期11月下旬。

中国科学院植物研究所北京植物园 尚未开花。无休眠期。

北京植物园 尚未记录花期物候。

仙湖植物园 尚未记录花期物候。

繁殖

多播种、分株繁殖，扦插繁殖用于挽救烂根植株。

迁地栽培要点

本种习性强健，栽培管理较为容易。

中国科学院植物研究所北京植物园 采用腐殖土、粗沙、轻石，赤玉土、木炭粒等配制混合基质。

北京植物园 温室栽培，土壤配方用砂壤土与草炭混合种植。温室内夏季最高温在40℃以下，冬季最低温在13℃以上，能安全度夏和越冬。

仙湖植物园 室内地栽，采用腐殖土、河沙混合土栽培。

病虫害防治

抗性强，病虫害较少发生。

中国科学院植物研究所北京植物园 病虫害较少发生，仅定期作预防性打药。

北京植物园 病虫害较少发生。

仙湖植物园 病虫害较少发生。

保护状态

已列入CITES附录II。

变种、自然杂交种及常见栽培品种

有与银芳锦芦荟（*A. striata*）、布尔芦荟（*A. buhrii*）等种类杂交的报道。

1934年，莱蒂（C. L. Letty）命名和描述了本种，种名以著名的芦荟属植物专家雷诺德（G. W. Reynolds）的姓氏命名，以纪念他对芦荟属植物分类学领域的贡献。本种与银芳锦芦荟（*A. striata*）、卡拉芦荟（*A. karasbergensis*）的亲缘关系较近，但本种叶片稍薄，边缘具齿，有时稍波状，花较细，黄色微橙。

国内有引种，北京、深圳等地有栽培记录，已观察到开花。幼株可盆栽观赏，成株体型稍大，适于地栽丛植观赏。我国南部温暖、干燥的无霜地区可露地栽培，用于配置花境。

参考文献

Carter S, Lavranos J J, Newton L E, et al., 2011. Aloes: The Definitive Guide[M]. London: Kew Publishing: 444.

Eggli U (Ed.), 2001. Illustrated Handbook of Succulent Plants: Monocotyledons[M]. Berlin: Springer-Verlag: 169.

Grace O M, Klopper R R, Figueiredo E, et al., 2011. The Aloe names book[M]. Pretoria: SANBI: 132.

Jeppe B, 1969. South Africa Aloes[M]. Cape Town: Purnell & Sons S.A. (PTY.) LTD.: 65.

Van Wyk B -E, Smith G F, 2014. Guide to the Aloes of South Africa[M]. Pretoria: Briza Publications: 186-187.

127
球茎芦荟

别名： 块茎芦荟、球根芦荟、理查兹芦荟、理查芦荟

Aloe richardsiae Reynolds, J. S. African Bot. 30: 67. 1964.

多年生肉质草本植物。植株茎不明显，通常单生，地下部分鳞茎状膨大部位直径约3cm，着生肉质根；叶排列成莲座状，肉质，平展，线状披针形，长可达30cm，宽1.5cm，叶鞘基部膨大交叠包裹呈球根状，腹面凹，均一绿色；边缘密集、细小、白色齿，长0.5mm。花序不分枝，高约40cm；花序梗具少数不育膜质苞片；总状花序圆柱状，长20～30cm，直径6cm，花排列松散；花苞片卵状，渐尖，长10～30mm，宽4mm，膜质；花梗长约5mm；花被橙红色渐变至黄色，长35～45mm，筒状，子房上方稍变窄；外层花被分离约一半长度；雄蕊和花柱几乎不伸出。

中国科学院植物研究所北京植物园 植株高约26cm，株幅达50cm。叶两面黄绿色（RHS 137C-D），无斑点，具非常模糊的细条纹（RHS NN137A-B）；边缘具白色细齿。花序高约63.6cm，不分枝，直立或横卧上升；总状花序长32.7cm，直径7.4cm，具花18～24朵；花序梗淡黄绿色（RHS N148D），具霜粉，擦去霜粉后暗橄榄绿色（RHS NN137B）；花序苞片长30～36mm，宽8mm；花梗淡黄绿色（RHS 139D），微红，长8～9mm；花被橙色（RHS 29A-B），内层花被口部暗橙黄色（RHS 163A-B），花被裂片中脉橙色渐浅（RHS 29A-B）渐变至黄绿色（RHS 143B-C），裂片边缘肉粉色（RHS 29C-D），花被筒长约48mm，子房部位宽6.5mm，上方稍变狭至5mm，其后向上至2/3处变宽至7mm，之后向口部逐渐变狭窄至6mm；外层花被分离约10～11mm；雌蕊和花柱不伸出。

北京植物园 未记录形态信息。

植株（北京IBCASBG）
鳞茎状的地下部分
植株局部
枯叶宿存
基部蘖芽

分布

产自坦桑尼亚西南部。

生态与生境

生长于开放林地的黏土地上，通常靠近河道。海拔1075～1275m。

用途

观赏。

引种信息

中国科学院植物研究所北京植物园 植株材料（2010-0814）引种自上海，生长缓慢，长势良好。

北京植物园 植株材料（2011234）引种自美国，生长缓慢，长势良好。

物候信息

原产地坦桑尼亚花期12月。

中国科学院植物研究所北京植物园 花期6～7月。6月中旬花芽初现，始花期6月下旬，盛花期6月末至7月下旬，末花期7月下旬。夏季8月短暂休眠。

北京植物园 未记录花期物候。夏季休眠。

繁殖

播种、分株繁殖。

迁地栽培要点

本种根肉质纺锤状，地下部分鳞茎状膨大，耐旱，不耐涝，水分管理要格外注意，需选用排水良好的基质。喜光，稍耐阴。不耐寒，夏季喜凉爽气候。

中国科学院植物研究所北京植物园 栽培基质选用颗粒性较强的混合基质，土壤配方选用腐殖土与颗粒性较强的赤玉土、轻石、木炭等材料以及排水良好的粗沙混合配制，颗粒基质占1/3左右。北京地区夏季湿热，短暂休眠，需避免湿涝，加强通风。

北京植物园 温室盆栽，采用草炭土、火山岩、沙、陶粒等材料配制混合基质，排水良好。休眠期控水。

病虫害防治

由于根系肉质，过于湿热的条件下，根系鳞茎容易发生腐烂病。

中国科学院植物研究所北京植物园 北京夏季高温高湿季节，容易发生腐烂病，注意控水，定期喷洒50%多菌灵可湿性粉剂800～1000倍液进行防治。

北京植物园 休眠期避免鳞茎状地下部分腐烂，施用杀菌剂预防。

保护状态

生境受到农业耕作的破坏和威胁，IUCN红色名录列为近危种（NT）；已列入CITES附录II。

变种、自然杂交种及常见栽培品种

尚未见相关报道。

本种由英国的植物收集者理查兹（M. Richards）最初发现，1964年，雷诺德（G. W. Reynolds）以她的姓氏命名并描述了该种。

国内有引种，北京、上海等地有栽培记录，已观察到花期物候。本种是芦荟属植物中少有的具近似球根状基部和纺锤状肉质根的种类，非常奇特，适于小型盆栽观赏。

参考文献

Carter S, Lavranos J J, Newton L E, et al., 2011. Aloes: The Definitive Guide[M]. London: Kew Publishing: 117.

Eggli U (Ed.), 2001. Illustrated Handbook of Succulent Plants: Monocotyledons[M]. Berlin: Springer-Verlag: 169.

Grace O M, Klopper R R, Figueiredo E, et al., 2011. The Aloe names book[M]. Pretoria: SANBI: 133.

128
里维芦荟

别名：里维耶尔芦荟

Aloe rivierei Lavranos, Cact. Succ. J. (Los Angeles) 49: 114. 1977.

多年生灌状肉质植物。植株灌状，基部分枝，上部茎不分枝，直立，高可达200cm，粗5cm。叶约15片，密集着生茎端，上升或直立，三角状，锐尖，长55cm，宽8cm，浅绿色；边缘白色，具尖锐红棕色齿，长2mm，齿间距4～5mm。花序高可达120cm，具2分枝；总状花序圆锥状，花排列相当疏松；花苞片淡绿色，长10mm，宽7mm；花梗长8～10mm；花被珊瑚红色，口部黄色，稀黄色，筒状，长30mm，子房部位宽4mm；外层花被分离约11～13mm；雄蕊和花柱伸出5mm。染色体：2n=14（Wood，1983）。

中国科学院植物研究所北京植物园 植株丛生，高108cm，株幅106cm，基部萌蘖形株丛。叶片披针形，渐尖，黄绿色（RHS 144A–C），叶片长59～62cm，宽3.6～5cm；无斑点和条纹；幼苗、基生蘖芽叶片具斑点，分布于叶背面或叶背面基部；边缘具假骨质边和三角齿，淡灰粉色（RHS 177D），齿尖暗褐色（RHS 200A），长1.5～2.5mm，齿间距7～16mm；具叶鞘，淡黄绿色（RHS 150C，N144A），具黄绿色条纹（RHS 146B–D）；汁液无色，干燥汁液微黄。花序高达98cm，花序具1分枝；花序梗黄绿色至淡黄绿色（RHS 144B–D）；总状花序长25～42cm，宽6～7cm，花排列稍松散，具花70～155朵；花苞片米色，膜质，具棕色细脉；花梗暗黄绿色至橙棕色（RHS 152D–165B）；花被橙红色（RHS 35A–B），向口部渐浅，内层花被口部黄色至橙黄色（RHS 163C–164A），花被裂片边缘黄白色（RHS 158D）；花被筒状，长28～29mm，子房部位宽5.5mm，向上渐宽至7～7.5mm；外层花被分离约16～17mm；雄蕊花丝淡黄色（RHS 4D），伸出约7mm，花柱淡黄色（RHS 4C），伸出约6～9mm。

北京植物园 未记录形态信息。

仙湖植物园 未记录形态信息。

分布

产自也门塔伊兹省（Ta'izz）和伊卜省（Ibb）。

生态与生境

生长于陡峭岩石山坡，海拔1300～1900m。

用途

观赏、药用等。

引种信息

中国科学院植物研究所北京植物园　插穗材料（2008-1930）引种自深圳，生长迅速，长势良好。

北京植物园　植株材料（2011235）引种自美国，生长迅速，长势良好。

仙湖植物园　植株材料（SMQ-106）引种自美国，生长迅速，长势良好。

物候信息

原产地也门花期10～12月。

中国科学院植物研究所北京植物园　花期11～12月。11月上旬花芽初现，始花期11月下旬，盛花期12月上旬至中旬，末花期12月下旬。单花花期2天。无休眠期。

北京植物园 尚未记录花期信息。

仙湖植物园 尚未记录花期信息。

繁殖

播种、分株、扦插繁殖。

迁地栽培要点

习性强健，栽培管理容易。

中国科学院植物研究所北京植物园 选用赤玉土、腐殖土、轻石、粗沙等材料配制的混合基质，加入少量颗粒缓释肥。盆土干燥下，可耐短暂1~3℃低温，5~6℃以上可安全越冬。

北京植物园 温室盆栽，采用草炭土、火山岩、沙、陶粒等材料配制混合基质，排水良好。夏季中午需50%遮阳网遮阴，冬季保持5℃以上可安全越冬。

仙湖植物园 室内地栽，采用腐殖土、河沙混合土栽培。

病虫害防治

抗性强，病虫害较少发生。

中国科学院植物研究所北京植物园 未见病虫害发生，仅作常规病虫害预防性打药。

北京植物园 未见病虫害发生。

仙湖植物园 未见病虫害发生。

保护状态

已列入CITES附录II。

变种、自然杂交种及常见栽培品种

尚未见相关报道。

本种为也门特有种类。定名描述于1977年，种名命名自西班牙企业家、多肉植物收集者里维·德卡拉特（F. Riviere de Caralt）的名字，他曾创建了私人植物园Pinya de Rosa。本种与下垂芦荟（*A. pendens*）、也门芦荟（*A. yemenica*）亲缘关系较近，均为悬崖植物。有观点认为顶簇芦荟（*A. parvicoma*）应归入里维芦荟，栽培中观察二者形态特征区别较大，应单独列出。

国内有引种收集，北京、深圳有栽培记载，栽培表现良好，已观察到花期物候。为较高的灌状种类，适合地栽观赏，我国南部温暖、干燥的无霜地区可露地栽培。

参考文献

Carter S, Lavranos J J, Newton L E, et al., 2011. Aloes: The Definitive Guide[M]. London: Kew Publishing: 424, 581.

Eggli U (Ed.), 2001. Illustrated Handbook of Succulent Plants: Monocotyledons[M]. Berlin: Springer-Verlag: 163, 170.

Grace O M, Klopper R R, Figueiredo E, et al., 2011. The Aloe names book[M]. Pretoria: SANBI: 134.

McCoy A T, 2019. The Aloes of Arabia[M]. Temecula: McCoy Publishing: 322-329.

Wood J R I, 1983. The Aloes of the Yemen Areb Republic[J]. Kew Bulletin, 38(1): 13-31.

129
石地芦荟

别名： 翠岚芦荟、圣者锦芦荟、密叶芦荟、瓶刷芦荟、翠岚（日）、圣者锦（日）

Aloe rupestris Baker, Fl. Cap. 6: 327. 1896.
Aloe nitens Baker, J. Linn. Soc., Bot. 18: 170. 1880.

多年生乔木状肉质植物。植株单生，茎直立，高可达8m，粗20cm，枯叶宿存在上部1/3处。叶约30~40片，密集排列成莲座状，披针形，渐尖，长达70cm，宽7~10cm，暗深绿色至稍光亮的深绿色；边缘具深粉色至淡红色边，具尖锐、棕红色齿，长4~6mm，齿间距8~12mm。花序高100~125cm，具6~9分枝，下部分枝再分枝；总状花序圆柱状，稍渐狭，长20~25cm，宽7cm，花排列非常密集。花苞片长约1mm，宽2mm；花梗长1mm；花被柠檬黄色或亮橙色，向口部渐变橙黄色至棕黄色，筒状，稍向一侧膨出，基部圆，长20mm，子房部位宽4mm；向上至中部渐宽，之后向口部逐渐狭；外层花被分离约12mm；雄蕊和花柱深橙色至朱红色，伸出15~20mm。染色体：2n=14（Riley 1959）。

中国科学院植物研究所北京植物园 盆栽植株单生，高达89cm，株幅达69cm。叶片披针形，渐尖，长达48cm，宽5.5~6.1cm；叶两面橄榄绿色至黄绿色（RHS 146A-B、147A）；两面无斑点，被霜粉，具边缘齿压痕和模糊条痕；叶背面具零星皮刺，位于靠近边缘处及叶先端，皮刺颜色同边缘齿；边缘具窄边，淡红棕色（RHS 176D），具尖锐三角齿，基部淡红棕色（RHS 176C-D），向上渐深至暗红色和红色（RHS 176B、179A-B），齿尖暗棕色（RHS 200A），长3~6mm，齿间距7~10mm；叶鞘浅棕红色（RHS 177D）；干燥汁液淡橙黄色。

北京植物园 植株单生，株高21cm，株直径18cm，茎长19cm，茎表面有宿存叶鞘。叶片长30~31cm，宽6~7cm，表面光滑无斑点，深绿色光亮；边缘具红色假骨质边，齿红色，长2~3mm，齿间距10~15mm。

植株（北京IBCASBG） 植株局部 植株（北京BBG）
播种苗（6个月） 播种苗（1年半） 播种苗（3年）

分布

产自南非夸祖鲁-纳塔尔省；斯威士兰东部、莫桑比克南部也有分布。

生态与生境

生长于岩石山坡高灌丛中，海拔30～1000m。

用途

观赏、药用。原产地传统草药，用于强身健体，可治疗痛经、视障等症。

引种信息

中国科学院植物研究所北京植物园 种子材料（2008-1781）引种自美国，生长迅速，长势良好。

北京植物园 植株材料（2011236）引种自美国，生长迅速，长势良好。

物候信息

原产地南非花期8～9月。

中国科学院植物研究所北京植物园 尚未观察到开花结实。无明显休眠期。

北京植物园 尚未观察到开花结实。无明显休眠期。

繁殖

播种、扦插繁殖。

迁地栽培要点

习性强健，栽培容易。喜阳，耐半阴，耐旱，不耐湿涝。喜温暖，耐寒，耐短暂1～3℃低温。保持盆土干燥，5～6℃可安全越冬。

中国科学院植物研究所北京植物园 采用腐殖土、沙、赤玉土、轻石等材料配制混合基质。夏季湿热季节需遮阴降温，遮阴度40%～50%，并加强通风。

北京植物园 温室栽培，选用火山灰、腐殖土、陶粒、沙等材料配制混合基质。夏季需适当遮阴降温，遮阴度50%。

病虫害防治

习性强健，病虫害少见，有可能罹患介壳虫。

中国科学院植物研究所北京植物园 未见明显病虫害发生，仅定期做预防性打药。

北京植物园 未见明显病虫害发生，仅作定期预防性打药。

保护状态

已列入CITES附录II。

变种、自然杂交种及常见栽培品种

有与马氏芦荟（*A. marlothii*）自然杂交的报道。可与艳丽芦荟（*A. speciosa*）、好望角芦荟（*A. ferox*）等种类杂交获得园艺杂交品种。

本种1896年由贝克（J. G. Baker）命名描述，种名“*rupestris*”意指其生于岩石或崖壁上。本种与沙丘芦荟（*A. thraskii*）和高芦荟（*A. excelsa*）亲缘关系较近，可以从叶片的反曲程度来和沙丘芦荟相区别，本种叶片斜伸或稍反曲，而沙丘芦荟叶片强烈反曲。可通过花序差异与高芦荟相区别，高芦荟花序较细长，花红色至红橙色，伸出的雄蕊花丝淡紫色，雌蕊橙色；而本种的花序短圆柱状，花柠檬黄色或亮橙色，伸出的雄蕊花丝深橙色或朱红色。

国内有引种，北京地区有栽培记录，栽培表现良好，尚未观察到开花结实。本种植株高大，边缘和边缘齿红色至红棕色，十分美观。幼苗适于盆栽观赏，成株适于地栽孤植或数个植株群植观赏，我国南部温暖、干燥的无霜地区可露地栽培。

参考文献

Carter S, Lavranos J J, Newton L E, et al., 2011. Aloes: The Definitive Guide[M]. London: Kew Publishing: 689.

Eggli U (Ed.), 2001. Illustrated Handbook of Succulent Plants: Monocotyledons[M]. Berlin: Springer–Verlag: 170–171.

Grace O M, Klopper R R, Figueiredo E, et al., 2011. The Aloe names book[M]. Pretoria: SANBI: 135–136.

Jeppe B, 1969. South Africa Aloes[M]. Cape Town: Purnell & Sons S.A. (PTY.) LTD.: 44.

Van Wyk B –E, Smith G F, 2014. Guide to the Aloes of South Africa[M]. Pretoria: Briza Publications: 74–75.

130
侧花芦荟

别名： 魔王锦芦荟、魔王锦（日）、杨贵锦（日）

Aloe secundiflora Engl., Pflanzenw. Ost-Afrikas C: 140. 1895.
Aloe marsabitensis Verd. & Christian, Fl. Pl. South Africa 20: 798. 1940.

多年生肉质草本植物。植株茎不明显，单生或萌生蘖芽形成3头的小株丛。叶平展，排列成紧密莲座状；叶宽卵状至披针形，长30～75cm，宽15～30cm，光亮浅绿色，幼株有时叶片具少数散布的斑点；边缘具粗壮、尖锐、棕黑色齿，长3～6mm，齿间距10～20mm，有时与角质边连合；汁液琥珀黄色。花序直立，高100～200cm；花序梗中部之下开始分枝，具10～20个宽展的分枝，下部分枝常再分枝；总状花序花蕾期偏斜向一侧，花序圆柱形，长15～20cm，花排列较紧密；花苞片卵状，长3～7mm，宽2～4mm，纸质，淡棕色；花梗长5～10mm；花被亮珊瑚红色或粉色，口部较浅，具微小白点，花被筒状，长25～35mm，子房部位宽约9mm；外层花被分离约12～17mm，先端稍平展；雄蕊和花柱伸出3～6mm。

中国科学院植物研究所北京植物园 植株莲座状，尚未萌蘖，株高24cm，株幅达70cm。叶片卵状至披针形，长32～37cm，宽6.8～8cm；叶腹面橄榄绿色至黄绿色（RHS 146A、144A-B），光亮无斑，具不明显条痕，背面橄榄绿色至浅黄绿色（RHS 146A-D），无斑，具不明显条痕；边缘具角质边缘，暗红棕色（RHS 200A-B），具三角状尖锐齿，暗红棕色（RHS 200A-B），长2～4.5mm，齿间距9～18mm；干燥汁液橙黄色至棕黄色。

北京植物园 株高25cm。叶片长20～28cm，叶宽6～7cm；黄绿色，老叶微红呈棕红色；腹面具零星淡黄绿色斑点，斑点椭圆形，密集排列成横向带状；齿长3mm，齿间距7～15mm。

植株（北京IBCASBG）

植株局部

植株（俄罗斯）

植株（北京BBG）

播种苗（北京IBCASBG，1年）

播种苗（北京IBCASBG，3年）

分布

广泛分布自埃塞俄比亚南部和苏丹东南部向南穿越肯尼亚，至坦桑尼亚北部和卢旺达。

生态与生境

生长于干旱的开阔落叶林地和草地的砂质多石土壤中，海拔750~1980m。

用途

观赏、药用。肯尼亚等原产地为传统草药，消炎杀菌，抗病毒，可用于治疗疟疾、腹泻、流鼻血、头痛、肺炎、水肿、伤寒、创伤、结膜炎等；还可开胃、止吐。用于治疗家禽、家畜疾病。可涂抹乳头上，用于给儿童断奶。

引种信息

中国科学院植物研究所北京植物园 幼苗材料（2012-W0358）引种自捷克布拉格，生长迅速，长势良好。

北京植物园　植株材料（2011239、2011238）引种自美国，生长迅速，长势良好。

物候信息

原产地埃塞俄比亚花期4～5月，有时8～10月。俄罗斯圣彼得堡温室栽培植株花期10～12月。

中国科学院植物研究所北京植物园　植株尚未开花。无明显休眠期。

北京植物园　尚未记录花期物候。

繁殖

多播种繁殖，丛生植株可分株繁殖，扦插繁殖用于挽救烂根植株或无根蘖芽扩繁。

迁地栽培要点

习性强健，栽培管理容易。耐热，稍耐寒，盆土干燥5～6℃可安全越冬。

中国科学院植物研究所北京植物园　土壤配方选用腐殖土与颗粒性较强的赤玉土、轻石、木炭等基质以及排水良好的粗沙混合配制。

北京植物园　温室盆栽，采用草炭土、火山岩、沙、陶粒等材料配制混合基质，排水良好。夏季中午需50%遮阳网遮阴，冬季5℃以上可安全越冬。

病虫害防治

抗性强，病虫害少见。

中国科学院植物研究所北京植物园　未见明显病虫害发生，仅作常规管理。

北京植物园　未见病虫害发生，仅进行日常病虫害预防性施药。

保护状态

已列入CITES附录II。当地采收野生植株汁液，对资源造成破坏，需保护。

变种、自然杂交种及常见栽培品种

有自然杂交种的相关报道，可与*A. francombei*、科登芦荟（*A. kedongensis*）、*A. lateritia* var. *graminicola*、长筒芦荟（*A. macrosiphon*）、恩贡芦荟（*A. ngongensis*）、拉巴伊芦荟（*A. rabaiensis*）、维图芦荟（*A. vituensts*）等种类形成自然杂交种。

本种最初采集于坦桑尼亚的莫希（Moshi）地区，1895年由恩格勒（H. G. A. Engler）命名描述，其种名“*secundiflora*”意为花偏向一侧的，指本种的花蕾偏向花序轴的一侧。侧花芦荟为东非地区芦荟贸易中的重要种类，在当地人工栽培并采收叶片汁液。

国内有引种，北京地区有栽培记录，尚未观察到花期物候。本种适于盆栽观赏或地栽观赏，我国南部温暖、干燥的无霜地区可露地栽培。

参考文献

Carter S, Lavranos J J, Newton L E, et al., 2011. Aloes: The Definitive Guide[M]. London: Kew Publishing: 379-380.

Demissew S, Nordal I, 2010. Aloes and Lilies of Ethiopia and Eritrea[M]. Addis Ababa: Shama Books: 85-86.

Eggli U (Ed.), 2001. Illustrated Handbook of Succulent Plants: Monocotyledons[M]. Berlin: Springer-Verlag: 173.

Grace O M, Klopper R R, Figueiredo E, et al., 2011. The Aloe names book[M]. Pretoria: SANBI: 140-141.

Newton L E, 1995. Natural Hybrids in the Genus Aloe (Aloaceae) in East Africa[J]. Journal of East African Natural History: 84: 141-145.

Quattrocchi U, 2012. CRC World Dictionary of Medicinal and Poisonous Plants[M]. Boca Raton: CRC Press: 194.

131
苏丹芦荟

别名： 辛卡特芦荟、苏丹芦荟、新卡塔那芦荟

Aloe sinkatana Reynolds, J. S. African Bot. 23: 39. 1957.

多年生肉质草本植物。植株茎不明显，单生或萌蘖形成小株丛。叶16～20片，上升至平展，披针形，具狭窄的、圆形、具齿的先端，叶片长50～60cm，宽6～8cm，灰绿色微具红棕色，通常具散布的长圆状白色斑点；边缘具红色边缘和稍尖锐、淡红色的齿，长2～3mm，齿间距15～25mm。花序高75～90cm，具可达6个弓状上升的分枝。总状花序紧缩成近头状，花排列密集，长4～6cm，宽7cm；花苞片长3～4mm，宽2mm；花梗长16～20mm；花被鲜红色、橙色或黄色，棒状，长22mm，子房部位宽5mm；外层花被分离约9～10mm；雄蕊和花柱伸出3～5mm。

中国科学院植物研究所北京植物园 （1）橙花样本：植株丛生，植株高19.5～22.5cm，株幅达40cm。叶片披针形，渐尖，长约21～22cm，宽3.5～3.8cm；腹面黄绿色（RHS N138B、137D），背面黄绿色（RHS 137D）；两面具椭圆形、H型、延长的斑点，斑点淡绿白色（RHS 149D），腹面斑点中等密度，背面较密集，斑点散布全叶，下部密集排列稍呈横带状排列；边缘具三角齿，淡黄绿色至红色（RHS 179A-C），长2mm，齿间距8～12mm。花序高近36cm，不分枝或具1分枝；花序梗棕灰色（RHS 201B），具数个不育苞片；总状花序紧缩成近头状，长达4.8cm，宽5～7cm，花排列非常密集，具花达62朵；花苞片膜质，具三条棕色或绿色的细脉纹；花梗橙色至橙红色（RHS 170C-171C）；花橙黄色（RHS 23B-C），向口部渐浅至淡黄色，内层花被口部深橙黄色（RHS 17A），花被裂片边缘淡黄色（RHS 162D）；花蕾橙色（RHS 170C），先端黄绿色（RHS 143C）；花被棒状，长24～25mm，子房部位宽5mm，向上至约2/3处最宽约8.5～9mm；外层花被分离约9～10mm；雄蕊花柱伸出约7mm。（2）黄花样本：花黄色，花梗黄绿色至黄色。染色体：2n=14（Brandham，1971）

北京植物园 植株高14cm，株幅27.5cm。叶片长19～21.5cm，宽3～4cm；边缘齿长2～3mm，齿间距5mm。花序高40cm；花梗长15mm；花被筒长22mm，子房部位宽4.8mm，最宽处约7.4mm；外层花被分离约8mm；雄蕊花柱伸出7.2mm。

厦门市园林植物园 未记录形态信息。

仙湖植物园 未记录形态信息。

上海辰山植物园 温室栽培，易萌蘖小芽，形成直径85cm的株丛。花序可达2分枝；花未开时，花蕾平展，盛开后，花下垂；末花期，花梗向上直立。

上海植物园 未记录形态信息。

盆栽植株（北京IBCASBG）

植株局部

播种苗（北京IBCASBG）

地栽株丛（上海CBG） 株丛局部（上海CBG） 植株（厦门）

叶腹面（上海CBG） 叶腹面局部（上海CBG） 叶背面（上海CBG） 叶背面局部（上海CBG）

叶边缘（上海CBG） 边缘齿（上海CBG） 叶尖（上海CBG） 基部萌蘖（上海CBG）

叶腹面（北京IBCASBG） 叶腹面局部（北京IBCASBG） 叶背面（北京IBCASBG） 叶背面局部（北京IBCASBG）

叶片边缘红色
边缘齿
不育苞片
花苞片
地栽开花植株（上海CBG）
总状花序（上海CBG）
花发育（上海CBG）
开花植株（橙花型）（北京IBCASBG）
开花植株（黄花型）（北京IBCASBG）
总状花序（黄花型）（北京IBCASBG）
花芽期花序（北京IBCASBG）
现蕾期花序（北京IBCASBG）
花蕾膨大期花序（北京IBCASBG）
盛花期花序（北京IBCASBG）

花序局部

花发育（北京IBCASBG）

花解剖（北京IBCASBG）

开花植株（黄花型）（北京BBG）

花序（黄花型）（北京BBG）

花序（橙花型）（北京BBG）

花

花

花

结果植株（上海CBG）

果序（上海CBG）

果序（上海CBG）

果实（北京BBG）

分布

产自苏丹，红海附近山地常见。

生态与生境

沿干旱的河床生长，海拔875～1200m。

用途

观赏、药用等。叶片及提取物可杀菌消炎，治疗皮肤病、结肠炎症、便秘、发热、痔疮、糖尿病等病症。

引种信息

中国科学院植物研究所北京植物园　植株材料（2002-W0129）（黄花型）引种记录不全，生长迅速，长势良好。幼苗材料（2010-W1166）（橙花型）引种自北京，生长迅速，长势良好。

北京植物园　植株材料（2011240）引种自美国，生长迅速，长势良好。

厦门市园林植物园　植株材料（XM2012033）引自北京，生长速度迅速，长势良好。

仙湖植物园　植株材料（SMQ-112）引种自美国，生长迅速，长势良好。

上海辰山植物园　植株材料（20110959）引种自美国，生长迅速，长势良好。

上海植物园　植株材料（2011-6-019）引种自美国，生长迅速，长势良好。

物候信息

原产地苏丹花期12月至翌年4月。

中国科学院植物研究所北京植物园　观察到花期10月至翌年1月、2～7月。10月至翌年1月：10月上旬花芽初现，始花期11月初，盛花期11月中旬至12月下旬，末花期翌年1月初。2～7月：2月中旬花芽初现，始花期3月中旬，盛花期3月下旬至6月下旬，末花期7月初。冬季单花花期2～3天。未见结实。无明显休眠期。

北京植物园　观察到花期11月至翌年2月、4～5月。初果期1月上旬。无明显休眠期。

厦门市园林植物园　尚未记录花期物候。

仙湖植物园　未记开花物候。无休明显眠期。

上海辰山植物园　温室栽培，观察到花期11月至翌年1月。11月下旬初现花芽，12月中旬花序抽出，来年1月上旬开始开花。观察到4～5月也有开花；果期6月。未见明显休眠期。

上海植物园　尚未记录花期物候。

繁殖

播种、扦插、分株繁殖。

迁地栽培要点

习性强健，栽培管理容易。适应基质种类宽泛，排水良好即可，不喜湿涝。喜充足阳光，喜温暖，耐热，较耐寒。

中国科学院植物研究所北京植物园　栽培常采用草炭土、赤玉土、轻石、木炭、粗沙等材料配制混合基质，并混入少量缓释的颗粒肥。

北京植物园　温室盆栽，采用草炭土、火山岩、沙、陶粒等材料配制混合基质，排水良好。夏季中午需50%遮阳网遮阴，冬季5℃以上可安全越冬。

厦门市园林植物园　盆栽，选用腐殖土、河沙混合土进行栽培，生长季增施有机肥。

仙湖植物园　室内地栽，采用腐殖土、河沙混合土栽培。

上海辰山植物园　温室栽培，土壤配方用砂壤土与草炭混合种植。温室内夏季最高温在40℃以下，冬季最低温在13℃以上，能安全度夏和越冬。

上海植物园　温室盆栽。采用赤玉土、腐殖土、轻石、沙等基质配制混合土。

病虫害防治

抗性强，病虫害较少发生。

中国科学院植物研究所北京植物园　未见明显病虫害发生，常规管理。

北京植物园　未见明显病虫害发生，仅定期进行病虫害预防性的打药。

厦门市园林植物园　未见明显病虫害发生。

仙湖植物园　未见明显病虫害发生。

上海辰山植物园　抗性强，病虫害较少发生。

上海植物园　未见明显病虫害发生。

保护状态

IUCN红色名录列为濒危植物（EN）；已列入CITES附录II。

变种、自然杂交种及常见栽培品种

常见园艺品种小红帽芦荟（*A.*'Rooikappie'）是本种的杂交品种，*A.*'Blue Sky'是本种与叠叶芦荟（*A. suprafoliata*）的杂交品种，*A.*'Sophie'是本种与哈兰芦荟（*A. harlana*）的杂交品种，还可与劳氏芦荟（*A. rauhii*）、佩克芦荟（*A. peckii*）、食花芦荟（*A. esculenta*）、大刺锦芦荟（*A. megalacantha*）等种类杂交获得杂交品种。

小红帽芦荟的植株（北京IBCASBG）

开花植株（北京IBCASBG）

花序

1957年，雷诺德（G. W. Reynolds）以*Aloe sinkatana*命名并描述了本种，种名指其分布于苏丹的辛卡特（Sinkat）。本种的分布区位于非洲大陆靠近红海的地区，是芦荟属植物在非洲大陆东部的分布最北线。本种与羊角掌芦荟（*A. camperi*）、优雅芦荟（*A. elegans*）的亲缘关系很近，但本种的株形最小。

国内广泛引种，北京、上海、厦门、深圳等地都有栽培记录，栽培表现良好，已观察到花期物候，北京、上海等地已观察到结实。国内收集的材料包含花色不同的样本，从黄色至橙色，深浅不一。本种株形较小，适合盆栽观赏、地栽丛植观赏，或与山石配置观赏。我国南部温暖、干燥的无霜地区可露地栽培，可作为地被植物。

参考文献

Carter S, Lavranos J J, Newton L E, et al., 2011. Aloes: The Definitive Guide[M]. London: Kew Publishing: 361.

Eggli U (Ed.), 2001. Illustrated Handbook of Succulent Plants: Monocotyledons[M]. Berlin: Springer-Verlag: 174.

Grace O M, Klopper R R, Figueiredo E, et al., 2011. The Aloe names book[M]. Pretoria: SANBI: 142.

Quattrocchi U, 2012. CRC World Dictionary of Medicinal and Poisonous Plants[M]. Boca Raton: CRC Press: 194.

Smith G F, Figueiredo E, 2015. Garden Aloes, Growing and Breeding, Cultivars and Hybrids[M]. Johannesburg: Jacana media (Pty) Ltd: 130–131.

132
索马里芦荟

别名： 索马林锦

Aloe somaliensis C. H. Wright ex W. Watson, Gard. Chron. 26: 430. 1899.
Aloe somaliensis var. *marmorata* Reynolds & Bally, J. S. African Bot. 30: 222. 1964.

多年生肉质草本植物。植株茎不明显，单生或形成小株丛。叶12~16片，平展通常先端反曲，狭披针形，长18~35cm，宽7cm，亮浅绿色至棕绿色，具大量浅色至暗色长圆形斑点或条纹；边缘具尖锐、红棕色、三角状齿，长4mm，齿间距8~10mm；汁液干燥后棕色。花序高60~80cm，近直立至斜伸，通常多分枝，常具次级分枝；总状花序圆柱形，长15~20cm，花排列松散；花苞片卵状，渐尖，长8mm，宽4mm；花梗长8mm，花被粉红色，具微小的白点，长28~30mm，子房部位宽9mm；外层花被分离约10mm；雄蕊伸出1~2mm，花柱伸出3mm。染色体：2n=14（Brandham，1971）。

中国科学院植物研究所北京植物园 盆栽植株丛生，株高20~38cm，株幅25~43cm。叶片披针形，渐尖，长12~25cm，宽2.7~5.5cm；橄榄绿色（RHS 137A、NN137A）至黄绿色（RHS 147A），两面具大量斑点，斑点长圆形、梭形至延长斑点，斑点密集排列成不规则横带状或联合成片状，斑点、斑块淡黄绿色至淡绿白色（RHS 148C-145B），背面斑点较腹面更密集；边缘具假骨质边，红棕色（RHS 176A-D），具尖锐锯齿，绿白色（RHS 148C），有时红棕色（RHS 166A），齿长3~4mm，齿间距3~6.5mm；汁液干燥后黄棕色。花序高44~58cm，具2~4分枝；花序梗淡黄棕色（RHS 199C-D）至淡棕灰色（RHS N200B-D、201A-B），具数个膜质不育苞片；总状花序圆柱形，长6.5~36cm，宽4.5~6.5cm，花排列松散，具花28~47朵；花梗淡绿白色、淡黄色、淡红橙色至红色、淡红色（RHS 157A、158A、174B-C、181C-D、182C）；苞片膜质，白色，具棕色脉纹；花被肉粉色、暗粉色（RHS 37B-D、38B-C、182D），口部白色，花被裂片先端具灰绿（RHS 189A-B）至棕红色（RHS 174A-C、200C）中脉纹；裂片边缘白色；花被筒状，长28~30mm，子房部位宽7~7.5mm，上方稍窄至6~6.5mm，后渐宽至7~7.5mm；外层花被分离约11~12mm；雄蕊花柱淡黄色，雄蕊伸出2~5mm，花柱几乎不伸出。

北京植物园 株高10~13cm，株幅16~32cm。叶片长7.5~12cm，宽2.5~4.5cm；两面光滑，腹面具椭圆形清晰斑点和一些长梭形的延长斑点，斑点中等密集，密集排列成横带状，叶背面斑点较小，更为密集；边缘具红棕色尖锐锯齿，长1~2.6mm，齿间距2.5~5mm。花序高28~57cm，具2分枝；总状花序长22cm，直径7cm，分枝花序具花22~40朵；花序梗苞片膜质，白色；花被粉色，三棱状筒形，基部骤缩成短尖头状，口部具棕绿色条纹；花被筒长25~28mm，子房部位宽7~8mm，最宽处达8mm；外层花被分离约7~10mm；雄蕊伸出4~5mm。

厦门市园林植物园 未记录形态信息。

仙湖植物园 未记录形态信息。

南京中山植物园 未记录形态信息。

上海植物园 未记录形态信息。

丛生植株（北京IBCASBG）
植株（北京IBCASBG）
植株（北京IBCASBG）
植株（北京BBG）
植株（厦门）
丛生植株（南京）
植株（南京）
幼株（北京IBCASBG）
不同样本的叶腹面
不同样本的叶腹面
不同样本的叶腹面
不同样本的叶腹面

不同样本的叶背面　不同样本的叶背面　不同样本的叶背面　叶尖

叶腹面局部　叶背面局部　叶腹面斑点　叶背面斑点

叶片边缘　边缘齿　叶先端　花苞片

开花植株（北京IBCASBG）　开花植株（北京IBCASBG）　开花植株（北京IBCASBG）　花序（厦门）

分布

产自索马里，分布区范围广泛，从谢赫（Sheikh）向西至哈尔格萨（Hargeisa）以北和索马里西端的博拉马（Borama）都有分布。

生态与生境

生长于干旱的多石地区，海拔1400～1700m。

用途

观赏等。

引种信息

中国科学院植物研究所北京植物园　植株材料（2010–0946、2010–0947）引种自上海，生长较快，长势良好。幼苗材料（2012–W0359）引种自捷克，生长较快，长势良好。

北京植物园　植物材料（2011241）引种自美国，生长较快，长势良好。

厦门市园林植物园　植株材料来源不详，生长较快，长势良好。

仙湖植物园　植物材料（SMQ–114）引种自美国，生长较快，长势良好。

南京中山植物园　植株材料（NBG–2017–11）引种自福建漳州，生长较快，长势良好。

上海植物园　植物材料（2011–6–025）引种自美国，生长较快，长势良好。

物候信息

原产地索马里花期9～10月、1～3月。

中国科学院植物研究所北京植物园　观察到花期10月下旬至翌年3月上旬、4月上旬至7月末。10月至翌年3月：10月下旬花芽初现，始花期11月下旬，盛花期12月初至翌年2月下旬，末花期3月初。4～7月：4月初花芽初现，始花期5月初，盛花期5月中旬至7月中旬，末花期7月下旬。单花花期2～3天。观察到1次结实，初果期5月中旬，果实成熟开裂6月上旬。未见明显休眠期。

北京植物园　观察到花期1～2月，6月也有开花。

厦门市园林植物园　观察到花期6～7月。

仙湖植物园　尚未记录花期信息。

南京中山植物园　观察到花期11月至翌年1月。

上海植物园　尚未记录花期信息。

繁殖

播种、扦插、分株繁殖。

迁地栽培要点

植株生长较慢，栽培较容易。多盆栽观赏，喜阳光充足和凉爽、干燥的环境，怕水涝。

中国科学院植物研究所北京植物园　栽培基质选用排水良好的混合基质，土壤配方选用腐殖土与颗粒性较强的赤玉土、轻石、木炭等基质，加入少量谷壳碳，并混入少量缓释的颗粒肥。

北京植物园　采用火山灰、草炭土、蛭石、沙等材料配制混合基质。温室栽培，夏季中午需50%遮阳网遮阴，冬季保持5℃以上安全越冬。

厦门市园林植物园　室内盆栽，采用腐殖土、河沙混合土栽培，植株长势良好。

仙湖植物园　室内栽培，采用腐殖土、河沙混合土栽培。

南京中山植物园　栽培基质比例为园土：碎岩石：沙：泥炭为2：1：1：1。最适宜生长温度为10～25℃，最低温度不能长时间低于0℃，否则产生冻害，最高温不能高于40℃，否则生长不良，根系不能积水，设施温室内栽培，夏季加强通风降温，夏季70%遮阳。

上海植物园　采用赤玉土、腐殖土、轻石、麦饭石、沙等配制混合土。

病虫害防治

抗性强，未见明显病虫害发生。

中国科学院植物研究所北京植物园　偶有根腐病或蚜虫为害花序，定期喷洒50%多菌灵800～

1000倍液和40%的氧化乐果100倍液预防。

北京植物园 未见病虫害发生，仅作常规预防性打药。

厦门市园林植物园 偶见叶面黑斑病，多发生于湿热夏季。可喷洒托布津等杀菌类农药进行防治。

仙湖植物园 未见病虫害发生。

南京中山植物园 病虫害较少发生，常见病害主要有炭疽病、褐斑病、叶枯病、白绢病及细菌性病害，多发生于湿热夏季通风不良的室内。可喷洒百菌清等杀菌剂防治。

上海植物园 未见病虫害发生。预防腐烂病，注意控制浇水，定期喷洒杀菌剂进行预防。

保护状态

IUCN红色名录列为易危种（VU）；已列入CITES附录II。

变种、自然杂交种及常见栽培品种

有许多园艺杂交品种的报道，*A.*‘Bill Morris’、*A.*‘Fancy’、*A.*‘Jade Temple’、*A.*‘Landis’、*A.*‘Ly Rosa’、*A.*‘Maori’、*A.*‘Spotted Star’、*A.*‘Wunderkind’等，索马里芦荟都是其亲本之一。可与劳氏芦荟（*A. rauhii*）、愉悦芦荟（*A. jucunda*）、日落芦荟（*A. dorotheae*）、翡翠殿（*A. squarrosa*）、短叶芦荟（*A. brevifolia*）等种类杂交。也有属间杂交的报道，如杂交品种*Gasteraloe*‘Smaradick’就是本种与沙鱼掌属植物杂交获得的。

1895年，科尔（E. Cole）小姐从索马里采集了索马里芦荟的种子，送到邱园栽植并开花。1899年，莱特（C. H. Wright）和沃森（W. Watson）命名并描述了本种。本种遗传多样性丰富，不同产地的样本存在一定的形态差异，表现在植株叶片形状、大小、斑纹情况、花序分枝情况都有一定变化，这可以解释为何在引种收集过程中，一些不同来源的索马里芦荟样本外观差异明显。卡特（S. Carter）等人（1984）在对分布于索马里及其周边地区的索马里芦荟不同样本及其近缘种类进行了研究，通过对表皮特征、汁液成分及染色体的研究，认为株形较小，叶色暗绿的*A. somaliensis* var. *marmorata*的形态差异不足以支撑置于变种的地位，将其并入原种。本种与愉悦芦荟（*A. jucunda*）、佩克芦荟（*A. peckii*）、亨氏芦荟（*A. hemmingii*）、麦氏芦荟（*A. mcloughlinii*）等种类的亲缘关系较近，但也很好区分：愉悦芦荟的株形较小，单头株幅一般不超过10～15cm；亨氏芦荟的植株也比较小，花序分枝较少，花被筒也稍短；佩克芦荟的花被具纵向暗棕色条纹；麦氏芦荟的叶片斑纹与索马里芦荟很相似，但花被筒较短粗，长度仅20～24mm，叶片也较短。

本种国内广泛引种，北京、上海、南京、厦门、深圳等地都有栽培记录。国内收集的样本株形大小差异较大：有的样本叶色暗绿、叶片较细长，斑点清晰呈黄绿色；而另一些样本株形较大，斑点淡黄绿色、绿白色至白色，较密集呈横带状、斑块状，有些特选植株叶片几乎被斑点、斑块布满，呈现近乎银白色至绿白色的外观。株形、叶片大小也差异很大，叶片长度从18～35cm，变化很大。北京地区栽培两个来源不同的样本，植株外观有明显差异，单头株幅分别为25cm和43cm，但花被筒长度的差异并不明显，分别为28mm和30mm。本种为中小型种类，适于盆栽观赏或丛植地栽观赏，也可与山石配置微地形景观。

参考文献

Carter S, Cutler D F, Reynold T, et al., 1984. A multidisciplinary approach to a revision of the *Aloe somaliensis* complex (Liliaceae) [J]. Kew Bulletin, 39(3): 611-633.

Carter S, Lavranos J J, Newton L E, et al., 2011. Aloes: The Definitive Guide[M]. London: Kew Publishing: 306.

Eggli U (Ed.), 2001. Illustrated Handbook of Succulent Plants: Monocotyledons[M]. Berlin: Springer-Verlag: 174-175.

Grace O M, Klopper R R, Figueiredo E, et al., 2011. The Aloe names book[M]. Pretoria: SANBI: 143.

Watson W, 1899. Aloe somaliensis[M]. The Garden Chronicle, 26: 430.

133
艳丽芦荟

别名：歪头芦荟、艳丽锦芦荟、艳丽锦（日）

Aloe speciosa Baker, J. Linn. Soc., Bot. 18: 178. 1880.

多年生树状肉质植物。植株单生或有分枝，茎高达4m，有时可达6m，枯叶宿存。叶密集排列成莲座状，披针形，渐尖，长60~80cm，宽7~9cm，暗灰绿色，微蓝至微红色；边缘具非常狭窄的深粉色至淡红色边缘，具淡红色齿，长1mm，齿间距约10mm。花序高约50cm，弓形至直立，不分枝；总状花序圆柱形，稍渐狭，长约30cm，直径12cm，花排列密集；花苞片披针形，钝尖，长可达20mm，宽10mm，淡棕色；花梗长5~8mm；花被筒状，白色，微绿，花蕾红色；花被筒长30~35mm，向一侧膨出，基部圆，在子房上方变宽，口部变窄；外层花被近基部分离；雄蕊和花柱伸出达16mm，花丝红色，花药橙色。染色体：2n=14（Reynolds，1950）。

北京植物园 未记录形态信息。

仙湖植物园 未记录形态信息。

上海植物园 未记录形态信息。

分布

产自南非东开普省和西开普省。

生态与生境

生长于岩石山坡，海拔500~800m。

用途

观赏、染料等。叶片可以将羊毛织物染成粉色。

引种信息

北京植物园 植株材料（2011244）引种自美国，生长迅速，长势良好。

仙湖植物园 植株材料（SMQ-118）引自美国，生长迅速，长势良好。

上海植物园 植株材料（2011-6-062）引自美国，生长迅速，长势良好。

物候信息

原产地南非花期7～9月。

北京植物园 尚未记录花期物候。

仙湖植物园 尚未记录花期物候。

上海植物园 尚未记录花期物候。

繁殖

多播种、扦插繁殖。

迁地栽培要点

习性强健，栽培管理容易。耐旱，喜温暖，不耐寒。

北京植物园 采用草炭土、火山岩、沙、陶粒等栽培基质配制混合土。

仙湖植物园 室内地栽，采用腐殖土、河沙混合土栽培。

上海植物园 采用草炭、赤玉土、鹿沼土混合种植，随土拌入缓释肥。

病虫害防治

抗性强，未见明显病虫害发生。

北京植物园 未见病虫害发生，仅进行日常病虫害预防性施药。

仙湖植物园 未见病虫害发生。

上海植物园 未见病虫害发生。

保护状态

已列入CITES附录II。

变种、自然杂交种及常见栽培品种

有与非洲芦荟（*A. africana*）、好望角芦荟（*A. ferox*）、微斑芦荟（*A. microstigma*）自然杂交的报道。

本种1880年由贝克（J. G. Baker）命名并描述，种名意为“美丽的”，指其花序美丽。本种花序圆柱状，呈现独特的白-红双色的外观。

国内有引种，北京、上海、深圳有栽培记录，尚未记录花期物候。本种高大，适于地栽孤植或群植观赏，我国南部温暖、干燥的无霜地区可露地栽培。

参考文献

Carter S, Lavranos J J, Newton L E, et al., 2011. Aloes: The Definitive Guide[M]. London: Kew Publishing: 677.

Eggli U (Ed.), 2001. Illustrated Handbook of Succulent Plants: Monocotyledons[M]. Berlin: Springer-Verlag: 175.

Grace O M, Klopper R R, Figueiredo E, et al., 2011. The Aloe names book[M]. Pretoria: SANBI: 144.

Jeppe B, 1969. South Africa Aloes[M]. Cape Town: Purnell & Sons S.A. (PTY.) LTD.: 43.

Van Wyk B -E, Smith G F, 2014. Guide to the Aloes of South Africa[M]. Pretoria: Briza Publications: 76-77.

134
穗花芦荟

别名：无花柄芦荟、女王锦芦荟、女王锦（日）、青鳄鲛（日）

Aloe spicata L. f., Suppl. Pl. 205. 1782.

Aloe sessiliflora Pole-Evans, Trans. Roy. Soc. South Africa 5: 708. 1917.

多年生树状肉质植物。植株茎直立，高1～2m，单生，通常在基部之上分枝，横卧成灌状株丛，茎表面覆盖宿存枯叶。叶密集排列成莲座形，叶片平展而后反曲，披针形，渐尖，长60～80cm，宽7～10cm，腹面凹，均一的绿色或微红呈红棕色；边缘淡红色，具软骨质齿，长1～2mm，齿间距8～15mm。花序直立，高可达100cm，不分枝；穗状或总状花序圆柱形，长30～50cm，直径3cm，花排列非常密集，下方具大量不育苞片；花苞片卵状，渐尖，长约10mm，宽约6mm，淡棕色；花梗长0～0.5mm；花被黄绿色至金黄色，花蕾淡棕色，钟状，长约15mm，口部直径10mm，内含有大量棕色花蜜；外层花被自基部分离；雄蕊和花柱橙色，伸出10mm。

中国科学院植物研究所北京植物园 盆栽植株，株高43cm，株幅61～63cm。叶片披针形，长51～58cm，宽5～5.6cm；灰绿色（RHS 191A–B），无叶斑，有模糊条痕；边缘具三角齿，钩状，淡黄绿色（RHS 195B–C），有时微红，齿尖棕色（RHS 165A），齿长1.5～2.5mm，齿间距8～11mm；干燥汁液淡黄色。

上海植物园 多年生肉质小乔木。通常单生，具茎，茎干直立，长16cm，具栓质；根肉质非纺锤形。叶约32片，密集排列成莲座状，平展生长；叶片披针形，渐尖，长60cm，宽5cm，质地坚硬，两面无斑纹，先端具几个尖锐锯齿；边缘具软骨质边和钩齿，长1.2mm，齿间距6.5mm。花序直立不分枝，高63cm；花序梗粗壮坚硬，具纸质苞片，苞片先端急尖，长11mm，宽9mm；总状花序长35cm，直径8cm，约有花533朵，呈穗状紧密排列；花被筒基部平截，钟状，长15mm，子房部位宽约5mm，向上至口部稍变宽至13mm；外层花被分离约11mm，雄蕊和花柱伸出约9mm。

幼株（北京IBCASBG）　幼株局部（北京IBCASBG）　植株局部（上海SHBG）　植株（南非）　株丛（南非）

播种苗（北京IBCASBG）

种子

幼株（南非）

植株叶腹面（上海SHBG）

叶腹面局部（上海SHBG）

叶背面局部（上海SHBG）

边缘齿（上海SHBG）

幼株叶腹面（北京IBCASBG）

幼株叶腹面局部（北京IBCASBG）

幼株叶背面局部（北京IBCASBG）

幼株边缘齿（北京IBCASBG）

幼株叶先端（北京IBCASBG）

开花植株（南非）

开花株丛（南非）

开花植株（上海SHBG） 花序（上海SHBG） 花序局部（上海SHBG） 花序局部（上海SHBG）
花序（南非） 花序局部（南非） 花发育（上海SHBG）

分布

广泛分布于斯威士兰、莫桑比克南端、南非夸祖鲁-纳塔尔省向北至姆普马兰加省、北部省，至津巴布韦东南地区。

生态与生境

生长于陡峭的岩石山坡，海拔从近海平面至1700m。

用途

观赏、药用、做树篱等。原产地为传统草药，根咀嚼后可做婴儿的灌肠剂，叶汁涂抹乳头用于断奶；干叶烧成的灰烬可添加入鼻烟。

引种信息

中国科学院植物研究所北京植物园　植株材料（2009-1672）引种自俄罗斯莫斯科，生长迅速，长势良好。植株材料（2017-0305）引种自南非开普敦，生长迅速，长势良好。

上海植物园　植株材料（2011-6-038）引种自美国，生长迅速，长势良好。

物候信息

原产地南非花期7~8月。

中国科学院植物研究所北京植物园　尚未观察到开花结实。未观察到明显休眠期。

上海植物园 观察到12月至翌年1月开花。

繁殖

播种、扦插、分株繁殖。

迁地栽培要点

植株生长较快，栽培较容易。喜阳光充足和凉爽、干燥的环境，稍耐阴，怕水涝，怕湿热。

中国科学院植物研究所北京植物园 栽培基质选用排水良好的混合基质，土壤配方选用腐殖土与颗粒性较强的赤玉土、轻石、木炭等基质，加入少量谷壳碳，并混入少量缓释的颗粒肥。

上海植物园 采用德国K牌422号（0～25mm）草炭、赤玉土、鹿沼土混合种植，种植时随土拌入缓释肥。每年另外施肥一次，选用氮磷钾10-30-20比例的花多多肥。及时修剪枯叶和花序，开花后清洗花序下叶片，花蜜滴落叶片，易有煤污。

病虫害防治

抗性强，未见明显病虫害发生。

中国科学院植物研究所北京植物园 未见明显病虫害发生，仅作常规管理。定期喷洒50%多菌灵800～1000倍液预防病害发生。

上海植物园 未见虫害。

保护状态

已列入CITES附录II。

变种、自然杂交种及常见栽培品种

有与安吉丽芦荟（*A. angelica*）、木立芦荟（*A. arborescens*）、巴伯顿芦荟（=*A. barbertoniae*）、查波芦荟（*A. chabaudii*）等种类自然杂交的报道。

本种最早由小卡尔·林奈（Carl Linnaeus the Younger）定名描述于1782年，种名“*spicata*”意为穗状的，指其花序的外观呈穗状。1917年，波尔埃文斯（I. B. Pole-Evans）将本种定名描述为*Aloe sessiliflora* Pole-Evans，这个名字作为穗花芦荟的名称一直沿用到1995年。1995年，格伦（H. F. Glen）和哈迪（D. S. Hardy）恢复了小卡尔·林奈的的定名。本种花钟状，无梗或几无梗，密集排列于花序轴上，橙黄色的花蕊伸出较长，形成瓶刷状的外观，使得穗状花序特征明显。花被筒盛满棕色的蜜汁，可吸引蜜蜂、昆虫、鸟类前来传粉。

本种国内有引种，北京、上海等地有栽培记录，栽培表现良好，上海植物园已观察到花期物候。本种株形中等偏大，可作大型盆栽或地栽观赏，地栽适于群植观赏，花期时，橙黄色穗状的花序根根直立，随风摇曳，十分美观。我国南部温暖、干燥的无霜地区可露地栽培，用于配置花境。

参考文献

Carter S, Lavranos J J, Newton L E, et al., 2011. Aloes: The Definitive Guide[M]. London: Kew Publishing: 653.

Eggli U (Ed.), 2001. Illustrated Handbook of Succulent Plants: Monocotyledons[M]. Berlin: Springer-Verlag: 175.

Grace O M, Klopper R R, Figueiredo E, et al., 2011. The Aloe names book[M]. Pretoria: SANBI: 145.

Jeppe B, 1969. South Africa Aloes[M]. Cape Town: Purnell & Sons S.A. (PTY.) LTD.: 107.

Van Wyk B -E, Smith G F, 2014. Guide to the Aloes of South Africa[M]. Pretoria: Briza Publications: 100-101.

135
翡翠殿

Aloe squarrosa Baker ex Balf. f., Proc. Roy. Soc. Edinburgh 12: 97. 1884.
Aloe zanzibarica Milne-Redh., Kew Bull. 2: 33. 1947.

多年生肉质悬垂小灌木。植株从基部开始分枝，具有下垂茎，长可达40cm。叶在茎顶端排列成疏松莲座形，平展和反曲，披针状，渐尖，长5~10cm，宽2~3cm，浅绿色，具大量白色斑点；边缘具坚硬的白色齿，长3~4mm，齿间距约5mm。花序不分枝，长10~20cm，下垂，总状花序直立；总状花序圆柱状，长6cm，宽4.5cm，花排列松散，下方具少数不育膜质苞片；花苞片三角形，长5mm，宽2mm；花梗长7~8mm；花被鲜红色，长23~25mm，子房部位宽5mm，向上稍变狭；外层花被分离约6mm；雄蕊和花柱伸出1~2mm。染色体：2n=14（Resende，1937）。

中国科学院植物研究所北京植物园　（1）盆栽植株（样本1）：植株丛生，基部萌蘖形成株丛，株高30~47cm，单头株幅14~19cm。叶片披针形，渐尖，先端反曲，长11.4~12.8cm，宽2.6~3.2cm；叶两面黄绿色（RHS 138A–C），光亮；两面密布斑点，散布全叶，密集排列稍呈横带状，斑点椭圆形，绿白色（RHS 193D）；边缘具坚硬弯齿，绿色渐变至绿白色（RHS 138A–193D），齿长2~4mm，齿间距5~8mm；节间较长，具叶鞘，淡黄绿色（RHS 144B）；干燥汁液棕色。花序高22.6cm，不分枝；花序梗淡绿色（RHS 138C–D），有时微红，具数个披针形不育苞片，膜质，白色；总状花序长8cm，直径5.3cm，花排列松散，具花达21朵；花苞片披针形，白色，膜质，具棕色细脉纹；花梗淡绿色（RHS 138C）至粉橙色（RHS 31D）；花被粉橙色（RHS 31C–D），口部渐浅呈淡粉橙色（RHS 29D），花被裂片先端具灰绿色（RHS 139B）宽中脉纹，裂片边缘淡粉橙色（RHS 29D）；花被筒长24mm，子房部位宽6mm，向口部稍变宽至6.5mm；外层花被分离约9mm；雄蕊花丝白色，伸出3~4mm，花柱淡黄色，伸出3~4mm。（2）盆栽植株（样本2）：植株丛生，基部萌蘖形成小株丛，株高12~17cm，单头株幅12.5~17cm。叶片披针形，渐尖，先端反曲，长8~9cm，宽2.6~2.8cm；两面黄绿色（RHS 146A–B, 148A），光亮；两面密布斑点，斑点椭圆形或延长斑，绿白色（RHS 193A–B）斑点散布全叶，密集稍呈横带状；边缘具弯齿，绿白色（RHS 193A–B），齿尖有时暗棕色（RHS 166A），长3~4mm，齿间距5~7mm；叶鞘较短，绿色，有时微红；干燥汁液棕色。花序高34.2cm，不分枝；花序梗淡橄榄灰色（RHS 197A–D），具数个不育苞片，白色膜质；总状花序圆柱形，长11cm，宽5cm，花排列松散，具花达30朵；花苞片膜质，白色，具细棕脉纹；花梗淡橄榄灰色（RHS 197D）；花被肉粉色（RHS 37B），口部渐浅至白色，花被裂片先端具灰绿色（RHS N189A–C）中脉纹，裂片边缘白色；花被筒长26mm，子房部位宽7mm，上方稍变狭至6.5mm，其后向口部渐宽至7~7.5mm；外层花被分离约8~9mm；雄蕊花丝白色渐变至微黄，伸出5~6mm，花柱淡黄色，伸出3~4mm。

厦门市园林植物园　植株丛生，高15cm。叶片披针形，渐尖，先端反曲，长11cm，宽2.7cm，绿色，两面密布绿白色斑点；边缘具钩状齿，齿间距2~5mm。花序高33cm，不分枝；总状花序圆柱形，长12cm；花被筒状，深橙粉色，口部渐浅呈白色。

上海植物园　未记录形态信息。

植株（北京IBCASBG，样本1）
植株局部（样本1）
植株局部（样本1）
蘖芽（样本1）
基部茎（样本1）
节间较长（样本1）
叶鞘（样本1）
叶腹面（样本1）
叶腹面局部（样本1）
叶背面（样本1）
叶背面局部（样本1）
边缘齿（样本1）
边缘齿（样本1）
叶反曲（样本1）
植株（北京IBCASBG，样本2）
植株局部（样本2）
植株局部（样本2）

丛生植株（厦门（样本2）

植株（厦门（样本2）

叶腹面（北京，样本2）

叶腹面局部（北京，样本2）

叶背面（北京，样本2）

叶背面局部（北京，样本2）

叶腹面（厦门，样本2）

叶背面（厦门，样本2）

边缘齿（样本2）

叶先端（样本2）

开花植株（北京IBCASBG，样本1）

开花植株（北京IBCASBG，样本1）

现蕾期的花序（样本1） 花蕾膨大期的花序（样本1） 盛花期的花序（样本1）

花（样本1） 花发育（样本1） 花解剖（样本1）

开花植株（北京IBCASBG，样本2） 开花植株（北京IBCASBG，样本2） 开花植株（厦门，样本2）

花芽伸展期花序（样本2） 现蕾期花序（样本2） 始花期花序（样本2） 盛花期花序（样本2）

总状花序（厦门）（样本2）　总状花序（北京IBCASBG）（样本2）　花序局部（样本2）　花（样本2）　花发育（样本2）　花解剖（样本2）

分布

产自索科特拉岛西部。

生态与生境

生长于石灰岩峭壁上，海拔约300m。

用途

观赏。

引种信息

中国科学院植物研究所北京植物园　样本1扦插材料（2010-0799）引种自上海植物园，生长较快，长势良好。样本2扦插材料（2017-0384）引种自福建龙海，生长较快，长势良好。

厦门市园林植物园　植株材料（编号不详）引种地不详，生长较快，长势良好。

上海植物园　植株材料（2011-6-050）引种自美国，生长迅速，长势良好。

物候信息

中国科学院植物研究所北京植物园　观察到11月至翌年8月开花。11月上旬花芽初现，始花期11月中旬，盛花期12月上旬至翌年7月下旬，末花期8月初。单花花期2~3天。不休眠。

厦门市园林植物园　1月、4月、7月、10月均有开花，未见果实。

上海植物园　尚未记录花期信息。

繁殖

播种、分株、扦插繁殖。

迁地栽培要点

习性强健，栽培管理容易。喜光，稍耐荫蔽。耐旱，不耐湿涝，喜排水良好的栽培基质。喜温暖，不耐寒，北方地区需温室栽培越冬，5~6℃以上可安全越冬，10~15℃以上可正常生长。

中国科学院植物研究所北京植物园　土壤配方选用腐殖土与颗粒性较强的赤玉土、轻石、木炭等基质，以及排水良好的粗沙混合配制。

厦门市园林植物园　馆内栽植，采用腐殖土、河沙混合土栽培。

上海植物园　采用赤玉土、腐殖土、轻石、麦饭石、沙等材料配制混合基质。

病虫害防治

抗性强，不易罹患病虫害。

中国科学院植物研究所北京植物园　仅定期进行病虫害预防性的打药，每10~15天喷洒一次50%多菌灵800~1000倍液和40%氧化乐果1000液进行预防，并加强通风。

厦门市园林植物园　未见明显病虫害发生。

上海植物园　未见明显病虫害发生。

保护状态

IUCN红色名录列为易危种（VU）；已列入CITES附录II。

变种、自然杂交种及常见栽培品种

有与*A. perryi*自然杂交种的报道。园艺品种*A.*‘Ly Rosa’是由本种与索马里芦荟杂交获得的杂交品种。

本种为索科特拉岛的特有种类，生于悬崖峭壁，悬垂生生长，十分美观。1880年，巴尔弗（I. B. Balfour）前往索科特拉岛进行了野外考察，考察中采集了大量动植物标本，其中包含本种的标本。1883年，贝克（John G. Baker）等人正式命名和描述了本种，种名“*squarrosa*”意指其叶片伸展、反曲的样子。本种常与原产自肯尼亚和坦桑尼亚的微型芦荟（*A. juvenna*）相混淆，二者区别十分明显，本种株形较大，叶片较大，螺旋状排列较松散；而微型芦荟的株形较小，枝端莲座直径也很小，叶片很小，叶片螺旋状排列非常紧密。

本种国内有引种，北京、上海、厦门等地有栽培记录，栽培表现良好，已观察到花期物候。目前各园收集的材料种存在2个样本，样本1的植株，株形较高，节间较长。样本2的植株株形较紧凑，株丛较密集，节间稍短。本种为较小型种类，适于盆栽观赏，也可地栽作为地被或与山石配置模拟自然生境景观，我国南部温暖、干燥的无霜地区可作为地被露地栽培。

参考文献

Carter S, Lavranos J J, Newton L E, et al., 2011. Aloes: The Definitive Guide[M]. London: Kew Publishing: 474.

Eggli U (Ed.), 2001. Illustrated Handbook of Succulent Plants: Monocotyledons[M]. Berlin: Springer-Verlag: 175.

Grace O M, Klopper R R, Figueiredo E, et al., 2011. The Aloe names book[M]. Pretoria: SANBI: 146.

Lodé J. Description of a new Nothotaxon in the genus Aloe (Asphodelaceae) in Socotra: *Aloe* × *buzairensis* J. Lodé nothosp. nov. *Aloe perryi* Baker × *Aloe squarrosa* Baker ex Balfour[J]. Cactus-Aventures International, 85: 30-31.

136
银芳锦芦荟

别名： 珊瑚芦荟、线条芦荟、条线芦荟、滋晃锦芦荟、银芳锦（日）、慈光锦（日）、滋晃锦（日）、蜻蛉（日）、凪日和（日）

Aloe striata Haw., Trans. Linn. Soc. London 7: 18. 1804.

多年生肉质草本植物。植株通常茎不明显，老植株具横卧茎，长可达100cm。叶15~20片，非常宽的三角状，平展排列成开展的莲座状，长可达50cm，宽20cm，淡灰色微红色，具模糊条纹，有时具模糊浅色斑点；叶全缘，具宽淡红色边缘。每个莲座可产生多达3个花序，高可达100cm，分枝和二次分枝形成平顶的圆锥花序；总状花序紧缩成近头状至稍圆锥状，长5~6cm，宽5~6cm，花排列密集；花苞片长达5mm，较细；花梗长15~25mm，微红；花被淡红色至亮红色，长约30mm，子房部位宽6mm，向口部稍下弯和变宽；外层花被分离约6~8mm；雄蕊和花柱伸出1~2mm。染色体：2n=14（Vosa，1982）。

中国科学院植物研究所北京植物园 盆栽植株，单生，株高达49cm，株幅达78cm。叶片三角状至披针形，长33~45.5cm，宽6.8~11cm；两面灰绿色（RHS 191B-C），无斑，具纵向较密集条纹，条纹模糊，深灰绿色（RHS 191A、189B-C）；边缘软骨质，全缘，宽1.5~2mm，绿白色（RHS 195D-192D）至淡红色；汁液黄色，干燥汁液深棕黄色。花序高58cm，具8分枝，下部分枝常再分枝，花序分枝可达13个；总状花序常紧缩成近头状，长2.3~6cm，直径4.5~6cm，花排列较松散，具花11~28朵；花苞片米色，膜质，具棕色细纹；花被橙红色（RHS 31A-B），口部渐浅呈淡黄色（RHS 4D）至白色，裂片先端具橙色至黄绿色（RHS 144B-C）的中脉纹，裂片边缘白色；花被筒长25~26mm，子房部位宽6~6.5mm，上方稍缢缩至4~4.5mm，其后向上渐宽至6~6.5mm；外层花被分离约6~8mm；雄蕊花丝和花柱淡黄色（RHS 4B-D），雄蕊伸出0~3mm，花柱不伸出。

北京植物园 未记录形态信息。

厦门市园林植物园 未记录形态信息。

仙湖植物园 未记录形态信息。

华南植物园 植株高达50cm，株幅约60cm，叶片灰绿色至蓝绿色，强光下粉红色；叶全缘。

南京中山植物园 植株高约70cm。叶片长35cm，宽10cm。

上海植物园 未记录形态信息。

盆栽植株（北京IBCASBG）

露地栽培植株（厦门）

地栽植株（南京）

盆栽植株（上海SHBG）

露地栽培植物（广州）

地栽植株（深圳）

野生植株（南非）

露地栽培植株（南非）

种子

播种苗（北京IBCASBG，4个月）

播种苗（北京IBCASBG，1年）

播种苗（北京IBCASBG，2年半）

地栽成株叶腹面（厦门）

地栽成株叶背面（厦门）

地栽幼株叶腹面（厦门）

地栽幼株叶背面（厦门）

盆栽植株叶腹面（北京IBCASBG）

盆栽植株叶腹面局部（北京IBCASBG）

盆栽植株叶背面（北京IBCASBG）

盆栽植株叶背面局部（北京IBCASBG）

叶片边缘

边缘微红

叶先端

基部短茎

盆栽开花植株（北京IBCASBG）

盆栽开花植株（北京IBCAS）

地栽开花植株（北京IBCASBG）

开花植株（室内地栽）（厦门）

开花植株（露地栽培）（厦门）

繁茂的花序（厦门）

花序（北京IBCASBG）

花序局部（北京IBCASBG）

总状花序（北京IBCASBG）

花（北京IBCASBG） 花发育（北京IBCASBG） 花解剖（北京IBCASBG）
花芽期的花序（厦门） 始花期的花序（厦门） 盛花期的花序（厦门）
花序局部（厦门） 花序（厦门） 花发育（厦门）
结果植株（厦门） 果序（厦门） 果序（厦门）

分布

广泛分布于南非东开普省和西开普省。

生态与生境

生长于干旱灌丛和草地上，常生长在多石山坡上，海拔250～1200m。

用途

观赏、药用等。

引种信息

中国科学院植物研究所北京植物园 种子材料（2008-1785）引种自美国，生长迅速，长势良好。种子材料（2017-0050）引种自南非开普敦，生长迅速，长势良好。幼苗材料（2010-W1168）引种自北京，生长迅速，长势良好。

北京植物园 植株材料（2011247）引种自美国，生长迅速，长势良好。

厦门市园林植物园 植株材料引种来源不详，生长迅速，长势良好。

仙湖植物园 植株材料（SMQ-121）引种自美国，生长迅速，长势良好。

华南植物园 植株材料（2005-0290）引种自厦门市园林植物园，生长迅速，长势良好；植株材料（2008-2012）引种自广州，生长迅速，长势良好。

南京中山植物园 植株材料（NBG-2007-5）引种自福建漳州，生长迅速，长势良好。

上海植物园 植株材料（2011-6-068）引种自美国，生长迅速，长势良好。

物候信息

原产地南非花期7～10月。

中国科学院植物研究所北京植物园 观察到花期12月至翌年3月。12月中旬花芽初现，始花期1月中旬初期，盛花期1月中旬至3月中旬，末花期3月末。单花花期2天。未观察到明显休眠期。

北京植物园 未记录形态信息。

厦门市园林植物园 1月份抽出花芽，花期2～3月，果期4月。

仙湖植物园 未记录形态信息。

华南植物园 开花期出现在冬末至初春。12月上旬花芽初现，初花期12月底，盛花期翌年1月，末花期2月初。

南京中山植物园 尚未记录花期物候。

上海植物园 尚未记录花期物候。

繁殖

播种、扦插、分株繁殖。

迁地栽培要点

习性强健，栽培容易。喜光，极耐热、适应干燥的环境，稍耐阴，怕水涝。

中国科学院植物研究所北京植物园 栽培基质选用排水良好的混合基质，土壤配方选用腐殖土与颗粒性较强的赤玉土、轻石、木炭等基质，加入少量谷壳碳，并混入少量缓释的颗粒肥。盆土干燥可耐短暂1～3℃低温，4～5℃以上可安全越冬。

北京植物园 温室盆栽。粗放管理，采用草炭土、火山岩、沙、陶粒等材料配制混合基质，排水良好。夏季中午需50%遮阳网遮阴，冬季保持4～5℃以上可安全越冬。

厦门市园林植物园 可室内或露地栽培，全日照，户外种植，表面覆盖排水良好的河沙，生长季增施有机肥。

仙湖植物园 室内地栽，采用腐殖土、河沙混合土栽培。

华南植物园 栽培相对容易，需充足阳光和排水良好，给予充足的水分，水分充足叶子会变更饱满，但不能过度浇水，可耐受长时间的干旱。

南京中山植物园 栽培基质为园土：粗沙：泥炭=2：2：1。最适宜生长温度为15～25℃，最低温度不能低于0℃，否则产生冻害，最高温不能高于35℃，否则生长不良，设施温室内栽培，夏季加强通风降温，夏季10～15时用50%遮阳网遮阴。春秋两季各施1次有机肥。

上海植物园　采用德国K牌422号（0～25mm）草炭、赤玉土、鹿沼土混合种植，种植时随土拌入缓释肥。每年另外施肥一次，选用氮磷钾10-30-20比例的花多多肥。及时修剪枯叶和花序。

病虫害防治

抗性强，未见明显病虫害发生。

中国科学院植物研究所北京植物园　未见明显病虫害发生，仅作常规管理。定期喷洒50%多菌灵800～1000倍液预防腐烂病、锈病发生。

北京植物园　未见病虫害发生，仅常规病虫害预防性打药。

厦门市园林植物园　未见明显病虫害发生。

仙湖植物园　湿热夏季，可喷洒75%甲基托布津可湿性粉剂800倍液等杀菌类农药进行防治病害。

华南植物园　主要受到芦荟锈病的侵害，锈病要及时治疗。用20%国光三唑酮乳油1500倍或12.5%烯唑醇可湿粉剂（国光黑杀）2000倍，25%国光丙环唑乳油1500倍液喷雾防治。连用2次，间隔12～15天。

南京中山植物园　常见病害主要有炭疽病、褐斑病、叶枯病、白绢病及细菌性病害，多发生于湿热夏季通风不良的室内。可喷洒百菌清等杀菌类农药进行防治。

上海植物园　未见病虫害发生。

保护状态

已列入CITES附录II。

变种、自然杂交种及常见栽培品种

有相关报道，可与非洲芦荟（*A. africana*）、好望角芦荟（*A. ferox*）、木锉芦荟（*A. humilis*）、微斑芦荟（*A. microstigma*）、斑点芦荟（*A. maculata*）等种类杂交形成自然杂交种。园艺杂交品种也很多，如*A. striata*‘Ghost Aloe’等。

1795年，梅森（F. Masson）在其野外探险中，收集了本种，采集地点已不详，此后本种被引入欧洲栽培。1804年，哈沃斯（A. H. Haworth）对其命名并描述，其中名“*striata*”意为“条纹的，线条的”，指其叶面具条纹。

国内引种较早，栽培广泛，北京、上海、南京、厦门、广州、深圳等地的植物园有栽培记录，栽培表现良好，已观察到花期、果期物候。本种植株简洁美观，叶面具条纹，花序繁茂，花色鲜艳，是极佳的观赏种类。幼株可盆栽观赏，成株株形较大，可盆栽、地栽观赏。我国南部温暖、干燥的无霜地区可露地栽培，可丛植配置花境。

参考文献

Carter S, Lavranos J J, Newton L E, et al., 2011. Aloes: The Definitive Guide[M]. London: Kew Publishing: 356.

Eggli U (Ed.), 2001. Illustrated Handbook of Succulent Plants: Monocotyledons[M]. Berlin: Springer-Verlag: 176.

Grace O M, Klopper R R, Figueiredo E, et al., 2011. The Aloe names book[M]. Pretoria: SANBI: 146-147.

Jeppe B, 1969. South Africa Aloes[M]. Cape Town: Purnell & Sons S.A. (PTY.) LTD.: 63-64.

Van Wyk B -E, Smith G F, 2014. Guide to the Aloes of South Africa[M]. Pretoria: Briza Publications: 188-189.

137
椰子芦荟

别名： 缟纹芦荟、青岚（日）

Aloe striatula Haw., Philos. Mag. J. 67: 281. 1825.

多年生灌状肉质植物。植株具分枝，茎长可达175cm，粗2.5cm，形成大灌丛。叶松散螺旋状排列于茎端40~60cm处，叶片线状披针形，渐尖，长达25cm，宽2.5cm，半光亮绿色；边缘具非常狭窄的白色软骨质边，具坚硬的白色齿，长约1mm，齿间距3~8mm；叶鞘长15~20mm，具明显的绿色条纹。花序高40cm，不分枝；总状花序圆柱状至圆锥状，长10~15cm，花排列密集；花苞片三角形至钻形，长约2mm；花梗长3~5mm；花被筒红橙色至橙色，长40~45mm；基部平截，子房上方稍变窄，稍弯曲；外层花被几近基部分离；雄蕊和花柱伸出5~7mm。染色体：2n=14（Fernandes，1930）。

中国科学院植物研究所北京植物园 植株丛生蔓延状，株高95cm，单头株幅47cm。叶片狭披针形，渐尖，长21~27.3cm，宽1.2~2.3cm；温室栽培植株叶片两面暗橄榄绿色（RHS NN137A-B），无斑，具不明显条纹，而地栽强光下植株，叶片黄绿色（RHS 144B-C，139C），具暗绿色清晰条纹（RHS NN137A-B）；边缘具软骨质边，绿白色（RHS 192D），具三角状小齿，有时双连，绿白色（RHS 192D），长0.2~0.5mm，齿间距1~4mm；节间较长，具叶鞘，叶鞘具绿色脉纹（RHS NN137A-B）。

北京植物园 未记录形态信息。

温室盆栽植株（北京IBCASBG）　植株局部　叶鞘　叶先端

大棚地栽植株（北京IBCASBG）　植株局部　叶鞘

分布

产自南非东开普省，莱索托也有。

生态与生境

生长于山顶岩石间，海拔500～2000m。

用途

观赏、药用、树篱等。

引种信息

中国科学院植物研究所北京植物园　插穗材料（2007-2170）引种自俄罗斯圣彼得堡，生长迅速，长势良好。

北京植物园　植株材料（2011249）引种自美国，生长迅速，长势良好。

物候信息

原产地南非花期11月至翌年1月。

中国科学院植物研究所北京植物园　尚未观察到开花结实。无明显休眠期。

北京植物园　尚未观察到开花结实。

繁殖

容易扦插繁殖，也可播种、分株繁殖。

迁地栽培要点

习性强健，栽培容易。喜阳光充足和凉爽、干燥的环境，稍耐阴，怕水涝，怕湿热。喜温暖，耐寒。

中国科学院植物研究所北京植物园　栽培基质选用排水良好的混合基质，土壤配方选用腐殖土与沙配制，也可加入颗粒性较强的赤玉土、轻石、木炭等基质，混入少量缓释的颗粒肥。

北京植物园　温室盆栽，采用草炭土、火山岩、沙、陶粒等配制混合土，混合基质排水良好。夏季中午需50%遮阳网遮阴，冬季保持3～4℃以上可安全越冬。

病虫害防治

抗性强，未见明显病虫害发生。

中国科学院植物研究所北京植物园　未见明显病虫害发生，仅作常规管理。定期喷洒50%多菌灵800～1000倍液预防腐烂病。

北京植物园　病虫害较少发生。

保护状态

已列入CITES附录II。

变种、自然杂交种及常见栽培品种

有一变种黄花椰子芦荟（*A. striatula* var. *caesia*），较原变种叶更为密集，灰绿色，花黄色，花被筒短于30mm。有一些杂交种的报道。

本种1821年由鲍威（J. Bowie）首次采集，1825年由哈沃斯（A. H. Haworth）定名描述，种名“*striatula*”意为“有条纹的，有线条的”，指其叶面具条纹。近年来有观点将本种归并入分离的新属蔓芦荟属（*Aloiampelos*），定名为*Aloiampelos striatula*（Haw.）Klopper & Gideon F. Sm.，许多人开始接受这个观点。本种与纤毛芦荟（*A. ciliaris*）、纤枝芦荟（*A. tenuior*）容易混淆，纤毛芦荟的叶鞘具睫毛状的边缘齿，而本种叶鞘不具有；本种花较大，而纤枝芦荟的花很小。

国内有引种，北京地区有栽培记录，栽培表现良好，但尚未观察到开花结实。幼株适于盆栽观赏，成株可依附支撑物地栽丛植，我国南部温暖、干燥的无霜地区可露地栽培。温室栽培下，植株细弱，叶色暗绿，条纹不明显。北京地区不加温大棚地栽，虽能越冬存活，但长枝条枯干，仅余地面短枝，叶片相对短宽，叶两面条纹清晰。

参考文献

Carter S, Lavranos J J, Newton L E, et al., 2011. Aloes: The Definitive Guide[M]. London: Kew Publishing: 552.

Eggli U (Ed.), 2001. Illustrated Handbook of Succulent Plants: Monocotyledons[M]. Berlin: Springer-Verlag: 176-177.

Grace O M, Klopper R R, Figueiredo E, et al., 2011. The Aloe names book[M]. Pretoria: SANBI: 147-148.

Jeppe B, 1969. South Africa Aloes[M]. Cape Town: Purnell & Sons S.A. (PTY.) LTD.: 114.

Van Wyk B -E, Smith G F, 2014. Guide to the Aloes of South Africa[M]. Pretoria: Briza Publications: 118-119.

138
索科德拉芦荟

别名： 索科特拉芦荟、索科特芦荟、姬虎锦芦荟、芬堡斯芦荟、姬虎锦（日）

Aloe succotrina Weston, Bot. Univ. 1: 5. 1770.

多年生灌状肉质植物。植株有茎，有时茎不明显，单生，或基部或基部以上分枝，具直立或横卧茎，短或长达200cm，粗15cm，枯叶宿存。叶密集排列成莲座状，叶片披针形，渐尖，长可达50cm；宽10cm，暗绿色至灰绿色，具模糊条纹，有时具少数散布的小白斑点；边缘通常具暗淡白色狭窄假骨质边，具坚硬白色齿，长2～4mm，齿间距约10mm；汁液干燥后紫色。花序高约100cm，通常不分枝；总状花序圆柱状，渐尖，长25～35cm，花排列稍密集；花苞片披针形，长20mm，宽10mm，淡紫色；花梗长30mm；花被光亮红色至鲑红色，先端绿色，筒状，长40mm，基部平截；外层花被自基部分离；雄蕊和花柱伸出3～5mm。染色体：2n=14（Resende，1937）。

中国科学院植物研究所北京植物园　盆栽植株单生，株高55cm，株幅达72cm。叶片狭窄披针形，渐尖，长37～39.2cm，宽3.4～4cm；两面淡灰至淡灰绿色（RHS N189C-D至188A-D），被霜粉，具少量斑点，斑点椭圆形或H型，暗绿白色（RHS 196A-D），主要分布于叶基部；边缘具软骨质窄边和三角状边缘齿，绿白色（RHS 196A-D），长2～2.2mm，齿间距9～12mm；汁液黄色，干燥汁液紫棕色。

上海植物园　未记录形态特征。

植株（北京IBCASBG）

植株局部（北京IBCASBG）

地栽植株（南非）

盆栽植株（南非）

叶片（南非）

分布

产自南非西南开普。

生态与生境

生长于靠近海滨的砂岩石脊上，海拔可达600m，冬季降雨区，年均降水量1525~1900mm，东南风常带来雾气。

用途

观赏、药用、美容等。汁液可用作紫色染料。

引种信息

中国科学院植物研究所北京植物园 植株材料（2011-W1589）引种自南非开普敦，生长较快，长势良好。

上海植物园　植株材料（2011-6-035）引种自美国，生长较快，长势良好。

物候信息

原产地南非花期7～8月。

中国科学院植物研究所北京植物园　植株尚未开花结实。

上海植物园　尚未记录花期物候。

繁殖

播种、分株繁殖，扦插繁殖用于挽救烂根植株。

迁地栽培要点

习性强健，栽培较容易。喜阳光充足和凉爽、干燥的环境，稍耐阴，怕水涝，怕湿热。

中国科学院植物研究所北京植物园　栽培基质选用排水良好的混合基质，土壤配方采用腐殖土与颗粒性较强的赤玉土、轻石、木炭等基质，加入少量谷壳碳，并混入少量缓释的颗粒肥。

上海植物园　采用德国K牌422号（0～25mm）草炭、赤玉土、鹿沼土混合种植，种植时随土拌入缓释肥。每年另外施肥一次，选用氮磷钾10-30-20比例的花多多肥。

病虫害防治

未见明显病虫害发生，环境过于湿热容易发生腐烂病。

中国科学院植物研究所北京植物园　夏季容易发生腐烂病，需避免盆土积水和叶心积水，定期施用50%多菌灵800～1000倍液进行防治。

上海植物园　容易发生腐烂病，注意控制浇水，定期喷洒杀菌剂进行预防。

保护状态

已列入CITES附录II。

变种、自然杂交种及常见栽培品种

有少量杂交种的报道。

本种的名称令人容易混淆，许多人误以为本种是来自索科特拉岛，其实本种原产自南非的西开普省的西南端。1668年，达佩尔（O. Dapper）最早对其进行了记录，他指出“*succotorina*”应该是指该芦荟汁液粉末状的干燥物呈黄色。“*succotrina*”由拉丁词汇“*succus*”（“sap”汁液）和“*citrinus*”（“lemon-yellow”柠檬黄色）构成。

本种国内有引种，北京、上海地区有栽培记录。栽培表现良好，目前尚未观察到开花结实。本种适合盆栽或地栽观赏，可丛植布置花境或与山石搭配布置模拟自然生境的景观，我国南部温暖、干燥的无霜地区可露地栽培。

参考文献

Carter S, Lavranos J J, Newton L E, et al., 2011. Aloes: The Definitive Guide[M]. London: Kew Publishing: 579.

Eggli U (Ed.), 2001. Illustrated Handbook of Succulent Plants: Monocotyledons[M]. Berlin: Springer-Verlag: 177.

Grace O M, Klopper R R, Figueiredo E, et al., 2011. The Aloe names book[M]. Pretoria: SANBI: 148-149.

Jeppe B, 1969. South Africa Aloes[M]. Cape Town: Purnell & Sons S.A. (PTY.) LTD.: 50.

Reynolds G W, 1982. The Aloes of South Africa[M]. Cape Town: A.A. Balkema: 389-396.

Van Wyk B -E, Smith G F, 2014. Guide to the Aloes of South Africa[M]. Pretoria: Briza Publications: 102-103.

139
倚生芦荟（拟）

Aloe suffulta Reynolds, J. S. African Bot. 3: 151. 1937.

多年生灌状多肉植物。植株单生或萌生蘖芽形成小株丛，具横卧茎，长10~20cm，直径1.5~2.0cm，从基部生叶片。叶达16片，排列成松散莲座状，平展或反曲，具叶鞘，长0.5~1cm，叶片披针形，渐尖，长40~50cm，宽4cm，光亮，暗绿色，具大量椭圆形白色斑点；边缘具坚硬白色齿，长1~2mm，齿间距5~10mm。花序高100~200cm，具非常纤细的花序梗，达10个短而平展的分枝，分枝位于上部30~50cm部分；总状花序长8~15cm，花排列松散；花苞片长4~6mm；花梗长7~10mm；花被筒状，亮橙红色，口部白色，长30~35mm，子房部位宽6mm；外层花被分离约7mm，花被裂片先端平展；雄蕊和花柱伸出7~8mm。染色体：2n=14（Brandham，1971）。

中国科学院植物研究所北京植物园 植株灌状，基部萌蘖形成小株丛，株高51cm，单头株幅42~44cm。叶片披针形，渐尖，长29~33.4cm，宽2.3~2.8cm；腹面橄榄绿色（RHS 147A）至红棕色（RHS 200B），背面绿色（RHS 147A-146A），有时微红或部分呈红棕色；两面密布斑点，椭圆形至延长椭圆形，绿白色或粉白色（RHS 196D，193D，27B-C），斑点密集排列成不规则横带状；边缘具假骨质边，绿白色至粉白色（RHS 196D，193D，27B-C），具钩状齿，绿白色至粉白色（RHS 196D，27B-C），长1~2.5mm，齿间距5~9mm。花序高85.6~95.5cm，具6~10个短分枝，分枝平展，花序梗淡绿色（RHS 196A），被霜粉，擦去霜粉黄绿色（RHS 148A）；总状花序圆柱形，长2.4~12.9cm，宽5~6.3cm，花排列松散，具花3~21朵；花苞片膜质，白色；花梗红棕色（RHS 174A）；花被橙红色至粉色（RHS 35C-D），向口部渐浅至白色，花被裂片先端具灰绿色中脉纹，裂片边缘白色；花蕾基部光亮橙红色至粉红色（RHS 37A，35A-B）；花被筒长27~30mm，子房部位宽6~7mm，上方稍窄至5.5~6mm，向上渐宽至6.5~7mm；外层花被分离约11mm；雄蕊花丝与花柱淡黄色（RHS 5D），雄蕊和花柱伸出约4~6mm。

北京植物园 灌状，基生蘖芽形成小株丛。叶片披针形，渐尖，稍反曲；绿色至红棕色，两面密布长椭圆形斑点，密集排列成横带状；花序具多个短分枝；花橙粉色。

植株（北京IBCASBG）

植株局部

幼株（北京IBCASBG）

分布

分布区自南非夸祖鲁-纳塔尔省向北，穿越莫桑比克南部海岸平原，向内陆至津巴布韦东南端。

生态与生境

生于平坦地区的沙壤中。海拔约90～550m，夏季高温超过45℃。

用途

观赏、药用等。

引种信息

中国科学院植物研究所北京植物园 插穗材料（2011-W1026）引种自南非开普敦，生长迅速，长势良好。

北京植物园 插穗材料（ER2011394）引种自南非开普敦，生长迅速，长势良好。

物候信息

原产地南非花期6~7月，津巴布韦花期6月。

中国科学院植物研究所北京植物园 花期10~12月。10月中旬花芽初现，始花期11月下旬之初，盛花期11月下旬后期至12月初，末花期12月上旬。单花花期2~3天。未观察到明显休眠期。

北京植物园 花期11月至翌年1月上旬。无明显休眠期。

繁殖

播种、扦插、分株繁殖。

迁地栽培要点

习性强健，栽培较容易。喜光，稍耐阴，喜温暖，耐热，耐旱，怕湿涝。

中国科学院植物研究所北京植物园 栽培基质选用排水良好的混合基质，采用腐殖土与赤玉土、轻石、木炭等基质，加入少量谷壳碳，并混入少量缓释的颗粒肥。

北京植物园 温室盆栽，采用草炭土、火山岩、沙、陶粒等材料配制混合基质，排水良好。夏季中午需50%遮阴，冬季保持5℃以上可安全越冬。

病虫害防治

抗性强，未见明显病虫害发生。

中国科学院植物研究所北京植物园 未见明显病虫害发生，仅作常规预防性管理。

北京植物园 未见明显病虫害发生。

保护状态

已列入CITES附录II。

变种、自然杂交种及常见栽培品种

有与马氏芦荟（*A. marlothii*）、小苞芦荟（*A. parvibracteata*）的自然杂交种的报道。

本种1934年由福斯特（C. Foster）发现并收集，1937年由雷诺德（G. W. Reynolds）命名并描述。种名“*suffulta*”意为“支撑的”，指植株依靠在周围植被上生长。

国内引种不多，北京的两所植物园从南非开普敦的科斯滕布什植物园引种栽培，栽培表现良好。已观察到花期物候。本种适合盆栽观赏，亦可地栽丛植布置花境。我国南部温暖干燥的无霜地区可露地栽培，可与山石搭配布置景观。

参考文献

Carter S, Lavranos J J, Newton L E, et al., 2011. Aloes: The Definitive Guide[M]. London: Kew Publishing: 509.

Eggli U (Ed.), 2001. Illustrated Handbook of Succulent Plants: Monocotyledons[M]. Berlin: Springer-Verlag: 177.

Grace O M, Klopper R R, Figueiredo E, et al., 2011. The Aloe names book[M]. Pretoria: SANBI: 149.

Jeppe B, 1969. South Africa Aloes[M]. Cape Town: Purnell & Sons S.A. (PTY.) LTD.: 103.

Van Wyk B -E, Smith G F, 2014. Guide to the Aloes of South Africa[M]. Pretoria: Briza Publications: 268.

West O, 1974. Aloes of Zimbabwe[M]. Harare: Longman Zimbabwe: 71-72.

140

叠叶芦荟

别名： 大羽锦芦荟、推进器芦荟、开卷芦荟、推进器、大羽锦（日）

Aloe suprafoliata Pole-Evans, Trans. Roy. Soc. South Africa 5: 603. 1916.

多年生肉质草本植物。植株茎不明显或具短茎，长可达50cm，通常单生。叶约30片，幼株叶片两列状排列，成年植株叶排列成紧密莲座状；叶平展至反曲，披针状，渐尖，长30～40cm，宽7cm；蓝绿色，向先端微红；边缘具尖锐、红棕色齿，长2～5mm，齿间距5～10mm。花序高60～100cm或更高，不分枝；花序梗具不育苞片，长达23mm；总状花序圆柱形，渐尖，长25cm，宽10cm，花排列较密集；花苞片卵状，急尖，长15～20mm，宽9mm；花梗长15～20mm；花被筒状，粉红色，稍具霜粉，长40～50mm；外层花被自基部分离；雄蕊和花柱几乎不外伸。染色体：2n=14（Müller，1941）。

中国科学院植物研究所北京植物园 多年生肉质草本植物。植株高25～31cm，株幅63～74cm。叶片披针形，渐尖，长41～43cm，宽5～6.2cm；腹面灰绿色（RHS 188A–B），背面灰绿色（RHS 188A–B）至浅黄绿色（RHS 195A–D），无斑点，被霜粉，强光下叶片黄绿色至棕红色；边缘具假骨质窄边，淡黄绿色至绿白色（RHS 193A–D），具尖锐边缘齿，基部绿白色（RHS 193A–D），齿尖红棕色至暗棕红色（RHS 176A–B，200A），齿长4～6.2mm，齿间距7.5～9.5mm；汁液干燥后淡棕色。花序高65.5cm，不分枝，花序梗淡灰蓝色（RHS 122C）至灰绿色（RHS 188A），具多个不育苞片，苞片大，倒卵状，米色；总状花序圆柱状，渐尖，长23cm，宽8.2cm，花排列较密集，具花达50朵；花苞片米色至淡黄绿色，纸质，具细脉纹；花梗灰绿色（RHS 198A）至淡棕黄色（RHS 199D）；花被橙红色（RHS 35A–C），口部渐变至灰绿色（RHS189A–B），裂片边缘淡粉色（RHS 36C）；三棱状筒形，长39mm，子房部位宽5.5～6mm，向上至中部渐宽至7～7.5mm，其后向口部渐狭至3.5～4mm；外层花被自基部分离；雄蕊不伸出，花丝白色至橙白色（RHS 159B–D），花柱淡黄色（RHS 4B），伸出5～5.5mm。

北京植物园 未记录形态信息。

厦门市园林植物园 未记录形态信息。

仙湖植物园 未记录形态信息。

南京中山植物园 植株高25cm。叶片长7cm，宽3cm。

上海植物园 未记录形态信息。

植株（北京IBCASBG）

植株局部

幼株（厦门）

露地栽培植株（福建龙海）
露地栽培植株（福建龙海）
幼株（福建龙海）
植株（南京）
幼株（南京）
地栽植株（捷克）
野生植株具横卧茎（南非）
野生植株（南非）
野生幼株（南非）
播种苗（北京IBCASBG，6个月）
播种苗（北京IBCASBG，1年半）
播种苗（北京IBCASBG，4年）
叶腹面
叶腹面局部
叶背面
叶背面局部
叶尖
露地栽培植株叶腹面（福建龙海）
露地栽培植株叶背面（福建龙海）
边缘齿
不育苞片
花苞片

分布

产自斯威士兰、南非夸祖鲁-纳塔尔省北部到姆普马兰加省。

生态与生境

生长于陡峭的岩石山坡，海拔1000～1600m。分布区为夏季降雨区，多云雾，年均降水量900～1025mm，分布区偶有霜冻发生。

用途

观赏、药用等。

引种信息

中国科学院植物研究所北京植物园 种子材料（2008-1787）引种自美国，长速中等，长势良好。种子材料（2017-0309）引种自南非开普敦，长速中等，长势良好。

北京植物园 植株材料（2011250）引种自美国，长速中等，长势良好。

厦门市园林植物园 植株材料（登录号不详）引种自中国科学院植物研究所北京植物园，长速中等，长势良好。

仙湖植物园 植株材料（SMQ-123）引自美国，长速中等，长势良好。

南京中山植物园 植株材料（NBG-2007-3）引种自福建漳州，长速中等，长势良好。

上海植物园 植株材料（2011-6-077）引种自美国，长速中等，长势良好。

物候信息

原产地南非花期5～6月。

中国科学院植物研究所北京植物园 观察到花期10～12月。10月中旬花芽初现，始花期11月中旬，盛花期11月下旬，末花期12月上旬。单花花期2天。7月末至8月中旬生长停滞。

北京植物园 尚未记录花期信息。

厦门市园林植物园 尚未开花。

仙湖植物园 尚未记录花期信息。

南京中山植物园 尚未开花。

上海植物园 尚未记录花期信息。

福建龙海地区 花期12月至翌年2月。

繁殖

播种、扦插繁殖。

迁地栽培要点

植株长速中等，栽培较容易。多盆栽观赏，喜阳光充足和凉爽的环境，稍耐阴，怕水涝，怕湿热。

中国科学院植物研究所北京植物园 栽培基质选用排水良好的混合基质，土壤配方选用腐殖土与颗粒性较强的赤玉土、轻石、木炭等基质，加入少量谷壳碳，并混入少量缓释的颗粒肥。

北京植物园 温室盆栽，采用草炭土、火山岩、沙、陶粒等材料配制混合基质，排水良好。夏季中午需50%遮阳网遮阴，冬季保持5℃以上可安全越冬。

厦门市园林植物园 可选用园土、腐殖土、粗沙混合配制混合土。

仙湖植物园 室内地栽，采用腐殖土、河沙混合土栽培。

南京中山植物园 栽培基质为园土：碎岩石：沙：泥炭=2：1：1：1。最适宜生长温度为10～25℃，最低温度不能长时间低于0℃，否则产生冻害，最高温不能高于40℃，否则生长不良，根系不能积水，设施温室内栽培，夏季加强通风降温，春秋两季各施1次有机肥。

上海植物园 温室栽培，采用德国K牌422号（0～25mm）草炭、赤玉土、鹿沼土混合种植，种植时随土拌入缓释肥。每年另外施肥1次，选用氮磷钾10-30-20比例的花多多肥。

病虫害防治

抗性强，未见明显病虫害发生。

中国科学院植物研究所北京植物园　未见明显病虫害发生，仅作常规管理。定期喷洒50%多菌灵800～1000倍液预防腐烂病。

北京植物园　未见病虫害发生，仅作常规病虫害预防性打药。

厦门市园林植物园　未见明显病虫害发生。

仙湖植物园　未见明显病虫害发生。

南京中山植物园　常见病害主要有炭疽病、褐斑病及细菌性病害，多发生于湿热夏季通风不良的室内，可喷洒百菌清等杀菌类农药进行防治；干热不通风时容易罹患介壳虫，可喷蚧必治防治。

上海植物园　未见病虫害发生。

保护状态

已列入CITES附录II。

变种、自然杂交种及常见栽培品种

有与木立芦荟（*A. arborescens*）自然杂交种的报道。园艺栽培种*A.*‘Blue Sky’是本种与苏丹芦荟（*A. sinkatana*）的杂交品种，本种还可与莫氏芦荟（*A. mawii*）杂交。

本种1916年由波尔埃文斯（I. B. Pole-Evans）定名并描述，据他记载，植物材料1914年来自斯威士兰的戴维斯（R.A. Davis）。本种种名“*suprafoliata*”由拉丁词汇“*supra*”（上面的）和“*foliatus*”（叶的）构成，指其幼株叶片两列状层层堆叠的样子。本种与比勒陀利亚芦荟（*A. pretoriensis*）亲缘关系较近，而后者株形较大，更为直立，叶片具条纹，花序具分枝。

国内引种较多，北京、上海、南京、厦门、龙海、深圳等地都有栽培记录。栽培表现良好，已观察到花期物候，福建地区露地栽培植株已结实。本种幼株十分容易分辨，叶两列状堆叠状排列，叶片平展至强烈反曲，非常紧凑美观，观赏价值极高。国内栽培的植株多为幼苗期，成株较少。幼株生长到一定大小，叶片开始螺旋状排列，此时植株开始抽穗开花。有记载，南非野外植株在叶排列成两列状的幼株状态就能开花（Reynolds，1982）。北方地区温室内栽培的植株，较福建地区露地栽培的植株更为纤弱，叶片灰绿色，霜粉覆盖全叶，花色也较浅，橙红色，花被筒先端灰绿色；露地栽培的植株，叶片霜粉斑驳，叶色呈现黄绿至灰蓝绿色，强光下叶上部或中上部和边缘微红呈红棕色至橄榄绿色、橄榄棕色，花色浓郁，呈鲜红色，花被筒先端蓝灰色。露地栽培植株与原产地植株叶色相近，叶片数量较原产地野生植株更多，叶片更为细长。原产地生境海拔较高，植株生于陡峭的岩石山坡的石缝中，产地多云雾，空气湿度较高，夏季气候冷凉，冬季存在霜冻。在国内栽培中，夏季湿热季节植株生长停滞。本种幼株适于盆栽观赏，成株可盆栽或地栽群植观赏，亦可与山石配置模拟自然生境景观。我国南部温暖、干燥的无霜地区可露地栽培，栽培场所需排水良好。

参考文献

Carter S, Lavranos J J, Newton L E, et al., 2011. Aloes: The Definitive Guide[M]. London: Kew Publishing: 260.

Eggli U (Ed.), 2001. Illustrated Handbook of Succulent Plants: Monocotyledons[M]. Berlin: Springer-Verlag: 177-178.

Grace O M, Klopper R R, Figueiredo E, et al., 2011. The Aloe names book[M]. Pretoria: SANBI: 149-150.

Jeppe B, 1969. South Africa Aloes[M]. Cape Town: Purnell & Sons S.A. (PTY.) LTD.: 8.

Reynolds G W, 1982. The Aloes of South Africa[M]. Cape Town: A.A. Balkema: 302-304.

Van Wyk B -E, Smith G F, 2014. Guide to the Aloes of South Africa[M]. Pretoria: Briza Publications: 190-191.

141
苏珊娜芦荟

别名： 索赞芦荟

Aloe suzannae Decary, Bull. Econ. Madagascar 18 (1): 26. 1921.

多年生乔木状肉质植物。植株通常单生，有时具1或多个分枝，具直立茎，高可达4m，粗30cm。叶60～100片，紧密排列成莲座状，莲座下枯叶宿存，叶片披针形，渐尖，先端圆，具5～7个短齿，叶片长可达100cm，宽8～9cm，暗绿色，非常粗糙；边缘具尖锐的浅棕色齿，长2mm，齿间距8～10mm；汁液干燥后深棕橙色。花序高约300cm，不分枝；总状花序圆柱状，长约200cm，直径17cm；花排列密集；花苞片线状至三角形，长15mm，宽2mm，绿色，具浅色边缘；花梗长28～30mm；花被象牙白色，微淡玫红色，长33mm，基部圆，子房部位宽10mm，上部稍变窄；外层花被分离约16～17mm，具强烈反曲的先端；雄蕊和花柱柠檬黄色，伸出约10mm。

中国科学院植物研究所北京植物园 盆栽幼株，单生，高38cm，株幅17.5cm。叶条形，长34～38cm，宽2.4cm，先端圆；叶两面暗灰绿色（RHS N189B-C），无斑，表面非常粗糙，被霜粉；边缘具尖锐边缘齿，绿白色（RHS 195B-C），长1～2mm，齿间距7～9.5mm；叶基变宽抱茎，具软骨质皱褶状的边缘，边缘较宽，绿白色（RHS 193A-D）。

北京植物园 未记录形态信息。

上海植物园 未记录形态信息。

盆栽幼苗（北京IBCASBG） 幼株（上海SHBG） 幼株叶片基部变宽 叶尖 幼苗叶腹面 叶腹面局部 叶背面 叶背面局部 叶表面粗糙 幼苗叶片边缘 边缘齿 双连齿 叶片基部边缘

分布

产自马达加斯加南部图利亚拉省（Toliara）。

生态与生境

生长于密集灌丛中，海拔30～100m。

用途

观赏、药用等。

引种信息

中国科学院植物研究所北京植物园 幼株（2018-W0002）引自东莞，生长较慢，长势良好。

北京植物园 幼株（20180308）引自广东东莞，长速中等，长势良好。

上海植物园 材料（2010年，编号不详）引种自上海，长速中等，长势良好。

物候信息

原产地马达加斯加花期10～11月。

中国科学院植物研究所北京植物园 尚未开花。未观察到明显休眠期。

北京植物园 尚未开花。

上海植物园 尚未开花。

繁殖

多播种繁殖，扦插用于挽救烂根植株。

迁地栽培要点

植株生长较慢，栽培较容易。喜光照充足，稍耐阴，怕水涝。

中国科学院植物研究所北京植物园 选用腐殖土与颗粒性较强的赤玉土、轻石、木炭等基质，加入少量谷壳碳，并混入少量缓释的颗粒肥。

北京植物园 温室盆栽，采用草炭土、火山岩、沙、陶粒等材料配制混合基质，排水良好。

上海植物园 采用赤玉土、腐殖土、轻石、沙等基质配制混合土。

病虫害防治

抗性强，未见明显病虫害发生。

中国科学院植物研究所北京植物园 未见明显病虫害发生，仅作常规管理。

北京植物园 未见明显病虫害发生。

上海植物园 未见明显病虫害发生。

保护状态

IUCN红色名录列为濒危种（EN）；马达加斯地区列为濒危种（EN）；已列入CITES附录I。

变种、自然杂交种及常见栽培品种

尚未见相关报道。

本种定名于1921年，由狄卡里（R. Decary）命名并描述，种名取自他的女儿苏珊娜·狄卡里（Suzanne Decary）的名字。本种为高大的树状种类，由于产地生境破坏，受到严重威胁，野生植株遗留不多，植株20年以上才能开花结实。

国内引种不多，北京、上海、东莞等地有栽培记录，上海地区栽培的植株较大，但均为幼苗或幼株，栽培表现良好，生长缓慢。幼株适合盆栽观赏。

参考文献

Carter S, Lavranos J J, Newton L E, et al., 2011. Aloes: The Definitive Guide[M]. London: Kew Publishing: 676.

Castillon J -B, Castillon J -P, 2010. The Aloe of Madagascar[M]. La Réunion: J.-P. & J.-B Castillon: 274.

Eggli U (Ed.), 2001. Illustrated Handbook of Succulent Plants: Monocotyledons[M]. Berlin: Springer-Verlag: 178.

Grace O M, Klopper R R, Figueiredo E, et al., 2011. The Aloe names book[M]. Pretoria: SANBI: 150.

142
纤枝芦荟

别名： 青郁锦芦荟、青郁锦（日）

Aloe tenuior Haw., Philos. Mag. J. 67: 281. 1825.
Aloe tenuior var. *decidua* Reynolds, J. S. African Bot. 2: 111. 1936.
Aloe tenuior var. *densiflora* Reynolds, Aloes S. Afr. 349. 1950.
Aloe tenuior var. *rubriflora* Reynolds, J. S. African Bot. 2: 108. 1936.

多年生灌状肉质植物。植株茎分枝，直立，长达60cm或更长，粗1.5cm，横卧或依靠周围植被支撑，长可达300cm。叶排列成松散莲座状，有时枯叶宿存于茎端莲座下20cm处；叶片线状披针形，长10~18cm，宽1~2.2cm，灰绿色；边缘非常狭，白色，软骨质，具白色齿，长0.5mm，齿间距1~2mm；叶鞘长5~25mm，具模糊绿色条纹。花序高35~40cm，有时可达50cm，不分枝或具1~2分枝；总状花序圆柱形，稍渐狭，长10~20cm，直径4cm，花排列稍密集至密集；花苞片线状至三角状，渐尖，长约5mm；花梗长3~5mm；花被黄色，或红色先端黄色，长11~15mm，基部具短尖，子房部位上方稍变狭，之后向口部变宽；外层花被分离约3~6mm；雄蕊和花柱伸出约4~6mm。染色体：2n=14（Müller，1941）

中国科学院植物研究所北京植物园 （1）样本1（黄花型）：植株蔓延状灌木，茎柔软，依靠周围植物生长，茎分枝，长71~107cm，单头株幅约26cm。叶片长17~18cm，宽1.0~1.4cm，叶腹面、背面橄榄绿色至黄绿色（RHS 137A-138B），无斑点，具模糊绿条纹；边缘具白色狭软骨质边和细齿，齿长0.25mm，齿间距1.5~5mm；干燥汁液淡橙棕色。花序高14.5~22cm；花序梗黄绿色（RHS 144A）；总状花序长5.2~12.5cm，直径3.3cm，具花30~95朵；花苞片白色，膜质；花梗黄绿色（RHS 144A）；花被淡黄色（RHS 3C），裂片先端具黄绿色（RHS 144A）中脉纹，有时不明显；花蕾黄色（RHS 3C），先端绿（RHS 145A至138A）；花被筒长10~17mm，子房部位宽4mm，花筒各部位几等宽，外层花被分离约2.5~3mm；雄蕊花丝淡黄（RHS 145D），伸出约4mm，花柱淡黄色（RHS 150C），伸出4~5mm。（2）样本2（橙花型）：花被橙色，口部渐浅呈淡黄绿色，花被裂片先端具黄绿色中脉纹，裂片边缘淡黄色；花被筒长15mm，宽3.5mm，花被筒等宽。雄蕊花丝和花柱淡黄色，雄蕊和花柱伸出约4~5mm。

北京植物园 未记录形态信息。

仙湖植物园 未记录形态信息。

植株（北京IBCASBG）（样本1，黄花型）

植株局部（北京IBCASBG）（样本1，黄花型）

植株局部（样本2，橙花型

叶腹面（样本1，黄花型）
叶腹面局部
（样本1，黄花型）
叶背面（样本1，黄花型）
边缘齿（样本1，黄花型）
叶鞘（样本1，黄花型）
叶腹面（样本2，橙花型）
叶腹面局部
（样本2，橙花型）
叶背面（样本2，橙花型）
叶背面局部
（样本2，橙花型）
边缘齿（样本2，橙花型）
叶先端（样本2，橙花型）
叶鞘（样本2，橙花型）
播种苗（北京IBCASBG）
花芽
开花植株（样本1，黄花型）
花序（样本1，黄花型）
开花植株（样本2，橙花型）
花序（样本2，橙花型）
花芽期花序
（样本1，黄花型）
现蕾期花序
（样本1，黄花型）
始花期花序
（样本1，黄花型）
盛花期花序
（样本1，黄花型）
盛花期花序
（样本1，黄花型）

花（样本1，黄花型） 花发育（样本1，黄花型） 花解剖（样本1，黄花型）
现蕾期花序（样本2，橙花型） 花蕾膨大期花序（样本2，橙花型） 盛花期花序（样本2，橙花型） 末花期花序（样本2，橙花型）
花（样本2，橙花型） 花发育（样本2，橙花型） 花解剖（样本2，橙花型） 果序（样本2，橙花型）

分布

产自南非东开普省。

生态与生境

生长于刺灌丛或开阔地、有时生于陡峭山坡。

用途

观赏、药用。盆栽或在温暖地区庭院观赏，作花篱、花境。原产地传统草药，用于治疗绦虫病。

引种信息

中国科学院植物研究所北京植物园 扦插材料（2007-2174）引种自俄罗斯圣彼得堡，生长迅速，长势良好；种子材料（2008-1788）引自美国，生长迅速，长势良好；扦插材料（2011-W1580）引种自南非开普敦，生长迅速，长势良好；橙花型植株材料（2019-0600）引种自上海，生长迅速，长势良好。

北京植物园 植株材料（2011251）引自美国，生长迅速，长势良好。

仙湖植物园 植株材料（SMQ-126）引自美国，生长迅速，长势良好。

物候信息

原产地花期8月至翌年5月，10～12月为盛花期。

中国科学院植物研究所北京植物园　（1）样本1（黄花型）：花期12月至翌年1月、5~7月。12月下旬花芽初现，始花期翌年1月初，盛花期1月上旬，末花期1月中旬。单花花期2天。5~7月也有开花，7月末至8月上旬观察到果熟。（2）样本2（橙花型）：花期4~5月，4月中旬花芽初现，4月下旬始花期，4月末至5月初为盛花期，5月上旬后期至月中为末花期。果期6~7月。不休眠。

北京植物园　未记录花期物候。不休眠。

仙湖植物园　未记录花期物候。不休眠。

繁殖

播种、扦插繁殖。

迁地栽培要点

根系要求排水良好，不积水。喜阳光充足，也耐遮阴，但过多遮阴不容易开花。较为耐寒，我国北方地区需温室越冬。

中国科学院植物研究所北京植物园　温室盆栽，选用腐殖土与粗沙、赤玉土、轻石、木炭等基质配制混合基质，颗粒基质占1/3左右，并混入少量缓释的颗粒肥。

北京植物园　温室盆栽，采用草炭土、火山岩、沙、陶粒等材料配制混合基质，排水良好。夏季中午需50%遮阴。

仙湖植物园　室内地栽，采用腐殖土、河沙混合土栽培。

病虫害防治

不易发生病虫害，根系积水容易导致根系腐烂。

中国科学院植物研究所北京植物园　无明显病虫害发生，仅作预防性打药。每10~12天喷洒1次多菌灵和氧化乐果稀溶液进行预防，并加强通风。

北京植物园　病虫害未发生。

仙湖植物园　未观察到病虫害发生。

保护状态

已列入CITES附录II。

变种、自然杂交种及常见栽培品种

尚未见相关报道。

本种1821年，由鲍威（J. Bowie）收集，1825年，由哈沃斯（A. H. Haworth）正式命名描述。种名“*tenuior*”意为纤细的，指其枝条纤细。近年来有观点将本种归并入分离的新属蔓芦荟属（*Aloiampelos*），定名为*Aloiampelos tenuior*（Haw.）Klopper & Gideon F. Sm.，许多人开始接受这个观点。

本种国内有引种。北京、深圳、上海等地有栽培记录，已观察到花期物候。适于盆栽观赏，地栽丛植可依靠支架、山石生长，我国南部温暖干燥的无霜地区可露地栽培。

参考文献

Carter S, Lavranos J J, Newton L E, et al., 2011. Aloes: The Definitive Guide[M]. London: Kew Publishing: 546.

Eggli U (Ed.), 2001. Illustrated Handbook of Succulent Plants: Monocotyledons[M]. Berlin: Springer-Verlag: 178.

Grace O M, Klopper R R, Figueiredo E, et al., 2011. The Aloe names book[M]. Pretoria: SANBI: 152.

Jeppe B, 1969. South Africa Aloes[M]. Cape Town: Purnell & Sons S.A. (PTY.) LTD.: 111.

Van Wyk B -E, Smith G F, 2014. Guide to the Aloes of South Africa[M]. Pretoria: Briza Publications: 120.

143
沙丘芦荟

别名：拉思卡芦荟、拉斯卡芦荟、环翠楼芦荟、环翠楼（日）、虎好锦（日）、妖精殿（日）

Aloe thraskii Baker, J. Linn. Soc., Bot. 18: 180. 1880.

多年生乔木状肉质植物。植株单生，茎通常高达2m，在密集灌丛中高可达4m，枯叶宿存。叶排列成密集莲座状，叶片披针形，渐尖，长可达160cm，宽22cm，深绿色至灰绿色；背面上半部通常具有少数中脉皮刺；边缘具狭窄的淡红色或棕红色边，具红色齿，长2mm，齿间距10~20mm。花序高50~80cm，具分枝4~8个；总状花序圆柱形，稍渐狭，长可达25cm，直径10~12cm，花排列非常紧密；花苞片卵状，急尖，长9mm，宽6mm；花梗长1~2mm，绿色；花被柠檬黄至浅橙色，先端绿色，长约25mm，基部平截，子房部位宽6mm，向上变宽，口部变窄；外层花被分离约17mm；雄蕊和花柱橙色，伸出约15~20mm。染色体：2n=14（Müller，1941）。

中国科学院植物研究所北京植物园 未记录形态信息。

厦门市园林植物园 未记录形态信息。

仙湖植物园 未记录形态信息。

上海辰山植物园 温室栽培，单生植株，植株直径160cm，高度仅130cm。

温室地栽植株（上海CBG） 温室地栽植株（深圳） 温室地栽植株（厦门） 盆栽植株（北京IBCASBG）

露地栽培植株（厦门） 露地栽培植株（厦门） 野生植株（南非）

分布

产自南非东开普省、夸祖鲁-纳塔尔省。

生态与生境

生长于海岸低矮植被或较高灌丛中，几乎生于纯沙地。海拔近海平面。分布区为夏雨区，年降水量1025~1150mm。夏季湿热，冬季无霜。

用途

观赏、药用等。

引种信息

中国科学院植物研究所北京植物园　种子材料（2000-2943）引种自法国，生长迅速，长势良好；幼苗材料（2010-W1170）引种自北京，生长迅速，长势良好；种子材料（2017-0310）引种自南非开普敦，生长迅速，长势良好。

厦门市园林植物园　插穗材料（编号不详）引种自北京，生长迅速，长势良好。

仙湖植物园　植株材料（SMQ-127）引自美国，生长迅速，长势良好。

上海辰山植物园　植株材料（20110971）引自美国，生长迅速，长势良好。

物候信息

原产地南非花期6~7月。

中国科学院植物研究所北京植物园 尚未开花。未观察到明显休眠期。

厦门市园林植物园 尚未记录花期信息。

仙湖植物园 尚未记录物候信息。

上海辰山植物园 11月下旬初现花芽，12月中旬花序抽出，翌年1月中旬开始开花，2月下旬果实成熟，未见明显休眠。

繁殖

播种、扦插繁殖。

迁地栽培要点

植株生长较快，栽培较容易。喜阳光充足、干燥的环境，怕水涝。

中国科学院植物研究所北京植物园 栽培基质选用排水良好的混合基质，土壤配方选用腐殖土与颗粒性较强的赤玉土、轻石、木炭等基质，加入少量谷壳碳，并混入少量缓释颗粒肥。

厦门市园林植物园 露地栽培，表面覆盖排水良好的河沙，生长季增施有机肥。

仙湖植物园 室内地栽，采用腐殖土、河沙混合土栽培。

上海辰山植物园 温室栽培中，土壤配方用砂壤土与草炭混合种植。温室内夏季最高温在40℃以下，冬季最低温在13℃以上，能安全度夏和越冬。

病虫害防治

抗性强，未见明显病虫害发生。

中国科学院植物研究所北京植物园 未见明显病虫害发生，仅作常规管理。

厦门市园林植物园 未见明显病虫害发生。

仙湖植物园 未见明显病虫害发生。

上海辰山植物园 抗性强，病虫害较少发生。

保护状态

已列入CITES附录II。

变种、自然杂交种及常见栽培品种

有与斑点芦荟（*A. maculata*）自然杂交的报道。可与好望角芦荟（*A. ferox*）、艳丽芦荟（*A. speciosa*）、木立芦荟（*A. arborescens*）等杂交形成园艺杂交种。

本种1880年由贝克（John G. Baker）命名描述，种名“*thraskii*”源自特拉斯克（Thrask）先生的姓氏，对于他没有任何记载。本种生于海岸沙地上，俗称“Dune aloe”，即“沙丘芦荟”。

国内有引种栽培，北京、上海、厦门、深圳等地有栽培记载。栽培表现良好，上海地区已记录花期物候。本种植株较高大，适于地栽孤植或群植观赏，我国南部温暖干燥的无霜地区可露地栽培，目前厦门已应用于园林造景。

参考文献

Carter S, Lavranos J J, Newton L E, et al., 2011. Aloes: The Definitive Guide[M]. London: Kew Publishing: 652.

Eggli U (Ed.), 2001. Illustrated Handbook of Succulent Plants: Monocotyledons[M]. Berlin: Springer-Verlag: 179.

Grace O M, Klopper R R, Figueiredo E, et al., 2011. The Aloe names book[M]. Pretoria: SANBI: 153.

Jeppe B, 1969. South Africa Aloes[M]. Cape Town: Purnell & Sons S.A. (PTY.) LTD.: 42.

Van Wyk B -E, Smith G F, 2014. Guide to the Aloes of South Africa[M]. Pretoria: Briza Publications: 80-81.

144
毛花芦荟（拟）

Aloe tomentosa Defler, Voy. Yemen 211. 1889.

多年生肉质草本植物。植株厚实，通常单生，通常茎不明显。叶约30片，上升，三角形，长40～50cm，宽8～12cm，非常粗糙和厚实，灰绿色；边缘具尖锐齿，长约1mm，齿间距12～15mm。花序杂乱分枝和再分枝，高可达50cm；通常花序分枝多达50或更多，整个花序密被茸毛；总状花序短圆锥状，长可达15cm，花排列密集；花苞片长5～7mm；花梗长约8mm；花被黄绿色，被茸毛，长25～28mm，子房部位宽5～6mm；外层花被分离约10～11mm；雄蕊几乎不伸出，雌蕊略外伸。

中国科学院植物研究所北京植物园　植株单生，具短茎，株高约47～71cm，株幅41～47cm。叶片披针形，渐尖，被霜粉，长25.7～45.6cm，宽5.1～11.3cm；腹面灰橄榄绿色（RHS NN137D），背面淡灰绿色（RHS 193A-D）；成株叶无斑点或具零星斑点，幼株叶腹面具较多斑点，散布全叶，较大株龄的植株，斑点较少，集中于叶腹面基部和中部、叶背面上半部；斑点椭圆形、圆形，绿白色（RHS 193A-C）；边缘具红边和三角齿，红棕色至浅红棕色（RHS 177A-C），齿尖暗棕红色（RHS 200A-B），齿长1～2mm，齿间距15～24mm。

北京植物园　未记录形态信息。

植株（北京IBCASBG）　植株（北京IBCASBG）　短茎　播种苗（北京IBCASBG，4个月）　播种苗（北京IBCASBG，1年半）　叶腹面　叶腹面局部（少斑）　叶腹面局部（多斑）　叶基斑点　播种苗（北京IBCASBG，4年）

分布

产自也门西部内陆高原。

生态与生境

生长于山地岩石间，海拔2400~3100m。年降水量265~300mm。

用途

观赏、药用等。叶片汁液有消炎杀菌的功效，可用于治疗皮肤、眼睛的炎症、晒伤、创伤等。在原产地也门，人们用叶片凝胶与蜡混合用于治疗骨折，当地人相信使用后有助更好地愈伤。

引种信息

中国科学院植物研究所北京植物园 种子材料（2008-1789）引种自美国，生长迅速，长势良好。植株材料（2010-W1171）引种自北京，生长迅速，长势良好。

北京植物园 植株材料（2011253）引种自美国，生长迅速，长势良好。

物候信息

原产地也门花期4～9月。

中国科学院植物研究所北京植物园　尚未开花。未观察到明显休眠期。

北京植物园　尚未记录花期物候。

繁殖

播种、扦插繁殖。

迁地栽培要点

习性强健，栽培管理容易。喜光、喜温暖、极耐旱，不耐湿涝。盆土干燥可耐短暂0～3℃低温，保持冬季5～6℃以上，可安全越冬。

中国科学院植物研究所北京植物园　栽培基质选用排水良好的混合基质，土壤配方选用腐殖土与颗粒性较强的赤玉土、轻石、木炭等基质，加入少量谷壳碳，并混入少量缓释的颗粒肥。

北京植物园　温室盆栽，采用草炭土、火山岩、沙、陶粒等材料配制混合基质，排水良好。

病虫害防治

抗性强，未见明显病虫害发生。

中国科学院植物研究所北京植物园　未见明显病虫害发生，仅作常规管理。定期喷洒50%多菌灵800～1000倍液预防腐烂病。

北京植物园　未见明显病虫害发生。

保护状态

已列入CITES附录II。

变种、自然杂交种及常见栽培品种

有自然杂交种的报道，可与生长在同一区域的飘摇芦荟（*A. vacillans*）杂交形成自然杂交种*A.*× *menachensis*。也有与侧花芦荟（*A. secundiflora*）、*A. sheilae*杂交获得的杂交种。

1887年，法国植物学家德弗勒斯（A. Deflers）在阿拉伯半岛的探险中在也门首次发现了这种花被毛的芦荟属植物。1889年，德弗勒斯正式命名描述了该种。本种为也门特有种，其种名“*tomentosa*”意为具毡毛的，覆盖垫状毛的，指其花被筒覆盖密集的白毛，呈现毡毛状。本种为高原种类，花十分有特色，花被筒黄色微绿，具黄绿色清晰条纹，花被筒、花梗、花序轴均覆盖浓密的白色长毛，花外观呈现白色毛毡状的外观。

本种国内有引种。北京地区有栽培记录，多为尚未开花的幼龄植株，栽培表现良好。栽培植株有时被毛较少，可以看到微绿黄色具黄绿色条纹的花被筒，毛集中在花被筒先端。本种幼苗适合盆栽观赏，成株可盆栽或地栽观赏，我国南部温暖干燥的无霜地区可露地栽培。

参考文献

Carter S, Lavranos J J, Newton L E, et al., 2011. Aloes: The Definitive Guide[M]. London: Kew Publishing: 341.

Eggli U (Ed.), 2001. Illustrated Handbook of Succulent Plants: Monocotyledons[M]. Berlin: Springer-Verlag: 179.

Ghazanfar S A, 1994. Handbook of Arabian Medicinal Plants[M]. London: CRC Press: 14.

Grace O M, Klopper R R, Figueiredo E, et al., 2011. The Aloe names book[M]. Pretoria: SANBI: 153.

Walker C C, 2016. *Aloe tomentosa* - a species with unusual hairy flowers from the Yemen[J]. CactusWorld, 34(3): 153-158.

Wood J R I, 1983. The Aloes of the Yemen Areb Republic[J]. Kew Bulletin, 38(1): 13-31.

145
图尔卡纳芦荟（拟）

Aloe turkanensis Christian, J. S. African Bot. 8: 173. 1942.

多年生肉质草本植物。植株在基部较少分枝，形成直径200cm的株丛，茎上升，长可达45cm，形成横卧茎可长达70cm。叶14～18片，排列成密集莲座状，叶片披针形，渐尖，长达70cm，宽9cm，暗绿色，光滑，有时稍具浅蓝色霜粉，具少数长圆形浅绿色斑点，在背面通常数量较多形成模糊横带状；边缘具白色齿，长2mm，齿间距12～18mm；汁液干燥后黄色。花序高达1m，分枝可达8个，下部分枝常再分枝；总状花序长15～26cm，宽6cm，花排列稍密集，偏向一侧；花苞片卵状，具尖头，长5～7mm，宽3mm；花梗长8～9mm；花被红色至橙红色，先端灰色，长25mm，基部骤缩具短尖，子房部位宽8～9mm，上方变狭至6.5～7mm；外层花被分离约9～11mm；雄蕊和花柱伸出3～6mm。

中国科学院植物研究所北京植物园　盆栽植株，高52cm，株幅91cm。叶片披针形，渐尖，长43～47cm，宽6.0～6.5cm；两面橄榄绿色（RHS 137A-B），具稀疏斑点，斑点椭圆形、长椭圆形，有时斑点纵向连合，淡黄绿色（RHS 145B-C），斑点位于叶片中、上部；边缘具窄边和三角齿，黄绿色（RHS 145A-C），齿尖棕色、棕黄色至橙色（RHS 165A-B,172A-D），长2～3mm，齿间距12～14mm；汁液橙黄色，干燥汁液橙黄色。

分布

产自肯尼亚、乌干达。

生态与生境

生长于干旱地区的灌丛荫蔽处，海拔915～1500m。

用途

观赏、药用等。叶片汁液用于治疗创伤、眼疾。根部煎煮液用于止吐、缓解头痛；根用于酿造啤酒添加风味。本种为东非芦荟贸易中重要的种类之一，芦荟素（Aloin）含量很高，原产地肯尼亚从野外收获汁液。

引种信息

中国科学院植物研究所北京植物园 植株材料（2012-W0317）引种自捷克布拉格，生长迅速，长势良好。

物候信息

原产地乌干达花期9～12月。

中国科学院植物研究所北京植物园 尚未开花。未观察到明显休眠期。

繁殖

播种、扦插、分株繁殖。

迁地栽培要点

习性强健，栽培管理容易。喜光、喜温暖、极耐旱，不耐湿涝。可耐短暂0～3℃低温，冬季5～6℃以上，保持盆土干燥，可安全越冬。

中国科学院植物研究所北京植物园 栽培基质选用排水良好的混合基质，土壤配方选用腐殖土与颗粒性较强的赤玉土、轻石、木炭等基质，并混入少量缓释的颗粒肥。

病虫害防治

抗性强，未见明显病虫害发生。

中国科学院植物研究所北京植物园 未见明显病虫害发生，仅作常规管理。定期喷洒50%多菌灵800～1000倍液预防腐烂病。

保护状态

已列入CITES附录II。

变种、自然杂交种及常见栽培品种

尚未见相关报道。

本种由克里斯蒂安（H. B. Christan）定名于1942年，种名“*turkanensis*”指其产地肯尼亚北部的图尔卡纳荒漠（Turkana Desert）地区。

本种国内引种不多，北京地区有栽培，栽培表现良好，目前尚未开花结实。本种适于盆栽或地栽丛植观赏，我国南部温暖、干燥的无霜地区可露地栽培。

参考文献

Carter S, Lavranos J J, Newton L E, et al., 2011. Aloes: The Definitive Guide[M]. London: Kew Publishing: 610.

Cole T, Forrest T, 2017. Aloes of Uganda: A Field Guide[M]. Santa Babara: Oakleigh Press: 120-121.

Eggli U (Ed.), 2001. Illustrated Handbook of Succulent Plants: Monocotyledons[M]. Berlin: Springer-Verlag: 180.

Grace O M, Klopper R R, Figueiredo E, et al., 2011. The Aloe names book[M]. Pretoria: SANBI: 156.

Schmelzer G H, Gurib-Fakim A, 2008. Medicina Plants 1. Plant Resources of Tropical Africa[J]. PROTA Foundation, 11(1): 81-82.

146 飘摇芦荟

Aloe vacillans Forssk., Fl. Aegypt.-Arab. 74. 1775.
Aloe audhalica Lavranos & Hardy, J. S. African Bot. 31: 65. 1965.
Aloe dhalensis Lavranos, J. S. African Bot. 31: 62. 1965.

多年生肉质草本植物。植株茎不明显或具短横卧茎，长可达50cm，单生或稀萌生蘖芽形成小株丛。叶15~20片，排列成莲座状，直立，披针状，渐尖，长30~60cm，宽7~13cm，粗糙，灰绿色，背面有时在靠近先端处有少量小刺；边缘具尖锐、棕色三角状齿，长2~3mm，齿间距5~10mm；汁液干燥后深紫色。花序高100~200cm，不分枝或最多具5分枝；总状花序长锥形，花排列较密集；花苞片卵状，急尖，长10~15mm，宽6mm；花梗长5~10mm；花被红色或黄色，长30mm，子房处宽6mm；外层花被分离约10~16mm；雄蕊和花柱伸出3~4mm。染色体：2n=14（Wood，1983）。

中国科学院植物研究所北京植物园 植株单生，高30cm，株幅66cm。叶片三角状至披针形，渐尖，长36~38cm，宽达7cm；腹面灰绿色（RHS 191A-C），有时微红呈橄榄灰色（RHS 197A-C），无斑，具霜粉；背面灰绿色（RHS 190A-C），无斑，被霜粉；边缘具假骨质边和边缘齿，淡绿白色（RHS 193D），齿尖棕红色（RHS 166A）至暗棕色（RHS 200A-C），长1.5~2mm，齿间距5~8mm。花序高达75.5cm，具1分枝，花序梗淡灰绿色（RHS 195A-194A）；总状花序细长锥形，长22.5cm，花排列较密集，具花28~66朵；花苞片卵状，白色，纸质，具棕脉纹；花梗淡黄绿色（RHS 195B-C）；花被橙红色，向口部渐浅，口部黄白色（RHS 9C），花被裂片先端具黄绿色中脉纹，裂片边缘橙白色（RHS 159B-C）；花被筒长30mm；子房部位宽6.5mm，花被筒基本等宽；外层花被分离约8~9mm；雄蕊花丝和花柱白色，雄蕊伸出约4mm，花柱伸出3~4mm。

北京植物园 未记录形态信息。

仙湖植物园 未记录形态信息。

上海辰山植物园 温室栽培，单生植株，植株直径92cm。

植株（上海CBB） 植株（北京IBCASBG） 植株局部

叶腹面 叶腹面局部 叶背面 叶背面局部 边缘齿

分布

产自也门西部、西南部和沙特阿拉伯西南部。

生态与生境

生长于干旱多石的山坡、崖壁，以及开阔林地、草地，海拔1300~3000m。年降水量200~1200mm，温度范围-3~35℃。

用途

观赏、药用等。

引种信息

中国科学院植物研究所北京植物园 种子材料（2008-1791）引种自美国，生长迅速，长势良好。

北京植物园 植株材料（2011256）引自美国，生长迅速，长势良好。

仙湖植物园 植株材料（SMQ-131）引自美国，生长迅速，长势良好。

上海辰山植物园 植株材料（20110975）引自美国，生长迅速，长势良好。

物候信息

原产地也门主要花期8月下旬至11月。

中国科学院植物研究所北京植物园 观察到花期8~10月。8月下旬花芽初现，始花期9月下旬，盛花期9月末至10月中旬，末花期10月下旬。单花花期3天。无休眠期。

北京植物园 尚未记录花期物候。

仙湖植物园 尚未记录花期物候。

上海辰山植物园 温室栽培。10月中旬初现花芽，11月上旬花序抽出，11月中旬开始开花，异花授粉，未见自然结实。未见明显休眠。

繁殖

多播种繁殖，扦插繁殖主要用于挽救烂根植株。

迁地栽培要点

习性强健，栽培较容易。喜阳光充足和凉爽、干燥的环境，稍耐阴，怕水涝，能耐短暂1～3℃低温，保持盆土干燥情况下，5～6℃可安全越冬。

中国科学院植物研究所北京植物园 栽培基质选用排水良好的混合基质，土壤配方选用腐殖土与颗粒性较强的赤玉土、轻石、木炭等基质，并混入少量缓释的颗粒肥。

北京植物园 温室盆栽，采用草炭土、火山岩、沙、陶粒等材料配制混合基质，排水良好。

仙湖植物园 室内地栽，采用腐殖土、河沙混合土栽培。

上海辰山植物园 温室栽培，土壤配方用砂壤土与草炭混合种植。温室内夏季最高温在40℃以下，冬季最低温在13℃以上，能安全度夏和越冬。

病虫害防治

抗性强，未见明显病虫害发生。

中国科学院植物研究所北京植物园 未见明显病虫害发生，仅作常规管理。定期喷洒50%多菌灵800～1000倍液预防腐烂病。

北京植物园 尚未见明显病虫害发生。

仙湖植物园 尚未见明显病虫害发生。

上海辰山植物园 抗性强，病虫害较少发生。

保护状态

已列入CITES附录II。

变种、自然杂交种及常见栽培品种

有与毛花芦荟（*A. tomentosa*）自然杂交种的报道。

本种1775年由福斯科尔（P. Forsskål）定名描述，种名“*vacillans*”指其花序摇摆的样子。本种具有不同花色的变型，花色包含红色和黄色，在分布区的南部黄花类型占优势，分布区北部红花占优势，两种花色的类型仅在伊卜（Ibb）地区出现的频度相似。

本种国内有引种，北京、上海、深圳等地有栽培记录。栽培表现良好，已观察到花期物候。幼株适于盆栽观赏，成株适于地栽丛植观赏，我国南部温暖干燥的无霜地区可露地栽培，用于布置花境。

参考文献

Carter S, Lavranos J J, Newton L E, et al., 2011. Aloes: The Definitive Guide[M]. London: Kew Publishing: 367.

Eggli U (Ed.), 2001. Illustrated Handbook of Succulent Plants: Monocotyledons[M]. Berlin: Springer-Verlag: 181.

Grace O M, Klopper R R, Figueiredo E, et al., 2011. The Aloe names book[M]. Pretoria: SANBI: 156–157.

Walker C C, 2016. *Aloe tomentosa* – a species with unusual hairy flowers from the Yemen[J]. CactusWorld, 34(3): 153–158.

Wood J R I, 1983. The Aloes of the Yemen Areb Republic[J]. Kew Bulletin, 38(1): 13–31.

147

范巴伦芦荟

别名：章鱼芦荟、红芦荟

Aloe vanbalenii Pillans, S. African Gard. 24: 25. 1934.

多年生肉质草本植物。植株通常具短茎，萌生蘖芽形成密集、蔓延的株丛。叶25～35片，披针形，渐尖，平展，强烈反曲，腹面深凹，长70～80cm，宽12～25cm，均一的绿色至铜红色，具模糊条纹；边缘具红色角质边，具尖锐宽三角形红色齿，长3～5mm，齿间距10～15mm。花序高100cm；直立，具2～3分枝；总状花序狭锥形，长25～30cm，花排列相当紧密；花苞片卵状，急尖，长15mm，宽7mm；花梗长可达20mm；花被淡黄色，有时花蕾红色，或有时均一红色，花被筒长约35mm，子房部位宽7mm；外层花被自基部分离；雄蕊和花柱黄色，伸出10～12mm。

中国科学院植物研究所北京植物园　盆栽植株，株高约23cm，株幅达49cm。叶披针形，渐尖，强烈反曲，长43～44.5cm；两面均一黄绿色（RHS 138A–C）至灰黄绿色（RHS 191B），无斑点条纹；边缘具三角状齿，黄绿色（RHS 138A–C），齿尖红棕色至橙棕色（RHS 177A–C），长3～4mm，齿间距9～15mm；干燥汁液橙黄色。花序高37.4cm，花序梗黄绿色（RHS 144A），具多个不育苞片，膜质，卵状，米色，具多条棕色细脉纹；总状花序圆锥形，先端渐尖，长8.4cm，宽7～7.5cm，花排列密集；苞片卵状，膜质，米色，具棕色细脉纹；花梗黄绿色（RHS 144A–B）；花淡黄色（RHS 4A–C），花被裂片先端中部具黄绿色（RHS 144A–C）细脉纹，裂片边缘淡黄色（RHS 4D），花蕾黄色，有时略带橙色；花被筒长29～30mm，子房部位宽5～5.5mm，花被筒基本等宽，有时上部稍宽至6mm；外层花被自基部分离。雄蕊花丝淡黄色（RHS 4C），伸出5～7mm，花柱淡黄色（RHS 4B），伸出7～8mm。

厦门市园林植物园　叶片长76cm，宽9.5cm；齿间距12～31mm。花序高101cm。

仙湖植物园　植株高30～42cm，株幅75～140cm。叶片长52～98cm，宽8.5～11cm；边缘齿长1～6mm，齿间距11～23mm。花序高60～120cm；总状花序长45～70cm，宽7～11cm；花被筒长34～37mm，子房部位宽5～6mm，基部较窄，向上渐宽至7～9mm；外层花被分离约24～34mm。

盆栽植株（北京IBCASBG）　盆栽植株（厦门）　露地栽培植株（厦门）　地栽植株（深圳）　野生株丛（南非）　丛植栽培的株丛（南非）

幼株（南非、野生）
叶腹面（南非、野生）
叶片边缘（南非、野生）
叶腹面
叶腹面局部
叶背面
叶背面局部
叶片边缘
边缘齿
双尖头齿
叶尖
不育苞片
花苞片
种子

盆栽开花植株（北京 IBCASBG）

盆栽开花植株（北京 IBCASBG）

温室地栽开花植株（深圳）

温室地栽开花植株（深圳）

盆栽开花植株（厦门）

露地栽培开花植株（厦门）

开花株丛（南非）

花芽期花序（北京 IBCASBG）

花芽期花序（深圳）

花序（北京 IBCASBG）

花序（南非）

总状花序（深圳）

总状花序（厦门）

总状花序（南非）

花（厦门）

总状花序（北京IBCASBG） 花（北京IBCASBG） 花发育（北京IBCASBG） 花解剖（北京IBCASBG）
花发育（厦门） 花解剖（厦门） 果实（厦门）

分布

产自南非夸祖鲁-纳塔尔省北部、姆普马兰加省东南和斯威士兰东南部。

生态与生境

生长于山地岩帽的石缝中、灌丛浅表土壤中，海拔300~600m。分布于夏季降雨区，年降水量约900mm。夏季高温，冬季无霜。

用途

观赏。在原产地，叶片、果实有食用的记录。在斯威士兰，被种植在皇家墓地中。

引种信息

中国科学院植物研究所北京植物园 种子材料（2011-W1586）引种自南非开普敦，生长迅速，长势良好。

厦门市园林植物园 来源不详，生长较快，长势良好。

仙湖植物园 植株材料（SMQ-132）引种自美国，生长迅速，长势良好。

物候信息

原产地南非花期6~8月。

中国科学院植物研究所北京植物园 温室盆栽植株，花期11~12月，11月上旬花芽初现，始花期11月末，盛花期12月上旬至中旬，末花期12月末。单花花期2~3天。未见明显休眠期。

厦门市园林植物园 露地栽培植株，花期12月至翌年2月。果期2月。不休眠。

仙湖植物园 温室地栽植株，花期12月至翌年2月。不休眠。

繁殖

播种、分株繁殖为主。扦插繁殖用于无根蘖芽及挽救烂根植株。

迁地栽培要点

习性强健，栽培管理容易。喜光照充足，稍耐阴，耐旱，不耐湿涝，喜排水良好的栽培基质。喜温暖，不耐寒。我国北方地区需温室栽培越冬。

中国科学院植物研究所北京植物园　温室盆栽，混合基质土壤配方选用腐殖土与颗粒性较强的赤玉土、轻石、木炭等基质，以及排水良好的粗沙混合配制，颗粒基质占1/3左右，并混入少量缓释的颗粒肥。可耐短暂1～3℃低温，保持盆土干燥，5～6℃以上可安全越冬。

厦门市园林植物园　盆栽及露地栽植，采用腐殖土、河沙混合土栽培。露地全光下，植株红色，观赏效果好。

仙湖植物园　采用腐殖土、河沙混合土栽培。

病虫害防治

抗性强，不易罹患病虫害。

中国科学院植物研究所北京植物园　未见明显病虫害发生，仅作常规管理。定期喷洒50%多菌灵800～1000倍液预防腐烂病。

厦门市园林植物园　未见明显病虫害发生。

仙湖植物园　未见明显病虫害发生。

保护状态

已列入CITES附录II。

变种、自然杂交种及常见栽培品种

有自然杂交种的报道，与马氏芦荟（*A. marlothii*）形成自然杂交种。可与好望角芦荟（*A. ferox*）、*A. cameronii*‘Mango Madness’杂交形成园艺杂交种。

本种由范巴伦（J. C. van Balen）收集于祖鲁兰（Zululand）并送往科斯滕布什国家植物园，范巴伦曾任约翰内斯堡公园的园长。1934年，本种由皮兰斯（N. S. Pillans）命名并描述，种名“*vanbalenii*”命名自最初采集人的姓名。本种株形十分美丽，强烈反曲下弯、卷曲的叶片如同章鱼的触手，故有人称其为“章鱼芦荟”。

本种国内有引种，北京、厦门、深圳等地有栽培记录。栽培表现良好，各地都观察到花期物候。本种适于盆栽观赏，也可地栽丛植观赏。盆栽株形较小，丛生的株丛叶片下垂常覆盖栽植的容器，强光下呈现红色，十分美丽。在原产地南非，常大面积丛植布置花境，形成红色的色带。我国南部温暖、干燥的无霜地区可露地栽培，目前厦门地区已有少量露地栽培，观赏效果很好。厦门露地栽培的植株，植株形态、各部位尺寸与原产地植株近似。强光下，叶片的全部或部分及边缘呈红色，花蕾深橙红色，花被橙色至淡橙黄色。而其他地区室内盆栽或室内地栽的植株由于光照不足，叶片及边缘不变红，呈黄绿色；花蕾、花被筒颜色较淡，呈淡黄色。

参考文献

Carter S, Lavranos J J, Newton L E, et al., 2011. Aloes: The Definitive Guide[M]. London: Kew Publishing: 431.
Eggli U (Ed.), 2001. Illustrated Handbook of Succulent Plants: Monocotyledons[M]. Berlin: Springer-Verlag: 181-182.
Grace O M, Klopper R R, Figueiredo E, et al., 2011. The Aloe names book[M]. Pretoria: SANBI: 157.
Jeppe B, 1969. South Africa Aloes[M]. Cape Town: Purnell & Sons S.A. (PTY.) LTD.: 104.
Reynolds G W, 1982. The Aloes of South Africa[M]. Cape Town: A.A. Balkema: 420-422.
Van Wyk B -E, Smith G F, 2014. Guide to the Aloes of South Africa[M]. Pretoria: Briza Publications: 104-105.

148
树形芦荟

别名： 马恩锦芦荟、瓦奥姆比芦荟、瓔珞锦芦荟、马恩锦（日）、瓔珞锦（日）

Aloe vaombe Decorse & Poiss., Rech. Fl. Mérid. Madagascar 96. 1912.

多年生乔木状肉质植物。植株单生，具直立茎，高达3m，粗20cm，枯叶宿存。叶30~40片，排列成密集莲座状，披针状，狭尖，长80~100cm，宽15~20cm，暗绿色；边缘具较尖锐的齿，长5~6mm，齿间距15~20mm；汁液干燥后深紫色。花序高约90cm，具约12分枝，下部分枝常二次分枝；总状花序圆柱形，稍渐狭，长达15cm，直径6cm，花排列稍紧密；花苞片三角形，长8mm，宽5mm；花梗长约12mm；花被亮深红色，筒状，长约28mm；基部圆，子房部位宽6~7mm，上方稍狭窄，之后向口部渐宽；外层花被分离约14mm；雄蕊和花柱伸出达1mm。染色体：2n=14（Brandham，1971）。

中国科学院植物研究所北京植物园 未记录形态信息。

厦门市园林植物园 株高195cm，株幅135cm。叶片长67cm，宽10.5cm；边缘具齿，长6mm，齿间距10~20mm。

仙湖植物园 未记录形态信息。

上海辰山植物园 未记录形态信息。

露地栽培植株（厦门）
植株局部（厦门）
盆栽植株（厦门）
植株（深圳）
盆栽植株（北京IBCASBG）
播种苗（北京IBCASBG）
茎
露地栽培植株局部（厦门）
叶腹面（厦门）
叶背面（厦门）
叶片边缘（厦门）

分布

广泛分布于马达加斯加南部和西南部。

生态与生境

生长于干旱刺灌丛，海拔50~1200m。

用途

观赏、药用等。叶片汁液有抗菌消炎的功效。

引种信息

中国科学院植物研究所北京植物园　幼苗材料（2009-1910）引种自深圳，生长迅速，长势良好。幼苗材料（2010-W1172）引种自北京，生长迅速，长势良好。

厦门市园林植物园　植株材料（XM2002016）引种自深圳，生长迅速，长势良好。

仙湖植物园　植株材料（SMQ-133、SMQ-134）引种自美国，生长迅速，长势良好。

上海辰山植物园　植株材料（20110615）引自美国，生长迅速，长势良好。

物候信息

原产地马达加斯加花期6~7月。

中国科学院植物研究所北京植物园　尚未开花，无休眠期。

厦门市园林植物园　未见开花。

仙湖植物园 花期11月至翌年1月。

上海辰山植物园 未记录花期信息。

繁殖

播种、扦插繁殖。

迁地栽培要点

植株生长较慢，栽培较容易。喜阳光充足、干燥的环境，稍耐阴，怕水涝。喜温暖，可耐短暂1～3℃低温，盆土保持干燥，5～6℃可安全越冬。

中国科学院植物研究所北京植物园 栽培基质选用排水良好的混合基质，土壤配方选用腐殖土与颗粒性较强的赤玉土、轻石、木炭等基质，混入少量缓释的颗粒肥。

厦门市园林植物园 露地栽培，全光照。栽培地表面覆盖排水良好的河沙，生长季增施有机肥。

仙湖植物园 露地、温室栽培，采用腐殖土、河沙混合土栽培。

上海辰山植物园 温室栽培，土壤配方用砂壤土与草炭混合种植。温室内夏季最高温在40℃以下，冬季最低温在13℃以上，能安全度夏和越冬。

病虫害防治

抗性强，未见明显病虫害发生。

中国科学院植物研究所北京植物园 未见明显病虫害发生，仅作常规管理。定期喷洒50%多菌灵800～1000倍液预防腐烂病。

厦门市园林植物园 未见病虫害发生。

仙湖植物园 有时花序生蚜虫。

上海辰山植物园 未见病虫害发生。

保护状态

已列入CITES附录II。

变种、自然杂交种及常见栽培品种

著名的园艺品种*A.* ‘Goliath’是本种与大树芦荟（*A. barberae*）的杂交品种。有与斑点芦荟（*A. maculata*）、比勒陀利亚芦荟（*A. pretoriensis*）、奇丽芦荟（*A. spectabilis*）等种类杂交的报道。

本种1912年由法国植物学家德科尔斯（G. J. Decorse）和泊松（H. L. Poisson）首次命名描述，种名“*vaombe*”来自原产地俗名“vahombre”。本种与*A. vaotsanda*是近缘种，区别在于：后者的叶片反曲更强烈，花序分枝倾斜，更短，花偏向中轴的一侧。

国内有引种，北京、上海、厦门、深圳等地均有栽培记录。栽培表现良好，深圳露地栽培、温室内地栽植株均已观察到开花。为大型单干树形芦荟，适合地栽孤植或少量群植观赏，目前厦门、深圳等地已有露地栽培。

参考文献

Carter S, Lavranos J J, Newton L E, et al., 2011. Aloes: The Definitive Guide[M]. London: Kew Publishing: 663.
Castillon J –B, Castillon J –P, 2010. The Aloe of Madagascar[M]. La Réunion: J.–P. & J.–B Castillon: 196–199.
Eggli U (Ed.), 2001. Illustrated Handbook of Succulent Plants: Monocotyledons[M]. Berlin: Springer–Verlag: 182.
Grace O M, Klopper R R, Figueiredo E, et al., 2011. The Aloe names book[M]. Pretoria: SANBI: 158.

149
什锦芦荟

别名：翠花掌、鹧鸪芦荟、千代田锦、斑纹芦荟

Aloe variegata L., Sp. Pl. 321. 1753.
Aloe ausana Dinter, Repert. Spec. Nov. Regni Veg. Beih. 53: 16. 1928.
Aloe punctata Haw., Trans. Linn. Soc. London 7: 26. 1804.
Aloe variegata var. *haworthii* A. Berger, Pflanzenr. IV, 38: 190. 1908.

多年生肉质草本植物。植物茎不明显，单生或萌生蘖芽形成小株丛。叶可达20片，排列成三列，三角状披针形，横截面V型，长10～15cm，宽4～6cm，绿色，具大量白色点和线纹；边缘和龙骨边白色，具圆齿。每个莲座生几个花序，高可达30cm，分枝达2个；总状花序长10～20cm，花排列疏松；花苞片卵状，渐尖，长15mm，宽7mm，白色；花梗长4～7mm；花被不同深浅的红色，稀淡黄色，筒状，下弯，长35～40mm，子房部位宽5mm，几乎不变宽；外层花被分离约5～7mm；雄蕊不伸出，花柱伸出1～2mm。果大，干燥后纸质。

北京植物园　未记录形态信息。

仙湖植物园　植株高44cm，株幅35cm。叶片长度24～29cm；宽3.2～6cm；边缘齿长0.6～0.8mm，齿间距2mm。花序高20.5cm，总状花序长15cm，宽4.5cm；花被筒长28mm，子房部位宽9mm，向上渐狭至7mm，后渐宽至10mm；外层花被分离约4～5mm。

华南植物园　株高30cm甚至更高，茎极短。叶自根部长出，旋叠状，三角剑形，叶腹面深凹，长12cm，宽3.5cm，深绿，具不规则排列的银白色斑纹；边缘密生短而细的白色钝齿。总状花序，花排列松散，具花20～30朵；花被橙黄至橙红色。蒴果三裂，大；种子扁平，具翅。

上海植物园　未记录形态信息。

植株（厦门）　植株（北京IBCASBG）　植株局部（南非）

播种苗（北京IBCASBG）　播种苗（北京IBCASBG）　种子

叶腹面（深圳） 叶腹面局部（深圳） 叶背面（深圳） 叶背面局部（深圳）
叶背面龙骨状凸起 花芽 基生蘖芽
开花植株（深圳） 开花植株（深圳） 野生开花植株（南非） 野生开花植株（南非）
花序（深圳） 花序（深圳） 花序（南非） 花序局部（南非）

花蕾和花苞片

花

花发育

分布

广泛分布于南非东开普省西北部、自由邦省西部边缘、西开普省东北部、穿越北开普省南部、中部和西北部，至纳米比亚西南部。

生态与生境

生长于干旱的草地矮灌丛中，海拔100～1800m。

用途

观赏、药用等。

引种信息

北京植物园 植株材料（2011258）引种自美国，生长较慢，长势良好。

仙湖植物园 植株材料无引种记录，生长较慢，长势良好。

华南植物园 植株材料（19651780）引种来源不详；植株材料（19880110）引种来源不详，生长状况不详；材料植株（2008-2013）引种自广州，生长较慢，长势良好。

上海植物园 植株材料（2011-6-069）引种自美国，生长较慢，长势良好。

物候信息

原产地南非花期7～9月。

北京植物园 未记录花期物候。

仙湖植物园 观察到花期12月至翌年2月。

华南植物园 开花期大约在每年的2～3月。1月花芽初现，初花期2月初，盛花期3月，末花期3月底。

上海植物园 未记录花期物候。

繁殖

播种、分株、扦插繁殖。

迁地栽培要点

喜温暖、干燥的半阴环境。耐寒，原产地可耐-8℃低温。畏高温多湿，夏季高温时植株生长缓慢或完全停止，宜放在通风凉爽处养护，浇水不必太多，以防因闷热、潮湿引起的植株腐烂。

北京植物园 温室盆栽，采用草炭土、火山岩、沙、陶粒等材料配制混合基质，排水良好。夏季中午需50%遮阴。

仙湖植物园　室内地栽，采用腐殖土、河沙混合土栽培。

华南植物园　喜疏松、排水良好的肥沃土壤，采用腐叶土、园土、粗沙或蛭石配制混合基质，配比3∶2∶3，土壤酸性可掺入适量石灰或骨粉调节土壤pH值。春季、初夏、秋季生长旺季时保持盆土湿润，冬季控制浇水，使植株进入休眠，保持盆土干燥，可耐3～5℃低温。避免盆土湿涝，容易烂根。

上海植物园　温室栽培，采用少量颗粒土与草炭混合种植。温室内夏季最高温在40℃以下，冬季最低温在13℃以上，能安全度夏和越冬。

病虫害防治

抗性强，不易罹患病虫害。

北京植物园　夏季湿热季节常短暂休眠，休眠期容易发生腐烂病，注意控水，定期喷洒杀菌剂进行防治。

仙湖植物园　夏季高温高湿季节及冬季地区低温高湿环境下，注意保持基质稍干燥，浇水避免盆土、叶心积水，加强通风。定期喷洒杀菌剂预防腐烂病。

华南植物园　未见明显病虫害发生，定期施药预防病害发生。

上海植物园　休眠期容易发生腐烂病，注意控制浇水，定期喷洒杀菌剂进行预防。

保护状态

已列入CITES附录II。

变种、自然杂交种及常见栽培品种

有自然杂交种的报道，可与赫雷罗芦荟（*A. hereroensis*）、微斑芦荟（*A. microstigma*）形成自然杂交种。

本种最早发现于1685年，在范德斯代尔（S. van der Stel）在纳马夸兰地区的探险中在斯普林博克（Springbok）地区发现。1895年，曾是种植在东印度公司在开普的花园中的芦荟属植物之一，也是最早引入欧洲栽培的芦荟属植物之一。1753年，林奈（C. Linnaeus）以双名法命名并对其进行了描述，种名“*variegata*”意为“杂色的、斑驳的”，指其叶片深浅相间的斑纹，本种叶片斑点密集排列成横带状犹如鹧鸪的斑纹，所以又被称为“鹧鸪芦荟”。本种与丁特芦荟（*A. dinteri*）、斯莱登芦荟（*A. sladeniana*）的亲缘关系较近，从花序的差异上很好区分这几个种。近年来有观点将什锦芦荟、丁特芦荟、斯莱登芦荟归并入芦荟属中分离的新属什锦芦荟属（*Gonialoe*），本种重新定名为*Gonialoe variegata*（L.）Boatwr. & J. C. Manning，许多人已开始接受这个观点。

本种极为耐旱，在原产地，无水的情况下能存活数年，土著居民相信它会带来永生，将其种植在坟墓上。他们还将植株挂在年轻妇女的屋中，相信如果植株开花，说明该女子是有生育能力的，会生很多孩子。

本种国内引种较早，栽培广泛。在北京、上海、广州、深圳地区的植物园都有栽培记录。栽培表现良好，已观察到开花物候。本种株形较小，可盆栽观赏或地栽丛植观赏。

参考文献

Carter S, Lavranos J J, Newton L E, et al., 2011. Aloes: The Definitive Guide[M]. London: Kew Publishing: 406.

Eggli U (Ed.), 2001. Illustrated Handbook of Succulent Plants: Monocotyledons[M]. Berlin: Springer-Verlag: 182.

Grace O M, Klopper R R, Figueiredo E, et al., 2011. The Aloe names book[M]. Pretoria: SANBI: 159.

Jeppe B, 1969. South Africa Aloes[M]. Cape Town: Purnell & Sons S.A. (PTY.) LTD.: 16.

Reynolds G W, 1982. The Aloes of South Africa[M]. Cape Town: A.A. Balkema: 206–210.

Van Wyk B -E, Smith G F, 2014. Guide to the Aloes of South Africa[M]. Pretoria: Briza Publications: 294–295.

150

库拉索芦荟

别名： 翠叶芦荟、蕃拉芦荟、巴巴芦荟、劳伟、奴会、木脂、卢会、讷会、象胆

Aloe vera (L.) Burm. f., Fl. Indica 83. 1768.
Aloe barbadensis Mill., Gard. Dict. ed. 8 2, 1768.
Aloe lanzae Tod., Hort. Bot. Panorm. 2: 39. 1889.
Aloe perfoliata var. *barbadensis* (Mill.) Aiton, Hort. Kew. 1: 466. 1789.
Aloe perfoliata var. *vera* L., Sp. Pl. 1: 320. 1753.
Aloe vera var. *littoralis* J. Koenig ex Baker, J. Linn. Soc., Bot. 18: 176. 1880.

多年生肉质草本植物。植株通常茎不明显，萌生蘖芽形成大株丛。叶可达20片，排列成密集莲座状，叶上升至直立状，披针形，渐尖，厚，肉质，长40～60cm，宽6～7cm，均一灰绿色微棕色；边缘具坚硬、浅色齿，长2mm，齿间距10～20mm；汁液干燥后黄色。花序高可达90cm，不分枝或具1～2分枝；总状花序狭圆柱形，渐狭，长达40cm，花排列相当密集；花苞片卵状，锐尖，长10mm，宽5～6mm；花梗长5mm；花被筒黄色，筒状，向一侧膨大，长30mm，子房处宽7mm，口部缢缩；外层花被分离约18mm；雄蕊和花柱伸出3～5mm。染色体：2n=14（Sutaria，1932）。

中国科学院植物研究所北京植物园 植株莲座状，高达93cm，株幅52cm，基部萌生蘖芽形成株丛，有时具短茎，植株倒卧。叶片披针形，渐尖，长49～62cm，宽6～7cm；腹面黄绿色（RHS 138B）至灰绿色，被霜粉，背面淡黄绿色（RHS 138C）至灰绿色，被霜粉，有时微红；边缘具窄边和坚硬三角齿，绿白色（RHS 195D），有时微红，齿尖红棕色（RHS 175A），长1.5～3.5mm，齿间距14～18mm；汁液橙黄色，干燥汁液棕色。花序高达117cm，具1分枝，花序梗绿色至黄绿色（RHS 138B–147C），有时微红；总状花序长37cm，直径5.5～6cm，具花104～222朵；花苞片淡棕色，具深棕色细脉，膜质；花梗黄绿色（RHS 144B–C）；花被淡黄色（RHS 2C），内层花被先端深橙黄色（RHS 163A–B），花被裂片先端中部具黄绿色细脉纹（RHS N144A–139B），花被裂片边缘淡黄白色（RHS 150D）；花被筒长30mm，子房部位宽5.5～6mm，向上渐宽至8～9mm；外层花被分离约18～20mm；雄蕊花丝淡黄白色（RHS 157D–4C），雄蕊伸出9～10mm，花柱淡黄色（RHS 4B–C），伸出8mm。

北京植物园 高48cm，株幅65cm。叶片长43cm，宽5～6cm；黄绿色，无斑；边缘齿长2mm，齿间距20mm。花序高71cm；总状花序长32cm，直径7cm；花被筒状，黄色，长30mm，子房部位宽7mm；外层花被分离约20mm；雄蕊伸出6mm。

厦门市园林植物园 未记录形态信息。

仙湖植物园 未记录形态信息。

南京中山植物园 单生或丛生，株高60～70cm。叶片长50～60cm，宽7～8cm。花序高80～100cm；总状花序长13～18cm。花黄色。

上海植物园 未记录形态信息。

株丛（南京）

植株（南京）

植株（北京IBCASBG）

植株（深圳） 株丛（厦门） 山坡景观（厦门） 搭配山石的植株（厦门）

叶腹面（厦门） 叶腹面局部（厦门） 叶背面（厦门） 叶背面局部（厦门） 边缘齿（厦门）

植株局部（厦门） 基生萌蘖形成株丛（厦门） 开花株丛（厦门）

开花植株（北京IBCASBG） 开花植株（武汉） 开花植株（南京） 开花植株（厦门）

花芽伸长期的开花植株（厦门） 透蕾期的开花植株（厦门） 初花期的开花植株（厦门） 盛花期的开花植株（厦门）

花芽期花序（厦门） 花芽伸展期花序（厦门） 始花期花序（厦门） 盛花期花序（厦门） 末花期花序（厦门）
花序（南京） 花发育（南京） 花
花序（北京IBCASBG） 花 花发育（北京IBCASBG） 花解剖
总状花序（厦门） 总状花序（厦门） 花发育（厦门） 果实（厦门）

分布

非洲北部，分布阿尔及利亚、摩洛哥、突尼斯、佛得角群岛、加纳利群岛和马德拉群岛等；在伊比利亚、印度、巴基斯坦、斯里兰卡、美洲热带及亚洲热带广泛归化。

生态与生境

热带和亚热带干旱地带。

用途

观赏、药用、食用等。本种为著名药用种类，是芦荟贸易的主要种类，药用价值最佳。早在公元前400年前就被希腊人使用，其后被阿拉伯医者利用。叶片汁液包含多种黏多糖、脂肪酸、蒽醌类、黄酮类化合物，以及多种矿物质、氨基酸、维生素、糖、活性酶等物质，有消炎杀菌、泻下、收敛、愈伤的功效，用于治疗头疼、便秘、烧烫伤、外伤、肝病等症。目前本种广泛应用于医药、保健、化妆品领域。已收入《中国药典》，本种叶片汁液的褐色凝胶，药典中称为“老芦荟”。

引种信息

中国科学院植物研究所北京植物园 植株材料（1949-0298）来源不详，生长较快，长势良好。

北京植物园 植株材料（2011259）引种自美国，生长较快，长势良好。

厦门市园林植物园 植株来源不详。生长较快，长势良好。

仙湖植物园 植株材料（SMQ-135）引自美国，生长迅速，长势良好。

南京中山植物园 植株材料（NBG-2017-23），引自福建漳州，生长较快，长势良好。

上海植物园 植株材料（2011-6-060）引自美国，生长较快，长势良好。

物候信息

原产地花期不详。

中国科学院植物研究所北京植物园 花期1～3月。1月上旬花芽初现，始花期2月上旬，盛花期2月中旬至2月末，末花期3月上旬。未见结实。无休眠期。

北京植物园 花期1～2月。单花花期2～3天。无休眠期。

厦门市园林植物园 花期1～4月，果期5～6月。

仙湖植物园 未记录花期物候。

南京中山植物园 花期2～4月。

上海植物园 未记录花期物候。

繁殖

播种、扦插、分株繁殖。

迁地栽培要点

习性强健，栽培管理容易。喜光，喜温暖，耐旱，不耐涝。

中国科学院植物研究所北京植物园 温室栽培，栽培基质适应范围广泛。可采用腐殖土：沙为2：1、3：1的比例配制，也可采用赤玉土：腐殖土：沙：轻石为1：1：1：1的比例配制混合土。

北京植物园 温室盆栽，采用草炭土、火山岩、沙、陶粒等材料配制混合基质，排水良好。

厦门市园林植物园 室内室外均有栽植，采用腐殖土、河沙混合土栽培。

仙湖植物园 室内地栽，采用腐殖土、河沙混合土栽培。

南京中山植物园 温室栽培，栽培基质比例选用园土：粗沙：泥炭为3：3：2的比例。最适生长温度为15～30℃，最低温度不能低于5℃，最高温不能高于35℃，否则生长不良，夏季加强通风降温，10:00～15:00时用50%遮阳网遮阴。春秋两季各施二次有机肥。

上海植物园 温室盆栽，采用腐殖土、轻石、沙等基质配制混合土。

病虫害防治

抗性强，不易罹患病虫害。湿热季节容易罹患腐烂病、炭疽病、褐斑病等病害。

中国科学院植物研究所北京植物园 定期进行病虫害预防性的打药，每10～15天喷洒50%多菌灵800～1000倍液和40%氧化乐果1000液1次进行预防，并加强通风。

北京植物园 北京夏季高温高湿季节，休眠期容易发生腐烂病，注意控水，定期喷洒杀菌剂防治。

厦门市园林植物园 叶面黑斑病，多发生于湿热夏季。可喷洒75%甲基托布津可湿性粉剂800倍液等杀菌类农药进行防治。

仙湖植物园 定期喷洒杀菌剂预防细菌、真菌病害发生。

南京中山植物园 春夏季大棚内高温多湿，易使芦荟发生炭疽病和灰霉病，应注意及时防治。为防止病毒病的发生，所栽植的芦荟苗一定要选择经过严格脱毒的组培苗，而不用扦插苗或分株苗。夏秋季易发生灰虱和介壳虫取食芦荟叶片，应加以防治。芦荟生长过程中应尽量避免使用有残留的农药，否则会影响其品质。

上海植物园　喷施杀菌剂防治腐烂病、炭疽病、黑斑病等病害。

保护状态

已列入CITES附录II。

变种、自然杂交种及常见栽培品种

常见斑锦品种库拉索芦荟锦（*Aloe vera*‘Variegata’），叶片具纵向斑锦条纹。

本种1753年由林奈（C. Linnaeus）定名为*Aloe perfoliata* var. *vera*，1768年伯曼（N. L. Burman）重新定名为*Aloe vera* (L.) Burm.f.，并进行描述。种名“*vera*”意为“真的、真实的”。库拉索芦荟为药用芦荟主要的栽培种类，在全球热带亚热带干旱地区广泛归化。

库拉索芦荟是新中国成立后国内植物园引入最早的芦荟属植物。1949年新中国成立，中国科学院植物研究所北京植物园接收了前政府北平植物研究所遗留的一批植物，其中就包含本种。本种国内引

表1　相关近缘种形态特征比较

	库拉索芦荟 *A. vera*	药用芦荟 *A. officinalis*	马萨瓦芦荟 *A. massawana*	真马萨瓦芦荟 *A. eumassawana*
叶片大小	40～60cm×6～7cm	60～70cm×16～12cm	50～90cm×6～10cm	45～50cm×7～18cm
叶色	灰绿，有时微棕	黄绿	亮绿	暗灰绿色
叶片斑点	腹面：无斑点	腹面：有时基部散布椭圆形斑点	腹面：散布少数斑点，多位于叶基	腹面：有时具少量斑点
	背面：无斑点	背面：靠近叶基斑点较多	背面：叶基具少数斑点	背面：有时具少量斑点，多于叶腹面
	幼株：具较多斑点	幼株：密布斑点	幼株：有时具稍多浅色斑点	幼株：具稍多浅色斑点
边缘齿长和齿间距	2mm，10～20mm	3～5mm，10～20mm	达5mm，15～25mm	达3mm，14～20mm
干燥汁液	黄色	淡黄色		淡黄色
花序高	达90cm	达100cm	60～200cm	120～150cm
花序分枝	不分枝或1～2分枝	不分枝或1～2分枝	2～7分枝	不分枝或1～2分枝
总状花序长度	长达40cm	18～30cm	15～35cm	15～25cm
花排列	非常密集	较松散至稍密集	稍密集	相对松散
花苞片	10mm×5～6mm	10mm×3～4mm	5～7mm×3～4mm	6.5～7mm×2.5～4mm
花梗	5mm	6～8mm	5～7mm	3～4.5mm
花色	黄色	黄色或橙红色	淡红至灰粉色	淡红至等色，黄边
花被筒长	30mm	28～30mm	26～32mm	18～25mm/20～21mm
子房部位宽	7mm	6～7mm	7mm	7mm
外层花被分离	18mm	15mm	近一半处分离	12～15mm
雄蕊和花柱伸出长度	3～5mm	雄蕊3～4mm，花柱4～5mm	稍伸出	稍伸出

种栽培广泛，各地栽培表现良好，南北各地均已观察到花期物候，部分地区已结实。本种适合盆栽或地栽丛植观赏，目前厦门、广州、深圳等地已大面积露地栽植、用于配置花境。

国内记载了两个归化的芦荟样本，一个是华芦荟又名中国芦荟、中华芦荟、斑纹芦荟。花橙红色，外来种，在我国南部、东南部西南部干热地区归化。目前国际上有多种观点，一种观点是将其归并入库拉索芦荟或为其变种*Aloe vera* var. *chinensis* (Steud. ex Baker) Baker，另一种观点认为它可能是药用芦荟（*Aloe officinalis* Forssk.）的样本引进后，在当地野化，还有人认为它可能是药用芦荟的近缘种真马萨瓦芦荟（*Aloe eumassawana* S. Carter, M. G. Gilbert & Sebse）、马萨瓦芦荟（*Aloe massawana* Reynolds）中的某一种。鉴定中可依据花序分枝数量的多少、花被筒的长度来判断。目前被称为华芦荟的样本比较混乱，有可能包含不止一种。

我国云南元江地区归化的另一个芦荟属植物样本，国内有观点欲将其定名为一新种元江芦荟（*Aloe yuanjiangensis* Xiong, Zheng et Liu），但存在争议。该芦荟花序不分枝或具1~2分枝，花被筒长约30mm，形态特征与药用芦荟相似，有可能是药用芦荟或其近缘种作为药用植物引入中国后，在当地归化，确切的定名还需要进一步进行比较研究。

对中国科学院植物研究所北京植物园、厦门市园林植物园收集的两个华芦荟的样本进行形态数据测定，花序不分枝或具1~2个分枝，排除了花序具2~7个分枝的马萨瓦芦荟；花被筒长31~33mm，则排除了花被筒长度仅18~25mm的真马萨瓦芦荟。其形态特征与库拉索芦荟区别很大，尤其是花序的形态特征，而与药用芦荟非常相近，认为这两个样本有可能是药用芦荟。

华芦荟样本植株（厦门）　华芦荟样本花序（厦门）　花序局部（厦门）　花发育（厦门）

华芦荟样本植株（北京IBCASBG）　华芦荟样本花序（北京IBCASBG）　花序局部（北京IBCASBG）　花发育（北京IBCASBG）

参考文献

Carter S, Lavranos J J, Newton L E, et al., 2011. Aloes: The Definitive Guide[M]. London: Kew Publishing: 425.

Eggli U (Ed.), 2001. Illustrated Handbook of Succulent Plants: Monocotyledons[M]. Berlin: Springer-Verlag: 182-183.

Grace O M, Klopper R R, Figueiredo E, et al., 2011. The Aloe names book[M]. Pretoria: SANBI: 159-160.

McCoy A T, 2019. The Aloes of Arabia[M]. Temecula: McCoy Publishing: 262-269.

151
维格尔芦荟

别名：维格芦荟

Aloe viguieri H. Perrier, Bull. Trimestriel Acad. Malgache 10: 20 1927. publ. 1928.

多年生肉质草本植物。植物单生或形成小株丛，具细弱茎，长可达100cm，常悬垂。叶12～16片，排列成莲座状，叶片披针状，渐尖，长30～40cm，宽8～9cm，厚10mm，浅绿色或淡灰色，具条纹；边缘具明显的白色软骨质边缘，具密集的细小、白色、角质齿，长约0.5mm，齿间距1～2mm。花序高50cm，不分枝，细长；总状花序圆柱形，长20～25cm，花排列松散；花苞片卵状，急尖，长1.5mm；花梗红色，长11mm；花被鲜红色，稍棒状，长22mm，子房部位宽4mm；外层花被分离约11mm；雄蕊和花柱伸出1～2mm。

中国科学院植物研究所北京植物园 植株高25cm，株幅28cm；叶片长16～18cm，宽5.4～6cm，叶腹面灰绿色（RHS 138B），叶背面灰绿色（RHS 138A），具不清晰暗条纹；边缘具软骨质边和波状小齿，淡黄绿色（RHS 157C），边缘齿长0.2～0.5mm，齿间距0.5～2mm。花序高37cm；花序梗灰绿色（RHS 188A）；总状花序长21.4cm，直径5.4cm，具花约21朵；花梗红棕色（RHS 174A）；花被筒橙红色（RHS 35A–B），口部内层花被先端黄色（RHS 5C），花被裂片先端具暗灰绿色（RHS 189A）中脉纹，裂片边缘白色至淡肉粉色；花被筒长约21mm，子房部位宽约5mm，向上至4/5处渐宽至6.5～7mm；外层花被分离约18mm；雄蕊花丝淡黄色（RHS 155B），伸出约0～2mm，花柱黄白色（RHS 155B）至白色，伸出约0～3mm。

厦门市园林植物园 未记录形态信息。

植株（北京IBCASBG） 植株（北京IBCASBG） 短茎

盆栽植株（厦门） 盆栽植株（厦门） 播种苗（北京IBCASBG）

分布

分布于马达加斯加图利亚拉省（Toliara）。

生态与生境

生长于陡峭的石灰岩峭壁或河岸，产地极度干旱，年降水量很少超过100mm。

用途

观赏、药用等。

引种信息

中国科学院植物研究所北京植物园 种子材料（2008-1793）引种自美国，生长较慢，长势良好。

厦门市园林植物园 幼株材料（编号不详）引种自北京中国科学院植物研究所北京植物园，生长较慢，长势良好。

物候信息

原产地马达加斯加花期5~8月。

中国科学院植物研究所北京植物园　观察到花期5～7月。5月初花芽初现，始花期5月中旬之初，盛花期5月中旬至7月下旬，末花期7月末。单花花期2～3天。

厦门市园林植物园　花期5～6月。

繁殖

播种、分株、扦插繁殖。

迁地栽培要点

植株喜光，耐旱，不耐湿涝，栽培容易，适应中性至弱碱性土壤。

中国科学院植物研究所北京植物园　栽培常采用草炭土：河沙为2：1的基本比例，也可混入适量的颗粒基质促进根部排水，如轻石，赤玉土、木炭粒、珍珠岩等，颗粒基质的总量应控制在1/3左右。夏季浇水要注意避免叶心积水，遮阴降温，加强通风。温室栽培，冬季保持盆土干燥，5～6℃可安全越冬，断水的情况下，可耐短暂2～3℃低温。

厦门市园林植物园　室内盆栽，采用腐殖土、河沙混合土栽培。

病虫害防治

湿热季节若湿涝容易罹患腐烂病等真菌病害，需加强栽培管理，定期施用杀菌剂进行防治。

中国科学院植物研究所北京植物园　定期进行病虫害预防性的打药，尤其是冬季低温高湿季节和夏季高温高湿季节，每10～15天喷洒多菌灵和氧化乐果稀溶液一次进行预防，并加强通风。

厦门市园林植物园　有时发生黑斑病、褐斑病、腐烂病等病害，可定期喷洒甲基托布津预防。

保护状态

已列入CITES附录II。

变种、自然杂交种及常见栽培品种

具自然杂交种，杂交亲本为多花序芦荟（*A. divaricata*）、*A. tulearensis*；也有与卡萨帝芦荟（*A. castilloniae*）的杂交品种。

本种为马达加斯加特有种，1927年由皮埃尔（H. Perrier）定名描述，种名“*viguieri*”取自法国植物学家维格尔（R. viguier）的姓氏。

国内有引种，北京、厦门有栽培记录，栽培表现良好。已观察到花期物候。本种植株矮小丛生，适于盆栽观赏，亦可与山石搭配配置自然景观。

参考文献

Carter S, Lavranos J J, Newton L E, et al., 2011. Aloes: The Definitive Guide[M]. London: Kew Publishing: 502.

Castillon J -B, Castillon J -P, 2010. The Aloe of Madagascar[M]. La Réunion: J.-P. & J.-B Castillon: 278-279.

Eggli U (Ed.), 2001. Illustrated Handbook of Succulent Plants: Monocotyledons[M]. Berlin: Springer-Verlag: 183.

Grace O M, Klopper R R, Figueiredo E, et al., 2011. The Aloe names book[M]. Pretoria: SANBI: 163.

152 沃格特芦荟

Aloe vogtsii Reynolds, J. S. African Bot. 2: 118. 1936.

多年生肉质草本植物。植株具茎，长达8cm，单生或萌蘖形成小株丛，可达8莲座。叶16～20片，紧密排列成莲座状，直立至平展，叶片披针状，渐尖，长20～25cm，宽5～6cm，尖端具锐刺，淡绿色，具模糊条纹，具大量白色H型斑点，背面数量较少，暗绿色；边缘具浅棕色、尖锐齿，长3mm，齿间距10～15mm。花序直立，高约65cm，具4～7分枝，下部分枝有时再分枝；花序梗具包裹分枝基部的披针形、纸质苞片，长可达50mm；总状花序紧缩成近头状至圆柱形，长可达20cm，宽8cm，花排列稍密集，宽平展；花苞片线状披针形，长10～15mm，纸质；花梗长18mm；花被亮红色，筒状，长34mm；子房部位宽9mm，上方突然稍缢缩至5mm，向口部渐宽；外层花被分离约9mm；雄蕊和花柱几乎不伸出。染色体：2n=14（Müller, 1945）。

中国科学院植物研究所北京植物园 植株莲座状，高35cm，株幅60cm，基部萌蘖形成小株丛。叶片披针形，渐尖，长28～29cm，宽3.9～4.5cm；叶片腹面深橄榄绿色（RHS NN137A），具条纹，具H型斑点，斑点淡黄绿色（RHS 193A–B），中等密度，分布全叶，密集排列成不规则横带状；背面整体呈现暗橄榄绿色或淡黄绿色（RHS 193A–B）外观，先端有时呈深橄榄绿色，淡绿色的H型斑点密集排列成横带状，有时具条纹，斑点、斑块向下模糊渐变为全部淡黄绿色（RHS 193A–B），叶背面浅绿色部分密布深绿色油点状斑（RHS 137A）；边缘具假骨质边，淡黄绿色（RHS 193B），有时微红，具尖锐锯齿，齿尖橙棕色至橙色（RHS N170A–B），长约3mm，齿间距8～17mm；汁液干燥后紫棕色。花序高51.5cm，具6个分枝，花序梗淡灰色（RHS 198C），被霜粉，擦去霜粉橄榄灰色（RHS 197A–B）；总状花序紧缩成近头状或短圆柱状，长2～5cm，宽7cm，具花9～37朵；花苞片膜质，白色至米色，具多条清晰的棕色细脉纹；花梗暗红色至淡红色（RHS 176A–D）；花被橙红色（RHS 31A–B），口部渐浅，花被裂片先端具灰绿色中脉纹，裂片边缘白色；花被筒长34～35mm，子房部位宽6.5mm，上方缢缩至3.5mm宽，其后向上渐宽至6.5mm；外层花被分离约10～12mm；雄蕊花丝和花柱淡黄色（RHS 4C），雄蕊伸出约0.5mm，花柱不伸出。

北京植物园 未记录形态信息。

仙湖植物园 未记录形态信息。

南京中山植物园 单生、丛生，株高20～25cm，叶片长25～30cm，宽5cm。花序高50～70cm，分枝点高20～30cm；总状花序长5～10cm；花黄色–橙红色渐变，基部黄色向口部渐变为橙红色，花蕾黄色；花被筒长34mm，子房部位宽约7mm，上方缢缩至5mm宽，其后向上渐宽至7～8mm。

株丛（南京）

植株（南京）

植株局部（南京）

植株（北京IBCASBG）
植株（北京IBCASBG）
种子
植株局部（南京）
叶腹面（南京）
叶背面（南京）
叶腹面（北京IBCASBG）
叶腹面局部（北京IBCASBG）
叶背面（北京IBCASBG）
叶背面局部（北京IBCASBG）
叶腹面斑点
叶片边缘
边缘齿
基生蘖芽
开花植株（北京IBCASBG）
开花株丛（南京）
植株（南京）

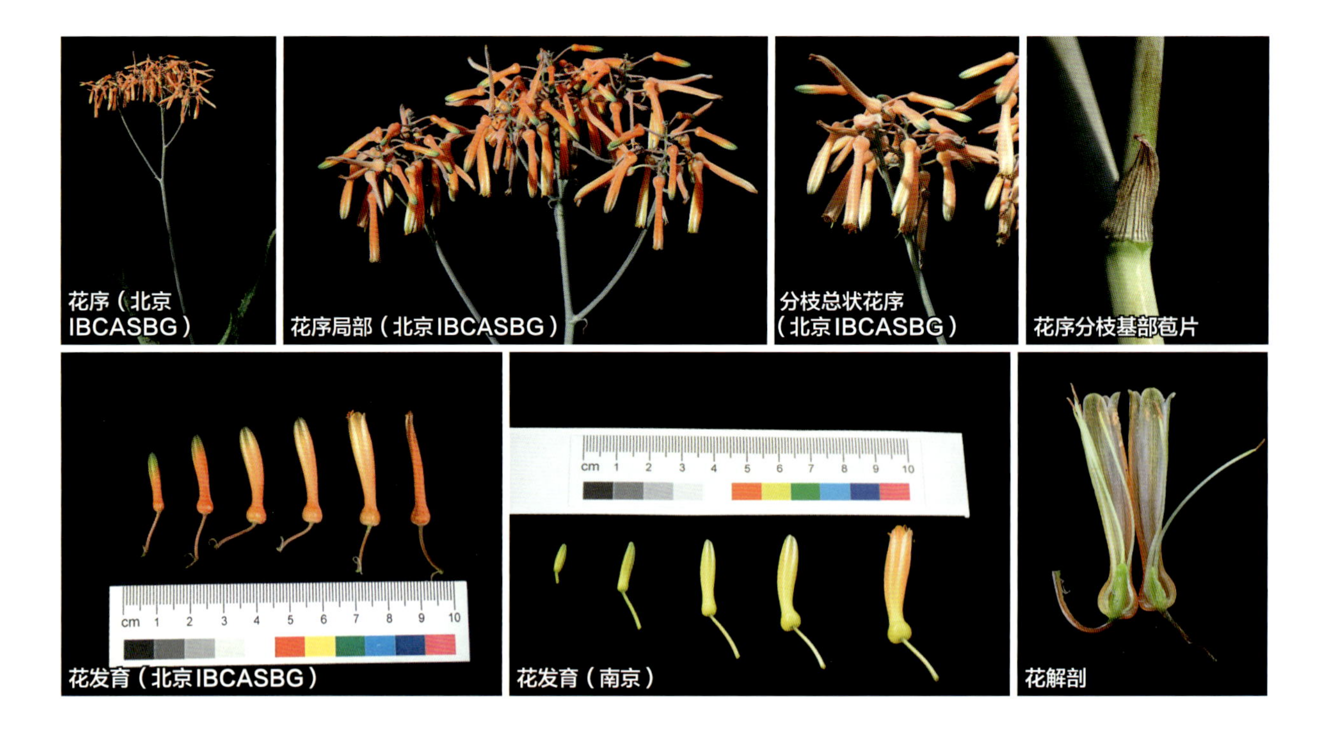

花序（北京IBCASBG） 花序局部（北京IBCASBG） 分枝总状花序（北京IBCASBG） 花序分枝基部苞片
花发育（北京IBCASBG） 花发育（南京） 花解剖

分布

产自南非北部省索特潘斯山区（Soutpansberg）。

生态与生境

生长于山地云雾带的岩石间、高草间，海拔1400～1700m。

用途

观赏、药用等。

引种信息

中国科学院植物研究所北京植物园 植株材料（2011-W1152）引种自南非开普敦，生长迅速，长势良好。

北京植物园 植株材料（2011262）引种自美国，生长迅速，长势良好。

仙湖植物园 植株材料（SMQ-139）引种自美国，生长迅速，长势良好。

南京中山植物园 植株材料（NBG-2007-123）引种自福建漳州，生长迅速长势良好。

物候信息

原产地南非花期2～4月。

中国科学院植物研究所北京植物园 观察到花期9～11月。9月中旬花芽初现，始花期10月中旬，盛花期10月下旬至11月下旬，末花期11月末。单花花期3～4天。未观察到明显休眠期。

北京植物园 未记录花期物候。

仙湖植物园 11～12月。

南京中山植物园 花期10～12月。

繁殖

播种、扦插、分株繁殖。

迁地栽培要点

习性强健，栽培管理容易。喜阳光充足，稍耐阴；耐旱，喜基质排水良好，怕水涝。

中国科学院植物研究所北京植物园 栽培基质选用排水良好的混合基质，土壤配方选用腐殖土与颗粒性较强的赤玉土、轻石、木炭等基质，加入少量谷壳碳，并混入少量缓释的颗粒肥。

北京植物园 温室盆栽，采用草炭土、火山岩、沙、陶粒等材料配制混合基质，排水良好。夏季中午需50%遮阳网遮阴，冬季保持5℃以上可安全越冬。

仙湖植物园 室内地栽，采用腐殖土、河沙混合土栽培。

南京中山植物园 栽培基质为园土、粗沙、泥炭（配比2∶2∶1）配制的混合基质。最适宜生长温度为15～25℃，最低温度不能低于0℃，否则产生冻害，最高温不能高于35℃，否则生长不良，设施温室内栽培，夏季加强通风降温，夏季10:00～15:00用50%遮阳网遮阴。春秋两季各施1次有机肥。

病虫害防治

抗性强，未见明显病虫害发生。

中国科学院植物研究所北京植物园 未见明显病虫害发生，仅作常规管理。定期喷洒50%多菌灵800～1000倍液预防腐烂病。

北京植物园 未观察到病虫害发生，仅常规打药管理。

仙湖植物园 未观察到病虫害发生。

南京中山植物园 常见病害主要有炭疽病、褐斑病、叶枯病、白绢病及细菌性病害，多发生于湿热夏季通风不良的室内。可喷洒百菌清等杀菌类农药进行防治。

保护状态

已列入CITES附录II。

变种、自然杂交种及常见栽培品种

有与木立芦荟（*A. arborescens*）、岩壁芦荟（*A. petrophila*）、*A. vossii*等种类形成自然杂交种的相关报道。

本种最早由南非比勒陀利亚的沃格特（L. R. Vogts）发现，1936年，雷诺德（G. W. Reynolds）对该种命名描述，其种名“*vogtsii*”取自发现者的姓氏。本种与斯氏芦荟（*A. swynnertonii*）的亲缘关系较近，但后者株形较大。

本种国内有引种，北京、南京、深圳等地有引种记录，已观察到花期物候。目前各园的收集中包含“花蕾橙红色－花橙红色”、“花蕾黄色－花黄色至橙红色渐变”的两个样本，二者的花被筒长度宽度没有明显差别，与相关文献记载的数值范围基本吻合。本种株形中等，可盆栽观赏，也适于地栽丛植观赏，用于布置花境。我国南部温暖、干燥的无霜地区可露地栽培。

参考文献

Carter S, Lavranos J J, Newton L E, et al., 2011. Aloes: The Definitive Guide[M]. London: Kew Publishing: 164.

Eggli U (Ed.), 2001. Illustrated Handbook of Succulent Plants: Monocotyledons[M]. Berlin: Springer–Verlag: 184.

Grace O M, Klopper R R, Figueiredo E, et al., 2011. The Aloe names book[M]. Pretoria: SANBI: 164.

Jeppe B, 1969. South Africa Aloes[M]. Cape Town: Purnell & Sons S.A. (PTY.) LTD.: 85.

Van Wyk B –E, Smith G F, 2014. Guide to the Aloes of South Africa[M]. Pretoria: Briza Publications: 280–281.

153
沃纳芦荟（拟）

Aloe werneri J.-B. Castillon, Haseltonia 13: 23. 2007.

多年生肉质草本植物。植株茎不明显或具极短茎，单生或形成小株丛。叶20～30片，平展至直立，长40～50cm，宽3.0～3.5cm，亮绿色，暴晒在阳光下微红；边缘具白色齿，长1～2mm，齿间距5～10mm。花序高达70cm，不分枝或有时具1分枝；花序梗具可达10个肉质不育苞片，长达15mm，宽10mm；总状花序长7～10cm，花排列密集，具花25～50朵；花苞片肉质，卵状，长5～10mm，宽4～6mm；花梗长0～0.5mm；花被黄色，筒状，稍弯曲，长16～20mm，子房部位宽7mm，向口部变狭；外层花被在基部之上分离；雄蕊和花柱伸出3～5mm。

中国科学院植物研究所北京植物园 单生，植株高45cm，株幅62～87cm，具短茎。叶披针形，渐尖，叶片长33.6～45.3cm，宽2.4～3.1cm；均一橄榄绿色至暗绿色（RHS 147A-B，NN137A-B），无斑点，有时腹面有边缘齿压痕；边缘具绿白色或暗淡的浅黄绿色（RHS 195B-C，194B）的假骨质边缘和三角状齿，有时微红，边缘齿有时双连或双尖头，齿长1.5～3mm，齿间距3～10mm；汁液干燥后淡褐色。花序高可达85.2cm，不分枝，花序梗绿色（RHS 138A-B），具霜粉，擦去后橄榄绿色（RHS 137B-C），具数个不育苞片，苞片肉质，卵状，绿色，有时微红；花序穗状，长7cm，宽5cm，花蕾和花水平着生，排列密集，具花达53朵；花苞片卵状，绿色，肉质，具深绿色或棕绿色脉纹；无花梗；花被淡黄绿色至黄色（RHS 145C-D,1B-C），具黄绿色纵向细脉纹（RHS 146A-147A）在花被裂片先端汇聚，裂片边缘淡黄白色（RHS 150D,145D）；花蕾与花同色，具黄绿色脉纹；花被筒长21mm，子房部位宽6mm，口部稍开展7～8mm宽；外层花被分离约10mm；雄蕊花丝和花柱淡黄色（RHS 4B-D），雄蕊伸出4.5～5.5mm，花柱伸出0～1mm。

植株（北京IBCASBG） 幼株 叶先端
叶腹面 叶腹面局部 叶背面 叶背面局部

分布

产自马达加斯加图利亚拉省（Toliara）陶拉纳鲁（Taolagnaro）以北。

生态与生境

生长于海岸山地花岗岩岩帽上，海拔100～200m。

用途

观赏等。

引种信息

中国科学院植物研究所北京植物园 幼苗材料（2012-W0345）引种自捷克布拉格，生长迅速，长势良好。

物候信息

原产地马达加斯加花期7～8月。

中国科学院植物研究所北京植物园 观察到花期11月至翌年1月。11月中旬花芽初现，始花期12月中旬前期，盛花期12月中旬后期至下旬，末花期翌年1月初。单花花期2天。未观察到明显休眠期。

繁殖

多播种繁殖，扦插繁殖用于挽救烂根植物或用无根蘖芽繁殖。

迁地栽培要点

植株生长较慢，栽培较容易。喜阳光充足、干燥的环境，稍耐阴；耐旱，怕水涝。喜温暖，耐热，稍耐寒。

中国科学院植物研究所北京植物园 栽培基质选用排水良好的混合基质，采用腐殖土与颗粒性较强的赤玉土、轻石、木炭等基质，加入少量谷壳碳，并混入少量缓释的颗粒肥。可耐短暂0～3℃低温，保持盆土干燥，5～6℃可安全越冬。

病虫害防治

抗性强，未见明显病虫害发生。

中国科学院植物研究所北京植物园 未见明显病虫害发生，仅作常规管理。定期喷洒50%多菌灵800～1000倍液预防腐烂病。

保护状态

已列入CITES附录II。

变种、自然杂交种及常见栽培品种

尚未见相关报道。

1961年，德国植物学家沃纳·劳（W. Rauh）和布赫洛（G. Buchloh）在马达加斯加靠近陶拉纳鲁（Taolagnaro）采集了本种无花的植株，当时认为是布赫洛芦荟（拟）（*Aloe buchlohii*）的另一个种群。1991年，当植株在海德堡开花后，花序与布赫洛芦荟有很大的不同，叶片相似；花与舍莫芦荟（*A. schomeri*）相似。劳虽没有将其描述为一个新种，但指出了这种可能性。1999年，卡斯蒂隆（J.-B. Castillon）再次考察了劳描述的地区，确认了本种在原产地表现出的特征足以独立成种。2007年，卡斯蒂隆对其进行了命名及描述，为向劳致敬，以他名字命名了本种。

国内引种不多，仅北京地区有栽培记录，栽培表现良好，已观察到花期物候。本种观测的形态特征与文献记载的特征稍有差异，文献记载的花序的高度为50～70cm，具花25～50朵；而北京地区温室内栽培的植株观察到花序高度能够达到85.2cm，具花可达53朵。温室栽培植株的花蕾黄色，上面不为橙色，与光照条件有关。本种株型中等大小，可盆栽观赏、地栽丛植观赏或与山石搭配布置自然景观。我国南部温暖、干燥的无霜地区可露地栽培。

参考文献

Carter S, Lavranos J J, Newton L E, et al., 2011. Aloes: The Definitive Guide[M]. London: Kew Publishing: 273.

Castillon J -B, 2007. *Aloe werneri* and *Aloe ampefyana*, Two new Aloe (Asphodelaceae) species from Madagascar[J]. Haseltonia, 13: 23-28.

Castillon J -B, Castillon J -P, 2010. The Aloe of Madagascar[M]. La Réunion: J.-P. & J.-B Castillon: 226-227.

Grace O M, Klopper R R, Figueiredo E, et al., 2011. The Aloe names book[M]. Pretoria: SANBI: 166.

154
威肯斯芦荟

别名：紫光锦芦荟、紫光锦（日）

Aloe wickensii Pole-Evans, Trans. Roy. Soc. South Africa 5: 29. 1915.

多年生肉质草本植物。植株茎不明显，单生或萌蘖形成小株丛。叶僵直，排列成密集莲座形，稍内弯，披针形，渐尖，长60～80cm，宽11～12cm，稍粗糙，暗灰绿色；边缘具尖锐、三角状、暗棕色齿，长1～2mm，齿间距2～10mm。花序直立，高达100～150cm，具3～4弯曲的分枝，基部包裹在卵状、纸质苞片中，苞片长20mm，宽20mm；每个总状花序下方具少数不育苞片；总状花序圆柱形至圆锥状，长20cm，花排列紧密；花苞片宽卵状，长渐尖，长20mm，宽16mm，纸质，覆瓦状包裹花蕾；花梗长约20～25mm；花被亮黄色，花蕾常鲜红色，因此花序看上去双色，花被三棱状筒形，长约35mm，子房部位宽9mm；外层花被自基部分离；雄蕊和花柱伸出3～5mm。

中国科学院植物研究所北京植物园　幼苗叶片两列状排列，叶色暗绿，有时微红，叶两面粗糙。

北京植物园　未记录形态信息。

厦门市园林植物园　叶片长81cm，宽11.5cm；齿间距4～15mm。花序高170cm。

仙湖植物园　未记录形态信息。

植株（厦门）　植株（北京BBG）　植株（南非）　播种苗（北京IBCASBG，6个月）　播种苗（北京IBCASBG，1年）　种子　叶腹面（厦门）　叶背面（厦门）　边缘齿（厦门）　露地栽培的幼株（厦门）　幼株（北京IBCASBG）

分布

产自南非东北部。

生态与生境

生长于非常开阔的灌丛地白云岩山坡上，海拔约1000m。

用途

观赏、药用等。

引种信息

中国科学院植物研究所北京植物园 种子材料（2008-1794、2008-1795）引种自美国，生长较慢，长势良好。

北京植物园 植株材料（20183346）引自上海，生长迅速，长势良好。

厦门市园林植物园 幼苗材料（XM2002017）引种自深圳、幼苗材料（XM2012011）引种自北京、幼苗（XM2016022）引种自北京，生长速度迅速，长势良好。

仙湖植物园 植株材料（SMQ-143）引自美国，生长迅速，长势良好。

物候信息

原产地南非花期5~8月。

中国科学院植物研究所北京植物园 幼株尚未开花。未观察到明显休眠期。

北京植物园 尚未观察到开花。

厦门市园林植物园 12月抽出花芽，翌年1~2月开花。

仙湖植物园 尚未记录开花物候。

繁殖

多播种、分株繁殖。

迁地栽培要点

习性强健，栽培管理容易。喜光照充足的栽培场所，稍耐阴。耐旱，不耐湿涝，喜排水良好的栽培基质。喜温暖，稍耐寒，5~6℃以上可安全越冬。

中国科学院植物研究所北京植物园 栽培基质适应范围广泛，可采用腐殖土、沙、赤玉土、轻石等配制混合基质，混入缓释肥颗粒。

北京植物园 温室盆栽，采用草炭土、火山岩、沙、陶粒等材料配制混合基质，排水良好。夏季中午需50%遮阴，冬季保持5℃以上可安全越冬。

厦门市园林植物园 露地栽培和馆内栽植，采用腐殖土、河沙混合土栽培。

仙湖植物园 室内地栽或露地栽培，采用腐殖土、河沙混合土栽培，植株长势明显较室外的长势更为迅速，生长良好。

病虫害防治

抗性强，不易罹患病虫害。

中国科学院植物研究所北京植物园 未见明显病虫害发生。

北京植物园 未见明显病虫害发生。

厦门市园林植物园 未见明显病虫害发生。

仙湖植物园 未见明显病虫害发生。

保护状态

已列入CITES附录II。

变种、自然杂交种及常见栽培品种

有与皮刺芦荟（*A. aculeata*）、*Aloe dolomitica*、马氏芦荟（*A. marlothii*）、变色芦荟（=*Aloe mutans*）等形成自然杂交种的报道。

本种1914年由威肯斯（J. E. Wickens）和皮纳尔（P. J. Pienaar）发现于南非的彼得斯堡（Pietersburg）。1915年，波尔埃文斯（I. B. Pole-Evans）对本种进行了定名和描述，种名以威肯斯的姓氏命名。本种与隐柄芦荟（*A. cryptopoda*）十分相近，卡特（S. Carter）等人将其列为近缘种，认为二者株形大小、花序的形状、花色、苞片大小、花序分枝形态还是有区别的。范维克（B. -E. van Wyk）等人将威肯斯芦荟归并入隐柄芦荟，本书采用前者的观点。

国内已有引种，北京、厦门、深圳等地有栽培记录，已观察到花期物候。幼株适于盆栽观赏，成株适合地栽丛植，用于布置花境观赏，目前厦门地区已有露地栽培。

参考文献

Carter S, Lavranos J J, Newton L E, et al., 2011. Aloes: The Definitive Guide[M]. London: Kew Publishing: 381.

Eggli U (Ed.), 2001. Illustrated Handbook of Succulent Plants: Monocotyledons[M]. Berlin: Springer-Verlag: 126.

Grace O M, Klopper R R, Figueiredo E, et al., 2011. The Aloe names book[M]. Pretoria: SANBI: 166.

Jeppe B, 1969. South Africa Aloes[M]. Cape Town: Purnell & Sons S.A. (PTY.) LTD.: 62.

Van Wyk B -E, Smith G F, 2014. Guide to the Aloes of South Africa[M]. Pretoria: Briza Publications: 152,172.

155
斑马芦荟

别名： 斑纹芦荟、孔雀锦芦荟、孔雀锦（日）、御室锦（日）

Aloe zebrina Baker, Trans. Linn. Soc. London, Bot. 1: 264. 1878.
Aloe ammophila Reynolds, J. S. African Bot. 2: 116. 1936.
Aloe bamangwatensis Schönland, Rec. Albany Mus. 1: 122. 1904.
Aloe baumii Engl. & Gilg, Kunene-Sambesi Exped. 191. 1903.
Aloe constricta Baker, J. Linn. Soc., Bot. 18: 168. 1881.
Aloe komatiensis Reynolds, J. S. African Bot. 2: 120. 1936.
Aloe laxissima Reynolds, J. S. African Bot. 2: 28. 1936.
Aloe lugardiana Baker, Bull. Misc. Inform. Kew 1901: 135. 1901.
Aloe platyphylla Baker, Trans. Linn. Soc. London, Bot. 1: 264. 1878.
Aloe transvaalensis Kuntze, Revis. Gen. Pl. 3 (2): 314. 1898.
Aloe vandermerwei Reynolds, Aloes S. Afr. 268. 1950.

多年生肉质草本植物。植株茎不明显或具极短茎，单生或萌蘖形成大小不同的株丛。叶20~30片，排列成密集莲座形，叶片平展，披针形，长15~35cm，宽6~8cm，先端常干枯扭曲，暗深绿色，具椭圆形斑点密集排列构成的白色横向条带；边缘具尖锐、棕色尖头的齿，长4~7mm，齿间距8~15mm；汁液干燥后紫色。花序高75~200cm，具4~12分枝，下部分枝有时二次分枝；花序梗具膜质披针形苞片，长达40mm，包裹分枝基部；总状花序圆柱形，长30~40cm，直径6~7cm，花排列松散；花苞片线状披针形，长6~15mm，纸质；花梗长6~15mm；花被珊瑚红色或暗红色，长25~35mm，子房部位宽7~10mm，上方突然缢缩至直径6mm，之后向上至口部逐渐变宽；外层花被分离约7~12mm；雄蕊和柱头稍伸出。染色体：2n=14（Fernandes, 1930；Muller, 1941；Brandham, 1971）。

中国科学院植物研究所北京植物园 （1）样本1（=*A. ammophila*）：叶片两面具较大椭圆形斑点、H型斑点，斑点密集排列成横带状，叶基部条纹状，背面具模糊斑点，密集排列成横带状；边缘具尖锐齿，常钩状，齿尖红棕色。（2）样本2：（= *A. transvaalensis*）：植株莲座状，株高39cm，株幅69cm。叶片三角状披针形，渐尖，长达49cm，宽5~5.6cm；两面橄榄绿色（RHS NN137A–B），腹面具椭圆状斑点，分布全叶，绿白色至淡绿色（RHS 196D，194A–D），密集排列成清晰横带状；背面斑点更密集，排列成横带状，向基部渐密集成片状；边缘具假骨质边和尖锐齿，淡绿白色（RHS 196D,194A–D），有时微红，齿长2~3mm，齿间距8~15mm；干燥汁液淡棕色。花序高94.8cm，具7~8个分枝，花序梗淡灰色（RHS 198D–N200D），苞片包裹分枝花序基部；总状花序圆柱形，长11~20.5cm，花排列松散，具花21~47朵；花被肉粉色（RHS 37A–B），内层花被口部棕橙色（RHS 167B），花被裂片边缘白色；花被筒长27~28.5mm，子房部位宽8mm，上方缢缩至5mm，其后向上渐宽至8mm；外层花被分离约8~10mm；雄蕊花丝、花柱白色至淡黄色（RHS 163A），雄蕊伸出4~5mm，花柱伸出0~3mm。（3）样本3（*A. zebrina*）：种子棕黑色、深棕色，不规则多角状，具宽翅，膜质，白色至淡棕色，或多或少具暗褐色斑点。来自安哥拉的种子黑棕色，翅白色。南非来源的种子，与样本2（= *A. transvaalensis*）的种子很相似。

北京植物园 未记录形态信息。

上海辰山植物园 温室栽培，易萌蘖形成株丛。株高45cm，株幅68cm；叶片长36cm，宽1~3.5cm；边缘齿长2~3mm，齿间距10~12mm。

南京中山植物园 植株高30cm。叶片长35cm，宽5cm。

上海植物园 未记录形态信息。

植株（=*A. ammophila*）（样本1，北京IBCASBG）

叶腹面（=*A. ammophila*）（样本1）

叶背面（=*A. ammophila*）（样本1）

植株（= *A. transvaalensis*）（样本2，北京IBCASBG）

叶腹面（= *A. transvaalensis*）（样本2）

叶背面（= *A. transvaalensis*）（样本2）

植株局部（= *A. transvaalensis*）（样本2）

叶腹面局部（= *A. transvaalensis*）（样本2）

叶腹面斑点（= *A. transvaalensis*）（样本2）

花序分枝基部苞片（= *A. transvaalensis*）（样本2）

叶腹面（样本3，上海CBG）

叶背面（样本3，上海CBG）

叶背面（样本3，上海CBG）

边缘齿（样本3，上海CBG）

播种苗（=*A. ammophila*）（样本1）　播种苗（*A. zebrina*）（样本3）　播种苗（*A. zebrina*）（样本3）

*A. zebrina*种子（来源自安哥拉）　*A. zebrina*种子（来源自南非）　种子（= *A. transvaalensis*）

开花植株（上海CBG）　花序（上海CBG）　花（上海CBG）　花发育（上海CBG）

开花植株（= *A. transvaalensis*）（北京IBCASBG）　花序（= *A. transvaalensis*）（北京IBCASBG）　总状花序（= *A. transvaalensis*）（北京IBCASBG）　花（= *A. transvaalensis*）（北京IBCASBG）

花发育（= *A. transvaalensis*）（北京IBCASBG）　花解剖（= *A. transvaalensis*）（北京IBCASBG）　花序（=*A. ammophila*）

分布

广泛分布，从安哥拉和纳米比亚，穿越博茨瓦纳和赞比亚，至津巴布韦和马拉维，至莫桑比克和南非东北部。

生态与生境

生长于干旱开阔林地和草原，海拔200～2000m。

用途

观赏、药用等。在博茨瓦纳，斑马芦荟的根是棕榈纤维的主要染料，丝状的纤维用于编织篮子，呈现金黄色的色泽，欧洲殖民者改进后用于羊毛染色。花可食用，安哥拉人用烹煮过的花制作蛋糕。妇女分娩后用汁液清洁身体。茎叶干粉用作伤口消毒剂、驱虫和治疗皮肤问题。

引种信息

中国科学院植物研究所北京植物园　样本1（=*A. ammophila*）种子材料（2008-1732）引种自美国，生长迅速，长势良好。样本2（=*A. transvaalensis*）种子材料（2017-0317）引种自南非开普敦，生长迅速，长势良好。样本3（*A. zebrina*）种子材料（2008-1796）引种自美国，生长迅速，长势良好。样本3（*A. zebrina*）种子材料（2011-W0038），引种自南非开普敦，生长迅速，长势良好。

北京植物园　植株材料（2011265、2011266、2011268、2011267）引种自美国，生长迅速，长势良好。

上海辰山植物园　植株材料（20110959）引种自美国，生长较快，长势良好。

南京中山植物园　植株材料（NBG-2007-19）引种自福建漳州，生长较快，长势良好。

上海植物园　植株材料（2011-6-065）引种自美国，生长迅速，长势良好。

物候信息

原产地南非花期2～3月，偶有6～7月。

中国科学院植物研究所北京植物园　（1）样本1（=*A. ammophila*）花期：9月。（2）样本2（=*A. transvaalensis*）花期：9～11月。9月下旬花芽初现，始花期10月中，盛花期10月下旬，末花期11月上旬。单花花期2～3天。无明显休眠期。

北京植物园　未记录花期物候。无明显休眠期。

上海辰山植物园　温室栽培，10月下旬初现花芽，11月中旬花序抽出，12月上旬开始开花。未见明显休眠。

南京中山植物园　花期3～5月。

上海植物园　未记录花期物候。

繁殖

播种、扦插、分株繁殖。

迁地栽培要点

习性强健，栽培管理容易。喜光，喜温暖，稍耐寒，耐旱，不耐涝。

中国科学院植物研究所北京植物园　采用腐殖土：粗沙（2∶1或3∶1）的混合土进行栽培，混入适量的颗粒基质促进根部排水，如轻石，赤玉土、木炭粒、珍珠岩等，颗粒基质的总量应控制在1/3左右。栽培管理粗放。

北京植物园　温室盆栽，采用草炭土、火山岩、沙、陶粒等材料配制混合基质，排水良好。夏季中午需50%遮阴。

上海辰山植物园　温室栽培，采用少量颗粒土与草炭混合种植。温室内夏季最高温在40℃以下，冬季最低温在13℃以上，能安全度夏和越冬。

南京中山植物园　温室栽培，栽培基质比例为园土：碎岩石：沙：泥炭为2：1：1：1。

上海植物园　温室盆栽，采用赤玉土、腐殖土、轻石、沙等基质配制混合土。

病虫害防治

抗性强，病虫害较少发生。

中国科学院植物研究所北京植物园　未观察到病虫害发生，常规病虫害防治管理。

北京植物园　未观察到病虫害发生。

上海辰山植物园　未观察到病虫害发生。

南京中山植物园　未观察到病虫害发生。

上海植物园　未观察到病虫害发生。

保护状态

已列入CITES附录II。

变种、自然杂交种及常见栽培品种

有与海滨芦荟（*A. littoralis*）形成自然杂交种的报道。

本种多样性丰富，是斑点芦荟中最宽泛的种，包含众多不同产地的样本，曾被定名描述为多种不同的物种，*A. ammophila* Reynolds、*A. transvaalensis* Kuntze、*A. laxissima* Reynolds、*A. platyphylla* Baker等名称均为斑马芦荟的异名。*Aloe zebrina* Baker这个名称由伯格（A. Berger）定名于1878年，种名"*zebrina*"指其斑点排列形成规则清晰的横带状，就像斑马的花纹。

本种国内广泛引种，北京、上海、南京等地均有栽培记录，已观察到不同样本的花期物候。国内收集的不同样本，形态特征还是有一些差异，可以区分开。斑马芦荟叶片斑纹美丽，株形规整，是非常美丽的观赏种类，可盆栽，亦可地栽丛植观赏。我国南方温暖、干燥的无霜地区可露地栽培，用于布置花境。

参考文献

Carter S, Lavranos J J, Newton L E, et al., 2011. Aloes: The Definitive Guide[M]. London: Kew Publishing: 166.
Eggli U (Ed.), 2001. Illustrated Handbook of Succulent Plants: Monocotyledons[M]. Berlin: Springer-Verlag: 186.
Grace O M, Klopper R R, Figueiredo E, et al., 2011. The Aloe names book[M]. Pretoria: SANBI: 168.
Jeppe B, 1969. South Africa Aloes[M]. Cape Town: Purnell & Sons S.A. (PTY.) LTD.: 86.
Reynolds G W, 1982. The Aloes of South Africa[M]. Cape Town: A.A. Balkema: 281-285.
Van Wyk B -E, Smith G F, 2014. Guide to the Aloes of South Africa[M]. Pretoria: Briza Publications: 282-283.

附录1　其他常见栽培的芦荟属植物

近缘芦荟

别名：蛇腹芦荟、乙女武者（日）

Aloe affinis A. Berger

分布：南非姆普马兰加省、斯威士兰

引种信息：北京植物园（2011093）；仙湖植物园（SMQ-004）

花期：6~7月（南非）

保护状态：CITES附录II

相似芦荟

别名：类似芦荟、草头芦荟

Aloe alooides (Bolus) Druten

分布：南非姆普马兰加省

引种信息：中国科学院植物研究所北京植物园（2017-0257）；北京植物园（2011095）；仙湖植物园（SMQ-007）

花期：7~8月（南非）

保护状态：CITES附录II

厚叶武齿芦荟（拟）

Aloe armatissima Lavranos & Collen.

分布： 沙特阿拉伯
引种信息： 中国科学院植物研究所北京植物园（2010-2986）
花期： 主要6月（沙特阿拉伯）
保护状态： CITES附录II

贝克芦荟

别名： 贝氏芦荟、仙人锦、斑蛇龙

Aloe bakeri Scott-Elliot

分布： 马达加斯加
引种信息： 仙湖植物园（SMQ-016）
花期： 6~8月（马达加斯加）
保护状态： CITES附录I

美丽芦荟

Aloe bellatula Reynolds

分布： 马达加斯加
引种信息： 中国科学院植物研究所北京植物园（2010-2935）；上海植物园（2011-6-075）
花期： 3~5月（南非）；9~11月、3~4月（北京）
保护状态： CITES附录I

布尔芦荟

Aloe buhrii Lavranos

分布： 南非北开普省
引种信息： 中国科学院植物研究所北京植物园（2008-1737）；仙湖植物园（SMQ-024）
花期： 8~10月（南非）
保护状态： 南非红色名录渐危种（VU）；CITES附录II

头状芦荟

别名： 头序芦荟、人形锦（日）

Aloe capitata Baker

分布： 马达加斯加

引种信息： 华南植物园（2011-3323，2013-3633）；北京植物园（2011118）

花期： 5~8月（马达加斯加），7~8月（广州）

保护状态： CITES附录II

云石头序芦荟

Aloe capitata var. ***cipolinicola*** H. Perrier

分布： 马达加斯加

引种信息： 中国科学院植物研究所北京植物园（2010-W1131）；北京植物园（2011119）

花期： 8~9月（马达加斯加）

保护状态： CITES附录II

扁芦荟

别名： 扁平芦荟

Aloe compressa H. Perrier

分布： 马达加斯加
引种信息： 中国科学院植物研究所北京植物园（2010-2926）
花期： 2~4月（马达加斯加）
保护状态： CITES附录I

康氏芦荟

别名： 阿南城

Aloe comptonii Reynolds

分布： 南非西开普省和东开普省
引种信息： 北京植物园（2011128）；仙湖植物园（SMQ-033）
花期： 8月至翌年1月（南非）
保护状态： CITES附录II

隐柄芦荟

别名：黑太刀芦荟、黑太刀（日）

Aloe cryptopoda Baker

分布：博茨瓦纳、马拉维、莫桑比克、赞比亚、津巴布韦、南非和斯威士兰

引种信息：中国科学院植物研究所北京植物园（2002-W0086）；北京植物园（2011134、2011135）；上海植物园（2011-6-042）

花期：主要6~7月，有些地点5月、2~3月（南非）

保护状态：CITES附录II

毛缘芦荟（拟）

Aloe fimbrialis S. Carter

分布：赞比亚

引种信息：中国科学院植物研究所北京植物园（2017-0370）

花期：9~10月

保护状态：IUCN红色名录极度濒危种（CR）；CITES附录II

格斯特纳芦荟

别名：戈斯特内里芦荟

Aloe gerstneri Reynolds

分布：南非夸祖鲁-纳塔尔省
引种信息：北京植物园（2011167）
花期：2~3月（南非）
保护状态：南非红色名录易危种（VU）；CITES附录II

虎耳重扇芦荟

别名：眉毛刷锦（日）

Aloe haemanthifolia Marloth & A. Berger

分布：南非西开普省
引种信息：中国科学院植物研究所北京植物园（2012-W0357）
花期：主要9~12月（南非）
保护状态：CITES附录II

菲利普芦荟（拟）

Aloe johannis-philippei J.-B. Castillon

分布： 马达加斯加
引种信息： 中国科学院植物研究所北京植物园（2012-W0323）
花期： 8月（马达加斯加）
保护状态： CITES附录II

贾德芦荟（拟）

Aloe juddii van Jaarsv. (=Aloiampelos juddii (van Jaarsv.) Klopper & Gideon F.Sm.)

分布： 南非西开普省
引种信息： 北京植物园（编号不详）
花期： 11月（南非）
保护状态： CITES附录II

克拉波尔芦荟

别名： 神章锦芦荟、神章锦（日）

Aloe krapohliana Marloth

分布：南非北开普省和西开普省

引种信息：中国科学院植物研究所北京植物园（2008-1763）；北京植物园（2018378）

花期：6~8月（南非）

保护状态：南非红色名录易危种（VU）；CITES附录II

线状芦荟

Aloe lineata (Aiton) Haw.

分布：南非东开普省和西开普省

引种信息：中国科学院植物研究所北京植物园（2011-W1137）；北京植物园（201119，2011194，2011195）；仙湖植物园（SMQ-080）

花期：1~3月（南非）；11~12月（北京）

保护状态：CITES附录II

变黄芦荟

别名：留蝶锦芦荟、留天锦芦荟、留蝶锦（日）、留天锦（日）

Aloe lutescens Groenew.

分布：博茨瓦纳、津巴布韦、南非至莫桑比克。

引种信息：中国科学院植物研究所北京植物园（2008-1883）；北京植物园（2011199）

花期：6~7月（南非、博茨瓦纳）

保护状态：CITES附录II

易变芦荟

别名： 七宝锦芦荟、七宝锦（日）

Aloe mutabilis Pillans

分布： 南非北开普省、豪藤省、西北省、姆普马兰加省

引种信息： 中国科学院植物研究所北京植物园（2017-0296）；北京植物园（2011211）

花期： 6~8月（南非）

保护状态： CITES附录II

平行叶芦荟

别名： 平列叶芦荟

Aloe parallelifolia H. Perrier

分布： 马达加斯加

引种信息： 中国科学院植物研究所北京植物园（2010-2911）

花期： 3~4月（马达加斯加）

保护状态： 马达加斯加濒危种（EN）；CITES附录I

僧帽芦荟

别名： 广叶不夜城芦荟、广叶不夜城（日）、翠盘（日）、星白锦（日）

Aloe perfoliata L.(=*Aloe mitriformis* Mill.)

分布： 南非西开普省

引种信息： 中国科学院植物研究所北京植物园（2017-0321）；厦门市园林植物园（记录不详）；仙湖植物园（SMQ-086）；南京中山植物园（NBG-2017-23）；上海植物园（2011-6-056）

花期： 12月至翌年2月（南非）；5~6月（南京）

保护状态： CITES附录II

普龙克芦荟（拟）

Aloe pronkii Lavranos, Rakouth & T. A. McCoy

分布： 马达加斯加

引种信息： 中国科学院植物研究所北京植物园（2010-2949）

花期： 2~3月（马达加斯加）

保护状态： CITES附录II

斯莱登芦荟（拟）

Aloe sladeniana Pole-Evans

分布： 纳米比亚
引种信息： 中国科学院植物研究所北京植物园（2012-W0409）
花期： 12月至翌年2月（纳米比亚）
保护状态： IUCN红色名录无危种（LC）；CITES附录II

也门芦荟

Aloe yemenica J. R. I. Wood

分布： 也门
引种信息： 北京植物园（2011264）
花期： 10~12月（也门）
保护状态： CITES附录II

附录2 容易混淆的种类

迁地栽培又称迁地保存，指将种质资源迁移出原地栽培保存，主要对象是野生资源。植物园是主要的迁地保育的机构。《中国迁地栽培植物志 · 百合科芦荟属》收录的对象为迁地栽培的芦荟属野生物种资源，不包含园艺品种和园艺杂交品种。

芦荟属植物种类繁多，全属约500种以上，超过一半以上的种类已引入栽培。芦荟属植物原产自非洲和阿拉伯半岛地区，我国均为引入栽培。目前，可供参考资料的大多为英文文献，可靠的中文文献极少，造成国内引种栽培中，物种鉴定非常困难。影响鉴定的干扰因素包含五个方面：

（1）近缘种之间的干扰：一些芦荟属植物与其近缘种，形态特征相似，比较容易相互混淆。如斑点芦荟群（Maculate Aloes）的一些种类，亲缘关系很近，叶片腹面多具斑点，就很难区别。需要仔细地观察叶片腹面、背面色彩，观察叶片斑点、斑纹的形状、排列方式，比较花序、花的特征来区别。原产于东非、阿拉伯地区的一些芦荟，形态也很相似，如东非灌状的达维芦荟（*Aloe dawei*）、涅里芦荟（*Aloe nyeriensis*）、科登芦荟（*Aloe kedongensis*）和埃尔贡芦荟（*Aloe elgonica*）等，也门地区的岩生种类下垂芦荟（*Aloe pendens*）与也门芦荟（*Aloe yemenica*）等。

（2）物种遗传多样性的干扰：芦荟属植物具有遗传多样性，不同生态型的样本间常存在明显差异，有时也会影响我们的判断。如查波芦荟（*Aloe chabaudii*）不同产地样本花序长短不同；皮刺芦荟（*Aloe aculeata*）不同产地的样本皮刺形态、密度有很大差异。

（3）幼株与成株形态差异的干扰：幼株状态下的芦荟属植物，与成年植株外观差别很大，如叶片排列方式、斑点、条纹的形态变化，这些差异会造成鉴定困难。如喀米斯芦荟（*Aloe khamiesensis*），幼株叶片两列状排列，两面斑点较多，而成株叶片螺旋状排列呈莲座形，叶两面无斑或具少量斑点。

（4）园艺品种、杂交种的干扰：还有一些种类具有园艺品种、杂交品种，这些种类与其品种、杂交种有时也容易混淆。如僧帽芦荟（*Aloe perfoliata*）与其杂交品种不夜城（*Aloe* × *nobilis*）相混淆，美丽芦荟（*Aloe bellatula*）与其近缘种、杂交种相混淆等等。

（5）栽培条件造成形态变化的干扰：与其他多肉植物一样，栽培条件常影响芦荟属植株的外观，如光照强度、水肥条件等，造成植株株形大小变化、刺齿强度、数量和色泽的变化、叶片大小、厚度、色泽的变化等，这些变化也会对物种的鉴定产生影响。我们观察到，栽培的植株，由于水肥条件较好，植株各部位的尺寸常发生一些变化，如株高、株幅、叶片长度、叶片宽度、花序高度、总状花序长度、总状花序宽度、花被筒长度等尺寸常稍变大一些。由于设施温室内光照不足，植株颜色、花色会发生变化。

在《中国迁地栽培植物志 · 百合科芦荟属》的编撰过程中，我们走访各个植物园，并通过各植物园负责多肉植物类群收集的相关研究人员、栽培管理人员收集芦荟属植物的图片资料、形态和物候观测资料。在资料收集整理的过程中，除了近缘种类之间的相互干扰外，最大的干扰就是园艺品种和杂交品种，这些园艺品种、杂交品种在国内各植物园的芦荟类群收集中大量存在，由于引种原始记录缺失，除了无法鉴定的材料外，还有一些材料被当作原始种、变种被登记在栽培名录中。在我国南部一些较温暖的地区，芦荟属植物已大量露地栽培，作为园林造景的材料。一些植物园、苗圃大批量从国外苗圃购买引进芦荟属植物材料，在引进的材料中，还包含一些观赏效果极佳的杂交品种。由于材料来源于国外苗圃自繁的种苗，不可避免存在遗传混杂的现象。国内的苗圃、植物园在通过自采种子批量扩繁的时候，也不可避免地存在遗传混杂的现象。这些种苗在植物园、苗圃长大后，存在形态差异，极大地干扰了种类鉴定的工作。因此在本卷的编撰过程中，区分近缘种，辨认并排除园艺品种和杂交品种，并从大量汇集的样本中选择典型物种的样本，是一个十分困难的过程，耗费了大量的时间和精力。本附录将简单介绍在本卷编写过程中碰到的一些容易混淆的种类：

1. 丽红芦荟

在国内引种栽培中，丽红芦荟这个中文名称的使用有些混乱，被称作丽红芦荟的种类包括：布塞芦荟（*Aloe bussei*）、卡梅隆芦荟（*Aloe cameronii*）和日落芦荟（*Aloe dorotheae*）等。这些芦荟相似的特征是植株丛生，露地栽培全光照下呈现鲜艳的红色，是非常好的地被型造景芦荟。目前到底哪一种是最早被称为丽红芦荟的种类已无从查证。有趣的是，日落芦荟的种名与番杏科生石花属的丽虹玉种名一样，都是“*dorotheae*”，“丽红”与“丽虹”是种巧合么?

目前国内露地栽培比较广泛栽培作为地被布置花境的是布塞芦荟，这种芦荟常被错误地认作是日落芦荟进行栽植，笔者认为一些人讲的“丽红芦荟”实际上指的是这种栽培最广泛的布塞芦荟。

布塞芦荟

卡梅隆芦荟

日落芦荟

2. 菊花芦荟

冬季去过厦门市园林植物园的人，都会着迷于大片开放的芦荟花海。组成红色花海的是一种花色红艳的芦荟，由于其分枝总状花序紧缩成近头状，外观形似菊花，故被称作“菊花芦荟”。目前菊花芦荟在全国南北各地广泛引种栽培，厦门、广州、深圳等地已实现露地栽培，开始应用于园林美化，丛植布置花境，形成花海景观。

1999年厦门市园林植物园盘点多肉植物收集时发现了这种植物，仅保存1个单株，由于原始的引种记录不全，菊花芦荟的最初来源已经无从考证。由于菊花芦荟的花序繁茂、花色艳丽，观赏性状极佳，厦门市园林植物园的工作人员对其进行了重点扩繁，并给国内一些其他植物园赠送了种苗，如仙湖植物园、中国科学院植物研究所北京植物园等，目前国内各植物园收集保存的菊花芦荟均引种自厦门市园林植物园。由于其观赏价值很高，福建地区的一些多肉苗圃也开始对其进行扩繁和生产，一些私人苗圃建设多肉景观时，也常使用菊花芦荟作为花境的材料。

菊花芦荟的花海、单株、花序（厦门市园林植物园）

菊花芦荟的花境景观、菊花芦荟与山石搭配（龙海市乡下人园艺有限公司）

由于原始引种记录不全，厦门市园林植物园工作人员一直不能确定其拉丁学名，这对今后的新品种选育、申请品种保护和推广利用十分不利。从2015年起，厦门市园林植物园和中国科学院植物研究所北京植物园的相关研究人员和多肉植物类群管理人员开始合作对其开展鉴定工作。经过不断地查阅资料和讨论，中国科学院植物研究所的李振宇研究员提出，其形态特征与查波芦荟（*Aloe chabaudii* Schönland）很相近，有可能是查波芦荟的某个生态型或变种。但当时我们能够找到的芦荟专著中都没有近头状花序样本的照片或图片资料，形态描述中也没有提及，难以最终确定，鉴定工作暂时搁置。

2017年秋季，在《中国迁地栽培植物志·百合科芦荟属》编撰的过程中，我们对菊花芦荟进行了形态特征、花期物候的测定，发现除了花序的长度外，其他测定数据与文献中记载的查波芦荟非常吻合，因此进一步确定了它很可能是查波芦荟的某个生态型的想法。2017—2019年期间，我们通过翻阅大量英文文献资料，了解到查波芦荟具有遗传多样性，花序形态多样，但依然没有明确的证据证实菊花芦荟这个近头状花序的样本的真正来源。但我们想到，查波芦荟分布区非常广泛，可以通过查阅不同产地国家的植物志来寻找线索，通过查阅津巴布韦、博茨瓦纳、莫桑比克、赞比亚、马拉维的植物志网络版，我们发现查波芦荟的花序长度变化很大，在莫桑比克、赞比亚植物志网站的图片可以看到一些花序很短的样本的照片，但都不像菊花芦荟的花序那么紧凑。查波芦荟在南非东北部也有分布，主要分布于北部省中部、东部和北部，姆普马兰加省东北部，夸祖鲁-纳塔尔省北部，查阅了范维克（B.-E. van Wyk）等人的专著*Guide to the Aloes of South Africa*，书中的图片所显示的样本，花序都很长，有的样本总状花序排列极为松散，呈长圆柱形，也有短圆柱形。

2019年底，笔者在网络上检索资料，偶然看到南非人克雷格·吉本（Craig Gibbon）在Flickr上的私人相册，他在南非东北边界处的野外考察中拍摄到一些查波芦荟的野外生境照片，照片非常清晰，花序是紧缩呈近头状的，就是我们一直感到很疑惑的菊花芦荟。通过与拍摄者联系，他证实，这些照片是他在南非东北部从戈西海湾（Kosi Bay）前往因瓜武马（Ingwavuma）的野外考察途中，在靠近因瓜武马附近的Esimpisini拍摄到的，并提供了具体的GPS位置。据此可以基本确定我们之前的设想，菊花芦荟就是查波芦荟中极短花序的样本，并非栽培品种，它在南非夸祖鲁-纳塔尔省北部靠近莫桑比克和斯威士兰边界的地区有分布。

3. 日落芦荟及其杂交种

除了将布塞芦荟错认作日落芦荟外，人们常将日落芦荟的杂交种（*Aloe dorotheae* hybrid）也错误地认为是日落芦荟（*Aloe dorotheae*）。这种小型种类在栽培种有时被称作刚果芦荟（Congo Aloe），一些资料显示它被冠以*Aloe congolensis* De Wild. & T.Durand的学名由来已久，这不是一个被证实的物种名称，有记载*A. congolensis*来自刚果金温扎（Kimuenza）附近的沙地灌丛。在卡特（S. Carter）的专著*Aloes: The Definitive Guide*一书中，将*Aloe congolensis*归并入*Aloe buettneri* A.Berger（Bot. Jahrb. Syst. 36: 60 1905）之中，但*Aloe buettneri*在书中记载为草芦荟的一种，图片、形态描述资料与我们栽培中的这个小型种类的形态特征完全不能吻合，因此将其确定为刚果芦荟（*A. congolensis*）是错误的。这里记录的这个小型种类，目前疑问很多，有可能是日落芦荟、*Aloe morijensis*、微型芦荟（*Aloe juvenna*）的杂交种。

日落芦荟

日落芦荟的杂交种（北京BBG）

日落芦荟杂交种的叶片腹面、背面、边缘齿、叶鞘

4. 美丽芦荟、其近缘种及其杂交种

美丽芦荟（*Aloe bellatula* Reynolds）是原产自马达加斯加的小型芦荟，花红色，雄蕊内藏，目前国内许多植物园有引种记录，但提供的图片均显示并非本种。与本种亲缘较近的白花芦荟（*Aloe albiflora* Guillaumin），容易从花色上区分开，白花芦荟的花开放后花被钟形，纯白色，裂片先端具绿色脉纹，雄蕊和花柱伸出花被筒较长，可达9mm。目前国内引种不多，北京植物园从上海引进的植株，已观察到开花，花色纯白，能够确定是该种。国内有一些白花芦荟与美丽芦荟的杂交种，花形和花色都有一些变化，很容易混淆。如中国科学院植物研究所北京植物园从上海引种的1个样本，引种标记的名称是白花芦荟，花形与白花芦荟非常相似，但其实是白花芦荟与美丽芦荟的一个杂交种（*A. albiflora* × *A. bellatula*），开放的花被筒钟状稍窄一点，花被筒白色基部淡粉色，雄蕊和雌蕊伸出仅5～7mm。

皮埃尔芦荟（*Aloe perrieri*）与美丽芦荟不容易区分，从一些文献看，后者在叶片长度、宽度、花序、花梗、花被筒的长度上尺寸稍大，但在栽培条件下，由于水肥条件较好，美丽芦荟各部位的尺寸较原产地稍大，所以难以区别。根据卡斯蒂隆（J.-B. Castillon）在其专著*The Aloe of Madagarscar*中提到，他观察到的皮埃尔芦荟的样本花序都不分枝，而些美丽芦荟的标本花序具1分枝或不分枝。在北京地区栽培的植株观察到美丽芦荟的花序有时具1分枝，印证了卡斯蒂隆的说法，故可以以此区粗略分辨两个种。

美丽芦荟（北京 IBCASBG）

白花芦荟（北京 BBG）

白花芦荟与美丽芦荟的杂交种（北京 IBCASBG）

约翰逊芦荟（*Aloe* ‘Johnson's Hybrid’）也是常被当作美丽芦荟进行销售、交换的园艺杂交种，在植物园收集中也常被搞混，它们的植株很相似，但花序和花形完全不同。

约翰逊芦荟（北京 IBCASBG）

5. 与伊碧提芦荟混淆的种类

在国内各植物园的芦荟引种清单中，一些植物园引入了标记为伊碧提芦荟（*Aloe ibitiensis*）的材料，但均与卡斯蒂隆在专著 *The Aloe of Madagascar* 中描述的伊碧提芦荟不同。引入的材料的叶片或宽或窄，均带有清晰的纵向条纹，而卡斯蒂隆专著中的伊碧提芦荟的叶片没有清晰条纹，边缘齿也有很大区别。雷诺德（G. W. Reynolds）曾错误地将分布于马南多那河（Manandona River）以西的样本

伊碧提芦荟（引用自 J.-B. Castillon 等，2010）

马南多芦荟

美纹三角齿芦荟

白纹芦荟

认定为*Aloe ibitiensis* H. Perrier，后来该样本被卡斯蒂隆命名为*Aloe manandonae* J.-B.Castillon & J.-P. Castillon。马南多芦荟（拟）（*Aloe manandonae*）与伊碧提芦荟的区别在于：马南多芦荟茎不明显，叶片具清晰条纹，边缘具软骨质边和小齿，齿长1～2mm；而伊碧提芦荟具短茎，横卧可达50cm，叶片无明显条纹，边缘齿长1.5～2.5mm。由于雷诺德的错误，导致真正的伊碧提芦荟被当作新种描述并赋予了多个学名，如*Aloe cremersii* Lavranos、*Aloe cyrillei* J.-B.Castillon、*Aloe itremensis* Reynolds、*Aloe saronarae* Lavranos & T.A.McCoy，这些都是*Aloe ibitiensis*的异名。

由于马南多芦荟叶片具清晰的纵向条纹，它被错误地认定为伊碧提芦荟后，导致其他一些叶片具有清晰条纹的种类也被错误地当作了伊碧提芦荟，如美纹三角齿芦荟（*Aloe deltoideodonta* var. *fallax* H.Perrier）和白纹芦荟（*Aloe albostriata* T. A. McCoy, Rakouth & Lavranos）。美纹三角齿芦荟与马南多芦荟非常相似，区别在于前者容易萌蘖形成株丛，总状花序较短，白色膜质的花苞片大；而后者虽有时形成株丛，但多单生，花序较长，苞片小。白纹芦荟的叶片也具有清晰的纵向条纹，但叶片非常狭窄，具茎，很容易辨认。

6. 与僧帽芦荟容易混淆的杂交品种

僧帽芦荟［*Aloe perfoliata* L.（=*A. mitriformis* Mill.）］，是国内记录比较混乱的一个种，基本上各园提供的该种的图片资料，都不是本尊，而是一些杂交种，大多数是杂交种海虎兰（*Aloe* × *delaetii*）或僧帽芦荟的杂交种不夜城芦荟（*Aloe* × *nobilis*）的照片。僧帽芦荟又名广叶不夜城，叶片较宽，可以同不夜城较窄的叶片区别开。僧帽芦荟的花序呈头状，外观近椭球状，可以同海虎兰的圆锥状花序、不夜城芦荟的圆柱状花序区别开。

海虎兰

不夜城芦荟

7. 第可芦荟及其杂交品种

第可芦荟（*Aloe descoingsii* Reynolds）是非常小型的种类，植株单头株幅仅4～5 cm，栽培植株也仅能达到7.4 cm。国内植物园经常将第可芦荟的杂交品种（*Aloe*‘Winter Sky’）当作第可芦荟登记，但该杂交品种株形很大，远大于第可芦荟，花被筒形状、颜色、大小均不同。

第可芦荟

Aloe 'Winter Sky'

8. 绫锦芦荟及其杂交种

一些植物园提供了绫锦芦荟（*Aloe aristata*）的照片，是将绫锦芦荟的杂交种误当作绫锦芦荟，绫锦芦荟的株型较小。

绫锦芦荟

绫锦芦荟的杂交种

9. 银芳锦芦荟、布尔芦荟和雷诺兹芦荟

银芳锦芦荟（*Aloe striata*）是国内广泛收集的种类，十分常见，布尔芦荟（*Aloe buhrii*）和雷诺兹芦荟（*Aloe reynoldsii*）也有收集记录，但人们常把银芳锦芦荟与斑点芦荟的杂交种或这几个种之间的杂交种与原种混淆。

银芳锦芦荟叶片较宽，全缘，腹面无斑点，具条纹；花橙红色，排列稍密集。雷诺兹芦荟叶片较宽，具宽软骨质边，具小软齿，边缘有时波状；花黄色，有时微带橙色，排列松散。布尔芦荟叶片相对前面两种窄一些，叶片具斑点，边缘具小齿或近全缘的假骨质边，总状花序近头状，花橙黄色，排列密集。

银芳锦芦荟

雷诺兹芦荟

A. striata × *maculata*

A. striata × *reynolds*

A. striata hybrid

10. 其他园艺杂交品种

国内栽培中还引入了一些大型、中型的芦荟属植物的园艺品种、杂交种，目前已广泛应用于南部温暖地区的园林景观配置，如大树芦荟、好望角芦荟、非洲芦荟、鬼切芦荟、木立芦荟、皮刺芦荟的杂交种。一些杂交品种虽然观赏效果极佳，但由于引种记录不完整，鉴定品种名称困难。

园艺杂交品种（厦门市园林植物园）

参考文献

Carter S, Lavranos J J, Newton L E, et al., 2011. Aloes: The Definitive Guide[M]. London: Kew Publishing: 151, 216, 217–219, 252, 309, 356. 403, 409, 418, 444, 447, 457–458, 491, 551, 575–576.

Castillon J –B, Castillon J –P, 2010. The Aloe of Madagascar[M]. La Réunion: J.–P. & J.–B Castillon: 80–85, 99, 176–177.

Eggli U (Ed.), 2001. Illustrated Handbook of Succulent Plants: Monocotyledons[M]. Berlin: Springer–Verlag: 107, 112, 116–118, 130, 142.

Grace O M, Klopper R R, Figueiredo E, et al., 2011. The Aloe names book[M]. Pretoria: SANBI: 25.

Van Wyk B –E, Smith G F, 2014. Guide to the Aloes of South Africa[M]. Pretoria: Briza Publications: 148–149.

附录3　各园地理环境

中国科学院植物研究所北京植物园

位于北京市海淀区，地处香山东南，距市区18km。位于北纬39°48′，东经116º25′，海拔高度76m。属温带大陆性气候，冬季寒冷晴燥，春季干旱多风，夏季炎热多雨。年平均气温12.5℃，1月平均气温-3.7℃，极端最低气温-17.5℃，7月平均气温26.7℃，极端最高气温41.3℃。相对湿度43%～79%，年平均降水量400～800mm，主要集中在6～8月。土壤类型为黄棕壤，土壤pH值8.0。

北京植物园

位于北京海淀区，坐落在寿安山南麓，西山脚下。地处北纬40°，东经116°28′，海拔61.6～584.6m。气候为典型的北温带大陆性季风气候，夏季高温多雨，冬季寒冷干燥，春、秋季短促。年平均气温12.8℃，1月平均气温-2.5℃，极端最低温度-13.8℃，7月平均温度32℃，极端最高温度为38℃。年降水量532.6mm。主要集中在6～8月。土壤类型为黄棕壤，土壤pH值8.0。

厦门市园林植物园

位于福建省厦门市思明区，居厦门岛东南隅的万石山中，北纬24º27′，东经118º06′，海拔高度44.3～201.2m，地处北回归线边缘，全年春、夏、秋三季明显，属南亚热带海洋性季风气候型，地带植被隶属于“闽西博平岭东南部湿热南亚热带雨林小区”。厦门年平均气温21.0℃，最低气温月（2月）平均温度12℃以上，最热月（7～8月）平均温度28℃，没有气温上的冬季，极端最低温度1℃（2016年1月24日），极端最高温38.4℃(1953年8月16日)，年日照时数1672 h。年均降水量在1200mm左右，每年5～8月份雨量最多，年平均相对湿度在为76%。风力一般3～4级，常向主导风力为东北风。由于太平洋温差气流的关系，每年平均受4～5次台风的影响，且多集中在7～9月份。土壤类型为花岗岩风化物组成的粗骨性砖红壤性红壤，pH 5～6，土层不厚，有机质含量少，蓄水保肥能力差。

深圳市中国科学院仙湖植物园

位于深圳市罗湖区东郊，东倚梧桐山，西临深圳水库，地处北纬22°34′，东经114°10′，海拔26～605m，地带性植被为南亚热带季风常绿阔叶林，属亚热带海洋性气候，依山傍海，气候温暖宜人，年平均气温22.3℃，极端最高气温38.7℃，极端最低气温0.2℃。每年4～9月为雨季，年均降水量1933.3mm，雨量充足，相对湿度71%～85%。日照时间长，平均年日照时数2060h。土壤母质为页岩、砂岩分化的黄壤，沟边多石砾，呈微酸至中性，pH 5.5～7.0。

中国科学院华南植物园

位于广州东北部，地处北纬23°10′，东经113°21′，海拔24～130m的低丘陵台地，地带性植被为南亚热带季风常绿阔叶林，属南亚热带季风湿润气候，夏季炎热而潮湿，秋冬温暖而干旱，年均气温20～22℃，极端最高气温38℃，极端最低气温0.4～0.8℃，7月平均气温29℃，冬季几乎无霜冻。大于10℃年积温6400～6500℃，年均降水量1600～2000mm，年蒸发量1783mm，雨量集中于5～9月，10月至翌年4月为旱季；干湿明显，相对湿度80%。干枯落叶层较薄，土壤为花岗岩发育而成的赤红壤，砂质土壤，含氮量0.068%，速效磷0.03mg/100g土，速效钾2.1～3.6mg/100g土，pH 4.6～5.3。

上海辰山植物园

位于上海市松江区，于2010年建成，总占地面积207hm^2。中心位置坐标为北纬31°04′48.10″、东经121°11′5.76″。该地区属于亚热带海洋性季风气候，四季分明，日照充分，雨量充沛，春秋较短，冬夏较长。年平均气温15.6℃，无霜期230天，年平均日照1817h，年降水量1213mm，年陆地蒸发量为754.6mm，极端最高温度40℃，极端最低温度-8.9℃。水资源十分丰富，所有水系均为劣Ⅴ类水质。土壤为粉（砂）质黏壤土，有机质平均含量2.79%，土壤pH值呈中性或弱碱性（pH 7.0~7.9）。

江苏省中国科学院植物研究所南京中山植物园

位于南京市玄武区钟山风景区内，地处北纬32°07′，东经118°48′，海拔40~76m。低丘地带，地带型植被为北亚热带常绿、落叶阔叶混交林，属热带季风气候，气候温和，夏季炎热而潮湿，冬季寒冷，常有春旱和秋旱发生，冬季叶常有低温危害。年平均气温15.3℃，极端最高气温41℃，极端最低温度-15℃，冬季有冰冻。年平均降水量1010mm，降水主要集中于6~8月，占全年的59.2%。无霜期237天。枯枝落叶层较薄，土壤为黄棕壤，pH5.8~6.5。

上海植物园

位于上海市徐汇区。东经121°45′，北纬31°15′海拔高度7m，属北亚热带海洋性季风气候，全年平均气温17.1℃左右，7~8月份气温最高，月平均28.6℃，极端高温40.9℃（2017年7月21日）；1~2月份最低，月平均4.8℃，极端低温-12.1℃（1977年1月31日）。年日照时数平均为1855小时。年降水量1159.2mm，每年的6~9月份为主汛期，年降水量的70%集中在此期间。8~9月份台风多发。年平均雷暴日数30.1天，降雪稀少。风力一般3~4级，夏季主风向为东南风，冬季主风向为西北风。土壤类型为石灰性冲积平原土壤，pH7.5~8.5，有机质含量低，土壤紧实，结构差，容重大，通气孔隙少，保水保肥性能差，土壤地下水位较高。

中文名索引

拉丁名索引